공학인증을 위한

수학의 기초

강부현 · 박태룡 · 안가경
한찬욱 · 함형범 지 음

KyoWooSa 教友社

머리말

수학, 물리학, 화학 등의 자연과학분야의 학문연구는 물론, 이공계, 상경계의 학문 연구와 여러 분야의 과학 활동 및 우리들의 과학적인 실생활에 있어서 기초수학은 필수불가결하다. 본 교재는 이러한 분야에 대한 수학적인 기초지식을 제공하고, 계산능력과 응용력을 향상 시키는데 목표를 두고 있다.

수학을 여러 분야에 실질적으로 응용하는 힘을 기르는데 주안점을 두고 집필하였기 때문에, 극히 이론적인 것은 피하고 이해하기 쉽고 계산능력을 실질적으로 향상 시킬 수 있는 실용적인 내용만을 다루려고 노력하였다.

이 책은 50분 강의로 주당 3시간씩 두 학기 정도의 분량이며, 전공분야에 따라 핵심적인 내용을 강조하여 지도한다면 강의의 효과를 극대화할 수 있으리라 기대된다.

이 책은 미분학과 적분학 그리고 선형대수학의 기초지식을 포함하고 있으며 다음과 같은 내용으로 구성하였다.

제1장에서는 집합과 함수 및 극한에 관하여 계산하는데 필요한 실질적인 내용을 다루었다. 제2장과 제3장에서는 도함수와 그에 관한 다양한 응용문제들을 다루었다. 제4장과 제5장 및 제6장에서는 적분에 관한 내용과 적분에 관한 다양한 응용문제들을 다루었다. 제7장과 제8장에서는 선형대수학의 기초가 되는 행렬과 행렬식 및 벡터의 외적과 내적 등의 내용과 그에 관한 응용문제들을 다루었다. 제9장에서는 벡터값함수와 공간에서의 운동에 관한 내용과 응용문제를 다루었다. 제10장에서는 수열과 급수에 관한 내용 및 그에 관한 응용문제를 다루었다. 제11장과 제12장에서는 편미분법과 중적분에 관한 내용과 그에 관한 응용문제들을 다루었다.

이 책을 통하여 보다 많은 학생들이 수학에 대하여 더 많은 흥미를 느낄 수 있기를 바라며, 실용적인 문제를 해결하는 능력이 더욱 더 향상될 수 있기를 기대한다.

2009년 2월

저자 일동

차 례

제 1 장 함수와 극한

1.1 집합과 함수

집합은 '사물의 확정된 모임'으로 정의하기로 한다. 사물은 인간의 사고의 대상이 되는 것들을 의미하고, 확정이 되었다는 뜻은 임의의 사물에 대하여 그 모임에 대한 소속성이 분명하다는 것을 뜻한다.

집합을 이루고 있는 각각의 구성원을 그 집합의 **원소**(element)라고 부른다.

a가 집합 A의 원소임을

$$a \in A \text{ 또는 } A \ni a$$

로 나타낸다. 만약 a가 A의 원소가 아니면,

$$a \notin A \text{ 또는 } A \not\ni a$$

로 나타낸다.

[예제 1.1] $A = \{ㄱ, a, \alpha\}$를 보면, 세 문자 ㄱ, a, α 이외의 사물은 A에 속하지 않고, 이 세 문자만 속하므로 소속성이 분명하다. 따라서 모임 A는 사물의 확정된 모임이므로 집합이다.

[예제 1.2] 지구에 있는 모든 생물들의 모임을 B라고 하면, 약간 모호한 점이 있기는 하지만, B는 집합이라고 보는 것이 타당하다. 지구에 있는 모든 모래들의 모임, 지구에 있는 모든 나무들의 모임 등이 집합이 되는지 토론하여 보자. 또한 이러한 모임들이 유한할까 무한할까에 대해서도 토론하여 보자.

[예제 1.3] 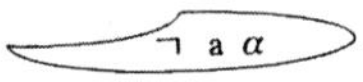

는 집합 A를 다른 방법으로 표현한 것이다.

집합을 표시할 때 위의 예제 1.1처럼 중괄호 속에 집합을 이루는 모든 원소를 나열하여 표시하는 것을 **원소나열법**(tabular form)이라고 하고, 예제 1.2와 같이 원소가 만족하여야 할 조건을 서술하여 나타내는 방법을 **조건제시법**(set-builder form)이라고 한다. 또한, 예제 1.3과 같이 닫힌곡선 속에 원소를 나열하거나 조건을 표시할 수도 있는데, 이것을 **벤다이어그램법**(Venn diagram)이라고 한다.

원소를 하나도 포함하지 않는 것도 집합으로 볼 수 있는데, 이를 **공집합**(null set, empty set) 이라고 하고, 기호$\varnothing$ 또는 $\{\ \}$로 나타낸다.

두 집합 A, B에 대하여 A의 모든 원소가 B의 원소이면 A는 B의 **부분집합**(subset)이라고 하고, 기호로

$$A \subseteq B \text{ 또는 } B \supseteq A$$

와 같이 표시한다. 또, A의 모든 원소가 B의 원소이고 B의 모든 원소가 A의 원소이면 A와 B는 **같은 집합**이라고 부르고, $A = B$로 나타낸다. $A \subseteq B$이지만 A와 B가 같은 집합은 아닌 경우에 A는 B의 **진부분집합**(proper subset)이라고 하고,

$$A \subset B \text{ 또는 } B \supset A$$

로 표시한다.

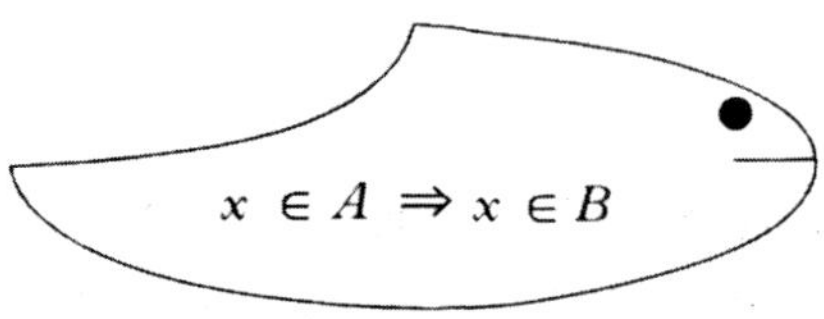

부분 집합 ($A \subseteq B$)

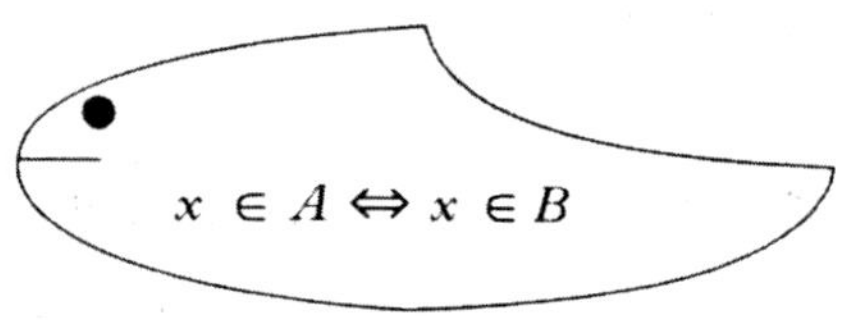

같은 집합 ($A = B$)

두 집합 A, B에 대하여 A 또는 B에 속하는 모든 원소로 이루어진 새로운 집합을 A와 B의 **합집합**(union)이라고 하고, 기호로

$$A \cup B = \{x \mid x \in A \text{ 또는 } x \in B\}$$

로 나타내며, "A 합집합(union) B", "A cup B" 등으로 읽는다.

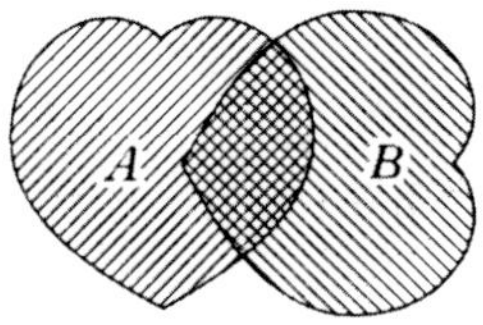

합집합 ($A \cup B$)

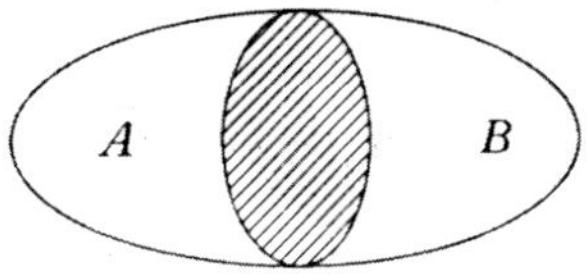

교집합($A \cap B$)

[예제 1.4] 두 집합 $A = \{1, 3, 4\}$와 $B = \{2, 3, 5, 6\}$의 합집합을 조건제시법으로 나타내어라.

풀이 $A \cup B = \{x \mid x$는 1, 2, 3, 4, 5 또는 6$\}$ 또는 $A \cup B = \{x \mid 1 \leq x \leq 6$, x는 자연수$\}$. ■

두 집합 A, B에 대하여 A와 B에 공통으로 속하는 모든 원소로 이루어진 새로운 집합을 A와 B의 **교집합**(intersection)이라고 하고, 기호로

$$A \cap B = \{x \mid x \in A \text{ 그리고 } x \in B\}$$

로 나타내며, "A교집합(intersection)B", "A cap B" 등으로 읽는다.

[예제 1.5] 예제 1.4의 두 집합의 교집합을 원소나열법으로 나타내어라.

풀이 $A \cap B = \{3\}$. ■

[예제 1.6] 임의의 두 집합 A, B에 관하여 다음이 성립함을 증명하여라.

$$A \cap B \subseteq A \cup B.$$

풀이 x가 $A \cap B$의 임의의 원소이면 $x \in A$이고 $x \in B$이다. 그러므로 $x \in A$ 또는 $x \in B$이다. 따라서 $x \in A \cup B$. ■

두 집합 A, B에 대하여 집합 $\{x|x \in A$ 그리고 $x \notin B\}$를 A와 B의 **차집합**(difference)이라고 하고, 기호로 $A-B$로 나타낸다.

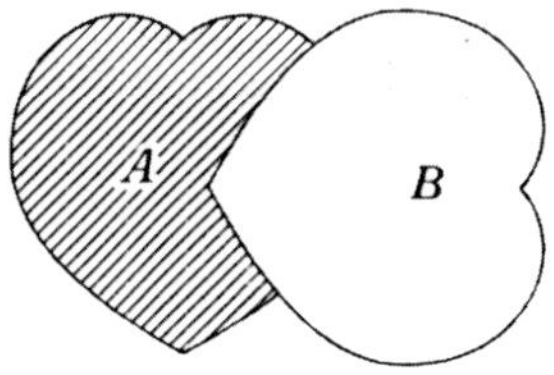

차집합 $(A-B)$

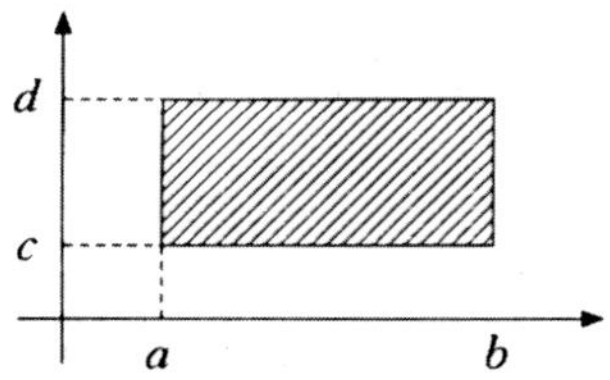

곱집합 $([a, b] \times [c, d])$

두 집합 A, B에 대하여 $a, a' \in A$, $b, b' \in B$일 때 (a, b)와 (a', b') 사이에

$$a=a',\ b=b' \Leftrightarrow (a, b)=(a', b')$$

로 상등관계를 정의하고, (a, b) 등을 **순서쌍**(ordered pair)이라고 한다. 순서쌍 전체의 집합 $\{(a, b)|a \in A, b \in B\}$를 A와 B의 **카테션곱**(Cartesian product) 또는 **곱집합**이라 하고 $A \times B$로 표시한다. 즉,

$$A \times B = \{(a, b)|a \in A, b \in B\}$$

$A \times A$는 A^2으로 표시하기로 한다.

[예제 1.7] 세 집합 $A=\{ㄱ, ㄴ\}$, $B=\{1, 3, 4\}$, $C=\{1, 3\}$에 대하여 $A \times (B-C)$와 $A \times B - A \times C$를 구하고 비교하여라.

풀이 이 두 집합은 서로 같다.

$$A \times (B-C) = \{ㄱ, ㄴ\} \times \{4\} = \{(ㄱ, 4), (ㄴ, 4)\}$$
$$A \times B = \{(ㄱ, 1), (ㄱ, 3), (ㄱ, 4), (ㄴ, 1), (ㄴ, 3), (ㄴ, 4)\}$$
$$A \times C = \{(ㄱ, 1), (ㄱ, 3), (ㄴ, 1), (ㄴ, 3)\}$$
$$A \times B - A \times C = \{(ㄱ, 4), (ㄴ, 4)\}.$$

■

이 책을 공부하는데 필요한 **실수집합**의 성질에 대하여 살펴본다.

실수 전체의 집합 R에는 덧셈과 곱셈이라는 두 연산이 정의되어 있다. 다시 말해서, 임의의 두 실수 a, b에 대하여 그들의 **합**(sum)인 실수 $a+b$와 그들의 **곱**(product)인 실수 ab가 유일하게 정해진다. 또한 이 두 연산에 대하여 다음과 같은 성질이 성립

한다.

덧셈에 관한 성질

A_1	R의 임의의 두 원소 a, b에 대하여 $a+b=b+a$	덧셈의 교환법칙
A_2	R의 임의의 세 원소 a, b, c에 대하여 $(a+b)+c=a+(b+c)$	덧셈의 결합법칙
A_3	임의의 실수 a에 대하여 다음을 만족하는 유일한 실수 0이 존재한다. $a+0=0+a=a$	덧셈에 대한 항등원
A_4	각각의 실수 a에 대하여 다음을 만족하는 유일한 실수 $-a$가 존재한다. $a+(-a)=(-a)+a=0$	덧셈에 대한 역원

곱셈에 관한 성질

M_1	R의 임의의 두 원소 a, b에 대하여 $ab=ba$	곱셈의 교환법칙
M_2	R의 임의의 세 원소 a, b, c에 대하여 $(ab)c=a(bc)$	곱셈의 결합법칙
M_3	임의의 실수 a에 대하여 다음을 만족하는 유일한 실수 1이 존재한다. $a1=1a=a$	곱셈에 대한 항등원
M_4	각각의 실수 $a\neq 0$에 대하여 다음을 만족하는 유일한 실수 a^{-1}가 존재한다. $aa^{-1}=a^{-1}a=1$	곱셈에 대한 역원

분배와 순서에 관한 성질

D	R의 임의의 세 원소 a, b, c에 대하여 $a(b+c)=ab+ac$, $(a+b)c=ac+bc$	분배법칙
O	다음 조건을 만족하는 실수집합의 부분집합 P가 존재한다. O_1. 임의의 실수 a에 대하여 다음 중 단 하나만이 성립한다. (1) $a\in P$ (2) $a=0$ (3) $-a\in P$ O_2. a, $b\in P$이면 $a+b\in P$이고 $ab\in P$ 이다.	양수의 집합 삼분법 (law of trichotomy)

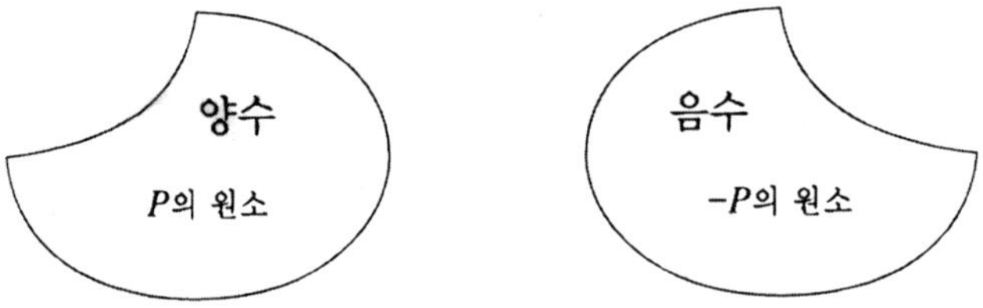

그런데, 위의 성질 O에서 알 수 있듯이 실수는 **양수**, 0, **음수**의 세 부분으로 나누어지므로, 실수 사이에는 대소관계가 성립한다. 대소관계는 a가 양수이면 a는 0보다 크다고 하고 $a>0$ 또는 $0<a$로 나타내며, $-a$가 양수이면 a는 음수 또는 0보다 작다고 말하고, $a<0$ 또는 $0>a$로 나타낸다. 또, 이 관계를 이용하면 임의의 실수 a, b에 대하여 다음 그림과 같이 크기를 비교할 수 있다.

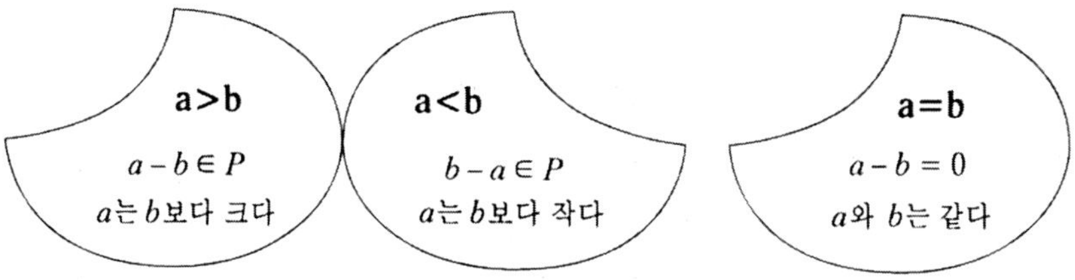

위와 같이 $<$ 또는 $>$를 이용하여 나타낸 식을 **부등식**이라고 하는데 다음의 사실이 성립함을 알 수 있다. 이것은 위에 열거한 실수의 성질만으로도 증명할 수 있으나, 자세한 증명은 생략하기로 한다.

부등식의 일반적인 성질

주어진 세 실수 a, b, c에 대하여 다음이 성립한다.

(1) $a<b$이면 $a+c<b+c$

(2) $a<b$, $c>0$이면 $ac<bc$

(3) $a<b$, $c<0$이면 $ac>bc$

(4) $a<b$, $c>0$이면 $a/c<b/c$

(5) $a<b$, $c<0$이면 $a/c>b/c$

(6) $ab>0$이고 $a<b$이면 $1/b<1/a$.

실수의 부분집합 A에 대하여 A의 모든 원소 x가 $x\le u$를 만족하는 실수 u가 존재하면 집합 A는 **위로 유계**라고 하고, u를 A의 **상계**(upper bound)라고 부른다. 또, A의 모든 원소 x가 $x \geq v$를 만족하는 실수 v가 존재하면 집합 A는 **아래로 유계**라고 하고, u를 A의 **하계**(lower bound)라고 부른다.

집합 A가 위로 유계이고 아래로 유계이면 **유계**(bounded)라고 한다.

집합 A의 상계 중에서 가장 작은 수를 **최소상계**(least upper bound)라고 부르는데 이는 다음의 두 조건을 만족하는 실수로 정의한다.

(1) $x \in A \Rightarrow x \leq \alpha$

(2) 임의의 양수 $\varepsilon > 0$에 대하여 $\alpha - \varepsilon < x$인 $x \in A$가 존재한다.

집합 A의 최소상계는 $\alpha = \sup A = \operatorname{lub} A$ 등으로 나타낸다. 이와 유사하게 집합 A의 하계중에서 가장 큰 수를 **최대하계**(greatest lower bound)라고 부르는데 다음의 두 조건을 만족하는 실수로 정의한다.

(1) $x \in A \Rightarrow x \geq \beta$

(2) 임의의 양수 $\varepsilon > 0$에 대하여 $\beta + \varepsilon > x$인 $x \in A$가 존재한다.

집합 A의 최대하계는 $\beta = \inf A = \operatorname{glb} A$ 등으로 나타낸다.

위에서 정의한 용어를 사용하면 실수의 집합 R은 다음의 성질을 만족한다.

최소상계적 성질

S	실수집합 R의 공집합이 아닌 부분집합 A가 위로유계이면 최소상계를 갖는다.	최소상계적 성질 (supremum property)

이상에서 살펴본 실수의 성질은 보통 우리가 알고 있는 실수집합에서 분명히 성립하는 성질들이다. 그러나 이러한 성질들을 논리적으로 엄밀하게 증명하는 것은 그리 간단한 일은 아니니다. 따라서 현대 수학에서는 이것을 증명없이 성립하는 것으로 약속하기도 한다(즉, 이것을 **공리**로 받아들인다.). 이 책은, 위와 같은 실수의 성질이 성립하는지 하지 않는지를 증명하는데 목적이 있는 것이 아니므로, 우리는 위와 같은 성질이 당연히 성립하는 것으로 받아들이기로 한다.

한편, 실수의 집합 R의 부분집합 중에서 우리가 빈번히 사용하게 되는 부분집합 몇 가지를 살펴보기로 한다.

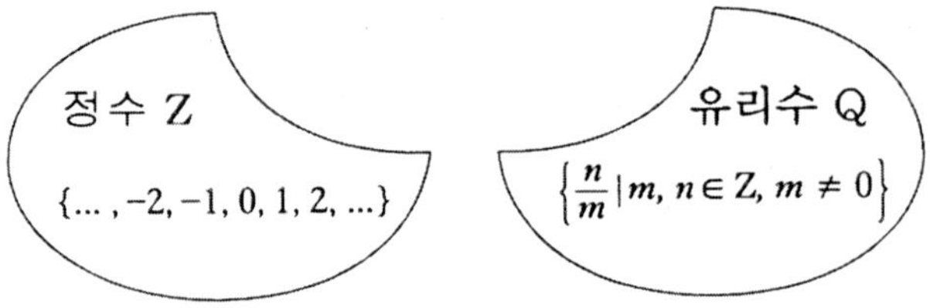

물건의 개수를 세는 데서 비롯된 1, 2, 3, ⋯과 같은 수를 **자연수**(natural number)라고 하며, 자연수 전체의 집합을 N이라고 표시한다. 즉,

$$N = \{1,\ 2,\ 3,\ \cdots\}.$$

또, 자연수들의 집합에 자연수들의 덧셈에 대한 역원 $-1, -2, -3, \cdots$과 0을 합집합하여 **정수집합**(the set of all integers)이라고 부르며, 보통 I 또는 Z로 나타낸다. 즉,

$$I = \{\cdots,\ -3,\ -2,\ -1,\ 0,\ 1,\ 2,\ 3,\ \cdots\}.$$

물건을 나누는 데서 비롯된 $\pm\frac{1}{2}, \pm\frac{1}{3}, \cdots$과 같은 수를 **유리수**(rational number)라고 부르며, 유리수 전체의 집합을 Q로 표시한다. 즉,

$$Q = \left\{\frac{n}{m} | m \neq 0,\ m,\ n \in I\right\}.$$

실수 중에는 $\sqrt{2}$와 같은 유리수가 아닌 수도 있는데 이러한 수를 **무리수**(irrational number)라고 부르며, 무리수전체의 집합은 보통 Q'으로 나타낸다.

[예제 1.8] $\sqrt{2}$가 유리수가 아님을 증명하여라.

풀이 만약 $\sqrt{2}$가 유리수라면, 적당한 서로소인 자연수 p, q에 대하여

$$\sqrt{2} = \frac{q}{p}\text{(기약분수)}$$

로 나타낼 수 있다. 그러면 $2p^2 = q^2$이므로, q는 짝수가 되어야 한다. 즉, $q = 2k$인 자연수 k가 존재한다. 그러면 $p^2 = 2k^2$이 성립되어, p도 짝수가 된다. 이것은 p와 q가 서로소라는 가정에 모순되므로 $\sqrt{2}$는 유리수가 아니다. ■

이제 이 책을 공부하는데 있어서 필요한 기본적인 몇 가지의 집합을 살펴보기로 한다.

수직선

수평으로 그은 직선 위에 한 점 O를 잡아서 실수 0에 대응시키고, 그 오른쪽에 O와는 다른 임의의 한 점 P를 잡아서 실수 1을 대응시킨다. 선분 OP의 길이를 1로 정한다. 직선 위의 임의의 점 X에 대하여, X가 O의 오른쪽에 있으면 선분 OX의 길이인 실수 x를 점 X에 대응시키고, 왼쪽에 있으면 실수 $-x$를 X에 대응시킨다. 이때, 점 P에 대응되는 실수 x 또는 $-x$를 점 P의 **좌표**(coordinate)라고 부르며, 점 O를 **원점**(origin)이라고 부른다. 이와 같이 직선 위의 임의의 점에 해당되는 실수를 대응시키면, 이 대응은 **일대일대응**(one-to-one correspondence)이 되는데, 이처럼 실수를 일대일대응시켜 놓은 직선을 **수직선**이라고 한다(그림 참조).

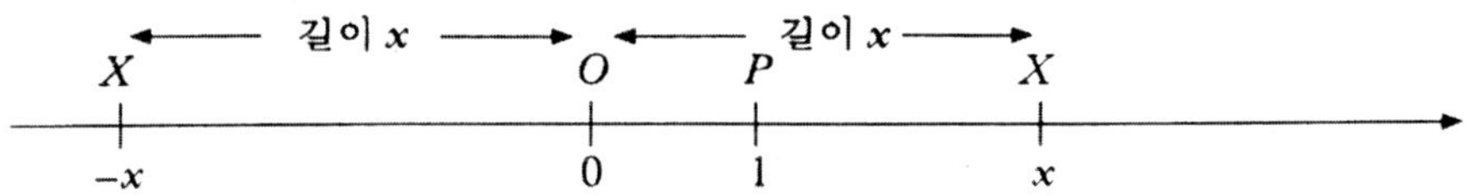

수직선

실수집합의 부분집합으로서, 우리가 자주 접하게 되는 다음의 부분집합들을 **구간**(interval)이라고 정의한다.

$$[a, b]=\{x|a\le x\le b\},\ [a, b)=\{x|a\le x<b\},\ (a, b]=\{x|a<x\le b\},$$
$$(a, b)=\{x|a<x<b\},\ [a, \infty)=\{x|a\le x\},\ (a, \infty)=\{x|a<x\},$$
$$(-\infty, b]=\{x|x\le b\},\ (-\infty, b)=\{x|x<b\},\ (-\infty, \infty)=R.$$

특히, $(a-\delta, a+\delta)(\delta>0)$와 같은 구간을 a의 **δ-근방**이라고 부른다.

평면

두 개의 수직선을 원점에서 직각으로 교차하게 하고, 수평 수직선에 대해서는 오른쪽을 양의 방향, 수직 수직선에 대해서는 위쪽을 양의 방향으로 정하자. 그러면 평면은 소위 **제1사분면**, **제2사분면**, **제3사분면**, **제4사분면**의 네 개의 부분으로 나누어진다. 이제 평면상의 임의의 점 P에 대하여, P와 수직 수직선과의 최단거리를 a, 수평 수직선과의 최단거리를 b라고 하면 점 P를 실수의 집합 R의 카테션곱 R^2의 점 $(\pm a, \pm b)$에 대응시킬 수 있다. 여기서 복부호는 점 P가 놓여 있는 사분면에 따라 정한다. 그러면, 이 대응은 일대일 대응이 된다. 이와 같이 직교하는 두 수직선을 이용하여, 평면 위의 점들에 실수의 집합 R의 카테션곱 R^2의 원소들을 일대일대응시켜 놓은 평면을 **(직교)좌표평면**이라고 부른다. 점 P에 대응하는 원소 (a, b)를 점 P의 (데카르트)직교좌표(Decart rectangular coordinate), a를 P의 x-좌표, b를 P의 y-좌표라고 하고, 수평 수직선을 x-축, 수직 수직선을 y-축이라고 부른다(아래 왼쪽 그림 참조).

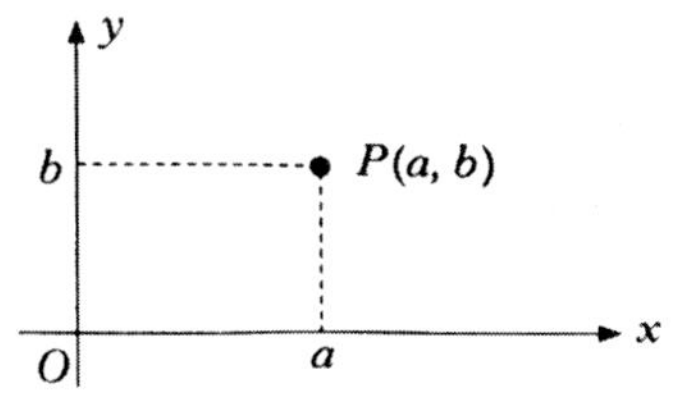

직교좌표평면

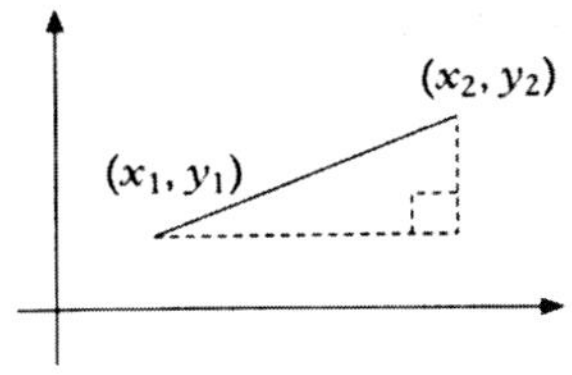

두 점사이의 거리

평면상의 임의의 두 점 (x_1, y_1), (x_2, y_2) 사이의 거리는 **피타고라스 정리**에 의하여

$$\sqrt{(x_2-x_1)^2+(y_2-y_1)^2}$$

으로 주어진다.

[예제 1.9] 점 (x, y)가 두 점 $(1, 1)$과 $(-1, 3)$에 대하여 같은 거리에 있을 때, x와 y의 관계식을 구하여라.

풀이 거리 식에 의하여

$$\sqrt{(x-1)^2+(y-1)^2}=\sqrt{(x+1)^2+(y-3)^2}.$$

양변을 제곱하여 정리하면 $y=2x+3/2$. ■

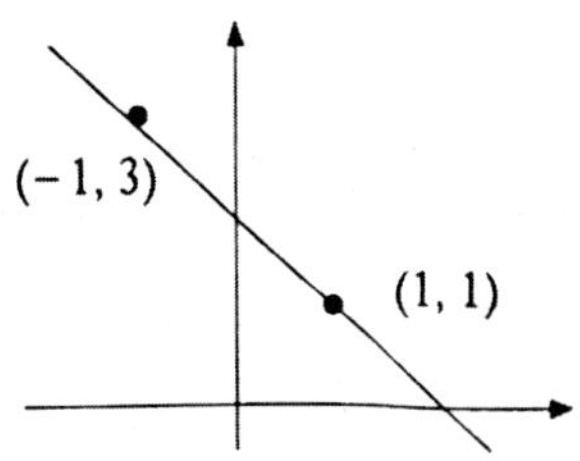

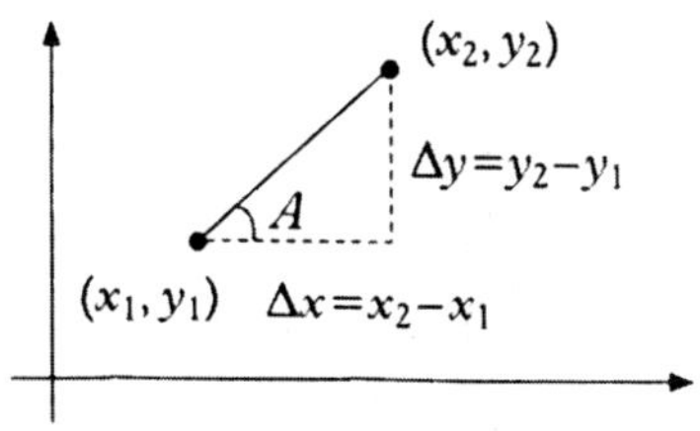

증분

직선

평면상에 놓여 있는 한 직선은 좌표평면의 한 부분집합으로 볼 수 있다. 이 부분집합은 무한히 많은 원소를 가지고 있기 때문에 조건제시법으로 표시하는 것이 좋다. 이 부분집합을 조건제시법으로 표시하기 위해서는 직선을 특성지어 주는 방정식이 필요한데, 이 방정식을 **직선의 방정식**이라고 부른다.

두 점 (x_1, y_1)과 (x_2, y_2)에 대하여 $\Delta x = x_2 - x_1$를 x의 **증분**, $\Delta y = y_2 - y_1$를 y의 **증분**이라고 부른다.

한 직선 L상에서의 증분의 비는 항상 일정하다(수학적으로 말하면, 도형상의 임의의 두 점에서의 증분의 비가 일정한 도형을 **직선**이라고 정의한다.). 즉, (x_1, y_1)과 (x_2, y_2)가 직선상의 임의의 두 점이면 그 증분 $\Delta y = y_2 - y_1$과 $\Delta x = x_2 - x_1$의 비는

$$\frac{\Delta y}{\Delta x} = m(m\text{은 직선의 기울기}) = \tan A$$

로 일정하다(여기서 A는 x축의 양의 방향과 주어진 두 점을 지나는 직선이 이루는 각).

한 직선 L이 점 (a, b)를 지나고 기울기가 m이면, x-축에 수직인 직선이 아닌 경우에, 그 직선 위의 임의의 점을 (x, y)라고 할 때

$$\frac{y-b}{x-a} = m$$

이므로 직선의 방정식은 $y = m(x-a) + b$로 나타난다. 이 방정식을 L의 **점-기울기형방정식**이라고 한다. 단, 수직 직선인 경우에는 $x = a$이다. 그러므로 직선 L은 $L = \{(x, y) \mid y = m(x-a) + b\}$와 같은 집합이다. 그러나, 직선 L을 나타내는 데에는 일일이 집합으로 표시하지 않아도 우리가 충분히 이해할 수 있기 때문에, 우리는 직선의 방정식만으로도 직선을 나타낸 것으로 약속하는 것이 편하다. 앞으로는 직선이나 그 이외의 다른 도형을 표시하는데 있어서, 집합으로 표시하는 것은 생략하고 방정식만 쓰기로 약속한다.

주어진 두 점 (x_1, y_1)과 (x_2, y_2)를 지나는 직선 L상의 임의의 점을(x, y)라고 하면

$$\frac{y-y_1}{x-x_1} = \frac{y_2-y_1}{x_2-x_1}$$

을 만족하므로 L의 방정식은 $y - y_1 = \dfrac{y_2-y_1}{x_2-x_1}(x-x_1)$으로 나타난다(단, 수직 직선인 경

우에는 $x=x_1$). 이 방정식을 직선의 **두 점형방정식**이라고 한다.

한 직선 L이 x-축과 만나는 점의 x-좌표를 L의 **x-절편**, y-축과 만나는 점의 y-좌표를 L의 **y-절편**이라고 부른다. 만약 y-절편이 b이고 기울기가 m이면, 그 직선상의 임의의 점을 (x, y)라고 할 때, 점 $(0, b)$를 지나므로 그 직선의 방정식은 $y=mx+b$로 주어진다. 이것을 직선의 **기울기-절편형방정식**이라고도 하는데, 점-기울기형방정식의 일종이라고 볼 수 있다. 한편, 직선 L의 x, y-절편이 각각 a, b이면 그 직선상의 임의의 점(x, y)에 대하여 방정식

$$\frac{x}{a}+\frac{y}{b}=1\,(\text{단, } a,\ b\neq 0)$$

을 만족한다. 이 방정식을 직선의 **두 절편형방정식**이라고 부른다.

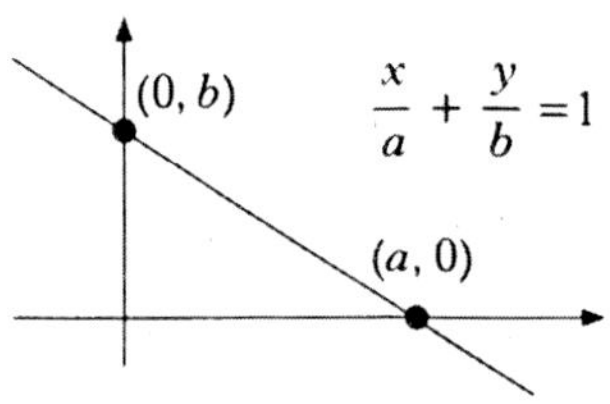

두 절편형 방정식

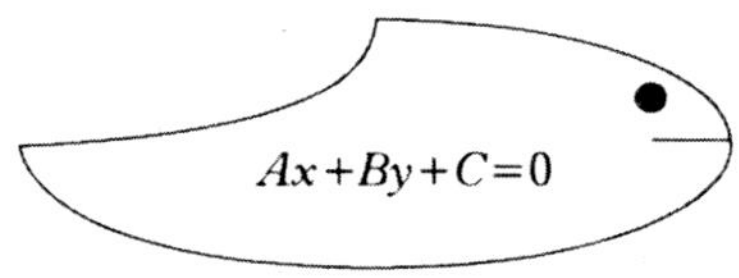

직선의 일반형

이상에서 살펴본 것과 같이 직선의 방정식은, 모든 경우에, 다음과 같은 1차방정식으로 나타남을 알 수 있다.

$$Ax+By+C=0.$$

이 방정식을 직선의 **일반형방정식**이라고 부른다.

한 직선의 기울기가 $m(\neq 0)$이면 그에 수직인 직선의 기울기는 $-\frac{1}{m}$이다(아래 그림에서 삼각형은 피타고라스 정리를 만족한다).

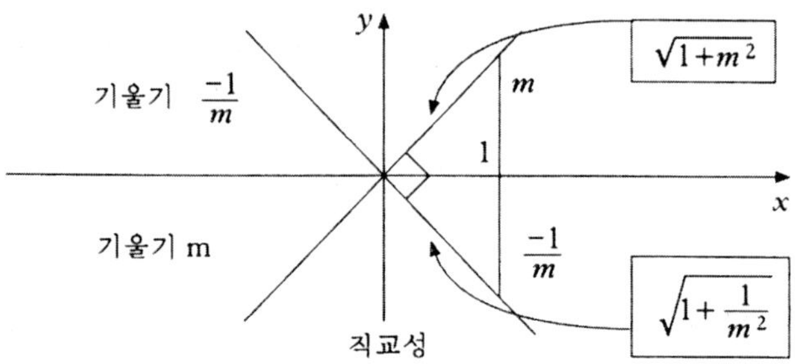

직교성

[예제 1.10] 두 직선 $y=x$와 $y=2x-1$의 교점을 지나고, 직선 $y=2x-3$에 평행인 직선과 수직인 직선의 방정식을 구하여라.

풀이 두 직선의 교점을 구하면 $(1, 1)$이다. $y=2x-3$에 평행인 직선의 기울기는 2, 수직인 직선의 기울기는 $-\frac{1}{2}$이다. 따라서 구하는 직선의 방정식은

$$\text{평행인 직선 } y=2(x-1)+1, \text{ 즉, } y=2x-1$$

$$\text{수직인 직선 } y=-\frac{1}{2}(x-1)+1, \text{ 즉, } y=-\frac{1}{2}x+\frac{3}{2}.$$

■

원

평면상에서의 **원**은 한 고정점에서 같은 거리에 있는 모든 점들의 집합으로 정의한다. 평면상에서 중심이 (a, b)이고 반지름이 r인 원 위의 임의의 점을 (x, y)라고 하면, (x, y)와 (a, b) 사이의 거리가 r로서 일정하므로 원의 방정식은

$$(x-a)^2+(y-b)^2=r^2$$

으로 나타내어진다. 원의 방정식의 일반형은 다음과 같다.

$$x^2+y^2+Ax+By+C=0 \text{(단, } A, B, C\text{는 모두는 0이 아닌 상수)}.$$

포물선

평면상에서의 **포물선**은 한 고정점 P와 P를 지나지 않는 주어진 직선 L에 대하여 같은 거리에 있는 모든 점들의 집합으로 정의한다. 이 고정점 P를 포물선의 **초점**이라고 하고, 주어진 직선 L을 **준선**이라고 부른다.

이제 점 $P(p, 0)$를 초점, 직선 $x=-p$를 준선, 포물선 상의 임의의 점을(x, y)라고 하면,

$$\sqrt{(x-p)^2+y^2}=x+p$$

를 만족하므로, 이 포물선의 방정식은

$$y^2=4px$$

로 주어진다. 한편, 초점이 $(0, p)$이고 준선이 $y=-p$인 포물선의 방정식은

$$x^2 = 4py$$

로 주어진다는 것을 마찬가지로 증명할 수 있다.

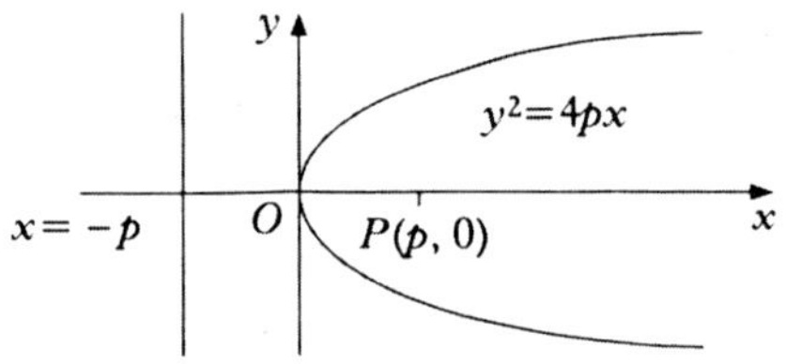

타원

평면상에서의 **타원**은 주어진 두 점(**초점**)과의 거리의 합이 일정한 점들의 집합으로 정의한다. 주어진 점을 $(-c, 0)$, $(c, 0)$라고 하고 타원 위의 임의의 점을 (x, y)라고 하면 거리의 합이 $2a$일 때,

$$\sqrt{(x-c)^2+y^2}+\sqrt{(x+c)^2+y^2}=2a$$

를 만족하므로 둘째 항을 우변으로 이항하고 두 번 제곱하여 정리하면

$$\frac{x^2}{a^2}+\frac{y^2}{a^2-c^2}=1$$

을 얻는다. $b=\sqrt{a^2-c^2}$이라고 하면 타원의 방정식은

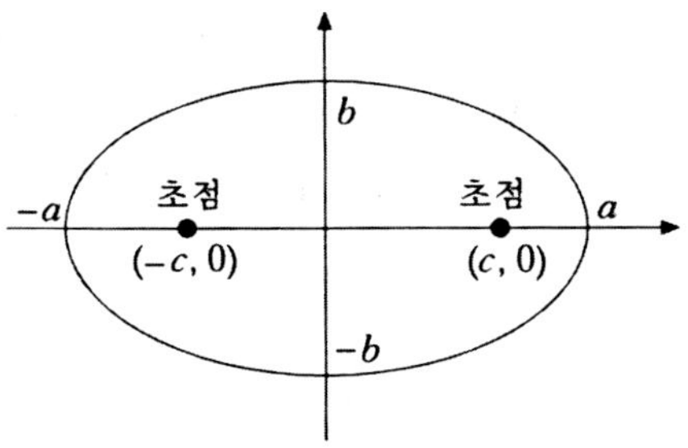

타원

$$\frac{x^2}{a^2}+\frac{y^2}{b^2}=1$$

로 주어진다.

쌍곡선

평면상에서의 **쌍곡선**은 주어진 두 점(**초점**)과의 거리의 차가 일정한 점들의 집합으로 정의한다. 주어진 점을 $(-c, 0)$, $(c, 0)$라고 하고 쌍곡선 위의 임의의 점을 (x, y)라고 하면 거리의 차가 $2a$일 때,

$$\sqrt{(x+c)^2+y^2}-\sqrt{(x-c)^2+y^2}=\pm 2a$$

를 만족하므로 둘째 항을 우변으로 이항하

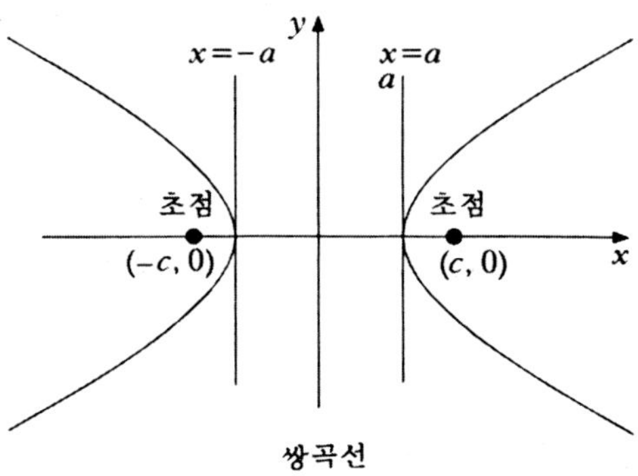

쌍곡선

고 두 번 제곱하여 정리하면

$$\frac{x^2}{a^2} - \frac{y^2}{c^2 - a^2} = 1$$

을 얻는다. $b = \sqrt{c^2 - a^2}$ 이라고 하면 쌍곡선의 방정식은

$$\frac{x^2}{a^2} - \frac{y^2}{b^2} = 1$$

로 주어진다.

함수

이제 함수에 대하여 생각해 보기로 한다. 우리 대한민국의 모든 국민은 각 개인마다 유일한 주민등록번호를 가지고 있다. 이는 대한민국의 국민의 집합에서 자연수의 집합으로 가는 함수라고 볼 수 있다.

> **정의 1.1** 임의의 두 집합 X, Y에 대하여, X의 모든 원소 x에 Y의 꼭 하나씩의 원소 y가 대응하고 있을 때, 이 대응 자체를 X에서 Y로 가는 **함수**(function) f라고 하고, 기호로
>
> $$f : X \to Y \text{ 또는 } X \xrightarrow{f} Y$$
>
> 로 나타낸다.

이때, 집합 X를 함수 f의 **정의역**(domain)이라고 하고 기호로 $X = D(f)$, Y를 **공역** 또는 **공변역**(codomain)이라고 하고 기호로 $Y = C(f)$로 나타낸다. 함수 f에 의하여, 집합 X의 임의의 원소x에 대응되는 집합Y의 원소가 y이면

$$f : x \mapsto y \text{ 또는 } y = f(x)$$

로 나타내며, 이것을 함수 f의 **대응규칙**이라고 한다. 따라서 함수를 대응규칙과 함께 완전한 식으로 표현하면 다음과 같다.

$$f : X \to Y$$

$$x \mapsto y = f(x).$$

이 경우에, y를 함수 f에 의한 x의 **값**(value) 또는 **상**(image)이라고 하고, x를 f에 의한 y의 **원상**(preimage)이라고 하며, 기호로

$$f^{-1}(\{y\}) = \{x \in D(f) \mid y = f(x)\}$$

와 같이 나타낸다. 이때 x, y는, 일반적으로, 변하는 수이기 때문에 **변수**(variables)라고 하며, x를 **독립변수**(independent variable), y를 **종속변수**(dependent variable)라고 한다. 함수 f의 상 전체의 집합을 f의 **치역**(range)이라고 부르며, 기호로 $f(X)$ 또는 $R(f)$로 나타낸다. 또, 정의역과 공역이 같고 함수값이 같은 **두 함수** f와 g는 **같다**고 말하고, 기호로 $f = g$로 나타낸다.

정의 1.2 함수 중에 치역이 단원집합(원소를 꼭 하나만 포함하는 집합)인 함수를 **상수함수**라고 부르며, 임의의 집합 X에 대하여 $f(x) = x$, $\forall x \in X$를 만족하는 함수를 **항등함수**라고 부르고, 기호로 1_X로 나타낸다.

[예제 1.11] 본 과목의 수강생들 전체의 이름의 집합을 X, $Y = N$(자연수의 집합)이라고 할 때, 각 수강생들에 대하여 그 학생의 연령(만 연령)을 대응시키는 대응 f에 대하여 다음에 답하여라.

(1) 이 대응은 함수임을 증명하고 완전한 표현식으로 나타내어라.

(2) 이 함수의 정의역과 공역은 무엇인가?

(3) 이 함수의 치역은 무엇인가?

풀이 (1) 각 수강생들은 꼭 하나의 나이를 가지고 있으므로 이 대응은 함수이다. 기호로

$$f : X \to N$$
$$x \mapsto y = f(x) = x\text{의 연령}.$$

(2) 정의역은 $D(f) =$수강생 전체의 이름의 집합$=\{x | x$는 본 과목 수강생들의 이름$\}$, $C(f) = N$.

(3) 치역 $R(f)$는 본 과목 수강생들의 나이의 집합(이것은 분명히 N의 진부분집합이다.) ■

[예제 1.12] 폐구간 $[-1, 1]$에 속하는 임의의 실수 x에 대하여 방정식 $x^2+y^2=1$을 만족시키는 y를 대응시키는 대응은 함수가 아님을 보여라. 이러한 종류의 대응이 함수가 되도록 하려면 어떻게 하면 좋은가?

풀이 예를 들어 $x=0$에 대응되는 y는 $y=\pm1$의 두 수이기(유일하지 않기) 때문에 이 대응은 함수가 아니다. 함수가 되도록 하려면 y의 범위를 적당히 제한하면 된다. 예를 들어, $y\geq0$을 만족시키는 y를 대응시키면 이러한 y는 유일하기 때문에 함수가 된다. 물론 또 다른 여러 가지 방법으로 제한할 수도 있다.(예를 들면, (a) $y\leq0$ 또는 (b) x가 유리수이면 $y\geq0$, x가 무리수이면 $y<0$ 등등) ■

[예제 1.13] (최대정수함수, 바닥정수함수) 주어진 임의의 실수 x에 대하여, x보다 작거나 같은 정수 중에서 가장 큰 정수를 대응시키는 대응은 함수가 되는데, 이 함수를 최대정수함수 또는 바닥정수함수라고 말하고, 기호로 다음과 같이 나타낸다.

$$[x]=\lfloor x \rfloor = x\text{를 넘지 않는 최대의 정수.}$$

[예제 1.14] (최소정수함수, 지붕정수함수) 주어진 임의의 실수 x에 대하여, x보다 크거나 같은 정수 중에서 가장 작은 정수를 대응시키는 대응은 함수가 되는데, 이 함수를 최소정수함수 또는 지붕정수함수라고 말하고, 기호로 다음과 같이 나타낸다.

$$\lceil x \rceil = x\text{ 이상의 최소의 정수.}$$

> 정의 1.3 함수 $f: X \to Y$가 다음의 명제를 만족하면 f는 일대일(단사)함수(one to one function)라고 정의한다.
>
> $$f(a)=f(b) \Rightarrow a=b$$

이것은 명제 $a\neq b \Rightarrow f(a)\neq f(b)$와 논리적으로 동치이다. 기하학적으로 설명하면, 정의역과 공역이 R인 함수 f는 x축에 평행인 모든 직선이 f의 그래프와 많아야 한 점에서 만나는 경우가 단사함수이다.

> 정의 1.4 함수 $f: X \to Y$의 치역 $f(X)$와 공역 Y가 같은 집합일 때 f를 위로의(전사)함수(onto function)라고 정의한다.

이것은 $f(X)$가 항상 Y의 부분집합이기 때문에, Y가 $f(X)$의 부분집합이 된다는 사실과 동치이다. 기하학적으로 설명하면, 정의역과 공역이 R인 함수 f는 x축에 평행인 모든 직선이 f의 그래프와 적어도 한 점에서 만나는 경우가 전사함수이다.

> **정의 1.5** 함수 $f: X \to Y$가 일대일이고 위로인 함수이면 f를 **전단사함수** 또는 **일대일대응함수**라고 한다.

[예제 1.15] 정의역과 공역이 R이고 대응규칙이 다음과 같이 주어진 함수는 어떤 함수가 전사함수, 단사함수, 전단사함수인가?

(1) $y=x^2$ (2) $y=2x-1$

(3) $y=x^3$ (4) $y=x(x-1)(x-2)$

풀이 (1) $(-1)^2=1=1^2$이므로 단사가 아니다. $y=f(x)=-1$인 x는 존재하지 않기 때문에 전사가 아니다.

(2) $f(a)=f(b) \Rightarrow 2a-1=2b-1 \Rightarrow 2a=2b \Rightarrow a=b$이므로 단사이다. 한편, 모든 실수 c에 대하여 $2x-1=c$인 $x=\dfrac{1+c}{2}$가 존재하므로 전사이다. 즉, 전단사함수이다.

(3) $f(a)=f(b)$라고 하자. 그러면

$$\begin{aligned} a^3=b^3 &\Rightarrow (a-b)(a^2+ab+b^2)=0 \\ &\Rightarrow (a-b)\left[\left(a+\frac{b}{2}\right)^2+\frac{3}{4}b^2\right]=0 \\ &\Rightarrow a=b \end{aligned}$$

이므로 단사함수이다. 또, 모든 실수 c에 대하여 $(c^{1/3})^3=c$이므로 전사함수이다. 즉, $y=x^3$은 전단사함수이다.

(4) $y(0)=0=y(1)$이므로 단사가 아니다. 또, 모든 c에 대하여 방정식 $x(x-1)(x-2)=c$가 해를 가지므로(이것은 차후에 소개되는 연속함수의 성질을 이용하면 증명이 된다.) 전사함수이다. ■

> **정의 1.6** 함수 $f: X \to Y$가 전단사함수일 경우에 집합 Y의 임의의 원소 a에 $f(b)=a$인 X의 원소 b를 대응시키는 새로운 함수를 f의 **역함수**라고 하고 기호로 f^{-1}로 표시한다. 즉,

$$f^{-1} : Y \to X,\ a \mapsto b = f^{-1}(a)\ (\text{여기서 } f(b) = a)$$

함수 f가 전단사함수이므로 그의 역함수도 함수가 된다는 것을 유념하여라.

[예제 1.16] 정의역과 공역이 R인 함수 $y=2x-1$은 역함수를 가짐을 증명하고 그 역함수를 구하여라.

풀이 위의 예제 1.15(2)에 의하여 $y=2x-1$은 전단사함수이므로 역함수를 가진다. 또 정의1.6을 보면 역함수를 구하기 위해서는 x와 y를 교환한 다음에 y에 관하여 풀면, 역함수의 대응규칙이 얻어지는 것을 알 수 있다. 따라서 $x=2y-1$을 y에 관하여 풀면 $y=(x+1)/2$이 구하는 역함수이다. ■

> **정의 1.7** 구간 $[a, b]$ 위에서 정의된 함수 $f : [a, b] \to R,\ y=f(x)$에 대하여 $a \le x_1 < x_2 \le b$이면 항상 $f(x_1) \le f(x_2)$가 성립할 때, f는 **증가함수**(increasing function)라고 정의한다. 또, $a \le x_1 < x_2 \le b$이면 항상 $f(x_1) \ge f(x_2)$가 성립할 때 f는 **감소함수**(decreasing function)라고 정의한다.

> **정의 1.8** 구간 $[a, b]$ 위에서 정의된 함수 $f : [a, b] \to R,\ y=f(x)$에 대하여 $a \le x_1 < x_2 \le b$이면 항상 $f(x_1) < f(x_2)$가 성립할 때 f는 **단조증가함수**(strictly increasing) 또는 **완전증가함수**라고 정의한다. 또, $a \le x_1 < x_2 \le b$이면 항상 $f(x_1) > f(x_2)$가 성립할 때 f는 **단조감소함수**(strictly decreasing) 또는 **완전감소함수**라고 정의한다.

[예제 1.17] R 위에서 정의된 함수 $y=f(x)=-3x+2$는 단조감소함수임을 증명하여라.

풀이 임의의 두 실수 $x_1,\ x_2$에 대하여 $x_1 < x_2$가 성립한다고 하자. 그러면 부등식의 일반적인 성질에 의하여

$$-3x_1 > -3x_2 \quad \text{또는} \quad -3x_1 + 2 > -3x_2 + 2$$

그러므로 $f(x_1) > f(x_2)$. 따라서 단조감소함수이다. ■

함수의 그래프(graph)와 그래프 그리기

함수의 그래프란 함수의 대응관계를, 변수들이 대응하는 순서쌍을 이용하여 좌표평면에 표현한 것을 말하며

$$\text{함수 } f\text{의 그래프} = \{(x,\ y) \mid x \in D(f),\ y = f(x)\}$$

로 정의한다.

함수의 그래프를 좀 더 엄밀하게 그리기 위해서는 2, 3장에서 소개되는 도함수의 개념이 필요하지만, 여기서는 함수의 대칭성에 관하여 생각해 보기로 한다(단, 함수뿐만이 아니라 두 변수 x, y에 관한 방정식으로 주어진 도형(예를 들면, 원, 포물선, 타원 등)의 그래프를 그리는 것에도 응용할 수 있다.). 다음 그림을 참고하면 다음의 사실들을 알 수 있다.

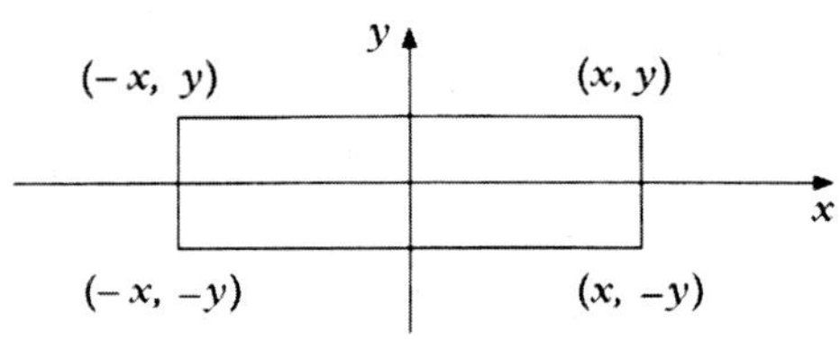

대칭점

y축 대칭

함수 f의 정의역 $D(f)(\subseteq R)$가 원점에 대하여 대칭인 집합이고, 모든 $x \in D(f)$에 대하여 $f(-x) = f(x)$를 만족하면, f의 그래프는 y축 대칭이며, 이러한 함수를 **우함수**(even function)라고 한다. 왜냐하면, $f(-x) = f(x) = y$라고 하면, 점 $(x,\ y)$가 f의 그래프 위의 점이 되고, 점 $(-x,\ y)$도 f의 그래프상의 점이 된다는 의미인데, 이 두 점은 y축에 대하여 대칭인 위치에 있기 때문이다.

원점대칭

함수 f의 정의역 $D(f)(\subseteq R)$가 원점에 대하여 대칭인 집합이고 모든 $x \in D(f)$에 대하여 $f(-x) = -f(x)$를 만족하면 f의 그래프는 원점대칭이며, 이러한 함수를 **기함수**(odd function)라고 한다. 왜냐하면, $f(-x) = -f(x) = -y$라고 하면, 점 $(x,\ y)$와 점

$(-x, -y)$가 그래프 위의 점이 된다는 의미인데, 이 두 점은 원점에 대하여 대칭인 위치에 있기 때문이다.

한편, x축에 관하여 대칭인 그래프를 가지는 경우에는 같은 x값에 대하여 두 개 이상의 y값이 대응되기 때문에 함수는 아니다. 그러나 원이나 포물선 및 타원등과 같이 방정식으로 주어지는 도형에 대하여 그 그래프를 그릴 때, x축에 관한 대칭성을 알면 편리할 때가 많다.

x축 대칭

만약 어떤 도형이 두 변수 x, y를 포함하는 한 방정식 $f(x, y)=0$에 의하여 나타내어 졌다면, $f(x, -y)=f(x, y)$를 만족할 때 $f(x, y)=0$의 그래프는 x축 대칭이다. 왜냐하면, 이 경우에 두 점(x, y)와 $(x, -y)$가 그래프상의 점이 되고, 이 두 점은 x축 대칭인 위치에 있기 때문이다.

[예제 1.18] 방정식 $x^2+y^2=1$로 주어지는 도형의 대칭성을 조사하고 그래프를 그려라.

풀이 $f(x, y)=x^2+y^2-1=0$이라고 하자. $f(x, -y)=x^2+(-y)^2-1=x^2+y^2-1=f(x, y)$이므로 x축 대칭이다. 또, $f(-x, y)=f(x, y)=0$이므로 y축 대칭, $f(-x, -y)=f(x, y)$ $=0$이므로 원점대칭이다. 실제로 이 방정식의 그래프는 중심이 $(0, 0)$이고 반지름이 1인 원이다. ■

함수는 일반적으로 임의의 집합 위에서 정의될 수 있지만, 이 책의 목적이 미분적분학을 공부하는데 있기 때문에, 앞으로는, 특별한 경우를 제외하고는 정의역과 공역 모두가 실수집합 R의 부분집합이라고 가정하는데, 이러한 함수를 **실수변수의 실수값함수**(real variable-real valued function) 또는 간단히 $R-R$함수라고 부른다.

$R-R$함수 f에 대하여, 대응규칙만이 주어져 있고 정의역과 공역이 분명하게 표시되어 있지 않은 함수에 대해서는, 주어진 규칙이 함수의 정의에 부합되는 모든 독립변수 x의 집합을 함수 f의 정의역으로 정하기로 약속하자. 이것을 **최대정의역의 법칙**이라고 부르기도 한다.

함수의 연산

두 $R-R$함수 f와 g에 대하여, $f(x)+g(x)$, $f(x)-g(x)$, $f(x)g(x)$, $f(x)/g(x)$를 함수값으로 가지는 새로운 함수를 각각 f와 g의 **합**, **차**, **곱**, **몫**이라고 부르고, 기호로 $f+g$, $f-g$, fg, f/g로 나타내며, 합, 차, 곱의 정의역은 f와 g의 정의역의 교집합, f/g의 정의역은 f와 g의 정의역의 교집합에서 g가 0인 함수값을 가지는 집합을 뺀 집합으로 정의한다. 다만, 이 사칙연산에 최대정의역의 법칙을 적용하면, 정의역은 더 큰 집합이 될 수도 있음을 밝혀둔다.

[예제 1.19] 함수 $f(x)=x^2$, $g(x)=3x-1$에 대하여 $f+g$, $f-g$, fg 및 f/g를 구하여라.

풀이 $(f-g)(x)=f(x)-g(x)=x^2-3x+1$, $(f+g)(x)=x^2+3x-1$, $(fg)(x)=x^2(3x-1)$, $(f/g)(x)=x^2/(3x-1)$. ■

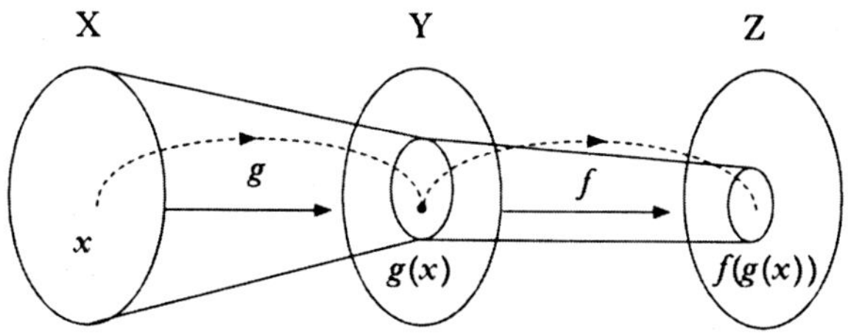

함수의 합성

함수의 합성

두 함수 f와 g에 대하여 $R(g)\subseteq D(f)$인 경우에 $D(g)$를 정의역으로 하고 대응규칙이 $y=f(g(x))$인 새로운 함수를 g와 f의 **합성함수**라고 부르고, 기호로 $f\circ g$로 나타낸다.

> **정리 1.9** 임의의 세 함수 $h: X\to Y$, $g: Y\to Z$와 $f: Z\to W$에 대하여 다음이 성립한다.
>
> $$(f\circ g)\circ h=f\circ(g\circ h).$$

증명 두 함수의 정의역은 X, 공역은 W로 같다. 또, 임의의 $x \in X$에 대하여

$$[(f \circ g) \circ h](x) = (f \circ g)(h(x)) = f(g(h(x))) = f((g \circ h)(x)) = [f \circ (g \circ h)](x). \qquad \square$$

[예제 1.20] 함수 $f(x) = x^3$, $g(x) = x+1$에 대하여 다음을 구하여라.

(1) $(f \circ g)(x)$ (2) $(g \circ f)(2)$

(3) $(f \circ f)(x)$ (4) $(g \circ g)(2)$

(5) $(f \circ g)(x) = (g \circ f)(x)$인 점 x의 집합

풀이 (1) $(f \circ g)(x) = f(g(x)) = (x+1)^3 = x^3 + 3x^2 + 3x + 1$.

(2) $(g \circ f)(x) = g(f(x)) = x^3 + 1$이므로 $(g \circ f)(2) = 9$.

(3) $(f \circ f)(x) = x^9$.

(4) $(g \circ g)(x) = (x+1) + 1 = x + 2$이므로 $(g \circ g)(2) = 4$.

(5) (1)과 (2)에서 $(f \circ g)(x) = (g \circ f)(x)$이면 $x^3 + 3x^2 + 3x + 1 = x^3 + 1$이므로 x는 0 또는 -1이다. 따라서 함수값이 같은 점의 집합은 0, -1이다. ■

절대값 함수의 정의

실수의 집합 R에서 R로 가는 다음과 같이 정의된 함수를 **절대값**(absolute value)이라고 부르며, 기호로 $|\ |$와 같이 나타낸다.

$$|x| = \begin{cases} x, & (x \geq 0\text{인 경우}) \\ -x, & (x < 0\text{인 경우}) \end{cases}$$

정리 1.10 임의의 실수 a, b에 대하여 다음이 성립한다.

(1) $|-a| = |a|$ (2) $|ab| = |a||b|$

(3) $|a/b| = |a|/|b|\ (b \neq 0)$

증명 (1)은 정의로부터 분명하다. (2)와 (3)의 증명은 a, b의 부호에 따라 네 가지의 경우가 생기는데, 이 네 가지 경우의 하나하나에 대하여 증명하면 되므로 자세한 증명은 생략한다. $\square$

삼각부등식

임의의 실수 a, b에 대하여 $\pm ab \le |ab|$이므로 $|a+b|^2 \le (|a|+|b|)^2$. 그러므로 다음의 부등식이 성립한다. 이것을 **삼각(절대)부등식**이라고 한다.

$$|a+b| \le |a| + |b|.$$

절대값 기호를 이용한 구간의 표시

D가 임의의 양수일 때

$$|a| < D \Leftrightarrow -D < a < D$$
$$|a| \le D \Leftrightarrow -D \le a \le D$$

가 성립하므로 다음이 성립한다.

$$(-D,\ D) = \{x \mid -D < x < D\} = \{x \mid |x| < D\}$$
$$[-D,\ D] = \{x \mid -D \le x \le D\} = \{x \mid |x| \le D\}$$

함수에 있어서의 목표치의 통제

때때로 함수값 $y=f(x)$가 어떤 주어진 목표값 y_0의 근처에 충분히 가깝게 놓여있도록 할 필요가 있을 때가 많다. 예를 들어, 실린더로 수량을 잴 때, 오차가 1% 내로 유지되려면 눈금의 간격을 어느 정도로 정해야 할까? 또, 예를 들어, 볼링공의 둘레는 최대 27인치, 최소 26.7인치로 규정이 되어 있다. 그러면 볼링공의 지름은 어떤 범위 내에 있어야 하는가? 이러한 문제들을 수학적으로 보면, 어떤 값 y_0 근방의 허용된 구간 내에 $y=f(x)$를 유지시키려면 얼마나 가까이 x를 제한해야 하는가 하는 문제와 같다. 이러한 문제의 답을 구하는 방법을 다음 예제들을 통하여 알 수 있을 것이다.

[예제 1.21] 일차함수 $y=5x+3$이 $y_0=8$을 중심으로 한 구간 $(-2,\ 18)$ 사이에 있으려면 x는 $x=1$에서 얼마나 가까워야 하는가?

풀이 $(-2,\ 18)=(8-10,\ 8+10)$이므로, 결국, 이 문제는 x가 어떤 값일 때 y가 구간 $|y-8|<10$에 속하는가 하는 문제와 같다. $y=5x+3$이므로

$$|y-8| = |5x+3-8| = |5x-5| < 10$$
$$\Leftrightarrow -10 < 5x-5 < 10$$

$$\Leftrightarrow -5 < 5x < 15$$
$$\Leftrightarrow -1 < x < 3$$
$$\Leftrightarrow -2 < x-1 < 2$$
$$\Leftrightarrow |x-1| < 2$$

그러므로 y가 주어진 구간 안에 있으려면 x는 1에서의 거리가 2보다 더 가까와야 한다. ■

[예제 1.22] 볼링공의 둘레는 최대 27인치를 넘지 않아야 되고 최소 26.7인치 이상은 되어야 한다고 규정되어 있다. 최대지름을 기준으로 할 때, 지름은 어떤 정도의 오차를 허용하는가? 단, 볼링공은 완전구형체이다.

풀이 지름을 d라고 하면 둘레는 πd이므로

$$26.7 \le \pi d \le 27$$
$$26.7/\pi \le d \le 27/\pi$$
$$8.49887 \le d \le 8.59437$$
$$8.49887 - 8.59437 \le d \le 0$$
$$-0.0955 \le d \le 0.$$

그러므로 최대지름을 기준으로 할 때, 0.0955인치(약 2.4 mm 정도) 보다 더 작아서는 안 된다. ■

연습문제 (1-1)

1. 다음 모임에 대하여 집합인지 아닌지를 판정하여라.
   (a) 착한 사람들의 모임
   (b) 1보다 큰 모든 자연수들의 모임
   (c) 집합 $A = \{x \mid x < 3,\ x\text{는 실수}\}$의 원소 중 가장 큰 원소의 모임
   (d) 큰 돌들의 모임
   (e) 현재까지 알려진 태양혹성들의 모임

2. 다음에서 $A \subset B$임을 증명하여라.
   $A = \{2p \mid p\text{는 소수}\}$, $B=$모든 짝수의 집합.

3. $A\times B=A\cup B$가 일반적으로 성립하지 않음을 증명하여라. 성립하는 경우도 있는가?

4. A가 n개의 원소로 이루어진 집합이면 A의 모든 부분집합의 총 수는 2^n개임을 증명하여라.

5. 한 입자가 다음에 주어진 점 a에서 b로 이동하였을 때, x-증분과 y-증분을 구하여라.

   (a) $a=(0, 0)$, $b=(-1, -1)$ (b) $a=(-1, 1)$, $b=(1, -1)$

   (c) $a=(\sqrt{2}, 1)$, $b=(1, \sqrt{2})$ (d) $a=(-\sqrt{2}, 1)$, $b=(1, 1)$

   (e) $a=(10, 5)$, $b=(-2, 3)$ (f) $a=(11, 1)$, $b=(2, 22)$

6. x-축과 30°의 각도로 만나고 점 $(1, -1)$을 지나는 직선의 방정식을 모두 구하여라.

7. 점 $(1, 1)$을 지나는 모든 직선의 방정식을 구하여라.

8. 두 점 $(1, 2)$, $(-1, 1)$을 지나는 직선에 수직이고 점 $(1, 1)$을 지나는 직 선의 방정식을 구하여라.

9. x-절편이 -3, y-절편이 4인 직선에 평행이고, 점 $(1, 1)$을 지나는 직 선의 방정식을 구하여라.

10. 도형상의 임의의 두 점의 증분의 비가 일정한 도형을 직선이라고 정의할 때 방정식 $Ax+By+C=0$을 만족하는 모든 점 (x, y)의 집합은 좌표평면에서 한 직선을 나타냄을 증명하여라(단, A, B는 모두는 0이 아닌 상수이다.)

11. 방정식 $y=x^2$을 만족하는 모든 점 (x, y)의 집합은 직선이 아님을 증명하여라.

12. 중심이 $(1, -1)$이고 지름이 4인 원의 방정식을 구하여라.

13. 두 직선 $y=x-1$과 $y=2x+1$의 교점을 중심으로 하고 원점을 지나는 원의 방정

식 구하여라.

14. 두 원 $(x-1)^2+y^2=1$과 $x^2+(y-1)^2=1$의 두 교점을 지나는 직선의 방정식을 구하여라.

15. 다음의 두 원은 접함을 증명하여라.

$$x^2+y^2=1,\ (x-12)^2+(y-5)^2=144.$$

16. 방정식 $x^2+y^2+Ax+By+C=0$(단, A, B, C는 모두는 0이 아닌 상수)을 만족하는 모든 점(x, y)들의 집합은 좌표평면에서 $\varnothing$ 또는 원을 나타냄을 증명하여라.

17. 초점이 $(0, 4)$이고 준선이 $y=-4$인 포물선의 방정식을 구하여라.

18. 초점이 $(1, 2)$이고 준선이 $x=-1$인 포물선의 방정식을 구하여라.

19. 다음에 주어진 포물선의 초점과 준선을 구하여라.

(a) $y=-x^2$ (b) $x=7y^2$

20. 함수 $f: X \to Y$가 역함수$f^{-1}: Y \to X$를 가지면 $f \circ f^{-1}=1_Y$, $f^{-1} \circ f=1_X$이 됨을 증명하여라.

21. 방정식 $f(x, y)=0$의 그래프가 직선 $y=x$에 대하여 대칭이 될 필요충분조건을 말하여라. 직선 $y=-x$에 관하여 대칭일 조건은?

22. R에서 R로 가는 두 함수 $f(x)=x^2-1$, $g(x)=\dfrac{x}{x+1}$에 대하여 다음을 구하여라.

(1) $f+g$ (2) fg (3) f/g (4) $f \circ g$ (5) $g \circ f$

23. R에서 R로 가는 두 함수에 대하여 다음의 사실을 증명하여라.

(1) 우함수+우함수=우함수 (2) 기함수+기함수=기함수

(3) 우함수∘우함수=우함수 (4) 우함수∘기함수=우함수

(5) 기함수 ∘ 우함수 = 우함수　　　　(6) 기함수 ∘ 기함수 = 기함수

24. 함수 $g : X \to Y$와 $f : Y \to Z$가 단사(전사)함수이면 두 함수 g와 f의 합성 $f \circ g : X \to Z$도 단사(전사)함수임을 증명하여라.

25. 함수 $g : X \to Y$와 $f : Y \to X$가 $f \circ g = 1_X$, $g \circ f = 1_Y$를 만족하면 f는 전사이고 g는 단사임을 증명하여라.

26. 함수 $y = x^2$의 값이 $y_0 = 1$을 중심으로 한 개구간 (0.7, 1.3) 사이에 있으려면 x는 $x = 1$에서 얼마나 가까워야 하는가?

1.2 함수의 극한

미분적분학은 주로 $R-R$함수의 미분과 적분에 관한 이론과 실질적인 문제들을 공부하여, 우리가 접하게 되는 실생활에서의 수학적인 문제와 더 높은 차원의 이론적인 수학을 공부하는데 그 목표를 둔다. 미분과 적분을 공부하는데 있어서, 그 필수불가결한 기초가 되는 것이 극한개념이다. 따라서 미분적분학은 극한의 학문이라고 해도 지나친 말은 아닐 것이다. 이러한 극한에 대한 개념을 이해하기 위하여 다음의 예제를 보자.

[예제 1.23] 함수 $y = f(x) = \dfrac{x^2 - 4}{x - 2}$는 $x = 2$에서는 정의가 되어 있지 않은 함수이다. x의 값을 변화시키면서 2에 가까이 접근시킬 때 y의 값은 어떻게 변화하는지를 살펴보아라.

풀이

$f(3) = 5$	$f(1) = 3$
$f(2.5) = 4.5$	$f(1.5) = 3.5$
$f(2.1) = 4.1$	$f(1.9) = 3.9$
$f(2.01) = 4.01$	$f(1.99) = 3.99$
$f(2.001) = 4.001$	$f(1.999) = 3.999$

$$\vdots \qquad\qquad \vdots$$

따라서 변수 x가 2(단, $x \neq 2$)에 가까이 감에 따라 그 함수값 $f(x)$는 4에 한없이 가까워짐을 알 수 있다. ■

그러나 다음의 예를 보자.

[예제 1.24] $y=f(x)=2x+1,\ x \geq 0,\ y=f(x)=x,\ x<0$로 정의된 함수 $y=f(x)$에 대하여 $x=0$에 가까이 있는 x의 값에 대하여 y의 값들은 어떤 모양으로 분포되어 있는가? 함수값이 가까워지는 어떤 고정된 값이 있는가?

풀이

$$\begin{array}{ll} f(0)=3 & f(-1)=-1 \\ f(0.1)=1.2 & f(-0.1)=-0.1 \\ f(0.01)=1.02 & f(-0.01)=-0.01 \\ f(0.001)=1.002 & f(-0.001)=-0.001 \\ f(0.0001)=1.0002 & f(-0.0001)=-0.0001 \\ \vdots & \vdots \end{array}$$

■

위의 값들을 살펴보면, x가 0(단, $x \neq 0$)으로 가까이 가되, 0보다 큰 쪽에서 0으로 가까이 가면 함수값은 1로 가까이 가고, 0보다 작은 쪽에서 0으로 가까이 가면 함수값은 0으로 가까이 간다. 그러므로 x가 0으로 좌우측에서 가까이 갈 때(단, $x \neq 0$), 함수값이 가까이 가게 되는 공통적인 수는 없다.

위의 예제 1.23과 같은 경우에, 함수 $f(x)$는 x가 2로 갈 때 4로 수렴한다고 말하고 4를 x가 2로 갈 때 함수 $f(x)$의 극한값이라고 한다. 이것을 참고로 하여 다음과 같이 정의한다.

함수의 극한의 직관적 정의 함수 $f(x)$가 한 점 $x=c$를 중심으로 하여 좌우측에 충분히 가깝게 있는 모든 점 x(단, $x=c$는 제외)를 어떤 고정된 점 $y_0=L$의 아래 위에 충분히 가깝게 있는 점들(점 L을 포함하여)에 대응시킬 때, 함수 $f(x)$는 $x=c$에서 **극한**(limit) L을 갖는다고 하고 이를 다음과 같은 기호로 나타낸다.

$$\lim_{x \to c} f(x) = L.$$

참고 극한에 관한 엄밀한 수학적 정의는 다음과 같이 $\varepsilon-\delta$방법으로 정의한다.

$$\lim_{x \to c} f(x) = L \Leftrightarrow \forall \varepsilon > 0,\ \exists \delta > 0 \text{ s.t. } 0 < |x-c| < \delta \Rightarrow |f(x) - L| < \varepsilon.$$

또 함수 $f(x)$에 대하여 위와 같은 성질을 가지는 점 L이 존재하지 않으면 함수 $f(x)$는 $x=c$에서 **극한을 갖지 않는다고** 말한다.

[예제 1.25] 위의 예제 1.23에서의 함수에 대하여 극한값을 구하여라.

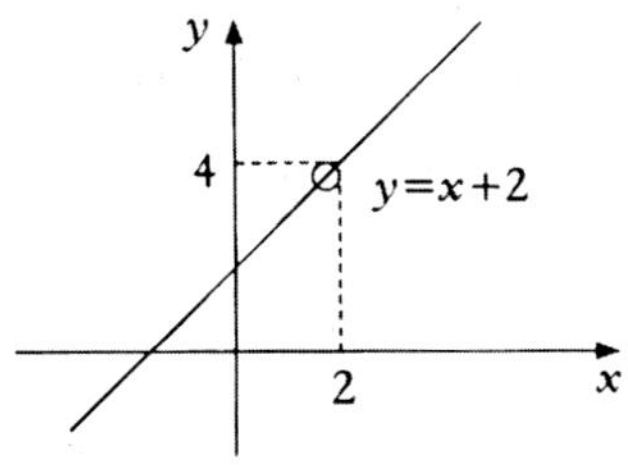

극한값

풀이 $x \neq 2$이면 $f(x) = \dfrac{x^2-4}{x-2} = x+2$. 그러므로 x가 2의 좌우측에 충분히 가까운 값이면 $f(x)$는 $L=4$의 아래 위에 충분히 가까운 값이 된다. 따라서

$$\lim_{x \to 2} \frac{x^2-4}{x-2} = 4.$$ ■

위의 예제 1.24를 보면, x가 0으로 좌우측에서 가까이 갈 때(단, $x \neq 0$), 함수 값이 가까이 가게 되는 공통적인 수는 없다. 그러나 x가 0의 좌측에서 가까이 갈 때(단, $x \neq 0$)만 고려한다면 함수값은 0으로 가까이 간다. 또, x가 0의 우측에서 가까이 갈 때(단, $x \neq 0$)만 고려한다면 함수값은 1로 가까이 간다. 즉, 좌우측을 따로따로 생각해 본다면, 함수값이 가까이 가게 되는 극한이 있다고 볼 수 있다. 이러한 한 방향의 극한을 다음과 같이 정의한다.

좌방극한의 직관적 정의 　함수 $f(x)$가 한 점 $x=c$를 중심으로 하여 좌측에 충분히 가깝게 있는 모든 점 x(단, $x=c$는 제외)를 어떤 고정된 점 $y_0=L$의 아래 위에 충분히 가깝게 있는 점들(점 L을 포함하여)에 대응시킬 때, 함수 $f(x)$는 $x=c$에서 **좌방극한**(left hand limit) L을 갖는다고 하고, 이를 다음과 같은 기호로 나타낸다.

$$f(c-) = \lim_{x \to c-} f(x) = L.$$

우방극한의 직관적 정의 함수 $f(x)$가 한 점 $x=c$를 중심으로 하여 우측에 충분히 가깝게 있는 모든 점 x(단, $x=c$는 제외)를 어떤 고정된 점 $y_0=L$의 아래 위에 충분히 가깝게 있는 점들(점 L을 포함하여)에 대응시킬 때, 함수 $f(x)$는 $x=c$에서 **우방극한**(right hand limit) L을 갖는다고 하고, 이를 다음과 같은 기호로 나타낸다.

$$f(c+)=\lim_{x\to c+} f(x)=L.$$

[예제 1.26] 함수 $f(x)=x/|x|$의 0에서의 좌방극한과 우방극한을 구하여라.

풀이 $\lim_{x\to 0+}\frac{x}{|x|}=\lim_{x\to 0+}\frac{x}{x}=1,\ \lim_{x\to 0-}\frac{x}{|x|}=\lim_{x\to 0-}\frac{x}{-x}=-1.$ ■

정리 1.11 함수 $f(x)$가 한 점 $x=c$에서 극한 L을 가질 필요충분조건은 함수 $f(x)$가 $x=c$에서 같은 좌방극한값과 우방극한값 L을 갖는 것이다.

증명 (필요조건). 함수 $f(x)$가 $x=c$에서 극한 L을 가지면 $x=c$를 중심으로 하여 좌우측에 충분히 가깝게 있는 모든 점 x(단, $x=c$는 제외)에 대하여 $f(x)$는 L의 아래 위에 충분히 가깝게 있게 된다. 그러므로 특히, $x=c$의 좌측에 있는 점에 대해서도 그렇고, 우측에 있는 점들에 대해서도 그렇다. 따라서, $f(x)$의 좌우방극한은 L이다.

(충분조건). 좌방극한이 L이므로, $x=c$의 좌측에 있는 가까운 점 x에 대해서 $f(x)$는 L의 아래 위에 충분히 가깝게 있고, 우방극한이 L이므로 $x=c$ 우측에 있는 가까운 점 x에 대해서도 $f(x)$는 L아래 위에 충분히 가깝게 놓여 있다. 결과적으로, $x=c$의 좌우측에 있는 가까운 점에 대해서 $f(x)$가 L의 아래 위에 충분히 가까이 있으므로, 함수 $f(x)$의 x가 c로 갈 때의 극한은 L이다. □

극한값을 계산하는데 있어서 한 함수가 주어졌을 때, 그 함수가 여러 가지 함수의 합, 차, 곱, 몫, 합성 등의 모양으로 이루어져 있다면, 그것의 극한을 구하는데 다음의 두 정리를 쓰면 편리한 경우가 많다. 이 정리들의 증명은 극한이 직관적으로 정의가 되어 있으므로 쉽게 증명할 수 있다. 따라서 증명은 생략하기로 한다.

정리 1.12 (극한의 대수) $\lim_{x\to c} f(x)=L$, $\lim_{x\to c} g(x)=M$이면 다음이 성립한다.

(1) $\lim_{x\to c}(f(x)+g(x))=\lim_{x\to c} f(x)+\lim_{x\to c} g(x)=L+M$

(2) $\lim_{x\to c}(f(x)-g(x))=\lim_{x\to c} f(x)-\lim_{x\to c} g(x)=L-M$

(3) $\lim_{x\to c}(f(x)g(x))=\lim_{x\to c} f(x)\lim_{x\to c} g(x)=LM$

(4) $\lim_{x\to c}(f(x)/g(x))=\lim_{x\to c} f(x)/\lim_{x\to c} g(x)=L/M$(단, $M\neq 0$)

정리 1.13 (합성함수의 극한) $\lim_{x\to c} g(x)=A$이고 $\lim_{y\to A} f(y)=f(A)$이라고 하자. 그러면

$$\lim_{x\to c}(f\circ g)(x)=f(A)$$

[예제 1.27] $\lim_{x\to c} x^3=(\lim_{x\to c} x)(\lim_{x\to c} x)(\lim_{x\to c} x)=ccc=c^3$.

[예제 1.28] $\lim_{x\to c}(x^3-2x^2+3x-5)=\lim_{x\to c} x^3-(\lim_{x\to c} 2)(\lim_{x\to c} x^2)+\left(\lim_{x\to c} 3\right)\left(\lim_{x\to c} x\right)$

$-\lim_{x\to c} 5=c^3-2c^2+3c-5$.

[예제 1.29] $\lim_{x\to c}\dfrac{x^2-3}{x^2+1}=\dfrac{\lim_{x\to c}(x^2-3)}{\lim_{x\to c}(x^2+1)}=\dfrac{c^2-3}{c^2+1}$(분모가 0이 아니므로).

정리 1.14 n차 다항함수 $f(x)=a_0+a_1x+\cdots+a_nx^n$에 대하여 c가 임의의 실수이면

$$\lim_{x\to c} f(x)=f(c).$$

증명 정리 1.12를 유한 번 적용하면 증명이 되므로 자세한 증명은 생략한다. □

> **정리 1.15** 다항함수 $f(x)=a_0+a_1x+\cdots+a_nx^n$과 $g(x)=b_0+b_1x+\cdots+b_mx^m$에 대하여 c가 임의의 실수이고 $g(c)\neq 0$이면 $\lim_{x\to c}\frac{f(x)}{g(x)}=\frac{f(c)}{g(c)}$.

증명 정리 4와 정리 2의 (4)에 의하여 성립한다. □

[예제 1.30] $\lim_{x\to 2}\frac{x^{10}-32x^5+5}{x^7-2x^6+3}=\frac{2^{10}-32\cdot 2^5+5}{2^7-2\cdot 2^6+3}=\frac{5}{3}$.

> **정리 1.16** c를 포함하는 구간에서 $x\neq c$에 대하여 부등식 $g(x)\leq f(x)\leq h(x)$를 만족하고 $\lim_{x\to c}g(x)=\lim_{x\to c}h(x)=L$이면, $\lim_{x\to c}f(x)=L$이다. 또, 이것은 한 방향 극한에 대하여도 성립한다.

증명 $x\neq c$가 c근방에 충분히 가깝게 있으면 $g(x)$와 $h(x)$는 L에 충분히 가깝게 있고, $f(x)$는 $g(x)$와 $h(x)$의 사이에 있으므로, $f(x)$도 L에 충분히 가깝게 있어야 한다. 또, c의 양편에 있는 x를 각각 생각해보면 한 방향극한에 대하여도 성립함을 알 수 있다. □

[예제 1.31] $\frac{1}{1+x^2}\leq f(x)\leq 1$을 만족하는 함수 $f(x)$에 대하여 $\lim_{x\to 0}f(x)$를 구하여라.

풀이 $\lim_{x\to 0}\frac{1}{1+x^2}=1$, $\lim_{x\to 0}1=1$이므로 샌드위치정리에 의하여 $\lim_{x\to 0}f(x)=1$이다. ■

무한대를 포함하는 극한

우리는 어떤 실수의 변수 x가 양의 방향으로 무한히 커지고 있는 상태를 보통 $x\to\infty$와 같이 나타내고, x가 "무한대로 간다"라고 읽는다. 그렇다고 해서, ∞가 무한히 큰 실수를 나타낸다고는 할 수 없다. 다만, 어떤 실수보다도 더 큰 어떤 양이라는 뜻의 기호일 뿐이다. 이제 이러한 ∞를 포함하는 극한에 대하여 생각해 보자.

〈독립변수가 무한대로 가는 경우〉

정의 1.17 충분히 큰 모든 x에 대하여 함수값 $f(x)$가 어떤 고정된 값L의 아래 위에 충분히 가깝게 있으면, x가 ∞로 갈 때의 $f(x)$의 극한은 L이라고 말하고, 기호로 다음과 같이 나타낸다.

$$\lim_{x \to \infty} f(x) = L.$$

정의 1.18 충분히 작은 모든 x에 대하여 함수값 $f(x)$가 어떤 고정된 값 L의 아래 위에 충분히 가깝게 있으면, x가 $-\infty$로 갈 때의 $f(x)$의 극한은 L이라고 말하고, 기호로 다음과 같이 나타낸다.

$$\lim_{x \to -\infty} f(x) = L.$$

정의 1.19 충분히 큰 모든 x에 대하여 함수값 $f(x)$도 무한히 커진다면(작아진다면), x가 ∞로 갈 때의 $f(x)$의 극한은 $\infty(-\infty)$라고 말하고, 기호로 다음과 같이 나타낸다.

$$\lim_{x \to \infty} f(x) = \infty\,(-\infty).$$

정의 1.20 충분히 작은 모든 x에 대하여 함수값 $f(x)$는 무한히 커진다면(작아진다면), x가 $-\infty$로 갈 때의 $f(x)$의 극한은 $\infty(-\infty)$라고 말하고, 기호로 다음과 같이 나타낸다.

$$\lim_{x \to -\infty} f(x) = \infty\,(-\infty).$$

〈종속변수가 무한대로 가는 경우〉

정의 1.21 실수c에 충분히 가깝게 있는 모든 점 x에 대하여 함수값 $f(x)$를 어떠한 실수보다도 더 크게 할 수 있을 때, x가 c로 갈 때의 $f(x)$의 극한은 ∞이다 또는 $f(x)$는 ∞로 발산한다고 말하고, 기호로 다음과 같이 나타낸다.

$$\lim_{x \to c} f(x) = \infty.$$

정의 1.22 실수 c에 충분히 가깝게 있는 모든 점 x에 대하여 함수값 $f(x)$를 어떠한 실수보다도 더 작게 할 수 있을 때, x가 c로 갈 때의 $f(x)$의 극한은 $-\infty$이다. 또는 $f(x)$는 $-\infty$로 발산한다고 말하고, 기호로 다음과 같이 나타낸다.

$$\lim_{x \to c} f(x) = -\infty.$$

무한대를 포함하는 극한에 대하여도 함수의 사칙연산의 극한에 관한 다음 정리가 성립한다는 것을 직관적으로 알 수 있다.

정의 1.23 $x \to \infty$인 경우와 극한이 무한대인 경우($-\infty$포함)에, 모두 정리 2와 같은 극한에 관한 정리가 성립한다. 단, $\infty - \infty$와 ∞/∞ 등과 같이 수렴값이 분명하지 않은 경우는 제외한다.

또, 무한대를 포함하는 극한에 대하여 다음의 샌드위치정리도 성립한다. 직관적으로 분명하므로 증명은 생략한다.

정리 1.24 (sandwich 정리) c를 포함하는 구간에서, $x \neq c$에 대하여 부등식 $g(x) \leq f(x) \leq h(x)$를 만족하고 $\lim_{x \to c} g(x) = \lim_{x \to c} h(x) = L$이면, $\lim_{x \to c} f(x) = L$이다. 여기서 c와 L은 실수, ∞ 또는 $-\infty$이다. 또, c가 실수인 경우에, 한 방향극한에 대하여도 이 정리가 성립한다.

[예제 1.32] 다음의 극한을 구하여라.

(1) $\lim_{x \to \infty} \frac{1}{x}$ (2) $\lim_{x \to \infty} \frac{1}{1+x^2}$ (3) $\lim_{x \to -\infty} \frac{2}{x^2}$ (4) $\lim_{x \to -\infty} \frac{x^2+1}{2x^2-3}$

풀이 (1) 0 (2) 0 (3) 0

(4) 분모분자를 x^2으로 나누면,

$$\lim_{x\to-\infty} \frac{x^2+1}{2x^2-3} = \lim_{x\to-\infty} \frac{1+\frac{1}{x^2}}{2-\frac{3}{x^2}} = \frac{1+\lim_{x\to-\infty}\frac{1}{x^2}}{2-\lim_{x\to-\infty}\frac{3}{x^2}} = \frac{1+0}{2-0} = \frac{1}{2}.$$ ■

[예제 1.33] 다음의 극한을 구하여라.

(1) $\lim_{x \to \infty} \frac{1}{[x]}$ (2) $\lim_{x \to \infty} \frac{x^2}{[x^2]}$ (3) $\lim_{x \to 0} \frac{1}{x^2}$

(4) $\lim_{x \to 1-} \frac{1}{[x]-1}$ (5) $\lim_{x \to -\infty} (x^3-2x-1)$

풀이 (1) 0

(2) $x^2 > 1$이면 $x^2 - 1 \le [x^2] \le x^2$이므로

$$1 \le \frac{x^2}{[x^2]} \le \frac{x^2}{x^2-1} = \frac{1}{1-\frac{1}{x^2}}.$$

그러므로 $\lim_{x\to\infty} \frac{x^2}{[x^2]} = 1.$

(3) ∞

(4) -1

(5) $\lim_{x\to-\infty} (x^3-2x-1) = \lim_{x\to-\infty} x^3\left(1-\frac{2}{x^2}-\frac{1}{x^3}\right) = -\infty$ ■

연습문제 (1-2)

1. 다음 극한을 구하여라.

(1) $\lim_{x \to 1/3} (3x-1)$ (2) $\lim_{x \to 1} (x^3+2x^2-3x-5)$

(3) $\lim_{x \to -1} 2x^3(3x-1)$ (4) $\lim_{x \to -2} (x^3-2x^2+4x+8)$

2. 다음 극한을 구하여라.

(1) $\lim_{x \to 1} \frac{x+2}{x-5}$ (2) $\lim_{x \to -1} \frac{x+3}{x^2+2x+2}$ (3) $\lim_{t \to -2} \frac{t^2+5t+6}{t+2}$

(4) $\lim_{x \to 1} \frac{x^3-5x+4}{-x^3+x^2-x+1}$ (5) $\lim_{y \to 2} \frac{3y^3-10y-3}{y^4-14}$ (6) $\lim_{x \to -2} \frac{x^2+x-2}{x^2-4}$

(7) $\lim_{x \to -3} \frac{x+3}{x^2+4x+3}$ (8) $\lim_{x \to 0} \frac{5x^3-8x^2}{x^4-16x^2}$

3. 다음과 같이 정의된 함수 $f(x)$에 대하여 $x=-1,\ 0,\ 1$에서의 좌·우방극 한이 존재하면 모두 구하여라.

$$f(x)=\begin{cases} x^2, & x \in [-1,\ 1]-0 \\ 1, & x=0 \end{cases}$$

4. 다음에 주어진 함수들에 대하여 $x=0$에서의 극한을 구하고 비교하여 보아라. 어떠한 사실을 알 수 있는가?

(1) $f(x)=x^2$ (2) $f(x)=\begin{cases} x^2, & |x|<1 \\ 1, & |x| \geq 1 \end{cases}$ (3) $f(x)=\begin{cases} x^2, & |x|<1/2 \\ 0, & |x| \geq 1/2 \end{cases}$

5. $\lim_{x \to 1} f(x)=3$, $\lim_{x \to 1} g(x)=-2$일 때 다음의 극한을 구하여라.

(1) $\lim_{x \to 1} (f(x)+g(x))$ (2) $\lim_{x \to 1} (f(x)-g(x))$ (3) $\lim_{x \to 1} (f(x)g(x))$

(4) $\lim_{x \to 1+} [2f(x)+3g(x)]$ (5) $\lim_{x \to 1} (f(x)/g(x))$ (6) $\lim_{x \to 1} ([f(x)]^2+[g(x)]^2)$

(7) $\lim_{x \to 1-} [f(x)-g(x)]^2$

6. 함수 $f(x)$가 구간 $[-1, 1]$에서 다음의 부등식을 만족할 때, $\lim_{x \to 0} f(x)$를 구하여라.

$$\frac{1}{1+|x|} \leq f(x) \leq \frac{1}{1+x^2}.$$

7. 다음의 극한을 구하여라.

(1) $\lim_{x \to \infty} \frac{x}{[x]}$　　(2) $\lim_{x \to \infty} \frac{x+1}{1+x^2}$

(3) $\lim_{x \to -\infty} \left[\frac{x^2-1}{x^2}\right]$　　(4) $\lim_{x \to -\infty} \frac{x^2+1}{2x^2-3x+1}$

1.3 함수의 연속성

망망대해에 큰 배가 지나가고 있을 때, 그 배가 지나간 자리는 하나의 곡선을 이룬다고 볼 수 있다. 배가 가라앉거나 하늘로 날아가지 않는 한 이 곡 선은 끊어진 곳이 없다. 이와 같이 끊어져 있지 않는 그래프를 갖는 함수를 연속함수라고 볼 수 있다. 이제, 이와 같이 끊어져 있지 않는 그래프를 가지는 함수에 대하여 알아보자.

함수의 연속성의 정의　함수가 구간 $[a, b]$ 위에서 정의되어 있을 때,

(1) 정의역 내의 점 c에서 $\lim_{x \to c} f(x) = f(c)$인 경우에 함수 $f(x)$가 $x=c$에서 **연속**이라고 정의한다.

(2) 정의역 내의 점 c에서 $\lim_{x \to c+} f(x) = f(c)$인 경우에 함수 $f(x)$가 $x=c$에서 **우방연속**이라고 정의한다.

(3) 정의역 내의 점 c에서 $\lim_{x \to c-} f(x) = f(c)$인 경우에 함수 $f(x)$가 $x=c$에서 **좌방연속**이라고 정의한다.

(4) 정의역 내의 점 c에서는 연속이고 a에서는 우방연속, b에서는 좌방연속일 때 함수 f는 **구간** $[a, b]$에서 **연속**이라고 말한다.

참고 함수의 연속성에 관한 엄밀한 수학적 정의는 다음과 같이 $\varepsilon-\delta$방법으로 정의한다.

$$\forall \varepsilon > 0, \ \exists \delta > 0 \text{ s.t. } |x-c| < \delta \Rightarrow |f(x)-f(c)| < \varepsilon.$$

또, $f(x)$가 연속이 아니면 **불연속**이라고 하고, 연속이 아닌 점을 **불연속점**이라고 한다.

위의 정의를 고찰해 보면 다음을 알 수 있다.

> **정리 1.25 (함수의 연속성 판정법)** 함수 $f(x)$가 연속일 필요충분조건은 다음 세 가지 조건을 만족하는 것이다.
> (1) $f(x)$가 $x=c$ 위에서 정의되어 있다.
> (2) $\lim_{x \to c} f(x)$가 존재한다. ($c=a$ 또는 $c=b$인 경우는 한 방향극한)
> (3) 극한값과 함수값이 같다.

또 좌우방극한에 관한 정리를 이용하면 다음을 증명할 수 있다.

> **정리 1.26** 함수 $f(x)$가 정의역 내부의 점 c에서 연속일 필요충분조건은 $f(x)$가 c에서 좌방연속이면서 동시에 우방연속이 되는 것이다.

[예제 1.34] 다항함수 $y=f(x)=a_0+a_1x+\cdots+a_nx^n$는 모든 점 c에서 연속이다.

풀이 극한에 관한 정리에 의하여

$$\lim_{x \to c}(a_0+a_1x+\cdots+a_nx^n)=a_0+a_1c+\cdots+a_nc^n=f(c).$$ ■

[예제 1.35] $y=\sqrt{x}$는 모든 점 $c \geq 0$에서 연속이다.

풀이 $\lim_{x \to c}\sqrt{x}=\sqrt{c}$, $c>0$, $\lim_{x \to 0+}\sqrt{x}=\sqrt{0}$. ■

[예제 1.36] 최대정수치함수 $y=f(x)=[x]$는 모든 정수값 $x=n$에서 우방연속이고 좌방연속은 아니며, 정수가 아닌 모든 점 c에서 연속이다.

풀이 $x=c$가 정수가 아니면, $n<c<n+1$인 정수 n이 존재한다. 그러면

$$\lim_{x\to c} f(x)=n=f(c).$$

그러므로 $f(x)$는 정수가 아닌 점 c에서 연속이다. 또, $x=n$이 정수이면

$$\lim_{x\to n-} f(x)=n-1\neq f(n),\ \lim_{x\to n+} f(x)=n=f(n).$$

이므로, n에서 우방연속이고 좌방연속은 아니다. ■

두 함수의 사칙연산에 관한 극한에 관한 정리인 정리 1.12를 이용하면 다음의 유용한 정리를 쉽게 증명할 수 있다.

> **정리 1.27** 함수 f와 g가 $x=c$에서 연속이면 $f+g$, $f-g$, fg, f/g(단, $g(c)\neq 0$)도 $x=c$에서 연속이다.

[예제 1.37] 유리함수 $y=\dfrac{f(x)}{g(x)}$는 $g(c)\neq 0$인 모든 점c에서 연속이다. 여기서

$$f(x)=a_0+a_1x+\cdots+a_nx^n,\ g(x)=b_0+b_1x+\cdots+b_mx^m.$$

풀이 정리 1.12에 의하여 극한값이 함수값이 되므로 연속이다. ■

합성함수의 연속성에 관한 다음 정리도 정리 1.13을 이용하면 쉽게 증명할 수 있다.

> **정리 1.28** 함수 $y=g(x)$가 $x=c$에서 연속이고 $z=f(y)$가 $g(c)$에서 연속이면 g와 f의 합성함수 $z=(f\circ g)(x)$도 $x=c$에서 연속이다.

[예제 1.38] $y=f(x)=a_0+a_1x+\cdots+a_nx^n$일 때, $z=\sqrt{y}$는 $f(c)\geq 0$인 점c에서 연속이다.

풀이 예제 1.34과 예제 1.35에 의하여 연속이다. ■

우리는 때때로 $f(x)=0$과 같은 방정식을 풀어야 하는 때가 있다. 이러한 방정식이 항상 해를 가지는 것은 아니지만, 이러한 방정식이 어떠한 경우에 해를 가지며, 또한

그 해가 어떤 구간 내에 존재하는지를 알 수 있는 유용한 도구가 다음 정리이다.

정리 1.29 (중간값의 정리(intermediate value theorem) 함수 $f(x)$가 폐구간 $[a, b]$ 위에서 연속이고, C가 $f(a)$와 $f(b)$ 사이의 임의의 실수이면 $f(c)=C$인 실수 c가 (a, b) 내에 적어도 하나 존재한다.

증명 이 정리는 직관적으로는 분명하며, 실수의 최소상계적 성질을 이용하면 이론적으로도 엄밀하게 증명될 수 있지만 여기서는 생략하기로 한다. □

계 1.30 함수 $f(x)$가 폐구간 $[a, b]$에서 연속이고 $f(a)f(b)<0$을 만족하면 방정식 $f(x)=0$은 (a, b)내에 적어도 하나의 근을 가진다.

증명 위의 중간값 정리에서 $C=0$인 경우이므로 분명하다. □

[예제 1.39] 방정식$x^4+2x^3-x^2+6x+7=0$이 구간$[-1, 1]$내에서 적어도 하나의 실근을 가짐을 증명하여라.

풀이 $f(x)=x^4+2x^3-x^2+6x+7$라고 하면, $f(x)$는 다항함수이므로 위의 예제 1.38에 의하여 모든 구간에서 연속이다. 그런데, $f(-1)=-1<0<15=f(1)$이므로 중간치 정리에 의하여 구간 $[-1, 1]$ 내에서 적어도 하나의 실근을 갖는다. ■

최대값과 최소값

좌우로 진동하고 있는 시계추를 생각하여 보자. 시계추와 지면과의 수직거리는 시간에 따라 주기적으로 변할 것이다. 만약 시간t를 독립변수, 수직높이를 종속변수H라고 하면 높이 H는 시간 t의 함수가 된다. 시계추의 높이가 갑자기 변할 수는 없기 때문에, 이 함수는 연속함수가 되며, 시계추의 높이가 무한히 높아 질 수도 없기 때문에, 시계추의 높이가 최대가 되는 시간이 있을 것이고(실제로, 그 시간은 주기적으로 나타난다.), 시계추의 높이가 최소가 되는 시간도 존재할 것이다. 우리는 여기서 어떤 주어진 함수가 그의 정의역에서 최대값과 최소값을 가지는지, 또는 가지지 않는지에 대하여 고찰해 볼 필요성을 느낄 수 있다.

정의 1.31 함수 $f(x)$가 구간 $[a, b]$ 위에서 정의되어 있다고 하자. 모든 $x \in [a, b]$에 대하여 $f(x_M) \geq f(x)$를 만족하는 점 x_M이 $[a, b]$내에 존재하면, $f(x)$는 $x = x_M$에서 **최대값** $f(x_M)$을 갖는다고 말하고, 기호로 다음과 같이 나타내며, 점 $(x_M, f(x_M))$을 **최대점**이라고 한다.

$$\max_{x \in [a, b]} f(x) = f(x_M).$$

정의 1.33 함수 $f(x)$가 구간 $[a, b]$ 위에서 정의되어 있다고 하자. 모든 $x \in [a, b]$에 대하여 $f(x_m) \leq f(x)$를 만족하는 점 x_m이 $[a, b]$내에 존재하면, $f(x)$는 $x = x_m$에서 **최소값** $f(x_m)$을 갖는다고 말하고, 기호로 다음과 같이 나타내며, 점 $(x_m, f(x_m))$을 **최소점**이라고 한다.

$$\min_{x \in [a, b]} f(x) = f(x_m).$$

[예제 1.40] $f(x) = 2x - 1$이면, 최대값은 $\max_{x \in [-1, 1]} f(x) = f(1) = 1$이고, 최소값은 $\min_{x \in [-1, 1]} f(x) = f(-1) = -3$이다.

연속함수에 관한 다음의 정리도 때때로 유용하게 쓰인다. 증명은 생략한다.

정리 1.34 함수 $f(x)$가 폐구간 $[a, b]$에서 연속이면 f는 $[a, b]$에서 유계이다. 즉, 어떤 양수 K가 존재하여, 모든 $x \in [a, b]$에 대하여 $|f(x)| \leq K$를 만족한다.

또, 함수의 최대최소에 관한 다음의 정리도 성립한다.

정리 1.35 (극값의 정리(extremum value theorem) 함수 $f(x)$가 폐구간 $[a, b]$에서 연속이면 f는 $[a, b]$내에서 최대값과 최소값을 가진다.

증명 이 정리는 정리 9와 실수의 최소상계적성질을 이용하여 증명할 수 있으나 자세한 증

명은 생략하기로 한다. □

[예제 1.41] 함수 $f(x)=x^3-2x^2+1$에 대하여, 구간 $[-1, 1]$에서의 $f(x)$의 어떠한 함수값보다도 큰 수 K(이러한 수 K를 구간 $[-1, 1]$에서의 $f(x)$의 상계라고 부른다.)를 하나만 찾아보아라.

풀이 삼각부등식에 의하여, $|x^3-2x^2+1| \le |x|^3+2|x|^2+1 \le 1+2+1=4=K$. ■

[예제 1.42] 함수 $f(x)=\dfrac{1}{x}$은 구간 $(0, 1]$에서 최대값을 가지는가? 극치의 정리가 모순이라고 할 수 있는가?

풀이 $f(x)=\dfrac{1}{x}$은 구간 $(0, 1]$에서 연속이지만 최대값은 가지지 않는다. 이것은 주어진 구간이 유한 폐구간이 아니기 때문에 가능하다. 따라서 극치의 정리가 틀린 것은 아니다. ■

연습문제 (1-3)

1. 함수 $f(x)=(x^3-1)/(x^2-1)$이 $x=1$에서 연속이 되도록 $f(1)$을 정의하여라.

2. 최대정수치함수 $f(x)=[x]$의 모든 불연속점들의 집합 S를 구하여라.

3. 다음 함수가 $x=2$에서 연속이 되도록 하는 상수 a의 값을 구하여라.

$$f(x)=\begin{cases} x^3-2x+1, & x \ge 2 \\ x^2-ax, & x<2 \end{cases}$$

4. 모든 점에서 0이 아닌 연속함수 $f(x)$는 항상 양수이거나 항상 음수임을 증명하여라.

5. 모든 실수 x에서 연속인 함수 $f(x)$는 임의의 폐구간 $[a, b]$를 폐구간으로 보냄을 증명하여라.
(도움말 : 연속함수에 관한 극값의 정리와 중간값정리를 적용하여라.)

6. $x>1$일 때에는 $f(x)=1$, $x<1$일 때에는 $f(x)=x^2-1$로 정의된 함수가 $x=1$에서 좌방연속이 되려면 $f(1)$을 어떤 값으로 정의하여야 하는 가?

7. 정수가 아닌 임의의 실수 x에 대하여 $n<x<n+1$인 정수 n이 유일하게 존재한다. 이러한 정수가 아닌 x에서의 함수값을 $f(x)=\dfrac{1}{1+n^2}$로 정의할 때, $f(x)$가 모든 점에서 우방연속이 되도록 함수값 $f(n)$(n은 정수)을 정하여라.

8. 방정식 $\sqrt{x^2+x+1}+x^3-4x+1=0$은 구간 $[0, 1]$에서 적어도 하나의 실 근을 가짐을 보여라.

제 2 장 미 분 법

2.1 미분계수와 도함수

직선 $y=mx+b$가 주어졌을 때, 이 직선상의 임의의 두 점 (x_1, y_1), (x_2, y_2)에서 y의 증분 $\Delta y=y_2-y_1$과 x의 증분 $\Delta x=x_2-x_1$의 비 $\dfrac{\Delta y}{\Delta x}$는 항상 일정하다. 이 수를 그 직선의 기울기라고 정의한다. 이제 곡선이 기울어진 정도를 나타내는 방법에 대하여 생각해 보자.

정의 2.1 (접선의 정의) 임의의 연속곡선(curve) C 위의 한 점 P가 주어졌다고 하자. P의 양쪽에 있고 P와는 다른 곡선 위의 임의의 두 점 Q와 Q'을 잡아서 Q와 Q'을 곡선 C를 따라서 P에 한없이 가까이 접근시킬 때, 직선 PQ와 PQ'이 어떤 고정된 하나의 직선 PT에 한없이 가까이 가면, 이 고정된 직선을 곡선 C의 **접선**(tangent line)이라고 정의한다(그림 참조).

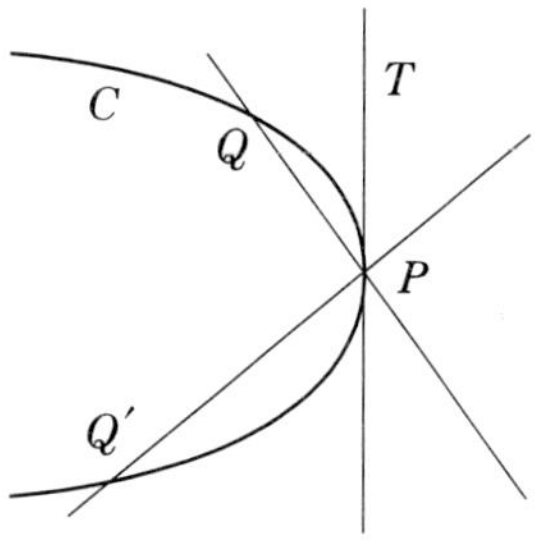

그림 2.1

[예제 2.1] $y=x^3$ 위의 점(0, 0)에서의 접선은 x-축이다.

[예제 2.2] $y=|x|$의 원점에서의 접선은 정의되지 않는다.

> **정의 2.2** 어떤 곡선이 주어져 있을 때, 그 곡선 위의 한 점에서 그 곡선의 기울기는 그 점에서의 접선의 기울기로 정의한다.

이 장에서 배우게 되는 미분개념이 바로 이러한 곡선의 기울기에 바탕을 두고 있다.

> **정의 2.3 (평균변화율)** 함수 $y=f(x)$에 대하여 독립변수 x가 c에서 $c+\Delta x$까지 변하는 동안, 종속변수 y는 $\Delta y=f(c+\Delta x)-f(x)$만큼 변한다. 이 두 증분의 비 $\Delta y/\Delta x$를 함수 f의 $x=c$와 $x=c+\Delta x$ 사이의 **평균변화율**이라고 한다. 즉,
>
> $$x=c\text{에서 } x=c+\Delta x \text{ 사이의 평균변화율} = \frac{\Delta y}{\Delta x} = \frac{f(c+\Delta x)-f(c)}{\Delta x}.$$

[예제 2.3] 함수 $y=x^2$에서 x가 2에서 2.5로 변할때의 평균변화율은?

풀이 $\dfrac{\Delta y}{\Delta x} = \dfrac{f(2+\Delta x)-f(2)}{\Delta x} = \dfrac{(2+0.5)^2-2^2}{0.5} = 4.5.$ ■

> **정의 2.4 (순간변화율(미분계수))** 함수 $y=f(x)$에 대하여 $x=c$에서의 **순간변화율**(**변화율** 또는 **미분계수**)은 Δx가 0으로 갈 때의 평균변화율의 극한으로 정의하고, $f'(c)$로 나타낸다. 즉,
>
> $$f'(c) = \lim_{\Delta x \to 0} \frac{f(c+\Delta x)-f(c)}{\Delta x}.$$
>
> 만약 $f'(c)$가 존재하면 함수 f는 $x=c$에서 **미분가능하다**(differentiable)고 말한다.

> **정의 2.5 (좌우방미분계수)** 함수 $y=f(x)$에 대하여 다음의 좌(우)방극한이 존재하면 $f(x)$는 $x=c$에서 **좌(우)방미분가능하다**고 말하고, 다음과 같이 나타낸다.
>
> $$f'_-(c) = \lim_{\Delta x \to 0-} \frac{f(c+\Delta x)-f(c)}{\Delta x}\left(f'_+(c) = \lim_{\Delta x \to 0+} \frac{f(c+\Delta x)-f(c)}{\Delta x}\right).$$

함수 $y=f(x)$에서 점 $(c+\Delta x, f(c+\Delta x))$는 점 $(c, f(c))$의 양쪽에 있는 점을 나타내고, Δx가 0으로 접근하면 점 $(c+\Delta x, f(c+\Delta x))$는 $(c, f(c))$로 가까이 간다. 그러므로, 미분계수 $f'(c)$가 존재하면 이 두 점을 잇는 직선은 기울기가 $f'(c)$인 직선으로 한없이 가까이 간다. 따라서 접선이 존재하고 그 접선의 기울기는 $f'(c)$이다. 즉,

$$\begin{aligned} f'(c) &= \text{점}(c, f(c))\text{에서의 } y=f(x)\text{의 접선의 기울기} \\ &= \text{점}(c, f(c))\text{에서의 곡선 } y=f(x)\text{의 기울기}. \end{aligned}$$

[예제 2.4] 함수 $y=f(x)=1/x$ 위의 한 점 (1, 1)에서의 접선의 방정식을 구하여라.

풀이 기울기는 $f'(1)=\lim_{\Delta x\to 0}\frac{1/(1+\Delta x)-1}{\Delta x}=\lim_{\Delta x\to 0}\frac{-1}{1+\Delta x}=-1$. 점 (1, 1)을 지나므로, 접선의 방정식은 $y=-(x-1)+1=-x+2$이다. ■

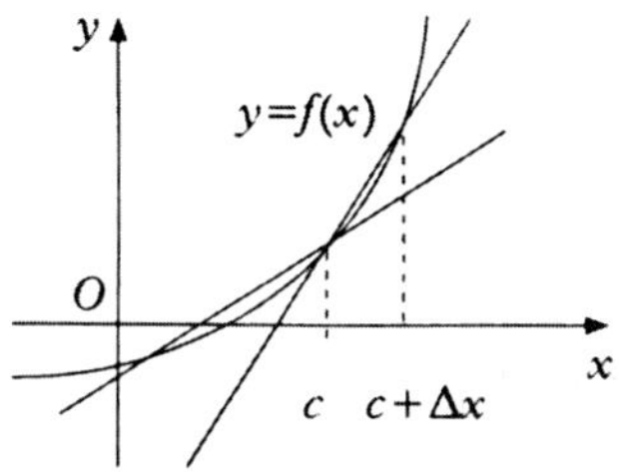

그림 2.2

정리 2.6 $y=f(x)$가 $x=c$에서 미분가능하면 $f(x)$는 $x=c$에서 연속이다.

증명

$$\begin{aligned} \lim_{x\to c} f(x) &= \lim_{x\to c}[f(x)-f(c)+f(c)] \\ &= \lim_{x\to c}\left[\frac{f(x)-f(c)}{x-c}(x-c)+f(c)\right] \\ &= \lim_{\Delta x\to 0}\frac{f(c+\Delta x)-f(c)}{\Delta x}\cdot 0+f(c) \\ &= f'(c)\cdot 0+f(c)=f(c). \quad (\text{단, } c+\Delta x=x). \end{aligned}$$

□

미분계수를 이용하여 함수의 도함수를 정의한다.

정리 2.7 (도함수) 함수 $y=f(x)$에 대하여 $f(x)$가 미분가능한 정의역 $D(f)$ 내의 모든 점의 집합을 D라고 할 때, D를 정의역으로 하고 D의 각각의 원소x에 미분계수 $f'(x)$를 대응시키면, 그 대응은 함수가 되는데, 이 함수를 f의 **도함수**(derivative)라고 하고 f'으로 나타낸다. 즉,

$$f' : D \to R$$

$$x \mapsto f'(x)=\lim_{\Delta x\to 0}\frac{f(x+\Delta x)-f(x)}{\Delta x}$$

정리 2.8 (우(좌)방도함수) 함수 $y=f(x)$에 대하여 우(좌)방미분계수 $f'_+(x)(f'_-(x))$가 존재하는 정의역 $D(f)$내의 모든 점의 집합을 $D^+(D^-)$라고 할 때, $D^+(D^-)$를 정의역으로 하고 $D^+(D^-)$의 각각의 원소x를 우(좌)방미분계수 $f'_+(x)[f'_-(x)]$에 대응시키면, 그 대응은 함수가 되는데, 이 함수를 f의 우(좌)방도함수라고 하고 $f'_+(f'_-)$과 같이 나타낸다. 즉,

$$f'_+(f'_-) : D^+(D^-) \to R$$

$$x \mapsto f'_{+(-)}(x) = \lim_{\Delta x \to 0+(-)} \frac{f(x+\Delta x)-f(x)}{\Delta x}.$$

[예제 2.5] 함수 $y=x^2$의 도함수를 구하여라.

풀이 모든 실수 x에 대하여 $f'(x)=\lim_{\Delta x \to 0}\frac{(x+\Delta x)^2-x^2}{\Delta x}=\lim_{\Delta x\to 0}(2x+\Delta x)=2x$가 존재하므로 f'은 정의역이 R이고 대응규칙이 $f'(x)=2x$인 일차함수이다. ■

[예제 2.6] 함수 $y=|x|$의 도함수, 좌방도함수, 우방도함수를 구하여라.

풀이 $x\neq 0$에 대하여 $f'(x)=\lim_{\Delta x\to 0}\frac{|x+\Delta x|-|x|}{\Delta x}=\lim_{\Delta x\to 0}\frac{(x+\Delta x)^2-x^2}{\Delta x(|x+\Delta x|+|x|)}=\frac{x}{|x|}$. $x=0$일 때에는, $f'_+(0)=\lim_{x\to 0+}\frac{|\Delta x|}{\Delta x}=1$, $f'_-(0)=\lim_{x\to 0-}\frac{|\Delta x|}{\Delta x}=-1$. 그러므로, (a) $f'(x)=1$, $x>0$, $f'(x)=-1$, $x<0$ (b) $f'_+(x)=1$, $x\geq 0$, $f'_+(x)=-1$, $x<0$ (c) $f'_-(x)=1$, $x>0$, $f'_-(x)=-1$, $x\leq 0$. ■

함수 $y=f(x)$의 도함수를 나타내는 기호는 지금까지 우리가 사용한 기호 이외에 다음과 같은 기호들도 빈번하게 사용된다.

$$f'(x),\ y'(\text{Lagrange 기호}),\ \dot{y}(\text{Newton 기호}),\ Df(x)(\text{Arbogast 기호}),$$

$$\frac{d}{dx}f(x),\ \frac{df}{dx}(x),\ \frac{dy}{dx}(x)(\text{Leibniz 기호}).$$

주어진 함수의 도함수를 구할 때, 주어진 함수가 비교적 간단한 함수들의 사칙연산이나 합성함수의 모양으로 되어 있을 경우에, 그 함수의 도함수를 정의에 입각하여 직접 계산한다면 일반적으로 매우 복잡하게 될 것이다. 이러한 어려움을 극복하기 위하

여 다음의 미분 공식들에 대하여 살펴보자.

연습문제 (2-1)

1. 다음 함수에 대하여 $x=c$에서 $x=c+\Delta x$ 사이의 평균변화율을 구하여라.

   (1) $y=x^2-x,\ c=2,\ \Delta x=0.2$　　　(2) $y=\dfrac{1}{x},\ c=1,\ \Delta x=0.1$

2. 도함수의 정의를 이용하여 다음 함수의 도함수를 구하여라.

   (1) $y=x^2+x$　　　(2) $y=\dfrac{1}{x^2}$　　　(3) $y=\sqrt{x}$

3. 다음에 주어진 함수 $y=f(x)$에 대하여 물음에 답하여라.

$$f(x)=\begin{cases} x^2, & x\text{는 유리수} \\ 2x-1, & x\text{는 무리수} \end{cases}$$

   (1) f는 $x=1$에서 연속인가?

   (2) f는 $x=1$에서 미분가능한가?

4. $x=c$가 $f(x)$의 정의역에 속하는 내점일 때, 다음 기호의 차이점을 설명 하여라.

   (1) $f'(c+)$　　　(2) $f'(c-)$　　　(3) $f'_+(c)$　　　(4) $f'_-(c)$

5. 다음에 주어진 함수에 대하여 $f'_-(1+)$와 $f'_+(1-)$를 구하여라.

$$y=f(x)=\begin{cases} x^2 & ,\ x<1 \\ 2x-1 & ,\ x\geq 1 \end{cases}$$

2.2 미 분 법

다음에 있는 미분공식들은 도함수의 정의에 의하여 증명될 수 있는 정리들이다.

미분공식

> 공식 1　상수함수의 도함수는 0함수이다. 즉, $\dfrac{dc}{dx}=0.$

증명 $c'(x)=\dfrac{dc}{dx}(x)=\lim_{\Delta x\to 0}\dfrac{c-c}{\Delta x}=0.$ □

> 공식 2　$\dfrac{d}{dx}[cf(x)]=c\dfrac{d}{dx}f(x).$

증명
$$\frac{d}{dx}[cf(x)]=\lim_{\Delta x\to 0}\frac{(cf)(x+\Delta x))-(cf)(x)}{\Delta x}$$
$$=\lim_{\Delta x\to 0}c\frac{f(x+\Delta x)-f(x)}{\Delta x}=cf'(x).$$ □

> 공식 3　$\dfrac{d}{dx}[f(x)+g(x)]=\dfrac{d}{dx}f(x)+\dfrac{d}{dx}g(x).$

증명
$$\frac{d}{dx}[f(x)+g(x)]=\lim_{\Delta x\to 0}\frac{(f+g)(x+\Delta x)-(f+g)(x)}{\Delta x}$$
$$=\lim_{\Delta x\to 0}\frac{f(x+\Delta x)+g(x+\Delta x)-[f(x)+g(x)]}{\Delta x}$$
$$=\lim_{\Delta x\to 0}\left[\frac{f(x+\Delta x)-f(x)}{\Delta x}+\frac{g(x+\Delta x)-g(x)}{\Delta x}\right]$$
$$=\lim_{\Delta x\to 0}\frac{f(x+\Delta x)-f(x)}{\Delta x}+\lim_{\Delta x\to 0}\frac{g(x+\Delta x)-g(x)}{\Delta x}$$
$$=f'(x)+g'(x).$$ □

> 공식 4　$\dfrac{d}{dx}[f(x)g(x)]=g(x)\dfrac{d}{dx}f(x)+f(x)\dfrac{d}{dx}g(x).$

증명
$$\frac{d}{dx}[f(x)g(x)]=\lim_{\Delta x\to 0}\frac{f(x+\Delta x)g(x+\Delta x)-f(x)g(x)}{\Delta x}$$
$$=\lim_{\Delta x\to 0}\frac{f(x+\Delta x)g(x+\Delta x)-f(x)g(x+\Delta x)+f(x)g(x+\Delta x)-f(x)g(x)}{\Delta x}$$

$$= \lim_{\Delta x \to 0} \frac{f(x+\Delta x)-f(x)}{\Delta x} g(x+\Delta x) + \lim_{\Delta x \to 0} f(x) \frac{g(x+\Delta x)-g(x)}{\Delta x}$$

$$= g(x)\frac{d}{dx}f(x) + f(x)\frac{d}{dx}g(x). \qquad \square$$

공식 5 $\dfrac{d}{dx}\dfrac{f(x)}{g(x)} = \dfrac{g(x)\dfrac{df}{dx}(x) - f(x)\dfrac{dg}{dx}(x)}{(g(x))^2}$ (단, $g(x) \neq 0$).

증명

$$\frac{d}{dx}\frac{f(x)}{g(x)} = \lim_{\Delta x \to 0} \frac{\dfrac{f(x+\Delta x)}{g(x+\Delta x)} - \dfrac{f(x)}{g(x)}}{\Delta x}$$

$$= \lim_{\Delta x \to 0} \frac{f(x+\Delta x)g(x) - g(x+\Delta x)f(x)}{\Delta x g(x+\Delta x)g(x)}$$

$$= \lim_{\Delta x \to 0} \left[\frac{f(x+\Delta x)g(x) - f(x)g(x)}{\Delta x g(x+\Delta x)g(x)} - \frac{f(x)g(x+\Delta x) - f(x)g(x)}{\Delta x g(x+\Delta x)g(x)} \right]$$

$$= \lim_{\Delta x \to 0} \frac{f(x+\Delta x)g(x) - f(x)g(x)}{\Delta x g(x+\Delta x)g(x)} - \lim_{\Delta x \to 0} \frac{f(x)g(x+\Delta x) - f(x)g(x)}{\Delta x g(x+\Delta x)g(x)}$$

$$= \lim_{\Delta x \to 0} \frac{g(x)}{g(x+\Delta x)g(x)} \frac{f(x+\Delta x)-f(x)}{\Delta x} - \lim_{\Delta x \to 0} \frac{f(x)}{g(x+\Delta x)g(x)} \frac{g(x+\Delta x)-g(x)}{\Delta x}$$

$$= \frac{g(x)\dfrac{df}{dx}(x) - f(x)\dfrac{dg}{dx}(x)}{(g(x))^2}. \qquad \square$$

공식 6 $\dfrac{d}{dx}(x^n) = nx^{n-1}$ (단, n은 정수).

증명 (1) n이 자연수인 경우

$$\frac{d}{dx}(x^n) = \lim_{\Delta x \to 0} \frac{(x+\Delta x)^n - x^n}{\Delta x}$$

$$= \lim_{\Delta x \to 0} \left[nx^{n-1} + \binom{n}{2} x^{n-2}(\Delta x) + \cdots + (\Delta x)^{n-1} \right]$$

$$= nx^{n-1}.$$

(2) n이 0인 경우

공식 1에 의하여 성립.

(3) n이 음의 정수인 경우, 즉, $n = -m$ (m은 자연수)

$$\begin{aligned}\frac{d}{dx}(x^n) &= \frac{d}{dx}\left(\frac{1}{x^m}\right)\\ &= \frac{-mx^{m-1}}{x^{2m}} \text{(공식 5에 의하여)}\\ &= -mx^{-m-1}\\ &= nx^{n-1}.\end{aligned}$$ □

참고 이 공식은 n이 임의의 실수일 때에도 성립한다는 사실을 3장에서 배우게 된다.

정리 2.9 함수 $y=f(x)$가 x에서 미분가능하면 다음을 만족하는 수 $\varepsilon(\Delta x)$가 존재한다.

(1) $\lim_{\Delta x \to 0} \varepsilon(\Delta x)=0.$

(2) $\Delta y = f(x+\Delta x)-f(x)=f'(x)\Delta x+\varepsilon(\Delta x)\Delta x.$

증명 $$\begin{aligned}\Delta y = f(x+\Delta x)-f(x) &= \left[\frac{f(x+\Delta x)-f(x)}{\Delta x}-f'(x)\right]\Delta x+f'(x)\Delta x\\ &= f'(x)\Delta x+\varepsilon(\Delta x)\Delta x.\end{aligned}$$

여기서 $\varepsilon(\Delta x)=\dfrac{f(x+\Delta x)-f(x)}{\Delta x}-f'(x).$ □

공식 7(연쇄법칙 : 합성함수미분법) $y=g(x)$와 $z=f(y)$가 미분가능하면 $z=(f\circ g)(x)$도 미분가능하고 다음이 성립한다 :

$$\frac{dz}{dx}=\frac{dz}{dy}\frac{dy}{dx} \quad \text{또는} \quad \frac{d}{dx}(f\circ g)(x)=\frac{df}{dy}(y)\frac{dg}{dx}(x).$$

증명 정리 1에 의하여 다음 (1), (2), (3)을 만족하는 수 $\varepsilon_1(\Delta y)$와 $\varepsilon_2(\Delta x)$가 존재한다 :

(1) $\lim_{\Delta y\to 0}\varepsilon_1(\Delta y)=\lim_{\Delta x\to 0}\varepsilon_2(\Delta x)=0.$

(2) $\Delta z=f(y+\Delta y)-f(y)=\dfrac{df}{dy}(y)\Delta y+\varepsilon_1(\Delta y)\Delta y.$

(3) $\Delta y=g(x+\Delta x)-g(x)=\dfrac{dg}{dx}(x)\Delta x+\varepsilon_2(\Delta x)\Delta x.$

그러므로

$$\begin{aligned}\Delta z &= f(y+\Delta y)-f(y)\\ &= \frac{df}{dy}(y)\Delta y+\varepsilon_1(\Delta y)\Delta y\\ &= \frac{df}{dy}(y)\left[\frac{dg}{dx}(x)\Delta x+\varepsilon_2(\Delta x)\Delta x\right]+\varepsilon_1(\Delta y)\Delta y.\end{aligned}$$

따라서 $\frac{\Delta z}{\Delta x}=\frac{df}{dy}(g(x))\frac{dg}{dx}(x)+\frac{df}{dy}(g(x))\varepsilon_2(\Delta x)+\varepsilon_1(\Delta y)\frac{\Delta y}{\Delta x}$. Δx를 0으로 접근시키면, $g(x)$가 연속이므로, Δy도 0으로 접근한다. 그러므로, 마지막 두 항의 극한은 0이며, 정리의 결과를 얻는다. □

[예제 2.7] 다음 함수들의 도함수를 구하여라.

(1) $y=x^{-3}$ (2) $y=\dfrac{x-1}{1+x^2}$ (3) $y=(x^2+2)^3$

풀이 (1) $y'=-3x^{-4}$. (2) $y'=\dfrac{(x^2+1)-(x-1)(2x)}{(1+x^2)^2}=\dfrac{1+2x-x^2}{(1+x^2)^2}$.

(3) $y'=3(x^2+2)^2(2x)=6x(2+x^2)^2$. ■

공식 8(역함수정리) $y=f(x)$가 $x=x_0$에서 미분가능하고 $f'(x_0)\neq 0$이면, 역함수 $x=f^{-1}(y)$도 $y=y_0=f(x_0)$에서 미분가능하고 다음이 성립한다.

$$\frac{dx}{dy}(y_0)=\frac{df^{-1}}{dy}(y_0)=\frac{1}{\dfrac{df}{dx}(x_0)}.$$

정의 2.10 (고계도함수) 주어진 함수 $y=f(x)$의 도함수 f'도 $R-R$함수이다. 그러므로, 이 도함수 f'의 도함수 $(f')'$이 정의될 수 있는데, 이 함수를 $f(x)$의 **2계도함수**라고 하고, 기호로 다음과 같이 나타낸다.

$$y'',\ f'',\ \frac{d^2y}{dx^2},\ \frac{d^2f}{dx^2},\ D^2y,\ D^2f,\ f''(x),\ \frac{d^2y}{dx^2}(x),\ \frac{d^2f}{dx^2}(x),\ D^2f(x).$$

마찬가지로, 2계도함수의 도함수를 **3계도함수**라고 하고, 일반적으로, $n-1$계 도함수의 도함수를 **n계도함수**라고 하며, 기호로 다음과 같이 나타낸다.

$$y^{(n)},\ f^{(n)},\ \frac{d^n y}{dx^n},\ \frac{d^n f}{dx^n},\ D^n y,\ f^{(n)}(x),\ \frac{d^n y}{dx^n}(x),\ \frac{d^n f}{dx^n}(x),\ D^n f(x).$$

[예제 2.8] $y=x^3-2x^2+1$의 2계 도함수를 구하여라.

풀이 $y'(x)=3x^2-4x,\ y''(x)=6x-4.$ ■

[예제 2.9] $x\geq 0$일 때에는 $y=x^3$, $x<0$일 때에는 $y=-x^3$으로 정의된 함수 y의 2계 도함수는?

풀이 (1) $x>0$일 때; $y'=3x^2,\ y''=6x.$

(2) $x<0$일 때; $y'=-3x^2,\ y''=-6x.$

(3) $x=0$일 때; $y'_+=0,\ y'_-=0$이므로 $y'(0)=0.$ $y''_+(0)=\lim\limits_{\Delta x\to 0+}\dfrac{y'(\Delta x)-y'(0)}{\Delta x}=\lim\limits_{\Delta x\to 0+}(3\Delta x)=0.$ 마찬가지로, $y''_-(0)=0.$ 그러므로, $y''(0)=0.$ ■

음함수 미분법

두 변수 x, y 에 관한 방정식 $f(x, y)=0$으로부터 y에 관하여 풀어서 $y=g(x)$와 같은 함수(적당한 정의역$D(g)$)를 얻을 수 있으면, 방정식 $f(x, y)=0$은 함수 g**를 음적으로 정의한다고** 말하고, $f(x, y)=0$을 **음함수**(implicit function)라고 말한다. 반면에 $y=f(x)$와 같이 종속변수y를 따로 분리해서 분명하게 나타낸 함수를 **양함수**(explicit function)라고 말한다. 합성함수의 미분법을 응용하여 방정식으로 주어진 함수의 도함수를 구하는 법을 살펴보자.

[예제 2.10] $x^3+y^3=1$에서 y가 x의 함수일 때, $\dfrac{dy}{dx}$를 구하여라.

풀이 이 방정식은 양함수 $y=\sqrt[3]{x^3-1}$을 음적으로 정의한다. x^3은 x의 3차함수이고, y^3은 x의 함수 y와 세제곱함수의 합성함수이고 1은 상수함수이므로 양변을 x에 관하여 미분하면 $3x^2+3y^2\dfrac{dy}{dx}=0$. 그러므로

$$\frac{dy}{dx}=-\frac{x^2}{y^2}\,(y\neq 0).$$ ■

연습문제 (2-2)

1. 미분공식을 이용하여 다음 함수의 도함수를 구하여라.

(1) $y=x^2-x+1$ (2) $y=(x-1)(x+2)$ (3) $y=(x^2-x+1)(x^3-1)$

2. 다음 함수의 도함수를 구하여라.

(1) $y=\dfrac{x^2-x+1}{x}$ (2) $y=\dfrac{x-1}{x^2+x+1}$ (3) $y=\dfrac{(x+1)(x+2)}{x^2+1}$

3. 공식을 이용하여 다음 함수의 도함수를 구하여라.

(1) $y=x^2+\dfrac{1}{x}$ (2) $y=\dfrac{1}{(x^2+1)^3}$ (3) $y=\dfrac{(x^2-1)^2+2x}{1+(x-2)^2}$

4. 다음 함수의 2계도함수를 구하여라.

(1) $y=\dfrac{1}{3}x^3+\dfrac{1}{2}x^2-x+1$ (2) $y=(x^2+x-1)^3$ (3) $y=\dfrac{x-3}{x^2-x}$

5. 다항함수 $y=5x^5-4x^3+2x-3$에 대하여 5계미분계수 $y^{(5)}(5)$의 값을 구 하여라.

6. $x^3-y^3=2^3$으로 주어지는 음함수에 대하여 $\dfrac{dy}{dx}$를 구하여라.

7. $x^4+x^2y^2+y^4+x-y+1=0$으로 주어지는 음함수에 대하여 $\dfrac{dy}{dx}$를 구하여라.

8. $x^2-xy+y^2=1$으로 주어지는 음함수에 대하여 $\dfrac{dy}{dx}$, $\dfrac{d^2y}{dx^2}$을 구하여라.

2.3 삼각함수의 도함수

삼각함수의 정의

우리가 흔히 사용하는 삼각함수는 대체로 그림을 이용하여 정의한다. 그러나 이 방법 이외에 무한급수 등의 개념을 이용하여 다른 방법으로 정의할 수도 있다는 것을 참고로 밝혀두고, 여기서도 우리는 도형을 이용하여 정의하기로 한다(그림 참조).

직교좌표평면 위에 중심이 $(0, 0)$이고 반지름이 r인 원 C를 그려 놓고 생각해 보자. 임의의 각 $0 \le \theta \le 2\pi$가 주어졌다고 하자. 각 θ에 해당되는 원주위의 점을 $P(x, y)$라고 하고, P에서 x-축에 내린 수선의 발을 Q, y-축에 내린 수선의 발을 S라고 하자. 그러면 각각의 좌표는 $Q(x, 0)$, $S(0, y)$이다. 이때, 삼각함수 cosine, sine, tangent를 다음과 같이 정의한다.

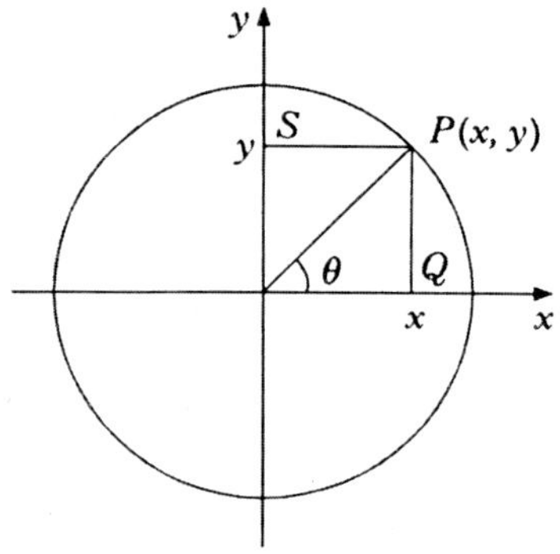

그림 2.3

(1) $0 \le \theta \le 2\pi$인 경우,

$$\sin\theta = \frac{y}{r},\ \cos\theta = \frac{x}{r},\ \tan\theta = \frac{y}{x}\left(\text{단, } \theta \ne \frac{\pi}{2}, \frac{3\pi}{2}\right)$$

(2) $\theta \in R$인 경우,

$$\sin(\theta + 2\pi) = \sin\theta,\ \cos(\theta + 2\pi) = \cos\theta,\ \tan(\theta + \pi) = \tan\theta.$$

임의의 각θ에 대하여 나머지의 삼각함수도 다음과 같이 정의한다.

$$\csc\theta = \frac{1}{\sin\theta},\ \sec\theta = \frac{1}{\cos\theta},\ \cot\theta = \frac{1}{\tan\theta}.$$

참고 이 정의는 직각삼각형을 이용하여 정의한 것이기 때문에, 삼각형의 변과 각의 관계를 이용하면, 삼각함수에 관한 모든 가법정리가 성립함을 증명할 수 있다는 것을 밝혀둔다. 따라서 삼각함수의 가법에 관한 모든 사실은 증명 없이 성립하는 것으로 하고, 지금부터는 삼각함수의 극한에 관한 성질에 대하여 관심을 둔다.

위와 같이 정의하면 다음의 사실이 성립함을 정의로부터 직관적으로 알 수 있다.

$$\lim_{\theta \to 0} \sin\theta = 0,\ \lim_{\theta \to 0} \cos\theta = 1,\ \lim_{\theta \to 0} \tan\theta = 0.$$

정리 2.11 θ가 호도법(라디안)으로 잰 각이면 다음이 성립한다.

$$\lim_{\theta \to 0} \frac{\sin\theta}{\theta} = 1.$$

증명 $0 < \theta < \pi/2$라고 하자. 그림에서, $\triangle OAP$, 부채꼴 OAP, $\triangle OAT$의 넓이를 비교하여 보면 다음을 알 수 있다.

$\triangle OAP$의 넓이 < 부채꼴 OAP의 넓이 < $\triangle OAT$의 넓이.

이 넓이의 관계를 θ를 이용하여 나타내면 다음과 같다.

$$\frac{1}{2}\sin\theta < \frac{\theta}{2} < \frac{1}{2}\tan\theta$$

부등식의 성질과 삼각함수의 정의를 이용하면 다음을 얻는다.

$$\cos\theta < \frac{\sin\theta}{\theta} < 1.$$

θ가 0으로 접근함에 따라 $\cos\theta$는 1로 수렴하므로, 샌드위치정리에 의하여 다음이 성립한다.

$$\lim_{\theta \to 0+} \frac{\sin\theta}{\theta} = 1.$$

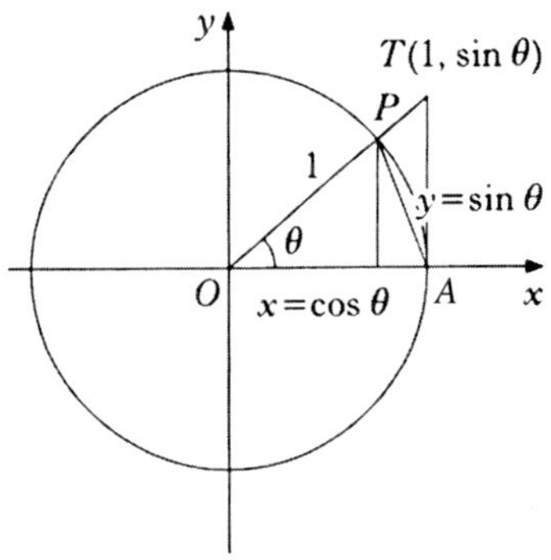

그림 2.4

한편 $-\frac{\pi}{2} < \theta < 0$이면 $\alpha = -\theta$라고 하자.

그러면

$$\frac{\sin\theta}{\theta} = \frac{\sin(-\alpha)}{-\alpha} = \frac{-\sin\alpha}{-\alpha} = \frac{\sin\alpha}{\alpha}$$

이므로, $\lim_{\theta \to 0-} \frac{\sin\theta}{\theta} = \lim_{\alpha \to 0+} \frac{\sin\alpha}{\alpha} = 1$. 따라서

$$\lim_{\theta \to 0} \frac{\sin\theta}{\theta} = 1.$$ □

[예제 2.11] 다음 극한을 구하여라.

(1) $\lim_{\theta \to 0} \frac{1-\cos\theta}{\theta}$ (2) $\lim_{\theta \to 0} \frac{\sin(c+\theta)-\sin c}{\theta}$

풀이 (1) 분모와 분자에 $1+\cos\theta$를 곱하면

$$\begin{aligned}\lim_{\theta\to0}\frac{1-\cos\theta}{\theta}&=\lim_{\theta\to0}\frac{(1-\cos\theta)(1+\cos\theta)}{\theta(1+\cos\theta)}\\&=\lim_{\theta\to0}\frac{\sin^2\theta}{\theta(1+\cos\theta)}\\&=\lim_{\theta\to0}\frac{\sin\theta}{\theta}\sin\theta\frac{1}{1+\cos\theta}\\&=0.\end{aligned}$$

(2) 삼각함수의 가법정리에 의하여

$$\begin{aligned}\lim_{\theta\to0}\frac{\sin(c+\theta)-\sin c}{\theta}&=\lim_{\theta\to0}\frac{2\cos\frac{2c+\theta}{2}\sin\frac{\theta}{2}}{\theta}\\&=\lim_{\theta\to0}\cos\frac{2c+\theta}{2}\cdot\frac{\sin\frac{\theta}{2}}{\frac{\theta}{2}}\\&=\cos c.\end{aligned}$$ ■

정리 2.12 $\sin\theta$는 R 위에서 연속이다.

풀이 $\lim_{\theta\to0}\sin\theta=0$이므로 $\theta=0$에서 연속이다. 또 가법정리에 의하여

$$|\sin\theta-\sin c|=\left|2\cos\frac{\theta+c}{2}\sin\frac{\theta-c}{2}\right|\le2\left|\sin\frac{\theta-c}{2}\right|$$

이고 $\theta\to c$이면 $\theta-c\to0$이므로 $\lim_{\theta\to c}\sin\theta=\sin c$. ■

한편, $\cos\theta=\sqrt{1-\sin^2\theta}$ 이고 $|\sin\theta|\le1$이므로, $\cos\theta$도 연속이며, 따라서 다음의 정리를 얻는다.

정리 2.13 위에서 정의한 삼각함수들은 각각 그들의 정의역에서 연속이다.

삼각함수의 도함수

$y=\sin x$라고 하면

$$\begin{aligned}\frac{dy}{dx} &= \lim_{\Delta x\to 0}\frac{\sin(x+\Delta x)-\sin x}{\Delta x}\\ &= \lim_{\Delta x\to 0}\frac{2\cos\left(\frac{2x+\Delta x}{2}\right)\sin\left(\frac{\Delta x}{2}\right)}{\Delta x}\\ &= \lim_{\Delta x\to 0}\cos\left(x+\frac{\Delta x}{2}\right)\frac{\sin\left(\frac{\Delta x}{2}\right)}{\frac{\Delta x}{2}}\\ &= \cos x.\end{aligned}$$

그러므로

공식 1 $\dfrac{d}{dx}\sin x=\cos x.$

$\cos x=\sin\left(\frac{\pi}{2}-x\right)$이므로, 합성함수미분법과 공식1에 의하여

공식 2 $\dfrac{d}{dx}\cos x=-\sin x.$

$\tan x=\dfrac{\sin x}{\cos x}$이므로, 나눗셈에 관한 미분공식에 의하여

$$(\tan x)'=\frac{\cos^2 x-\sin x(-\cos x)}{\cos^2 x}=\sec^2 x,$$

공식 3 $\frac{d}{dx}\tan x = \sec^2 x.$

마찬가지로 다음의 공식들을 얻는다.

공식 4 $\frac{d}{dx}\csc x = -\csc x \cot x.$

공식 5 $\frac{d}{dx}\sec x = \sec x \tan x.$

공식 6 $\frac{d}{dx}\cot x = -\csc^2 x.$

[예제 2.12] 다음 함수의 도함수를 구하여라.

(1) $y = \sin(x^2 - x)$ (2) $y = \tan(\sin x^2)$ (3) $y = \frac{x-1}{1+\tan x}$

풀이 (1) $y' = \cos(x^2 - x) \cdot (2x - 1)$. (2) $y' = \sec^2(\sin x^2) \cdot \cos x^2 \cdot (2x)$.

(3) $y' = \frac{1 + \tan x - (x-1)\sec^2 x}{(1+\tan x)^2}$. ■

역삼각함수의 정의

$y = \sin x$는 R 위에서는 전단사함수가 아니다. 그러나 정의역과 공역을 적당히 제한하면 전단사함수로 만들 수 있다. 보통 다음과 같이 제한한다.

$$\sin : \left[-\frac{\pi}{2}, \frac{\pi}{2}\right] \to [-1, 1],\ x \mapsto y = \sin x.$$

이 함수의 역함수를 **역 sine 함수**라고 부르며, 다음과 같이 나타낸다.(arc sine (of) x라고 읽는다.)

$$\sin^{-1} : [-1, 1] \to \left[-\frac{\pi}{2}, \frac{\pi}{2}\right],$$
$$x \mapsto y = \sin^{-1}x(\sin y = x).$$

마찬가지로 cosine 함수의 역함수인 **역 cosine 함수**는 다음과 같이 나타낸다(arc cosine (of) x라고 읽는다.).

$$\cos^{-1} : [-1, 1] \to [0, \pi]$$
$$x \mapsto y = \cos^{-1}x(\cos y = x)$$

또, tangent 함수의 역함수인 **역 tangent 함수**는 다음과 같이 나타낸다(arc tangent (of) x라고 읽는다.).

$$\tan^{-1} : R \to \left(-\frac{\pi}{2}, \frac{\pi}{2}\right)$$
$$x \mapsto y = \tan^{-1}x(\tan y = x)$$

나머지 삼각함수들도 정의역을 다음과 같이 제한하면 역함수를 가진다.

$$y = \csc x,\ -\frac{\pi}{2} \le x \le \frac{\pi}{2},\ x \ne 0.$$
$$y = \sec x,\ 0 \le x \le \pi,\ x \ne \frac{\pi}{2}.$$
$$y = \cot x,\ 0 < x < \pi.$$

역삼각함수의 도함수

$y = \sin^{-1}x$는 역함수 정리에 의하여 미분가능하다. 또, $\sin y = x$이고, 이것은 $y = \sin^{-1}x$와 $f(y) = \sin y$의 합성함수이며, $f(y) = x$이므로, 연쇄법칙에 의하여($\cos y > 0$이므로)

$$\cos y \cdot y' = 1 \Rightarrow y' = \frac{1}{\cos y} = \frac{1}{\sqrt{1-x^2}},\ |x| < 1.$$

$y = \tan^{-1}x$도 마찬가지로 미분가능하므로, $\tan y = x$에 연쇄법칙을 적용하면

$$\sec^2 y \cdot y' = 1 \Rightarrow y' = \cos^2 y = \frac{1}{\sqrt{1+x^2}},\ x \in R.$$

같은 방법으로 증명하면 다음을 얻을 수 있다.

$$\frac{d(\cos^{-1}x)}{dx} = -\frac{1}{\sqrt{1-x^2}},\ |x|<1, \quad \frac{d(\cot^{-1}x)}{dx} = -\frac{1}{1+x^2},\ x \in R,$$

$$\frac{d(\sec^{-1}x)}{dx} = \frac{1}{|x|\sqrt{x^2-1}},\ |x|>1, \quad \frac{d(\csc^{-1}x)}{dx} = -\frac{1}{|x|\sqrt{x^2-1}},\ |x|>1$$

[예제 2.13] 다음 함수의 도함수를 구하여라.

(1) $y=(\sin^{-1}x)^2$ (2) $y=(1+\cos^{-1}x)^{-1}$

(3) $y=\dfrac{1}{1+(\tan^{-1}x)^2}$ (4) $y=\tan^{-1}(1+\sin^{-1}x)$

풀이 (1) $y' = 2(\sin^{-1}x)/\sqrt{1-x^2}$.

(2) $y' = -(1+\cos^{-1}x)^{-2}(-1)/\sqrt{1-x^2} = \dfrac{(1+\cos^{-1}x)^{-2}}{\sqrt{1-x^2}}$.

(3) $y' = \dfrac{-2(\tan^{-1}x)\dfrac{1}{1+x^2}}{(1+(\tan^{-1}x)^2)^2}$.

(4) $y' = \dfrac{\dfrac{1}{\sqrt{1-x^2}}}{1+(1+\sin^{-1}x)^2}$ ■

연습문제 (2–3)

1. 도함수의 정의를 이용하여 공식 2를 증명하여 보아라.

2. 다음 함수의 도함수를 구하여라.

(1) $y=(1+\sin(2x))^3$ (2) $y=(1+\tan x)^2-x$

(3) $y=\csc^3 x$ (4) $y=\sin[\cos(\tan x)]$

3. 다음 함수의 도함수를 구하여라.

(1) $y=\sqrt{\sin^{-1}x}$ (2) $y=\tan^{-1}(\sqrt{\cos^{-1}x})$

4. 함수 $y=\tan^{-1}(1+x^2)$의 $x=1$에서의 접선의 방정식을 구하여라.

5. 직각삼각형을 이용하여 다음 등식이 성립함을 증명하여라.

$$\sin^{-1}x+\cos^{-1}x=\frac{\pi}{2}.$$

6. 방정식 $\sin^{-1}x=\cos^{-1}x$의 해를 구하여라.

2.4 지수함수와 로그함수의 도함수

지수함수와 로그함수의 정의

양의 실수 a에 대하여 $a\times a$는 유일한 실수이다. 이것을 a^2으로 나타낸다. 또, $(a\times a)\times a=a\times(a\times a)$이므로 a^3으로 나타낸다. 일반적으로 n개의 실수 a의 곱을 a^n으로 나타낸다. 한편 $a\neq 0$이면 a의 곱셈에 관한 역원(역수)이 존재한다. 이것을 a^{-1}으로 나타낸다. 따라서 n이 자연수일 때 뿐만아니라 정수일 때도 a^n이 정의가 된다. 또 $a>0$일 때 $b^2=a$인 유일한 양수가 존재한다. 이것을 $a^{\frac{1}{2}}=\sqrt{a}$로 나타낸다.

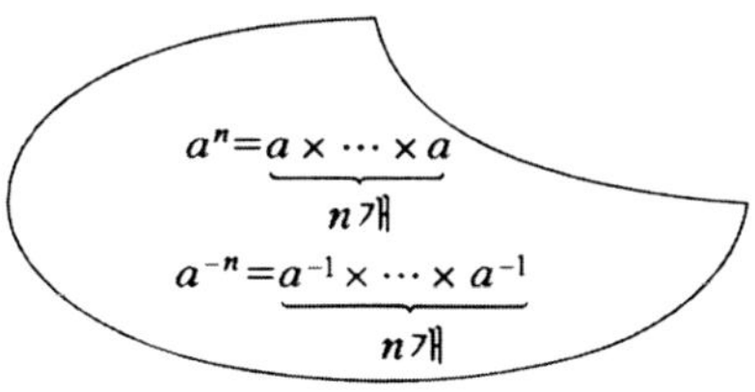

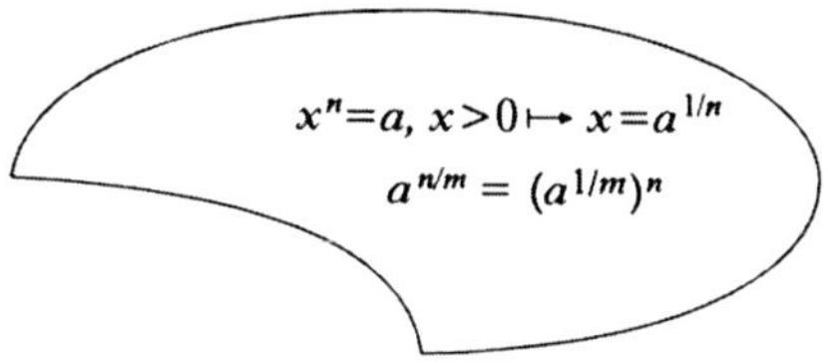

마찬가지로 임의의 양의 정수 n에 대하여 $b^n=a$를 만족하는 유일한 실수 b를 $a^{\frac{1}{n}}$으로 정의한다. 그러면 임의의 유리수 $r=\frac{q}{p}$(p, q는 정수, $p>0$)에 대하여 $a^r=(a^{\frac{1}{p}})^q$이 정의된다. 즉 유리수 r에 대하여 a^r의 의미를 살펴보면, p제곱을 해서 a가 되는 어떤 실수 $(a^{\frac{1}{p}})$를 q제곱($q>0$이면 q제곱, $q<0$이면 $|q|$제곱의 역수)해서 얻어지는 수이다. 그런데 r이 무리수가 되면 이러한 방법으로 정의하기가 곤란하다. 따라서 무리수일 때

도 지수 a^r을 정의하기 위하여 수학에서는 여러 가지 방법을 사용한다.

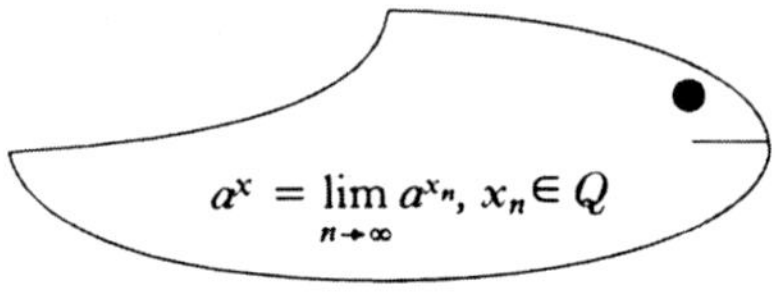

지수함수

그 중 한 가지는 무리수 r로 수렴하는 유리수의 수열 a_n을 이용하여 극한 $(\lim_{n \to \infty} a^{a_n} = a^r)$으로 정의하는 방법이고, 다른 한 가지는 정적분을 이용하여 먼저 로그함수를 정의한 다음에 로그함수의 역함수로 지수함수 a^x를 정의하는 방법이 있다. 이 이외에도 여러 가지가 있을 수 있다. 그러나 이러한 과정은 수열이나 정적분에 관하여 먼저 연구한 다음에 공부해야 할 부분이고 상당히 복잡하기 때문에 자세한 내용은 생략하고 우리는 지수함수 $a^x(a>0)$이 모든 실수 x에 대하여 정의가 되었다고 가정한다. 특히 다음과 같은 극한으로 주어지는 실수 e에 대한 지수함수를 먼저 생각해 보기로 한다.

> 정의 2.14 실수 $e = \lim_{t \to \infty}\left(1+\frac{1}{t}\right)^t$에 대하여 $y=e^x$(x는 실수)를 **자연지수함수**라고 부른다. $e = 2.71828\ 18284\ 59045\ 23536\ 02874\ 71352\ 66249\cdots$

이러한 자연지수 함수 $y=e^x$은 실수집합 R에서 양의 실수의 집합 R^+로 가는 전단사 함수이며 연속함수이다. 따라서 그 역함수가 존재한다. 이 역함수를 자연로그함수라고 부른다.

> 정의 2.15 자연지수함수 $y=e^x$(x는 실수)의 역함수를 **자연로그함수**라고 부르며, 기호로 $y=\log_e x = \log x = \ln x$로 나타낸다.

자연지수함수 $y=e^x$과 자연로그함수 $y=\log_e x$에서 실수 e를 **밑**이라고 부른다.

정의 2.16 함수 $y=e^{x\ln a}=a^x\,(a>0,\ a\neq 1,\ x$는 실수)을 a를 밑으로 하는 일반지수함수라고 부른다.

정의 2.17 a를 밑으로 하는 일반지수함수 $y=a^x\,(x$는 실수)의 역함수를 a를 밑으로하는 일반로그함수라고 부르며, 기호로 $y=\log_a x$로 나타낸다. x는 진수라고 부른다.

위와 같이 정의된 지수함수와 로그함수에 다음과 같은 기본적인 성질이 성립한다. 증명은 생략하기로 한다.

정의 2.18 $a,\ b>0,\ a,\ b\neq 1$, 실수 $x_1,\ x_2$에 대하여 다음이 성립한다.

(1) $a^{x_1}a^{x_2}=a^{x_1+x_2}$

(2) $\dfrac{a^{x_1}}{a^{x_2}}=a^{x_1-x_2}$

(3) $(a^{x_1})^{x_2}=a^{x_1x_2}$

(4) $\left(\dfrac{a}{b}\right)^{x_1}=\dfrac{a^{x_1}}{b^{x_2}}$

정의 2.19 $a,\ b>0,\ a,\ b\neq 1$과 양의 실수 $X,\ Y$ 및 실수 Z에 대하여 다음이 성립한다.

(1) $\log_a(XY)=\log_a X+\log_a Y$

(2) $\log_a(X/Y)=\log_a X-\log_a Y$

(3) $\log_a X^Z=Z\log_a X$

(4) $\log_a X=\dfrac{\log_b X}{\log_b a}$

[예제 2.14] 방정식 $\log_3(x-2)+\log_3(x+2)=1+\log_3 x$의 해를 구하여라.

풀이 로그함수의 성질에 의하여 $\log_3(x^2-4)=\log_3(3x)$를 얻는다. 그러므로 $x^2-3x-4=0$. 이 2차방정식의 해는 $x=-1,\ 4$인데 진수는 양수이므로 구하는 해는 $x=4$이다. ■

[예제 2.15] 방정식 $2^{2x}-9\cdot 2^x+8=0$의 해를 구하여라.

풀이 $2^{2x}-9\cdot 2^x+8=(2^x)^2-9\cdot 2^x+8=(2^x-1)(2^x-8)=0$이므로 $2^x=1$ 또는 $2^x=8$. 그러므로 해는 $x=0,\ 3$이다. ■

로그함수의 도함수

자연로그함수 $y=\log x=\ln x$의 도함수를 생각하여 보자. 우선 e의 정의에 의하여 다음이 성립함을 알 수 있다. $\lim\limits_{x\to 0+}(1+x)^{\frac{1}{x}}=e$. 한편 $x<0$에 대하여 $x=-\dfrac{1}{t}$로 놓으면 $x\to 0-\leftrightarrow t\to\infty$이므로

$$\begin{aligned}\lim_{x\to 0-}(1+x)^{\frac{1}{x}}&=\lim_{t\to\infty}\left(1-\frac{1}{t}\right)^{-t}=\lim_{t\to\infty}\left(\frac{t-1}{t}\right)^{-t}\\&=\lim_{t\to\infty}\left(\frac{t-1+1}{t-1}\right)^{t}=\lim_{t\to\infty}\left(1+\frac{1}{t-1}\right)^{t-1+1}\\&=\lim_{t\to\infty}\left(1+\frac{1}{t-1}\right)^{t-1}\cdot\lim_{t\to\infty}\left(1+\frac{1}{t-1}\right)=e\end{aligned}$$

가 된다. 그러므로 $\lim\limits_{x\to 0}(1+x)^{\frac{1}{x}}=e$가 성립한다.

도함수의 정의와 로그함수의 연속성에 의하여

$$\frac{d\log x}{dx}=\lim_{\Delta x\to 0}\frac{\log(x+\Delta x)-\log x}{\Delta x}=\lim_{\Delta x\to 0}\log\left(1+\frac{\Delta x}{x}\right)^{\frac{1}{\Delta x}}=\log e^{\frac{1}{x}}=\frac{1}{x}$$

를 얻는다. 또 일반로그함수에 대해서는 $\log_a x=\dfrac{\ln x}{\ln a}$이므로 다음을 얻는다.

공식 1 $\dfrac{d\log x}{dx}=\dfrac{1}{x}$ 그리고 $\dfrac{d\log_a x}{dx}=\dfrac{1}{x\ln a}$

지수함수의 도함수

$y=e^x$에서 $x=\ln y$이므로 음함수 미분법을 적용하면 $1=\dfrac{1}{y}y'$이 성립한다. 마찬가지

로 $y=a^x$에 대하여도 다음이 성립한다.

> 공식 2 $\dfrac{de^x}{dx}=e^x$ 그리고 $\dfrac{da^x}{dx}=a^x \ln a$

[예제 2.16] 다음에서 $\dfrac{dy}{dx}$를 구하여라.

(1) $y=3^x-\log(x^2+1)$ (2) $e^{x+y}+e^x+e^y=x$

풀이 (1) $\dfrac{dy}{dx}=3^x \log 3-\dfrac{2x}{x^2+1}$

(2) y를 x의 음함수로 보고 음함수미분법을 적용하면 $e^{x+y}(1+y')+e^x+e^y y'=1$. 그러므로 $\dfrac{dy}{dx}=\dfrac{1-e^{x+y}-e^x}{e^{x+y}+e^y}$. ■

연습문제 (2-4)

1. 다음 함수의 도함수를 구하여라.

(1) $y=e^{2x}$ (2) $y=(x+e^x)^2$

2. 다음 함수의 도함수를 구하여라.

(1) $y=\log_3(x^2+1)$ (2) $y=(e^x+\ln x)^3$

3. 다음에서 $\dfrac{dy}{dx}$를 구하여라.

(1) $y=e^{x+y}$ (2) $e^{x+y}=\ln(x-y)$

2.5 쌍곡선함수와 역쌍곡선함수의 도함수

쌍곡선함수의 정의

자연지수함수 e^x을 이용하여 다음과 같이 정의된 함수들이 쌍곡선 함수들이다.

> 정의 2.20 $\sinh x = \dfrac{e^x - e^{-x}}{2}$ 으로 정의된 함수를 쌍곡선 싸인함수라고 부른다.(hyperbolic sine (of) x)

> 정의 2.21 $\cosh x = \dfrac{e^x + e^{-x}}{2}$ 으로 정의된 함수를 쌍곡선 코싸인함수라고 부른다.(hyperbolic cosine (of) x)

> 정의 2.22 $\tanh x = \dfrac{e^x - e^{-x}}{e^x + e^{-x}}$ 으로 정의된 함수를 쌍곡선 탄젠트함수라고 부른다.(hyperbolic tangent (of) x)

> 정의 2.23 $\operatorname{csch} x = \dfrac{1}{\sinh x} = \dfrac{2}{e^x - e^{-x}}$ 로 정의된 함수를 쌍곡선 코씨컨트함수라고 부른다.(hyperbolic cosecant (of) x)

> 정의 2.24 $\operatorname{sech} x = \dfrac{1}{\cosh x} = \dfrac{2}{e^x + e^{-x}}$ 로 정의된 함수를 쌍곡선 씨컨트함수라고 부른다.(hyperbolic secant (of) x)

정의 2.25 $\coth x = \dfrac{1}{\tanh x} = \dfrac{e^x + e^{-x}}{e^x - e^{-x}}$으로 정의된 함수를 **쌍곡선 코탄젠트** 함수라고 부른다.(hyperbolic cotangent (of) x)

정리 2.26 (**쌍곡선함수의 성질**) 쌍곡선 함수들은 다음과 같이 삼각함수와 유사한 연산성질을 갖는다.

(1) $\cosh^2 x - \sinh^2 x = 1$ (2) $1 - \tanh^2 x = \operatorname{sech}^2 x$

(3) $\coth^2 x - 1 = \operatorname{csch}^2 x$

(4) $\sinh(x+y) = \sinh x \cosh y + \cosh x \sinh y$

(5) $\cosh(x+y) = \cosh x \cosh y + \sinh x \sinh y$

증명 (4) $\cosh x + \sinh x = e^x$, $\cosh x - \sinh x = e^{-x}$이므로

$$\begin{aligned}\sinh(x+y) &= \frac{e^{(x+y)} - e^{-(x+y)}}{2} = \frac{e^x e^y - e^{-x} e^{-y}}{2} \\ &= \frac{1}{2}(\cosh x + \sinh x)(\cosh y + \sinh y) - (\cosh x - \sinh x)(\cosh y - \sinh y) \\ &= \sinh x \cosh y + \cosh x \sinh y.\end{aligned}$$

나머지도 정의를 이용하면 쉽게 증명되므로 증명은 생략하기로 한다. □

역쌍곡선함수의 정의

쌍곡선함수의 정의역과 공역을 적당히 제한하면 전단사함수가 되게 할 수 있으므로 역함수를 정의할 수 있다. 실제로 역쌍곡선함수에 대하여 다음이 성립한다.

정리 2.27 (**역쌍곡선 함수의 표현**) 역쌍곡선 함수들은 다음과 같이 로그함수들로 표현된다.

(1) $\sinh^{-1} x = \ln(x + \sqrt{x^2 + 1})$ $(-\infty < x < \infty)$

(2) $\cosh^{-1} x = \ln(x + \sqrt{x^2 - 1})$ $(x \geq 1)$

(3) $\tanh^{-1} x = \dfrac{1}{2} \ln \dfrac{1+x}{1-x}$ $(|x| < 1)$

(4) $\coth^{-1}x = \dfrac{1}{2}\ln\dfrac{x+1}{x-1}$ $(|x|>1)$

(5) $\operatorname{sech}^{-1}x = \ln\left(\dfrac{1+\sqrt{1-x^2}}{x}\right)$ $(0<x\le 1)$

(6) $\operatorname{csch}^{-1}x = \ln\left(\dfrac{1}{x}+\dfrac{\sqrt{1+x^2}}{|x|}\right)$ $(x\neq 0)$

증명 (1) $y=\sinh x=\dfrac{e^x-e^{-x}}{2}$는 실수집합에서 실수집합으로 가는 전단사 함수가 된다. x와 y를 교환하여 $e^y-2x-e^{-y}=0$으로 나타내고 양변에 e^y을 곱하면 e^y에 대한 2차방정식이 되므로 근은 $e^y=x+\sqrt{x^2+1}$ ($e^y>0$이므로)를 얻는다. 나머지의 증명도 유사하므로 증명은 생략한다. □

쌍곡선함수와 역쌍곡선함수의 도함수

쌍곡선함수와 역쌍곡선함수는 지수함수와 로그함수로 표현되므로 그의 도함수는 다음과 같다. 도함수를 구하는 공식들을 이용하면 증명되므로 자세한 증명은 생략한다.

정리 2.28 (쌍곡선 함수의 도함수)

(1) $\dfrac{d}{dx}\sinh x=\cosh x$ (2) $\dfrac{d}{dx}\cosh x=\sinh x$

(3) $\dfrac{d}{dx}\tanh x=\operatorname{sech}^2 x$ (4) $\dfrac{d}{dx}\coth x=-\operatorname{csch}^2 x$

(5) $\dfrac{d}{dx}\operatorname{sech} x=-\operatorname{sech} x\tanh x$ (6) $\dfrac{d}{dx}\operatorname{csch} x=-\operatorname{csch} x\coth x$

정리 2.29 (역쌍곡선 함수의 도함수)

(1) $\dfrac{d}{dx}\sinh^{-1}x=\dfrac{1}{\sqrt{1+x^2}}$ (2) $\dfrac{d}{dx}\cosh^{-1}x=\dfrac{1}{\sqrt{x^2-1}}$ $(|x|>1)$

(3) $\dfrac{d}{dx}\tanh^{-1}x=\dfrac{1}{1-x^2}$ $(|x|<1)$ (4) $\dfrac{d}{dx}\coth^{-1}x=\dfrac{1}{x^2-1}$ $(|x|>1)$

(5) $\dfrac{d}{dx}\operatorname{sech}^{-1}x=\dfrac{-1}{x\sqrt{1-x^2}}$ $(0<x<1)$ (6) $\dfrac{d}{dx}\operatorname{csch}^{-1}x=\dfrac{1}{|x|\sqrt{1+x^2}}$ $(x\neq 0)$

연습문제 (2-5)

1. 다음에서 $\dfrac{dy}{dx}$를 구하여라.

(1) $y=\ln(e^{x^2}+1)$ (2) $e^{xy}+e^x+e^y=\sin x$

2. 다음에서 $\dfrac{dy}{dx}$를 구하여라.

(1) $y=\tan(\tanh(x^2+1))$ (2) $\tanh^{-1}(x+y)=x+1$

2.6 매개방정식의 도함수

적당한 구간 I에서 정의된 두 함수 $f(t)$와 $g(t)$에 대하여

$$\begin{cases} x=f(t) \\ y=g(t) \end{cases} (t \in I)$$

를 만족하는 점(x, y)들의 집합은 특별한 경우를 제외하고는 평면상에서 대체로 곡선이 된다. 이와 같이 곡선을 제3의 변수를 이용하여 나타낸 식을 곡선의 **매개방정식**이라고 부르며, 변수 t를 **매개변수**라고 부른다. 한편, 매개변수를 이용하지 않고 변수 x, y의 관계를 직접 방정식으로 나타낸 식을 **직교방정식**이라고 부른다.

예를 들어, 중심이 원점에 있고 반지름이 1인 단위원은 매개방정식으로 $x=\cos t$, $y=\sin t$ $(0 \le t \le 2\pi)$와 같이 나타낼 수 있다.

[예제 2.17] 직교방정식으로 주어진 타원 $\dfrac{x^2}{a^2}+\dfrac{y^2}{b^2}=1$을 매개방정식으로 나타내 보아라.

풀이 $x=a\cos t,\ y=b\sin t\ (0 \le t \le 2\pi)$. ■

[예제 2.18] 한 원이 한 직선에 접하여 회전 할 때, 그 원주 위의 고정된 한 점 P가 그리는 곡선을 싸이클로이드(cycloid)라 부른다. 이 원의 반지름이 a일 때 P가 그리는 자취의 매개방정식을 구하여라.

풀이 점 P가 원점에서 출발하고 원의 중심을 C라고 할 때, 반지름 $\overline{CP}$가 θ(라디안)만큼 회전하면 이 원은 점 A까지 회전하게 된다(그림 참조). 따라서 선분 OA의 길이는 $a\theta$이고 그림에서처럼 P의 좌표 (x, y)는

$$\begin{cases} x = a(\theta - \sin\theta) \\ y = a(1 - \cos\theta) \end{cases}$$

이다. ■

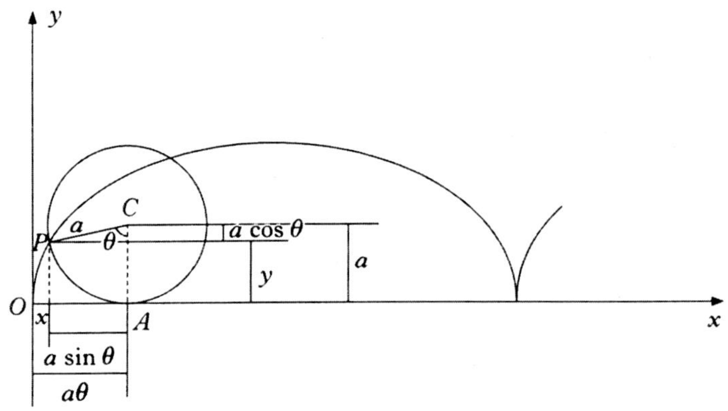

그림 2.5

이러한 매개방정식에 대하여 변수 x와 y의 범위를 적당히 제한함으로써 y를 x의 함수로 볼 수 있다. 실제로 다음 사실이 성립하는데 상세한 증명은 생략한다.

정리 2.30 (매개방정식의 미분법) 매개방정식 $x = f(t)$, $y = g(t)$가 동일 구간에서 미분가능하고, $f'(t) \neq 0$이면 다음이 성립한다.

$$\frac{dy}{dx} = \frac{\dfrac{dy}{dt}}{\dfrac{dx}{dt}} = \frac{g'(t)}{f'(t)}$$

[예제 2.19] 매개방정식 $x=3-t$, $y=t^2$으로 주어진 곡선의 $t=1$에 해당되는 점에서의 접선의 방정식을 구하여라.

풀이 $t=1$에 해당되는 점의 좌표는 $(2, 1)$이고 $\dfrac{dy}{dx}=\dfrac{dy/dt}{dx/dt}=\dfrac{2t}{-1}$에 $t=1$을 대입하면 접선의 기울기 $\dfrac{dy}{dx}=-2$를 얻는다. 그러므로 접선의 방정식은 $y-1=-2(x-2)$, 즉, $y=-2x+5$이다. ■

연습문제 (2-6)

1. 다음 각 매개방정식을 직교방정식으로 변형하여라.

(1) $x=\dfrac{1}{1+t}$, $y=\dfrac{1}{t^2}$ (2) $x=\tan\theta$, $y=\tan 2\theta$

(3) $x=\ln t$, $y=t-1$ (4) $x=\sqrt{2}\sin\theta$, $y=2\cos^2\theta$

2. 다음 방정식을 매개방정식으로 변형하여라.

(1) $x^3+y^3=1$ (2) $x^2+y^3=4xy$

3. 다음 곡선에 대하여 y'을 구하여라.

(1) $x=\dfrac{2}{1+t^2}$, $y=\dfrac{2}{t(1+t^2)}$ (2) $x=1-\sin\theta$, $y=1-\cos\theta$

4. 매개방정식으로 주어지는 다음의 곡선에 대하여 주어진 점에서의 접선의 방정식을 구하여라.

(1) $x=\dfrac{1}{1+t^2}$, $y=\dfrac{t}{1+t^2}\,(t=0)$ (2) $x=\cos^3\theta$, $y=\sin^3\theta\left(\theta=\dfrac{\pi}{4}\right)$

5. 타원 $\dfrac{x^2}{4}+\dfrac{(y-2)^2}{9}=1$을 두 가지 이상의 매개방정식으로 나타내 보아라.

6. 단위원을 나타내는 다음의 두 가지의 매개방정식의 차이점에 대하여 논해보아라.

$$x=\cos t,\ y=\sin t\,(0\le t\le 2\pi) \text{와 } x=\cos 2t,\ y=\sin 2t\,(0\le t\le 2\pi)$$

7. 매개방정식으로 나타나는 함수 $x=t^2+1$, $y=1-t^3$에 대하여 y', y''을 구하여라.

8. $x=f(t)$, $y=g(t)$에 대하여 $\dfrac{d^2y}{dx^2}$을 구하는 공식을 만들어라.

9. 지면에서 포탄을 쏘는데, 초기속도는 초속 v_0미터이고 지면과의 각이 α이면 포탄의 궤적은 매개방정식 $x=(v_0 \cos \alpha)t$, $y=-4.9t^2+(v_0 \sin \alpha)t$로 주어진다. 포탄의 궤적이 포물선임을 밝혀라.

제 3 장
도함수의 응용

3.1 속도와 가속도

직선 위를 움직이고 있는 한 질점(체적은 0이고 양의 질량을 가진 이상적인 물체)의 시간 t에서의 위치를 $s=f(t)$라고 하면, 같은 시간에 한 질점이 다른 지점에 존재할 수 없기 때문에, 이 대응은 함수이다.

어떤 시간 t에서 조금 후의 시간 $t+\Delta t$ 사이에 질점이 움직인 위치의 변화량은

$$\Delta s=f(t+\Delta t)-f(t)$$

이므로, $\dfrac{\Delta s}{\Delta t}$는 질점이 움직인 동안의 평균적인 속도라고 볼 수 있다. 따라서, 다음과 같이 일반적으로 정의한다.

> **정의 3.1 (평균속도)** 직선 위를 움직이는 한 질점의 시간 t에서의 위치를 $s=f(t)$라고 하면, 시간 t에서 시간 $t+\Delta t$ 사이의 **평균속도**(average velocity)는 다음과 같이 정의한다.
>
> $$v_{av}=\frac{\text{질점의 변위}}{\text{움직인 시간}}=\frac{\Delta s}{\Delta t}=\frac{f(t+\Delta t)-f(t)}{\Delta t}.$$

우리가 일상생활에서 접하게 되는 속도라는 개념은 대체로 이러한 평균속도를 의미한다. 그러나 물체의 운동상태를 측정하여, 어떤 시간 t 이후의 상태나 이전의 상태를 예측하거나 조사하기 위해서는 그 물체의 시간t에서의 순간적인 속도를 계산할 필요가 있다. 순간적인 속도는 시간의 간격 Δt를 0으로 접근시킨다는 개념으로 볼 수 있으므로, 다음과 같이 정의한다.

정의 3.2 (순간속도) 직선 위를 움직이는 한 질점의 시간 t에서의 위치를 $s=f(t)$라고 하면, 시간 t에서의 그 질점의 **순간속도**(또는 **속도**)(velocity)는 다음과 같이 정의한다.

$$v(t)=\frac{ds}{dt}=\lim_{\Delta t\to 0}\frac{\Delta s}{\Delta t}=\lim_{\Delta t\to 0}\frac{f(t+\Delta t)-f(t)}{\Delta t}$$

우리는, 일반적으로, 속도의 시간에 대한 비율을 가속도라고 하므로 다음과 같이 정의한다.

정의 3.3 (평균가속도) 직선 위를 움직이는 한 질점의 시간 t에서의 위치를 $s=f(t)$라고 하면, 시간 t에서 시간 $t+\Delta t$ 사이의 **평균가속도**(average acceleration)는 다음과 같이 정의한다.

$$a_{av}=\frac{\Delta v}{\Delta t}=\frac{v(t+\Delta t)-v(t)}{\Delta t}=\frac{\frac{ds}{dt}(t+\Delta t)-\frac{ds}{dt}(t)}{\Delta t}$$

정의 3.4 (순간가속도) 직선 위를 움직이는 한 질점의 시간 t에서의 위치를 $s=f(t)$라고 하면, 시간 t에서의 그 질점의 **순간가속도**(또는 **가속도**)(acceleration)는 다음과 같이 정의한다.

$$a(t)=\frac{dv}{dt}(t)=\frac{d^2s}{dt^2}(t)$$

참고 (평균)속도와 (평균)가속도의 절대값을 각각 (평균)속력, (평균)가속력이라고 한다.

정의 3.5 (각속도와 각가속도) 하나의 고정된 점 주위를 회전하고 있는 한 질점과 고정점을 잇는 선분이 그 질점에서 출발하는 고정된 반직선과 시간 t에서 $\theta=f(t)$(라디안)의 각을 이룬다고 하자. 이때 시간 t에서의 그 질점의 **각속도** (angle velocity)는 다음과 같이 정의한다.

$$v(t)=\frac{d\theta}{dt}=\lim_{\Delta t\to 0}\frac{\Delta\theta}{\Delta t}=\lim_{\Delta t\to 0}\frac{f(t+\Delta t)-f(t)}{\Delta t}$$

또, 각속도의 미분 $a(t)=\frac{dv}{dt}(t)=\frac{d^2\theta}{dt^2}(t)$를 **각가속도**라고 정의한다.

[예제 3.1] 직선 위를 움직이는 한 질점의 시간 t에서의 위치가 $s=f(t)=t^2-3t+1$로 주어질 때, 시간 $t=1$에서의 속도와 가속도를 구하시오.

풀이 $v(t)=f'(t)=2t-3$, $a(t)=2$이므로, $v(1)=-1$, $a(1)=2$. ■

참고 위의 예에서 $v(1)=-1$의 음수부호는 질점이 시간 $t=1$인 순간에 직선의 음의 방향으로 움직이고 있음을 뜻한다.

[예제 3.2] 직선 위를 움직이는 두 질점의 시간 t에서의 위치가 각각 $s=f(t)=t^3+t^2-3t+1$과 $s=g(t)=t^3-2t^2+3t-2$로 주어진다고 한다. 이 두 질점의 속도가 같아지는 시간과, 그 때의 속도 및 가속도를 구하여라.

풀이 두 질점의 속도는 각각 $f'(t)=3t^2+2t-3$, $g'(t)=3t^2-4t+3$이므로 속도가 같아지는 시간은 $3t^2+2t-3=3t^2-4t+3$에서 $t=1$이다.

그러므로 그 때의 속도는 각각 2, 2이며 가속도는 $f''(t)=6t+2$, $g''(t)=6t-4$에서 각각 8, 2이다. ■

[예제 3.3] 적도지방에 살고 있는 사람이 태양을 기준으로 할 때 상대적으로 움직이는 속도를 계산하여 보아라. 단 1일은 23시간 56분 4초이고 적도의 반지름은 6378km 이며, 지구의 공전속도는 30km/sec로 한다.

풀이 지구 자전의 각속도는 $\frac{2\pi}{1}$(라디안/일)이다. 그러므로 자전에 의하여만 사람이 움직인 거리 $f(t)=2\pi Rt$이다.(R은 지구의 반지름) 따라서 자전에 의한 순간속도는

$f'(t)=2\pi R$이다. 하루에 $2\pi R$이므로 초속으로 계산하면 $2\pi\times 6378/(23\times 3600+56\times 60+4)\approx 0.465$ (km/sec) 정도로 지구주위를 움직인다. 따라서 태양에 대하여 30 ± 0.465km/sec 정도의 속도로 움직인다고 볼 수 있다. 참고로, 실제로는 태양도 움직이고 있기 때문에(약 220km/sec의 속도로) 우주공간에 대한 상대속도는 이보다 훨씬 빠르다. ■

연습문제 (3-1)

1. 직선 위를 움직이고 있는 한 질점의 위치가 $s=3\tan t$로 주어질 때, $t=\frac{\pi}{4}$일 때의 속도와 가속도를 구하여라.

2. 도로 위를 걷고 있는 두 사람 A와 B의 위치가 $f(t)=3t^3-5t^2+\sin t$와 $g(t)=2t^3-2t^2-2t+\sin t$로 주어진다고 하자. 이 두 사람이 $t=0$에서 출발하여 걸어가기 시작할 때, 출발 후에 최초로 같은 방향으로 나란히 걸어가게 되는 순간의 시간과 그 때의 순간속도를 구하여라.

3.2 미분과 근사식

수학을 실생활이나 과학적인 활동에 응용하는데 있어서, 어려운 점의 하나가 복잡한 함수의 값을 실제로 계산해야 하는 것이다. 함수가 복잡하면 계산이 어려우므로, 이러한 함수의 값을 비교적 정확하고도 쉽게 계산하는 방법이 필요하다. 이러한 방법 중의 하나가 적당한 근사식을 이용하는 것인데, 이에 관하여 알아보자.

함수 $y=f(x)$가 $x=c$에서 미분가능하면, 정리 2.9에 의하여 다음을 만족하는 ε이 존재한다.

$$(1)\ f(x)=f(c)+f'(c)(x-c)+\varepsilon(x-c),\quad (2)\ \lim_{x\to c}\varepsilon=0.$$

그러므로 $x \approx c$이면 $f(x) \approx f(c) + f'(c)(x-c)$이고 $\Delta y \approx f'(c)\Delta x$이다. 여기서 $\Delta y = f(x) - f(c)$, $\Delta x = x - c$이다. $L(x) = f(c) + f'(c)(x-c)$는 직선의 방정식이므로 다음과 같이 정의한다.

> **정의 3.6** 함수 $y = f(x)$가 $x = c$에서 미분가능할 때, 직선
>
> $$L(x) = f(c) + f'(c)(x-c)$$
>
> 를 c에서의 f의 **선형화(linearization)**라고 한다. 또 근사식
>
> $$f(x) \approx L(x)$$
>
> 를 c에서의 f의 **표준 1차 근사식**이라고 하고, c를 **근사식의 중심**이라고 정의한다.

y의 증분 Δy에 대해서는 $\Delta y \approx f'(c)\Delta x$가 성립하므로 다음과 같이 정의한다.

> **정의 3.7** 함수 $y = f(x)$가 x에서 미분가능하면 $f'(x)\Delta x$를 y의 **미분**이라고 정의하며, x의 미분 dx와 함께 다음과 같이 나타낸다.
>
> $$y\text{의 미분} = dy = f'(x)dx, \quad x\text{의 미분} = dx = \Delta x.$$

[예제 3.4] $y = f(x) = \sqrt{1+x}$의 $x = 0$에서의 선형화식을 구하여라.

풀이 $f'(x) = \frac{1}{2}(1+x)^{-\frac{1}{2}}$이므로 선형화식은

$$L(x) = f(0) + f'(0)x = 1 + \frac{1}{2}x.$$ ■

[예제 3.5] $y = f(x) = \tan^{-1}x$의 $x = 0$에서의 선형화식을 구하여라.

풀이 $f'(x) = \frac{1}{1+x^2}$이므로 선형화식은

$$L(x) = f(0) + f'(0)x = 1 + x.$$ ■

[예제 3.6] 함수 $y=f(x)=\sin(\tan^{-1}x)$에 대하여 y의 미분 dy를 구하여라.

풀이 $dy=f'(x)dx=\cos(\tan^{-1}x)\dfrac{1}{1+x^2}dx.$ ■

[예제 3.7] 밑면의 지름과 높이가 꼭 같은 $d=h=5$인 원뿔이 있다. 이 원뿔의 지름과 높이가 동시에 0.01만큼 증가하면 이 원뿔의 체적은 대략 어느 정도 증가하는가?

풀이 원뿔의 체적을 V라고 하면

$$V=\frac{1}{3}\pi\left(\frac{d}{2}\right)^2 d=\frac{1}{12}\pi d^3$$

$dd=\Delta d=0.01$이므로 $dV=V'(d)dd=\dfrac{1}{4}\cdot\pi\cdot 5^2\cdot 0.01=\dfrac{1}{16}\pi$. 즉, $\Delta V\approx dV=\dfrac{1}{16}\pi$ $=0.0625\pi$ 만큼 대략 증가한다. 실제로 증가한 양은 $\Delta V=V(5.01)-V(5)=$ $\dfrac{1}{12}(5.01^3-5^3)\pi=\dfrac{0.751501}{12}\pi\approx 0.062625083\pi$.

종속변수의 미분에 관해서는, 두 함수의 가, 감, 승, 제의 연산에 대한 도함수의 정리를 이용하면 다음의 정리를 쉽게 얻을 수 있는데, 증명은 생략하기로 한다. ■

> 정리 3.8 두 함수 f와 g가 미분가능하면 다음이 성립한다 :
>
> (1) $d(f+g)=df+dg$ (2) $d(f-g)=df-dg$.
>
> (3) $d(fg)=gdf+fdg$ (4) $d\left(\dfrac{f}{g}\right)=\dfrac{g(df)-f(dg)}{g^2}$.

절대, 상대 및 백분율 변화량

변화된 양의 절대값이 동일하여도, 처음의 값이 작은 경우의 변화량과 큰 경우의 변화량은 그 변화량의 의미가 서로 다르다. 이 차이점을 나타내는 방법 중의 하나가 변화된 양과 처음의 양의 비를 구하는 것이다. 일반적으로 다음과 같은 방법이 이용된다.

> **정리 3.9** $y=f(x)$에 대하여 x가 $x=x_0$ 근방에서 변할 때, Δf 그리고 $\frac{\Delta f}{f(x_0)}$ 및 $\frac{\Delta f}{f(x_0)}\times 100$을 각각 참값(참변화량)에 대한 **절대변화량, 상대변화량, 백분율 변화량**(**절대 참변화량, 상대참변화량, 백분율참변화량**)이라고 하고, df, $\frac{df}{f(x_0)}$, $\frac{df}{f(x_0)}\times 100$을 각각 근사값(근사변화량)에 대한 **절대변화량, 상대변화량, 백분율 변화량**(**절대 근사변화량, 상대 근사변화량, 백분율 근사변화량**)이라고 한다.

[예제 3.8] 구의 반지름을 r이라고 하면 구의 표면적은 $S=4\pi r^2$이다. 구의 표면적 S의 참값을 1% 이내로 측정하기 위해서는 반지름을 대략 얼마나 정확히 측정하여야 하는가?

풀이 반지름의 측정오차에 해당하는 구의 표면적의 증분 ΔS가 S의 1%를 넘지 않아야 하므로,

$$|\Delta S| \le \frac{1}{100}S = \frac{4\pi r^2}{100}.$$

이 부등식에서 ΔS대신에 dS를 사용하면 $dS=S'dr=8\pi r dr$이므로

$$|8\pi r dr| \le \frac{4\pi r^2}{100}, \text{ 즉, } |dr| \le \frac{1}{8\pi r}\cdot\frac{4\pi r^2}{100}=\frac{r}{200}.$$

그러므로 반지름의 측정오차 dr이 실제 반지름의 0.5%를 넘지 않으면 된다고 대략 볼 수 있다. ■

뉴톤의 방법

우리는 $f(x)=0$과 같은 방정식의 해를 구해야 할 경우가 많이 있다. 이 방정식의 해의 참값을 구할 수 있다면 바람직하지만, 그것이 쉽지 않을 경우에는 해의 근사값이라도 필요한 경우가 종종 있다. 이러한 방정식의 해의 근사값을 구하는 방법 중의 하나가 **뉴톤의 방법**(Newton－Raphson method)이다. 이 방법에 대하여 알아보자.

함수 $y=f(x)$가 적당한 구간에서 미분가능하다고 가정하고 방정식 $f(x)=0$이 주어졌다고 하자. 그래프 등을 이용하여 $f(x)=0$의 참해에 비교적 가까운 근사해를 하나 선택하여 x_0라고 하자. 이제 $f'(x_0)\neq 0$라고 가정하고 x_1을 다음과 같이 정의한다.

$$x_1 = x_0 - \frac{f(x_0)}{f'(x_0)}.$$

또 $f'(x_1) \neq 0$라고 가정하고 x_1를 다음과 같이 정의한다.

$$x_2 = x_1 - \frac{f(x_1)}{f'(x_1)}.$$

일반적으로 $f'(x_n) \neq 0$라고 가정하고 x_{n+1}을 다음과 같이 정의한다.

$$x_{n+1} = x_n - \frac{f(x_n)}{f'(x_n)}.$$

이렇게 하여 얻은 수열(수열에 관한 자세한 정의와 내용들은 후에 살펴보기로 한다.)

$$x_1, \cdots, x_n, \cdots$$

을 각각 제1근사해, 제2근사해, ⋯, 제n근사해, ⋯로 하여 근사해를 구하는 방법을 **뉴톤의 방법**이라고 한다.

뉴톤의 방법을 기하학적으로 살펴보자. 함수 $y=f(x)$의 그래프 위의 한 점 $(x_0, f(x_0))$에서 이 그래프에 접선을 긋고, 그 접선이 x-축과 만나는 점의 x-좌표를 x_1이라고 하자(그림 참조). 그러면 접선의 방정식이

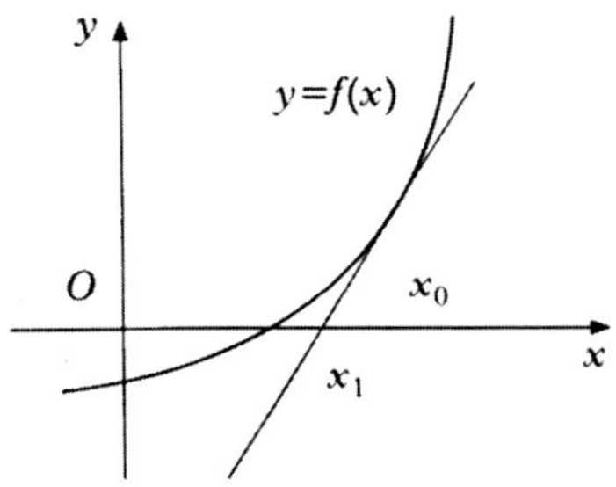

그림 3.1

$$y - f(x_0) = f'(x_0)(x - x_0)$$

이므로 x_1은 다음과 같이 주어진다.

$$0 - f(x_0) = f'(x_0)(x_1 - x_0).$$

즉,

$$x_1 = x_0 - \frac{f(x_0)}{f'(x_0)}. \text{ (단, } f'(x_0) \neq 0 \text{라고 가정)}$$

이후의 근사해는 이 식과 유사하므로, 뉴톤의 방법이란 기하학적으로 보면, 주어진 한 근사해에 해당되는 그래프 위의 점에서 접선을 그어 그 접선의 x-절편을 다음 단계의 근사해로 하는 방법이라는 것을 알 수 있다.

[예제 3.9] 곡선 $y=x^3-x$와 직선 $y=1$의 교점의 x-좌표의 근사값을 뉴톤의 방법으로 구하여라.

풀이 $x^3-x-1=0$의 해를 구하면 된다. 함수 $y=x^3-x-1$의 그래프를 그려 보면 해는 $x=1$과 $x=2$ 사이에서 단 하나 존재한다는 것을 알 수 있다. 초기값을 $x_0=1$로 하여 뉴톤의 방법을 적용하면 표 1과 같은 결과를 얻는다. 이 표를 보면, $n=5$에서 $x_5=x_4=1.324717957$을 얻었다. $x_{n+1}=x_n$일 때, 뉴톤식에 의하면 $f(x_n)=0$이다. 이것은 $f(x)=0$의 근을 소수점 아래 9번째 자리까지 구했다. 물론, 이 값이 참 해라는 뜻은 아니다. 다만 이것은 소숫점 아래 10자리까지만 나타나는 계산기로 계산하였기 때문이며, 소숫점이하 9자리까지는 정확할 것이라는 뜻이다. 실제로, $f(x)=0$의 유일한 실근은 무리수라는 사실을 증명할 수 있다는 것을 이 책보다 높은 수준의 책을 보면 알 수 있다. ■

[표 3.1] $x_0=1$, $x^3-x-1=0$에 대한 뉴톤방법의 결과

n	x_n	$f(x_n)$	$f'(x_n)$	$x_{n+1}=x_n-\dfrac{f(x_n)}{f'(x_n)}$
0	1	-1	2	1.5
1	1.5	0.875	5.75	1.347826087
2	1.347826087	0.100682174	4.449905482	1.325200399
3	1.325200399	0.002058363	4.268468293	1.324718174
4	1.324718174	0.000000925	4.264634722	1.324717957
5	1.324717957	-5×10^{-10}	4.264632997	1.324717957

연습문제 (3-2)

1. $y=f(x)=\sin x$의 $x=0$에서의 선형화식을 구하여라.

2. $y=f(x)=\tan x$의 $x=0$에서의 선형화식을 구하여라.

3. $y=f(x)=\ln(1+x)$의 $x=0$에서의 선형화식을 구하여라.

4. $y=f(x)=\sin^{-1}x$의 $x=0$에서의 선형화식을 구하여라.

5. 방정식 $x^3-3x+1=0$의 양수의 근을 뉴톤의 방법으로 구하여라.

3.3 함수의 극값

도함수를 이용하여 함수의 최대값과 최소값, 극대값과 극소값을 구하는 방법을 생각하여 보자. 최대값과 최소값에 대한 정의는 1.3절에서 정의한 바 있다.

정의 3.10 함수 $f(x)$가 구간 $I=[a, b]$ 위에서 정의되어 있을 때, $f(x)$가 다음 명제를 만족하면 $c\in[a, b]$에서 **극대**가 된다고 정의한다.

$$\exists\delta>0 \text{ s.t. } x\in I\cap(c-\delta, c+\delta) \Rightarrow f(x)\le f(c).$$

정의 3.11 함수 $f(x)$가 구간 $I=[a, b]$ 위에서 정의되어 있을 때, $f(x)$가 다음 명제를 만족하면 $c\in[a, b]$에서 **극소**가 된다고 정의한다.

$$\exists\delta>0 \text{ s.t. } x\in I\cap(c-\delta, c+\delta) \Rightarrow f(x)\ge f(c).$$

참고 최대값, 최소값, 극대값, 극소값을 통틀어서 극값(extremum values)이라고 부른다.

[예제 3.10] 함수 $y=f(x)=|x|$의 구간 $I=[-1, 2]$ 위에서의 최대, 최소, 극대, 극소값을 구하여라.

풀이 최대값$=f(2)=2$, 최소값$=f(0)=0$, 극대값$=f(-1)=1(\delta=1/2)$, 극대값$=f(2)=2(\delta=1/2)$, 극소값$=f(0)=0$. ■

[예제 3.11] 상수함수 $y=K$는 모든 점 $x=c$에서 최대, 최소, 극대, 극소가 된다.

[예제 3.12] $|x|>0$일 때에는 $f(x)=x^2$, 그리고 $f(0)=1$로 정의된 함수 f의 구간 $I=[-1, 1]$에서의 극값을 조사하여라.

풀이 최대값$=f(-1)=f(0)=f(1)=1=$극대값$(\delta=1/2)$, 최소값과 극소값은 없다. ■

[예제 3.13] $|x|>0$일 때에는 $f(x)=x^2$, 그리고 $f(0)=-1$로 정의된 함수 f의 구간 $I=[-1, 1]$에서의 극값을 조사하여라.

풀이 최대값$=f(-1)=f(1)=1$, 최소값$=f(0)=-1$, 극대값$=f(-1)=f(1)=1(\delta=1/2)$, 극소값$=f(0)=-1(\delta=1/2)$. ■

> **정리 3.12 (극값에 대한 1계 도함수 정리)** 함수 $y=f(x)$가 $[a, b]$에서 미분가능하고 $c\in(a, b)$에서 극값을 가지면 $f'(c)=0$이다.

증명 $f(x)$가 $x=c\in(a, b)$에서 극대가 된다고 하자. 그러면,

$$\exists\delta>0 \text{ s.t. } x\in I\cap(c-\delta, c+\delta) \Rightarrow f(x)\le f(c).$$

즉, $|\Delta x|<\delta$이면 $f(c+\Delta x)-f(c)\le 0$. 양변에 Δx를 나누면

$$\Delta x>0\text{일 때 } \frac{f(c+\Delta x)-f(c)}{\Delta x}\le 0$$

$$\Delta x<0\text{일 때 } \frac{f(c+\Delta x)-f(c)}{\Delta x}\ge 0.$$

이제 Δx를 0의 좌우측에서 0으로 접근시키면, 미분가능하므로,

$$0\le f'_-(c)=f'(c)=f'_+(c)\le 0.$$ □

위의 정리에 의하여, 함수 f가 극값을 가질 수 있는 곳은 다음 세 곳 뿐이다.

1. f'이 0이 되는 내점.
2. f'이 존재하지 않는 내점.
3. 함수의 정의역에서 끝점.

정의 3.13 함수 f에 대하여 f'이 0이거나 존재하지 않는 정의역 내의 점을 f의 임계점(critical point)이라고 한다.

[예제 3.14] 함수 $f(x)=x+\dfrac{1}{x}$에 대하여 임계점을 구하여라.

풀이 $x=0$에서는 함수가 정의되지 않으므로 임계점이다. $x\neq 0$에서는 $f'(x)=1-\dfrac{1}{x^2}=\dfrac{x^2-1}{x^2}$이므로, 임계점은 $x=0, -1, 1$이다. ■

연습문제 (3-3)

1. 구간 $[0, 1]$에서 정의된 함수로써 임계점이 10개인 함수를 하나 찾아라.

2. 구간 $[0, 1]$에서 연속인 함수로써 무한히 많은 임계점을 가지는 함수를 하나 찾아라.

3. 구간 $[-1, 1]$에서 정의된 함수로써 최대, 최소, 극대, 극소값을 모두 갖지 않는 함수를 하나 찾아라.

3.4 평균값정리

정리 3.14 (롤의(Roll)의 정리) 함수 $y=f(x)$가 폐구간 $[a, b]$ 위에서 연속이고 개구간 (a, b) 위에서 미분가능하며, $f(a)=f(b)=0$이면, $f'(c)=0$인 점 $c\in(a, b)$가 존재한다.

증명 함수 f가 상수함수$(=0)$이면 $c=\dfrac{a+b}{2}$로 잡으면 된다. 상수함수가 아니면, 연속함수의 극치의 정리에 의하여 최대값과 최소값이 존재하고, 그 중 적어도 하나는 0이 아니다.

우선, $\max_{x \in [a,\, b]} f(x) = f(x_M) \neq 0$라고 가정하자. 그러면, $x_M \in (a,\, b)$이고 극값에 대한 1계 도함수 정리에 의하여 $f'(x_M) = 0$이다. 마찬가지로 $\min_{x \in [a,\, b]} f(x) = f(x_m) \neq 0$일 때에는 $f'(x_m) = 0$이다. □

위의 정리를 그래프 위에서 생각해 보자. 아래 그림을 참고로 하면, $f(a) = f(b) = 0$이므로 그래프의 양 끝점은 x-축 위에 있다. 또, $f'(c) = 0$이라는 것은 점 $(c,\, f(c))$ 위에서의 접선이 x-축에 평행하다는 것이다. 따라서, 위의 정리는 그래프로(기하학적으로) 보면 다음과 같이 말할 수 있다 :

함수 $y = f(x)$가 폐구간 $[a,\, b]$ 위에서 연속이고 개구간 $(a,\, b)$ 위에서 미분가능하며, 그래프의 양 끝점이 x-축 위에 있으면, 평행접선을 가지는 내점이 적어도 하나 존재한다.

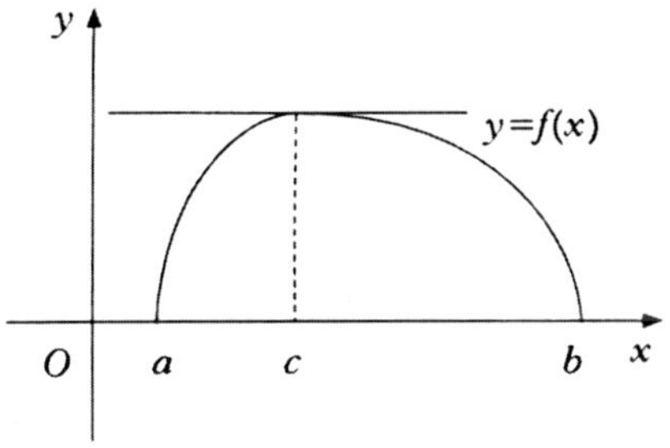

그림 3.2

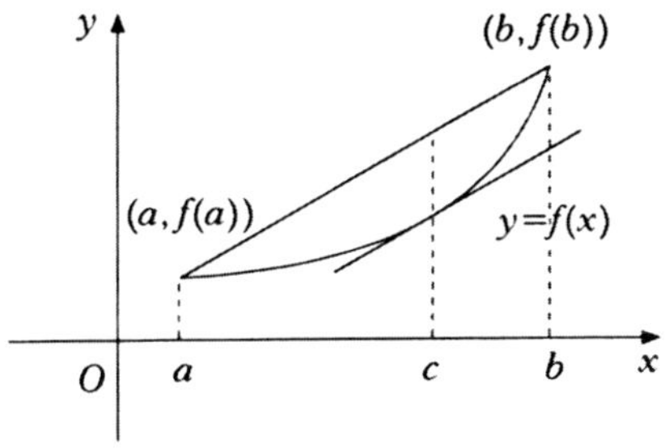

그림 3.3

[예제 3.15] 함수 $f(x) = 1 - x^2$에 대하여 구간 $[-1,\, 1]$ 위에서 롤의 정리를 검증하여라.

풀이 $f(1) = f(-1) = 0$이고 모든 점에서 미분가능하고 연속이므로, 롤의 정리의 가정을 만족한다. 그리고 $f'(0) = [2x]_{x=0} = 0$이므로 정리가 성립한다. ■

다음의 예를 보면 롤의 정리에서 미분가능하다는 가정은 필수적이라는 것을 알 수 있다.

[예제 3.16] 함수 $f(x) = 1 - |x|$에 대하여 구간 $[-1,\, 1]$ 위에서 롤의 정리의 결론이 성립하는지 성립하지 않는지를 검증하여라.

풀이 이 함수는 양 끝점에서의 값이 0이고 연속인 함수이지만 미분계수가 0인 점은 없다. ■

정리 3.15 (평균값정리(mean value theorem) 함수 $y=f(x)$가 폐구간 $[a, b]$ 위에서 연속이고 개구간 (a, b) 위에서 미분가능하면 다음을 만족하는 내점 $c \in (a, b)$가 존재한다.

$$f'(c)=\frac{f(b)-f(a)}{b-a}$$

증명 다음과 같이 정의한 함수 $g(x)$를 생각해 보자.

$$g(x)=f(x)-f(a)-\frac{f(b)-f(a)}{b-a}(x-a),\ x \in [a, b].$$

$f(x)$와 $x-a$ 및 상수함수가 연속이므로 g는 $[a, b]$에서 연속이다. 또, 이 함수들이 (a, b)에서 미분가능하므로 g도 (a, b)에서 미분가능하다. 값을 대입해 보면 $f(a)=f(b)=0$이므로 롤의 정리에 의하여 $g'(c)=0$인 $c \in (a, b)$가 존재한다. 즉,

$$0=g'(c)=f'(c)-\frac{f(b)-f(a)}{b-a}.$$

위의 정리를 그래프에서 보면, $\frac{f(b)-f(a)}{b-a}$는 그래프의 양 끝점 $(a, f(a))$와 $(b, f(b))$를 잇는 직선의 기울기이므로, 이 두 점을 잇는 직선과 평행인 접선을 가지는 그래프 위의 점 $(c, f(c))$가 존재함을 의미한다. 또, 위의 증명에서 $g(x)$는 양 끝점을 잇는 직선과 $f(x)$와의 수직방향의 거리임을 알 수 있다(그림 참조).

만약 함수 f의 도함수 f'이 구간 $[a, b]$에서 최대값과 최소값을 가지면 평균값정리에 의하여 다음을 알 수 있다.

$$\min_{x \in [a, b]} f' \le \frac{f(b)-f(a)}{b-a} \le \max_{x \in [a, b]} f'.$$ □

평균값정리와 이 식을 이용하면 다음과 같은 부등식을 얻을 수도 있다.

[예제 3.17] 임의의 두 실수 a, b에 대하여 다음이 성립한다.

$$|\sin b-\sin a| \le |b-a|.$$

풀이 $f(x)=\sin x$는 R 위에서 연속이고 미분가능하므로, 구간 $[a, b]$(또는 $[b, a]$)에서 평균값정리를 적용하면

$$|\sin b-\sin a|=|f(b)-f(a)|=|f'(c)(b-a)|=|\cos c||b-a| \le |b-a|.$$ ■

정리 3.16 함수 f가 구간 $[a, b]$에서 연속이고, 모든 점 $x\in(a, b)$에 대하여 $f'(x)=0$을 만족 하면 f는 그 구간에서 상수함수이다.

증명 임의의 $c\in(a, b]$에 대하여 f는 $[a, c]$에서 연속이고 (a, c)에서 미분가능하므로, 평균값정리에 의하여

$$\frac{f(c)-f(a)}{c-a}=f'(x_0)=0$$

를 만족하는 점 x_0가 존재한다. 그러므로 $f(c)=f(a)$. c가 임의의 원소였으므로, $f(x)=f(a)$, $\forall x\in[a, b]$. □

따름정리 3.17 두 함수 f와 g에 대하여, $f'(x)=g'(x)$, $\forall x\in(a, b)$를 만족하면 $f=g+C$이다. 여기서 C는 적당한 상수.

증명 함수 $h=f-g$에 위의 정리를 적용하면 된다. □

참고 어떤 함수 $f(x)$가 주어 졌을 때, $F'(x)=f(x)$, $\forall x\in(a, b)$를 만족하는 함수를 $f(x)$의 부정적분(또는 역도함수)(Indefinite integral or antiderivative)이라고 하는데, 위의 따름정리에 의하면, 한 함수의 역도함수들은 상수만큼의 차가 난다는 것을 알 수 있다.(부정적분에 관한 자세한 논의는 다음 장에서 하게 된다.)

정리 3.18 (코시의 평균값정리) 함수 $f(x)$,$g(x)$가 폐구간 $[a, b]$ 위에서 연속이고 개구간 (a, b) 위에서 미분가능하며, $g(a)\neq g(b)$이고, (a, b)내의 모든 점 x에서 $g(x)\neq 0$이면 다음을 만족하는 내점 $c\in(a, b)$가 존재한다.

$$\frac{f(b)-f(a)}{g(b)-g(a)}=\frac{f'(c)}{g'(c)}.$$

증명 함수 $F(x)=f(b)-f(x)-\dfrac{f(b)-f(a)}{g(b)-g(a)}(g(b)-g(x))$에 롤의 정리를 적용하면 증명된다. □

함수의 증가 및 감소에 관한 다음의 정리를 평균값정리로부터 얻을 수 있다.(증가함수 등에 관한 정의는 1.1절에 있다.)

정리 3.19 (증감에 관한 1계도함수 판별법) $y=f(x)$가 폐구간 $[a, b]$ 위에서 연속이고 개구간 (a,b) 위에서 미분가능하면 다음이 성립한다.

(1) 모든 $x \in (a, b)$에 대하여 $f'(x)>0$이면 단조증가함수이다.

(2) 모든 $x \in (a, b)$에 대하여 $f'(x)<0$이면 단조감소함수이다.

증명 (1)의 증명. 구간 내의 임의의 두 점 $x_1<x_2$에 대하여 구간 $[x_1, x_2]$ 위에서 f에 평균치 정리를 적용하면

$$f(x_2)-f(x_1)=f'(c)(x_2-x_1)$$

를 만족하는 $c \in (x_1, x_2)$가 존재한다. 따라서 $f(x_1)<f(x_2)$. (2)의 증명은 (1)과 유사하므로 생략한다. □

위의 정리를 적용하면 함수 f는 $f'>0$인 구간에서 단조증가하고, $f'<0$인 구간에서 단조감소함을 알 수 있다. 또, $f'>0$인 구간과 $f'<0$인 구간에서 각각 단사함수가 됨을 알 수 있다.

[예제 3.18] 방정식 $x^3+3x+1=0$은 구간 $[-1, 1]$에서 유일한 실근을 가짐을 보여라.

풀이 $f(x)=x^3+3x+1$이라고 하면, $f(-1)=-3<0<5=f(1)$이므로 중간치정리에 의하여 적어도 하나의 실근을 가진다. 또, $f'(x)=3x^2+3>0$이므로 f는 $[-1, 1]$ 위에서 단조증가하고, 따라서 단사함수이므로 그 근은 유일하다. ■

테일러정리와 n차근사식

주어진 함수값과 근사한 값을 구하는데, 앞에서와 같이 1차식을 이용하여도 되지만, 보다 더 좋은 방법은 2차함수 등을 이용하는 것인데, 그 이론적인 근거가 다음의 정리이다.

정리 3.20 (테일러정리 : 미분형 나머지) 함수 $y=f(x)$에 대하여, $f(x), f'(x), \cdots, f^{(n)}(x)$가 폐구간 $[a, b]$에서 연속이고 $f^{(n+1)}(x)$가 개구간 (a, b)에서 존재하면 다음을 만족하는 $x_1 \in (a, b)$이 존재한다. 여기서 n은 자연수이다.

$$f(b)=f(a)+f'(a)(b-a)+\cdots+\frac{f^{(n)}(a)}{n!}(b-a)^n+R_n.$$

이 식을 **테일러의 공식**이라고 부르며, 여기서, 나머지 R_n은 다음 식으로 주어지는 수이다.

$$R_n=\frac{f^{(n+1)}(x_1)}{(n+1)!}(b-a)^{n+1} \quad (\text{Lagrange의 나머지})$$

또는

$$R_n=\frac{f^{(n+1)}(x_1)}{n!}(b-a)(b-x_1)^n \quad (\text{Cauchy의 나머지}).$$

증명 R_n을 다음을 만족하는 수라고 하자.

$$f(b)=f(a)+f'(a)(b-a)+\cdots+\frac{f^{(n)}(a)}{n!}(b-a)^n+R_n.$$

$R_n=\frac{(b-a)^{n+1}}{(n+1)!}K$($K$는 상수)라고 놓고, 다음의 함수

$$F(x)=f(b)-f(x)-f'(x)(b-x)-\cdots-\frac{f^{(n)}(x)}{n!}(b-x)^n-\frac{(b-x)^{n+1}}{(n+1)!}K$$

에 롤(Rolle)의 정리를 적용하면 Lagrange의 나머지식을 가지는 공식이 증명되고, 함수

$$G(x)=F(x)+\frac{(b-x)^{n+1}}{(n+1)!}K$$

에 평균값정리를 적용하면 Cauchy의 나머지식을 가지는 공식이 증명되지만, 자세한 과정은 생략하기로 한다. □

테일러의 공식은 $b<a$인 경우에도 성립하므로, 함수 $f(x)$가 c근방에서 테일러의 정리의 가정을 만족하면, c에 충분히 가까운 x에 대하여,

$$f(x)\approx f(c)+f'(c)(x-c)+\cdots+\frac{f^{(n)}(c)}{n!}(x-c)^n$$

임을 알 수 있다. 이 식을 $f(x)$의 **표준n차 근사식**이라고 하고, c를 **근사식의 중심**이라고 한다. 분명히 이 근사식에서의 오차는 나머지 R_n이 됨을 알 수 있다.

[예제 3.19] 함수 $y=\sin x$의 $x=0$근방에서의 표준 3차근사식을 구하고, 오차의 한계(상한)를 구하여라.

풀이 $y'=\cos x$, $y''=-\sin x$, $y'''=-\cos x$, $y^{(4)}=\sin x$이므로 표준 3차근사식은

$$\sin x \approx x-\frac{x^3}{3!}$$

이고,

$$R_4=\frac{\sin x_1}{4!}x^4$$

이므로, 오차의 한계는 다음과 같다.

$$|R_4| \le \frac{x^4}{4!}.$$

■

연습문제 (3–4)

1. 임의의 두 실수 a, b에 대하여 다음의 부등식이 성립함을 증명하여라.

$$|\tan^{-1}a-\tan^{-1}b| \le \frac{|a-b|}{1+m^2}, \text{ 여기서 } m=\min\{a,\ b\}.$$

2. 방정식 $x^3+2x+10=0$은 구간 $[-1,\ 1]$에서 실근을 갖지 않음을 보여라.

3. $y=f(x)=\tan x$의 $x=0$에서의 표준3차근사식을 구하여라.

4. $y=f(x)=\ln(1+x)$의 $x=0$에서의 표준3차근사식을 구하여라.

3.5 곡선의 그래프 그리기

여기서는 방정식 $F(x, y)=0$이나 함수 $y=f(x)$로 표현되는 곡선의 그래프를 그리는데 필요한 사항들을 자세히 살펴보기로 한다. 곡선이 함수 $y=f(x)$로 표현되어 있을 때,x가 변하는 범위를 $D(f)$로 표시하고, 방정식 $F(x, y)=0$으로 표현되어 있을 때에도 같은 기호 $D(f)$를 사용하기로 한다.

(1) 절편

$F(x, 0)=0$을 만족하는 x는 x-**절편**이고, $F(0, y)=0$를 만족하는 y는 y-**절편**이다.

(2) 대칭성

y-**축 대칭** : $D(f)$가 $x=0$에 관하여 대칭인 구간일 때, 모든 $x\in D(f)$에 대하여 다음 명제를 만족하면 곡선 $F(x, y)=0$은 y-**축 대칭**이다.

$$F(x, y)=0 \Rightarrow F(-x, y)=0.$$

즉, 방정식의 x 대신 $-x$를 대입하여도 그 방정식이 성립하면 y-축 대칭이다.

x-**축 대칭** : 모든 $x\in D(f)$에 대하여 다음 명제를 만족하면 곡선 $F(x, y)=0$은 x-**축 대칭**이다.

$$F(x, y)=0 \Rightarrow F(x, -y)=0.$$

즉, 방정식의 y 대신 $-y$를 대입하여도 그 방정식이 성립하면 y-축 대칭이다.

원점대칭 : $D(f)$가 $x=0$에 관하여 대칭인 구간일 때, 모든 $x\in D(f)$에 대하여 다음 명제를 만족하면 곡선 $F(x, y)=0$은 **원점대칭**이다.

$$F(x, y)=0 \Rightarrow F(-x, -y)=0.$$

즉, 방정식의 x, y 대신에 $-x$, $-y$를 대입하여도 그 방정식이 성립하면 원점대칭이다.

$y=x$**에 관한 대칭** : 모든 $x\in D(f)=R(f)$(f의 치역)에 대하여 다음 명제를 만족하면 곡선 $F(x, y)=0$은 $y=x$**대칭**이다.

$$F(x, y)=0 \Rightarrow F(y, x)=0.$$

즉, 방정식의 x와 y를 교환하여도 그 방정식이 성립하면 직선 $y=x$에 관하여 대칭이다.

$y=-x$에 관한 대칭 : $D(f)=R(f)$(f의 치역)가 $x=0$에 관하여 대칭인 구간일 때, 모든 $x \in D(f)$에 대하여 다음 명제를 만족하면 곡선 $F(x, y)=0$은 $y=-x$ 대칭이다.

$$F(x, y)=0 \Rightarrow F(-y, -x)=0.$$

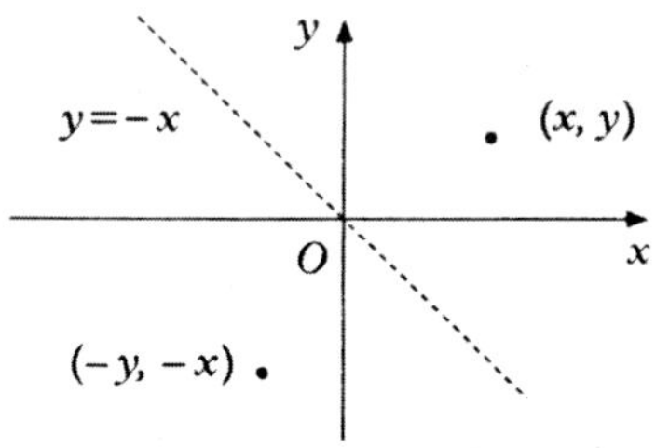

그림 3.4

즉, 방정식의 x, y 대신에 $-y$, $-x$를 대입하여도 그 방정식이 성립하면 직선 $y=-x$에 관하여 대칭이다(그림 참조).

(3) 증감과 접선

함수 $y=f(x)$가 도함수를 가지면

(a) $f'>0$인 구간에서 단조증가하고, $f'<0$인 구간에서 단조감소한다.

(b) $f'=0$인 점에서 수평접선을 가지고, $f'_-=\pm\infty$, $f'_+=\mp\infty$(복호동순)인 점에서 f가 연속이면 수직접선을 가진다.

참고 곡선이 수직접선을 가지는 (b)와 같은 점을 첨점(cusp)이라고 한다.

(4) 극값

2계 도함수에 의한 극값판별 : 함수 $y=f(x)$가 $x=c$근방에서 2계 도함수를 가지면

(a) $f'(c)=0$이고 $f''(c)<0$이면 f는 $x=c$에서 극대가 되고,

(b) $f'(c)=0$이고 $f''(c)>0$이면 f는 $x=c$에서 극소가 된다.

테일러 정리를 이용한 극값 판별 : 함수 $y=f(x)$에 대하여, $f(x)$, $f'(x)$, $\cdots$, $f^{(2n-1)}(x)$가 폐구간 $[a, b]$에서 연속이고 $f^{(2n)}(x)$가 개구간 (a, b)에서 존재(n은 자연수)하며, 적당한 $c \in (a, b)$에 대하여

$$f(c)=f'(c)=\cdots=f^{(2n-1)}(c)=0$$

이면

(a) $f^{(2n)}(c)>0$일 때 f는 $x=c$에서 극소값을 가지고,
(b) $f^{(2n)}(c)<0$일 때 f는 $x=c$에서 극대값을 가진다.

참고 이 판별법은 f에 테일러 정리를 적용하면 증명될 수 있으나 증명은 생략한다.

(5) 오목·볼록(요철)과 변곡점

곡선의 요철의 정의 : 미분가능한 함수의 그래프는 기울기 y'이 단조증가하는 구간에서 **위로 오목**(concave up) 또는 **아래로 볼록**(convex down)하다고 정의하고, 기울기 y'이 단조감소하는 구간에서 **위로 볼록**(convex up) 또는 **아래로 오목**(concave down)하다고 정의한다. 또, 곡선의 오목(볼록)한 방향이 바뀌는 경계점을 **변곡점**(point of inflection)이라고 정의한다.

참고 곡선의 오목과 볼록에 관하여는, 미분가능하지 않는 일반적인 함수의 그래프에 대해서도 수학적으로 엄밀하게 정의할 수 있으나, 여기서는 생략하고, 미분가능한 경우만 생각하기로 한다.

2계 도함수에 의한 요철판별 : 함수 $y=f(x)$가 2계 도함수를 가지면 $y''>0$인 구간에서 위로 오목하고, $y''<0$인 구간에서 위로 볼록하다.

2계 도함수에 의한 변곡점의 판별 : 함수 $y=f(x)$가 2계 도함수를 가지면 변곡점에서 $y''=0$이다. 단, 그 역은 성립하지 않는다.

(6) 점근선

수직·수평 점근선의 정의 : 다음을 만족하면 직선 $y=b$를 함수 $y=f(x)$의 그래프의 **수평점근선**(horizontal asymtote)이라고 한다.

$$\lim_{x\to\infty} f(x)=b \text{ 또는 } \lim_{x\to-\infty} f(x)=b.$$

또, 다음을 만족하면 직선 $x=a$를 함수 $y=f(x)$의 **수직점근선**(vertical asymtote)이라고 한다.

$$\lim_{x \to a+} f(x) = \pm\infty \text{ 또는 } \lim_{x \to a-} f(x) = \pm\infty.$$

사점근선(oblique asymtote)**의 정의** : 다음을 만족하면 직선 $y = ax + b$는 함수 $y = f(x)$의 기울어진 점근선(**사점근선**)이라고 한다.

$$\lim_{x \to \infty} [f(x) - (ax+b)] = 0 \text{ 또는 } \lim_{x \to -\infty} [f(x) - (ax+b)] = 0.$$

[예제 3.20] 함수 $y = f(x) = x^4(x^2 - 1)$의 극값과 변곡점을 조사하고, 그래 프의 개형을 그려보아라.

풀이 $F(x, y) = y - x^4(x^2 - 1)$라고 하면, $F(x, y) = 0$일 때, $F(-x, y) = 0$이므로 y-축 대칭이다. 또, $y' = 6x^5 - 4x^3 = 0$을 만족하는 x는 0, $\frac{\sqrt{6}}{3}$, $-\frac{\sqrt{6}}{3}$이다. $y'(0) = y''(0) = y'''(0) = 0$이고, $y^{(4)}(0) = -4! < 0$이므로, $x = 0$에서 극대값 0을 갖는다. 한편 $y''\left(\pm\frac{\sqrt{6}}{3}\right) = 30\left(\frac{\sqrt{6}}{3}\right)^4 - 12\left(\frac{\sqrt{6}}{3}\right)^2 = \frac{16}{3} > 0$이므로, $x = \pm\frac{\sqrt{6}}{3}$에서 극소값$-\frac{4}{27}$를 가진다. 또, x-절편은 0, 1, -1이다. 그리고 $y'' = 30x^4 - 12x^2 = 30x^2\left(x^2 - \frac{2}{5}\right) = 0$인 점은 0, $\pm\frac{\sqrt{10}}{5}$이다. 그런데 구간$\left(-\frac{\sqrt{10}}{5}, \frac{\sqrt{10}}{5}\right)$에서 $y'' < 0$이므로 $x = 0$은 변곡점이 아니고, $x = \pm\frac{\sqrt{10}}{5}$만이 변곡점이다. 따라서 그래프의 개형은 아래의 그림과 같다. ■

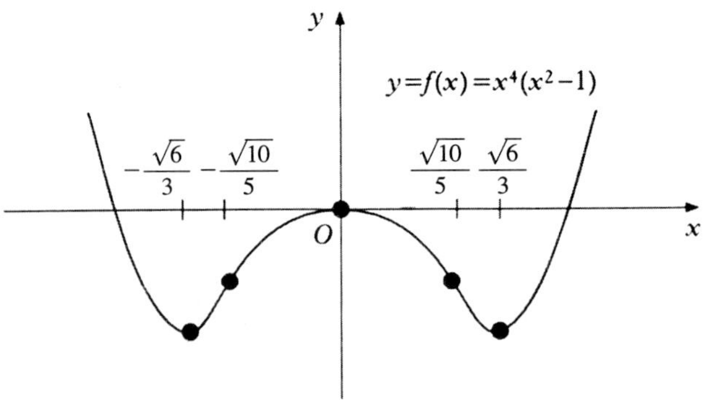

그림 3.5

연습문제 (3-5)

1. 함수 $y=x^4-\frac{4}{3}x^3-4x^2$의 구간 $[-2, 3]$에서의 극값을 구하여라.

2. 함수 $y=\cos x+\sin x+x\sin x$의 실수 전체의 집합 R에서의 극값을 구하여라.

3. 함수 $y=x^4-\frac{4}{3}x^3-4x^2$의 변곡점을 모두 구하여라.

4. 곡선 $f(x, y)=0$이 직선 $y=2x-1$에 대하여 대칭이 될 필요충분조건을 구하여라.
(도움 : 점(x, y)의 직선 $y=2x-1$에 관한 대칭점의 좌표를 구하여서 생각해 보아라.)

5. 다음과 같이 주어진 함수 $y=f(x)$의 점근선을 모두 구하여라.

$$f(x)=\frac{2x^2-x-14}{x-3}$$

3.6 극대·극소의 응용

주어진 어떤 상황을 가능한 한 효율적이거나 유용하게 만드는 것을 최적화라고 한다. 주어진 상황을 수리적인 식으로 나타내어서 최적화하는 것은 결국 적당한 모양의 함수의 극값이나 극점을 찾는 것이 된다.

[예제 3.21] 반지름이 2인 반원에 내접하는 직사각형의 넓이가 최대로 될 때의 모양과 최대넓이를 구하라.

풀이 반원과 그에 내접하는 직사각형을 그림과 같이 적당히 그린다. 직사각형의 오른쪽 위에 있는 꼭지점의 좌표를 $(x, \sqrt{4-x^2})$이라고 하면, 직사각형의 면적은

$$A(x)=2x\sqrt{4-x^2}$$

이다.

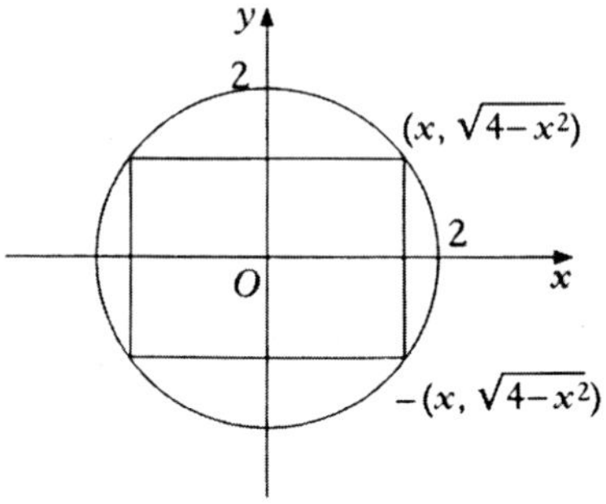

그림 3.6

따라서 $A(x)$가 최대값을 가지는 x와 그때의 함수값을 구하면 된다. 미분하면 $A'(x) = \dfrac{-2x^2}{\sqrt{4-x^2}} + 2\sqrt{4-x^2}$. 임계점을 구하면 다음과 같다.

$$\frac{-2x^2}{\sqrt{4-x^2}} + 2\sqrt{4-x^2} = 0$$

$$-2x^2 + 2(4-x^2) = 0$$

$$8 - 4x^2 = 0$$

$$x = \pm\sqrt{2}.$$

$0 \le x \le 2$이므로 $x = \sqrt{2}$만이 정의역의 내부에 있는 임계점이다. 따라서

임계점에서 구한 함수값 : $A(\sqrt{2}) = 4$.
경계점에서 구한 함수값 : $A(0) = 0 = A(2)$.

그러므로 직사각형의 밑변이 $2\sqrt{2}$, 높이가 $\sqrt{2}$일 때 넓이가 최대값 4를 가진다. ■

[예제 3.22] 한 변의 길이가 12인 정사각형 모양의 양철판의 네 모서리 에서 조그만 정사각형을 잘라낸 다음 꺾어 올려서, 위가 트인 그릇을 만들려고 한다. 그릇의 부피가 최대가 되려면 어느 정도로 잘라내야 하는가?

풀이 잘라내는 정사각형의 한 변을 x라고 하면, 그릇의 높이는 x, 가로, 세로는 $12-2x$이다. 따라서 부피 $V(x)$는

$$V(x) = x(12-2x)^2 = 144x - 48x^2 + 4x^3.$$

미분하면

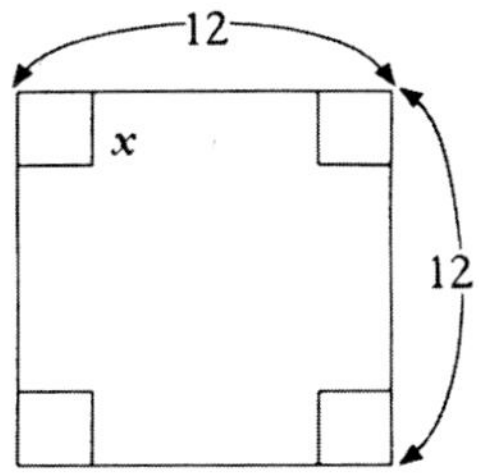

$$V'(x)=144-96x+12x^2=12(2-x)(6-x).$$

$0 \le x \le 6$이므로

임계점에서의 함수값 : $V(2)=128$.
경계점에서의 함수값 : $V(0)=0,\ V(6)=0$.

그러므로 $x=2$만큼 잘라내야 한다. ■

[예제 3.23] (페르마의 원리와 스넬(Snell)의 법칙) 빛의 속도는 매질에 따라 달라지며, 일반적으로 매질의 밀도가 높을수록 그 매질을 통과하는 속도가 느려진다. 진공에서의 빛의 속도는 $C=2.997925\times 10\text{m/sec}$이지만, 대기 중에서는 그보다 느리게 진행하고, 유리를 지나갈 때에는 더 느려진다. 페르마의 원리에 의하면, 한 점에서 다른 점까지 빛이 전해질 때에는 전해지는데 걸리는 시간을 최소로 하는 경로를 따른다. 이 원리를 이용하여 빛의 속도가 각각 $C_1V'C_2$인 두 매질의 경계면을 통과하는 빛이 어떠한 경로를 따라 진행하는지를 알아보자.

풀이 아래의 그림과 같이, xy-평면에서 x-축이 두 매질의 경계면이고 빛이 매질 1에 있는 점 A에서 매질 2에 있는 점 B까지 진행한다고 하자. 각 매질에서는 빛의 속도가 일정하므로, 경과시간을 최소로 하는 경로는 가장 짧은 경로인 직선이다. 그러므로, 빛이 A에서 B까지 진행하는 경로는 A와 x-축에 놓여 있는 어떤 점 P를 잇는 선분과, P와 B를 잇는 선분으로 이루어진다. 그런데, 일정한 속도로 이동하는데 걸리는 시간은

$$\text{시간}=\frac{\text{거리}}{\text{속도}}$$

이므로, A에서 출발하여 P에 이르는데 걸리는 시간은

$$t_1=\frac{AP}{C_1}=\frac{\sqrt{a^2+x^2}}{C_1}$$

이고, P를 지나서 B에 이르는데 걸리는 시간은

$$t_2=\frac{PB}{C_2}=\frac{\sqrt{b^2+(d-x)^2}}{C_2}$$

이다. 따라서 A를 출발하여 P를 지난 다음 B에 이르는데 걸리는 시간은

$$t = t_1 + t_2 = \frac{\sqrt{a^2+x^2}}{C_1} + \frac{\sqrt{b^2+(d-x)^2}}{C_2}$$

이다. 이제 $0 \le x \le d$에서 t를 최소로 하는 x값을 찾기 위하여, t를 x에 관하여 미분하면,

$$\frac{dt}{dx} = \frac{x}{C_1\sqrt{a^2+x^2}} - \frac{d-x}{C_2\sqrt{b^2+(d-x)^2}}$$

를 얻는다. 이것을 아래의 그림에서 주어진 입사각 θ_1과 굴절각 θ_2로 나타내면 다음과 같다.

$$\frac{dt}{dx} = \frac{\sin\theta_1}{C_1} - \frac{\sin\theta_2}{C_2}.$$

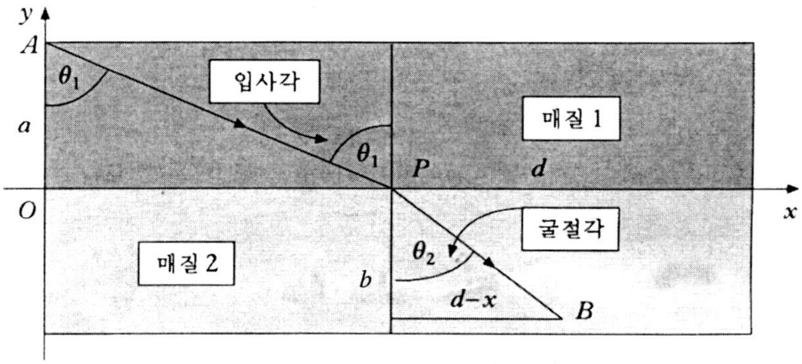

그림 3.7 굴절법칙

그런데,

$$\frac{dt^2}{dx^2} = \frac{a^2}{C_1(\sqrt{a^2+x^2})^3} + \frac{b^2}{C_1(\sqrt{b^2+(d-x)^2})^3} > 0$$

이므로, dt/dx는 단조증가함수이고, $x=0$일 때에는 음수값을 취하고 $x=d$일 때에는 양수값을 취하므로, 중간값정리에 의하여 $\frac{dt}{dx}(c)=0$인 $x=c$가 0과 d 사이에 꼭 하나 존재한다. 이에 해당하는 점을 빛이 통과할 때 경과시간 t가 최소가 된다. 이 점에서의 입사각와 굴절각은

$$\frac{\sin\theta_1}{C_1} = \frac{\sin\theta_2}{C_2}$$

의 관계를 만족하는데, 이 방정식을 **스넬의 법칙** 또는 **굴절법칙**이라고 부른다. ■

연습문제 (3–6)

1. 타원 $4x^2+y^2=4$에 내접하는 직사각형의 면적이 최대로 될 때의 모양과 최대넓이를 구하여라.

2. 빛이 투명한 유리를 통과하면 굴절된다. 유리를 통과할 때의 빛의 속도는 진공에서의 속도와 비교하여 어떤가?

3.7 부정형의 극한값

여기에서는 부정형 모양의 함수의 극한을 구하는 방법을 살펴본다.

(1) 부정형 0/0

f와 g가 $x=a$에서 연속이고 $f(a)=g(a)=0$이면

$$\lim_{x\to a}\frac{f(x)}{g(x)}$$

와 같은 모양의 극한을 0/0꼴의 **부정형**이라고 한다. 이러한 부정형의 극한을 구하는 데에는 다음의 정리가 유용하다. 이 정리는 일반화된(Cauchy) 평균값정리를 이용하면 증명할 수 있으나 여기서는 생략한다.

정리 3.21 (로피탈(L'Hospital)) f와 g가 $x=a$를 포함하는 적당한 구간 $(a-\delta,\ a+\delta)$에서 연속이고, 그 구간($x=a$는 제외가능)에서 도함수 $f'(x)$, $g'(x)$가 존재하고 $g'(x)\neq 0$이면, $f(a)=g(a)=0$일 때, 다음의 우변의 극한이 존재(무한대 극한도 포함)하면 좌변의 극한도 존재하고 다음이 성립한다.

$$\lim_{x\to a}\frac{f(x)}{g(x)}=\lim_{x\to a}\frac{f'(x)}{g'(x)}.$$

한편, f와 g가 $\lim_{x\to\pm\infty} f(x)=0$, $\lim_{x\to\pm\infty} g(x)=0$를 만족하는 경우에도 $\frac{0}{0}$꼴의 부정형이라고 하는데, 이 경우에도 위와 유사한 로피탈의 정리가 성립한다는 것을 증명할 수 있다는 것을 밝혀 둔다.

(2) 부정형 $\frac{\infty}{\infty}$

$\lim_{x\to a} f(x)=\pm\infty$, $\lim_{x\to a} g(x)=\pm\infty$, 또는 $\lim_{x\to\pm\infty} f(x)=\pm\infty$, $\lim_{x\to\pm\infty} g(x)=\pm\infty$인 경우에

$$\lim\frac{f(x)}{g(x)}$$

를 $\frac{\infty}{\infty}$꼴의 부정형이라고 하며, 이 경우에도 위와 유사한 로피탈의 정리가 성립한다.

(3) 그 밖의 부정형

이 밖에도 $\infty\cdot 0$, $\infty-\infty$, 0^0, 1^∞, ∞^0 등의 모양도 적당히 변형하여 $0/0$ 또는 ∞/∞꼴로 변형하여서 로피탈의 법칙을 적용할 수 있다.

[예제 3.24] 다음의 극한을 구하여라.

(a) $\lim_{x\to 0+} x\ln x$ (b) $\lim_{x\to 0}\left(\frac{1}{x}-\frac{1}{\sin x}\right)$

풀이 (a) $\lim_{x\to 0+} x\ln x=\lim_{x\to 0+}\frac{\ln x}{1/x}=\lim_{x\to 0+}\frac{1/x}{-1/x^2}=\lim_{x\to 0+}(-x)=0.$

(b) $$\lim_{x\to 0}\left(\frac{1}{x}-\frac{1}{\sin x}\right)=\lim_{x\to 0}\frac{\sin x-x}{x\sin x}=\lim_{x\to 0}\frac{\cos x-1}{\sin x+x\cos x}$$
$$=\lim_{x\to 0}\frac{-\sin x}{2\cos x-x\sin x}=0.$$ ■

[예제 3.25] 다음의 극한을 계산하여라.

(a) $\lim_{x\to 0+} x^x$ (b) $\lim_{x\to 0}(1+\sin x)^{1/x}$ (c) $\lim_{x\to 0}(1-\sin x)^{1/\tan x}$

풀이 (a) $y=x^x$라고 하면, 위의 예제에 의하여

$$\lim_{x\to 0+}\ln y=\lim_{x\to 0+} x\ln x=0.$$

따라서, $\lim_{x\to 0+} y = \lim_{x\to 0+} e^{\ln y} = e^0 = 1.$

(b) $y = (1+\sin x)^{1/x}$라고 하면,

$$\lim_{x\to 0} \ln y = \lim_{x\to 0} \frac{\ln(1+\sin x)}{x} = \lim_{x\to 0} \frac{\cos x}{1+\sin x} = 1.$$

그러므로 $\lim_{x\to 0} y = \lim_{x\to 0} e^{\ln y} = e^1 = e.$

(c) $y = (1-\sin x)^{1/\tan x}$라고 하면

$$\lim_{x\to 0} \ln y = \lim_{x\to 0} \frac{\ln(1-\sin x)}{\tan x} = \lim_{x\to 0} \frac{-\cos x/(1-\sin x)}{\sec^2 x} = -1.$$

그러므로 $\lim_{x\to 0} y = \lim_{x\to 0} e^{\ln y} = e^{-1}.$ ■

연습문제 (3-7)

1. 다음의 극한을 구하여라.

(a) $\lim_{x\to 0}\left(\frac{1}{x^2} - \frac{1}{\sin^2 x}\right)$ (b) $\lim_{x\to\infty} \frac{2x^3}{e^x}$ (c) $\lim_{x\to 0+} \frac{e^{-\frac{1}{x}}}{x}$

(d) $\lim_{x\to 1}\left(\frac{1}{x-1} - \frac{1}{\ln x}\right)$ (e) $\lim_{t\to 0} \csc t \sin^{-1} t$ (f) $\lim_{x\to\infty} \frac{x^2}{\ln^2 x}$

(g) $\lim_{x\to 0+} x\ln^3 x$ (h) $\lim_{x\to\pi/2} \tan x \tan 2x$

2. 다음의 극한을 구하여라.

(a) $\lim_{x\to\infty} x^{1/x}$ (b) $\lim_{x\to 0}(1+\tan x)^{1/x}$ (c) $\lim_{x\to\infty}\left(\cos\frac{2}{x}\right)^{x^2}$

(d) $\lim_{x\to\infty}(e^x - x^2)^{1/x}$ (e) $\lim_{x\to 0+}(\tan x)^x$

3.8 극 좌 표

아래 그림과 같이, 평면상에 한 점 O(극)를 잡고, 극 O에서 출발하는 반직선을 $\overrightarrow{OX}$(극축)라고 하자. 평면상의 임의의 점 P에 대하여 선분 $\overline{OP}$(동경)와 극축 $\overrightarrow{OX}$가 이루는 각을 θ(편각)라고 하고 동경 $\overline{OP}$의 길이를 r이라고 할 때, 점 P의 좌표를 (r, θ)로 나타낼 수 있는데, 이와 같이 극에서의 상대적인 위치와 극축에 대한 편각을 이용하여 평면상의 점의 좌표를 나타낸 것을 **극좌표**라고 부른다. 동경과 편각에 대하여는 다음과 같은 규칙을 적용하여 모든 실수값을 가질 수 있도록 정의한다.

θ의 부호	(1) 극축 $\overrightarrow{OX}$를 기준으로 반시계방향으로 잰 각이면 양(+) (2) 극축 $\overrightarrow{OX}$를 기준으로 시계방향으로 잰 각이면 음(−)

r의 부호	(1) 편각 θ를 그리는 방향으로 재면 양(+) (2) 편각 θ를 그리는 방향의 반대방향으로 재면 음(−)

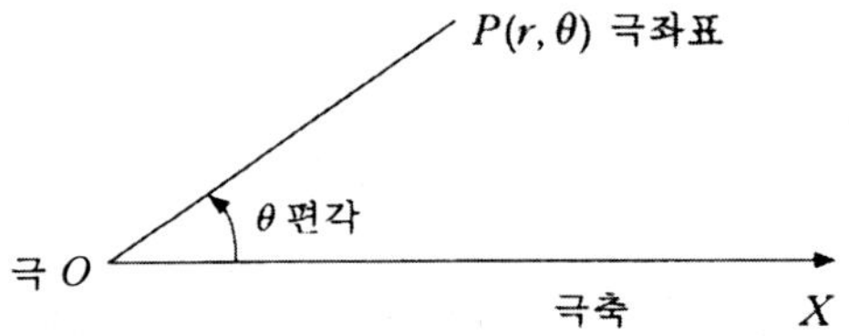

그림 3.8

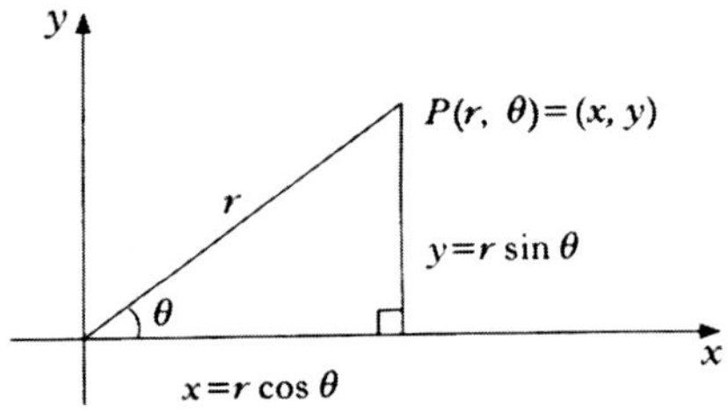

그림 3.9

위에서와 같이 규칙을 정하면 극좌표로 표시된 임의의 점 $P(r, \theta)$는 다음과 여러 가지로 나타낼 수 있다.

$$(r, \theta) = ((-1)^n r, n\pi + \theta), \ n\text{은 임의의 정수.}$$

한편 위의 오른쪽 그림과 같이 직교좌표평면에서 x-축과 극축 $\overrightarrow{OX}$를 일치시키면 직교좌표와 극좌표는 다음과 같은 관계식을 만족한다.

$$x = r\cos\theta, \ y = r\sin\theta, \ x^2 + y^2 = r^2, \ \theta = \tan^{-1}\frac{y}{x}$$

직교좌표에 대하여 x, y가 어떤 방정식을 만족하면 **직교방정식**이라고 부르고 극좌표에 대하여 r, θ가 어떤 방정식을 만족하면 **극방정식**이라고 부른다.

[예제 3.26] 극방정식 $r^2=4r\cos\theta$를 직교방정식으로 바꾸어라.

풀이 $r^2=x^2+y^2$이고 $x=r\cos\theta$이므로 $x^2+y^2=4x$이다. 따라서, 구하는 식은 $(x-2)^2+y^2=4$이다. ■

[예제 3.27] 심장형 $r=4(1-\cos\theta)$의 그래프를 그려라.

풀이 r의 값을 쉽게 계산할 수 있는 편각 θ에 대한 몇 가지의 값을 대입하여 그래프가 지나는 몇 개의 점을 구하면 다음 표와 같다.

θ	0	$\pm\frac{\pi}{6}$	$\pm\frac{\pi}{3}$	$\pm\frac{\pi}{2}$	$\pm\frac{2\pi}{3}$	$\pm\frac{5\pi}{6}$	$\pm\pi$
r	0	0.5	2	4	6	7.5	8

그러므로, 구하는 그래프는 다음 왼쪽의 그림과 같다.

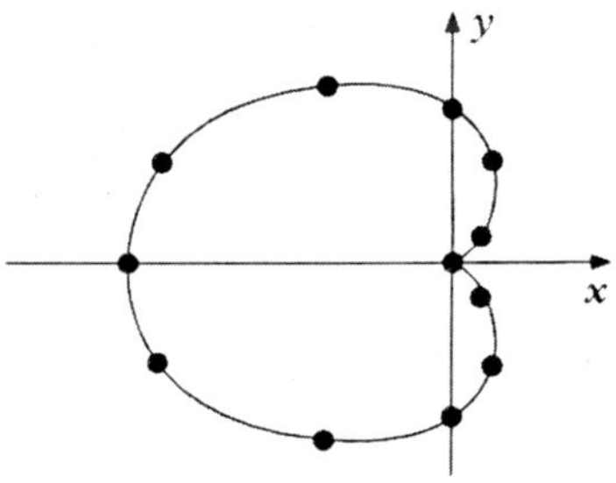

그림 3.10

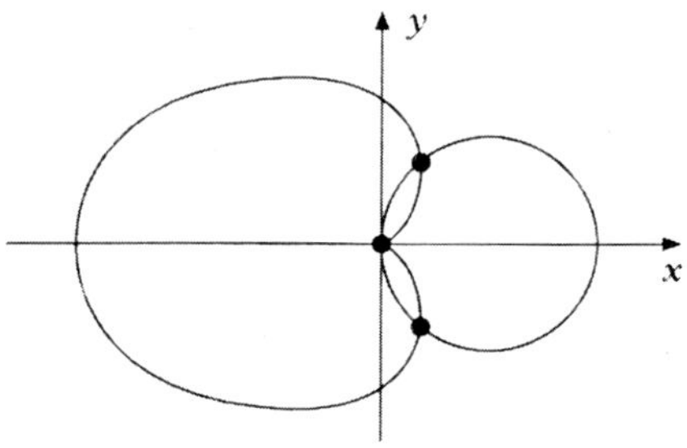

그림 3.11

한편, 극방정식으로 주어진 두 도형의 교점을 구하는 방법은 두 식을 연립하여 풀어서 공통으로 만족하는 좌표를 구하면 된다. 다만, 주의할 점은 원점을 나타내는 극좌표는 다음과 같이 여러 가지로 나타낼 수 있기 때문에 원점이 교점이 되는지는 $r=0$을 만족하는 θ가 있는지로 결정된다.

원점의 극좌표$=(0,\ \theta)$, θ는 임의의 각. ■

[예제 3.28] 심장형 $r=4(1-\cos\theta)$과 원 $r=4\cos\theta$의 교점을 모두 구하여라.(위의 오른쪽 그림 참조)

풀이 우선 $\theta=0$일 때 심장형곡선에 대하여 $r=0$이 되고, $\theta=\frac{\pi}{2}$일 때 원에 대하여 $r=0$이 되므로 원점은 두 곡선의 교점이다. 원점 이외의 교점은 $4(1-\cos\theta)=4\cos\theta$에서 $\cos\theta=\frac{1}{2}$이므로 $\theta=\pm\frac{\pi}{3}$이다. 그러므로 구하는 교점은 $(0, 0)$, $\left(2, \pm\frac{\pi}{3}\right)$의 세 개의 점이다. ■

연습문제 (3–8)

1. 함수 $y=x^3+x^2\sin x+x\cos x+\tan x$의 $x=0$에서의 접선과 법선의 방정식을 구하여라.

2. 함수 $y=x^2$의 $x=1$에서의 접선과 법선 사이의 각을 이등분하고 접점을 통과하는 두 직선의 방정식을 구하여라.

3. 다음에서 직교방정식은 극방정식으로, 극방정식은 직교방정식으로 바꾸어라.

   (1) $xy=4$ (2) $y^2=4px$ (3) $r^2=\cos 2\theta$ (4) $r=\dfrac{6}{2-\cos\theta}$

4. 4엽장미선 $r=4\cos 2\theta$와 원 $r=2$의 모든 교점을 구하여라.

제 4 장

부정적분

4.1 부정적분

다음과 같은 문제를 생각하여 보자. 미분하여서 $2x$가 되는 함수는 무엇인가? 답은 $y=x^2+c$가 됨을 쉽게 확인할 수 있다(c는 임의의 상수). 이 경우에 $y=x^2+c$를 함수 $2x$의 부정적분이라고 부르고 $\int 2x dx$라고 표기한다. 일반적으로 다음과 같이 정의한다.

정의 4.1 구간 I 위에 주어진 함수 $f(x)$에 대하여 $F'(x)=f(x)$, $x \in I$를 만족하는 함수들 모두를 $f(x)$의 **부정적분** 또는 **역도함수** 또는 **원시함수**라고 하고 $\int f(x)dx$라고 표기한다. 이 경우 $f(x)$를 **피적분함수**라고 부르고 특수한 역도함수를 구하는 과정을 $f(x)$를 **적분한다**라고 한다.

정리 4.2 구간 I 위에 주어진 함수 $f(x)$에 대하여 $F'(x)=f(x)$, $x \in I$를 만족하는 함수 $F(x)$가 주어졌다고 하자. 즉 $F(x)$가 $f(x)$의 하나의 역도함수라고 하자. 또 다른 역도함수 $G(x)$가 주어졌다고 하자. 그러면 어떤 상수 C가 존재하여 $G(x) = F(x)+C$, $x \in I$이다.

증명 $F'(x)=G'(x)$, $x \in I$이므로 평균값 정리를 적용하면 $F(x)=G(x)+C$, $x \in I$이 성립함을 알 수 있다. □

따름정리 4.3 구간 I 위에 주어진 함수 $f(x)$에 대하여 $F'(x)=f(x)$, $x \in I$를 만족하는 함수 $F(x)$가 주어졌다고 하자. 즉 $F(x)$가 $f(x)$의 하나의 역도함수라고 하자. 그러면 $\int f(x)dx=F(x)+C$이다.

증명 정리에 의해 분명하다. □

위의 따름정리에 의하면 구간 I 위에 주어진 함수 $f(x)$에 대하여 부정적분을 구하려면 단 하나의 특수한 역도함수만 구하면 된다는 것을 알 수 있다.

부정적분을 효율적으로 구하려면 부정적분의 대수가 필요하다.

정리 4.4 (부정적분의 선형성) 부정적분은 다음의 성질을 가진다.

1. $\int kf(x)dx=k\int f(x)dx$, k는 상수
2. $\int (f(x)+g(x))dx=\int f(x)dx+\int g(x)dx$

정리 4.5 $\int f'(x)dx=f(x)+C$

증명 $f(x)$가 $f'(x)$의 역도함수이므로 성립한다. □

[예제 4.1] 다음 부정적분을 구하여라.

(1) $\int 3dx$ (2) $\int x^3dx$

(3) $\int x^n dx$, $n \neq -1$ (4) $\int (3x^2-4x)dx$

(5) $\int (x^{3/2}-3x+10)dx$ (6) $\int (1/x^2)+\sqrt{x})dx$

풀이 (1) $\int 3dx=3x+C$

(2) $\int x^3 dx = \frac{1}{4}x^4 + C$

(3) $\int x^n dx = \frac{1}{n+1}x^{n+1} + C,\ n \neq -1$

(4) $\int (3x^2 - 4x)dx = x^3 + 2x^2 + C$

(5) $\int (x^{3/2} - 3x + 10) = \frac{2}{5}x^{5/2} - \frac{3}{2}x^2 + 10x + C$

(6) $\int (1/x^2) + \sqrt{x})dx = -\frac{1}{x} + \frac{2}{3}x^{3/2} + C$ ■

[예제 4.2] (지수함수의 적분공식)

(1) $\int \frac{1}{x} = \ln |x| + C$

(2) $\int a^x dx = \frac{a^x}{\ln a} + C \quad (a > 0,\ a \neq -1)$

(3) $\int e^x dx = e^x + C$ ■

[예제 4.3] (삼각함수의 적분공식)

(1) $\int \sin x\, dx = -\cos x + C$

(2) $\int \cos x\, dx = -\sin x + C$

(3) $\int \tan x\, dx = -\ln|\cos x| + C$

(4) $\int \sec^2 x\, dx = \tan x + C$

(5) $\int \csc^2 x\, dx = -\cot x + C$

(6) $\int \sec x \tan x\, dx = \sec x + C$

(7) $\int \csc x \cot x\, dx = -\csc x + C$

(8) $\int \cot x\, dx = \ln|\sin x| + C$ ■

부정적분은 다음 장에 나오는 정적분과 밀접한 관계가 있다.

정적분은 면적이나 체적을 구하는 문제이고, 부정적분은 미분의 역산이므로 개념적으로는 전혀 연관성이 없어 보인다. 그러나 미적분학의 기본정리에 의하여 같은 것임을 알 수 있다. 나중에 보겠지만 그 둘은 비슷한 기호를 사용하여 그 둘의 연관성을 강조하고 있다.

미적분학의 기본정리는 고대 아르키데메스의 업적을 뛰어 넘는 근대 과학의가장 중요한 발견 중의 하나이고 이를 고차원으로 확장할 수 있다(스톡스 정리, 발산정리, 그린정리 등).

또한 부정적분은 미분 방정식의 구적문제에 적용된다.

[예제 4.4] 다음 부정적분을 구하여라.

(1) $\int \frac{1}{\sqrt{1-x^2}}dx$ (2) $\int \frac{1}{1+x^2}dx$

풀이 (1) $\int \frac{1}{\sqrt{1-x^2}}dx = \sin^{-1}(x)+C.$ (2) $\int \frac{1}{1+x^2}dx = \tan^{-1}(x)+C.$ ■

연습문제 (4-1)

※ 다음 부정적분을 구하여라.

(1) $\int 3dx$ (2) $\int (3x^2+\sqrt{3})dx$ (3) $\int \frac{1}{\sqrt[3]{x^2}}dx$

(4) $\int (4x^5-x^3)dx$ (5) $\int (3x-8)^{29}dx$ (6) $\int 10^{5x-1}dx$

4.2 치환적분과 부분 적분법

부정적분의 선형성은 함수에 대한 스칼라 곱과 함수들의 합(차)에 대한 결과를 준다. 함수들끼리의 곱(나누기)에 대한 문제는 어떨까? 미분법칙에서 곱에 대한 것은 라이프니츠 규칙이었다. 이를 부정적분에 적용하면 다음을 얻는다.

정리 4.6 (부분적분법) $\int f'(x)g(x)dx = f(x)g(x) - \int f(x)g'(x)dx.$

참고로 이 부분 적분법은 다음의 형태로 쓸 수 있다.

$$\int f'(x)g(x)dx + \int f(x)g'(x)dx = f(x)g(x)+C.$$

보통 초월함수와 다항식 또는 초월함수들끼리의 곱에 대한 부정적분을 구하는데 부분적분법을 많이 쓴다.

합성함수의 미분에 대한 역 연산을 생각해보면 다음을 알 수 있다.

정리 4.7 (치환적분법) $\int f'(g(x))g'(x)dx = f(g(x)) + C.$

증명 $(f(g(x)))' = f'(g(x))g'(x)$에서 명백하다. □

앞의 정리가 치환적분으로 불리는 이유는 무엇일까? $u = g(x)$로 치환(변수변환)하면 $du = g'(x)dx$이므로 $\int f'(g(x))g'(x)dx = \int f'(u)du = f(u) + C$와 같이 추론하여 그 답이 $f(g(x)) + C$가 됨을 쉽게 알 수 있다.

실제 문제에서 부정적분을 구하려면 부분적분법이나 치환적분법을 많이 사용해야 된다. 어느 것을 적용해야 되느냐에 대해서는 정답이 없다. 시행착오를 겪으면서 풀어 나가는 자세가 필요하다.

[예제 4.5] (1) $\int x\sin(x)dx$ (2) $\int \sin^3(x)\cos(x)dx$ (3) $\int (1+x^2)^{50}2x\,dx$

(4) $\int \ln x\,dx$ (5) $\int (x+2)^5 dx$

풀이 (1) 부분적분법을 적용하면

$$\int x\sin x\,dx = x(-\cos x) - \int(-\cos x)dx = -x\cos x + \sin x + C$$

(2) 치환적분법을 적용하면 부정적분은 $\frac{1}{4}\sin^4 x + C$

(3) 치환적분법을 적용하면 부정적분은 $\frac{1}{51}(1+x^2)^{51} + C$

(4) 부분적분법을 적용하면 부정적분은 $x\ln x - x + C$

(5) 치환적분법을 적용하면 부정적분은 $\frac{1}{6}(x+2)^6 + C.$ ■

연습문제 (4-2)

※ 다음 부정적분을 구하여라.

(1) $\int xe^x dx$　　(2) $\int xe^{5x+\pi} dx$　　(3) $\int \tan^{-1} x\, dx$

(4) $\int \frac{\ln x}{\sqrt{x}} dx$　　(5) $\int \frac{e^x}{2+e^x} dx$　　(6) $\int \frac{5}{\sqrt{2x+1}} dx$

(7) $\int \frac{\tan x}{\cos^2 x} dx$　　(8) $\int \frac{\sin\sqrt{x}}{\sqrt{x}} dx$　　(9) $\int x \cdot 2^{x^2} dx$

4.3 삼각함수의 적분법

변수를 바꾸는 방법과 삼각함수의 여러 가지 항등식들을 적절히 결합하면 수많은 형태의 삼각함수들을 적분할 수 있다. 다음은 자주 접하게 되는 유형이다.

(1) $\int \sin^n x\, dx,\ \int \cos^n x\, dx$

(2) $\int \sin^m x \cos^n x\, dx$

(3) $\int \sin mx \cos nx\, dx,\ \int \sin mx \sin nx\, dx,\ \int \cos mx \cos nx\, dx$

(1) $\int \sin^n x\, dx,\ \int \cos^n x\, dx$

이와 같은 유형에서 먼저 n이 홀수인 경우에는 $\sin x$ 또는 $\cos x$ 인수 한 개를 빼내고 나서 항등식 $\sin^2 x + \cos^2 x = 1$을 이용한다.

[예제 4.6] $\int \cos^5 x\, dx$를 구하여라.

풀이 $\int \cos^5 x\, dx = \int \cos^4 x\, dx \cos x\, dx$

$$= \int (1-\sin^2 x)^2 dx\, d(\sin x)$$
$$= \int (1-u^2)^2 du \qquad (u=\sin x)$$
$$= \int (1-2u^2+4^4) du$$
$$= \int u - \frac{2}{3}u^3 + \frac{1}{5}u^5 + C$$
$$= \sin x - \frac{2}{3}\sin^3 x + \frac{1}{5}\sin^5 x + C$$

■

(1)의 유형에서 n이 짝수인 경우에는 반각 항등식을 이용한다.

$$\sin^2 x = \frac{1-\cos 2x}{2}, \quad \cos^2 x = \frac{1+\cos 2x}{2}$$

[예제 4.7] $\int \sin^2 x\, dx$와 $\int \cos^4 x\, dx$를 구하여라.

풀이 $\int \sin^2 x\, dx = \int \frac{1-\cos 2x}{2} dx$

$$= \frac{1}{2}\int dx - \frac{1}{4}\int (\cos 2x)(2dx)$$
$$= \frac{1}{2}x - \sin 2x + C$$

$$\int \cos^4 x\, dx = \int \left(\frac{1+\cos 2x}{2}\right)^2 dx$$
$$= \frac{1}{4}\int (1+2\cos 2x + \cos^2 2x) dx$$
$$= \frac{1}{4}\int dx + \frac{1}{4}\int (\cos 2x)(2)dx + \frac{1}{8}(1+\cos 4x)dx$$
$$= \frac{3}{8}\int dx + \frac{1}{4}\int \cos 2x(2dx) + \frac{1}{32}\int \cos 4x(4dx)$$
$$= \frac{3}{8}x + \frac{1}{4}\sin 2x + \frac{1}{32}\sin 4x + C$$

■

(2) $\int \sin^m x \cos^n x\, dx$

만일 m 또는 n이 홀수이면 $\sin x$ 또는 $\cos x$ 인수 한 개를 빼고 나서 항등식

$\sin^2 x+\cos^2 x=1$을 이용한다.

[예제 4.8] $\int \sin^3 x \cos^{-4} dx$를 구하여라.

풀이

$$\begin{aligned}\int \sin^3 x \cos^{-4} dx &= \int (1-\cos^2 x)(\cos^{-4})(-d\cos x)\\ &= \int (1-u^2)(u^{-4})(-du) \qquad (u=\cos x)\\ &= \int (-u^{-4}-u^{-2})du\\ &= \frac{1}{3}u^{-3}+u^{-1}+C\\ &= \frac{1}{3}\cos^{-3}x+\cos^{-1}x+C\end{aligned}$$

■

(2)의 유형에서 m과 n이 둘 다 짝수이면 반각 공식을 이용하여 적분할 함수의 차수를 절반으로 줄인다.

[예제 4.9] $\int \sin^2 x \cos^4 x\, dx$를 구하여라.

풀이

$$\begin{aligned}\int \sin^2 x \cos^4 x\, dx &= \int \left(\frac{1-\cos 2x}{2}\right)\left(\frac{1+\cos 2x}{2}\right)^2 dx\\ &= \frac{1}{8}\int (1+\cos 2x-\cos^2 2x-\cos^3 2x)dx\end{aligned}$$

그런데,

$$\begin{aligned}\int \cos^2 2x\, dx &= \frac{1}{2}\int (1+\cos 4x)dx\\ &= \frac{1}{2}\left(x+\frac{1}{4}\sin 4x\right)\end{aligned}$$

$$\begin{aligned}\int \cos^3 2x\, dx &= \int (1-\sin^2 2x)\cos 2x\, dx\\ &= \frac{1}{2}\int (1-u^2)du \qquad (u=\sin 2x,\ du=2\cos 2x\, dx)\\ &= \frac{1}{2}\left(\sin 2x-\frac{1}{3}\sin^3 2x\right)\end{aligned}$$

모두를 결합하면 다음을 얻는다.

$$\int \sin^2 x \cos^4 x\, dx=\frac{1}{8}\left(\frac{1}{2}x-\frac{1}{8}\sin 4x+\frac{1}{6}\sin^3 2x\right)+C$$

■

(3) $\int \sin mx \cos nx\, dx$, $\int \sin mx \sin nx\, dx$, $\int \cos mx \cos nx\, dx$

이와 같은 형태의 적분들은 삼각함수의 사용이 요구되는 많은 수학적 과학적 응용 예를 들면 교류전기 이론, 열의 전파문제 등에서 볼 수 있다. 이러한 적분은 다음의 곱셈공식을 이용하는 것이 편리하다.

$$\sin mx \cos nx = \frac{1}{2}[\sin(m+n)x + \sin(m-n)x]$$

$$\sin mx \cos nx = -\frac{1}{2}[\cos(m+n)x - \cos(m-n)x]$$

$$\sin mx \cos nx = \frac{1}{2}[\cos(m+n)x + \cos(m-n)x]$$

[예제 4.10] $\int \sin 2x \cos 3x\, dx$를 구하여라.

풀이
$$\begin{aligned}\int \sin 2x \cos 3x\, dx &= \frac{1}{2}\int [\sin 5x + \sin(-x)]dx \\ &= \frac{1}{2}\int (\sin 5x - \sin x)dx \\ &= -\frac{1}{10}\cos 5x + \frac{1}{2}\cos x + C\end{aligned}$$ ■

이제 삼각치환에 의한 적분법에 대하여 알아보자. 적분할 함수에 제곱근이 들어 있으면 제곱근을 제거하여 적분하는 것이 수월하다. 대개의 경우 변수를 적절하게 바꾸어 주면 적분할 함수를 유리화할 수 있다. 특히 $\sqrt{a^2-x^2}$, $\sqrt{a^2+x^2}$, $\sqrt{x^2-a^2}$을 포함한 피적분 함수는 다음과 같이 삼각함수로 치환한다.

제곱근	치환	θ의 범위
$\sqrt{a^2-x^2}$	$x = a\sin\theta$	$-\frac{\pi}{2} \le \theta \le \frac{\pi}{2}$
$\sqrt{a^2+x^2}$	$x = a\tan\theta$	$-\frac{\pi}{2} < \theta < \frac{\pi}{2}$
$\sqrt{x^2-a^2}$	$x = a\sec\theta$	$0 \le \theta \le \pi,\ \theta \ne \frac{\pi}{2}$

이러한 삼각치환은 [그림 4.1]의 삼각형을 참고하면 나온다.

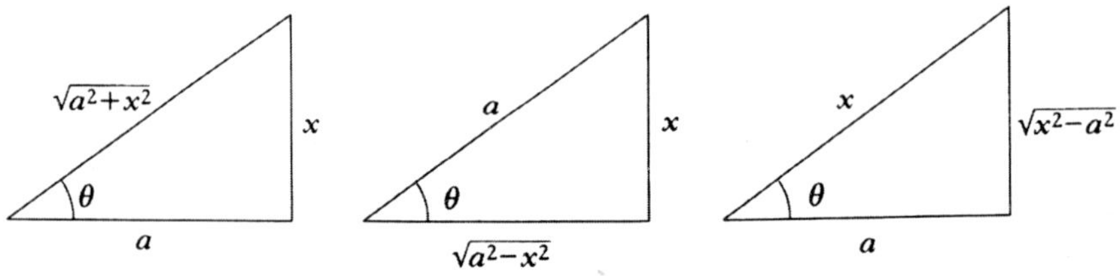

$x=a\tan\theta$ $\sqrt{a^2+x^2}=a|\sec\theta|$

$x=a\sin\theta$ $\sqrt{a^2-x^2}=a|\cos\theta|$

$x=a\sec\theta$ $\sqrt{x^2-a^2}=a|\tan\theta|$

그림 4.1

즉, $x=a\tan\theta$라 놓으면

$$a^2+x^2=a^2+a^2\tan^2\theta=a^2(1+\tan^2\theta)=a^2\sec^2\theta$$

$x=a\sin\theta$라 놓으면

$$a^2-x^2=a^2-a^2\sin^2\theta=a^2(1-\sin^2\theta)=a^2\cos^2\theta$$

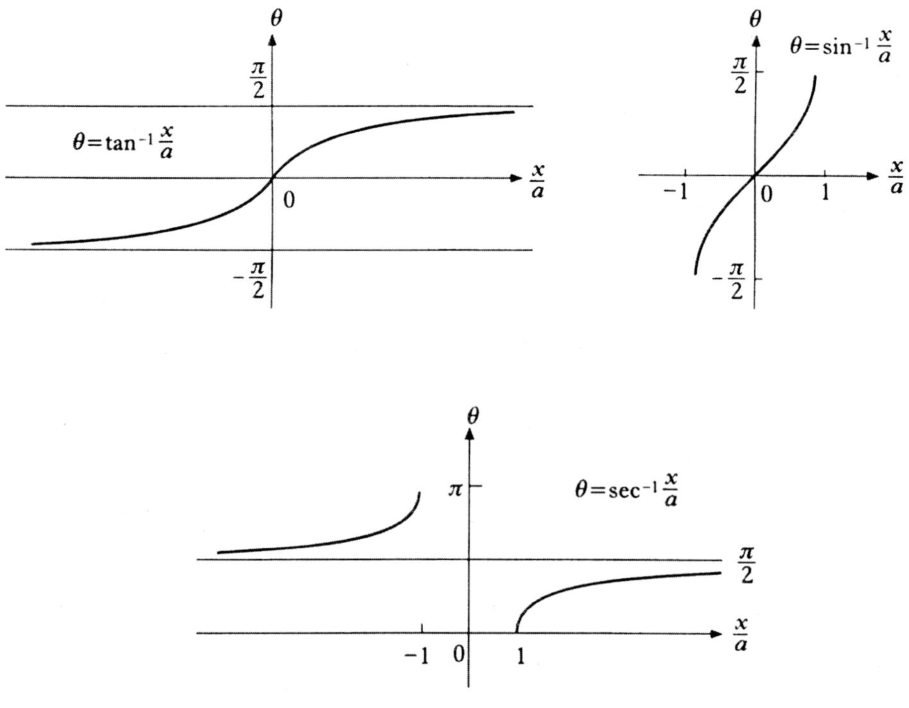

그림 4.2

$x=a\sec\theta$라 놓으면

$$x^2-a^2=a^2\sec^2\theta-a^2=a^2(\sec^2\theta-1)=a^2\tan^2\theta$$

적분과정에서 사용한 치환은 본래의 변수로 바꾸어 주는 전환이 필요하다. 예를 들면 $x=a\tan\theta$로 치환하면 적분한 다음 $\theta=\tan^{-1}\left(\frac{x}{a}\right)$로 바꿔 주어야 한다. 2.3절에서 알 수 있듯이 이들 치환에 사용된 함수들은 θ의 제한된 값에 대해서만 역함수를 갖는다(그림 4.2). 따라서 본래의 변수로의 전환이 가능하려면 θ는 앞에서와 같은 범위를 갖게 됨을 알 수 있다.

[예제 4.11] $\int\frac{dx}{\sqrt{a^2-x^2}}$, $(a>0)$을 구하여라.

풀이 $x=a\sin\theta$, $\left(-\frac{\pi}{2}\le\theta\le\frac{\pi}{2}\right)$로 치환하면 $dx=a\cos\theta$, $\sqrt{a^2-x^2}=a\cos\theta$이므로

$$\int\frac{dx}{\sqrt{a^2-x^2}}=\int\frac{a\cos\theta}{a\cos\theta}d\theta=\theta+C=\sin^{-1}\frac{x}{a}+C$$ ■

[예제 4.12] $\int\sqrt{a^2-x^2}\,dx$, $(a>\theta)$을 구하여라.

풀이 $x=a\sin\theta$, $\left(-\frac{\pi}{2}\le\theta\le\frac{\pi}{2}\right)$로 치환하면 $dx=a\cos\theta$, $\sqrt{a^2-x^2}=a\cos\theta$이므로

$$\begin{aligned}\int\sqrt{a^2-x^2}\,dx&=a^2\int\cos^2 d\theta\\&=\frac{a^2}{2}\int(1+\cos 2\theta)d\theta\\&=\frac{a^2}{2}\left(\theta+\frac{1}{2}\sin 2\theta\right)+C\\&=\frac{a^2}{2}(\theta+\sin\theta\cos\theta)+C\\&=\frac{a^2}{2}\left(\sin^{-1}\frac{x}{a}+\frac{x}{a}\frac{1}{a}\sqrt{a^2-x^2}\right)+C\\&=\frac{a^2}{2}\sin^{-1}\frac{x}{a}+\frac{x}{2}\sqrt{a^2-x^2}+C\end{aligned}$$ ■

[예제 4.13] $\int \frac{dx}{\sqrt{x^2+a^2}}$, $(a>0)$을 구하여라.

풀이 $x=a\tan\theta$, $\left(-\frac{\pi}{2}<\theta<\frac{\pi}{2}\right)$로 치환하면 $dx=a\sec^2\theta\,d\theta$, $\sqrt{x^2+a^2}=a\sec\theta$이므로

$$\begin{aligned}\int \frac{dx}{\sqrt{x^2+a^2}} &= \int \sec\theta\,d\theta\\ &= \ln|\sec\theta+\tan\theta|+C\\ &= \ln\left|\frac{\sqrt{x^2+a^2}}{a}+\frac{x}{a}\right|+C\\ &= \ln|\sqrt{x^2+a^2}+x|-\ln a+C\\ &= \ln|\sqrt{x^2+a^2}+C', \ c'=c-\ln a\end{aligned}$$

■

[예제 4.14] $\int \frac{dx}{\sqrt{x^2-25}}$를 구하여라.

풀이 $x=5\sec\theta$로 치환하면

$$dx=5\sec\theta\tan\theta\,d\theta,\ \theta=\sec^{-1}\frac{x}{5},\ x^2-25=25(\sec^2\theta-1)=25\tan^2\theta$$

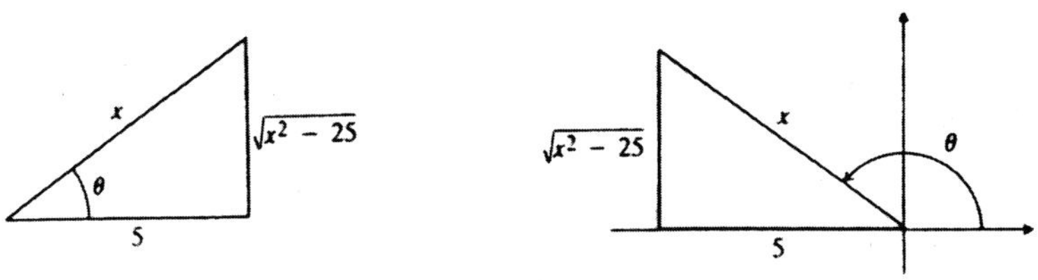

그림 4.3

이 치환에서는 [그림 4.3]에서 알 수 있듯이 다음 범위를 갖는다.

$$\frac{x}{5}>1\text{에 대하여 } 0<\theta<\frac{\pi}{2},\ \frac{x}{5}<-1\text{에 대하여 } \frac{\pi}{2}<\theta<\pi$$

따라서

$$\begin{aligned}\int \frac{dx}{\sqrt{x^2-25}} &= \int \frac{5\sec\theta\tan\theta\,d\theta}{\sqrt{25\tan^2-\theta}}\\ &= \int \frac{\sec\theta\tan\theta\,d\theta}{|\tan\theta|}\end{aligned}$$

$$
\begin{aligned}
&= \pm \int \sec\theta \, d\theta \\
&= \pm \ln|\sec\theta + \tan\theta| + C \\
&= \pm \ln\left|\frac{x}{5} \pm \frac{\sqrt{x^2-25}}{5}\right| + C \\
&= \pm \ln|x \pm \sqrt{x^2-25}| + C' \quad (c' = c \pm \ln 5)
\end{aligned}
$$

여기서 $0<\theta<\frac{\pi}{2}$일때 tangent와 secant는 모두 양수이므로 두 부호는 모두 $(+)$이고, $\frac{\pi}{2}<\theta<\pi$일때 tangent와 secant는 모두 음수이므로 두 부호는 모두 $(-)$이다. 따라서

$$
\int \frac{dx}{\sqrt{x^2-25}} = \begin{cases} \ln|x+\sqrt{x^2-25}| + C' \\ -\ln|x-\sqrt{x^2-25}| + C' \end{cases}
$$

그런데 우변에 있는 두 로그식은 상수만큼의 차이 밖에 없으므로 답은 한 가지 형태로 쓸 수 있다. 즉,

$$
\begin{aligned}
-\ln|x-\sqrt{x^2-25}| &= \ln\left|\frac{1}{\sqrt{x^2-25}}\right| \\
&= \ln\left|\frac{1}{x-\sqrt{x^2-25}} \cdot \frac{x+\sqrt{x^2-25}}{x+\sqrt{x^2-25}}\right| \\
&= \ln\left|\frac{x+\sqrt{x^2-25}}{25}\right| \\
&= \ln|x+\sqrt{x^2-25}| - \ln 25
\end{aligned}
$$

결국

$$
\int \frac{dx}{\sqrt{x^2-25}} = \ln|x+\sqrt{x^2-25}| + C
$$

■

연습문제 (4-3)

※ 다음 적분을 구하여라.

(1) $\int \sin^3 x \, dx$　　(2) $\int \cos^3 x \, dx$　　(3) $\int \cos^3 3x \sin^{-2} 3x \, dx$

(4) $\int \cos x \cos 4x\, dx$ (5) $\int \frac{x^2}{\sqrt{16-x^2}}\, dx$ (6) $\int \frac{dx}{(x^2+4)^{3/2}}$

(7) $\int \frac{2x-3}{\sqrt{1-x^2}}\, dx$

4.4 유리함수의 적분법

유리함수들을 부정적분을 해야 할 때가 종종 있다. **유리함수란** $\frac{P(x)}{Q(x)}$($P(x)$, $Q(x)$는 다항식)꼴의 함수를 가리킨다는 것을 상기하자. $R(x)=\frac{P(x)}{Q(x)}$($P(x)$, $Q(x)$는 서로 소인 다항식, $\deg(P)<\deg(Q)$)의 부정적분을 구하려면 $Q(x)$의 인수분해가 필요하다. 실계수 다항식이 복소수근을 가지면 켤레복소수근을 가지므로 실계수 다항식 $Q(x)$는 1차 또는 2차 실계수 다항식들의 곱으로 인수분해된다는 사실을 상기하자. 유리함수의 적분은 부분분수들의 적분으로 귀착된다. 먼저 선형인수들의 곱으로 표현되는 경우를 보자.

[예제 4.15] (서로 다른 선형 인수) $(3x-1)/x^2-x-6$을 부분분수로 표현하고 그 부정적분을 구하여라.

풀이 $x^2-x-6=(x-3)(x+2)$이므로 $\frac{(3x-1)}{x^2-x-6}=\frac{A}{(x+2)}+\frac{B}{(x-3)}$으로 분할된다. 통분하여 좌변과 우변의 분자의 계수를 비교하여 A와 B의 값을 구하면 $A=\frac{7}{5}$, $B=\frac{8}{5}$이 된다. 따라서

$$\frac{(3x-1)}{x^2-x-6}=\frac{7/5}{(x+2)}+\frac{8/5}{(x-3)}$$

이다. 이를 적분하면 $\frac{7}{5}\ln|x+2|+\frac{8}{5}\ln|x-3|+C$를 얻는다. ■

[예제 4.16] (중복 선형인수) $\int \frac{x}{(x-3)^2}\, dx$를 구하여라.

풀이 이 경우 유리함수는 다음과 같이 분해된다. $\frac{x}{(x-3)^2}=\frac{A}{x-3}+\frac{B}{(x-3)^2}$.

통분하여 계수를 비교하면 $B=3$, $A=1$을 얻는다. 그러므로

$$\int\frac{x}{(x-3)^2}dx=\int\left(\frac{1}{x-3}+\frac{3}{(x-3)^2}\right)dx$$
$$=\ln|x-3|-\frac{3}{x-3}+C.$$

■

[예제 4.17] (서로 다른 인수, 중복 선형인수) $\int\frac{3x^2-8x+13}{(x+3)(x-1)^2}dx$를 구하여라.

풀이 피적분 함수를 다음과 같이 부분분수로 분해한다.

$$\frac{3x^2-8x+13}{(x+3)(x-1)^2}=\frac{A}{x+3}+\frac{B}{x-1}+\frac{C}{(x-1)^2}.$$

이를 통분하고 계수를 비교하여 $C=2$, $A=4$, $B=-1$을 얻는다. 그러므로

$$\int\frac{3x^2-8x+13}{(x+3)(x-1)^2}dx=\int\frac{4}{x+3}+\int\frac{-1}{x-1}+\int\frac{2}{(x-1)^2}$$
$$=\ln|x+3|-\ln|x-1|-\frac{2}{x-1}+C.$$

■

[예제 4.18] (이차인수) $\int\frac{6x^2-3x+1}{(4x+1)(x^2+1)}dx$를 구하여라.

풀이 $\frac{6x^2-3x+1}{(4x+1)(x^2+1)}=\frac{A}{4x+1}+\frac{Bx+C}{x^2+1}$로 분해된다. 통분하여 계수를 비교하면 $A=2$, $C=-1$, $B=1$을 구한다. 대입하여 적분하면

$$\int\frac{6x^2-3x+1}{(4x+1)(x^2+1)}dx=\int\frac{2}{4x+1}+\int\frac{x+1}{x^2+1}$$
$$=\frac{1}{2}\int\frac{4}{4x+1}+\frac{1}{2}\int\frac{2x}{x^2+1}-\int\frac{1}{x^2+1}$$
$$=\frac{1}{2}ln|4x+1|+\frac{1}{2}ln|x^2+1|-\tan^{-1}x+C$$

■

[예제 4.19] (중복 이차인수) $\int\frac{6x^2-15x+22}{(x+3)(x^2+2)^2}dx$를 구하여라.

풀이 $\dfrac{6x^2-15x+22}{(x+3)(x^2+2)^2}=\dfrac{A}{x+3}+\dfrac{Bx+C}{(x^2+2)^2}+\dfrac{Dx+E}{x^2+2}$ 와 같이 부분분수로 분해된다. 통분하여 계수를 비교하면 $A=1$, $B=-5$, $C=0$, $D=-1$, $E=3$을 얻는다.
그러므로

$$\int \frac{6x^2-15x+22}{(x+3)(x^2+2)^2}\,dx=\ln|x+3|-\frac{1}{2}\ln(x^2+2)+\frac{3}{\sqrt{2}}\tan^{-1}\left(\frac{x}{\sqrt{2}}\right)+\frac{5}{2(x^2+2)}+C$$

[예제 4.20] $\displaystyle\int \frac{x^5+x^4-8}{x^3-4x}\,dx$를 구하여라.

풀이 $\dfrac{x^5+x^4-8}{x^3-4x}=(x^2+x+4)+\left(\dfrac{4x^2+16x-8}{x^3-4x}\right)$

$x^3-4x=x(x-2)(x+2)$이므로 $\dfrac{4x^2+16x-8}{x^3-4x}=\dfrac{A}{x}+\dfrac{B}{x-2}+\dfrac{C}{x+2}$로 놓고 통분하여 계수를 비교하면 $A=2$, $B=5$, $C=-3$을 얻는다.
따라서

$$\begin{aligned}\int \frac{4x^2+16x-8}{x^3-4x}\,dx&=\int\left(x^2+x+4+\frac{2}{x}+\frac{5}{x-5}-\frac{3}{x+2}\right)dx\\&=\frac{x^3}{3}+\frac{x^2}{2}+4x+2\ln|x|+5\ln|x-2|-3\ln|x+2|+C\\&=\frac{x^3}{3}+\frac{x^2}{2}+4x+\ln\left|\frac{x^2(x-2)^5}{(x+2)^3}\right|+C\end{aligned}$$

이상을 요약하면 유리함수 $R(x)=\dfrac{P(x)}{Q(x)}$를 부분분수로 분할할 때 다음과 같이 한다.

1. 만일 $R(x)$가 진성이 아니면 즉, $P(x)$의 차수가 $Q(x)$의 차수보다 높거나 같으면 $P(x)/Q(x)$를 하여서 다음을 구한다.

$$R(x)=\text{다항식}+\frac{N(x)}{D(x)}$$

2. $D(x)$를 인수분해하여 선형 인수들, 더 이상 분해할 수 없는 이차 인수들의 곱으로 나타낸다.

3. $(ax+b)^k$ 형태의 각각의 인수들에 대응하여 부분분수로 분할하면 다음 항들이 나타난다.

$$\frac{A_1}{(ax+b)} + \frac{A_2}{(ax+b)^2} + \cdots + \frac{A_k}{(ax+b)^k}$$

4. $(ax^2+bx+c)^m$ 형태의 각각의 인수들에 대응하여 부분분수로 분할하면 다음 항들이 나타난다.

$$\frac{B_1x+C_1}{ax^2+bx+C} + \frac{B_2x+C_2}{(ax^2+bx+C)^2} + \cdots + \frac{B_m+C_m}{(ax^2+bx+C)^m}$$

5. $N(x)/D(x)$가 3단계 4단계에서 찾은 모든 항들의 합과 같다고 놓고 통분하여 계수를 구한다. 구할 계수의 개수는 분모 $D(x)$의 차수와 같게 된다.

연습문제 (4-4)

※ 다음 부정적분을 구하여라.

(1) $\int \frac{1}{x(x+1)}\,dx$ (2) $\int \frac{2}{(x^2+3x)}\,dx$ (3) $\int \frac{3}{(x^2-1)}\,dx$

(4) $\int \frac{5x}{2x^3+6x^2}\,dx$ (5) $\int \frac{x-11}{x^2+3x-4}\,dx$ (6) $\int \frac{x-7}{(x^2-x-12)}\,dx$

(7) $\int \frac{3x-13}{2x^2+3x-10}\,dx$ (8) $\int \frac{x+\pi}{x^2-3\pi x+2\pi^2}\,dx$ (9) $\int \frac{2x+21}{2x^2+9x-5}\,dx$

(10) $\int \frac{2x^2-x-20}{x^2+x-6}\,dx$ (11) $\int \frac{17x-3}{3x^2+x-2}\,dx$

(12) $\int \frac{5-x}{x^2-x(\pi+4)+4\pi}\,dx$ (13) $\int \frac{x^4+8x^2+8}{x^3-4x}\,dx$

제 5 장
정적분

5.1 면 적

부정적분이 역도함수의 집합으로 정의되는 것과는 달리 정적분은 일종의 면적 합에 대한 극한값이다. 먼저 곡선으로 둘러싸인 면적을 구하는 문제를 살펴보자.

그림 5.1과 같은 직사각형과 삼각형의 넓이는 각각 $A=hb$, $A=\frac{1}{2}hb$이다. 다각형의 넓이는 다각형을 적당한 삼각형(사각형)으로 나누어 각 도형의 넓이를 구해 합함으로써 나타낼 수 있다.

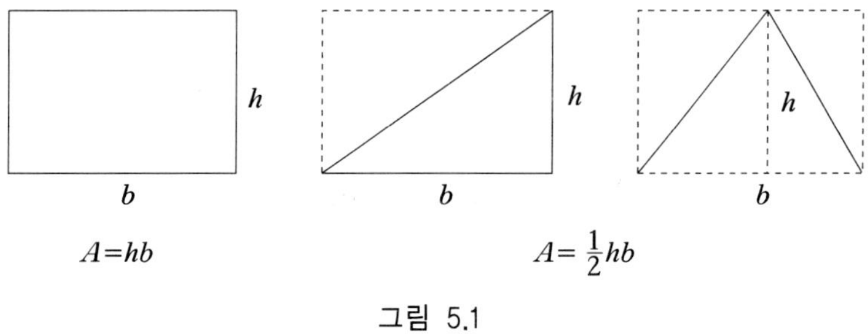

그림 5.1

곡선으로 둘러싸인 영역의 넓이는 위의 방법에 극한을 이용하여 구할 수 있다. 예를 들면 반지름 r인 원의 넓이가 πr^2이라는 것도 이러한 방법을 이용하여 유도된 것이다.

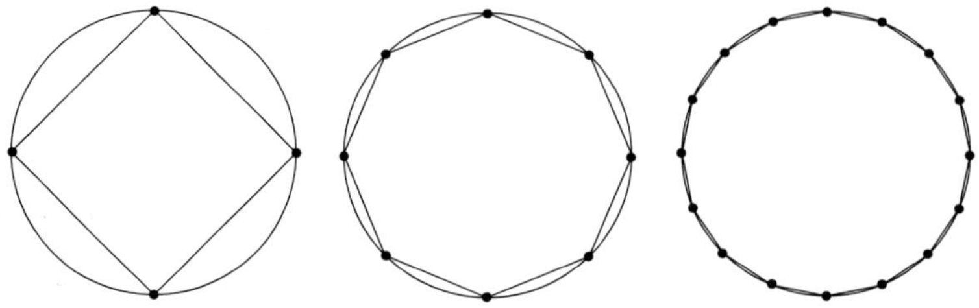

그림 5.2

원에 내접하는 정n각형의 넓이는 n의 값이 크면 클수록 원의 넓이에 근사하게 된다(그림 5.2).

원에 내접하는 정n각형이 있다고 하고 원의 반지름을 r이라고 하자. (그림 5.3)

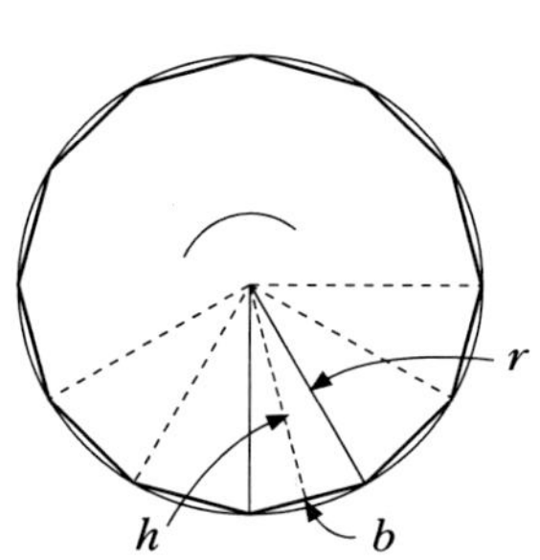

그림 5.3

$$(n\text{각형의 넓이}) = \frac{1}{2}hb + \frac{1}{2}hb + \cdots \ \frac{1}{2}hb$$
$$= \frac{1}{2}hnb$$
$$= \frac{1}{2}hp \qquad (p = nb)$$

원둘레의 길이를 c라 하면 $c = 2\pi r$이므로 $n \to \infty$일때 $h \to r$, $p \to c$이다. 그러므로

$$\text{원의 넓이} = \lim_{n \to \infty} \frac{1}{2}hb = \pi r^2$$

이제 함수 $y = f(x)$와 직선 $x = a$, $x = b$ 및 x축으로 둘러싸인 면적을 구하기 전에 많은 항들을 합하기 위한 효율적인 표기법을 알아보자.

$$\sum_{i=1}^{100} i^2 = 1^2 + 2^2 + 3^2 + 4^2 + \cdots + 100^2$$

$$\sum_{i=1}^{n} a_1 = a_1 + a_2 + a_3 + a_4 + \cdots + a_n$$

$$\sum_{i=2}^{4} a_i b_i = a_2 b_2 + a_3 b_3 + a_4 b_4$$

여기서 Σ(sigma)는 첨자(번호, 첨수, index) i가 Σ 아래에 써 놓은 정수에서 시작해 Σ 위에 써 놓은 정수에서 끝나기까지 양의 정수들을 거칠 때, 제시해 놓은 형태의 수들을 모두 더하라는 뜻이다.

보기로서,

$$\sum_{i=1}^{5} 2 = 5(2) = 10, \ \sum_{i=1}^{100} (-4) = 100(-4) = -400$$

> **정리 5.1 (Σ의 선형성)**
>
> (i) $\sum_{i=1}^{n} c = nc$
>
> (ii) $\sum_{i=1}^{n} ca_i = c\sum_{i=1}^{n} a_i$
>
> (iii) $\sum_{i=1}^{n} (a_i \pm b_i) = \sum_{i=1}^{n} a_i \pm \sum_{i=1}^{n} b_i$

증명 (ii) $\sum_{i=1}^{n} ca_i = ca_1 + ca_2 + \cdots + ca_n = c(c_1 + a_2 + \cdots \ a_n) = c\sum_{i=1}^{n} a_i$ □

첨자로 사용하는 변수는 상관이 없다. 그러므로

$$\sum_{i=1}^{n} a_i = \sum_{j=1}^{n} a_j = \sum_{k=1}^{n} a_k$$

이며, 이것들은 모두 $a_1 + a_2 + \cdots + a_n$과 같다.

몇몇 특별한 합의 공식

1. $\sum_{i=1}^{n} i = 1 + 2 + 3 + \cdots + n = \frac{n(n+1)}{2}$

2. $\sum_{i=1}^{n} i^2 = 1^2 + 2^2 + 3^2 + \cdots + n^2 = \frac{n(n+1)(2n+1)}{6}$

3. $\sum_{i=1}^{n} i^3 = 1^3 + 2^3 + 3^3 + \cdots + n^3 = \left[\frac{n(n+1)}{2}\right]^2$

4. $\sum_{i=1}^{n} i^4 = 1^4 + 2^4 + 3^4 + \cdots + n^4 = \frac{n(n+1)(6n^3 + 9n^2 + n - 1)}{30}$

[예제 5.1] 다음을 계산하여라.

(a) $\sum_{i=1}^{10} i$, (b) $\sum_{i=1}^{10} i^2$, (c) $\sum_{i=1}^{10} i^4$.

풀이 (a) $\sum_{i=1}^{10} i = \frac{10(10+1)}{2} = 55$

(b) $\sum_{i=1}^{10} i^2 = \frac{10(10+1)(20+1)}{6} = 385$

(c) $\sum_{i=2}^{10} i^4 = \left(\sum_{i=1}^{10} i^4\right) - 1^4 = \frac{10(11)(6000+900+10-1)}{30} - 1 = 25{,}332$ ■

[예제 5.2] 다음을 계산하여라.

$$\sum_{i=1}^{10} 2i(i-5)$$

풀이 $\sum_{i=1}^{10} 2i(i-5) = \sum_{i=1}^{10} (2i^2 - 10i) = 2\sum_{i=1}^{10} i^2 - 10\sum_{i=1}^{10} i$

$= 2(385) - 10(55) = 220$ ■

[예제 5.3] 상쇄되어 없어지는 합

다음을 밝혀라.

(a) $\sum_{i=1}^{n} (a_{i+1} - a_i) = a_{n+1} - a_1$ (b) $\sum_{i=1}^{n} [(i+1)^2 - i^2] = (n+1)^2 - 1$

풀이 (a) $\sum_{i=1}^{n} (a_{i+1} - a_i) = (a_2 - a_1) + (a_3 - a_2) + (a_4 - a_3) + \cdots + (a_{n+1} - a_n)$

$= -a_1 + a_2 - a_2 + a_3 - a_3 + a_4 - \cdots - a_n + a_{n+1}$

$= -a_1 + a_{n+1} = a_{n+1} - a_1$

(b) 이것은 (a)로부터 바로 나온다. ■

특별한 합의 공식의 증명

특별한 합의 공식 1을 증명하기 위해서 항등식 $(i+1)^2 - i^2 = 2i + 1$을 갖고 시작한다. 양변을 더하고 왼쪽에다 예제 5.3을 적용하고, 오른쪽은 선형성을 이용한다.

$$(i+1)^2 - i^2 = 2i+1$$

$$\sum_{i=1}^{n} [(i+1)^2 - i^2] = \sum_{i=1}^{n} (2i+1)$$

$$(n+1)^2 - 1^2 = 2\sum_{i=1}^{n} i + \sum_{i=1}^{n} 1$$

$$n^2 + 2n = 2\sum_{i=1}^{n} i + n$$

$$\frac{n^2+n}{2} = \sum_{i=1}^{n} i$$

이와 비슷한 방법과 공식 1을 써서, 공식 2를 얻을 수 있다.

$$(i+1)^3 - i^3 = 3i^2 + 3i + 1$$

$$\sum_{i=1}^{n} [(i+1)^3 - i^3] = \sum_{i=1}^{n} (3i^2 + 3i + 1)$$

$$(n+1)^3 - 1^3 = 3\sum_{i=1}^{n} i^2 + 3\sum_{i=1}^{n} i + \sum_{i=1}^{n} 1$$

$$n^3 + 3n^2 + 3n = 3\sum_{i=1}^{n} i^2 + 3\frac{n(n+1)}{2} + n$$

$$2n^3 + 6n^2 + 6n = 6\sum_{i=1}^{n} i^2 + 3n^2 + 3n + 2n$$

$$\frac{2n^3 + 3n^2 + n}{6} = \sum_{i=1}^{n} i^2$$

$$\frac{n(n+1)(2n+1)}{6} = \sum_{i=1}^{n} i^2$$

거의 비슷한 방법으로, 공식 3(연습문제 38)과 공식 4(연습문제 39)도 얻을 수 있다.

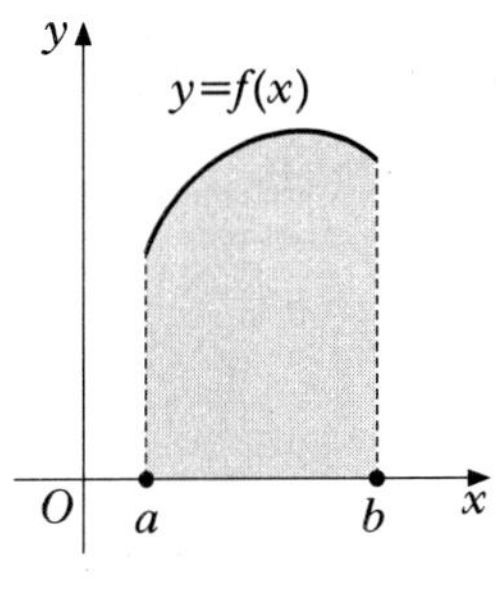

그림 5.4

직사각형 공식

이제 곡선으로 둘러싸인 영역의 면적을 구하는 방법을 구체적으로 살펴보자. 폐구간 $a \le x \le b$에서 정의된 음이 아닌 함수 $y = f(x)$가 $[a, b]$에서 연속이라고 하자. 그림 5.4의 빗금친 부분의 면적은 앞에서 언급한 윗 부 분만이 곡선으로 둘러싸인 영역이다.

n을 양의 정수라 하고 구간 $[a, b]$를 n등분 하자. 각 소구간을 밑변으로 하는 곡선에 내접하는 직사각형을 만들고 직사각형 n개의 면적의 합을 S_n이라 하자. 이 합은 그래프 아래 영역의 면적의 근사값이 되고 n의 값을 크게 하거나 구간 $[a, b]$를 더 많은 수의 작은 소구간으로 나누어서 면적에 더 가깝게 할 수 있다(그림 5.5). 마지막으로 $n \to \infty$ 일때 S_n의 극한값이 주어진 영역의 면적이다.

$$(\text{영역의 면적}) = \lim_{n \to \infty} S_n \tag{1}$$

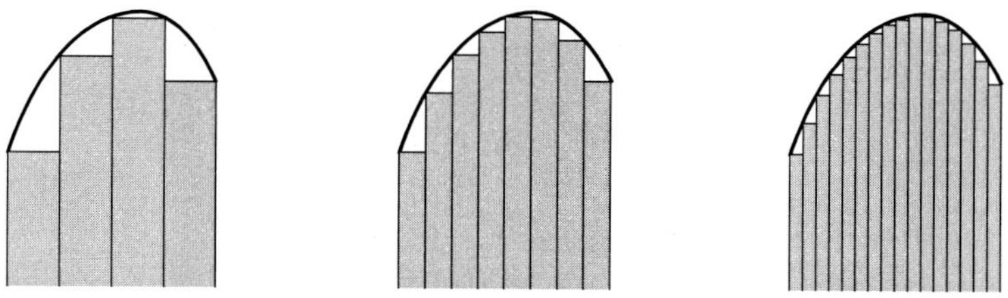

$n=4$ $n=8$ $n=16$

그림 5.5

다시 n을 양의 정수라고 하고 구간 $[a, b]$를 n개의 소구간으로 등분한 다음 끝점 a, b를 제외한 소구간에 대응하는 점들을 $x_1, x_2, \cdots, x_{n-1}$이라 하고 $a = x_0$, $b = x_n$이라 하자. 그러면 각 소구간들은

$$[x_0, x_1], [x_1, x_2], \cdots, [x_{n-1}, x_n] \tag{2}$$

이 된다. i번째 소구간의 길이를 Δx_i라 하면

$$\Delta x_i = x_i - x_{i-1}$$

이다. 각 소구간의 길이는 같으므로, $\Delta x_i = \dfrac{b-a}{n}$이다. i번째 소구간 $[x_{i-1}, x_i]$에서 $f(x)$의 최소값을 m_i라 하자. 그러면 함수값을 m_i가 되도록 하는 $[x_{i-1}, x_i]$의 점 $x_i{}^*$가 있다. (그림 5.6)

$$f(x_i{}^*) = m_i, \qquad x_{i-1} \le x_i{}^* \le x_i \tag{3}$$

각 내접직사각형의 면적은 밑변과 높이의 곱이므로 이런 직사각형 들의 면적의 합 s_n은

$$s_n = f(x_1^*)\Delta x_1 + f(x_2^*)\Delta x_2 + \cdots + f(x_i^*)\Delta x_i + \cdots + f(x_n^*)\Delta x_n \tag{4}$$

또는

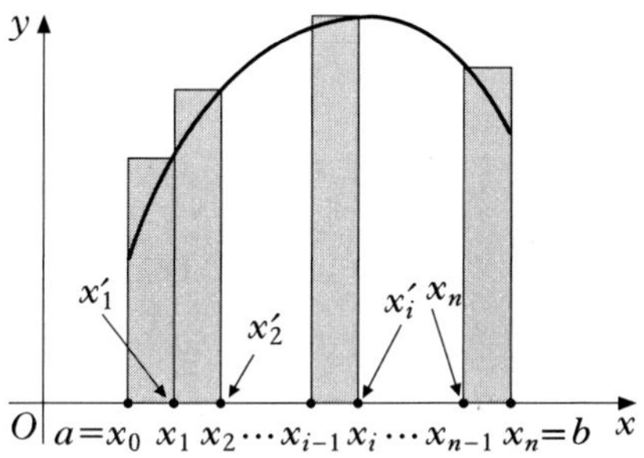

그림 5.6

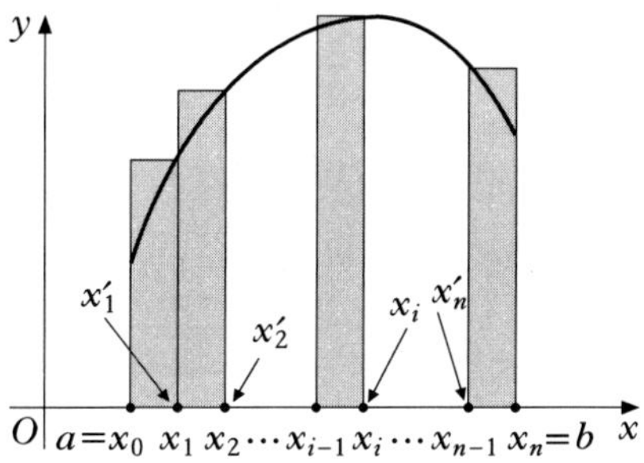

그림 5.7

$$s_n = \sum_{i=1}^{n} f(x_i^*)\Delta x_i \tag{5}$$

따라서

$$(\text{영역의 면적}) = \lim_{n\to\infty} \sum_{i=1}^{n} f(x_i^*)\Delta x_i \tag{6}$$

같은 방법으로 소구간 $[x_{i-1}, x_i]$에서 $f(x)$의 최대값을 M_i라 하면 $f(x_i')=M_i$인 x_i'이 $[x_{i-1}, x_i]$에 존재한다.

그림 5.7에서와 같은 직사각형들의 면적의 합은

$$S_n = \sum_{i=1}^{n} f(x_i')\Delta x_i$$

이고

$$(\text{영역의 면적}) = \lim_{n\to\infty} \sum_{i=1}^{n} f(x_i')\Delta x_i$$

만약 $\overline{x_i}$를 $[x_{i-1}, x_i]$의 임의의 점이라고 하면

$$s_n \le \sum_{i=1}^{n} f(\overline{x_i})\Delta x_i \le S_n$$

이고

$$(\text{영역의 면적}) = \lim_{n \to \infty} \sum_{i=1}^{n} f(\overline{x_i}) \Delta x_i$$

[예제 5.4] 폐구간 $[0, b]$에서 함수 $y = f(x) = x$를 생각해보자. 이 그래프(그림 5.8) 아래쪽 영역은 밑변의 길이가 b이고 높이가 b인 삼각형이고 면적은 $\frac{1}{2}b^2$이다.

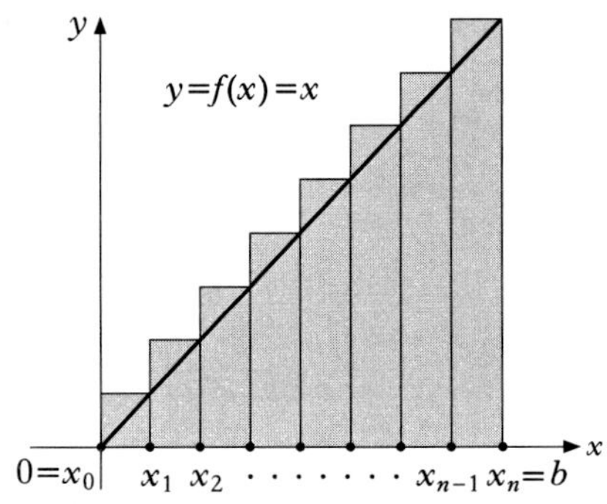

그림 5.8

구간 $[0, b]$를 n(큰 양의 정수) 등분하고 각 소구간에 대응하는 점을

$$x_1 = \frac{b}{n},\ x_2 = \frac{2b}{n},\ \cdots,\ x_n = \frac{nb}{n} \tag{1}$$

이라고 하자. 그림 5.8에서 처럼 직사각형들의 합으로 나타내면 각 직사각형의 밑변은 $\Delta x_i = \frac{b}{n}$이고 직사각형의 높이는

$$f(x_1) = \frac{b}{n},\ f(x_2) = \frac{2b}{n},\ \cdots,\ f(x_n) = \frac{nb}{n} \tag{2}$$

이고 그 합은

$$\begin{aligned} S_n &= \left(\frac{b}{n}\right)\left(\frac{b}{n}\right) + \left(\frac{2b}{n}\right)\left(\frac{b}{n}\right) + \cdots + \left(\frac{nb}{n}\right)\left(\frac{b}{n}\right) \\ &= \frac{b^2}{n^2}(1 + 2 + \cdots + n) = \frac{b^2}{n^2} \cdot \frac{n(n+1)}{2} \end{aligned}$$

$$= \frac{b^2}{2} \cdot \frac{n(n+1)}{n^2} = \frac{b^2}{2}\left(1+\frac{1}{n}\right)$$

따라서

$$(\text{영역의 면적}) = \lim_{n\to\infty} S_n = \lim_{n\to\infty} \frac{b^2}{2}\left(1+\frac{1}{n}\right) = \frac{b^2}{2}$$

[예제 5.5] 폐구간 $[0, b]$에서 함수 $y=f(x)=x^2$를 생각해보자. 예제 5.4와 같은 방법으로 구간 $[0, b]$를 n등분하고 각 소구간의 길이를 $\Delta x_i = \dfrac{b}{n}$라 하자.

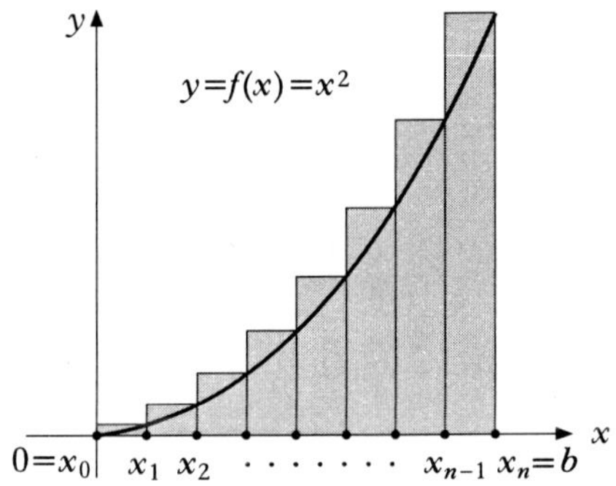

그림 5.9

그림 5.9에서 처럼 직사각형들의 합으로 나타내면 각 직사각형의 높이는

$$f(x_1) = \left(\frac{b}{n}\right)^2,\ f(x_2) = \left(\frac{2b}{n}\right)^2,\ \cdots,\ f(x_n) = \left(\frac{nb}{n}\right)^2$$

이고

$$\begin{aligned} S_n &= \left(\frac{b}{n}\right)^2\left(\frac{b}{n}\right) + \left(\frac{2b}{n}\right)^2\left(\frac{b}{n}\right) + \cdots + \left(\frac{nb}{n}\right)^2\left(\frac{b}{n}\right) \\ &= \frac{b^3}{n^3}(1^2+2^2+\cdots+n^2) = \frac{b^3}{n^3} \cdot \frac{n(n+1)(2n+1)}{6} \\ &= \frac{b^3}{2} \cdot \frac{n}{n} \cdot \frac{n+1}{n} \cdot \frac{2n+1}{n} = \frac{b^3}{6}\left(1+\frac{1}{n}\right)\left(2+\frac{1}{n}\right) \end{aligned}$$

따라서

$$(\text{영역의 면적}) = \lim_{n\to\infty} S_n = \frac{b^3}{3}$$

[예제 5.6] $x=0$에서 $x=b\left(0<b\le\dfrac{\pi}{2}\right)$ 사이의 $y=\cos x$로 둘러싸인 부분의 면적을 구해보자. [0, b] 구간을 n등분하여 소구간의 길이를 $\Delta x_i = \dfrac{b}{n}$라고 하자. (그림 5.10)

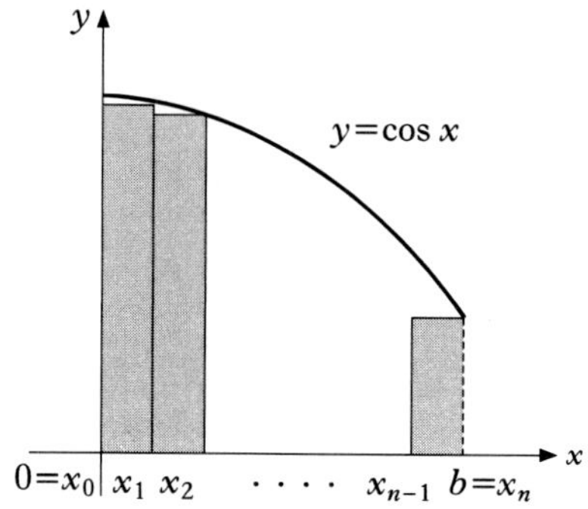

그림 5.10

이 함수는 감소함수이므로 점 x_i를 소구간의 오른쪽 끝점으로 잡는다. 그러면 각 직사각형의 높이는

$$\cos\frac{b}{n},\ \cos\frac{2b}{n},\ \cdots,\ \cos\frac{nb}{n}$$

이고 직사각형 n개의 합은

$$S_n = \left(\cos\frac{b}{n}\right)\left(\frac{b}{n}\right)+\left(\cos\frac{2b}{n}\right)\left(\frac{b}{n}\right)+\cdots+\left(\cos\frac{nb}{n}\right)\left(\frac{b}{n}\right)=\sum_{i=1}^{n}\left(\cos\frac{ib}{n}\right)\left(\frac{b}{n}\right)$$

이다.

$$\sum_{i=1}^{n}\cos ix = \frac{\sin\frac{1}{2}nx\cos\frac{1}{2}(n+1)x}{\sin\frac{1}{2}x}$$

에서

$$(\text{영역의 면적}) = \lim_{n\to\infty} S_n = \lim_{n\to\infty}\frac{b}{n}\cdot\frac{\sin\frac{b}{2}\cos\frac{1}{2}\left(\frac{n+1}{n}b\right)}{\sin\frac{b}{2n}} \tag{3}$$

(3)을 계산하기 위해서

$$n \to \infty \text{일 때} \cos\left[\frac{(n+1)b}{2n}\right] = \cos\left(1+\frac{1}{n}\right)\frac{b}{2} \to \cos\frac{b}{2}$$

다음으로 $\theta = \dfrac{b}{2n}$라 하면 $n \to \infty$일때 $\theta \to 0$이다.

$$\frac{b}{n} \cdot \frac{1}{\sin\left(\dfrac{b}{2n}\right)} = 2 \cdot \frac{\dfrac{b}{2n}}{\sin\left(\dfrac{b}{2n}\right)} = 2\frac{\theta}{\sin\theta} \to 2$$

따라서 (3)은 다음과 같이 된다.

$$(\text{영역의 면적}) = \lim_{n\to\infty} S_n = 2\sin\frac{b}{2}\cos\frac{b}{2} = \sin b$$

연습문제 (5-1)

A. ※ 문제 1~6은 주어진 내접다각형 또는 외접다각형의 넓이를 구하여라.

1.

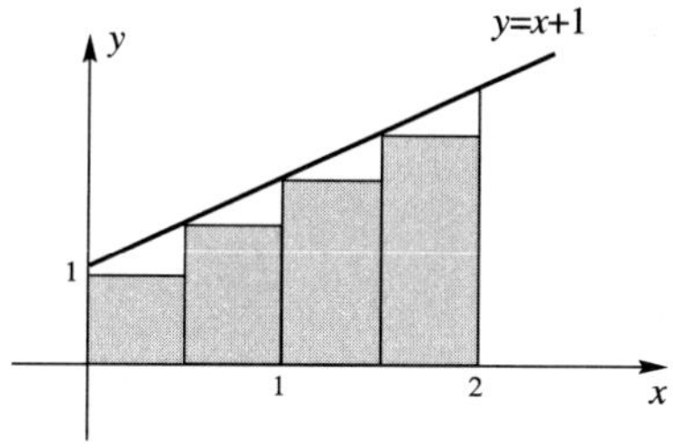

2.

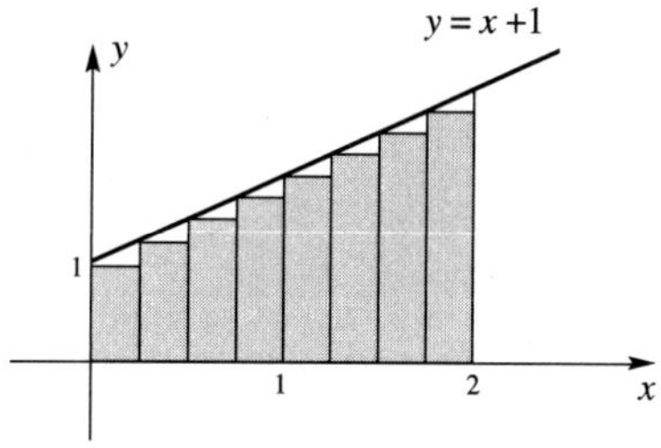

3.

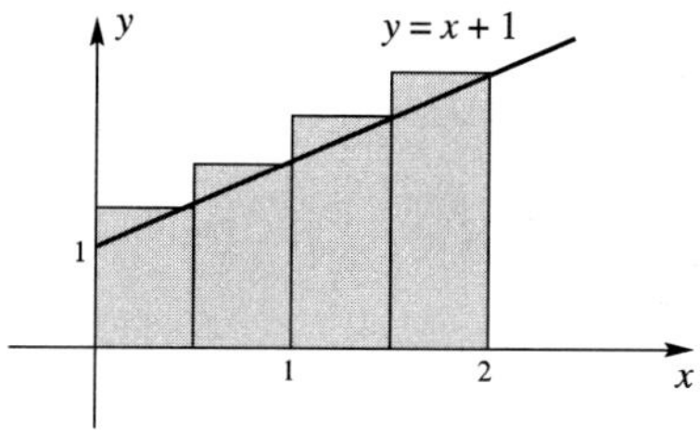

4.

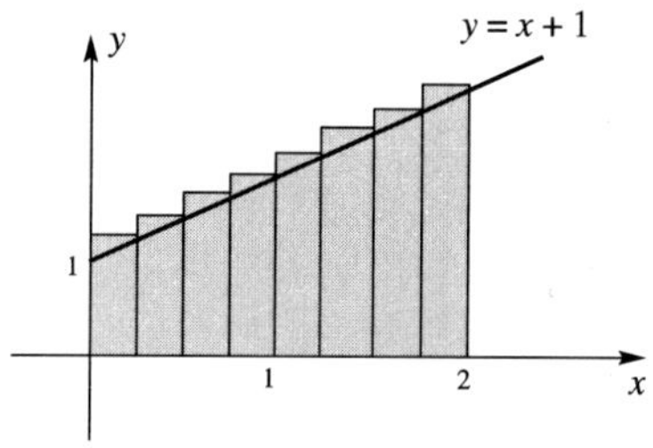

5.

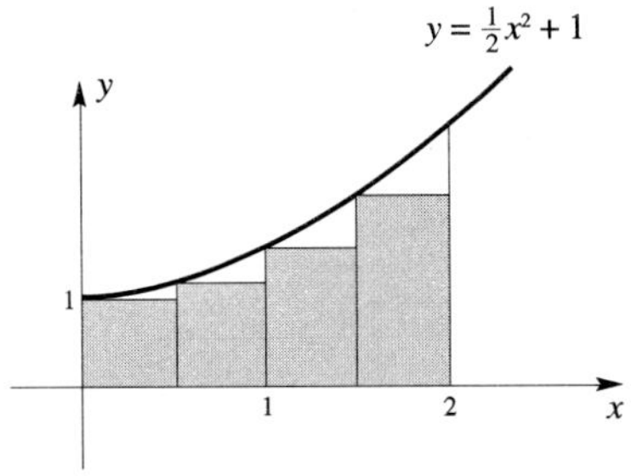

6.

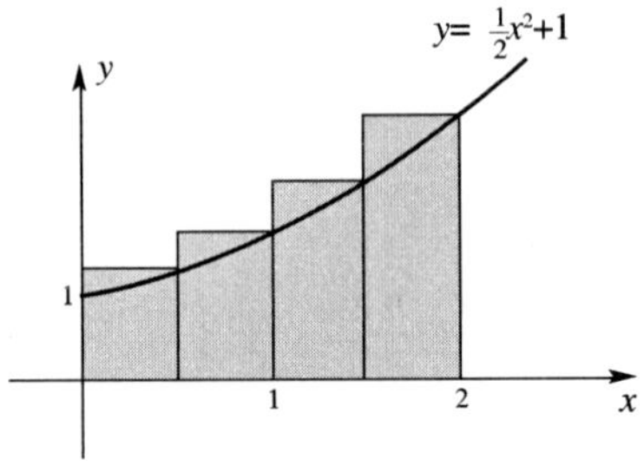

※ 제7~10은 주어진 구간 $[a, b]$에서 주어진 함수의 그래프를 그려라. 그 다음에 $[a, b]$를 n개의 같은 크기의 작은 구간들로 분할하여라. 마지막으로, 대응하는 외접다각형의 넓이를 계산하여라.

7. $f(x) = x+1;\ a=-1,\ b=2,\ n=3$

8. $f(x) = 3x+1;\ a=1,\ b=3,\ n=4$

9. $f(x) = x^2-1;\ a=2,\ b=3,\ n=6$

10. $f(x) = 3x^2+x+1;\ a=-1,\ b=1,\ n=10$

※ 문제 11~16은 구간 $[a, b]$에서 곡선 $y=f(x)$의 아래 영역의 넓이를 구하여라. 넓이를 구하기 위해서, 구간 $[a, b]$를 n개의 같은 크기의 작은 구간들로 분할하고, 그에 대응하는 외접다각형의 넓이를 계산하고, 그 다음에 $n \to \infty$. (본문에 나오는 $y=x^2$의 예 참조).

11. $y=x+2;\ a=0,\ b=1$

12. $y=\dfrac{1}{2}x^2+1;\ a=0,\ b=1$

13. $y=2x+2;\ a=-1,\ b=1$. 도움말: $x_i = -1+\dfrac{2i}{n}$

14. $y=x^2;\ a=-2,\ b=2$

15. $y=x^3;\ a=0,\ b=1$

16. $y=x^3+x;\ a=0,\ b=1$

B. ※ 문제 1~8은 주어진 합의 값을 구하여라.

1. $\displaystyle\sum_{k=1}^{6}(k-1)$

2. $\displaystyle\sum_{i=1}^{6} i^2$

3. $\displaystyle\sum_{k=1}^{7}\frac{1}{k-1}$

4. $\displaystyle\sum_{i=1}^{8}(l+1)^2$

5. $\displaystyle\sum_{m=1}^{8}(-1)^m 2^{m-2}$

6. $\displaystyle\sum_{k=3}^{7}\frac{(-1)^k 2^k}{(k+1)}$

7. $\sum_{n=1}^{6} n\cos(n\pi)$

8. $\sum_{k=1}^{6} k\sin(k\pi/2)$

※ 문제 9~16은 주어진 합을 시그마 기호를 이용하여 나타내어라.

9. $1+2+3+\cdots+41$

10. $2+4+6+8+\cdots+50$

11. $1+\frac{1}{2}+\frac{1}{3}+\frac{1}{4}+\cdots+\frac{1}{100}$

12. $1+\frac{1}{2!}+\frac{1}{3!}+\frac{1}{4!}+\cdots+\frac{1}{100!}$

13. $a_1+a_3+a_5+a_7+\cdots+a_{99}$

14. $b_{-1}+b_1+b_3+b_5+\cdots+b_{1001}$

15. $f(c_1)+f(c_2)+\cdots+f(c_n)$

16. $f(w_1)\Delta x+f(w_2)\Delta x+\cdots+f(w_n)\Delta x$

※ 문제 17~20은 $\sum_{i=1}^{10} a_i=40$이고 $\sum_{i=1}^{10} b_i=50$이라 가정하자. 다음 각각을 계산하여라.

17. $\sum_{i=1}^{10}(a_i+b_i)$

18. $\sum_{n=1}^{10}(3a_n+2b_n)$

19. $\sum_{p=0}^{9}(a_{p+1}-b_{p+1})$

20. $\sum_{k=3}^{10}(a_q-b_q-q)$

※ 문제 21~26은 특별한 합의 공식 1~4를 써서 다음 합을 구하여라.

21. $\sum_{i=1}^{100}(3i-2)$

22. $\sum_{i=1}^{10}[(i-1)(4i+3)]$

23. $\sum_{k=1}^{10}(k^3-k^2)$

24. $\sum_{k=1}^{10}5k^2(k+4)$

25. $\sum_{i=1}^{n}(2i^2-3i+1)$

26. $\sum_{i=1}^{n}(2i-3)^2$

시그마 기호에 나오는 첨자의 변수를 바꾸는 것이 좋은 경우도 있다. 예를 들어 변수를 $k=i-3$으로 바꾸면,

$$\sum_{i=4}^{13}(i-3)^3=\sum_{k=1}^{10}k^3$$

※ 문제 27~30은 제시해 놓은 것처럼 첨자의 변수를 바꾸어라.

27. $\sum_{i=3}^{19} i(i-2);\ k=i-2$

28. $\sum_{k=5}^{14} k2^{k-4};\ i=k-4$

29. $\sum_{k=0}^{10} \frac{k}{k+1};\ i=k+1$

30. $\sum_{k=4}^{13} (k-3)\sin\left(\frac{\pi}{k-3}\right);\ i=k-3$

31. $f(x)=3x$, $w_i=\frac{i}{5}$, $\Delta x=\frac{1}{5}$일 때, $\sum_{i=1}^{10} f(w_i)\Delta x$을 구하여라.

32. 다음 **등비수열의 합**(geometric sum)의 공식을 증명하여라.

$$\sum_{k=0}^{n} ar^k = a+ar+ar^2+\cdots+ar^n = \frac{a-ar^{n+1}}{1-r}\ (r\neq 1)$$

도움말: $S=a+ar+\cdots+ar^n$이라 하자. $S-rS$를 간단하게 만들고, S에 대해서 풀어라.

33. 문제 32를 이용하여 다음 합을 구하여라.

(a) $\sum_{k=1}^{10} \left(\frac{1}{2}\right)^k$

(b) $\sum_{k=1}^{10} 2^k$

34. 다음 두 식의 양변을 더하고, S에 대해 풀어서 공식 1을 다른 방법으로 증명해 보여라.

$$S=1+2+3+\cdots+(n-2)+(n-1)+n$$
$$S=n+(n-1)+(n-2)+\cdots+3+2+1$$

35. 문제 34와 비슷한 방법을 써서 **등차수열의 합**(arithmetic sum)의 공식을 구하여라.

$$\sum_{k=0}^{n} (a+kd) = a+(a+d)+(a+2d)+\cdots+(a+nd)$$

36. $x_1, x_2, \cdots, x_n$은 임의의 실수들이다. $\sum_{i=1}^{n} (x_i-c)^2$이 최소가 되게 하는 c의 값을 구하여라.

37. $x_1, x_2, \cdots, x_n$, $y_1, y_2, \cdots, y_n$은 임의의 실수들이고, $\bar{x}$ 와 $\bar{y}$ 는 각각 $x_1, x_2, \cdots, x_n$과 $y_1, y_2, \cdots, y_n$의 평균이라 하자. 다음을 보여라.

$$\sum_{i=1}^{n}(x_i-\bar{x})(y_i-\bar{y})=\sum_{i=1}^{n}x_iy_i-n\bar{x}\,\bar{y}$$

38. 항등식 $(i+1)^4-i^4=4i^3+6i^2+4i+1$을 써서, 특별한 합의 공식 3을 증명하여라.

$$1^3+2^3+\cdots+n^3=\left[\frac{n(n+1)}{2}\right]^2$$

39. 항등식 $(i+1)^5-i^5=5i^4+10i^3+10i^2+5i+1$을 써서, 특별한 합의 공식 4를 증명하여라.

$$1^4+2^4+\cdots+n^4=\frac{n(n+1)(6n^3+9n^2+n-1)}{30}$$

40. 12일 동안의 크리스마스라는 노래를 보면, 사랑하는 사람이 나에게 선물을 주는데, 첫날은 1개를 주고, 둘째날은 $1+2$개를 셋째날은 $1+2+3$개를 주고, 이런 식으로 12일 동안 계속 선물을 준다.
(a) 12일 동안 주는 선물의 총 개수는?
(b) 처음 n일 동안 준 선물의 총 개수 $T(n)$을 나타내는 간단한 공식을 구하여라.

41. 식료품가게에서 귤을 피라미드 모양으로 쌓아놓는다. 맨 밑면은 16개씩의 귤을 10줄로 놓는 직사각형 모양이고, 맨 위는 1줄의 귤만 있으면 쌓아놓은 귤은 전부 몇 개인가? 맨 밑면이 60개씩의 귤을 50줄로 놓은 경우는 전부 몇 개인가? 일반적으로 n개씩의 귤을 m줄로 놓은 경우는? 여기서 $m \le n$.

5.2 정적분

앞 절의 직사각형 공식에서 극한의 존재성은 폐구간에서 연속인 함수들에 대해 적용되는 일반적인 이론의 결과이다. 보다 일반적인 경우로서 닫힌 구간 $[a, b]$에서 정의된 함수 f를 고려하자. 이 함수는 이 구간에서 양수값과 음수값, 둘 다를가져도 되고, 심지어 불연속이더라도 상관이 없다. 그러니 그 그래프는 그림 5.11에 있는 것처럼 될 것이다.

점들 $a=x_0<x_1<x_2<\cdots<x_{n-1}<x_n=b$를 잡아서, 구간 $[a, b]$를 n개의 작은 구간들(크기가 달라도 상관이 없음)로 쪼갠 분할(partition) P를 생각하자. 그리고 $\Delta x_i = x_i - x_{i-1}$이라 하자. 각각의 작은 구간 $[x_{i-1}, x_i]$에서, 임의의 점 $\overline{x_i}$를 잡고(끝점이더라

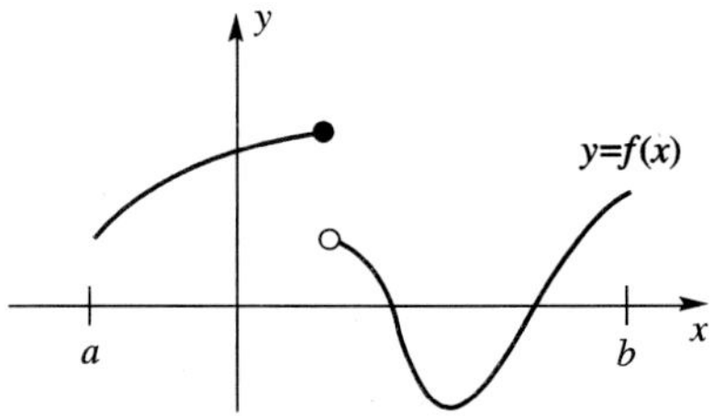

그림 5.11

도 상관이 없다) 이것을 i번째 작은 구간의 표본점(sample point)이라고 부르겠다. 그림 5.12는 이렇게 만든 보기이며 여기서 $n=6$이다.

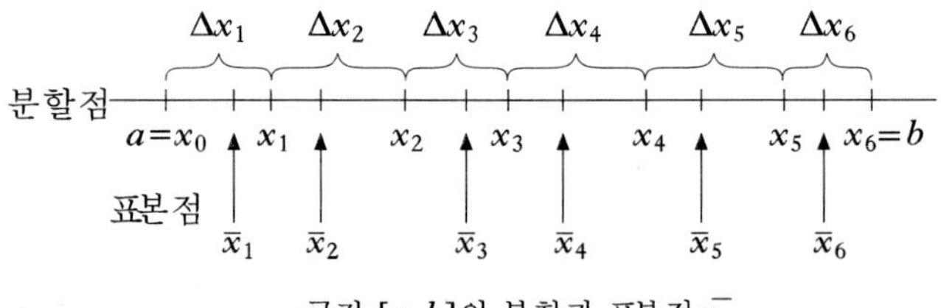

구간 $[a, b]$의 분할과 표본점 $\overline{x_i}$

그림 5.12

다음 합

$$R_P = \sum_{i=1}^{n} f(\overline{x_i})\, \Delta x_i$$

를 가리켜 분할 P에 대응하는 f의 **리만 합**(Riemann sum)이라고 부른다.

[예제 5.7] 다음 함수

$$f(x)=(x+1)(x-2)(x-4)=x^3-5x^2+2x+8$$

의 구간 [0, 5]에서의 리만 합 R_P를 구하되, 분할점 $0<1.1<2<3.2<4<5$를 가지는 분할 P를 사용하고, 대응하는 표본점들은 $\overline{x_1}=0.5$, $\overline{x_2}=1.5$, $\overline{x_3}=2.5$, $\overline{x_4}=3.6$, $\overline{x_5}=5$를 사용하여라.

풀이
$$\begin{aligned} R_P &= \sum_{i=1}^{5} f(\overline{x_i})\Delta x_i \\ &= f(\overline{x_1})\Delta x_1 + f(\overline{x_2})\Delta x_2 + f(\overline{x_3})\Delta x_3 + f(\overline{x_4})\Delta x_4 + f(\overline{x_5})\Delta x_5 \\ &= f(0.5)(1.1-0)+f(1.5)(2-1.1)+f(2.5)(3.2-2)+f(3.6)(4-3.2)+f(5)(5-4) \\ &= (7.875)(1.1)+(3.125)(0.8)+(-2.625)(1.2)+(-2.944)(0.8)+18(1) \\ &= 23.9698 \end{aligned}$$

이에 대응하는 기하학적 그림이 그림 5.13이다. ■

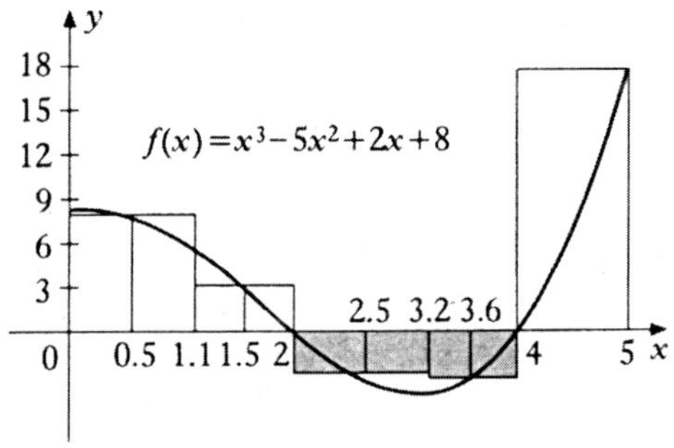

그림 5.13

P, Δx, $\overline{x_i}$는 위에서 다룬 의미를 가진다고 하자. 그리고 기호 $|P|$는 분할 P의 놈(크기, norm)이라고 부르며 분할 P의 작은 구간들 중에 가장 긴 것의 길이를 나타낸다.

정적분의 정의

함수 f는 구간 $[a, b]$에서 정의되었다고 하고 유계라고 하자. 만약

$$\lim_{|P|\to 0} \sum_{i=1}^{n} f(\overline{x_i})\Delta x_i$$

가 존재하면, f는 구간 $[a, b]$에서 **적분가능**(integrable)이라고 말한다. 그리고 $\int_a^b f(x)dx$를 f의 a에서 b까지의 **정적분**(definite integral, 리만 적분)이라고 부르며, 다음과 같이 주어진다.

$$\int_a^b f(x)dx = \lim_{|P|\to 0} \sum_{i=1}^{n} f(\overline{x_i})\Delta x_i \tag{1}$$

앞 절에서 곡선 $y=f(x)$ 아래 영역의 $x=a$에서 $x=b$ 사이의 면적을 구할 때 $f(x)$는 주어진 구간에서 $f(x)\geq 0$이고 $a<b$이라는 조건을 만족해야 했다. 하지만 근사합의 극한으로써의 정적분의 정의 즉, (1)은 위의 조건과 무관하다.

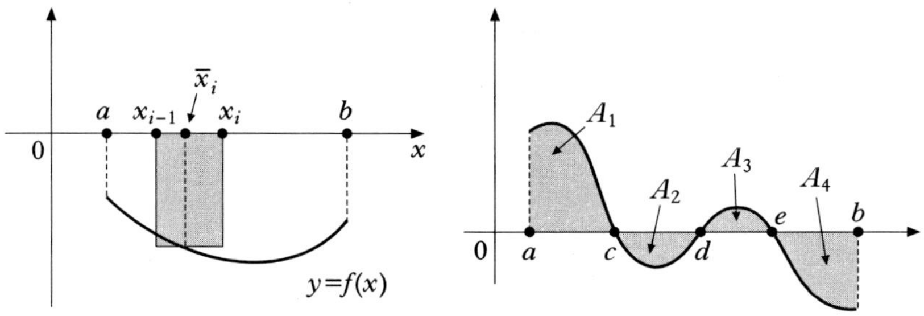

그림 5.14

예를 들어, 그림 5.14의 왼쪽그림에서처럼 곡선이 x축 아래에 놓여있다고 하자. 이때는 곡선 아래 영역이라고 하기는 그렇고 $x=a$와 $x=b$ 사이의 곡선과 x축으로 둘러싸인 영역이라고 해야할 것이다. $f(\overline{x_i})\Delta x_i$는 빗금친 직사각형 영역의 면적의 음의 값이다. 적분은 영역의 면적의 음의 값이다. 따라서

$$(\text{영역의 면적}) = -\int_a^b f(x)dx$$

만약 곡선이(그림 5.14의 오른쪽 그림처럼) 일부는 x축 위에 일부는 x축 아래에 있다면 (1)의 적분은 영역이 x축 위로, x축 아래로 있는가에 따라 양항과 음항의 합으로 나타내어진다.

면적 A_1, A_2, A_3, A_4의 면적이 양이라 하면

$$\int_a^b f(x)dx = A_1 - A_2 + A_3 - A_4 \tag{2}$$

(2)의 적분은 x축 위의 영역의 면적은 + 기호로 x축 아래의 영역의 면적은 −기호로 계산하므로 곡선과 x축으로 둘러싸인 영역의 대수적 면적이라고 부른다. 곡선과 x축으로 둘러싸인 각 부분의 면적을 양수로 계산하는 영역의 면적을 기하학적 면적이라고 하며

$$A_1+A_2+A_3-A_4=\int_a^c f(x)dx-\int_c^d f(x)dx+\int_d^e f(x)dx-\int_e^b f(x)dx \tag{3}$$

이다. 기하학적 면적을 계산하기 위해서는 그래프를 그리고 교점을 표시하고 (3)의 우변에 있는 각 적분을 각각 계산해야 한다.

이제 $a<b$라는 조건대신 $a>b$라고 가정하면 a에서 b로의 증분 Δx_i는 음수가 된다. 정적분의 정의에서

$$\int_a^b f(x)dx=-\int_b^a f(x)dx \tag{4}$$

가 된다. 그리고 당연하게

$$\int_a^a f(x)dx=0 \tag{5}$$

이 된다. 그러므로

$$\int_2^2 x^3dx=0,\quad \int_6^2 x^3dx=-\int_2^6 x^3dx$$

마지막으로, 기호 $\int_a^b f(x)dx$에서 변수 x는 **꼭두각시 변수**(허수아비 변수, dummy variable)임을 지적하고 싶다. 이 말이 뜻하는 것은, x를 다른 어떠한 문자로 바꾸든 상관이 없다는 뜻이다(물론, 그것이 나오는 모든 곳에서 다 바꾸어 주어야 한다). 그러므로

$$\int_a^b f(x)dx=\int_a^b f(t)dt=\int_a^b f(u)du$$

어떤 함수가 적분가능인가?

닫힌 구간 $[a, b]$에서 모든 함수가 적분가능인 것은 아니다. 예를 들어 다음 함수

$$f(x)=\begin{cases} \dfrac{1}{x^2}, & x \neq 0\text{인 경우} \\ 1, & x=0\text{인 경우} \end{cases}$$

는 구간 $[-2, 2]$에서 적분할 수 없다. 이것의 그래프가 그림 5.15이며, 이 함수는 유계가 아니다(unbounded). 이 함수는 리만 합을 얼마든지 크게 만들 수 있다. 그러므로 구간 $[-2, 2]$에서 이 함수의 극한은 존재하지 않는다.

유계(bounded) 함수들 중에도 적분할 수 없는 것이 있지만, 그것들은 매우 복잡한 모습이다. 아래의 정리 5.2는 적분가능 여부에 관한가장 중요한 법칙이다. 그렇지만 이것은 증명하기가 매우 어렵고 이 책의 수준을 넘어가므로 그냥 받아들이도록 한다.

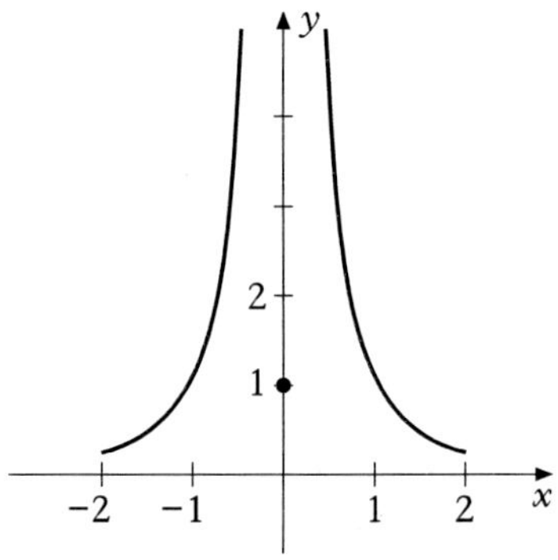

$$y=f(x)=\begin{cases} 1/x^2, x=0 \\ 1, x=0 \end{cases}$$

그림 5.15

> **정리 5.2 (적분가능성 정리)**
> 만약 f가 $[a, b]$에서 유계이고, 불연속인 점들이 기껏해야 유한한 개수이면, f는 $[a, b]$에서 적분가능이다. 특히 f가 구간 $[a, b]$ 전체에서 연속이면, f는 $[a, b]$에서 적분가능이다.

이 정리에 따라서, 다음 함수들은 모든 닫힌 구간 $[a, b]$에서 적분가능이다.

1. 다항식
2. 사인 함수와 코사인 함수
3. 구간 $[a, b]$에서 분모가 0이 되는 점이 없는 유리함수

정리 5.3 (비교 성질)
f와 g가 $[a, b]$에서 적분가능이고, $[a, b]$의 모든 x에 대해서 $f(x) \le g(x)$라고 하자. 그러면

$$\int_a^b f(x)dx \le \int_a^b g(x)dx$$

말로 표현하면, 정적분은 부등호를 보전한다.

증명 구간 $[a, b]$의 임의의 분할을 $P: a = x_0 < x_1 < x_2 < \cdots < x_n = b$라 하자. 그리고 각각의 i에 대해서 i번째 작은 구간 $[x_{i-1}, x_i]$의 임의의 표본점을 $\bar{x}_i$라 하자. 그러면 다음과 같이 차근차근 결론이 나오게 된다.

$$f(\bar{x}_i) \le g(\bar{x}_i)$$
$$f(\bar{x}_i)\Delta x_i \le g(\bar{x}_i)\Delta x_i$$
$$\sum_{i=1}^{n} f(\bar{x}_i)\Delta x_i \le \sum_{i=1}^{n} g(\bar{x}_i)\Delta x_i$$
$$\lim_{|P|\to 0} \sum_{i=1}^{n} f(\bar{x}_i)\Delta x_i \le \lim_{|P|\to 0} \sum_{i=1}^{n} g(\bar{x}_i)\Delta x_i$$
$$\int_a^b f(x)dx \le \int_a^b g(x)dx$$

□

정리 5.4 (유계 성질)
f는 $[a, b]$에서 적분가능이고, $[a, b]$의 모든 x에 대해서 $m \le f(x) \le M$이라고 하자. 그러면

$$m(b-a) \le \int_a^b f(x)dx \le M(b-a)$$

증명 그림 5.16을 보면 이 정리를 쉽게 이해할 수 있다. $m(b-a)$는 아래에 있는 작은 직사각형의 넓이이고, $M(b-a)$는 커다란 직사각형의 넓이이고, $\int_a^b f(x)dx$는 곡선 아래의 넓이이다. 오른쪽 부등식을 증명하기 위해서 $[a, b]$의 모든 x에 대해서 $g(x) = M$이라 하자. 그러면 정리 5.3에 따라서

$$\int_a^b f(x)dx \le \int_a^b g(x)dx$$

그런데 $\int_a^b g(x)dx$는 폭이 $b-a$이고 높이가 M인 직사각형의 넓이와 같다. 그러므로

$$\int_a^b g(x)dx = M(b-a)$$

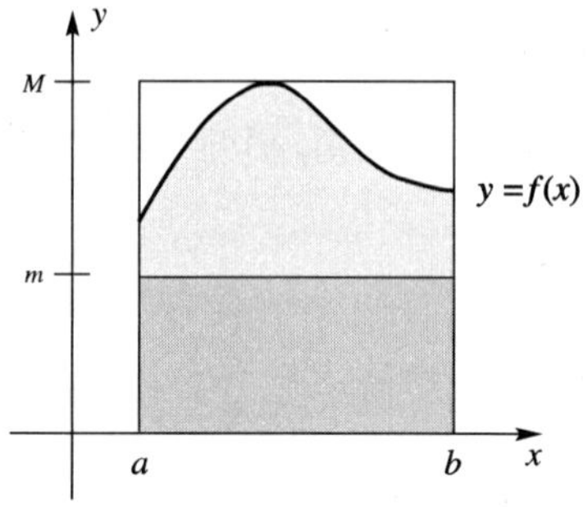

그림 5.16

왼쪽 부등식도 마찬가지 방법으로 증명할 수 있다. □

정적분은 선형 연산자이다

우리는 앞에서 Dx, $\int \cdots dx$, 그리고 Σ가 선형 연산자임을 배웠다. 그 목록에다 $\int_a^b \cdots dx$를 추가하자.

> **정리 5.6 (정적분의 선형성)**
> f와 g가 $[a, b]$에서 적분가능이고, k는 상수라고 하자. 그러면 kf와 $f+g$는 적분가능이며,
>
> (i) $\int_a^b kf(x)dx = k\int_a^b f(x)dx$
>
> (ii) $\int_a^b [f(x)+g(x)]dx = \int_a^b f(x)dx + \int_a^b g(x)dx$
>
> (iii) $\int_a^b [f(x)-g(x)]dx = \int_a^b f(x)dx - \int_a^b g(x)dx$

증명 (i)과 (ii)의 증명은 Σ의 선형성과 극한의 성질로부터 나온다. 우리는 (ii)를 보이겠다.

$$\begin{aligned}\int_a^b [f(x)+g(x)]dx &= \lim_{|P|\to 0}\sum_{i=1}^n [f(\bar{x}_i)+g(\bar{x}_i)]\Delta x_i \\ &= \lim_{|P|\to 0}\left[\sum_{i=1}^n f(\bar{x}_i)\Delta x_i + \sum_{i=1}^n g(\bar{x}_i)\Delta x_i\right] \\ &= \lim_{|P|\to 0}\sum_{i=1}^n f(\bar{x}_i)\Delta x_i + \lim_{|P|\to 0}\sum_{i=1}^n g(\bar{x}_i)\Delta x_i\end{aligned}$$

$$= \int_a^b f(x)dx + \int_a^b g(x)dx$$

(iii)은 (i)과 (ii)로부터 나온다. $f(x)-g(x)$를 $f(x)+(-1)g(x)$라 쓸 수 있기 때문이다. □

[예제 5.8] $\int_{-2}^{3}(x+3)dx$를 계산하여라.

풀이 구간 $[-2, 3]$을 n개의 같은 길이의 작은 구간들로 분할하자. 그러면 각각의 길이는 $\Delta x = 5/n$. 각각의 작은 구간 $[x_{i-1}, x_i]$에서 $\overline{x_i} = x_i$를 표본점으로 사용하자. 그러면

$$\begin{aligned}
x_0 &= -2 \\
x_1 &= -2 + \Delta x = -2 + \frac{5}{n} \\
x_2 &= -2 + 2\Delta x = -2 + 2\left(\frac{5}{n}\right) \\
&\vdots \\
x_i &= -2 + i\Delta x = -2 + i\left(\frac{5}{n}\right) \\
&\vdots \\
x_n &= -2 + n\Delta x = -2 + n\left(\frac{5}{n}\right) = 3
\end{aligned}$$

그러므로 $f(x_i) = x_i + 3 = 1 + i(5/n)$. 따라서

$$\begin{aligned}
\sum_{i=1}^{n} f(\overline{x_i})\Delta x_i &= \sum_{i=1}^{n} f(x_i)\Delta x \\
&= \sum_{i=1}^{n}\left[1 + i\left(\frac{5}{n}\right)\right]\frac{5}{n} \\
&= \frac{5}{n}\sum_{i=1}^{n} 1 + \frac{25}{n^2}\sum_{i=1}^{n} i \\
&= \frac{5}{n}(n) + \frac{25}{n^2}\left[\frac{n(n+1)}{2}\right] \\
&= 5 + \frac{25}{2}\left(1 + \frac{1}{n}\right)
\end{aligned}$$

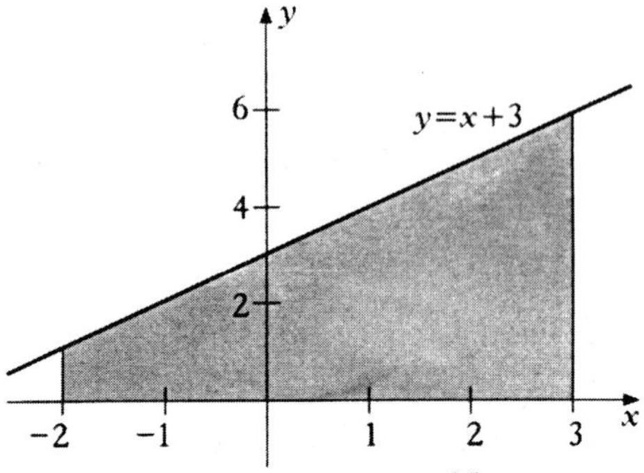

$\int_{-2}^{3}(x+3)dx = A = \frac{35}{2}$

그림 5.17

P는 고른 분할이니, $|P|$은 $n \to 0$과 동등하다. 그러므로

$$\begin{aligned}\int_{-2}^{3}(x+3)dx &= \lim_{|P|\to 0}\sum_{i=1}^{n} f(\overline{x}_i)\Delta x_i \\ &= \lim_{n\to 0}\left[5+\frac{25}{2}\left(1+\frac{1}{n}\right)\right] \\ &= \frac{35}{2}\end{aligned}$$

이 답이 맞음을 쉽게 확인해 볼 수 있다. 왜냐 하면 이 적분은 그림 5.17의 사다리꼴의 넓이 공식 $A=\frac{1}{2}(a+b)h$를 쓰면, $\frac{1}{2}(1+6)5=\frac{35}{2}$. ■

5.3 정적분의 기본정리

우리는 유계함수의 정적분의 정의를 근사합의 극한이라는 복잡한 식으로 정의하였다.

$$\int_a^b f(x)dx = \lim_{\max \Delta x_i \to 0}\sum_{i=1}^{n} f(\overline{x}_i)\Delta x_i \tag{1}$$

위 정의는 근사합에 대한 직접 경험을 학생들에게 줌으로써 적분의 본성이 무엇인지 강조하고 있고 적분을 계산하는 실질적인 도구로서 이 방법을 엄밀하게 사용하여야 함을 보여주고 있다. 하지만 예를 들어 다음과 같은 복잡한 적분을 계산하기 위해서 합의 극한을 어떻게 사용할 수 있을까?

$$\int_0^1 \frac{x^2dx}{\sqrt{7+x^3}},\ \int_1^2\left(1+\frac{1}{x^2}\right)^4\frac{dx}{x^3} \tag{2}$$

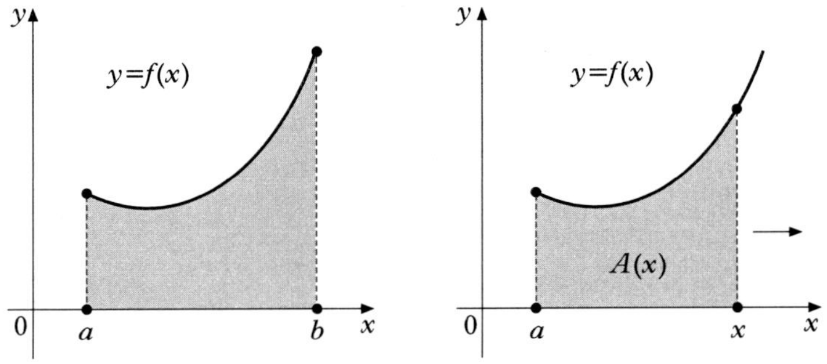

그림 5.18

그러면 적분을 계산하기 위한 더 효과적이고 더 강력한 방법을 찾아야 할 것이다. 이 문제를 해결하기 위해서 고정되어 있는 면적이 아닌 변할 수 있는 면적을 생각해 보자. 그림 5.18(오른쪽 그림)에서와 같이 구간의 오른쪽 점은 변수 x로 놓으면 면적은 x의 함수가 된다. 이 면적 함수를 $A(x)$라 하면, $A(a)=0$이고 $A(b)$는(그림 5.18의 왼쪽 그림처럼) 구간 $[a, b]$에서 $f(x)$ 아래의 영역의 면적이다.

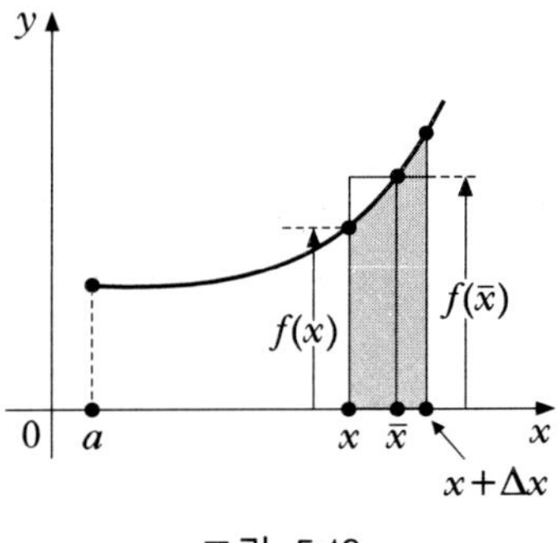

그림 5.19

$A(x)$를 a와 x 사이의 그래프 아래의 영역이라고 하고 $A(x+\Delta x)$를 a와 $x+\Delta x$ 사이의 영역이라고 하자. 그러면 $A(x+\Delta x)-A(x)$는 x와 $x+\Delta x$ 사이의 영역이다. 그림 5.19의 빗금친 부분의 영역은 밑변이 Δx로 같고 높이가 $f(\bar{x})$ $(x<\bar{x}<x+\Delta x)$인 직사각형과 같다. 그러면 $f(x)$가 연속이라고 하면

$$\frac{dA}{dx}=\lim_{\Delta x\to 0}\frac{A(x+\Delta x)-A(x)}{\Delta x}=\lim_{\Delta x\to 0}\frac{f(\bar{x})\Delta x}{\Delta x}=\lim_{\Delta x\to 0}f(\bar{x})=f(x) \tag{3}$$

이다. 여기서 $\Delta x\to 0$이면 $x+\Delta x\to x$이고 $\bar{x}$ 가 x와 $x+\Delta x$ 사이에 있으므로 $\bar{x}\to x$이고 f가 연속이므로 $f(\bar{x})\to f(x)$이다. (3)에 의해, $A(x)$는 $f(x)$의 역도함수 중 하나이다. $F(x)$를 $f(x)$의 임의의 역도함수라 하면 임의의 상수 c에 대하여

$$A(x)=F(x)+c \tag{4}$$

c값을 구하기 위하여 $x=a$라 하면 $A(a)=F(a)+c$를 얻고 $A(a)=0$이므로 $c=-F(a)$이다. 따라서

$$A(x)=F(x)-F(a) \tag{5}$$

를 얻는다.

(5)와 $A(x)$의 정의에 의해

$$\int_a^b f(x)dx=A(b)=F(b)-F(a)$$

이다.

위 사실을 참고로 하면 다음 정리를 얻는다.

> **정리 5.6 (미적분학의 기본정리)** 함수 f는 폐구간 $[a, b]$에서 연속이고, $F(x)$는 $f(x)$의 한 역도함수, 즉 $\frac{d}{dx}F(x)=f(x)$ 또는 $\int f(x)dx=F(x)$라 하자. 그러면
>
> $$\int_a^b f(x)dx=F(b)-F(a) \quad (=[F(x)]_a^b)$$

이 정리는 정적분을 계산함에 있어서 합의 극한을 계산해야 하는 어려운 문제를 역도함수를 찾는 좀더 쉬운 문제로 바꾸어준다. 이제 $\int_a^b f(x)dx$를 계산하는 데 있어서 더 이상 합을 생각할 필요가 없어진다. 단지 어떻게든 역도함수 $F(x)$만 구하면 된다. 그리고 $F(b)-F(a)$ 값만 계산하면 된다.

우리는 5.1절에서

$$\int x\,dx = \frac{x^2}{2},\ \int x^2 dx = \frac{x^3}{3} \text{ 그리고 } \int x^n dx = \frac{x^{n+1}}{n+1}$$

과 같은 식을 얻었다. 따라서 기본정리에 의해서

$$\int_a^b x^n dx = \frac{b^{n+1}}{n+1} - \frac{a^{n+1}}{n+1}, \quad n > 0$$

을 얻을 수 있다.

[예제 5.9] 예제 5.4, 예제 5.5, 예제 5.6을 미적분학의 기본정리를 이용하여 구하여라.

풀이 (1) 예제 5.4 $\int_0^b f(x)dx = \int_0^b x\,dx = \frac{1}{2}b^2$

(2) 예제 5.5 $\int_0^b x^2 dx = \frac{b^3}{3}$

(3) 예제 5.6 $\int_0^b \cos x\,dx = \sin b$ ■

[예제 5.10] 다음 정적분을 구하여라.

(a) $\int_{-1}^2 x^4 dx$ (b) $\int_1^{16} \frac{dx}{\sqrt{x}}$ (c) $\int_8^{27} \sqrt[3]{x}\,dx$ (d) $\int_{13}^{14} (x-13)^{10} dx$

풀이 (a) $\int_{-1}^2 x^4 dx = \left[\frac{1}{5}x^5\right]_{-1}^2 = \frac{1}{5}[32-(-1)] = \frac{33}{5}$

(b) $\int_1^{16} \frac{dx}{\sqrt{x}} [2\sqrt{x}]_1^{16} = 2(4-1) = 6$

(c) $\int_8^{27} \sqrt[3]{x}\,dx = \left[\frac{3}{4}x^{4/3}\right]_8^{27} = \frac{3}{4}(81-16) = \frac{195}{4}$

(d) $\int_{13}^{14} (x-13)^{10} dx = \left[\frac{1}{11}(x-13)^{11}\right]_{13}^{14} = \frac{1}{11}(1-0) = \frac{1}{11}$ ■

기본정리는 정적분과 역도함수 사이의 관계를 잘 정립해 준다. 그 관계에 따라 적분 기호는 역도함수를 나타내는데 쓰이며 역도함수 대신 부정적분이라는 말이 쓰인다. 우리는 종종 부정 적분이나 정적분 대신 적분이라는 말만을 쓰게 된다. 그래서 혼동을 할 때가 있다. 이때 정적분은 적분의 극한과 뗄래야 뗄 수 없는 것이고 부정적분은 극한이 없음을 잘 기억해야만 할 것이다.

[예제 5.11] 다음 정적분을 구하여라.

$$\int_0^1 \frac{x^4 dx}{\sqrt[3]{7+x^5}}$$

풀이 $u=7+x^5$이라 하면 $du=5x^4dx$이다. 부정적분

$$\int \frac{x^4 dx}{\sqrt[3]{7+x^5}} = \int u^{-1/3}\left(\frac{1}{5}du\right) = \frac{1}{5}\int u^{-1/3}du = \frac{1}{5}\cdot\frac{3}{2}u^{2/3} = \frac{3}{10}(7+x^5)^{2/3}$$

에 기본정리를 적용하면

$$\int_0^1 \frac{x^4 dx}{\sqrt[3]{7+x^5}} = \left[\frac{3}{10}(7+x^5)^{2/3}\right]_0^1 = \frac{3}{10}(4-7^{\frac{2}{3}}) = \frac{3}{10}(4-\sqrt[3]{49})$$ ■

[예제 5.12] 다음 정적분을 구하여라.

$$\int_1^2 \left(1+\frac{1}{x}\right)^4 \frac{dx}{x^2}$$

풀이 $u=1+\frac{1}{x}$이라 하면 $du=-\frac{dx}{x^2}$이다.

부정적분

$$\int \left(1+\frac{1}{x}\right)^4 \frac{dx}{x^2} = \int u^4(-du) = -\int u^4 du = -\frac{1}{5}u^5 = \frac{1}{5}\left(1+\frac{1}{x}\right)^5$$

에 기본정리를 적용하면

$$\int_1^2 \left(1+\frac{1}{x}\right)^4 \frac{dx}{x^2} = \left[-\frac{1}{5}\left(1+\frac{1}{x}\right)^5\right]_1^2 = -\frac{1}{5}\left(\frac{243}{32}-32\right) = \frac{781}{160}$$ ■

[예제 5.13] 곡선 $y=\cos x$의 아래 부분 영역의 면적을 $x=0$에서 $x=b$ 사이에서 구하여라. $\left(단,\ 0<b\leq\frac{\pi}{2}\right)$

풀이 $\int \cos x\, dx = \sin x$이므로

$$\int \cos x\, dx = [\sin x]_0^b = \sin b - \sin 0 = \sin b$$ ■

[예제 5.14] $\int_{-1}^{2}(4x-x^2)dx$를 다음 방법으로 구하여라.

(a) 미적분학의 기본 정리를 바로 적용해서

(b) 선형성을 이용하여서

풀이 (a) $\int_{-1}^{2}(4x-6x^2)dx=[2x^2-2x^3]_{-1}^{2}=(8-16)-(2+2)=-12$

(b) 선형성을 이용하면,

$$\begin{aligned}\int_{-1}^{2}(4x-6x^2)dx &= 4\int_{-1}^{2}x\,dx-6\int_{-1}^{2}x^2dx\\ &= 4\left[\frac{x^2}{2}\right]_{-1}^{2}-6\left[\frac{x^3}{3}\right]_{-1}^{2}\\ &= 4\left(\frac{4}{2}-\frac{1}{2}\right)-6\left(\frac{8}{3}+\frac{1}{3}\right)=-12\end{aligned}$$

■

[예제 5.15] $\int_{1}^{8}(x^{1/3}+x^{4/3})dx$를 구하여라.

풀이

$$\begin{aligned}\int_{1}^{8}(x^{1/3}+x^{4/3})dx &= \left[\frac{3}{4}x^{4/3}+\frac{3}{7}x^{7/3}\right]_{1}^{8}\\ &= \left(\frac{3}{4}\cdot 16+\frac{3}{7}\cdot 128\right)-\left(\frac{4}{3}\cdot 1+\frac{3}{7}\cdot 1\right)\\ &= \frac{45}{4}+\frac{381}{7}\approx 65.68\end{aligned}$$

■

[예제 5.16] $\int_{0}^{1}[x^2+(x^2+1)^4x]dx$를 구하여라.

풀이 $\int_{0}^{1}[x^2+(x^2+1)^4x]dx=\int_{0}^{1}x^2dx+\int_{0}^{1}(x^2+1)^4x\,dx$

첫 번째 적분은 바로 구할 수 있다. 두 번째 적분을 다루기 위해서, $u=x^2+1$이라 하자. 그러면 $du=2x\,dx$이고, 따라서

$$\begin{aligned}\int(x^2+1)^4x\,dx &= \frac{1}{2}\int(x^2+1)^4 2x\,dx=\frac{1}{2}\int u^4du\\ &= \frac{1}{2}\,\frac{u^5}{5}+C=\frac{(x^2+1)^5}{10}+C\end{aligned}$$

그러므로

$$\int_0^1 x^2dx+\int_0^1 (x^2+1)^4x\,dx=\left[\frac{x^3}{3}\right]_0^1+\left[\frac{(x^2+1)^5}{10}\right]_0^1$$
$$=\left(\frac{1}{3}-0\right)+\left(\frac{32}{10}-\frac{1}{10}\right)$$
$$=\frac{1}{3}+\frac{31}{10}=\frac{103}{30}$$

■

[예제 5.17] 그림 5.20은 함수 f의 그래프이며, 이 함수는 3계 도함수가 연속이다. 접선들은 (1, 1)과 (5, 1)에서 $y=f(x)$의 그래프에 접하는 접선들이다. 이 그림을 바탕으로, 다음 적분이 양수인지, 음수인지, 아니면 0인지, 따져 보아라.

(a) $\int_1^5 f(x)dx$ (b) $\int_1^5 f'(x)dx$ (c) $\int_1^5 f''(x)dx$ (d) $\int_1^5 f'''(x)dx$

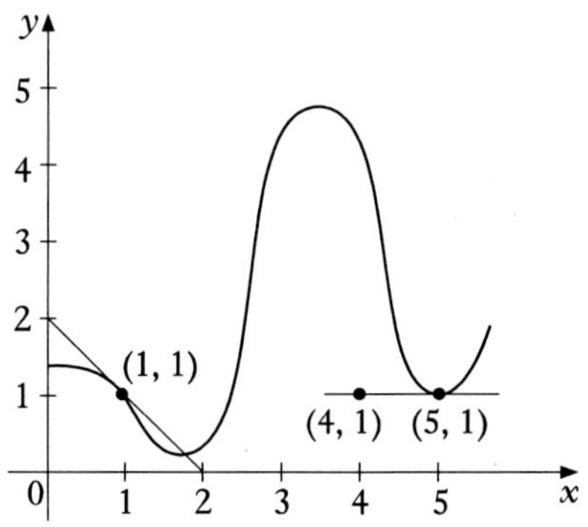

그림 5.20

풀이 (a) 구간 [1, 5]의 모든 x에 대해서 함수 f는 양수이다. 그리고 그래프를 보면, x축 위에 약간의 넓이가 있음을 알 수 있다. 그러므로 $\int_1^5 f(x)dx>0$

(b) 미적분학의 기본 정리에 따라서

$$\int_1^5 f'(x)dx=f(5)-f(1)=1-1=0$$

(c) 미적분학의 기본 정리에 따라서(이번에는 f'가 f''의 역도함수임을 이용하여),

$$\int_1^5 f''(x)dx=f'(5)-f'(1)=0-(-1)=1$$

(d) 함수 f는 $x=5$에서 위로 오목하므로, $f''(5)>0$. 그리고 $x=1$에서 아래로 오목하므로 $f''(1)<0$. 그러므로

$$\int_1^5 f'''(x)dx = f''(5) - f''(1) > 0$$ ■

이 예제를 보면, 어떤 정적분을 구하기 위해서, 양 끝점 a와 b에서의 역도함수의 값들만 알면 된다는 놀라운 성질이 잘 드러나 있다. 예를 들어 $\int_1^5 f''(x)dx$를 구하고 싶으면 $f'(5)$와 $f'(1)$만 알면 된다. 열린 구간 (a, b)의 점들에서의 f'와 f''는 전혀 알 필요가 없다.

적분의 평균값 정리

미분의 평균값 정리가 미적분학에서 매우 중요한 역할을 함을 이제 깨달았을 것이다. 적분에 대해서도 평균값 정리가 있는데, 이것도 매우 중요하다. 기하학적으로 말하면, 높이가 $f(c)$이고 폭이 $b-a$인 직사각형의 넓이가 곡선 아래의 넓이와 같게 해주는 어떤 점 c가 구간 $[a, b]$에 존재한다는 것이다. (그림 5.21 참조) 그림 5.21에서, 곡선 아래의 넓이는 엷게 칠한 직사각형의 넓이와 같다.

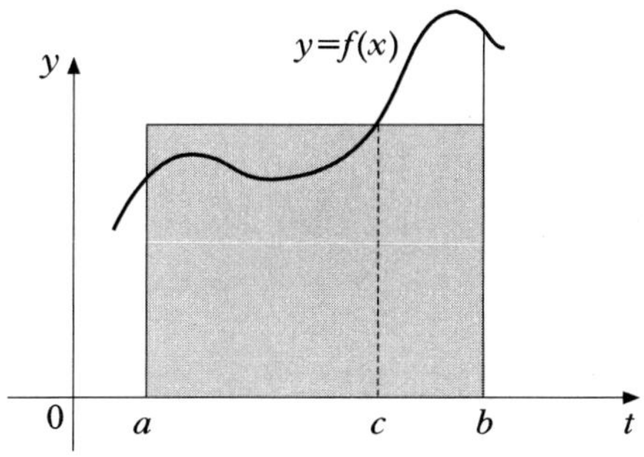

그림 5.21

정리 5.7 (적분의 평균값 정리)
만약 f가 $[a, b]$에서 연속이면 다음을 만족하는 수 c가 a와 b 사이에 존재한다.

$$\int_a^b f(x)dx = f(c)(b-a)$$

정리 5.7의 결론을 $f(c)$에 대해서 풀면 다음 식을 얻는다.

$$f(c)=\frac{\int_a^b f(x)dx}{b-a}$$

수 $\int_a^b f(x)dx/(b-a)$를 구간 $[a, b]$에서 f의 **평균값**(mean value, average value)이라고 부른다. 왜 이것을 평균값이라 부르는지 알기 위해서, 고른 분할 $P: a=x_0<x_1<x_2< \cdots <x_n=b$를 고려하자. 여기서 $\Delta x=(b-a)/n$. n개의 값들 $f(x_1)$, $f(x_2)$, $\cdots$, $f(x_n)$의 평균은

$$\begin{aligned}\frac{f(x_1)+f(x_1)+\cdots+f(x_n)}{n}&=\sum_{i=1}^{n} f(x_i)\frac{1}{n}\\&=\frac{1}{b-a}\sum_{i=1}^{n} f(x_i)\frac{b-a}{n}=\frac{1}{b-a}\sum_{i=1}^{n} f(x_i)\Delta x\end{aligned}$$

맨 끝의 합은 구간 $[a, b]$에서 f의 리만 합이며, 따라서 $n\to\infty$일 때 $\int_a^b f(x)dx$에 가까이 간다. 그러므로 $\left(\int_a^b f(x)dx\right)\Big/(b-a)$는 평균값이라는 익숙한 개념의 자연스러운 확장으로 보인다.

연습문제 (5-3)

A. 1. 직선 $y=2x$, x축, 직선 $x=3$으로 둘러싸인 삼각형의 면적을 적분을 이용하여 구하시오. 삼각형의 면적 구하는 공식을 이용하여 답을 확인하여라.

2. 직선 $3x+2y=6$과 x축, y축으로 둘러싸인 삼각형의 면적을 적분을 이용하여 구하시오. 삼각형의 면적을 구하는 공식을 이용하여 답을 확인하여라.

※ 문제 3~5는 각 포물선과 x축으로 둘러싸인 영역의 면적을 구하여라.

3. $x^2+y=4$

4. $4x^2+9y=36$

5. $4x^2+12y=24x$

※ 문제 6~10에서 각 곡선은 x축 위에 하나의 호가 있다. 호아래 영역의 면적을 구하여라.

6. $y=-x^3+4x$

7. $y=x^3-9x$

8. $y=2x^2-x^3$

9. $y=x^4-6x^2+8$

10. $y=x^3-5x^2+2x+8$

※ 문제 11~21에서 주어진 곡선, x 축, 그리고 주어진 직선으로 둘러싸인 영역의 면적을 구하여라.

11. $y=x^2$, $x=-2$와 $x=3$

12. $y=x^3$, $x=0$과 $x=2$

13. $y=3x^2+x+2$, $x=1$과 $x=2$

14. $y=x^2-3x$, $x=-3$과 $x=-1$

15. $y=2x+\dfrac{1}{x^2}$, $x=1$과 $x=3$

16. $y=\dfrac{1}{\sqrt{x+3}}$, $x=1$과 $x=6$

17. $y=3x^2+2$, $x=0$과 $x=3$

18. $y=2x+3$, $x=0$과 $x=3$

19. $y=\sqrt{2x+3}$, $x=-1$과 $x=3$

20. $y=\dfrac{1}{\sqrt{2x+3}}$, $x=-1$과 $x=3$

21. $y=\dfrac{1}{(2x+3)^2}$, $x=-1$과 $x=3$

22. n이 양수이면

$$\int_{-1}^{1} x^n dx=\left[\frac{x^{n+1}}{n+1}\right]_{-1}^{1}$$

만약 n이 -1이 아닌 음수이면 왜 이 적분은 성립하지 않는가?

※ 23~42에서 각 정적분의 값을 구하여라.

23. $\displaystyle\int_{-1/3}^{2/3}\frac{dx}{\sqrt{3x+2}}$

24. $\displaystyle\int_{0}^{1}(2x+3)dx$

25. $\displaystyle\int_{-1}^{0}7x^6dx$

26. $\displaystyle\int_{1}^{4}\sqrt{x}\,dx$

27. $\displaystyle\int_{0}^{2}\sqrt{4x+1}\,dx$

28. $\displaystyle\int_{-1}^{2}(x+1)^2dx$

29. $\int_{2a}^{3a} \frac{x\,dx}{(x^2-a^2)^2}$

30. $\int_{0}^{2b} \frac{x\,dx}{\sqrt{x^2+b^2}}$

31. $\int_{0}^{1} (x-x^2)dx$

32. $\int_{-1}^{2} (1+x)(2-x)dx$

33. $\int_{0}^{a} (a^2x-x^3)dx$

34. $\int_{0}^{1} (x+1)^9 dx$

35. $\int_{0}^{b} (\sqrt{b}-\sqrt{x})^2 dx$

36. $\int_{0}^{1} x^2(1-x^2)dx$

37. $\int_{0}^{1} x^2(1-x)^2 dx$

38. $\int_{1}^{2} \left(x+\frac{1}{x}\right)^2 dx$

39. $\int_{0}^{\pi/4} \sin 4x\,dx$

40. $\int_{\pi/6}^{\pi/4} \sin t\,dt$

41. $\int_{0}^{\pi/2} (2\sin\theta+\cos\theta)d\theta$

42. $\int_{0}^{\pi/3} \frac{\sin\theta}{\cos^2\theta}d\theta$

B. ※ 문제 1~14는 미적분학의 기본 정리를 이용하여 각각의 정적분을 구하여라.

1. $\int_{0}^{2} x^3 dx$

2. $\int_{-1}^{2} x^4 dx$

3. $\int_{-1}^{2} (3x^2-2x+3)dx$

4. $\int_{1}^{2} (4x^3+7)dx$

5. $\int_{1}^{4} \frac{1}{w^2}dw$

6. $\int_{1}^{3} \frac{2}{t^3}dt$

7. $\int_{0}^{4} \sqrt{t}\,dt$

8. $\int_{1}^{8} \sqrt[3]{w}\,dw$

9. $\int_{-4}^{-2} \left(y^2+\frac{1}{y^3}\right)dy$

10. $\int_{1}^{4} \frac{s^4-8}{s^2}ds$

11. $\int_{0}^{\pi/2} \cos x\,dx$

12. $\int_{\pi/6}^{\pi/2} 2\sin t\,dt$

13. $\int_{0}^{1} (2x^4-3x^2+5)dx$

14. $\int_{0}^{1} (x^{4/3}-2x^{1/3})dx$

※ 문제 15~30은 미적분학의 기본 정리와 일반화한 거듭곱 적분 공식을 이용하여 각각의 정적분을 구하여라.

15. $\int_0^1 (x^2+1)^{10}(2x)dx$

16. $\int_{-1}^0 \sqrt{x^3+1}\,(3x^2)dx$

17. $\int_{-1}^1 \frac{1}{(t+2)^2}dt$

18. $\int_2^{10} \sqrt{y-1}\,dy$

19. $\int_5^8 \sqrt{3x+1}\,dx$

20. $\int_1^7 \frac{1}{\sqrt{2x+2}}dx$

21. $\int_{-3}^3 \sqrt{7+2t^2}\,(8t)dt$

22. $\int_1^3 \frac{x^2+1}{\sqrt{x^3+3x}}dx$

23. $\int_0^{\pi/2} \cos^2 x \sin x\, dx$

24. $\int_0^{\pi/2} \sin^2 3x \cos 3x\, dx$

25. $\int_0^{\pi/2} (2x+\sin x)dx$

26. $\int_0^{\pi/2} [4x+\cos x]dx$

27. $\int_0^4 [\sqrt{x}+\sqrt{2x+1}]dx$

28. $\int_{-4}^{-1} \frac{1-s^4}{2s^2}ds$

29. $\int_0^1 (x^2+2x)^2 dx$

30. $\int_a^{8a} (a^{1/3}-x^{1/3})^3 dx$

31. $\int_1^x t^3 dt$를 구하여라.

32. $\int_{-1}^x (t+|t|)dt$를 구하여라.

※ 문제 33~38은 주어진 구간에서 주어진 함수의 평균값을 구하여라.

33. $f(x)=4x^3$; $[1, 3]$

34. $f(x)=\frac{x}{\sqrt{x^2+16}}$; $[0, 3]$

35. $f(x)=2+|x|$; $[-2, 1]$

36. $f(x)=x+|x|$; $[-3, 2]$

37. $f(x)=\cos x$; $[0, \pi]$

38. $f(x)=\sin^2 x \cos x$; $[0, \pi/2]$

※ 문제 39~42는 $f(c)=\int_a^b f(x)dx/(b-a)$를 만족하는 c를 주어진 구간에서 찾아라.

39. $f(x)=\sqrt{x+1}$; $[0, 3]$

40. $f(x)=x^2$; $[-1, 1]$

41. $f(x)=|x|$; $[0, 2]$

42. $f(x)=|x|$; $[-2, 2]$

※ 문제 43~46은 우선 주어진 극한을 정적분으로 나타내고, 그 다음에 미적분학의 기

본정리를 써서 그 적분을 구하여라.

43. $\lim_{n\to 0}\sum_{i=1}^{n}\left(\frac{3i}{n}\right)^2\frac{3}{n}$

44. $\lim_{n\to 0}\sum_{i=1}^{n}\left(\frac{2i}{n}\right)^3\frac{2}{n}$

45. $\lim_{n\to 0}\sum_{i=1}^{n}\left[\sin\left(\frac{\pi i}{n}\right)\right]\frac{\pi}{n}$

46. $\lim_{n\to 0}\sum_{i=1}^{n}\left[1+\frac{2i}{n}+\left(\frac{2i}{n}\right)^2\right]\frac{2}{n}$

5.4 근사적분

정적분

$$\int_a^b f(x)dx$$

의 값은 피적분함수 $f(x)$의 원시함수 $F(x)$를 구하여

$$\int_a^b f(x)dx = F(b)-F(a)$$

를 계산하므로서 구할 수 있다. 그러나 이는 원시함수 $F(x)$를 쉽게 구할 수 있을 때에만 할 수 있으며 원시함수를 구하기가 쉽지 않거나, 또는 초등함수로 나타낼 수 없을 때에는 피적분함수의 값만을 이용하여 정적분의 근사값을 구할 수 있다. 즉 정적분

$$\int_a^b f(x)dx$$

는 정적분의 정의에 의하여

$$\sum_{i=1}^{n} f(\overline{x_i})(x_i - x_{i-1})$$

인 형태의 합의 극한값이므로, 이 합이 곧 정적분의 근사값이다. 이와 같은 정적분의 근사값을 구하는 방법에는 다음과 같은 사다리꼴의 공식. 심프슨(Simpson)의 공식 등이 있다.

1. 사다리꼴의 공식

함수 $f(x)$가 폐구간 $[a, b]$에서 정의되고 있고 연속이며 그 구간에 속하는 모든 x에 대하여 $f(x) \geq 0$일 때, 정적분

$$\int_a^b f(x)dx$$

의 값은 곡선 $y=f(x)$, 두 직선 $x=a$, $x=b$와 x축으로 둘러싸인 영역의 넓이와 같다.

그러므로 이 영역의 넓이의 근사값을 구하면 정적분의 근사값이 된다.

폐구간 $[a, b]$를 n등분하여 그 분점을

$$a=x_0,\ x_1,\ x_2,\ \cdots,\ x_{n-1},\ x_n=b$$

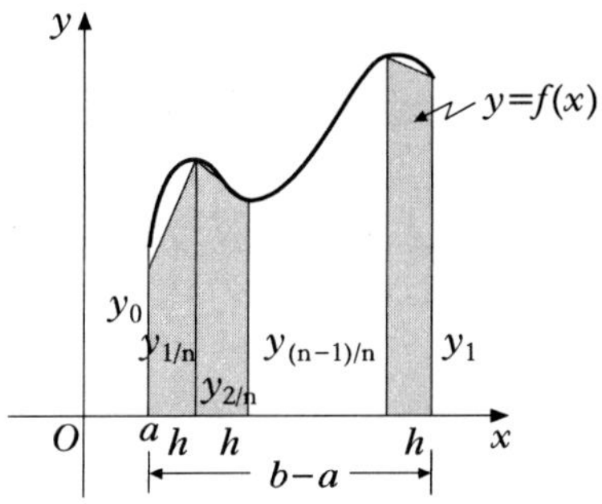

그림 5.22

라 하고 각 분점에 대응하는 곡선 $y=f(x)$ 위의 점의 y 좌표를 각각

$$y_0,\ y_{1/n},\ y_{2/n},\ \cdots,\ y_{(n-1)/n},\ y_1$$

이라 하자. 즉 $y_{i/n}=f(x_i)=f(a+ih)$라 하자. 여기서 $h=(b-a)/n$이다.

그런데 각 부분구간의 길이는 같으므로 그 길이를 h라 하면

$$h=\frac{b-a}{n}$$

이다.

사다리꼴의 넓이의 공식을 이용하여 그림과 같이 n개의 사다리꼴을 만들어 이들의 넓이의 합

$$\frac{1}{2}h(y_0+y_{1/n})+\frac{1}{2}h(y_{1/n}+y_{2/n})+\cdots+\frac{1}{2}h(y_{(n-1)/n}+y_1)$$
$$=\frac{1}{2}h(y_0+2(y_{1/n}+y_{2/n}+\cdots+y_{(n-1)/n})+y_1)$$

이 곧 정적분 $\int_a^b f(x)dx$의 근사값이다. 즉

$$\int_a^b f(x)dx \approx \frac{1}{2}h(y_0+2(y_{1/n}+y_{2/n}+\cdots+y_{(n-1)/n})+y_1) \tag{1}$$

이다. 이것을 **사다리꼴의 공식**(trapezoidal formula)이라고 한다.

일반적으로, 폐구간 $[a, b]$의 등분의 수 n이 클수록 참값에 보다가까운 근사값을 얻을 수 있음은 기하학적으로 명백하다.

사다리꼴의 공식을 이용하여 정적분의 근사값을 구할 때는 대부분의 경우 컴퓨터나 계산기를 이용하며, 프로그램을 작성하여 구한다.

폐구간 $[a, b]$를 $n=2^k$ 등분하여 각 부분구간에서 사다리꼴의 넓이의 합을 T_k라 하면

$$T_k=\frac{h}{2}(y_0+2(y_{1/2^k}+y_{2/2^k}+\cdots+y_{(2^k-1)/2^k})+y_1)$$
$$=\frac{h}{2}\left(y_0+2\sum_{i=1}^{2^k-1}y_{i/2^k}+y_1\right)$$
$$=\frac{h}{2}\left(f(a)+f(b)+2\sum_{i=1}^{2^k-1}f(a+ih)\right)$$

가 되고,

$$|T_{k-1}-T_k|$$

의 값이 주어진 어떤 상수보다 작을 때 T_k를 정적분의 근사값으로 취한다.

한편, $T_1, T_2, \cdots, T_k$의 값을 구할 때, 중복된 계산을 피하므로써 계산량을 줄이고자 다음 관계식을 이용한다.

$b-a=l$이라 하면

$$T_1=\frac{l}{4}(y_0+2y_{1/2}+y_1),$$
$$T_2=\frac{1}{2}\left(T_1+\frac{l}{2}(y_{1/4}+y_{3/4})\right),$$

$$T_3 = \frac{1}{2}\left(T_2 + \frac{l}{2^2}(y_{1/8} + y_{3/8} + y_{5/8} + y_{7/8})\right),$$

$$T_k = \frac{1}{2}\left(T_{k-1} + \frac{l}{2^{k-1}} \sum_{j=1,3,\cdots}^{2^k-1} f\left(a + \frac{jl}{2^k}\right)\right) \tag{2}$$

이다.

[예제 5.18] 적분구간을 10등분한 경우 사다리꼴의 공식을 이용하여 정적분 $\int_0^{10} x^2 dx$의 근사값을 구하여라.

풀이 $h=(10-0)/10=1$이므로 $x=0,\ 1,\ 2,\ \cdots,\ 10$에서의 곡선 $y=x^2$ 위 점의 y좌표는 각각 $y=0,\ 1,\ 4,\ \cdots,\ 100$이다.

따라서 사다리꼴의 공식 (1)을 이용하면

$$\int_0^{10} x^2 dx \approx \frac{1}{2}(0+2(1+4+\cdots+81)+100)=335.$$ ■

참고 $\int_0^{10} x^2 dx = \left[\frac{1}{3}x^3\right]_0^{10} = \frac{1000}{3} = 333\frac{1}{3}$이므로 이 참값과 예제 5.18에서 구한 근사값의 오차는 0.5%이다. 또한, 10대신 20개의 부분구간으로 등분했을 때의 근사값은 $333\frac{3}{4}$이 된다.

[예제 5.19] 적분구간을 4등분한 경우 사다리꼴의 공식을 이용하여 정적분 $\int_0^1 \frac{dx}{1+x^2}$의 근사값을 구하여라.

풀이 $h=(1-0)/4=1/4$이므로 $x=0,\ 1/4,\ 1/2,\ 3/4,\ 1$에서의 곡선 $y=\frac{1}{1+x^2}$ 위의 점의 y좌표는 각각 $y=1,\ 16/17,\ 4/5,\ 16/25,\ 1/2$이다.

따라서 사다리꼴의 공식 (1)을 이용하면

$$\int_0^1 \frac{1}{1+x^2}dx \approx \frac{1}{2}\cdot\frac{1}{4}\left(1+2\left(\frac{16}{17}+\frac{4}{5}+\frac{16}{25}\right)+\frac{1}{2}\right)$$

$$=\frac{5323}{6800} \approx 0.782794118.$$ ■

참고 $\int_0^1 \frac{dx}{1+x^2} = [\tan^{-1}x]_0^1 = \tan^{-1} = \frac{\pi}{4} \approx 0.785398$이므로 사다리꼴의 공식에 의한 근사값은 소수점이하 2자리까지 정확하다.

[예제 5.20] 사다리꼴의 공식 (2)를 이용하여 정적분 $\int_1^2 \frac{1}{x}dx$의 근사값을 구하여라.

풀이 적분구간 [1, 2]를 $2^k(k=0, 1, 2, 3, 4)$ 등분하면 $h=\frac{1}{2^k}$이므로

$$y_0=f(1),\ y_1=f(2)=\frac{1}{2},\ y_{i/2^k}=f\left(1+\frac{i}{2^k}\right)=\frac{2^k}{2^k+i}.$$

따라서 사다리꼴의 공식 (2)를 이용하면 다음 표와 같이 된다.

k	등분수	T_k의 값
0	1	$T_0=\frac{1}{2}(y_0+y_1)=\frac{1}{2}\left(1+\frac{1}{2}\right)=\frac{3}{4}=0.750000$
1	2	$T_1=\frac{1}{4}(y_0+2y_{1/2}+y_1)=\frac{1}{4}\left(1+2\cdot\frac{2}{3}+\frac{1}{2}\right)=\frac{17}{24}\approx 0.70833333$
2	4	$T_2\approx\frac{1}{2}\left(0.70833+\frac{1}{2}\left(\frac{4}{5}+\frac{4}{7}\right)\right)\approx 0.69702381$
3	8	$T_3\approx\frac{1}{2}\left(0.69702+\frac{1}{4}\left(\frac{8}{9}+\frac{8}{11}+\frac{8}{13}+\frac{8}{15}\right)\right)\approx 0.694121851$
4	16	$T_4\approx\frac{1}{2}\left(0.69412+\frac{1}{8}\left(\frac{16}{17}+\frac{16}{19}+\frac{16}{21}+\frac{16}{23}+\frac{16}{25}+\frac{16}{27}+\frac{16}{29}+\frac{16}{31}\right)\right)$ ≈ 0.693391203

■

참고 $\int_1^2 \frac{dx}{x}=\ln 2\approx 0.693147181$이므로 구간을 16등분했을 때, 소수점 이하 3 자리까지 정확하다.

2. 심프슨의 공식

사다리꼴의 공식을 얻을 때는 적분구간의 각 분점을 지나고 x축에 수직인 직선과 피적분함수의 그래프와의 교점들을 현으로 연결하여 사다리꼴을 만들었으나 이번에는 현 대신 이웃하는 두 부분구간에서 포물선의 호로 연결하여 그 구간에서의 포물선 아래의 넓이의 합을 구하므로써 정적분의 근사값을 구하는 방법이 있다.

다음 정리는 그 공식을 유도하는 데 이용된다.

정리 5.8 프리스모이달(Prismoidal)의 정리 　포물선과 두 직선 $x=a$, $x=b$ 및 x축으로 둘러싸인 영역의 넓이 S_0은

$$S_0=\frac{1}{3}h(y_0+4y_{1/2}+y_1)$$

이다. 여기서 $h=\frac{1}{2}(a+b)$이고 y_0, $y_{1/2}$, y_1은 각각 $x=a$, $x=\frac{1}{2}(a+b)$, $x=b$인 x좌표에 대한 그 포물선 위의 점의 y좌표이다.

증명 $\frac{1}{2}(a+b)=k$라 하면 $a=k-h$, $b=k+h$이므로 포물선의 방정식을

$$y=A+B(x-k)+C(x-k)^2$$

이라 할 때, 구하는 넓이 S_0은 정적분을 이용하면

$$\begin{aligned}&\int_{k-h}^{k+h}(A+B(x-k)+C(x-k)^2)dx\\&=2Ah+\frac{2}{3}Ch^3\\&=\frac{1}{3}h(6A+2Ch^2)\end{aligned}$$

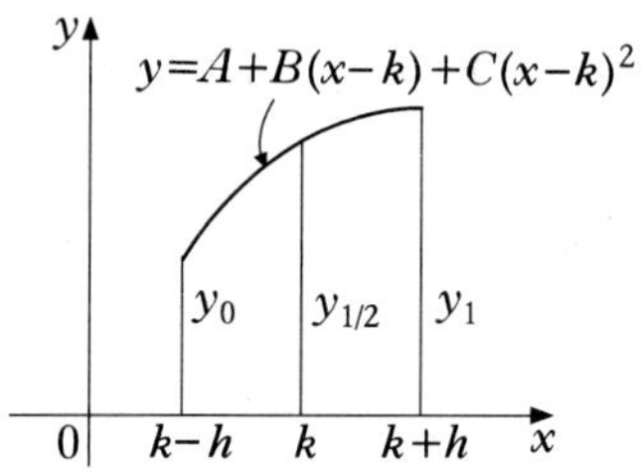

그림 5.23

이 된다. 이때, $6A+2Ch^2$을 y_0, $y_{1/2}$, y_1로 나타내기 위하여 주어진 포물선의 방정식에 $x=k-h$, k, $k+h$를 차례로 대입하면

$$\begin{aligned}y_0&=A-Bh+Ch^2\\y_{1/2}&=A\\y_1&=A+Bh+Ch^2\end{aligned}$$

이므로

$$y_0+4y_{1/2}+y_1=6A+2Ch^2.$$

따라서,

$$S_0=\frac{1}{3}h(y_0+4y_{1/2}+y_1).$$ □

지금 n이 자연수일 때, 폐구간 $[a, b]$를 $h=\frac{1}{2n}(b-a)$가 되게 $2n$ 등분하여 그 분점을 각각

$$a=x_0,\ x_1,\ x_2,\ \cdots,\ x_{2n-1},\ x_{2n}=b$$

라 하고 x_k에 대응하는 함수 $y=f(x)$의 값을 $y_{k/2n}$, 즉

$$y_{k/2n}=f(x_k)\ (k=0,\ 1,\ 2,\ \cdots,\ 2n)$$

이라 한 다음, n개의 부분구간

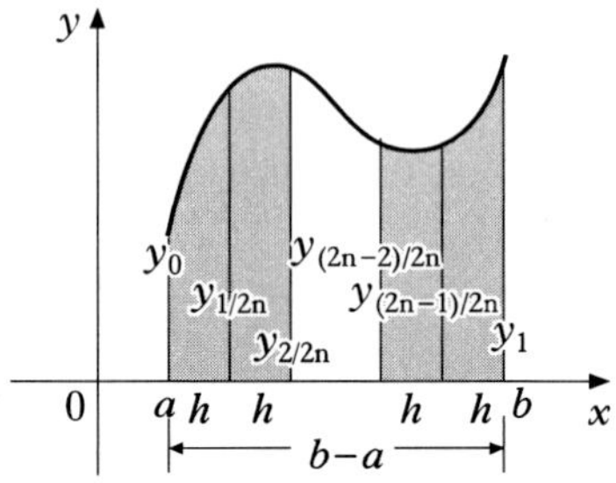

그림 5.24

$$[x_0,\ x_2],\ [x_2,\ x_4],\ \cdots,\ [x_{2n-1},\ x_{2n}]$$

에 각각 프리스모이달(Prismoidal)의 정리를 적용하여 이들 넓이를 더하면

$$\frac{1}{3}h(y_0+4y_{1/2n}+y_{2/2n})+\frac{1}{3}h(y_{2/2n}+4y_{3/2n}+y_{4/2n})+\cdots+\frac{1}{3}h(y_{(2n-2)/2n}+4y_{(2n-1)/2n}+y_1)$$

$$=\frac{1}{3}h(y_0+4(y_{1/2n}+y_{3/2n}+\cdots+y_{(2n-1)/2n})+2(y_{1/n}+y_{2/n}+\cdots+y_{(n-1)/n})+y_1)$$

이므로

$$\int_a^b f(x)dx\approx\frac{1}{3}h(y_0+y_1+4(y_{1/2n}+y_{3/2n}+\cdots+y_{(2n-1)/2n})$$
$$+2(y_{1/2}+y_{2/n}+\cdots+y_{(n-1)/n})) \tag{3}$$

이다. 이것을 심프슨의 공식(Simpson's formula)이라고 한다.

일반적으로, 함수 $f(x)$가 폐구간 $[a, b]$에서 연속이고 그 구간에 속하는 임의의 x에 대하여 $f(x)\geq 0$이고, 또한, 그 구간을 2^{k+1} 등분하여 $h=\frac{b-a}{2^{k+1}}$라 하면 정적분 $\int_a^b f(x)dx$의 근사값 S_k를 심프슨의 공식을 이용하여 구하면

$$\int_a^b f(x)dx\approx S_k=\frac{h}{3}\left(f(a)+f(b)+4\sum_{j=1}^{2^k}f(a+(2j-1)h)+2\sum_{j=1}^{2^k-1}f(a+2jh)\right) \tag{4}$$

가 된다.

다음으로, 심프슨의 공식에 의한 근사적분값 S_k와 사다리꼴의 공식에 의한 근사적분값 T_k 사이의 관계식을 구하여 보자.

$b-a=l$이라 하면

$$T_0 = \frac{l}{2}(y_0 + y_1)$$

$$T_1 = \frac{l}{4}(y_0 + 2y_{1/2} + y_1)$$

$$S_0 = \frac{l}{6}(y_0 + 4y_{1/2} + y_1)$$

이므로

$$S_0 = \frac{1}{3}(4T_1 - T_0)$$

같은 방법으로,

$$T_2 = \frac{l}{8}(y_0 + 2y_{1/4} + 2y_{1/2} + 2y_{3/4} + y_1)$$

$$S_1 = \frac{l}{12}(y_0 + 4y_{1/4} + 2y_{1/2} + 4y_{3/4} + y_1)$$

이므로

$$S_1 = \frac{1}{3}(4T_2 - T_1)$$

일반적으로,

$$S_k = \frac{1}{3}(4T_{k+1} - T_k),\ k = 0,\ 1,\ 2,\ \cdots \tag{5}$$

임을 밝힐 수 있다.

[예제 5.21] 심프슨의 공식을 이용하여 예제 5.19의 근사적분값을 구하여라.

풀이 $h = \frac{1-0}{4} = 1/4$이므로 심프슨의 공식 (4)를 이용하면

$$\int_0^1 \frac{dx}{1+x^2}dx \approx \frac{1}{3} \cdot \frac{1}{4}\left(f(0) + 4\left(f\left(\frac{1}{4}\right) + f\left(\frac{3}{4}\right)\right) + 2f\left(\frac{2}{4}\right) + f(1)\right)$$

$$= \frac{1}{12}\left(1 + 4\left(\frac{16}{17} + \frac{16}{25}\right) + 2\frac{4}{5} + \frac{1}{2}\right) \approx 0.785392$$

■

참고 $\int_1^0 \frac{1}{1+x^2}dx = \frac{4}{\pi} \approx 0.785398163$. 심프슨의 공식에 의한 근사적분값은 소수점이하 5자리까지 정확하다.

[예제 5.22] 공식 (5)를 이용하여 예제 5.20의 근사적분값을 구하여라.

풀이 적분구간 [1, 2]를 $2^k (k=0,\ 1,\ 2,\ 3,\ 4)$ 등분하여 공식 (5)와 예제 5.20의 표를 이용하면 다음 표와 같이 된다.

k	등분수	T_k의 값	$S_{K-1} = \frac{1}{3}(4T_n - T_{n-1})$의 값
0	1	$T_0 \approx 0.75000000$	$S_0 \approx \frac{1}{3}(4 \times 0.70833333 - 0.75000000)$ ≈ 0.694444444
1	2	$T_1 \approx 0.708333333$	$S_1 \approx \frac{1}{3}(4 \times 0.69702381 - 0.798333333)$ ≈ 0.693253969
2	4	$T_2 \approx 0.697023810$	$S_2 \approx \frac{1}{3}(4 \times 0.694121851 - 0.69702381)$ ≈ 0.693154531
3	8	$T_3 \approx 0.694121851$	$S_3 \approx \frac{1}{3}(4 \times 0.0.693391203 - 0.694121851)$ ≈ 0.693147654
4	10	$T_4 \approx 0.693391203$	

■

참고 $\int_1^2 \frac{1}{x}dx = \ln 2 \approx 0.693147181$이므로 적분구간을 16등분했을 때, 소수점 이하 6자리까지 정확하다. 또한 컴퓨터나 계산기를 이용할 때, 프로그램을 작성하여 구한다.

연습문제 (5-4)

※ 사다리꼴의 공식을 이용하여 [ ] 속의 적분구간의 등분수 n에 대한 다음 정적분의 근사값을 구하고 정적분의 계산으로 그 결과를 비교하여라. (1~8)

1. $\int_0^1 x^2 dx,\ [n=3]$
2. $\int_0^1 x^2 dx,\ [n=4]$
3. $\int_1^5 \frac{1}{x} dx,\ [n=2]$
4. $\int_1^7 \frac{1}{x} dx,\ [n=6]$
5. $\int_0^1 \frac{1}{\sqrt{1+x^2}} dx,\ [n=5]$
6. $\int_0^{1/2} \frac{1}{\sqrt{1-x^2}} dx,\ [n=5]$
7. $\int_0^{\pi/2} \sin x\, dx,\ [n=9]$
8. $\int_0^1 e^x dx,\ [n=10]$

※ 심프슨의 공식을 이용하여 [ ] 속의 적분구간의 등분수 n에 대한 다음 정적분의 근사값을 구하고 정적분의 계산으로 그 결과를 비교하여라. (9~16)

9. $\int_1^{1.3} \sqrt{x}\, dx,\ [n=6]$
10. $\int_1^9 \frac{1}{\sqrt{x}} dx,\ [n=8]$
11. $\int_0^4 \frac{x}{\sqrt{x^2+9}} dx,\ [n=4]$
12. $\int_0^2 \frac{x^2}{\sqrt{1+x^3}} dx,\ [n=4]$
13. $\int_1^2 \frac{1}{x} dx,\ [n=4]$
14. $\int_0^{1/2} \frac{1}{\sqrt{1-x^2}} dx,\ [n=4]$
15. $\int_0^1 \frac{1}{\sqrt{1+x^2}} dx,\ [n=4]$
16. $\int_0^{\pi/2} \sin x\, dx,\ [n=10]$

※ 사다리꼴의 공식과 심프슨의 공식을 각각 이용하여 [ ] 속의 적분구간의 등분수 n에 대한 다음 정적분의 근사값을 구하여라. (17~26)

17. $\int_0^1 \frac{1}{1+x^3} dx,\ [n=4]$
18. $\int_1^2 \frac{e^x}{x} dx,\ [n=6]$
19. $\int_0^{0.6} e^{-x^2} dx,\ [n=6]$
20. $\int_0^{\pi} \sqrt{\sin x}\, dx,\ [n=6]$
21. $\int_0^{0.8} \sin x^2 dx,\ [n=4]$
22. $\int_0^{\pi/2} \frac{1}{\sqrt{1-\frac{1}{2}\sin^2 x}} dx,\ [n=4]$
23. $\int_2^3 \frac{1}{\ln x} dx,\ [n=4]$
24. $\int_{\pi/4}^{\pi/3} \ln \tan x\, dx,\ [n=4]$
25. $\int_0^1 \sin \sqrt{x}\, dx,\ [n=10]$
26. $\int_{0.5}^{1.5} \frac{\sin x}{x} dx,\ [n=4]$

※ 심프슨의 공식을 이용하여 적분구간을 n등분하였을 때, 다음 물음에 답하여라.

27. $n=4$라 $\int_{1/2}^{1} \frac{1}{x} dx$하고를 계산하여 $\ln 2$의 값을 소수점 이하 4자리까지 구하여라.

28. $n=4$라 하고를 $\int_{0}^{1} \frac{1}{1+x^2} dx$계산하여 π의 값을 소수점 이하 4자리까지 구하여라.

29. y가 x의 삼차다항식일 때에도 프리스모아달의 정리가 성립함을 증명하여라.
힌트: 삼차다항식 $y=A+B(x-k)+C(x-k)^2+D(x-k)^3$이라 하고 정리 5.8에서 증명한 방법과 같은 방법으로 증명하여라.

30. 곡선 $y^2=8x^2-x^3$의 환으로 둘러싸인 영역의 넓이를 심프슨의 공식을 이용하여 구하여라. (단, 적분구간을 8등분하여라)

31. 곡선 $y=\cos x^2$과 두 직선 $x=0$, $x=1$ 및 x축으로 둘러싸인 영역의 넓이를 심프슨의 공식을 이용하여 구하여라. (단, 적분구간을 6등분하여라)

32. 적분구간 $[a, b]$를 n등분하고 그 분점 $a=x_0<x_1<x_2<\cdots<x_n=b$를 이용하고 사다리꼴의 공식을 이용하여 구한 정적분 $\int_a^b f(x)dx$의 근사값을 T, $c_i=\frac{x_{i-1}+x_i}{2}$, $i=1, 2, \cdots, n$이라 하자. 중점근사값

$$\int_a^b f(x)dx \approx \sum_{i=1}^{n} f(c_i)(x_i-x_{i-1})$$

의 값을 M이라 하고 $2n+1$개의 분점 $x_0, c_1, x_1, c_2, x_2, \cdots, c_n x_n$을 이용한 심프슨의 공식에 의한 근사적분값을 S라 할 때,

$$S=\frac{1}{3}(2M+T)$$

임을 증명하여라.

33. $f(x)=1, x, x^2, x^3$일 때, $\int_{-1}^{1} f(x)dx=f\left(-\frac{1}{\sqrt{3}}\right)+f\left(\frac{1}{\sqrt{3}}\right)$임을 밝혀라.

34. 타원 $x=2\cos\theta$, $y=\sin\theta$의 전체 둘레를 심프슨의 공식을 이용하여 구하여라. (단, 적분구간을 6등분하여라)

35. 곡선 $y=\sin x$의 한 아치의 호의 길이를 심프슨의 공식을 이용하여 구하여라. (단, 적분구간을 4등분하여라)

36. 심프슨의 공식을 이용하여 곡선 $y=\cos x$와 두 직선 $x=0$, $x=\frac{\pi}{2}$ 및 x축으로 둘러싸인 영역을 y축에 관하여 회전했을 때, 생긴 회전체의 겉넓이를 구하여라.

37. 심프슨의 공식을 이용하여 곡선 $y=\frac{1}{4}x^4$과 직선 $x=0$, $x=1$, $y=0$으로 둘러싸인 영역을 y축에 관하여 회전했을 때, 생긴 회전체의 겉넓이를 구하여라.

5.5 이상적분

지금까지 a, b는 $a<b$인 유한인 수이고 함수 $f(x)$는 폐구간 $[a, b]$에서 연속 또는 유계일 때 $f(x)$는 $[a, b]$에서 적분가능하므로 정적분

$$\int_a^b f(x)dx$$

만을 생각하였다. 또한 $F(x)$를 피적분함수 $f(x)$의 원시함수라 할 때 미적분학의 기본 정리(5.3의 정리 5.6)에 의하여

$$\int_a^b f(x)dx = F(b) - F(a)$$

이므로 이 식의 우변의 $F(x)$에 대하여 정적분의 하한 a와 상한 b에 의하여 결정된 값이며 a, b의 함수임을 알았다.

이제, 피적분함수 $f(x)$가 적분구간 $[a, b]$에서 유계가 아니던가 또는 a, b의 값 중 적어도 하나가 무한일 때 정적분의 정의를 확장해 보자. 이 때 이 정적분을 **이상적분**

또는 넓은의미의 적분(improper integral)이라고 한다.

적분구간이 무한구간인 경우: 함수 $f(x)$가 $x \geq a$인 모든 x에서 연속이고 $a < b$인 b에 대하여 폐구간 $[a, b]$에서의 $f(x)$의 정적분의 극한

$$\lim_{b \to \infty} \int_a^b f(x)dx = A$$

가 존재할 때, 기호

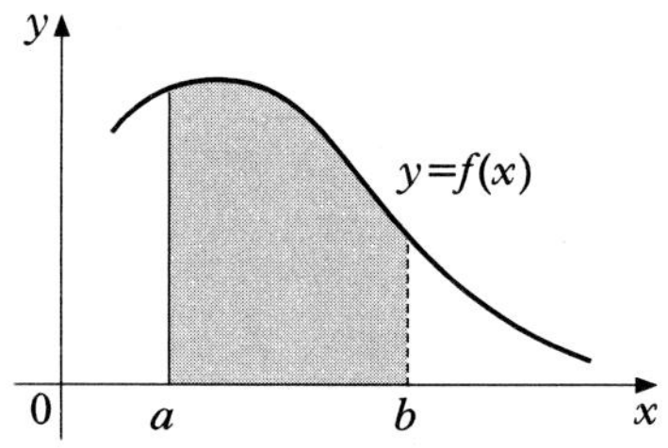

그림 5.25

$$\int_a^\infty f(x) = \lim_{b \to \infty} \int_a^b f(x)dx = A \tag{1}$$

로 정의하고 이상적분

$$\int_0^\infty f(x)dx$$

은 극한값 A에 **수렴한다**(converge) 또는 그 값은 **유한이다**(finite)라 하고, 함수 $f(x)$는 무한구간에서 **적분가능하다**라고 한다. 극한 A가 존재하지 않을 때, 이상적분

$$\int_0^\infty f(x)dx$$

는 **발산한다**(diverge)라고 한다. 이 때 이상적분은 정의되지 않는다.

따라서, 식 (1)의 우변의 극한치가 존재할 때에만 이상적분은 정의된다.

[예제 5.23] 이상적분 $\int_1^\infty \frac{1}{x^2}dx$가 수렴하면 그 값을 구하여라.

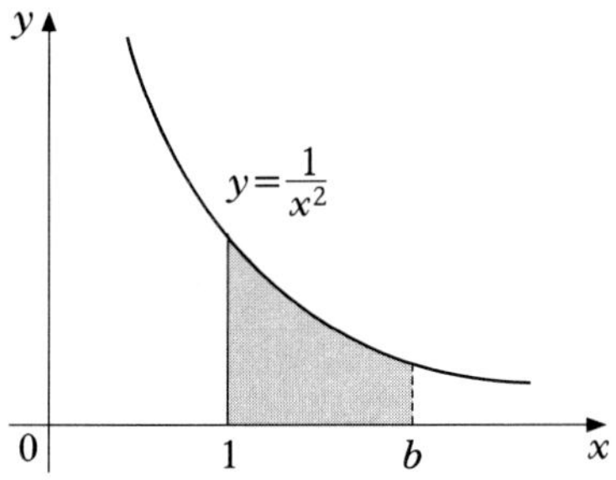

그림 5.26

풀이 곡선

$$y=\frac{1}{x^2}$$

은 $x\to\infty$일 때 x축에 접근하고 큰 양수 b에 대하여

$$\int_1^b \frac{1}{x^2}dx=\left[-\frac{1}{x}\right]_1^b=1-\frac{1}{b}$$

이므로 $b\to\infty$일 때, 이것은 유한확정값 1인 극한값을 갖고 1에서 ∞까지의 $\frac{1}{x^2}$의 이상적분은 1에 수렴한다.

따라서

$$\int_1^\infty \frac{1}{x^2}dx=\lim_{b\to\infty}\int_1^b \frac{1}{x^2}dx=\lim_{b\to\infty}\left(1-\frac{1}{b}\right)=1$$ ■

[예제 5.24] $\int_1^\infty \frac{1}{x}dx$의 수렴, 발산을 조사하여라.

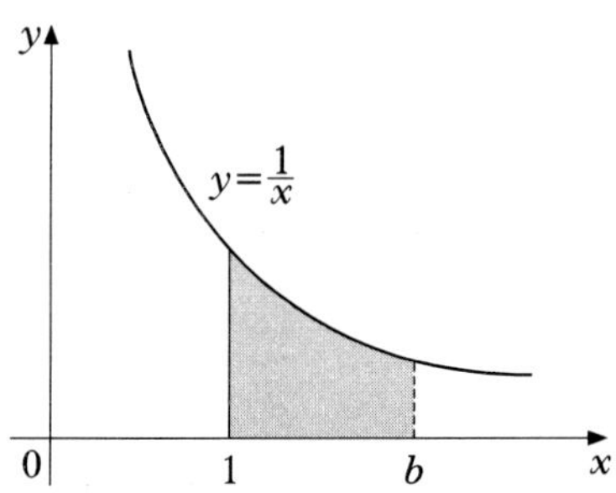

그림 5.27

풀이 곡선

$$y=\frac{1}{x}$$

은 $x\to\infty$일 때 x축에 접근하고 큰 양수 b에 대하여

$$\int_1^b \frac{1}{x}dx=\Big[\ln x\Big]_1^b=\ln b$$

이고

$$\lim_{b\to\infty}\ln b=\infty$$

이므로

$$\lim_{b\to\infty}\int_1^b \frac{1}{x}dx=\infty.$$

따라서, 이 이상적분은 발산한다. ■

함수 $f(x)$가 $x\le b$인 모든 x에서 연속이고 $a<b$인 a에 대하여 폐구간 $[a, b]$에서의 $f(x)$의 정적분의 극한

$$\lim_{a\to-\infty}\int_a^b f(x)dx=A$$

가 존재할 때, 기호

$$\int_{-\infty}^b f(x)dx=\lim_{a\to-\infty}\int_a^b f(x)dx=A$$

로 정의한다. 같은 방법으로

$$\int_{-\infty}^{\infty} f(x)dx=\lim_{\substack{b\to\infty \\ a\to-\infty}}\int_a^b f(x)dx=A$$

를 정의한다.

이 두 경우 극한 A가 존재할 때, 그 이상적분은 **수렴한다**, 또한 **유한하다**라 하고, 함수 $f(x)$는 무한구간에서 **적분가능하다**라고 한다. 한편 극한 A가 존재하지 않을 때, 그 이상적분은 **발산한다**라고 한다. 이 때 이상적분은 존재하지 않는다.

[예제 5.25] 이상적분 $\int_{-\infty}^{\infty} \frac{1}{1+x^2} dx$가 수렴하면 그 값을 구하여라.

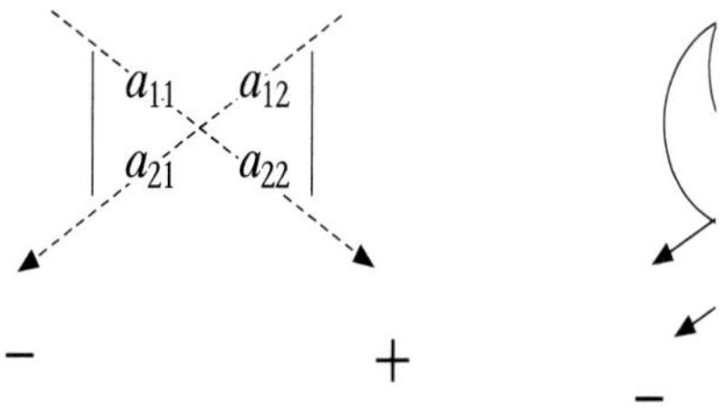

그림 5.28

풀이

$$\lim_{\substack{b\to\infty \\ a\to-\infty}} \int_a^b \frac{1}{1+x^2} dx = \lim_{\substack{b\to\infty \\ a\to-\infty}} \left[\tan^{-1}x\right]_a^b$$

$$= \lim_{\substack{b\to\infty \\ a\to-\infty}} (\tan^{-1}b - \tan^{-1}a)$$

$$= \frac{\pi}{2} + \frac{\pi}{2} = \pi$$

이므로

$$\int_{-\infty}^{\infty} \frac{1}{1+x^2} dx = \lim_{\substack{b\to\infty \\ a\to-\infty}} \int_a^b \frac{1}{1+x^2} dx = \pi$$

따라서 이 이상적분은 π에 수렴한다. ■

[예제 5.26] 이상적분 $\int_0^{\infty} \cos x\, dx$의 수렴, 발산을 판정하여라.

풀이

$$\lim_{b\to\infty} \int_a^b \cos x\, dx = \lim_{b\to\infty} \left[\sin x\right]_0^b = \lim_{b\to\infty} \sin b$$

이고 극한

$$\lim_{b\to\infty} \sin b$$

는 유한확정값을 갖지 않으므로, 즉 -1과 1 사이에 진동하므로 이상적분

$$\int_0^{\infty} \cos x\, dx$$

는 발산한다. ■

[예제 5.27] 이상적분 $\int_1^{\infty} e^{-x^2} dx$의 수렴, 발산을 판정하여라.

풀이 $x \geq 1$일 때,

$$x \leq x^2$$

이므로

$$-x^2 \leq -x$$

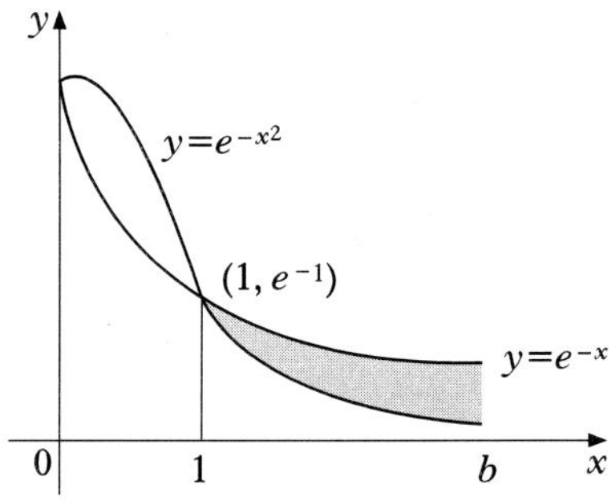

그림 5.29

이고, 또한 $e>1$이므로

$$0 < e^{-x^2} < e^{-x},$$

그런데

$$\lim_{b\to\infty} \int_1^b e^{-x} dx = \lim_{b\to\infty} (e^{-1} - e^{-b}) = e^{-1}$$

이고

$$0 < \int_1^b e^{-x^2} dx \leq \int_1^b e^{-x} dx$$

이므로

$$0<\int_1^{\infty} e^{-x^2}dx=\lim_{b\to\infty}\int_1^b e^{-x^2}dx\le\lim_{b\to\infty}\int_1^b e^{-x}dx=e^{-1}$$

한편, 모든 x에 대하여 $e^{-x^2}>0$이므로 b의 값이 증가할 때, 정적분

$$\int_1^b e^{-x^2}dx$$

의 값도 증가한다. 그리고 e^{-1}은 이들 정적분의 한 상계이므로 상한 M이 존재하여 $A\le M\le e^{-1}$인 A에 수렴한다.

따라서 이상적분

$$\int_1^{\infty} e^{-x^2}dx$$

는 수렴한다. ■

피적분함수가 적분구간에서 유계가 아닌 경우:

점 $x=a$에서 함수 $f(x)$의 우극한이 존재하지 않을 때, $f(x)$가 반개구간 $(a, b]$에서 연속이면 임의의 작은 양수 ε에 대하여 $f(x)$는 폐구간

$$[a+\varepsilon, b]$$

에서 연속이므로 이 구간에서의 $f(x)$의 정적분

$$\int_{a+\varepsilon}^b f(x)dx$$

는 존재한다. 또한 이 구간에서 $f(x)$의 원시함수를 $F(x)$라 하면

$$\int_{a+\varepsilon}^b f(x)dx=F(b)-F(a+)\varepsilon$$

이므로, 이 때 극한

$$\lim_{\varepsilon\to 0}F(a+\varepsilon)=A$$

가 존재하면 a에서 b까지의 $f(x)$의 이상적분이 존재한다라 하고 기호

$$\int_a^b f(x)dx=\lim_{\varepsilon\to 0}\int_{a+\varepsilon}^b f(x)dx=F(b)-\lim_{\varepsilon\to 0}F(a+\varepsilon)=F(b)-A$$

로 정의한다.

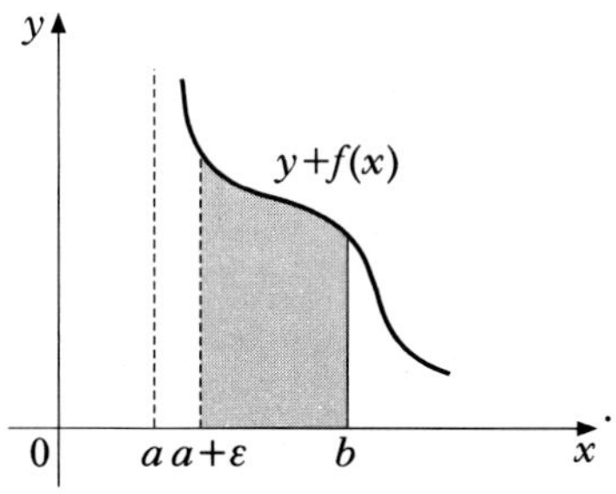

그림 5.30

같은 방법으로, 점 $x=b$에서 함수 $f(x)$의 좌극한이 존재하지 않을 때, 충분히 작은 양수 ε에 대하여 극한

$$\lim_{\varepsilon\to 0}\int_a^{b-\varepsilon} f(x)dx=A$$

가 존재하면 a에서 b까지의 이상적분이 존재한다라 하고 기호

$$\int_a^b f(x)dx=\lim_{\varepsilon\to 0}\int_a^{b-\varepsilon} f(x)dx=A$$

로 정의한다.

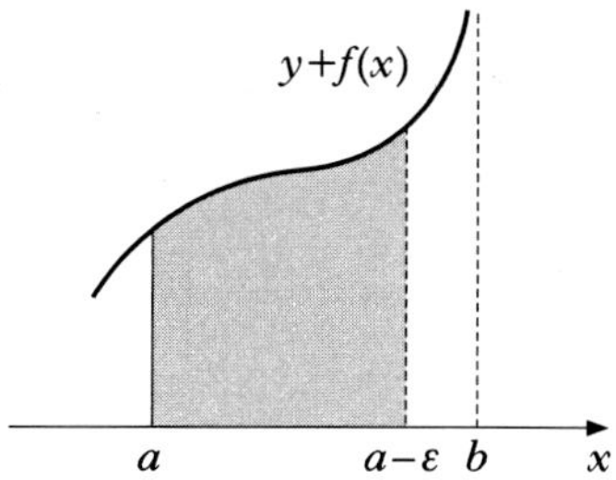

그림 5.31

또한, $a<c<b$인 점 $x=c$에서 함수 $f(x)$의 우극한, 또는 좌극한이 존재하지 않을 때,

$$\int_a^b f(x)dx=\int_a^c f(x)dx+\int_c^b f(x)dx$$

이므로 충분히 작은 두 양수 ε, ε'에 대하여

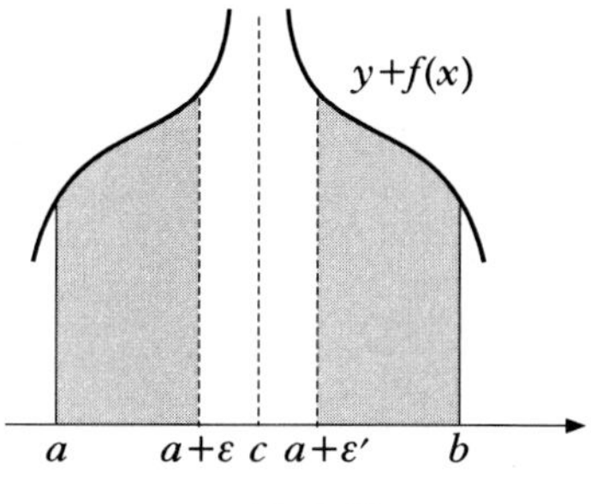

그림 5.32

$$\lim_{\varepsilon\to 0}\int_a^{c-\varepsilon} f(x)dx=A$$

$$\lim_{\varepsilon'\to 0}\int_{c+\varepsilon'}^{b} f(x)dx=A'$$

이 모두 존재하면 a에서 b까지의 $f(x)$의 이상적분은 존재한다라 하고, 기호

$$\int_a^b f(x)dx = \lim_{\varepsilon\to 0}\int_a^{c-\varepsilon} f(x)dx + \lim_{\varepsilon'\to 0}\int_{c+\varepsilon'}^b f(x)dx = A + A'$$

으로 정의한다.

위의 각 경우 이상적분이 존재할 때, 그 이상적분은 **수렴한다**라 하고, 그렇지 않을 때, 이상적분은 **발산한다**라 하며, 이 때

$$\int_a^b f(x)dx$$

는 의미없음(meaningless)이라고 한다.

[예제 5.28] 이상적분 $\int_0^1 \frac{1}{(x-1)^{2/3}}dx$가 수렴하면 그 값을 구하여라.

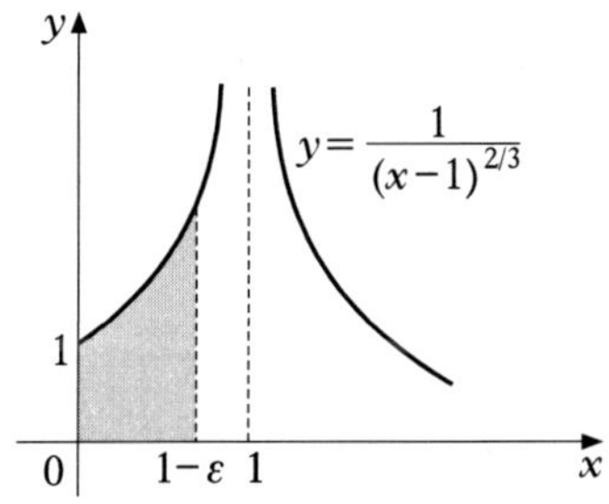

그림 5.33

풀이 점 $x=1$에서 피적분함수는 정의되지 않으며 $x=1$의 근방에서 유계가 아니다. 그런데, 아주 작은 양수 ε에 대하여

$$\begin{aligned}\lim_{\varepsilon\to 0}\int_0^{1-\varepsilon}\frac{1}{(x-1)^{2/3}}dx &= \lim_{\varepsilon\to 0}\left[3(x-1)^{1/3}\right]_0^{1-\varepsilon}\\ &= 3\lim_{\varepsilon\to 0}\left((1-\varepsilon-1)^{1/3}+1\right) = 3.\end{aligned}$$

따라서 이 이상적분은 수렴하고 그 값은

$$\int_0^1 \frac{1}{(x-1)^{2/3}}dx = \lim_{\varepsilon\to 0}\int_0^{1-\varepsilon}\frac{1}{(x-1)^{2/3}}dx = 3.$$ ■

[예제 5.29] 이상적분 $\int_{-1}^1 \frac{1}{\sqrt{1-x^2}}dx$를 구하여라.

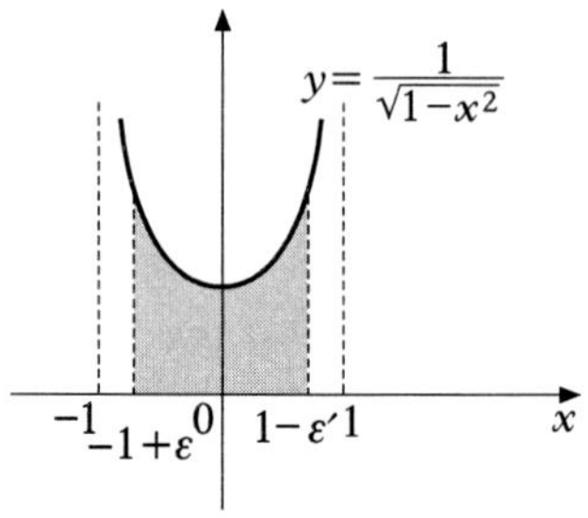

그림 5.34

풀이 점 $x=1$과 $x=-1$에서 피적분함수는 정의되지 않으며 이들 점의 근방에서 유계가 아니므로 아주 작은 두 양수 ε, ε'에 대하여

$$\begin{aligned}\lim_{\substack{\varepsilon\to\infty\\ \varepsilon'\to-\infty}}\int_{-1+\varepsilon'}^{1-\varepsilon}\frac{1}{\sqrt{1-x^2}}dx &= \lim_{\substack{\varepsilon\to\infty\\ \varepsilon'\to-\infty}}\left[\sin^{-1}x\right]_{-1+\varepsilon'}^{1-\varepsilon}\\ &= \lim_{\substack{\varepsilon\to\infty\\ \varepsilon'\to-\infty}}(\sin^{-1}(1-\varepsilon)-\sin^{-1}(-1+\varepsilon'))=\pi.\end{aligned}$$

따라서 이 이상적분은 수렴하고 그 값은

$$\int_{-1}^{1}\frac{dx}{\sqrt{1-x^2}}=\lim_{\substack{\varepsilon\to\infty\\ \varepsilon'\to-\infty}}\int_{-1+\varepsilon'}^{1-\varepsilon}\frac{1}{\sqrt{1-x^2}}dx=\pi.$$ ■

[예제 5.30] 이상적분 $\int_{-1}^{1}\frac{1}{x^2}dx$를 구하여라.

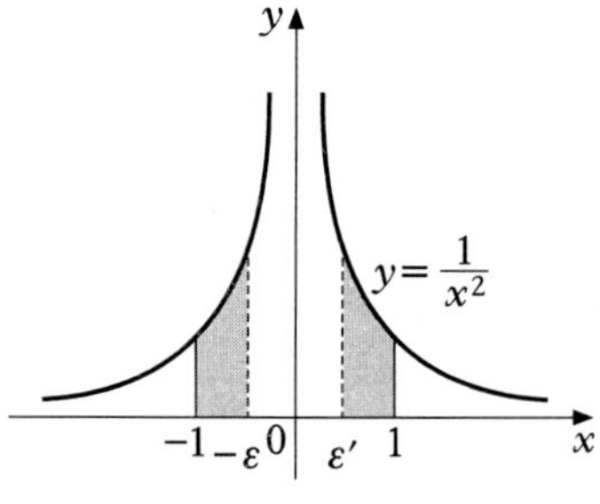

그림 5.35

풀이 점 $x=0$에서 피적분함수는 정의되지 않으며 $x=0$의 근방에서 유계가 아니므로 아주 작은 두 양수 ε, ε'에 대하여

$$\lim_{\varepsilon\to 0}\int_{-1}^{-\varepsilon}\frac{1}{x^2}dx=\lim_{\varepsilon\to 0}\left(\frac{1}{\varepsilon}-1\right)=\infty$$

$$\lim_{\varepsilon'\to 0}\int_{\varepsilon'}^{1}\frac{1}{x^2}dx=\lim_{\varepsilon'\to 0}\left(\frac{1}{\varepsilon'}-1\right)=\infty$$

따라서 이 이상적분은 발산한다. ■

참고 예제 5.30의 이상적분을 보통의 정적분으로 계산하면

$$\int_{-1}^{1}\frac{1}{x^2}dx=\left[-\frac{1}{x}\right]_{-1}^{1}=-2$$

그러나 피적분함수는 항상 양이므로 이것은 모순된 결과이다.

[예제 5.31] 이상적분 $\int_0^{\sqrt{2}a}\frac{2x}{(x^2-a^2)^{2/3}}dx$를 구하여라. (단, $a>0$)

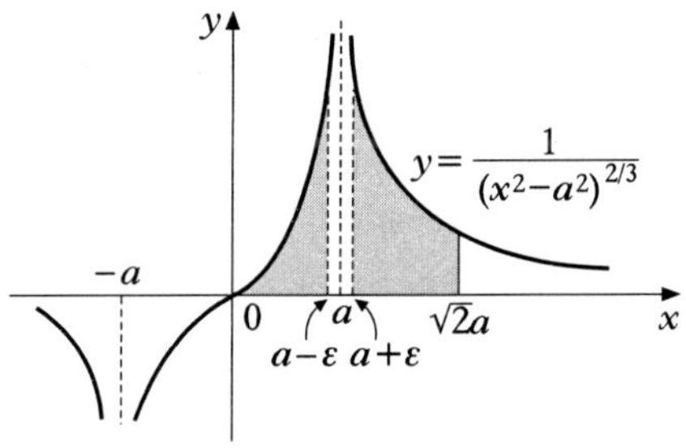

그림 5.36

풀이 점 $x=a$와 $x=-a$에서 피적분함수는 정의되지 않으며 이들 점의 근방에서 유계가 아니므로 아주 작은 두 양수 ε, ε'에 대하여

$$\lim_{\varepsilon\to 0}\int_0^{a-\varepsilon}\frac{2x}{(x^2-a^2)^{2/3}}dx=\lim_{\varepsilon\to 0}\left[3(x^2-a^2)^{1/3}\right]_0^{a-\varepsilon}$$
$$=3a^{2/3}.$$

한편,

$$\lim_{\varepsilon'\to 0}\int_{a+\varepsilon'}^{\sqrt{2}a}\frac{2x}{(x^2-a^2)^{2/3}}dx=\lim_{\varepsilon'\to 0}\left[3(x^2-a^2)^{1/3}\right]_{a+\varepsilon'}^{\sqrt{2}a}=3a^{2/3}$$

따라서 이 이상적분은 수렴하고 그 값은

$$\lim_{\varepsilon'\to 0}\int_{a+\varepsilon'}^{\sqrt{2}a}\frac{2x}{(x^2-a^2)^{2/3}}dx=\lim_{\varepsilon\to 0}\int_{0}^{a-\varepsilon}\frac{2x}{(x^2-a^2)^{2/3}}dx+\lim_{\varepsilon'\to 0}\int_{a+\varepsilon'}^{2a}\frac{2x}{(x^2-a^2)^{2/3}}dx$$
$$=6^{2/3}a.$$

■

[예제 5.32] 이상적분 $\int_{-\infty}^{\infty}\frac{1}{x^2}dx$를 구하여라.

풀이 적분구간이 무한구간이고 피적분함수는 점 $x=0$에서 정의되지 않으며 그 점의 근방에서 유계가 아니므로 이 적분은 이상적분이다.

$$\int_{-\infty}^{\infty}\frac{1}{x}dx=\int_{-\infty}^{0}\frac{1}{x^2}dx+\int_{0}^{\infty}\frac{1}{x^2}dx.$$

그런데

$$\int_{-\infty}^{0}\frac{1}{x^2}dx=\lim_{\substack{\varepsilon\to 0\\ a\to-\infty}}\int_{a}^{\varepsilon}\frac{1}{x^2}dx=\lim_{\substack{\varepsilon\to 0\\ a\to-\infty}}\left(\frac{1}{\varepsilon}+\frac{1}{a}\right)=\infty,$$

$$\int_{0}^{\infty}\frac{1}{x^2}dx=\lim_{\substack{b\to\infty\\ \varepsilon'\to 0}}\int_{\varepsilon'}^{b}\frac{1}{x^2}dx=\lim_{\substack{b\to\infty\\ \varepsilon'\to 0}}\left(\frac{1}{b}+\frac{1}{\varepsilon'}\right)=\infty,$$

따라서 이 이상적분은 발산한다. ■

연습문제 (5-5)

※ 다음 적분을 구하여라. (1~40)

1. $\int_{1}^{\infty}\frac{1}{(x+2)^3}dx$

2. $\int_{1}^{\infty}\frac{1}{\sqrt[3]{x}}dx$

3. $\int_{-\infty}^{1}e^{x}dx$

4. $\int_{-\infty}^{-1}\frac{1}{x^2}dx$

5. $\int_{0}^{\infty}\frac{a^3}{a^2+x^2}dx$

6. $\int_{0}^{\infty}xe^{-x}dx$

7. $\int_{0}^{\infty}\frac{1}{\sqrt{x^2+a^2}}dx$

8. $\int_{-\infty}^{\infty}\frac{1}{(x^2+a^2)^2}dx$

9. $\int_0^{\infty} e^{-x}\cos x\,dx$

10. $\int_0^{\infty} \ln x\,dx$

11. $\int_1^{\infty} \frac{\ln x}{x}dx$

12. $\int_0^{\infty} \tan^{-1}x\,dx$

13. $\int_0^{\infty} \frac{1}{x(x^2+a^2)}dx,\ (a>0)$

14. $\int_1^{\infty} \frac{1}{x^3+1}dx$

15. $\int_{-\infty}^{\infty} \frac{1}{x^2+2x+2}dx$

16. $\int_{-\infty}^{\infty} \frac{1}{(x^2+a^2)^2}dx$

17. $\int_{-\infty}^{\infty} \frac{1}{\sqrt{x^2+a^2}}dx$

18. $\int_{-\infty}^{\infty} \frac{\tan^{-1}x}{x^2+1}dx$

19. $\int_a^{2a} \frac{1}{\sqrt{x-a}}dx$

20. $\int_a^{2a} \frac{1}{(x-a)^{3/2}}dx$

21. $\int_0^1 \ln x\,dx$

22. $\int_0^1 \frac{\ln x}{x}dx$

23. $\int_0^{\pi/2} \tan x\,dx$

24. $\int_0^1 \frac{1}{1-x^2}dx$

25. $\int_{-a}^{a} \frac{1}{(x-a)^{2/3}}dx$

26. $\int_0^{\pi/4} \frac{\sec^2 x}{\sqrt{\tan x}}dx$

27. $\int_0^4 \frac{1}{\sqrt{4x-x^2}}dx$

28. $\int_{-a}^{a} \frac{1}{\sqrt{a^2+x^2}}dx$

29. $\int_{-\infty}^{\infty} \frac{1}{x^2-a^2}dx$

30. $\int_a^{\infty} \frac{1}{x\sqrt{x^2-a^2}}dx,\ (a>0)$

31. $\int_a^{\infty} \frac{1}{x^2\sqrt{x^2-a^2}}dx$

32. $\int_0^{\infty} \frac{1}{(1+x)\sqrt{x}}dx$

33. $\int_0^{\infty} \frac{1}{\sqrt[3]{x-2}}dx$

34. $\int_0^{\infty} x\ln x\,dx$

35. $\int_0^{\pi} \frac{1}{2-\sin x}dx$

36. $\int_0^{\pi} \frac{\cos\theta}{5+4\cos\theta}d\theta$

37. $\int_{-\infty}^{\infty} x\sin x^2 dx$

38. $\int_{-\infty}^{\infty} \tan x\,dx$

39. $\int_{-1}^{1} \sqrt{\frac{1+x}{1-x}}\,dx$

40. $\int_2^{\infty} \frac{1}{x\sqrt{x^2-4}}dx$

41. $f(x)$, $g(x)$를 $x \geq a$에서 정의된 연속인 함수라 하고 모든 $x \geq a$에 대하여 $f(x) \geq 0$, $g(x) \geq 0$이고 $f(x) \leq g(x)$라 하면 이상적분

$$\int_a^\infty g(x)dx$$

가 수렴할 때, 이상적분

$$\int_a^\infty f(x)dx$$

또 수렴함을 증명하고, 또한 유한구간에서도 성립함을 밝혀라.
이를 이용하여 다음 이상적분의 수렴, 발산을 판정하여라.

(1) $\displaystyle\int_1^\infty \frac{1}{\sqrt{x+x^4}}dx$ (2) $\displaystyle\int_0^\infty e^{-x}x^{-1/2}dx$

(3) $\displaystyle\int_1^\infty \frac{x}{x^3+1}dx$ (4) $\displaystyle\int_1^\infty \frac{x^3}{e^x+1}dx$

(5) $\displaystyle\int_1^0 \frac{e^x}{\sqrt{x}}dx$ (6) $\displaystyle\int_0^1 \frac{1}{\sqrt{\tan x}}dx$

(7) $\displaystyle\int_0^1 \frac{1}{\sqrt{\sin x}}dx$ (8) $\displaystyle\int_0^1 \frac{\ln x}{\sqrt{x}}dx$

42. 함수 $f(x)$가

$$\lim_{R\to\infty} f(R)e^{-R}$$

을 만족할 때, 부분적분법을 이용하여

$$\int_0^\infty f(x)e^{-x}dx = f(0) + \int_0^\infty f'(x)e^{-x}dx$$

가 성립함을 증명하고 이를 이용하여 다음에 답하여라.

(1) $\displaystyle\int_0^\infty e^{-x}\sin x\,dx = \int_0^\infty e^{-x}\cos x\,dx$임을 증명하여라.

(2) $\displaystyle\int_0^\infty e^{-x}\cos x\,dx = 1 + \int_0^\infty e^{-x}\sin x\,dx$임을 증명하여라.

(3) (1), (2)를 이용하여 $\int_0^{\infty} e^{-x}\sin x\,dx$를 구하여라.

(4) n이 양의 정수일 때, $\int_0^{\infty} x^n e^{-x}dx$를 구하여라.

43. 이상적분 $\int_a^{\infty} \frac{\ln^k x}{x}dx\ (a>0)$는 $k<-1$인 모든 k에 대하여 수렴하고 $k\geq -1$인 모든 k에 대하여 발산함을 보여라. 또한, $\int_0^a x^k \ln x\,dx\ (a>0)$, $\int_a^{\infty} \frac{1}{x^k}dx\ (a>0)$와 $\int_a^b \frac{1}{(x-a)^k}dx\ (a<b)$가 수렴, 또는 발산할 때, 각각 k의 값의 범위를 구하여라.

44. 함수 $f(x)$가 모든 실수 x에 대하여 연속이라 하고, 만약 $f(x)\geq 0$이고 $\int_{-\infty}^{\infty}(1+x^2)^{\alpha}f(x)dx\ (\alpha>0)$가 수렴하면, $\int_{-\infty}^{\infty} f(x)dx$도 수렴함을 보여라.

45. 함수 $f(x)$가 구간 $(a, b]$에서 연속이고 $0<p<1$에 대하여 $\lim_{x\to a^+}(x-a)^p f(x)=M$ (M은 실수)이면, $\int_1^b |f(x)|dx$가 수렴함을 보여라.

제 6 장 적분의 응용

6.1 직교좌표계에서의 평면영역의 넓이

a, b는 $a<b$인 두 수이고 $f(x)$는 폐구간 $[a, b]$에서 정의된 연속함수이며 그 구간에 속하는 모든 x에 대하여 $f(x) \geq 0$일 때, 구간 $[a, b]$에서 미분가능한 함수중

$$F'(x) = f(x)$$

인 함수 $F(x)$와

곡선 $y = f(x)$, 두 직선 $x = a$, $x = b$와 x축

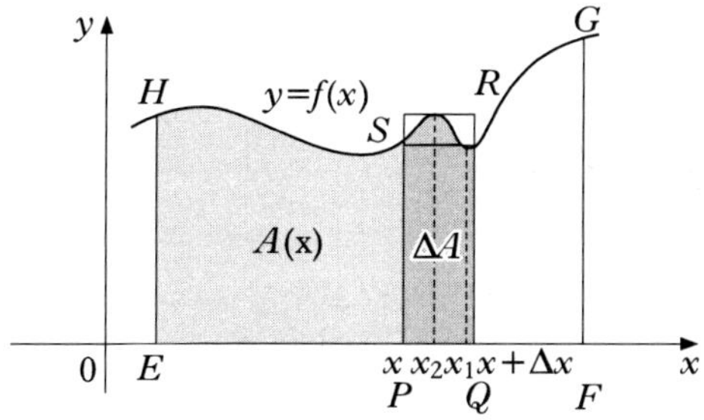

그림 6.1

으로 둘러싸인 영역 EFGH의 넓이 A와의 관계를 생각해 보자.

폐구간 $[a, b]$에 속하는 임의의 점 $P(x, 0)$을 잡고 점 $E(a, 0)$에서 점 P까지의 곡선 $y=f(x)$의 아래 부분의 영역의 넓이를 x의 함수로 보고 $A(x)$라 하면

$$A(a)=0,\ A(b)=A$$

이다. 즉 a와 a 사이의 넓이는 0이 된다. $x \neq b$라 하고 x의 증분 Δx가 양수라 하면, 즉 $\Delta x>0$이라 하면

$$A(x+\Delta x)-A(x)$$

는 x와 $x+\Delta x$ 사이에 있는 곡선 $y=f(x)$의 아래 부분의 영역 $PQRS$의 넓이가 된다. 이 넓이를 $A(x)$의 증분 ΔA로 나타내자.

함수 $f(x)$는 폐구간 $[a, b]$에서 연속이므로 이 부분구간 $[x, x+\Delta x]$에서도 연속이며 부분구간 $[x, x+\Delta x]$에서 최소값과 최대값을 갖는다. 이 때 함수 $f(x)$가 $x=x_1$, $x=x_2$에서 각각 최소값, 최대값을 갖는다고 하면, 즉

$$f(x_1)=\min f(x),\ f(x_2)=\max f(x)$$

라 하면 $\Delta x>0$이므로

$$x \leq t \leq x+\Delta x$$

인 모든 t에 대하여

$$f(x_1) \leq f(t) \leq f(x_2)$$

이며

$$f(x_1)\Delta x \leq \Delta A \leq f(x_2)\Delta x$$

이다.

그러므로 다음 부등식이 성립한다.

$$f(x_1) \leq \frac{\Delta A}{\Delta x} \leq f(x_2)$$

그런데 함수 $f(x)$는 폐구간 $[a, b]$에서 연속이므로 $\Delta x \to 0$일 때, x_1, x_2는 모두 x에 가까이 가고 $f(x_1)$, $f(x_2)$는 모두 $f(x)$에 가까이 간다.

따라서

$$A'(x) = \lim_{\Delta x \to 0} \frac{\Delta A}{\Delta x} = f(x) \tag{1}$$

가 된다.

또한, $x=b$일 때는 x의 증분 Δx의 음의 값을 생각하지 않으면 안된다. 그러나 이 경우도 식 (1)이 성립함을 밝힐 수 있다.

지금, 위에서 구한 $A(x)$와는 달리, 도함수가 $f(x)$인 한 함수, 즉 $f(x)$의 한 원시함수를 $F(x)$라 하면 $A(x)$도 $f(x)$의 한 원시함수이므로 어떤 상수 C에 대하여

$$A(x) = F(x) + C$$

이다. 그런데 $A(a) = 0$이므로,

$$F(a) + C = 0$$

에서

$$C = -F(a)$$

따라서

$$A(x) = F(x) - F(a)$$

가 되고 5.5절의 미적분학의 기본정리에 의하여

$$A = A(b) = F(b) - F(a) = \Big[F(x)\Big]_a^b = \int_a^b f(x)dx \tag{2}$$

이다. 이 식 (2)는 **직교좌표에서의 평면영역의 넓이**를 구하는 공식이다.

이로써, 다음 정리를 얻게 된다.

> **정리 6.1** 함수 $f(x)$가 폐구간 $[a, b]$에서 연속이고 $f(x) \geq 0$일 때, 곡선 $y=f(x)$와 직선 $x=a$, $x=b$, x축으로 둘러싸인 영역의 넓이는 다음과 같다.
>
> $$\int_a^b f(x)dx = \int_a^b y\,dx$$

폐구간 $[a, b]$에서 음의 값을 갖는 연속인 함수 $f(x)$를 다룰 경우에는 영역의 넓이의 값은 양수이고 정적분

$$\int_a^b f(x)dx$$

의 값은 음수이므로 넓이 A는

$$A = -\int_a^b f(x)dx = \left|\int_a^b f(x)dx\right|$$

이어야 한다.

일반적으로 폐구간 $[a, b]$에서 $f(x)$의 부호가 일정하지 않을 때, 영역의 넓이 A는 $f(x)$의 값이 음으로 되는 구간에서의 넓이와 $|f|$에 대한 해당구간에서의 넓이가 같으므로

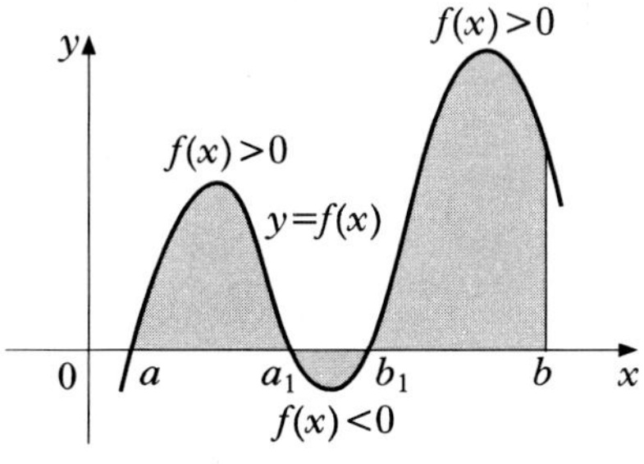

그림 6.2

$$A = \left|\int_a^{a_1} f(x)dx\right| + \left|\int_{a_1}^{a_2} f(x)dx\right| + \cdots + \left|\int_{a_n}^{b} f(x)dx\right| = \int_a^b |f(x)|dx$$

가 된다.

두 곡선

$$y = f(x),\ y = g(x)$$

가 폐구간 $[a, b]$에서 연속이고 그 구간에서

$$f(x) > g(x)$$

일 때, 두 곡선과 두 직선

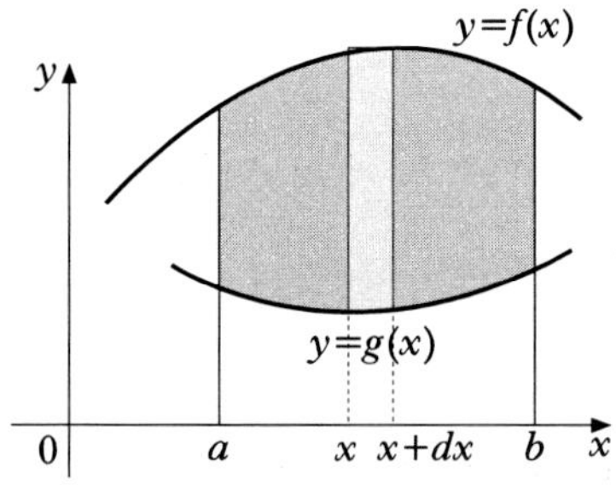

그림 6.3

$$x = a,\ x = b$$

로 둘러싸인 영역의 넓이 A는

$$A = \int_a^b f(x)dx - \int_a^b g(x)dx = \int_a^b |f(x) - g(x)|dx$$

이다.

이때 그림 6.3에서 보는 바와 같이 높이가 $f(x)$이고 폭이 dx인 직사각형의 넓이

$dA=f(x)dx$를 **면적소**(element of area)라고 하는 데 구하는 면적 $A=\int_a^b dA$이고 $\Delta x\to 0$인 극한으로 생각하면 편리하다. 그림 6.1은 수직 면적소를 사용하는 것을 예시하고 있는데 경우에 따라 수평면적소를 사용해도 된다.

두 곡선 사이의 넓이를 구하기 위해서 다음과 같은 단계로 진행한다.

단계 1 : 곡선의 개형을 그린다.

단계 2 : 수직면적소와 수평면적소 중 어느 것을 적용할 것인지를 결정한다.

단계 3 : 수직면적소를 택한 경우는 위의 함수에서 아래에 있는 함수를 빼어 높이를 결정하고, 수평면적소를 택한 경우는 오른쪽에 위치한 것에서 왼쪽에 위치한 것을 빼어 면적소의 폭을 정한다.

그리고 곡선이 서로 교차한 경우 위의 단계를 각 구간 별로 진행한다.

[예제 6.1] 포물선 $y=x^2$과 직선 $y=0$, $x=-1$, $x=2$로 둘러싸인 영역의 넓이를 구하여라.

풀이 이 폐구간 $[-1, 2]$에서 $f(x)=x^2$은 연속이고 항상 $f(x)\geq 0$이므로 구하는 영역의 넓이 A는

$$A=\int_{-1}^{2}x^2dx=\left[\frac{x^3}{3}\right]_{-1}^{2}$$

$$=\frac{8}{3}+\frac{1}{3}=3.$$ ■

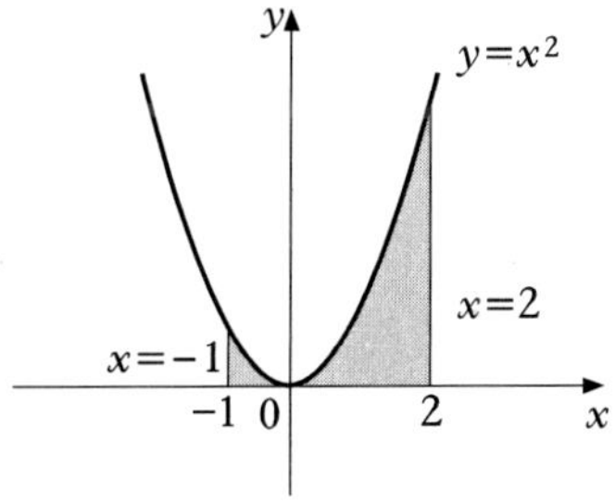

그림 6.4

[예제 6.2] 곡선 $y=2x+x^2-x^3$과 직선 $y=0$, $x=-1$, $x=1$로 둘러싸인 영역의 넓이를 구하여라.

풀이 폐구간 $[-1, 1]$에서 함수 $f(x)=2x+x^2-x^3$는 연속이고, 부분구간 $[-1, 0]$에서 $f(x)\leq 0$이며 부분구간 $[0, 1]$에서 $f(x)\geq 0$이므로 구하는 영역의 넓이 A는

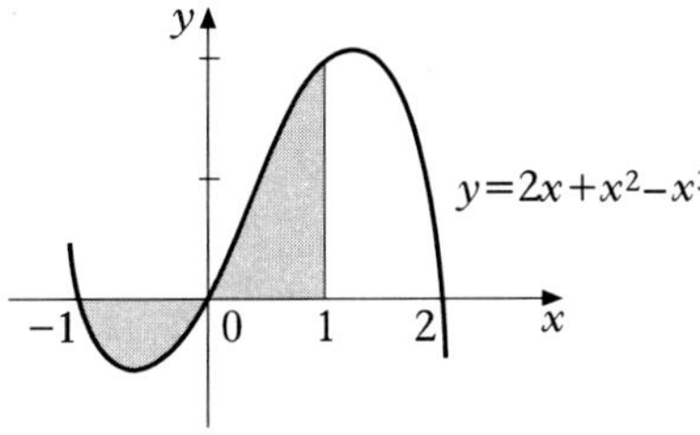

그림 6.5

$$A=\left|\int_{-1}^{0}(2x+x^2-x^3)dx\right|$$

$$+\int_{0}^{1}(2x+x^2-x^3)dx$$

$$= \left| \left[x^2 + \frac{1}{3}x^3 - \frac{1}{4}x^4 \right]_{-1}^{0} \right| + \left[x^2 + \frac{1}{3}x^3 - \frac{1}{4}x^4 \right]_{0}^{1}$$

$$= \left| -\frac{5}{12} \right| + \frac{13}{12} = \frac{3}{2}.$$

■

[예제 6.3] 곡선 $y = \dfrac{8a^3}{x^2 + 4a^2}$과 포물선 $4ay = x^2$으로 둘러싸인 영역의 넓이를 구하여라. (단, $a > 0$)

풀이 두 곡선의 교점은 $(2a, a)$와 $(-2a, a)$이고, 두 곡선은 모두 y축에 관하여 대칭이므로 구하는 영역의 넓이 A는

$$A = 2\int_0^{2a} \left(\frac{8a^3}{x^2 + 4a^2} - \frac{x^2}{4a} \right) dx$$

$$= 2\left[4a^2 \tan^{-1}\frac{x}{2a} - \frac{1}{12a}x^3 \right]_0^{2a}$$

$$= 2\left(\pi a^2 - \frac{2}{3}a^2 \right)$$

$$= 2a^2\left(\pi - \frac{2}{3} \right)$$

■

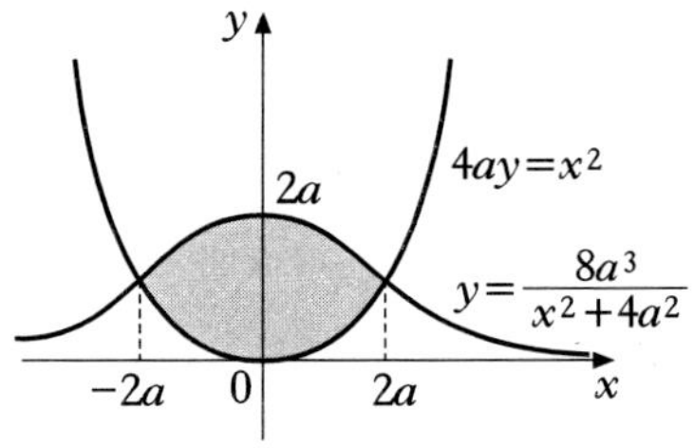

그림 6.6

[예제 6.4] Cycloid $x = a(t - \sin t)$, $y = a(1 - \cos t)$ $(a > 0,\ 0 \le t \le 2\pi)$와 x축으로 둘러싸인 영역의 면적을 구하여라.

풀이 매개변수 t가 0에서 2π까지 변할 때, x는 0 에서 $2\pi a$까지 변하고 폐구간 $[0, 2\pi]$에 속하는 임의의 t에 대하여 $y \ge 0$이므로 구하는 영역의 넓이 A는

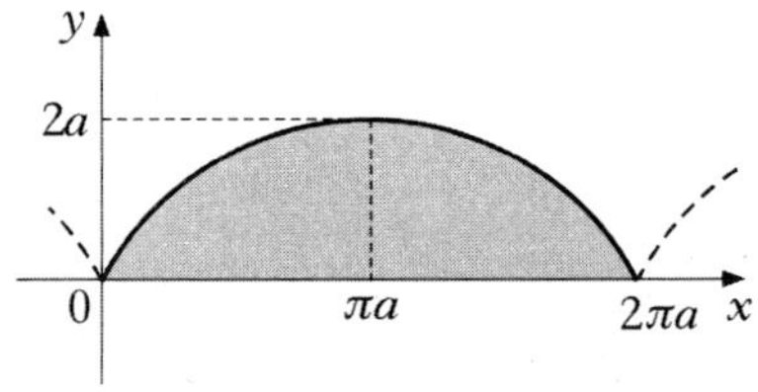

그림 6.7

$$A = \int_0^{2\pi a} y\, dx = \int_0^{2\pi} y \frac{dx}{dt} dt$$

$$= \int_0^{2\pi} a(1 - \cos t) a(1 - \cos t) dt$$

$$= a^2 \int_0^{2\pi} (1 - 2\cos t + \cos^2 t) dt$$

$$= a^2 \int_0^{2\pi} \left(\frac{3}{2} - 2\cos t + \frac{1}{2}\cos 2t \right) dt$$

$$= a^2 \left[\frac{3}{2}t - 2\sin t + \frac{1}{4}\sin 2t \right]_0^{2\pi} = 3a^2\pi.$$

■

[예제 6.5] 곡선 $y^2=x$와 직선 $x-y=1$에 의하여 둘러싸인 부분의 넓이를 구하여라.

풀이 수평면적소를 택한 경우

그림 6.8에서 보듯이 오른쪽에 있는 곡선이 $x=y+1$이고 $x=y^2$이 왼쪽에 있으므로 $((y+1)-y^2)dy$가 수평면적소가 되고 두 곡선의 교점의 y좌표는 $\frac{1-\sqrt{5}}{2}$와 $\frac{1+\sqrt{5}}{2}$이므로 구하는 넓이 A는 다음과 같다.

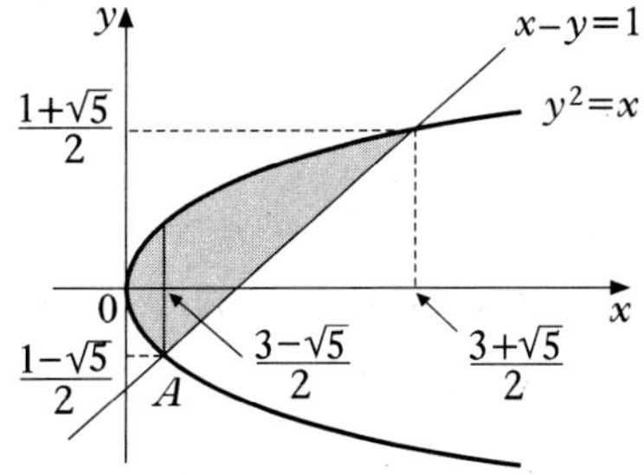

그림 6.8

$$A=\int_{\frac{1-\sqrt{5}}{2}}^{\frac{1+\sqrt{5}}{2}}((y+1)-y^2)dy=\left[\frac{y^2}{2}+y-\frac{y^3}{3}\right]_{\frac{1-\sqrt{5}}{2}}^{\frac{1+\sqrt{5}}{2}}=\frac{5}{6}\sqrt{5}$$

수직면적소를 택한 경우

그림 6.8에서 보듯이 위에 있는 곡선과 아래에 있는 곡선이 $x=\frac{3-\sqrt{5}}{2}$에서 바뀐다. 따라서 두 부분으로 나누어 적분이 이루어진다.

즉 구간 $\left[0, \frac{3-\sqrt{5}}{2}\right]$에서는 위의 곡선은 $y=\sqrt{x}$ 아래 곡선은 $y=-\sqrt{x}$이고, 구간 $\left[\frac{3-\sqrt{5}}{2}, \frac{3+\sqrt{5}}{2}\right]$에서는 위, 아래 곡선은 각각 $y=\sqrt{x}$, $y=x-1$이다. 따라서 이들 사이의 넓이 A는 다음과 같다.

$$A=\int_0^{\frac{3-\sqrt{5}}{2}}(\sqrt{x}-(-\sqrt{x}))dx+\int_{\frac{3-\sqrt{5}}{2}}^{\frac{3+\sqrt{5}}{2}}(\sqrt{x}-(x-1))dx=\frac{5\sqrt{5}}{6}$$ ■

연습문제 (6-1)

※ 다음 곡선이나 직선으로 둘러싸인 영역의 넓이를 구하여라. (1~32)

1. $y=(x+1)(x-1)(x+2)$, $y=0$
2. $x=-y^2+6y-5$, $x=0$
3. $y=5-x^2$, $y=5-2x$
4. $y\sqrt{x+2}=2$, $x+3y-5=0$
5. $y(1-x)=1$, $x=2$, $x=4$, $y=0$
6. $y(1-x)=1$, $x=0$, $x=-2$, $y=0$
7. $y=x^2-2x$, $y=-x^2$
8. $y=x^2-9$, $y=(2x-1)(x+3)$
9. $x=-6y^2+4y$, $x+3y-2=0$
10. $x=y^2-2y$, $x-y-4=0$

11. $y=\sec^2 x,\ y=8\cos x,\ x=0$

12. $y=\sin \pi x,\ y=2x$

13. $y=2\tan^2 x,\ y=\sec^2 x,\ x=0$

14. $y=\tan x,\ x=\frac{\pi}{3},\ y=0$

15. $y=2^x,\ x=0,\ x=2,\ y=0$

16. $y=e^{-2x},\ x=0,\ x=6,\ y=0$

17. $y=xe^{-x^2},\ x=0,\ x=1$

18. $y=\cosh x,\ x=0,\ x=1$

19. $y=\cosh x,\ y=\sinh 2x,\ x=0$

20. $y=a\cosh bx,\ x=0,\ x=c,\ y=0$

21. $4y=x^2-2\ln x,\ x=1,\ x=4,\ y=0$

22. $y=(4-x)\ln x,\ y=0$

23. $y=x^2e^{-x},\ x=1,\ y=0$

24. $y=\cosh^{-1}x,\ x=4$

25. $y=\tan^{-1}x,\ x=1,\ y=0$

26. $y=\sin^{-1}x,\ x=\frac{1}{2},\ y=0$

27. $x^2=4ay,\ y(x^2+4a^2)=8a^3$

28. $y(x^2+a^2)=a^2(a-x),\ x=0,\ y=0$

29. $y(1+\sqrt{x})=x,\ x=4,\ y=0$

30. $y=x+\sqrt{x+1},\ x=0,\ x=3,\ y=0$

31. $x^{1/2}+y^{1/2}=a^{1/2},\ x+y=a$

32. $x^2y^2+16x^2=y^4,\ y=3$

33. 두 곡선 $y=\sin x$, $y=\sin 2x$로 둘러싸인 영역중 작은 한 부분의 넓이를 구하여라.

34. x축과 곡선 $y=\sin^2 x$의 한 아치로 둘러싸인 영역의 넓이를 구하여라.

※ 매개방정식으로 나타낸 다음 곡선으로 둘러싸인 영역의 넓이를 구하여라. (35~38)

35. 타원 $\begin{cases} x=3+\cos t \\ x=4\sin t \end{cases}$

36. 심장형 $\begin{cases} x=a(2\cos t-\cos 2t) \\ y=a(2\sin t-\sin 2t) \end{cases}$

37. 성망형 $\begin{cases} x=a\cos^3\theta \\ y=a\sin^3\theta \end{cases}$

38. 포물호 $\begin{cases} x=a\cos^4\theta \\ y=a\sin^4\theta \end{cases}$

39. 쌍곡선 $x=a\cosh u$, $y=b\sinh u$ $(a,\ b>0)$와 x축, 그리고 이 곡선 위의 한 점 $P(x,\ y)$와 원점 O를 잇는 직선으로 둘러싸인 영역의 넓이를 구하여라.

40. 곡선 $x=t^2$, $y=4t-t^3$의 환으로 둘러싸인 영역의 넓이를 구하여라.

41. 곡선 $y\sqrt{x(2-x)}=1$과 그 점근선, 그리고 x축 사이의 영역의 넓이를 구하여라.

42. 곡선 $y(e^x+e^{-x})=1$과 x축 사이의 영역의 넓이를 구하여라.

43. 우시선 $y(x^2+4a^2)=8a^3$과 그 점근선 사이의 영역의 넓이를 구하여라.

6.2 극좌표계에서의 평면영역의 넓이

극방정식으로 표시된

$$\text{곡선 } r=f(\theta)\text{와 두 동경벡터 } \theta=\alpha,\ \theta=\beta$$

로 둘러싸인 영역의 넓이 A를 구하는 공식을 유도하자.

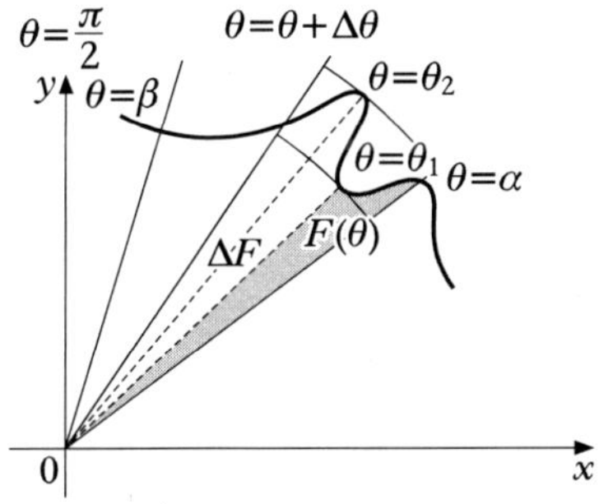

그림 6.9

지금 α, β는 $\alpha<\beta$, $\beta\leq\alpha+2\pi$인 두 수라 하고 $f(\theta)$는 폐구간 $[\alpha, \beta]$에서 정의된 연속인 함수이며 그 구간에 속하는 모든 θ에 대하여 $f(\theta)\geq 0$일 때, 곡선 $r=f(\theta)$와 두 동경벡터 $\theta=\alpha$, $\theta=\theta$로 둘러싸인 영역의 넓이를 $F(\theta)$라 하면

$$F(\alpha)=0,\ F(\beta)=A$$

이다.

$\theta\neq\beta$라 하고 θ의 증분 $\Delta\theta>0$이라 하면 넓이의 증분

$$\Delta F=F(\theta+\Delta\theta)-F(\theta)$$

는 폐구간 $[\theta, \theta+\Delta\theta]$에서의 곡선으로 둘러싸인 영역의 넓이이다.

이 때 함수 $f(\theta)$가 연속이므로 폐구간 $[\theta, \theta+\Delta\theta]$에 속하는 모든 θ에 대하여

$$f(\theta_1)=\min f(\theta),\ f(\theta_2)=\max f(\theta)$$

를 만족하는 θ_1, θ_2가 θ와 $\theta+\Delta\theta$ 사이에 존재한다.

그러므로 부채꼴의 넓이공식에 의하여

$$\frac{1}{2}f^2(\theta_1)\Delta\theta \le \Delta F \le \frac{1}{2}f^2(\theta_2)\Delta\theta,$$

즉

$$\frac{1}{2}f^2(\theta_1) \le \frac{\Delta F}{\Delta\theta} \le \frac{1}{2}f^2(\theta_2)$$

이고 $\Delta\theta \to 0$일 때, θ_1과 θ_2는 θ에, $f(\theta_1)$과 $f(\theta_2)$는 $f(\theta)$에 가까이 가므로

$$\lim_{\Delta\theta \to 0} \frac{\Delta F}{\Delta\theta} = F'(\theta) = \frac{1}{2}\cdot f^2(\theta) \tag{3}$$

가 된다.

또한, $\theta=\beta$일 때, θ의 증분 $\Delta\theta$의 음의 값을 생각하여야 하나 이때도 식 (3)이 성립한다. 그리고 $f(\theta)<0$일 때도 성립한다.

따라서

$$g(\theta)=\frac{1}{2}f^2(\theta)$$

라 하면 $g(\theta)$는 폐구간 $[\alpha, \beta]$에서 연속이므로 적분가능하며 5.5절의 미적분학의 기본정리에 의해

$$A=F(\beta)=F(\beta)-F(\alpha)=\Big[F(\theta)\Big]_\alpha^\beta=\frac{1}{2}\int_\alpha^\beta f^2(\theta)d\theta=\frac{1}{2}\int_\alpha^\beta r^2 d\theta$$

가 된다. 이 식이 극좌표에서의 평면영역의 넓이를 구하는 공식이다.

이로써, 다음 정리를 얻게 된다.

정리 6.2 극방정식으로 나타낸 곡선 $r=f(\theta)$가 폐구간 $[\alpha, \beta]$에서 연속일 때, 이 곡선과 두 동경벡터 $\theta=\alpha$, $\theta=\beta$로 둘러싸인 영역의 넓이는 다음과 같다.

$$\frac{1}{2}\int_{\alpha}^{\beta} f^2(\theta)d\theta = \frac{1}{2}\int_{\alpha}^{\beta} r^2 d\theta$$

[예제 6.6] 원 $r = 2a\sin\theta$로 둘러싸인 영역의 면적을 구하여라. (단, $a>0$)

풀이 θ가 0에서 π까지 변하면 원이 이루어지므로 구하는 영역의 넓이 A는

$$A = \frac{1}{2}\int_0^{\pi} r^2 d\theta = 2a^2\int_0^{\pi}\sin^2\theta\, d\theta$$
$$= a^2\int_0^{\pi}(1-\cos 2\theta)d\theta$$
$$= a^2\left[\theta - \frac{1}{2}\sin 2\theta\right]_0^{\pi}$$
$$= \pi a^2$$

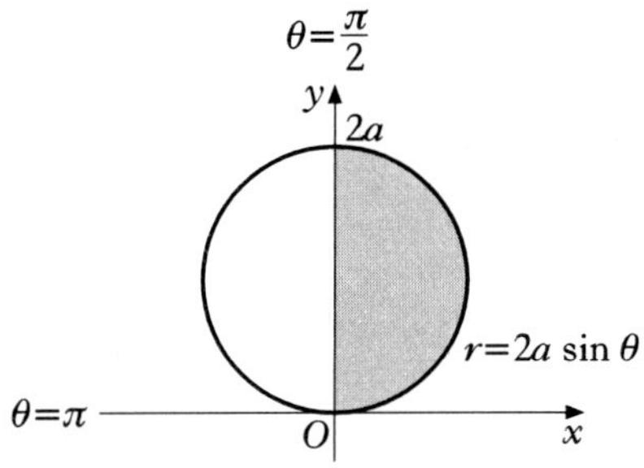

그림 6.10

참고 대칭성을 이용하면 이 곡선은 동경벡터 $\theta = \frac{\pi}{2}$ (즉 y축)에 관하여 대칭이므로 구하는 영역의 넓이 A는

$$A = 2\cdot\frac{1}{2}\int_0^{\pi/2} r^2 d\theta = 2a^2\left[\theta - \frac{1}{2}\sin 2\theta\right]_0^{\pi/2} = \pi a^2.$$

[예제 6.7] 연주형(lemniscate) $r^2 = a^2\cos 2\theta$로 둘러싸인 영역의 넓이를 구하여라. (단, $a>0$)

풀이 이 곡선은 극축과 극에 관하여 대칭이며 $\frac{\pi}{4}<\theta<\frac{3\pi}{4}$와 $\frac{5\pi}{4}<\theta<\frac{7\pi}{4}$에서는 r의 실수값이 존재하지 않으므로 두 동경벡터 $\theta=0$, $\theta=\frac{\pi}{4}$와 이 곡선으로 둘러싸인 영역의 넓이에 4배를 하면 구하는 영역의 넓이 A가 된다.

따라서

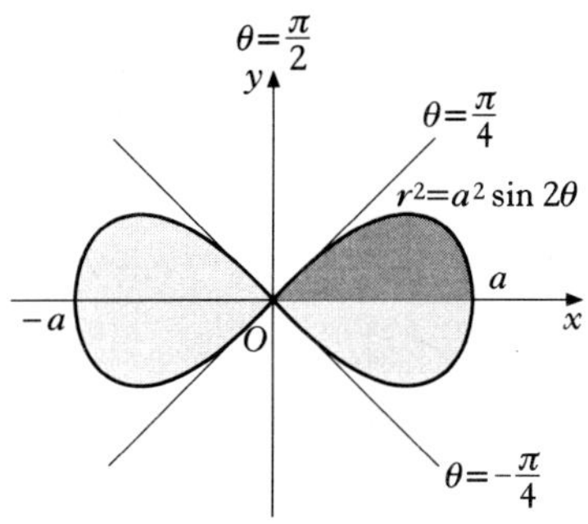

그림 6.11

$$A = 4\cdot\frac{1}{2}\int_0^{\pi/4} r^2 d\theta$$
$$= 2a^2\int_0^{\pi/4}\cos 2\theta\, d\theta = a^2\Big[\sin 2\theta\Big]_0^{\pi/4} = a^2$$

참고 위의 예제에서 곡선은 구간 $-\frac{\pi}{4} \leq \theta \leq \frac{\pi}{4}$와 $\frac{3\pi}{4} \leq \theta \leq \frac{5\pi}{4}$에서 정의되므로 구하는 영역의 넓이 A는

$$A = \frac{1}{2}\int_{-\pi/4}^{\pi/4} r^2 d\theta + \frac{1}{2}\int_{3\pi/4}^{5\pi/4} r^2 d\theta$$

로 하여도 된다.

[예제 6.8] 삼엽장미선(three-leaf rose) $r = a \sin 3\theta$로 둘러싸인 영역의 넓이를 구하여라. (단, $a > 0$)

풀이 곡선 $r = a \sin 3\theta$의 주기는 $\frac{2\pi}{3}$이므로 구간 $0 \leq \theta \leq \frac{2\pi}{3}$에서 나타난 형태는 구간 $\frac{2\pi}{3} \leq \theta \leq \frac{4\pi}{3}$와 $\frac{2\pi}{3} \leq \theta \leq 2\pi$에서 반복된다. 또한 이 곡선은 동경벡터 $\theta = \frac{\pi}{2}$와 $\theta = \frac{\pi}{6}$에 관해서 대칭이므로 이 곡선과 두 동경벡터 $\theta = 0$, $\theta = \frac{\pi}{6}$로 둘러싸인 영역의 넓이를 6배하면 된다.

따라서 구하는 영역의 넓이 A는

$$\begin{aligned} A &= 6 \cdot \frac{1}{2}\int_0^{\pi/6} r^2 d\theta \\ &= 3a^2 \int_0^{\pi/6} \sin^2 3\theta \, d\theta \\ &= \frac{3}{2}a^2 \int_0^{\pi/6} (1 - \cos 6\theta) d\theta \\ &= \frac{3}{2}a^2 \left[\theta - \frac{1}{6}\sin 6\theta\right]_0^{\pi/6} \\ &= \frac{1}{4}\pi a^2. \end{aligned}$$

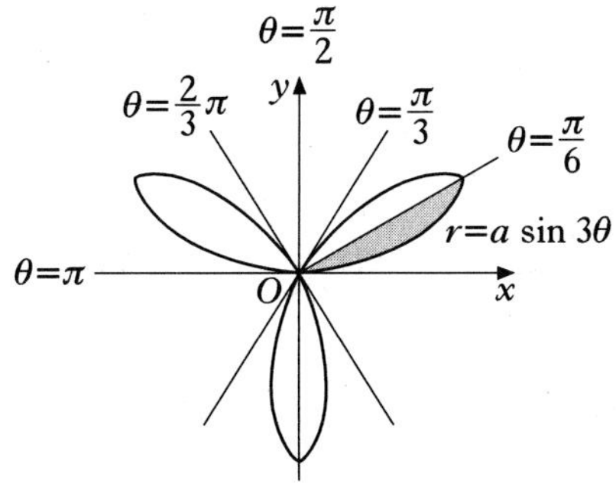

그림 6.12

■

[예제 6.9] 원 $r = 3\cos\theta$의 내부와 심장형 $r = 1 + \cos\theta$의 외부로 이루어진 영역의 넓이를 구하여라.

풀이 두 곡선의 교점을 구하면

$$\left(\frac{3}{2}, \frac{\pi}{3}\right), \left(\frac{3}{2}, -\frac{\pi}{3}\right), \text{ 극점(원점)}$$

이고, 또한 두 곡선은 모두 극축에 관하여 대칭이므로 θ가 0에서 $\frac{\pi}{3}$까지 변할

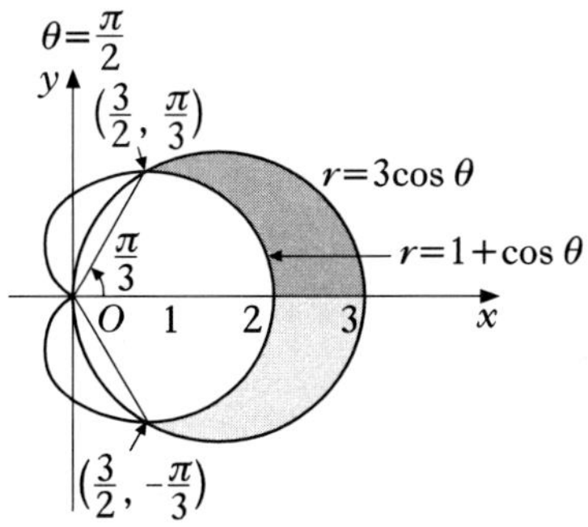

그림 6.13

때, 원의 넓이와 심장형의 넓이와의 차의 절대값을 2배하면 된다.

따라서 구하는 넓이 A는

$$\begin{aligned} A &= 2\left(\frac{1}{2}\int_0^{\pi/3}(3\cos\theta)^2 d\theta - \frac{1}{2}\int_0^{\pi/3}(1+\cos\theta)^2 d\theta\right) \\ &= \int_0^{\pi/3}(8\cos^2\theta - 2\cos\theta - 1)d\theta \\ &= \int_0^{\pi/3}(3+4\cos 2\theta - 2\cos\theta)d\theta \\ &= \Big[3\theta + 2\sin 2\theta - 2\sin\theta\Big]_0^{\pi/3} = \pi. \end{aligned}$$

■

연습문제 (6-2)

※ 극방정식으로 나타낸 다음 곡선으로 둘러싸인 영역의 넓이를 구하여라. (1~16)

1. $r=2\cos\theta$
2. $r=a(1+\sin\theta)$
3. $r=2\cos 3\theta$
4. $r=a(1-\sin\theta)$
5. $r=8\sin^2\frac{\theta}{2}$
6. $r=1+\cos\theta$
7. $r^2=4\cos 2\theta$
8. $r=2\cos 4\theta$
9. $r^2=a^2\sin\theta$
10. $r^2=a^2\cos\theta$
11. $r=4\sin^2\theta\cos\theta$
12. $r=a\cos n\theta$ (n은 정수)
13. $r=a(1-\cos\theta)$
14. $r=a(1-2\sin\theta)$

15. $r=a(2+\cos\theta)$

16. $r=\sin\theta\cos^2\theta$

※ 극방정식으로 나타낸 다음 두 곡선의 공통인 영역의 넓이를 구하여라. (17~22)

17. $r=6\sin\theta,\ r=12\sin\theta$

18. $r=5\sin\theta,\ r=5\sin\theta$

19. $r=3\cos\theta,\ r=1+\cos\theta$

20. $r=a,\ r=2a^2\cos 2\theta$

21. $r=1+\sin\theta, r^2=\dfrac{1}{2}\sin\theta$의 작은 환

22. $r^2=6\cos 2\theta,\ r=2\sin\theta$

※ 극방정식으로 나타낸 다음 두 곡선에 대하여 첫째 곡선의 내부와 둘째 곡선의 외부에 있는 영역의 넓이를 구하여라. (23~34)

23. $r=4\cos\theta,\ r=2$

24. $r=2+2\cos\theta,\ r=1$

25. $r=8\cos 2\theta,\ r=2$

26. $r=\sqrt{2\cos\theta},\ r=2(1-\cos\theta)$

27. $r=5\sin\theta,\ r=2+\sin\theta$

28. $r=2\sin\theta,\ r=\sin\theta+\cos\theta$

29. $r=2\sin^2\theta,\ r=1-\sin\theta$

30. $r=a\cos\theta,\ r=a\sin\theta$

31. $r^2=2\cos 2\theta,\ r=1$

32. $r=4(1+\sin\theta),\ r=4$

33. $r=-6\sin\theta,\ r=2(1-\cos\theta)$

34. $r=a\cos\theta,\ r=a\sin 2\theta$

※ 극방정식으로 나타낸 다음 두 곡선으로 둘러싸인 영역의 넓이를 구하여라. (35~38)

35. $r=3\cos\theta,\ r=1+\cos\theta$

36. $r=\csc\theta,\ r=\tan\theta\sec\theta$

37. $r=\tan\theta,\ r=\cot\theta$

38. $r^2=6\sec 2\theta,\ r=3\sec\theta$

39. 삼등분곡선 $r=a(1-2\cos\theta)$의 작은 환으로 둘러싸인 영역의 넓이를 구하여라.

40. 엽형선 $r=a(\sec\theta-\tan\theta)$의 환으로 둘러싸인 영역의 넓이를 구하여라.

※ 극방정식으로 변형하여 다음 곡선으로 둘러싸인 영역의 넓이를 구하여라. (41~47)

41. $(x^2+y^2)^3=4a^2x^2y^2$

42. $b^2x^2+a^2y^2=a^2b^2$

43. $y=x^2,\ y=4x$

44. $y=x,\ y=x^3$

45. $x^2+y^2=a^2,\ y=x,\ x=a$

46. $(x^2+y^2)^2=a^2(x^2-y^2)$

47. 반지름 a인 원의 넓이를 구하여라.

6.3 입체의 부피 : 판, 원판, 구멍원판

정적분은 넓이를 계산하기 위하여 발명되었으므로 넓이를 계산하는데 사용됨은 당연한 일이다. 그렇지만 정적분을 사용하는 응용 범위는 단지 그것에 그치지는 않는다. 정적분이란 많은 양들에 대해서, 어떤 것을 매우 작은 조각들로 자르고, 각각의 근사값을 구한 후, 모두 더해서, 그 조각들이 작아질 때까지 극한을 취하는 것이라고 생각할 수 있다. 이렇게 자르고, 근사값을 구하고, 적분하는 방법을 사용하여, 입체의 부피를 구할 수 있다. 각각의 조각의 부피의 근사값을 쉽게 구할 수 있다면 말이다.

부피란 무엇인가? 우선 수직 기둥(right cylinder)이라 부르는 간단한 입체들을 고려해 보자. 이들 네 개를 그림 6.14에 그려 놓았다. 여기 나오는 입체들은, 평면영역(밑면)을 그 영역에 수직인 방향으로 거리 h만큼 움직여서 만들었다. 각각의 경우, 그 입체의 부피는 밑면의 넓이 A 곱하기 높이 h로 정의한다. 즉,

$$V = A \cdot h$$

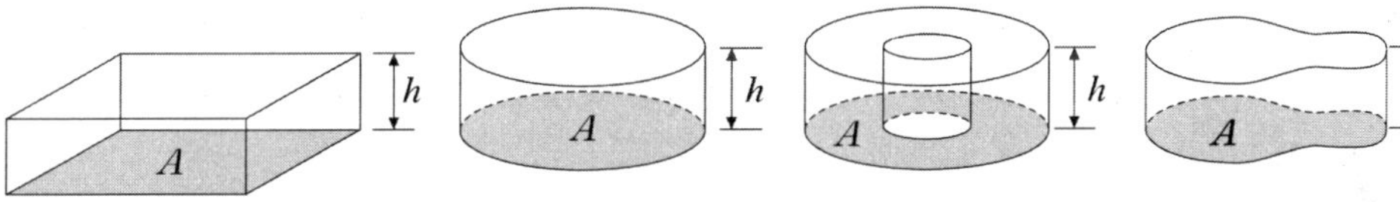

그림 6.14

이제 주어진 직선에 수직인 단면의 넓이를 알고 있는 입체를 고려하자. 그 직선이 x축이고, x에서의 단면적이 $A(x)$라고 가정하자. 여기서 $a \le x \le b$. (그림 6.15) 구간 $[a, b]$에서 점들 $a = x_0 < x_1 < x_2 < \cdots < x_n = b$를 잡아서, 이 구간을 분할한다. 그 다음

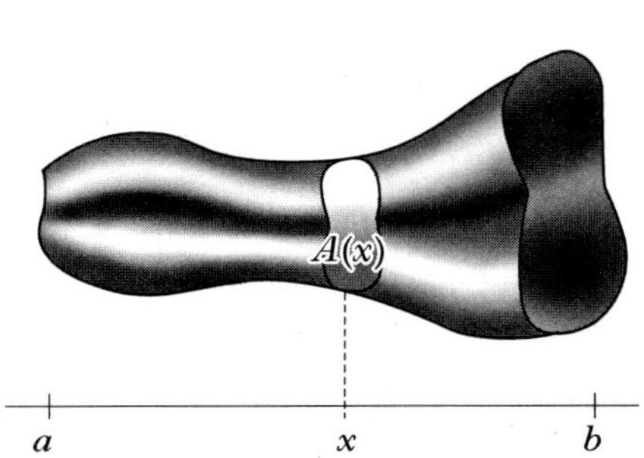

그림 6.15

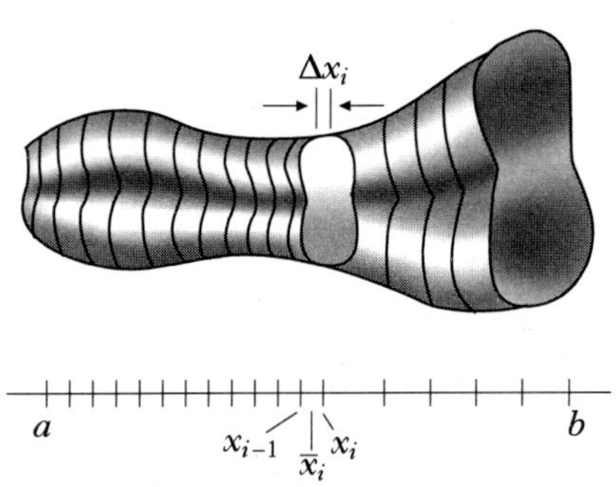

그림 6.16

에 이 점들을 지나고 x축에 수직인 평면들을 그려서, 이 입체를 잘라서, 얇은 판(slab)들을 만든다. (그림 6.16) 판의 부피 ΔV_i는 수직 기둥의 부피와 거의 같을 것이다. 즉,

$$\Delta V_i \approx A(\overline{x_i})\Delta x_i$$

(표본점 x_i는 구간 $[x_{i-1}, x_i]$의 임의의 수임을 상기하기 바란다.)

그러므로 입체의 "부피" V는 다음 리만 합과 거의 같을 것이다.

$$V \approx \sum_{i=1}^{n} A(\overline{x_i})\Delta x_i$$

분할의 크기(놈)가 0에 가까이 가도록 하면, 정적분을 얻게 된다. 이 정적분을 입체의 부피(volume)라고 정의한다.

$$V = \int_a^b A(x)dx$$

부피를 구할 때, 공식을 별 생각 없이 적용하지 말고, 각각의 문제마다 이 공식에 이르는 과정을 거치기 바란다. 넓이의 경우와 마찬가지로, 이 과정을 잘게 자르고, 근사값을 구하고, 적분한다라는 과정이라 부르자. 앞으로 나올 예제들에서, 이 과정을 예시해 놓겠다.

[예제 6.10] $y=\sqrt{x}$, x축, 직선 $x=4$로 둘러싼 평면영역 R을 x축에 대해 회전해서 생기는 회전체의 부피를 구하여라.

풀이 이 영역 R을 전형적으로 자른 것이 그림 6.17의 왼쪽 부분이다. x축에 관하여 회전하면, 이 영역은 회전체를 만들며, 한 조각은 동전 모양의 얇은 원판을 만든다.

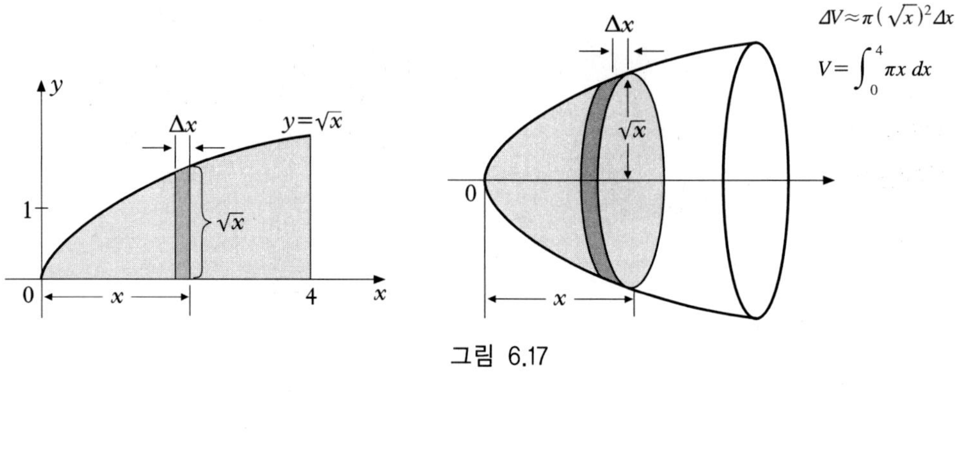

그림 6.17

원기둥의 부피는 $\pi r^2 h$임을 상기하자. 그러므로 이 원판의 부피 ΔV의 근사값을 $\Delta V \approx \pi(\sqrt{x})^2 \Delta x$라 하고, 적분을 하자.

$$V = \pi \int_0^4 x\,dx = \pi\left[\frac{x^2}{2}\right]_0^4 = \pi\frac{16}{2} = 8\pi \approx 25.13 \quad ■$$

[예제 6.11] 곡선 $y = x^3$, y축, 직선 $y = 3$으로 둘러싼 영역을 y축에 관하여 회전해서 생기는 입체의 부피를 구하여라.

풀이 여기서는 수평으로 잘라야 하며, 그러므로 y를 적분 변수로 택해야 한다. $y = x^3$은 $x = \sqrt[3]{y}$와 같음을 주목해라. 그러면 $\Delta V \approx \pi(\sqrt[3]{y})^2 \Delta y$.

따라서 부피는 다음과 같다.

$$V = \pi \int_0^3 y^{2/3}\,dy = \pi\left[\frac{3}{5}y^{5/3}\right]_0^3 = \pi\frac{9\sqrt[3]{9}}{y} \approx 11.76 \quad ■$$

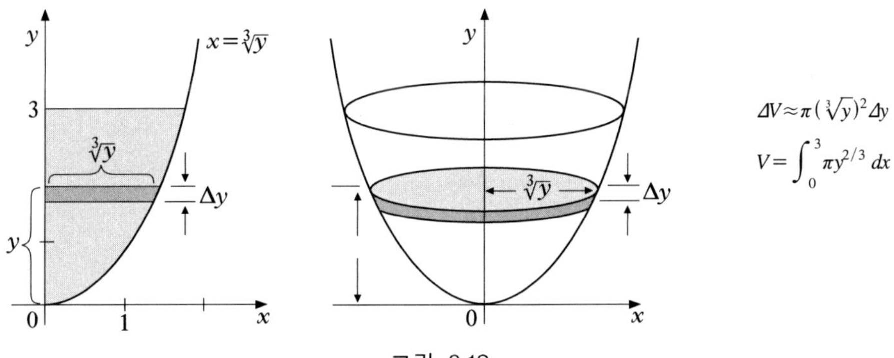

그림 6.18

회전 입체: 원판 방법

평면의 어떤 직선의 어느 한쪽에 완전히 놓여 있는 평면영역이 그 직선에 관하여 회전하면, 회전 입체(회전체, solid of revolution)가 생긴다. 이 때 그 직선을 회전 입체의 축(axis)이라고 부른다.

이러한 예로서, 반원과 그 지름으로 둘러싼 영역이 그 지름을 축으로 하여 회전하면, 입체공이 생긴다. (그림 6.19) 직각삼각형 속의 영역을 (빗변이 아닌) 어느 한 변을 축으로 하여 회전하면, 직원뿔 입체가 생긴다. (그림 6.20) 원을 그 평면에 놓여 있고 그 원과 만나지 않는 직선을 축으로 하여 회전하면(그림 6.21), 토러스(도넛)가 생

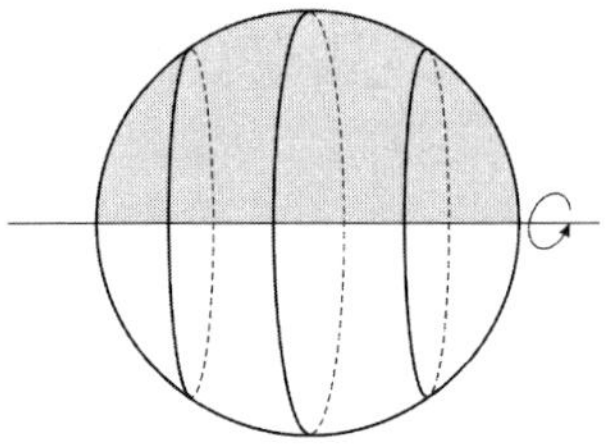

그림 6.19

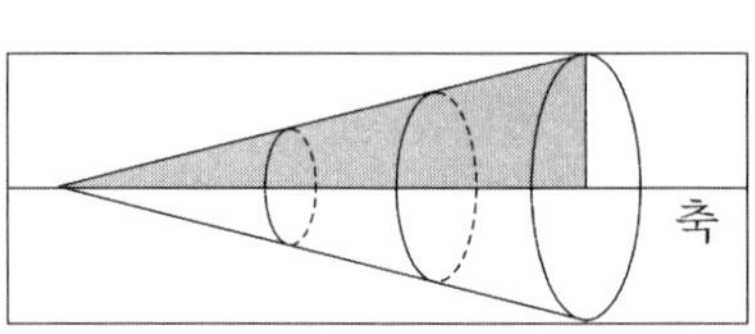

그림 6.20

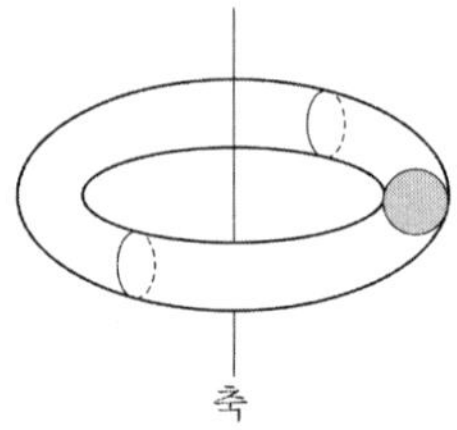

그림 2.21

긴다. 이 각각의 경우, 그 부피를 정적분으로 나타낼 수 있다.

구멍원판 방법

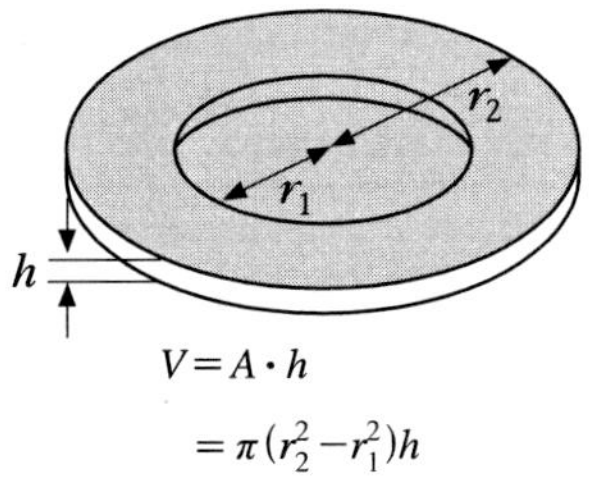

그림 6.22

어떤 경우는 회전 입체를 자르면 가운데에 구멍이 있는 원판이 생긴다. 이것을 **구멍원판**(washer)이라고 부르자. 그림 6.22에 나오는 입체와 그 부피 공식을 보기 바란다.

[예제 6.12] 포물선 $y=x^2$과 $y^2=8x$로 둘러싼 영역을 x축에 대해 회전해서 생기는 입체의 부피를 구하여라.

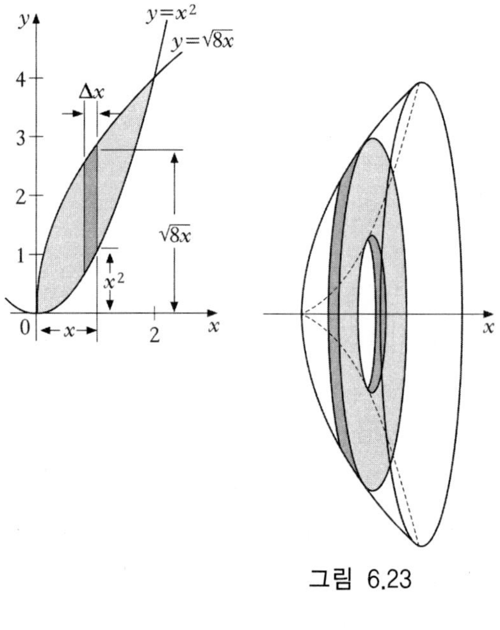

$$\Delta V \approx \pi[(\sqrt{8x})^2-(x^2)^2]\Delta x$$

$$V=\int_0^2 \pi(8x-x^4)dx$$

그림 6.23

풀이 여기에서도 가장 중요한 것은 잘게 자르고 조사한 후 적분한다는 점이다. (그림 6.23 참조)

$$V=\pi\int_0^2(8x-x^4)dx=\pi\left[\frac{8x^2}{2}-\frac{x^5}{5}\right]_0^2=\frac{48\pi}{5}\approx 30.16$$ ■

[예제 6.13] 곡선 $x=\sqrt{4-y^2}$과 y축으로 둘러싼 반원 영역을 직선 $x=-1$에 대해 회전시켰다. 그 부피를 나타내는 적분을 구하여라.

풀이 여기서 구멍원판의 바깥쪽 반지름은 $1+\sqrt{4-y^2}$이고, 안쪽 반지름은 1이다. 그림 6.24에 해답이 나온다. 이 적분은 좀더 간단하게 만들 수 있다.

x축 위쪽 부분과 x축 아래쪽 부분은 부피가 같다(적분할 함수가 우함수이므로, 이 사실이 명백하다). 그러므로 0에서 2까지 적분한 다음, 2를 곱하면 된다. 그리고 적분할 함수도 좀더 간단하게 만들 수 있다.

$$\begin{aligned}V&=\pi\int_{-2}^2[(1+\sqrt{4-y^2})^2-1^2]dy\\&=2\pi\int_0^2[2\sqrt{4-y^2}+4-1^2]dy\end{aligned}$$ ■

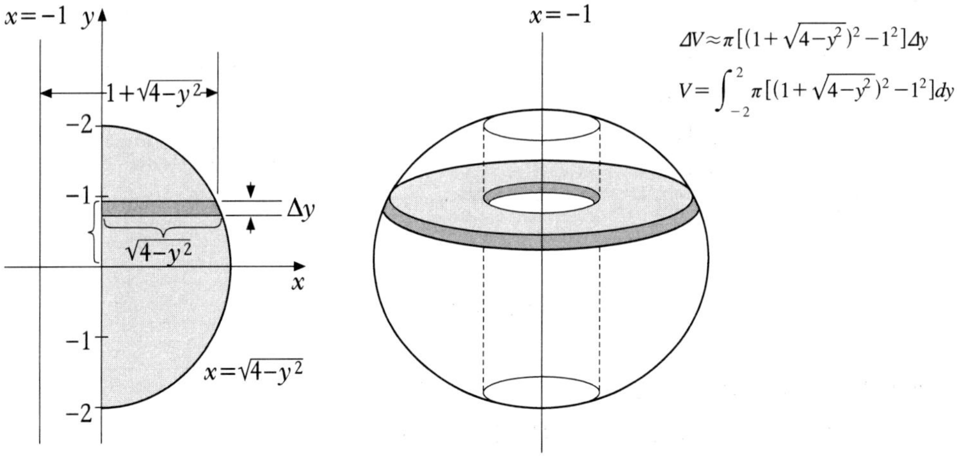

그림 6.24

단면적을 아는 다른 입체들

지금까지는 원형 단면을 가지는 입체들만 다루었다. 그렇지만 단면이 사각형이나 삼각형인 입체들도 마찬가지 방법으로 부피를 구할 수 있다. 사실, 단면의 넓이만 구할 수 있으면 된다. 왜냐 하면 이 경우 단면을 이용하여, 얇게 자른 판의 부피의 근사값을 구할 수 있기 때문이다. 그러므로 적분을 하여 부피를 구할 수 있다.

[예제 6.14] $y=1-x^2/4$, x축, y축으로 둘러싼 1사분면의 평면영역이 어떤 입체의 밑면이다. 이 입체의 x축에 수직인 단면은 정사각형이다. 이 입체의 부피를 구하여라.

풀이 이 입체를 x축에 수직이 되도록 자르면, 마치 치즈처럼 얇은 정사각형 판들이 생긴다. (그림 6.25)

$$V=\int_0^2\left(1-\frac{x^2}{2}+\frac{x^4}{16}\right)dx=\left[x-\frac{x^3}{6}+\frac{x^5}{80}\right]_0^2$$

$$=2-\frac{8}{6}+\frac{32}{80}=\frac{16}{15}\approx 1.07$$ ■

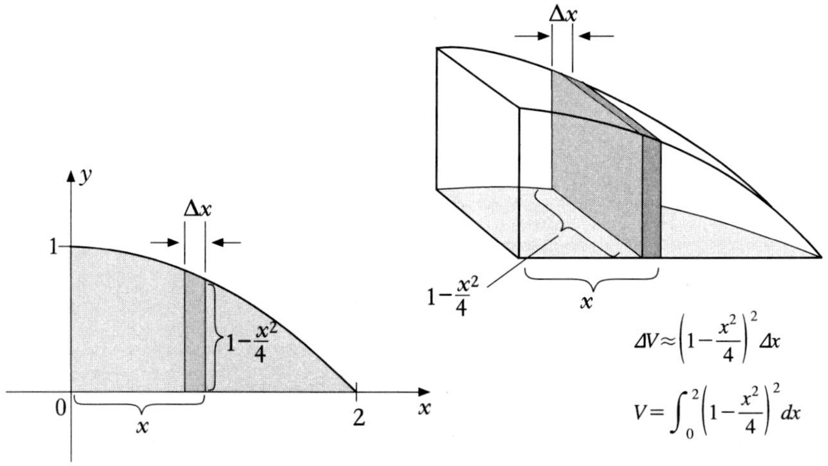

그림 6.25

[예제 6.15] $y=\sin x$의 한 호와 x축으로 둘러싼 영역이 어떤 입체의 밑면이다. x축에 수직인 각각의 단면은 정삼각형이며, 이 밑면에 놓여 있다. 이 입체의 부피를 구하여라.

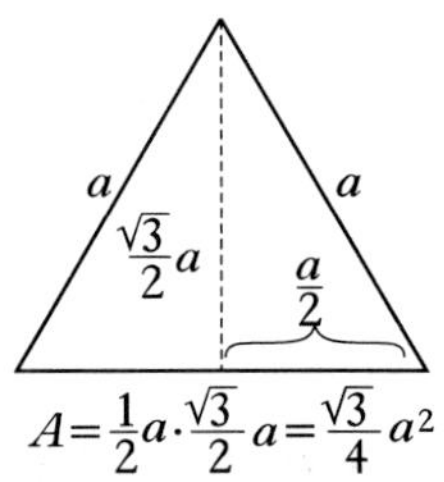

그림 6.26

풀이 한 변이 a인 정삼각형의 넓이는 $\sqrt{3}a^2/4$이라는 사실이 필요하다. (그림 6.26 참조) 이제 그림

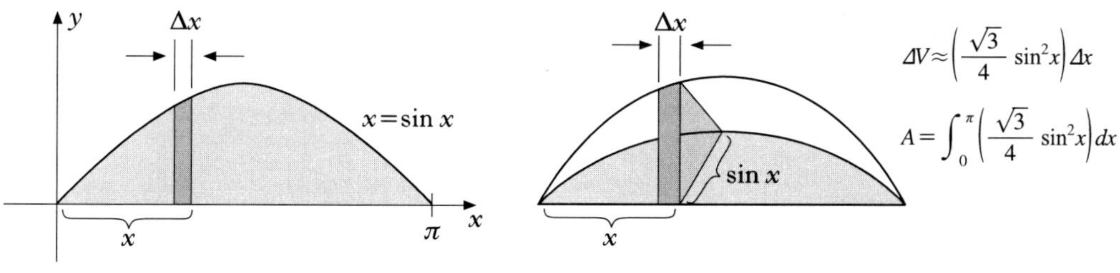

그림 6.27

6.27처럼 구해 나간다.

이 적분을 구하기 위해서, 반각 공식 $\sin^2 x=(1-\cos 2x)/2$를 이용하자.

$$V=\frac{\sqrt{3}}{4}\int_0^{\pi}\frac{1-\cos 2x}{2}dx=\frac{\sqrt{3}}{8}\int_0^{\pi}(1-\cos 2x)dx$$
$$=\frac{\sqrt{3}}{8}\left[\int_0^{\pi}1\,dx-\frac{1}{2}\int_0^{\pi}\cos 2x\cdot 2dx\right]$$
$$=\frac{\sqrt{3}}{8}\left[x-\frac{1}{2}\sin 2x\right]_0^{\pi}=\frac{\sqrt{3}}{8}\pi\approx 0.68$$ ■

연습문제 (6-3)

※ 문제 1~4는 주어진 영역을 주어진 축에 대해 회전시켜서 생기는 입체의 부피를 구하여라. 잘게 자르고, 근사값을 구하고, 적분한다.

1. x축

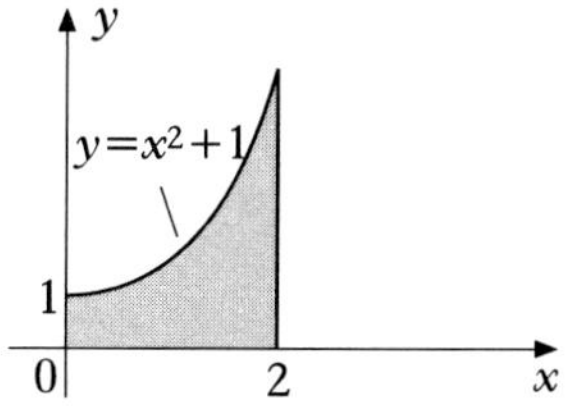

2. x축

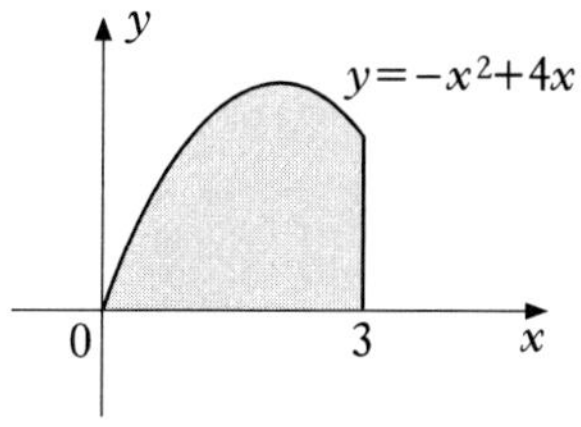

3. (a) x축
   (b) y축

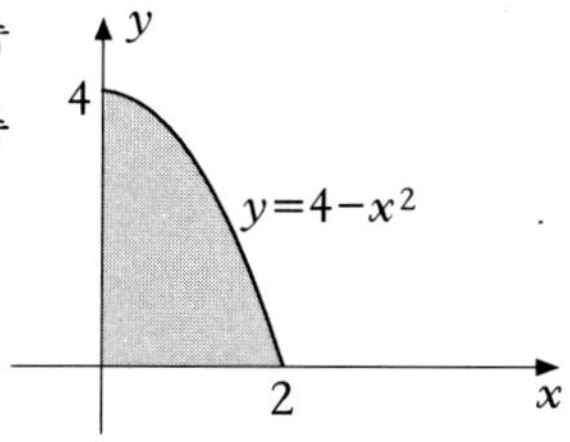

4. (a) x축
   (b) y축

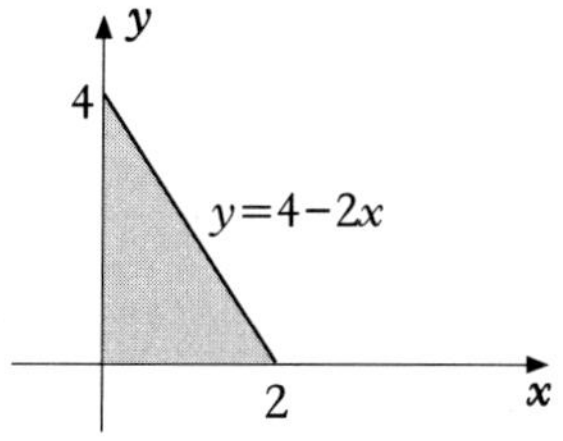

※ 문제 5~10은 주어진 방정식들의 그래프들로 둘러싼 영역 R을 그리고, 수직으로 자른 전형적인 한 조각을 그리고, 그 다음에 R을 x축에 대해 회전시켰을 때 생기는 입체의 부피를 구하여라.

5. $y=\frac{x^2}{\pi}$, $x=4$, $y=0$
6. $y=x^3$, $x=3$, $y=0$
7. $y=\frac{1}{x}$, $x=2$, $x=4$, $y=0$
8. $y=x^{3/2}$, $y=0$, $x=2$와 $x=3$ 사이
9. $y=\sqrt{9-x^2}$, $y=0$, $x=-2$와 $x=3$ 사이
10. $y=x^{2/3}$, $y=0$, $x=1$과 $x=27$ 사이

※ 문제 11~16은 주어진 방정식들의 그래프들로 둘러싼 영역 R을 그리고, 수평으로 자른 전형적인 한 조각을 보여라. R을 y축에 대해 회전시켰을 때 생기는 입체의 부피를 구하여라.

11. $x=y^2$, $x=0$, $y=3$
12. $x=\frac{2}{y}$, $y=2$, $y=6$, $x=0$
13. $x=2\sqrt{y}$, $y=4$, $x=0$
14. $y=x^{2/3}$, $y=27$, $x=0$
15. $y=x^{3/2}$, $y=9$, $x=0$
16. $x=\sqrt{4-y^2}$, $x=0$

17. 타원

$$\frac{x^2}{a^2}+\frac{y^2}{b^2}=1$$

의 위쪽 절반과 x축으로 둘러싼 영역을 x축에 대해 회전시켰을 때 생기는 입체의 부피를 구하여라. 즉, 길쭉한 회전타원체(prolate spheroid)의 부피를 구하여라. 여기서 a와 b는 양의 상수들이고, $a>b$.

18. 직선 $y=6x$와 포물선 $y=6x^2$으로 둘러싼 영역을 x축에 대해 회전시켜서 생기는 입체의 부피를 구하여라.

19. 직선 $x-2y=0$과 포물선 $y^2=4x$로 둘러싼 영역을 x축에 대해 회전시켜서 생기는 입체의 부피를 구하여라.

20. 원 $x^2+y^2=r^2$, x축, 그리고 직선 $x=r-h$ (여기서 $0<h<r$)로 둘러싼 1사분면의 영역을 x축에 대해 회전시켜서 생기는 입체의 부피를 구하여라. 즉, 반지름이 r인 구에서 높이 h인 구대(spherical segment)의 부피를 구하여라.

21. 직선 $y=4x$와 포물선 $y=4x^2$으로 둘러싼 영역을 y축에 대해 회전시켜서 생기는 입체의 부피를 구하여라.

22. 포물선 $3x^2-16y+48=0$과 $x^2-16y+80=0$, 그리고 y축으로 둘러싼 1사분면의 영역을 직선 $y=2$에 대해 회전시켜서 생기는 입체의 부피를 구하여라.

23. 어떤 입체의 밑면이 원 $x^2+y^2=4$의 내부이다. 이 입체의 x축에 수직인 평면으로 자른 모든 단면이 정사각형이다. 이 입체의 부피를 구하여라.

24. 문제 23에서, x축에 수직인 평면으로 자른 모든 단면이 이등변삼각형이며, 밑변이 xy평면에 놓여 있고, 높이가 4라고 하자. 부피를 구하여라. (도움말: 적분을 계산하기 위해서, $\int_{-2}^{2}\sqrt{4-x^2}\,dx$를 반원의 넓이라고 해석하여라.)

25. 어떤 입체의 밑면이 호 $y=\sqrt{\cos x}$ (여기서 $-\pi/2\le x\le\pi/2$)와 x축으로 둘러싸여 있다. x축에 수직인 각각의 단면은 정사각형이며, 이 밑면에 앉아 있다. 이 입체의 부피를 구하여라.

26. 어떤 입체의 밑면은 $y=1-x^2$과 $y=1-x^4$으로 둘러싼 영역이다. 이 입체의 x 축에 수직인 단면은 정사각형이다. 이 입체의 부피를 구하여라.

6.4 회전 입체의 부피 : 외각

회전 입체의 부피를 구하는 다른 방법이 있다: 원기둥형 껍질을 이용하는 방법이다. 많은 문제들의 경우, 이 방법이 원판 방법이나 구멍원판 방법에 비해서 더욱 쉽다.

원기둥형 외각(cylindrical shell)이란, 중심축이 같은 두 개의 수직 원기둥 사이의 입체를 말한다. (그림 6.28) 안쪽 반지름이 r_1, 바깥쪽 반지름이 r_2, 높이가 h이면, 그 부피는 다음과 같다.

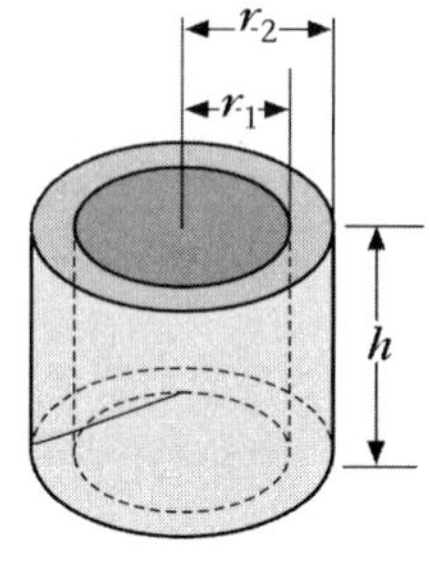

그림 6.28

$$
\begin{aligned}
V &= (\text{밑면의 넓이}) \cdot (\text{높이}) = (\pi r_2^2 - \pi r_1^2)h \\
&= \pi(r_2 + r_1)(r_2 - r_1)h \\
&= 2\pi\left(\frac{r_2 + r_1}{2}\right)h(r_2 - r_1)
\end{aligned}
$$

여기서 $(r_1 + r_2)/2$는 r_1과 r_2의 평균인데, 이것을 r로 나타내자. 그러면,

$$
\begin{aligned}
V &= 2\pi \cdot (\text{평균 반지름}) \cdot (\text{높이}) \cdot (\text{두께}) \\
&= 2\pi\, rh\, \Delta r
\end{aligned}
$$

이 공식을 기억하는 좋은 방법이 있다. 이 외각이 매우 얇고, (마치 종이처럼) 자유롭게 굽히거나 펼 수 있다고 하자. 이것의 옆을 잘라서, 펼쳐서 직사각형 모양의 판을 만들자. 그래서 이 판이 길이 $2\pi r$, 높이 h, 두께 Δr인 얇은 상자인 것처럼(그림 6.29), 그 부피를 계산하자.

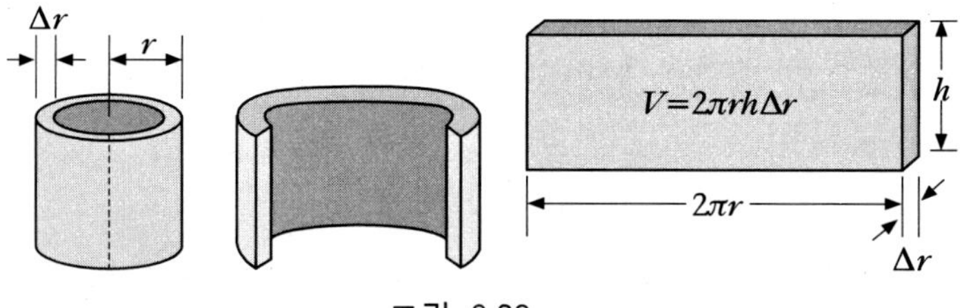

그림 6.29

외각 방법

이제 그림 6.30에 나오는 형태의 영역을 고려하자. 이것을 수직으로 자르고, y축에 대하여 회전시켜라. 그러면 회전 입체가 생기며, 각각의 조각은 원기둥형 외각과 흡사한 것을 만들게 된다. 이 입체의 부피를 구하기 위해서, 전형적인 외각의 부피 ΔV를 계산하고, 더하고, 외각들의 두께가 0으로 갈 때 그 극한을 잡는다. 그 극한이란, 물론 적분을 말한다.

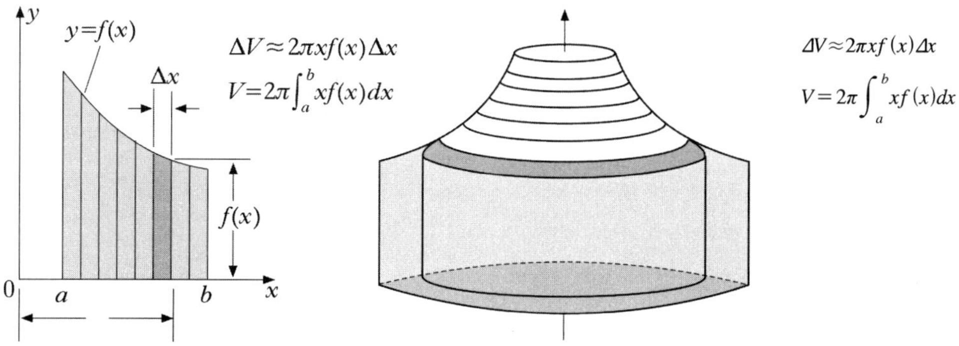

그림 6.30

[예제 6.16] $y=\dfrac{1}{\sqrt{x}}$, x 축, $x=1$, $x=4$로 둘러싼 영역을 y축에 대해 회전시켰다. 그 결과로 나오는 입체의 부피를 구하여라.

풀이 그림 6.30을 보면, 한 조각이 만드는 외각의 부피는 다음과 같음을 알 수 있다.

$$\Delta V \approx 2\pi x f(x) \Delta x$$

여기서 $f(x)=1/\sqrt{x}$이므로, 이것은

$$\Delta V \approx 2\pi x \frac{1}{\sqrt{x}} \Delta x$$

이제 적분을 하여 부피를 구할 수 있다.

$$\begin{aligned} V &= 2\pi \int_1^4 x \frac{1}{\sqrt{x}} dx = 2\pi \int_1^4 x^{1/2} dx \\ &= 2\pi \left[\frac{2}{3} x^{3/2}\right]_1^4 = 2\pi \left(\frac{2}{3}\cdot 8 - \frac{2}{3}\cdot 1\right) = \frac{28\pi}{3} \approx 29.32 \end{aligned}$$

■

[예제 6.17] 직선 $y=(r/h)x$, x축, 그리고 $x=h$로 둘러싼 영역을 x축에 대해 회전시켜서 원뿔을 만들었다($r>0$, $h>0$이라 가정하자). 원판 방법과 외각 방법으로 그 부피를 구하여라.

풀이 **원판 방법** 그림 6.31에 제시해 놓은 과정을 따라가자. 즉, 잘게 자르고, 근사값을 구하고, 적분한다.

$$V = \pi \frac{r^2}{h^2} \int_0^h x^2 dx = \pi \frac{r^2}{h^2} \left[\frac{x^3}{3}\right]_0^h = \frac{\pi r^2 h^3}{3h^2} = \frac{1}{3}\pi r^2 h$$

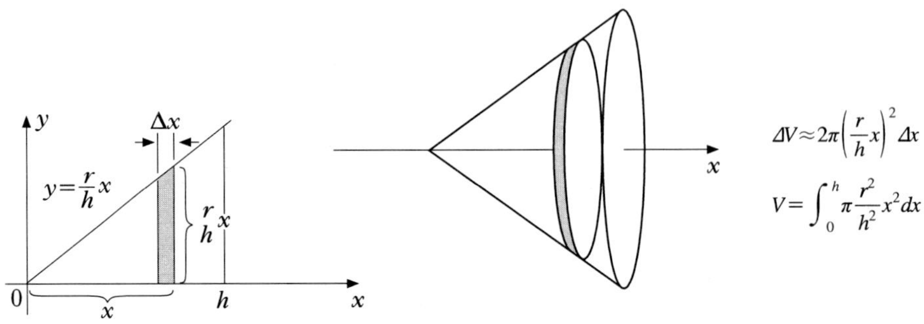

그림 6.31

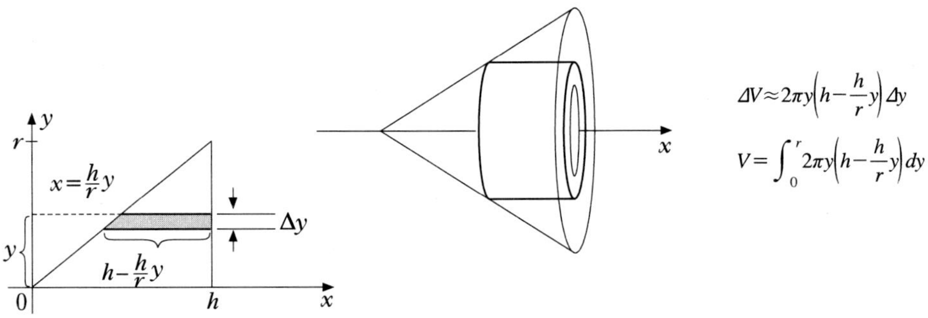

그림 6.32

외각 방법 그림 6.32에 제시해 놓은 과정을 따라가자. 그러면 부피는 다음과 같다.

$$V=\int_0^r 2\pi y\left(h-\frac{h}{r}y\right)dy = 2\pi y\int_0^r\left(y-\frac{1}{r}y^2\right)dy$$

$$=2\pi h\left[\frac{y^2}{2}-\frac{y^3}{3r}\right]_0^r = 2\pi h\left[\frac{r^2}{2}-\frac{r^3}{3}\right]$$

$$=\frac{1}{3}\pi r^2 h$$

두 방법 모두, 수직 원뿔의 부피에 관한 널리 알려진 공식을 제시해 주며, 이것은 우리가 기대한 바이다. ■

[예제 6.18] 1사분면에 놓여 있는, 포물선 $y=x^2$ 위, 포물선 $y=2-x^2$의 아래 영역을 y축에 관하여 회전시켜서 생기는 입체의 부피를 구하여라.

풀이 이 영역(그림 6.33의 왼쪽 부분)을 한번 보면, 수평으로 자르는 원판 방법은 그리 좋지 않음을 알 수 있다(왜냐 하면 오른쪽 경계선이 두 개의 곡선으로 구성되어 있어서, 두 개의 적분을 사용해야 한다). 그러지 말고, 수직으로 잘라서 외각 방

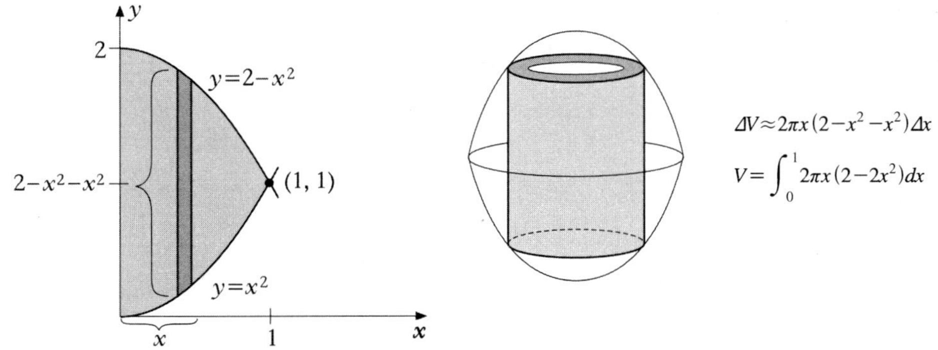

그림 6.33

법을 적용하면, 좀더 쉽게 구할 수 있다.

$$
\begin{aligned}
V &= \int_0^1 2\pi x(2-2x^2)\,dx = 4\pi\int_0^1 (x-x^3)\,dx \\
&= 4\pi\left[\frac{x^2}{2}-\frac{x^4}{4}\right]_0^1 = 4\pi\left[\frac{1}{2}-\frac{1}{4}\right] \\
&= \pi \approx 3.14
\end{aligned}
$$

■

이것들을 종합하여서 대부분의 학생들이 평면영역은 괜찮게 그릴 줄 알지만, 삼차원 입체를 그릴 때에는 고전을 하는 학생들이 많이 있다. 그렇지만 부피를 계산하기 위해서 반드시 입체를 그려야 하는 것은 아니다. 대응하는 입체를 머리 속으로 상상할 수 있으면, 평면 도형의 그림만 있어도 충분하다. 다음 예제에서, 우리는 그림 6.34의 영역 R을 여러가지 축들에 대해 회전시킨다고 상상할 것이다. 우리가 해야 할 일은, 그 결과로 나오는 입체의 부피를 적분으로 나타내고, 적분을 계산하는 것이다. 우리는 평면 도형만을 보면서 이 일을 할 것이다. 이 예제를 꼼꼼하게 공부하기 바란다.

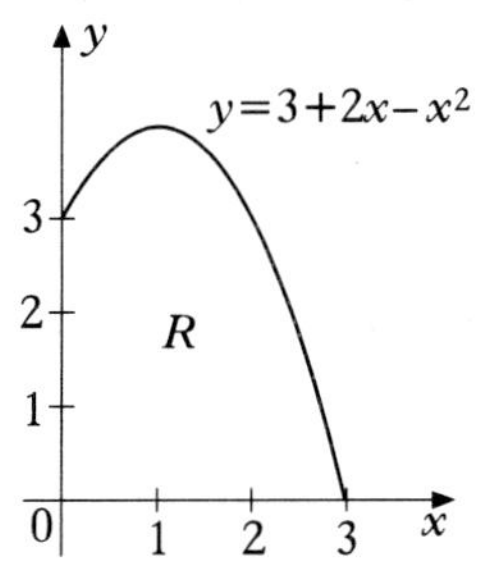

그림 6.34

[예제 6.19] 그림 6.34의 영역 R을 다음 각 직선에 관하여 회전시켰을 때 생기는 입체의 부피를 적분으로 나타내고 계산하여라.

(a) x축　　　　(b) y축

(c) 직선 $y=-1$　　　　(d) 직선 $x=4$

풀이 (a)

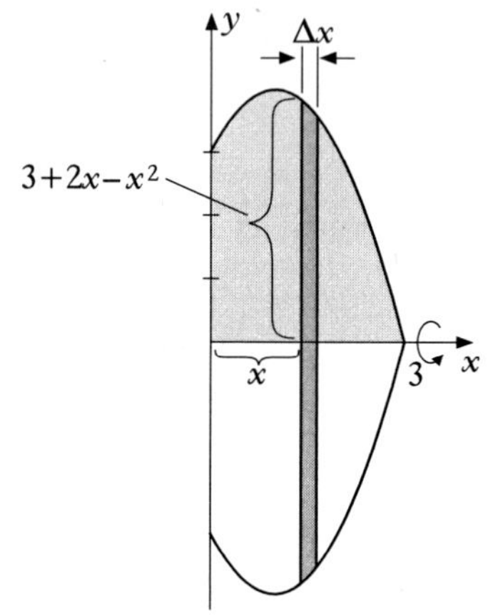

원판 방법

$$\Delta V \approx \pi(3+2x-x^2)^2 \Delta x$$

$$V=\pi\int_0^3 (3+2x-x^2)^2 dx$$

그림 6.35

$$V=\pi\int_0^3 (3+2x-x^2)^2 dx=\frac{153}{5}\pi \approx 96.13$$

(b)

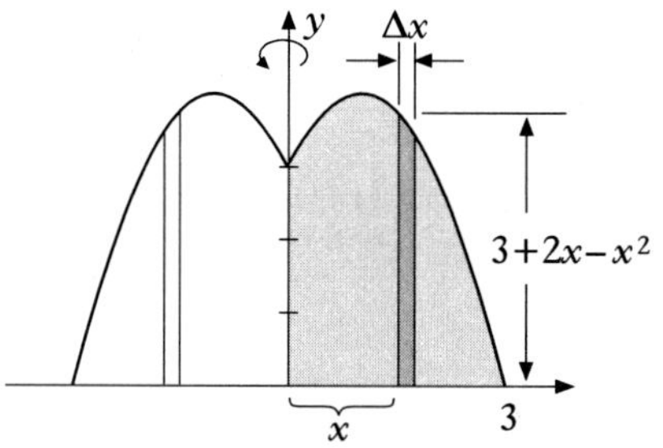

껍질 방법

$$\Delta V \approx 2\pi x(3+2x-x^2)\Delta x$$

$$V=2\pi\int_0^3 x(3+2x-x^2)dx$$

그림 6.36

$$V=2\pi\int_0^3 x(3+2x-x^2)dx=\frac{45}{2}\pi \approx 70.69$$

(c)

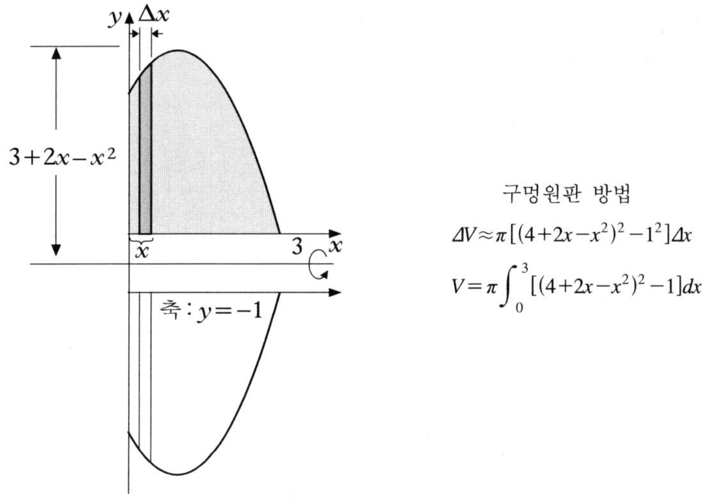

그림 6.37

$$V=\pi\int_0^3[(4+2x-x^2)^2-1]dx=\frac{243}{5}\pi\approx 152.68$$

(d)

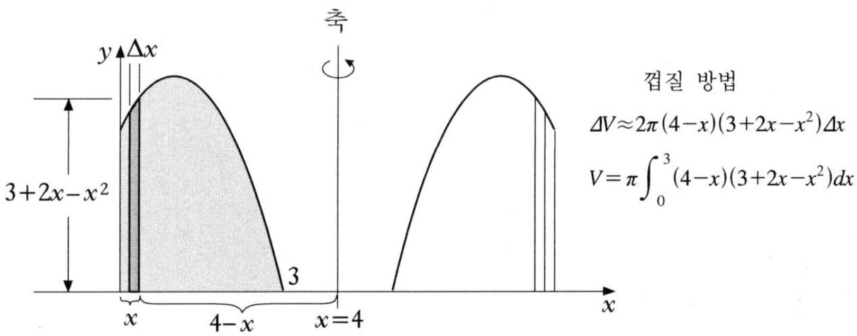

그림 6.38

$$V=2\pi\int_0^3(4-x)(3+2x-x^2)=\frac{99}{2}\pi\approx 155.51$$

네 경우 모두 적분의 끝점들은 같음을 주목하기 바란다. 원래의 평면영역이 적분의 끝점들을 결정하기 때문이다. ■

연습문제 (6-4)

※ 문제 1~12는 주어진 선들로 둘러싼 영역 R을 주어진 축에 대해 회전시켰을 때 생기는 입체의 부피를 구하여라. 다음 과정을 밟아서 이것을 구하여라.

(a) 영역 R을 그린다.

(b) 전형적인 직사각형 조각을 보이고, 적당한 치수를 붙인다.

(c) 이 조각이 만드는 껍질의 부피의 근사값을 식으로 나타낸다.

(d) 대응하는 적분을 적는다.

(e) 이 적분을 계산한다.

1. $y=\dfrac{1}{x}$, $x=1$, $x=4$, $y=0$; y축에 대해
2. $y=x^2$, $x=1$, $y=0$; y축에 대해
3. $y=\sqrt{x}$, $x=3$, $y=0$; y축에 대해
4. $y=9-x^2\,(x\geq 0)$, $x=0$, $y=0$; y축에 대해
5. $y=\sqrt{x}$, $x=5$, $y=0$; 직선 $x=5$에 대해
6. $y=9-x^2\,(x\geq 0)$, $x=0$, $y=0$; 직선 $x=3$에 대해
7. $y=\dfrac{1}{4}x^3+1$, $y=1-x$, $x=1$; y축에 대해
8. $y=x^2$, $y=3x$; y축에 대해
9. $x=y^2$, $y=1$, $x=0$; x축에 대해
10. $x=\sqrt{y}+1$, $y=4$, $x=0$, $y=0$; x축에 대해
11. $x=y^2$, $y=2$, $x=0$; 직선 $y=2$에 대해
12. $x=\sqrt{2y}+1$, $y=2$, $x=0$, $y=0$; 직선 $y=3$에 대해

13. 영역 R을 고려하자. (그림 6.39) R을 주어진 직선에 대해 회전시켰을 때 생기는 입체의 부피를 주어진 방법을 이용하여 적분으로 적어라.

(a) x축 (구멍원판)

(b) y축 (껍질)

(c) 직선 $x=a$ (껍질)

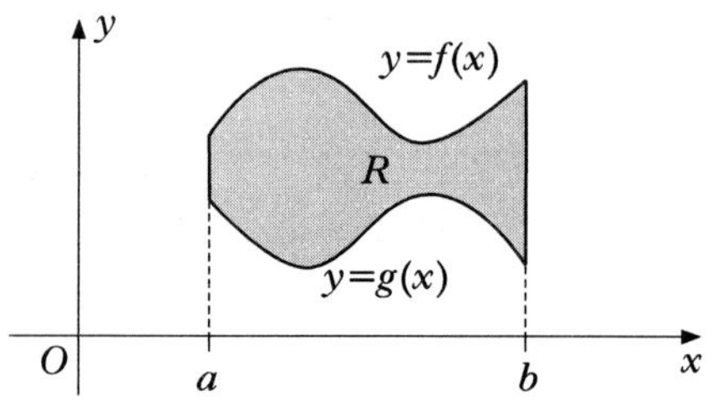

그림 6.39

(d) 직선 $x=b$ (껍질)

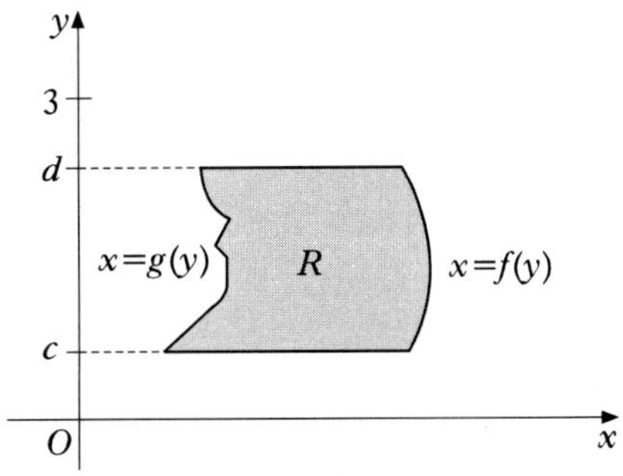

그림 6.40

14. 그림 6.40에 영역 R이 나온다. R을 주어진 직선에 대해 회전시켰을 때 생기는 입체의 부피를 적분으로 적어라. 주어진 방법을 이용하여라.
    (a) y축 (구멍원판)
    (b) x축 (껍질)
    (c) 직선 $y=3$ (껍질)

15. $y=1/x^3$, $x=1$, $x=3$, $y=0$으로 둘러싼 영역 R을 그려라. 다음 각각을 적분으로 나타내어라. (계산하지는 말아라.)
    (a) R의 넓이
    (b) R을 y축에 대해 회전시켜서 생기는 입체의 부피
    (c) R을 $y=-1$에 대해 회전시켜서 생기는 입체의 부피
    (d) R을 $x=4$에 대해 회전시켜서 생기는 입체의 부피

16. $y=x^3+1$과 $y=0$으로 둘러싼, $x=0$에서 $x=2$ 사이의 영역 R에 대해서, 문제 15를 풀어 보아라.

17. 곡선 $x=\sqrt{y}$와 $x=y^3/32$으로 둘러싼 영역 R을 x축에 대해 회전시켜서 생기는 입체의 부피를 구하여라.

18. 문제 17처럼 하되, R을 직선 $y=4$에 대해 회전시켜라.

19. 반지름이 b인 구의 한가운데를 지나도록, 반지름이 a인 둥그런 구멍을 뚫는다 ($b>a$라고 가정). 남아 있는 입체의 부피를 구하여라.

20. 원 $x^2+y^2=a^2$의 내부 영역을 직선 $x=b$에 (여기서 $b>a$) 대해 회전시켜서 얻는 토러스의 부피를 (껍질 방법을 이용하여) 적분으로 적어라. 이 적분을 계산하여라. (**도움말**: 간단하게 하기 위해서, 이 적분의 일부를 넓이라고 간주하여라.)

21. 1사분면에 있는, $x=0$, $y=\sin(x^2)$, $y=\cos(x^2)$으로 둘러싼 영역을 y축에 대해 회전시켜라. 그 결과로 나오는 입체의 부피를 구하여라.

22. $y=2+\sin x$, $y=0$, $x=0$, $x=2\pi$로 둘러싼 영역을 y축에 대해 회전시킨다. 그 결과로 나오는 입체의 부피를 구하여라. (**도움말**: $\int x\sin x\,dx=\sin x-x\cos x+C$)

23. R은 $y=x^2$과 $y=x$로 둘러싼 영역이다. R을 다음에 대해 회전시켰을 때 생기는 입체의 부피를 구하여라.
(a) x축 (b) y축 (c) 직선 $y=x$

24. 구의 겉넓이 공식 $S=4\pi r^2$을 알고 있는데, 부피 V의 공식은 모른다고 하자. 입체 구를 같은 중점을가지는 얇은 구형 껍질(spherical shell)로 잘라서(그림 6.41), 부피 공식을 구하여라. (**도움말**: 바깥 반지름이 x인 얇은 구형 껍질의 부피 ΔV는 $\Delta V\approx 4\pi r^2 x$.)

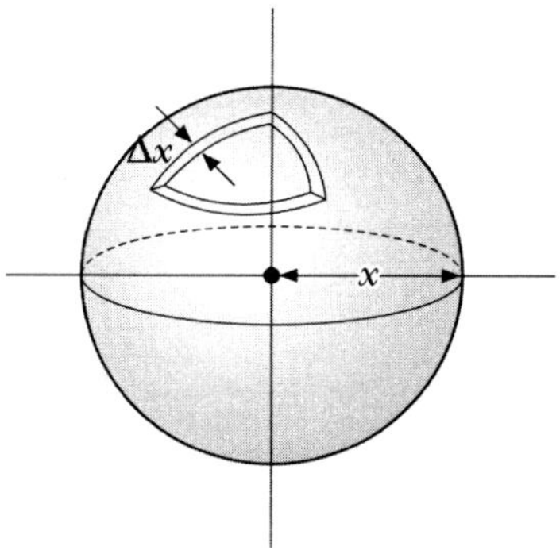

그림 6.41

25. 반지름이 r인 구의 표면에 있는, 넓이가 S인 영역을 고려하자. 이 영역의 모든 점을 구의 중점과 연결하는 선분이 모여서 생기는 입체의 부피를 구하여라. (그림 6.42)
(**도움말**: 문제 24에서 언급한 구형 껍질의 방법을 사용하여라.)

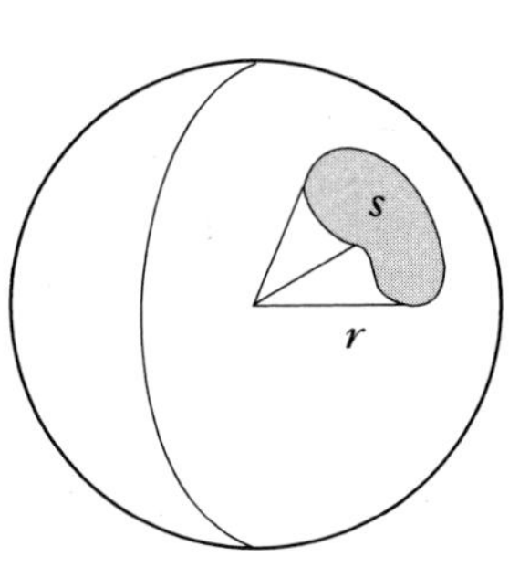

그림 6.42

6.5 평면곡선의 호의 길이

a, b는 $a<b$인 두 수이고 함수 $f(x)$는 폐구간 $[a, b]$에서 미분가능하며 그 도함수 $f'(x)$가 연속일 때, 곡선 $y=f(x)$, $a \le x \le b$의 호의 길이를 구하는 공식을 유도하자.

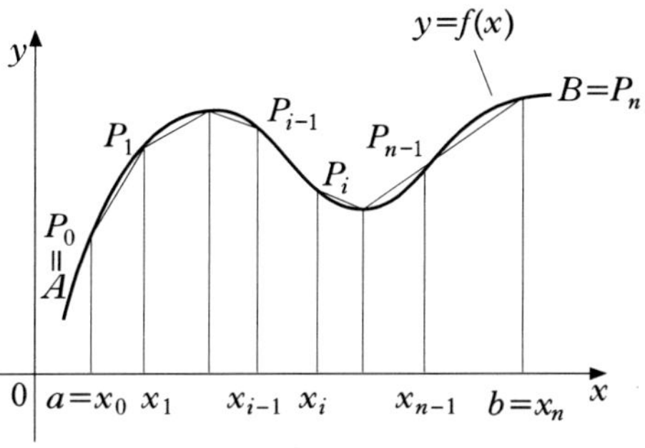

그림 6.43

폐구간 $[a, b]$의 n개의 부분구간 $[x_{i-1}, x_i]\,(i=1, 2, \cdots, n)$으로 나누어진 분할

$$P = x_0, x_1, x_2, \cdots, x_n$$

의 각 분점에 대한 곡선 위의 점을 각각

$$A = P_0, P_1, P_2, \cdots, P_{n-1}, P_n = B$$

라 하면 점 P_i의 좌표는

$$P_i(x_i, f(x_i))$$

이다. 이 때 서로 이웃하는 두 점을 잇는 현 P_{i-1}, P_i의 길이 l_i는

$$l_i = \sqrt{(x_i - x_{i-1})^2 + (f(x_i) - f(x_{i-1}))^2}$$

이다. 그런데 $f(x)$는 폐구간 $[a, b]$에서 미분가능하므로 평균값의 정리에 의하여

$$f(x_i) - f(x_{i-1}) = (x_i - x_{i-1}) f'(\xi_i)$$

를 만족하는 ξ_i가 x_{i-1}과 x_i 사이에 존재한다.

그러므로 $\Delta x_i = x_i - x_{i-1}$이라 하면

$$l_i = \sqrt{(\Delta x_i)^2 + (f'(\xi_i)\Delta x_i)^2} = \sqrt{1+f'^2(\xi_i)}\,\Delta x_i$$

이고 이 현들의 길이의 합

$$\sum_{i=1}^{n} l_i = \sum_{i=1}^{n} \sqrt{1+f'^2(\xi_i)}\,\Delta x_i \tag{1}$$

는 구하는 호 AB의 길이 s의 한 근사합이다.

$$g(x) = \sqrt{1+f'^2(x)}$$

이라 하면 $f'(x)$는 폐구간 $[a, b]$에서 연속이므로 $g(x)$도 연속이며 $g(x)$는 폐구간 $[a, b]$에서 적분가능하다. 또한 식 (1)은

$$\sum_{i=1}^{n} l_i = \sum_{i=1}^{n} g(\xi_i)\Delta x_i$$

이며 이것은 폐구간 $[a, b]$에서 $g(x)$의 상합과 하합 사이에 있다.

따라서 노-름 $\|P\| \to 0$일 때, 그 극한

$$s = \lim_{\|P\| \to 0} g(\xi_i)\Delta x_i = \int_a^b g(x)dx = \int_a^b \sqrt{1+f'^2(x)}\,dx = \int_a^b \sqrt{1+y'^2}\,dx$$

를 점 $A(a, f(a))$에서 점 $B(b, f(b))$까지의 곡선의 길이로 정의하는 것이 가장 합리적이다.

피적분함수는 호의 길이의 미분과 같으므로

$$s = \int_{s_1}^{s_2} ds = \int_a^b \sqrt{(dx^2)+(dy^2)} = \int_a^b \sqrt{1+\left(\frac{dy}{dx}\right)^2}\,dx$$

가 된다. 여기서 s_1, s_2는 각각 a, b에 대응하는 s의 값이다.

곡선의 방정식을 $x=\phi(y)$로 나타내는 것이 더욱 편리한 경우에는 호의 미분 ds에 대한 동치인 공식을 이용하여

$$s = \int_{s_1}^{s_2} ds = \int_c^d \sqrt{1+\left(\frac{dx}{dy}\right)^2}\,dy$$

를 얻게 된다. 여기서 c, d는 각각 s_1, s_2에 대응하는 y값이다.

정리 6.3 (호의 길이) 함수 $f(x)$의 도함수 $f'(x)$가 폐구간 $[a, b]$에서 연속일 때, 곡선 $y=f(x)$ $(a \le x \le b)$의 호의 길이 s는 다음과 같다.

$$s=\int_c^d \sqrt{1+g'^2(y)}\,dy \quad \text{또는} \quad s=\int_a^b \sqrt{1+\left(\frac{dy}{dx}\right)^2}\,dx \tag{2}$$

정리 6.4 (호의 길이) 함수 $g(y)$의 도함수 $g'(y)$가 폐구간 $[c, d]$에서 연속일 때, 곡선 $x=g(y)$ $(c \le y \le d)$의 호의 길이 s는 다음과 같다.

$$s=\int_a^b \sqrt{1+f'^2(x)}\,dx \quad \text{또는} \quad s=\int_c^d \sqrt{1+\left(\frac{dx}{dy}\right)^2}\,dy \tag{3}$$

[예제 6.20] 현수선 $y=a\cosh\frac{x}{a}$의 $x=0$에서 $x=b$까지의 호의 길이를 구하여라.

풀이 $\frac{dy}{dx}=\sinh\frac{x}{a}$이므로

$$1+\left(\frac{dy}{dx}\right)^2=1+\sinh^2\frac{x}{a}=\cosh^2\frac{x}{a}.$$

따라서 구하는 호의 길이 s는 공식 (2)를 이용하면

$$s=\int_0^b \sqrt{1+\left(\frac{dy}{dx}\right)^2}\,dx=\int_0^b \cosh\frac{x}{a}\,dx$$

$$=\left[a\sinh\frac{x}{a}\right]_0^b$$

$$=a\sinh\frac{b}{a}$$

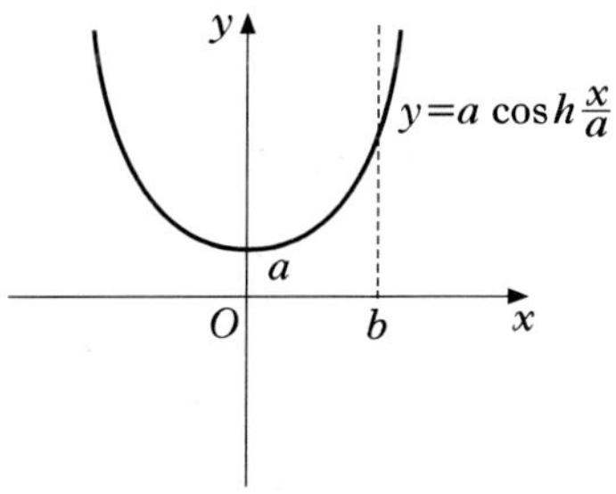

그림 6.44

■

[예제 6.21] 곡선 $y=x^{2/3}$의 $x=1$에서 $x=8$까지의 호의 길이를 구하여라.

풀이 $x>0$이므로 $y=x^{2/3}$을 x에 관하여 풀면

$$y=x^{3/2}$$

이고 $x=1$일 때, $y=1$, $x=8$일 때 $y=4$ 이다.

그런데

$$\frac{dx}{dy}=\frac{3}{2}y^{1/2}$$

이므로

$$1+\left(\frac{dx}{dy}\right)^2=1+\frac{9}{4}y=\frac{1}{4}(4+9y).$$

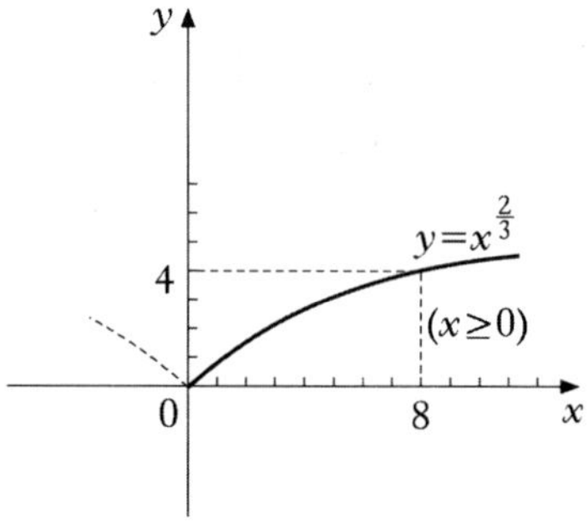

그림 6.45

따라서 구하는 호의 길이 s는 공식 (3)을 이용하면

$$\begin{aligned}s&=\int_1^4\sqrt{1+\left(\frac{dx}{dy}\right)^2}\,dy=\frac{1}{2}\int_1^4\sqrt{4+9y}\,dy\\&=\frac{1}{27}\left[(4+9y)^{3/2}\right]_1^4\\&=\frac{1}{27}(40\sqrt{40}-13\sqrt{13}).\end{aligned}$$

■

참고 예제 6.21을 공식 (2)를 이용하면 $s=\int_1^8\sqrt{1+\left(\frac{dy}{dx}\right)^2}\,dx=\int_1^8\frac{\sqrt{9\sqrt[3]{x^2}+4}}{3\sqrt[3]{x}}dx$이므로 $\sqrt[3]{x}=t$로 치환하면

$$s=\int_1^2\sqrt{9t^2+4}\,t\,dt=\frac{1}{27}\left[(9t^2+4)^{3/2}\right]_1^2=\frac{1}{27}(40\sqrt{40}-13\sqrt{13}).$$

따라서 이 문제는 예제 6.21에서의 해법이 더 쉽다.

정리 6.5 (호의 길이) 두 함수 $f(t)$, $g(t)$의 각각 도함수 $f'(t)$, $g'(t)$가 모두 폐구간 $[t_a, t_b]$에서 연속일 때 매개방정식으로 나타낸 곡선 $x=f(t)$, $y=g(t)$ $(t_a\leq t\leq t_b)$의 호의 길이 s는 다음과 같다.

$$s=\int_{t_a}^{t_b}\sqrt{f'^2(t)+g'^2(t)}\,dt \quad \text{또는} \quad s=\int_{t_a}^{t_b}\sqrt{\left(\frac{dt}{dx}\right)^2+\left(\frac{dy}{dt}\right)^2}\,dt \tag{4}$$

증명 $f(t_a)=a$, $f(t_b)=b$라 하면 호의 길이 s는 공식 (2)에 의하여

$$s=\int_a^b \sqrt{1+\left(\frac{dy}{dx}\right)^2}\,dx.$$

이것을 $x=f(t)$로 치환하면 $dx=f'(t)dt$이고

$$\frac{dy}{dx}=\frac{g'(t)}{f'(t)}$$

이며 $x=a$일 때 $t=t_a$, $x=b$일 때 $t=t_b$이므로

$$\begin{aligned} s&=\int_{t_a}^{t_b}\sqrt{1+\left(\frac{g'(t)}{f'(t)}\right)^2}\,f'(t)dt \\ &=\int_{t_a}^{t_b}\sqrt{f'^2(t)+g'^2(t)}\,dt \\ &=\int_{t_a}^{t_b}\sqrt{\left(\frac{dx}{dt}\right)^2+\left(\frac{dy}{dt}\right)^2}\,dt. \end{aligned}$$

□

[예제 6.22] cycloid $x=a(t-\sin t)$, $y=a(1-\cos t)$ $(a>0,\ 0\le t\le 2\pi)$의 호의 길이를 구하여라.

풀이 $\dfrac{dx}{dy}=a(1-\cos t)$, $\dfrac{dy}{dt}=a\sin t$이므로 $0\le t\le 2\pi$인 모든 t에 대하여

$$\begin{aligned} &\sqrt{\left(\frac{dx}{dt}\right)^2+\left(\frac{dy}{dt}\right)^2} \\ &\quad=\sqrt{a^2(1-\cos t)^2+a^2\sin^2 t} \\ &\quad=a\sqrt{2(1-\cos t)} \\ &\quad=2a\sqrt{\sin^2\frac{t}{2}} \\ &\quad=2a\sin\frac{t}{2}. \end{aligned}$$

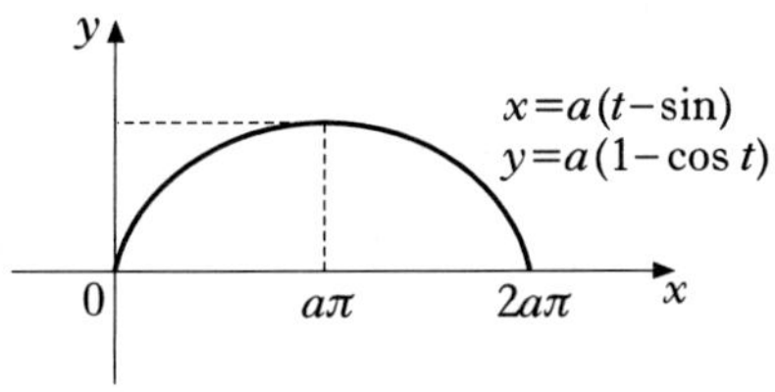

그림 6.46

따라서 구하는 호의 길이 s는 공식 (4)을 이용하면

$$\begin{aligned} s=\int_0^{2\pi}\sqrt{\left(\frac{dx}{dt}\right)^2+\left(\frac{dy}{dt}\right)^2}\,dt&=\int_0^{2\pi}2a\sin\frac{t}{2}\,dt \\ &=\left[-4a\cos\frac{t}{2}\right]_0^{2\pi} \\ &=8a. \end{aligned}$$

■

[예제 6.23] 반지름 a인 원의 원둘레를 구하여라.

풀이 원점이 중심이고 반지름이 a인 원의 매개방정식은

$$x = a\cos\theta,\ y = a\sin\theta$$

이므로 원둘레 s는 $\theta=0$에서 $\theta=2\pi$까지의 원의 호의 길이이다.
그런데

$$\frac{dx}{d\theta} = -a\sin\theta,\ \frac{dy}{d\theta} = a\cos\theta$$

이므로

$$\sqrt{\left(\frac{dx}{d\theta}\right)^2 + \left(\frac{dy}{d\theta}\right)^2} = \sqrt{a^2(\cos^2\theta + \sin^2\theta)} = a.$$

따라서 구하는 원둘레 x는 공식 (4)을 이용하면

$$s = \int_0^{2\pi} \sqrt{\left(\frac{dx}{d\theta}\right)^2 + \left(\frac{dy}{d\theta}\right)^2}\, d\theta = \int_0^{2\pi} a\,d\theta = 2\pi a.$$ ■

참고 1. 원점이 중심이고 반지름이 a인 원의 직교방정식은

$$x^2 + y^2 = a^2$$

이므로 대칭성을 이용하여 원둘레 s를 구하면
공식 (2)를 이용할 때,

$$s = 4\int_0^a \sqrt{1 + \left(\frac{dy}{dx}\right)^2}\, dx = 4\int_0^a \frac{a}{\sqrt{a^2 - x^2}} dx = 4a\left[\sin^{-1}\frac{x}{a}\right]_0^a = 2\pi a.$$

공식 (3)을 이용할 때,

$$s = 4\int_0^a \sqrt{1 + \left(\frac{dx}{dy}\right)^2}\, dy = 4\int_0^a \frac{a}{\sqrt{a^2 - y^2}} dy = 4a\left[\sin^{-1}\frac{y}{a}\right]_0^a = 2\pi a.$$

2. 한 점에서 x축에 수직인 접선이 존재할 때, $\frac{dy}{dx}$는 무한대가 되고 [정리 6.3]의 피적분함수의 값은 그 점에서 유한값이 아니다.

같은 방법으로, x축에 수평인 접선이 존재할 때, [정리 6.4]를 이용하여 적분할 수 없다. 그러나 매개변수로 나타낸 곡선에 대하여 그러한 점에서 자주 발생하는 $\frac{dx}{dt}=0$

이든가, 또는 $\dfrac{dy}{dt}=0$일 때, [정리 6.5]의 피적분함수의 값은 유한값이 된다.

정리 6.6 (호의 길이) 함수 $f(\theta)$의 도함수 $f'(\theta)$가 폐구간 $[\alpha, \beta]$에서 연속일 때, 극방정식으로 나타낸 곡선 $r=f(\theta)(\alpha \le \theta \le \beta)$가 그리는 호의 길이 s는 다음과 같다.

$$s=\int_{\alpha}^{\beta}\sqrt{r^2+\left(\frac{dr}{d\theta}\right)^2}\,d\theta \tag{5}$$

증명 직교좌표와 극좌표 사이의 관계식은

$$x=r\cos\theta=f(\theta)\cos\theta,$$
$$y=r\sin\theta=f(\theta)\sin\theta$$

이므로 이 식은 모두 매개변수가 θ인 매개방정식으로 볼 수 있다.
그런데 이 식에서

$$\frac{dx}{d\theta}=f'(\theta)\cos\theta-f(\theta)\sin\theta,$$
$$\frac{dy}{d\theta}=f'(\theta)\sin\theta+f(\theta)\cos\theta$$

이므로

$$\begin{aligned}\left(\frac{dx}{d\theta}\right)^2+\left(\frac{dy}{d\theta}\right)^2&=(f'(\theta)\cos\theta-f(\theta)\sin\theta)^2+(f'(\theta)\sin\theta+f(\theta)\cos\theta)^2\\&=f'^2(\theta)+f^2(\theta)\\&=r^2+\left(\frac{dr}{d\theta}\right)^2.\end{aligned}$$

따라서 공식 (4)를 이용하면 구하는 호의 길이 s는

$$s=\int_{\alpha}^{\beta}\sqrt{\left(\frac{dx}{d\theta}\right)^2+\left(\frac{dr}{d\theta}\right)^2}\,d\theta=\int_{\alpha}^{\beta}\sqrt{r^2+\left(\frac{dr}{d\theta}\right)^2}\,d\theta.$$ □

[예제 6.24] 심장형 $r=a(1-\cos\theta)$의 둘레를 구하여라. (단, $a>0$)

풀이 이 곡선은 극축에 관하여 대칭이므로 곡선

$$r=a(1-\cos\theta)\ (0\le\theta\le\pi)$$

의 호의 길이의 2배가 구하는 심장형의 전체의 호의 길이 s가 된다.

그런데

$$\frac{dr}{d\theta}=a\sin\theta$$

이므로

$$\begin{aligned}\sqrt{r^2+\left(\frac{dr}{d\theta}\right)^2} &= \sqrt{a^2(1-\cos\theta)^2+a^2\sin^2\theta}\\ &= \sqrt{2a^2(1-\cos\theta)}\\ &=2a\sqrt{\sin^2\frac{\theta}{2}}\\ &=2a\sin\frac{\theta}{2}.\end{aligned}$$

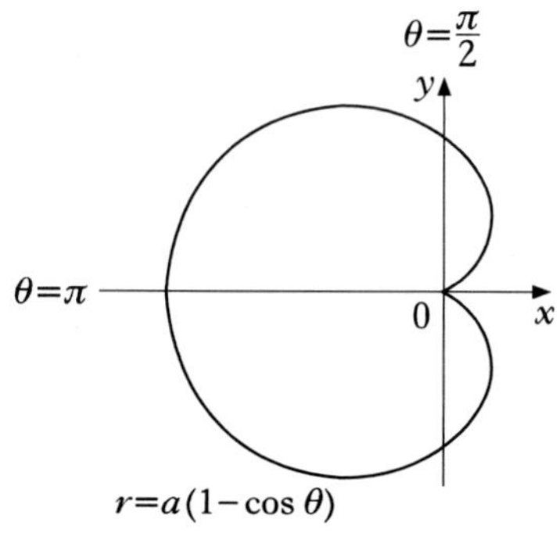

그림 6.47

따라서 구하는 호의 길이 s는 공식 (5)을 이용하면

$$\begin{aligned}s=2\int_0^{\pi}\sqrt{r^2+\left(\frac{dr}{d\theta}\right)^2}\,d\theta &= 2\int_0^{\pi}2a\sin\frac{\theta}{2}\,d\theta\\ &=8a\left[-\cos\frac{\theta}{2}\right]_0^{\pi}\\ &=8a\end{aligned}$$

■

[예제 6.25] 예제 6.23을 공식 (5)를 이용하여 구하여라.

풀이 극이 중심이고 반지름이 a인 원의 극방정식은 $r=a$이므로 $\frac{dr}{d\theta}=0$. 따라서, 구하는 원둘레 s는 공식 (5)를 이용하면

$$s=\int_0^{2\pi}\sqrt{r^2+\left(\frac{dr}{d\theta}\right)^2}\,d\theta=\int_0^{2\pi}\sqrt{a^2}\,d\theta=a\Big[\theta\Big]_0^{2\pi}=2\pi a.$$

■

연습문제 (6-5)

※ 주어진 구간에서 다음 곡선의 호의 길이를 구하여라. $(a>0)$ (1~26)

1. $3y=2x^{3/2},\ 0\le x\le 3$
2. $y=\sqrt{x},\ 0\le x\le 1$
3. $y=\sqrt{a^2-x^2},\ -a\le x\le a$
4. $y=x\sqrt{x},\ 0\le x\le 1$
5. $4y=x^2-2\ln x,\ 1\le x\le 3$
6. $6y=x^3+3x^{-1},\ 1\le x\le 3$
7. $6xy=x^4+3,\ 1\le x\le 3$
8. $y=\ln(x^2-1),\ 2\le x\le 3$
9. $18y^2=x(x-6)^2,\ 0\le x\le 6$
10. $y=e^x,\ 0\le x\le 1$
11. $y=\dfrac{1}{8}y^4+\dfrac{4}{4y^2},\ 1\le y\le 2$
12. $x=\ln\sin y,\ \dfrac{\pi}{3}\le y\le \dfrac{2}{3}\pi$
13. $3x=(y-3)\sqrt{y},\ 0\le y\le 3$
14. $(y+1)^2=4x^3,\ 0\le x\le 1$
15. $x=9t^2,\ y=9t^3-3t,\ 0\le t\le \dfrac{1}{\sqrt{3}}$
16. $x=3t^2,\ y=t^3,\ 1\le t\le 3$
17. $x=\dfrac{1}{3}t^2,\ y=\dfrac{1}{2}t^2,\ 1\le t\le 3$
18. $x=\dfrac{1}{3}t^3+\dfrac{1}{t},\ y=2t,\ 1\le t\le 3$
19. $x=\dfrac{1}{3}(2t+3)^{3/2},\ y=\dfrac{1}{2}t^2+t,\ 0\le t\le 3$
20. $x=2(2t+3)^{3/2},\ y=3(t+1)^2,\ -1\le t\le 3$
21. $x=\cos^3 t,\ y=\sin^3 t,\ 0\le t\le \pi$
22. $x=a\cos^2 t,\ y=a\sin^3 t,\ 0\le t\le 2\pi$
23. $x=\ln(\sec\theta+\tan\theta),\ y=\ln(\csc\theta-\cot\theta),\ \dfrac{\pi}{6}\le\theta\le\dfrac{\pi}{3}$
24. $x=t-a\tanh\dfrac{t}{a},\ y=a\,\mathrm{sech}\,\dfrac{t}{a},\ -a\le t\le 2a$
25. $y=\sqrt{1-x^2}+\ln(1-\sqrt{1-x^2})-\ln x,\ \dfrac{1}{2}\le x\le 1$
26. $y=\dfrac{1}{2}x\sqrt{x^2-1}+\dfrac{1}{2}\ln(x-\sqrt{x^2-1}),\ 1\le x\le 3$

27. 호의 길이의 공식 (2)를 이용하여 원 $x^2+y^2=a^2$의 둘레가 $2\pi a$임을 밝혀라.

28. 성망형 $x^{2/3}+y^{2/3}=a^{2/3}$의 둘레를 구하여라.

※ 극방정식으로 나타낸 다음 곡선의 호의 길이를 구하여라. $(a>0)$ (29~40)

29. $r=a(1+\sin\theta)$
30. $r=a(1-\sin\theta)$
31. $r=a(1+\cos\theta)$
32. $r=a(\cos\theta-1)$
33. $r=a\cos^2\dfrac{\theta}{2}$
34. $r=a\sin^2\dfrac{\theta}{2}$
35. $r=a\sin^3\dfrac{\theta}{3}$
36. $r=a\sin^4\dfrac{\theta}{4}$
37. $r=a\cos^3\dfrac{\theta}{3}$
38. $r=a\cos^4\dfrac{\theta}{4}$
39. $r=a\sin\theta+b\cos\theta$
40. $r=|\sin\theta|$

※ 주어진 구간에서 극방정식으로 나타낸 다음 곡선의 호의 길이를 구하여라. $(a>0)$

41. $r=\theta,\ 0\le\theta\le 2\pi$
42. $r=-a\theta,\ 0\le\theta\le 2\pi$
43. $r=e^{2\theta},\ 0\le\theta\le 2\pi$
44. $r=e^{3\theta},\ 0\le\theta\le 2\pi$
45. $r=\dfrac{2}{\theta},\ \dfrac{1}{2}\le\theta\le 4$
46. $r=\tan^2\theta\sec\theta,\ -\dfrac{\pi}{4}\le\theta\le\dfrac{\pi}{3}$
47. $r=2\sec\theta,\ -\dfrac{\pi}{4}\le\theta\le\dfrac{\pi}{4}$
48. $r=\dfrac{4}{1-\cos\theta},\ 0\le\theta\le\pi$

6.6 회전곡면의 겉넓이

직원뿔을 그 축에 수직인 두 평면으로 잘라낸 나머지 입체를 **원뿔대**(frustrum)라고 한다. 그리고 그 겉넓이의 공식은 부채꼴로 직원뿔을 만들 수 있는 사실을 이용하여 구할 수 있고, 또한 그 공식을 이용하여 회전곡면의 겉넓이를 구하는 공식을 유도할 수 있다.

윗면과 밑면의 반지름이 각각 r_1, r_2이고 빗 높이가 l인 직원뿔대를 그림 6.48과 같이 직선 ODA로 잘라서 평면 위에 펼쳐 놓으면 원 DFD는 원호 $D'F'D'$ 되고 그 원둘레와 원호의 길이는 같다. (그림 6.49) 즉

$$2\pi r_1=\theta L_1$$

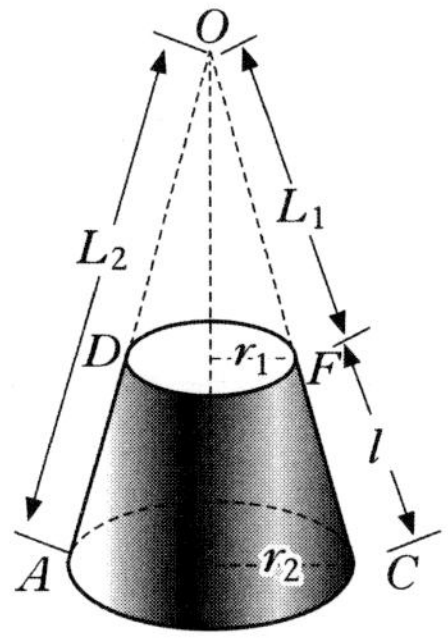

그림 6.48

이다.

같은 방법으로, 밑면에 대하여

$$2\pi r_2 = \theta L_2$$

가 성립한다.

직원뿔대 $ACADFD$의 곡면은 원환인 부채꼴 $A'C'A'D'F'D'$이 되므로 그들 넓이는 서로 같다.

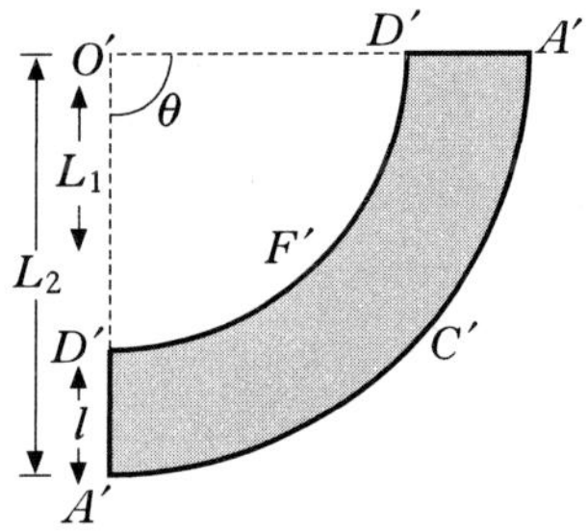

그림 6.49

$$\begin{aligned}
&\text{넓이 } A'C'A'D'F'D' \\
&= (\text{넓이 } O'A'C'A'O') - (\text{넓이 } O'D'F'D'O') \\
&= \frac{1}{2}\theta L_2^2 - \frac{1}{2}\theta L_1^2 \\
&= \frac{1}{2}\theta(L_2 + L_1)(L_2 - L_1) \\
&= \frac{1}{2}(\theta L_2 + \theta L_1)l \\
&= \frac{1}{2}(2\pi r_1 + 2\pi r_2)l \\
&= 2\pi \frac{r_1 + r_2}{2} l
\end{aligned}$$

이므로 원뿔대의 겉넓이 A는

$$A = 2\pi r l$$

이다. 여기서, $r = \frac{1}{2}(r_1 + r_2)$이며 r은 원뿔대의 중간 절단면의 반지름이다.

다음으로 함수 $f(x)$가 폐구간 $[a, b]$에서 미분가능하고 연속인 도함수 $f'(x)$를 가지며 그 구간에 속하는 모든 x에 대하여 $f(x) \geq 0$일 때, 곡선 $y=f(x)$의 호

$$y=f(x),\ a \leq x \leq b$$

를 x축에 관하여 회전했을 때 생긴 회전곡면의 겉넓이 S를 구하는 공식을 유도하자.

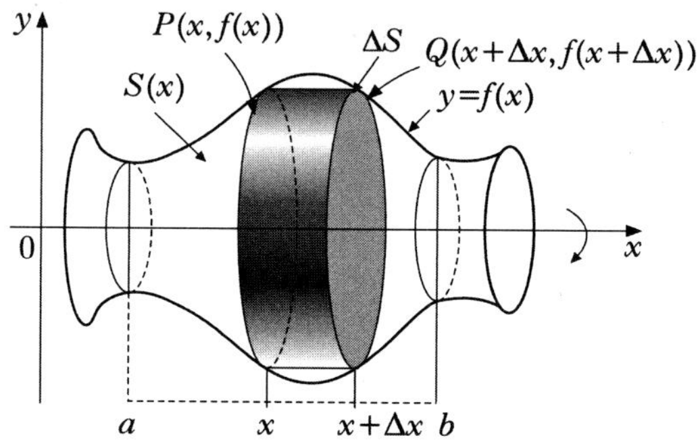

그림 6.50

폐구간 $[a, b]$에 속하는 임의의 점 x에 대하여 a에서 x까지의 회전곡면의 겉넓이를 x함수로 보고 $S(x)$라 하면

$$S(a)=0,\ S(b)=S$$

이다.

$x \neq b$라 하고 x의 증분 Δx가 양수라 하면

$$S(x+\Delta x)-S(x)$$

는 x와 $x+\Delta x$ 사이에 있는 곡면 $y=f(x)$의 호를 x축에 관하여 회전했을 때 생긴 회전곡면의 겉넓이가 된다. 이 겉넓이를 $S(x)$의 증분 ΔS로 나타내자.

곡선 $y=f(x)$ 위의 두 점 $P(x, f(x))$와 $Q(x+\Delta x, f(x+\Delta x))$를 잡고 현 PQ를 x축에 관하여 회전했을 때 생긴 원뿔대의 겉넓이

$$2\pi\frac{f(x)+f(x+\Delta x}{2}\times(\text{현 } PQ\text{의 길이})$$

는 ΔS와 근사적으로 같고, 또한

$$\text{현 } PQ\text{의 길이}=\sqrt{\Delta x^2+(f(x+\Delta x)-f(x))^2}$$

이고 평균값의 정리에 의하여

$$f(x+\Delta x)-f(x)=f'(\xi)\Delta x$$

인 ξ가 x와 $x+\Delta x$ 사이에 존재한다.

그러므로

$$\Delta S \approx 2\pi \frac{f(x)+f(x+\Delta x)}{2}\sqrt{1+f'^2(\xi)}\,\Delta x$$

이고

$$\frac{\Delta S}{\Delta x} \approx 2\pi \frac{f(x)+f(x+\Delta x)}{2}\sqrt{1+f'^2(\xi)}$$

이다.

그런데 $\Delta x \to 0$이면 $\xi \to x$이고, $f(x)$는 연속이므로 $f(x+\Delta x) \to f(x)$이다.

따라서

$$S'(x)=\lim_{\Delta x \to 0}\frac{\Delta S}{\Delta x}=2\pi f(x)\sqrt{1+f'^2(x)} \tag{6}$$

이다.

또한, $x=b$일 때, x의 증분 Δx의 음의 값에 대하여도 식 (6)가 성립함을 밝힐 수 있다.

따라서 $f(x)$와 $f'(x)$가 모두 폐구간 $[a, b]$에서 연속이므로

$$S'(x)=2\pi f(x)\sqrt{1+f'^2(x)}$$

는 그 구간에서 연속이며 적분가능하고 미적분학의 기본정리와 식 (6)에 의하여 회전곡면의 겉넓이 S는

$$\begin{aligned} S=S(b)=S(b)-S(a) &= \Big[S(x)\Big]_b^a \\ &= \int_a^b S'(x)dx \\ &= 2\pi\int_a^b f(x)\sqrt{1+f'^2(x)}\,dx \end{aligned}$$

이다.

이로써, 다음 정리를 얻게 된다.

정리 6.7 함수 $f(x)$가 폐구간 $[a, b]$에서 미분가능하고 그 도함수 $f'(x)$가 연속이며 $f(x)\geq 0$일 때, 곡선 $y=f(x)\,(a\leq x\leq b)$를 x축에 관하여 회전했을 때 생긴 회전곡면의 겉넓이 S는 다음과 같다.

$$S=2\pi\int_a^b f(x)\sqrt{1+f'^2(x)}\,dx=2\pi\int_a^b y\sqrt{1+\left(\frac{dy}{dx}\right)^2}\,dx \tag{7}$$

한편, 곡선의 호의 길이 s는

$$s=\int_a^b \sqrt{1+f'^2(x)}\,dx$$

이므로 호의 미분 ds는

$$ds=\sqrt{1+f'^2(x)}\,dx$$

이며, a, b에 대응하는 s의 값을 각각 s_1, s_2라 할 때, 회전곡면의 겉넓이 S는

$$S=2\pi\int_{s_1}^{s_2} y\,ds$$

로 쓸 수 있다.

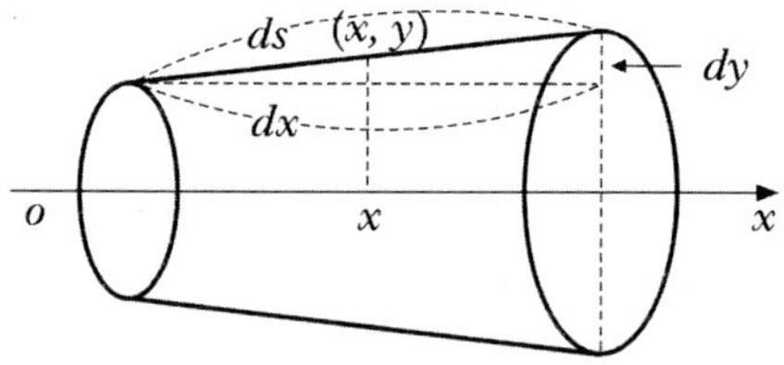

그림 6.51

또한

$$S=\int 2\pi y\,ds$$

라 하고

$$dS=2\pi y\,ds$$

라 하면

$$S=\int dS$$

이다.

이 때, 호의 길이 ds의 중점의 좌표를 (x, y)라 하면 dS는 반지름이 y이고 높이가 ds인 원기둥의 겉넓이로 주어진다.

같은 방법으로, 회전축이 y축일 때, 곡선 $x=g(y)$가 폐구간 $[c, d]$에서 연속이고 연속인 도함수 $g'(y)$를 갖는다면 곡선 $x=g(y)$, $c \le y \le d$를 y축에 관하여 회전했을 때 생긴 회전곡면의 겉넓이 S는

$$S=2\pi\int_c^d x\sqrt{1+\left(\frac{dx}{dy}\right)^2}\,dy \tag{8}$$

이다. 곡면을 생성하는 곡선이 매개방정식

$$x=f(t),\ y=g(t),\ t_1 \le t \le t_2$$

로 주어질 때는 $f(t)$, $g(t)$가 그 구간에서 연속이고 연속인 도함수를 가지면

$$S=2\pi\int_{t_1}^{t_2}\rho\sqrt{\left(\frac{dx}{dt}\right)^2+\left(\frac{dy}{dt}\right)^2}\,dt \tag{9}$$

이다.

여기서, ρ는 회전축으로부터 호의 길이의 요소 ds까지의 거리이며 t의 함수로 나타낸다.

그리고 곡면을 생성하는 곡선이 극방정식

$$r=f(\theta),\ \alpha \le \theta \le \beta$$

로 주어지면 $f(\theta)$가 그 구간에서 연속이고 연속인 도함수를 갖을 때,

$$S=2\pi\int_\alpha^\beta \rho\sqrt{r^2+\left(\frac{dr}{d\theta}\right)^2}\,d\theta. \tag{10}$$

이다.

여기서, ρ는 회전축에서 호의 길이의 요소 ds의 중점 (x, y)까지의 거리이며 θ의 함수로 나타낸다.

따라서 회전곡면의 겉넓이에 관한 공식을 나타내는 가장 간단한 방법은

$$\text{겉넓이}=\int 2\pi\rho\,ds \tag{11}$$

로 쓸 수 있다. 여기서, ρ는 회전축으로부터 호의 길이의 요소 ds의 중점까지의 거리

이다. 물론 ρ와 ds는 모두 어떤 변수로 나타내어야만 하고 어떤 문제에서도 적당한 적분구간이 식 (11)에 주어져야 한다.

공식 (11)은 반지름이 ρ이고 높이가 ds인 원기둥의 겉넓이로 생각할 수 있다.

[예제 6.26] 곡선 $y=\sin x$의 한 아치를 x축에 관하여 회전했을 때 생긴 회전곡면의 겉넓이를 구하여라.

풀이 곡선 $y=\sin x$의 한 아치를 구간 $[0, \pi]$에서 취하면 그 아치는 직선 $x=\frac{\pi}{2}$에 관하여 대칭이므로 구하는 겉넓이 S는 구간 $\left[0, \frac{\pi}{2}\right]$에 있는 호를 x축에 관해서 회전했을 때 생긴 회전곡면의 겉넓이의 2배와 같다.

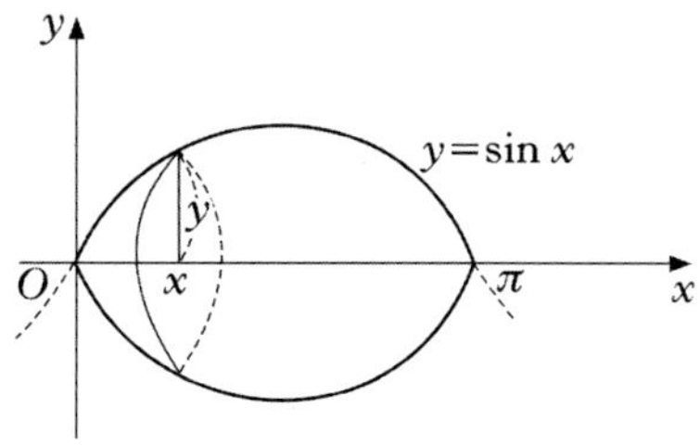

그림 6.52

따라서, 겉넓이의 공식 (7)을 이용하면

$$\begin{aligned} S &= 2\cdot 2\pi\int_0^{\pi/2} y\sqrt{1+y'^2}\,dx \\ &= 4\pi\int_0^{\pi/2} \sin x\sqrt{1+\cos^2 x}\,dx \\ &= 4\pi\int_0^{\pi/2} \sqrt{1+\cos^2 x}\,d(\cos x) \\ &= -2\pi\left[\cos x\sqrt{1+\cos^2 x}+\ln(\cos x\sqrt{1+\cos^2 x})\right]_0^{\pi/2} \\ &= 2\pi(\sqrt{2}+\ln(1+\sqrt{2})). \end{aligned}$$

■

[예제 6.27] 두 직선 $x=1$, $x=2$ 사이에 있는 포물선 $y=x^2$을 y축에 관하여 회전했을 때 생긴 회전곡면의 겉넓이를 구하여라.

풀이 구간 $[1, 2]$에서 $y=x^2$을 x축에 관해서 풀면 $x=\sqrt{y}$이고 $x=1$, $x=2$일 때, 각각 $y=1$, $y=4$이므로 구하는 겉넓이 S는 겉넓이의 공식 (8)을 이용하면

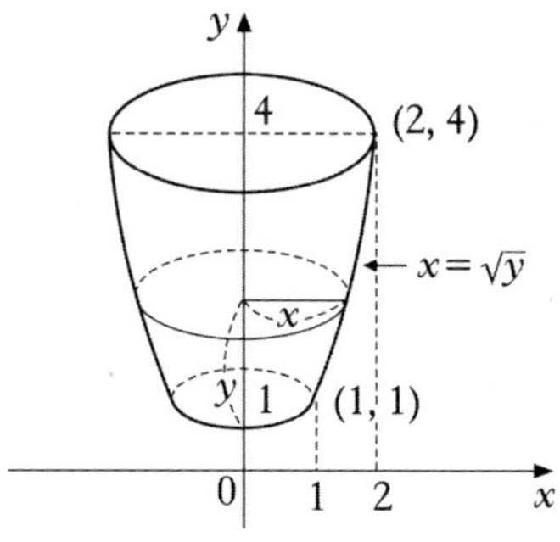

그림 6.53

$$\begin{aligned} S &= 2\pi\int_1^4 x\sqrt{1+\left(\frac{dx}{dy}\right)^2}\,dy \\ &= 2\pi\int_1^4 \sqrt{y}\sqrt{1+\frac{1}{4y}}\,dy \end{aligned}$$

$$=\pi\int_1^4 \sqrt{1+4y}\,dy$$

$$=\frac{1}{4}\pi\int_1^4 \sqrt{1+4y}\,d(1+4y)$$

$$=\frac{1}{6}\pi\left[(1+4y)^{3/2}\right]_1^4$$

$$=\frac{1}{6}\pi(17^{3/2}-5^{3/2}).$$ ■

참고 곡선은 x의 함수로 나타내어 있으므로 매개변수 x로 취하면

$$dx=\frac{ds}{dx}dx=\sqrt{1+\left(\frac{dy}{dx}\right)^2}\,dx.$$

따라서

$$S=2\pi\int_1^2 x\,ds=2\pi\int_1^2 x\sqrt{1+4x^2}\,dx$$

$$S=\frac{1}{4}\pi\int_1^2 x\sqrt{1+4x^2}\,d(1+4x^2)$$

$$=\frac{1}{6}\pi\left[(1+4x^2)^{3/2}\right]_1^2$$

$$=\frac{1}{6}\pi(17^{3/2}-5^{3/2})$$

[예제 6.28] 성망형 $x=a\cos^3\theta$, $y=a\sin^3\theta$를 y축에 관하여 회전했을 때 생긴 회전곡면의 겉넓이를 구하여라. (단, $a>0$)

풀이 $\cos(-\theta)=\cos\theta$, $\sin(-\theta)=-\sin\theta$이므로 성망형은 x축에 관하여 대칭이고, 또한 $\cos(\pi-\theta)=-\cos\theta$, $\sin(\pi-\theta)=\sin\theta$이므로 성망형은 y축에 관하여 대칭이다.

그러므로 구하는 겉넓이 S는 제1사분면에 있는 호를 y축에 관하여 회전했을 때 생긴 회전곡면의 겉넓이의 2배이다.

또한, 구간 $\left[0,\ \frac{1}{2}\pi\right]$에서

$$\sqrt{\left(\frac{dx}{d\theta}\right)^2+\left(\frac{dy}{d\theta}\right)^2}=\sqrt{(-3a\cos^2\theta\sin\theta)^2+(3a\sin^2\theta\cos\theta)^2}$$

$$=3a\cos\theta\sin\theta.$$

따라서 겉넓이 공식 (9)를 이용하면

$$S=2\cdot 2\pi\int_0^{\pi/2} x\sqrt{\left(\frac{dx}{d\theta}\right)^2+\left(\frac{dy}{d\theta}\right)^2}\,d\theta$$

$$=4\pi\int_0^{\pi/2} a\cos^3\theta\, 3a\cos\theta\sin\theta\, d\theta$$

$$=-12\pi a^2\int_0^{\pi/2}\cos^4\theta d(\cos\theta)$$

$$=-\frac{12}{5}\pi a^2\Big[\cos^5\theta\Big]_0^{\pi/2}$$

$$=\frac{12}{5}\pi a^2.$$

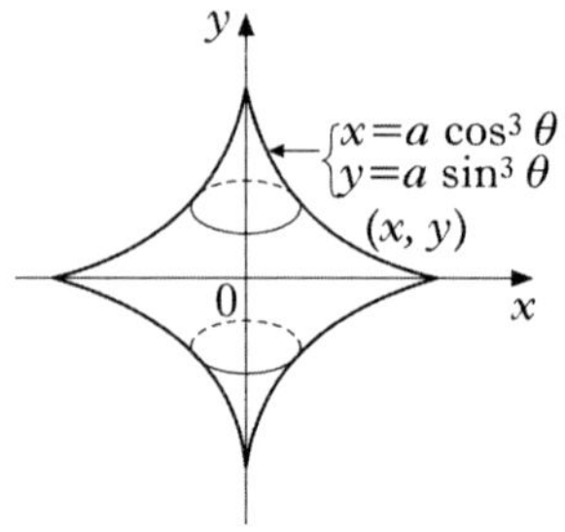

그림 6.54

■

참고 성망형 $x=a\cos^3\theta$, $y=a\sin^3\theta$에서 θ를 소거하면 직교방정식 $x^{2/3}+y^{2/3}=a^{2/3}$이 되고 $\dfrac{dx}{dy}=-\dfrac{x^{1/3}}{x^{1/3}}$이므로 겉넓이의 공식 (8)을 이용하면

$$S=4\pi\int_0^a x\sqrt{1+\left(\frac{dx}{dy}\right)^2}\,dy$$

$$=4\pi\int_0^a (a^{2/3}-y^{2/3})^{3/2}\frac{a^{1/3}}{y^{1/3}}dy$$

$$=-4\pi a^{1/3}\int_0^a (a^{2/3}-y^{2/3})^{3/2}d(a^{2/3}-y^{2/3})$$

$$=-\frac{12}{5}\pi a^{1/3}\Big[(a^{2/3}-y^{2/3})^{3/2}\Big]_0^a$$

$$=\frac{12}{5}\pi a^2.$$

[예제 6.29] 심장형 $r=a(1+\cos\theta)$를 x축에 관하여 회전했을 때 생긴 회전곡면의 겉넓이를 구하여라. (단, $a>0$)

풀이 심장형 $r=a(1+\cos\theta)$는 x축에 관하여 대칭이므로 적분구간은 $[0, \pi]$이고 x축 위의 호를 x축에 관하여 회전했을 때 생긴 회전곡면의 겉넓이와 같다. 또한, 직교좌표와 극좌표 사이의 관계로 부터

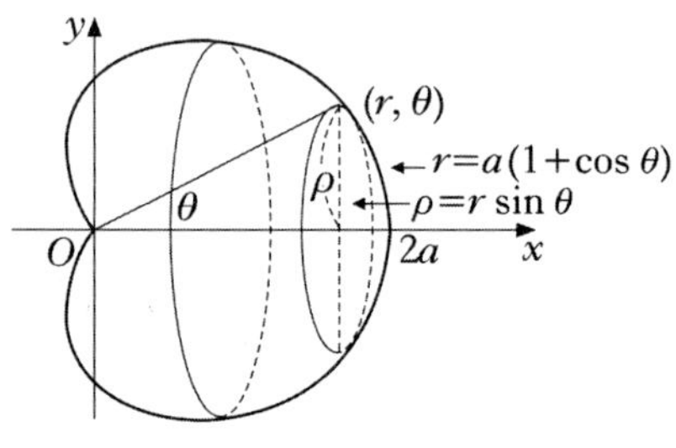

그림 6.55

$$\rho=y=r\sin\theta.$$

따라서 구하는 겉넓이 S는 겉넓이 공식 (10)을 이용하면

$$
\begin{aligned}
S &= 2\pi\int_0^{\pi} \rho\sqrt{r^2+\left(\frac{dr}{d\theta}\right)^2}\,d\theta \\
&= 2\pi\int_0^{\pi} r\sin\theta\sqrt{a^2(1+\cos\theta)^2+(-a\sin\theta)^2}\,d\theta \\
&= 2\pi\int_0^{\pi} a(1+\cos\theta)\sin\theta\, a\sqrt{2+2\cos\theta}\,d\theta \\
&= 2\sqrt{2}\pi a^2\int_0^{\pi}(1+\cos\theta)^{3/2}\sin\theta\,d\theta \\
&= -\frac{4\sqrt{2}}{5}\pi a^2\Big[(1+\cos\theta)^{5/2}\Big]_0^{\pi} \\
&= \frac{32}{5}\pi a^2.
\end{aligned}
$$

■

[예제 6.30] 반지름이 a인 공의 겉넓이를 구하여라.

풀이 반지름이 a인 원의 중심을 원점으로 하면 x축 위의 반원의 극방정식은

$$r=a,\ 0\leq\theta\leq\pi$$

이고 이 반원을 x축에 관하여 회전했을 때 생긴 회전곡면의 겉넓이는 공의 겉넓이 S와 같으며 $\rho=r\sin\theta$이므로 겉넓이의 공식 (10)을 이용하면

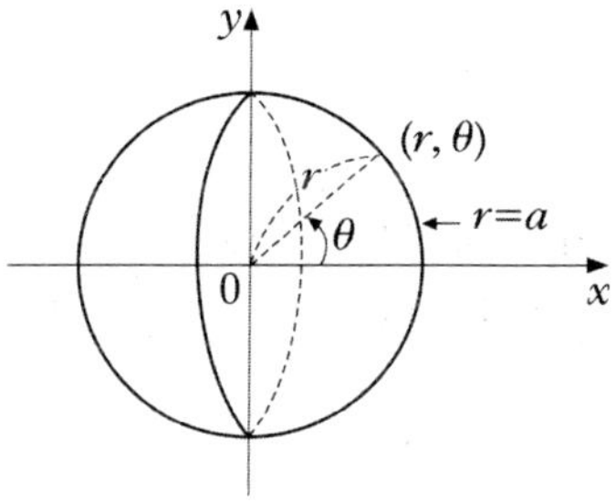

그림 6.56

$$
\begin{aligned}
S &= 2\pi\int_0^{\pi} r\sin\theta\sqrt{r^2+\left(\frac{dr}{d\theta}\right)^2}\,d\theta \\
&= 2\pi\int_0^{\pi} a\sin\theta\cdot a\,d\theta \\
&= -2\pi a^2\Big[\cos\theta\Big]_0^{\pi} \\
&= 4\pi a^2.
\end{aligned}
$$

■

참고 반지름이 a인 원의 중심을 원점으로 하면

(1) 1) x축 위의 반원의 직교방정식은 $y=\sqrt{a^2-x^2}$이므로 이 반원을 x축에 관하여 회전했을 때 생긴 공의 겉넓이는

$$S=2\pi\int_{-a}^{a} y\sqrt{1+\left(\frac{dy}{dx}\right)^2}\,dx=2\pi\int_{-a}^{a}\sqrt{a^2-x^2}\sqrt{1+\frac{x^2}{a^2-x^2}}\,dx$$
$$=2\pi a\int_{-a}^{a} dx=4\pi a^2.$$

2) y축 오른쪽의 반원의 직교방정식은 $x=\sqrt{a^2-y^2}$ 이므로 이 반원을 y축에 관하여 회전했을 때 생긴 공의 겉넓이는

$$S=2\pi\int_{-a}^{a} x\sqrt{1+\left(\frac{dx}{dy}\right)^2}\,dy=2\pi\int_{-a}^{a}\sqrt{a^2-y^2}\sqrt{1+\frac{y^2}{a^2-y^2}}\,dy$$
$$=2\pi a\int_{-a}^{a} dy=4\pi a^2.$$

(2) 원의 매개방정식은 $x=a\cos\theta$, $y=a\sin\theta$이므로 x축 위의 반원을 x축에 관하여 회전했을 때 생긴 공의 겉넓이는

$$S=2\pi\int_{0}^{\pi} y\sqrt{\left(\frac{dx}{d\theta}\right)^2+\left(\frac{dy}{d\theta}\right)^2}\,d\theta=2\pi\int_{0}^{\pi} a\sin\theta\cdot a\,d\theta$$
$$=4\pi a.$$

[예제 6.31] 원 $x^2+y^2=a^2$을 그 원의 접선 $y=-a$에 관해서 회전했을 때 생긴 회전곡면의 겉넓이를 구하여라.

풀이 원 $x^2+y^2=a^2$의 매개방정식은

$$x=a\cos\theta,\ y=a\sin\theta$$

이고 회전곡면을 만드는데 이 원의 전체를 사용하여야 하므로 θ는 0에서 2π까지 변화시켜야 한다.

또한,

$$\rho=y+a=a\sin\theta+a$$

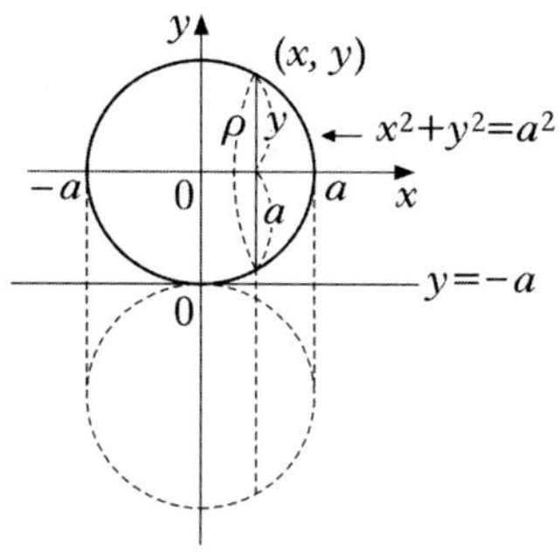

그림 6.57

이므로 겉넓이의 공식 (9)를 이용하면 구하는 겉넓이 S는

$$S=2\pi\int_{0}^{2\pi}\rho\sqrt{\left(\frac{dx}{d\theta}\right)^2+\left(\frac{dy}{d\theta}\right)^2}\,d\theta$$
$$=2\pi\int_{0}^{\pi}(a\sin\theta+a)\sqrt{(-a\sin\theta)^2+(a\cos\theta)^2}\,d\theta$$

$$= 2\pi a^2 \int_0^{\pi} (\sin\theta + 1)\, d\theta$$

$$= 2\pi a^2 \Big[-\cos\theta + \theta \Big]_0^{2\pi}$$

$$= 4\pi^2 a^2. \qquad \blacksquare$$

연습문제 (6-6)

※ 다음 곡선의 호를 x축에 관하여 회전했을 때 생긴 회전곡면의 겉넓이를 구하여라. (1~8)

1. $y = \sqrt{x},\ 0 \le x \le 1$
2. $y = a\cosh\dfrac{x}{a},\ 0 \le x \le a$
3. $4x = y^2 - 2\ln y,\ 1 \le y \le 2$
4. $6x = y^3 + 3y^{-1},\ 1 \le y \le 2$
5. $x = a(\theta - \sin\theta),\ y = a(1 - \cos\theta),\ 0 \le \theta \le 2\pi$
6. $x = e^t\cos t,\ y = e^t\sin t,\ 0 \le t \le \dfrac{\pi}{2}$
7. $x = t - a\tanh\dfrac{t}{a},\ y = a\,\mathrm{sech}\,\dfrac{t}{a},\ 0 \le t \le 2a$
8. $x = a\cos\theta,\ y = b\sin\theta\ (a > b),\ 0 \le \theta \le \dfrac{\pi}{2}$

※ 다음 곡선의 호를 y축에 관하여 회전했을 때 생긴 회전곡면의 겉넓이를 구하여라. (9~16)

9. $y = x^2,\ 0 \le x \le 2$
10. $4y = x^2 - 2\ln x,\ 1 \le x \le 3$
11. $2y = x^2 + 1,\ 0 \le x \le 1$
12. $y = a\cosh\dfrac{x}{a},\ 0 \le x \le a$
13. $x = t + 1,\ 2y = t^2 + 2t,\ 0 \le t \le 4$
14. $x = a(t - \sin t),\ y = a(1 - \sin t),\ 0 \le t \le 2\pi$
15. $x = b + a\cos\theta,\ y = a\sin\theta\ (0 < a < b),\ 0 \le \theta \le 2\pi$
16. $x = \cos\theta + \theta\sin\theta,\ y = \sin\theta - \theta\cos\theta,\ 0 \le \theta \le$

※ 극방정식으로 나타낸 다음 폐곡선을 [ ] 속의 회전축에 관하여 회전했을 때 생긴 회전곡면의 겉넓이를 구하여라. (17~26)

17. $r=2a\cos 2\theta$, [x축]

18. $r=2a\sin\theta$, [x축]

19. $x=a(1-\cos\theta)$, [theta=pi]

20. $r=4+3\cos\theta$, [x축]

21. $r=2a\cos 2\theta$,

22. $r=e$, $0\le\theta\le\pi$,

23. $r=2a\cos\theta$

24. $r=a(1-\cos\theta)$,

25. $r=a(1+\sin\theta)$,

26. $r=\sin 2\theta$, $0\le\theta\le$, [x축]

※ 다음 곡선의 호를 [ ] 속의 회전축에 관하여 회전했을 때, 생긴 회전곡면의 겉넓이를 구하여라. (27~36)

27. $y=\ln x$, $1\le x\le 2$, [$x=1$]

28. $12y=4x+3x$, $1\le x\le 2$, [$y=1$]

29. $12y=4x+3x$, $1\le x\le 2$, [$x=2$]

30. $x+y=a$, [$x=b$] ($b>a$)

31. $x=e\cos\theta$, $y=e\sin\theta$, $0\le\theta\le$, [$y=-1$]

32. $x=b\cos\theta$, $y=b\sin\theta$, [$x=a$] ($a>b>0$)

33. $r=a$, [$r=b\sec\theta$] ($b>a>0$)

34. $y=$, $1\le x\le 8$, [$y=1$]

35. $20x=$, $0\le y\le 1$, [$y=-1$]

36. $y=\cosh x$, $1\le y\le 2$, [$y=1$]

제 7 장 행렬과 행렬식

7.1 행렬의 정의

$$A=\begin{pmatrix} a_{11} & a_{12} & \cdots & a_{1n} \\ a_{21} & a_{22} & \cdots & a_{2n} \\ \vdots & \vdots & \vdots & \vdots \\ a_{m1} & a_{m2} & \cdots & a_{mn} \end{pmatrix}$$

과 같이 자연수 m과 n에 대하여 mn개의 실수(또는 복소수)를 직사각형의 모양으로 배열한 것을 **행렬**(matrix)이라 한다. 행렬은 $\boldsymbol{A}, \boldsymbol{B}$ 등과 같이 인쇄체 대문자로 표시한다.

행렬 $\boldsymbol{A}$에 들어 있는 각 수 a_{ij}를 행렬 $\boldsymbol{A}$의 **성분**(element, entry)이라 한다. $\boldsymbol{A}$에서 가로로 배열된 수열을 **행**(row), 세로로 배열된 수열을 **열**(column)이라고 하고, 제 i 행, 제 j 열의 성분을 간단히 성분 (i, j)이라고 한다. 위 행렬 $\boldsymbol{A}$에서 (i, j) 성분은 a_{ij}이다. $\boldsymbol{A}$와 같이 m개의 행, n개의 열로 된 행렬을 $\boldsymbol{m\times n}$**행렬**이라 하고 $\boldsymbol{A}=(a_{ij})$로 종종 나타낸다. 특히, 행과 열의 수가 같이 n개인 $m\times n$행렬을 $\boldsymbol{n}$**차 정방 행렬**(square matrix of ordern)이라 한다. 성분이 모두 0인 행렬을 **영행렬**(zero matrix)이라 하고 **0**로 나타낸다. 정방 행렬 $\boldsymbol{A}=(a_{ij})$에 있는 성분 $a_{11}, a_{22}, \cdots, a_{nn}$을 포함하는 대각선을 이 행렬의 **주대각선**(main diagonal)이라 하고 주대각성분이 모두 1 이고 기타 성분이 모두 0 인 행렬을 **단위 행렬**(identity matrix)이라 하고 I로 표시한다. 즉,

$$\mathbf{0}=\begin{pmatrix}0&0&\cdots&0\\0&0&\cdots&0\\\vdots&\vdots&&\vdots\\0&0&\cdots&0\end{pmatrix},\quad \boldsymbol{I}=\begin{pmatrix}1&0&\cdots&0\\0&1&\cdots&0\\\vdots&\vdots&&\vdots\\0&0&\cdots&1\end{pmatrix}$$

정방행렬 $\boldsymbol{A}$에서 $i>j$ (또는 $i<j$)일 때, $a_{ij}=0$인 행렬을 **삼각행렬**(triangular matrix)이라고 한다.

예를 들면,

$$\begin{pmatrix}1&0&0\\-2&3&0\\5&-1&2\end{pmatrix},\quad \begin{pmatrix}1&6&-1\\0&2&3\\0&0&4\end{pmatrix}$$

는 삼각행렬이다. 왼쪽은 $i<j$일때 $a_{ij}=0$인 **하삼각행렬**(lower triangular), 오른쪽은 $i>j$일때 $a_{ij}=0$인 **상삼각행렬**(upper triangular)이라고 한다.

정방행렬 $\boldsymbol{A}$에서 $i\neq j$일 때, $a_{ij}=0$인 행렬을 **대각선행렬**(diagonal matrix)이라 한다. 특히, 대각선행렬에서 모든 $a_{ij}=k$, $i=j$와 같이 일정할 때, **스칼라행렬**(scalar matrix)이라 한다.

예를 들면,

$$\begin{pmatrix}2&0&0\\0&4&0\\0&0&-1\end{pmatrix},\quad \begin{pmatrix}a_{11}&0&0\\0&a_{22}&0\\0&0&a_{33}\end{pmatrix}$$

는 대각선행렬이고,

$$\begin{pmatrix}4&0&0\\0&4&0\\0&0&4\end{pmatrix}$$

는 스칼라행렬이다.

$m\times n$행렬

$$\boldsymbol{A}=\begin{pmatrix}a_{11}&a_{12}&\cdots&a_{1n}\\a_{21}&a_{22}&\cdots&a_{2n}\\\vdots&\vdots&\vdots&\vdots\\a_{m1}&a_{m2}&\cdots&a_{mn}\end{pmatrix}$$

에서

$$\begin{matrix} \boldsymbol{a}^1 = (a_{11} & a_{12} & \cdots & a_{1n}) \\ \boldsymbol{a}^2 = (a_{21} & a_{22} & \cdots & a_{2n}) \\ \vdots \quad \vdots & \vdots & & \vdots \\ \boldsymbol{a}^m = (a_{m1} & a_{m2} & \cdots & a_{mn}) \end{matrix}$$

을 행벡터(row vector)라 하고

$$\boldsymbol{a}_1 = \begin{pmatrix} a_{11} \\ a_{21} \\ \vdots \\ a_{m1} \end{pmatrix}, \quad \boldsymbol{a}_2 = \begin{pmatrix} a_{12} \\ a_{22} \\ \vdots \\ a_{m1} \end{pmatrix}, \quad \boldsymbol{a}_3 = \begin{pmatrix} a_{1n} \\ a_{2n} \\ \vdots \\ a_{mn} \end{pmatrix}$$

을 열벡터(column)라 한다. 이들 벡터를 사용해서

$$\boldsymbol{A} = \begin{pmatrix} \boldsymbol{a}^1 \\ \boldsymbol{a}^2 \\ \vdots \\ \boldsymbol{a}^m \end{pmatrix}, \quad \boldsymbol{A} = (\boldsymbol{a}_1, \boldsymbol{a}_2, \cdots, \boldsymbol{a}_n)$$

과 같이 나타내기도 한다.

[예제 7.1] $\boldsymbol{A} = \begin{pmatrix} 1 & 2 & 3 \\ 0 & 1 & 1 \end{pmatrix}$, $\boldsymbol{B} = \begin{pmatrix} 1 & 2 \\ 3 & 4 \end{pmatrix}$의 명칭은?

풀이 (1) 2×3 행렬, (2) 2×2 행렬(2차 정방 행렬) ■

7.2 행렬의 연산

> **정의 7.1 (행렬의 상등)** 두 행렬 $\boldsymbol{A}$, $\boldsymbol{B}$가 같은 수의 행과 열을 가지고 대응하는 성분이 모두 같을 때 $\boldsymbol{A}$와 $\boldsymbol{B}$는 상등하다(equal)하고 $\boldsymbol{A} = \boldsymbol{B}$라 쓴다.

[예제 7.2] $\begin{pmatrix} a_{11} & a_{12} \\ a_{21} & a_{22} \end{pmatrix} = \begin{pmatrix} 1 & 3 \\ 0 & 2 \end{pmatrix}$이면 $a_{11} = 1$, $a_{12} = 3$, $a_{21} = 0$, $a_{22} = 2$이다. ■

> **정의 7.2 (행렬의 가법)** 행렬 $\boldsymbol{A}$, $\boldsymbol{B}$가 모두 $m\times n$행렬이라 하자. 두 행렬 $\boldsymbol{A}$와 $\boldsymbol{B}$의 대응하는 성분의 합을 대응하는 성분으로 하는 $m\times n$행렬을 $\boldsymbol{A}$와 $\boldsymbol{B}$의 합(sum)이라고 하고 $\boldsymbol{A}+\boldsymbol{B}$로 표시한다. 간단히 쓰면 $\boldsymbol{A}=(a_{ij})$, $\boldsymbol{B}=(b_{ij})$일 때, $c_{ij}=a_{ij}+b_{ij}$, $1\le i\le m$, $1\le j\le n$로 정의된 $m\times n$행렬 $\boldsymbol{C}=(c_{ij})$를 $\boldsymbol{A}+\boldsymbol{B}$라 한다.

[예제 7.3] $\boldsymbol{A}=\begin{pmatrix}1 & 2 & 5\\ 0 & 1 & -1\end{pmatrix}$, $\boldsymbol{B}=\begin{pmatrix}-3 & 2 & 1\\ 3 & 0 & 3\end{pmatrix}$

이면

$$\boldsymbol{A}+\boldsymbol{B}=\begin{pmatrix}-2 & 4 & 6\\ 1 & 1 & 2\end{pmatrix}$$

이다. 하지만 이 예제의 행렬 $\boldsymbol{A}$와 예제 7.1의 행렬은 더할 수 없다. ■

> **정의7.3 (행렬의 상수배)** 실수 k와 행렬 $\boldsymbol{A}$가 주어졌을 때, $\boldsymbol{A}$의 각 성분에 k배를 한 것을 성분으로 하는 행렬을 행렬 $\boldsymbol{A}$의 k배(scalar multiple of $\boldsymbol{A}$ by k)라 하고 $k\boldsymbol{A}$로 표시한다. 즉, $\boldsymbol{A}=(a_{ij})$일 때
>
> $$k\boldsymbol{A}=k(a_{ij})=(ka_{ij})$$
>
> 특히, $(-1)\boldsymbol{A}=-\boldsymbol{A}$로 표시한다. 나아가서 $\boldsymbol{A}+(-1)\boldsymbol{B}=\boldsymbol{A}-\boldsymbol{B}$로 쓴다.

임의의 실수 k, h와 같은 모양의 행렬 $\boldsymbol{A}$, $\boldsymbol{B}$, $\boldsymbol{C}$에 대하여 다음의 (1)~(8)이 성립한다.

(1) $(\boldsymbol{A}+\boldsymbol{B})+\boldsymbol{C}=\boldsymbol{A}+(\boldsymbol{B}+\boldsymbol{C})$
(2) $\boldsymbol{0}+\boldsymbol{A}=\boldsymbol{A}+\boldsymbol{0}=\boldsymbol{A}$
(3) $\boldsymbol{A}+(-1)\boldsymbol{A}=\boldsymbol{0}$
(4) $\boldsymbol{A}+\boldsymbol{B}=\boldsymbol{B}+\boldsymbol{A}$
(5) $k(\boldsymbol{A}+\boldsymbol{B})=k\boldsymbol{A}+k\boldsymbol{B}$
(6) $(k+h)\boldsymbol{A}=k\boldsymbol{A}+h\boldsymbol{A}$
(7) $k(h\boldsymbol{A})=(kh)\boldsymbol{A}$
(8) $1\boldsymbol{A}=\boldsymbol{A}$

[예제 7.4] $\boldsymbol{A}=\begin{pmatrix}2 & -1 & 0\\ 3 & 2 & 4\\ 0 & 5 & 1\end{pmatrix}$, $\boldsymbol{B}=\begin{pmatrix}3 & 2 & -1\\ 1 & 2 & -3\\ -2 & 0 & 2\end{pmatrix}$일 때, $\boldsymbol{A}+2\boldsymbol{B}$를 구하여라.

풀이

$$A+2B=\begin{pmatrix}2 & -1 & 0\\ 3 & 2 & 4\\ 0 & 5 & 1\end{pmatrix}+2\begin{pmatrix}3 & 2 & -1\\ 1 & 2 & -3\\ -2 & 0 & 2\end{pmatrix}$$

$$=\begin{pmatrix}2 & -1 & 0\\ 3 & 2 & 4\\ 0 & 5 & 1\end{pmatrix}+\begin{pmatrix}6 & 4 & -2\\ 2 & 4 & -6\\ -4 & 0 & 4\end{pmatrix}$$

$$=\begin{pmatrix}8 & 3 & -2\\ 5 & 6 & -2\\ -4 & 5 & 5\end{pmatrix}$$

■

정의 7.4 (행렬의 곱) 행렬 A의 열의 개수와 행렬 B의 행의 개수가 같을 때, 즉 $A=(a_{ij})$가 $m\times n$행렬 $B=(b_{ij})$가 $n\times l$행렬일 때, 곱 AB(product of A and B)는 A의 제 i 행과 B의 제 j 열의 대응하는 원소들의 곱의 합 $a_{i1}b_{1j}+a_{i2}b_{2j}+\cdots+a_{in}b_{nj}$를 (i, j)성분으로 하는 $m\times l$행렬로 정의된다. 즉,

$$C=AB=(c_{ij})$$

이면

$$c_{ij}=\sum_{k=1}^{n}a_{ik}b_{kj}=a_{i1}b_{1j}+a_{i2}b_{2j}+\cdots+a_{in}b_{nj},\quad 1\le i\le m,\quad i\le j\le n$$

이다.

[예제 7.5] 다음 행렬 A, B에 대하여 AB와 BA를 구하여라.

$$A=\begin{pmatrix}-1 & 2\\ 0 & 1\\ 4 & -3\end{pmatrix},\quad B=\begin{pmatrix}3 & 4 & 0\\ 1 & -2 & -5\end{pmatrix}$$

풀이

$$AB=\begin{pmatrix}-1 & 2\\ 0 & 1\\ 4 & -3\end{pmatrix}\begin{pmatrix}3 & 4 & 0\\ 1 & -2 & -5\end{pmatrix}$$

$$=\begin{pmatrix}-1\times3+2\times1 & -1\times4+2\times(-2) & -1\times0+2\times(-5)\\ 0\times3+1\times1 & 0\times4+1\times(-2) & 0\times0+1\times(-5)\\ 4\times3+(-3)\times1 & 4\times4+(-3)\times(-2) & 4\times0+(-3)\times(-5)\end{pmatrix}$$

$$=\begin{pmatrix}-1 & -8 & -10\\ 1 & -2 & -5\\ 9 & 22 & 15\end{pmatrix}$$

$$BA=\begin{pmatrix}3 & 4 & 0\\ 1 & -2 & -5\end{pmatrix}\begin{pmatrix}-1 & 2\\ 0 & 1\\ 4 & -3\end{pmatrix}$$

$$=\begin{pmatrix} 3\times(-1)+4\times0+0\times4 & 3\times2+4\times1+0\times(-3) \\ 1\times(-1)+(-2)\times0+(-5)\times4 & 1\times2+(-2)\times1+(-5)\times(-3) \end{pmatrix}$$

$$=\begin{pmatrix} -3 & 10 \\ -21 & 15 \end{pmatrix}$$ ■

예제 7.5에서 알 수 있듯이 행렬의 곱에 대한 교환법칙은 일반적으로 성립하지 않는다.

행렬의 곱에 대하여 다음 (1)~(3)이 성립한다.

(1) $\boldsymbol{A}(\boldsymbol{B}+\boldsymbol{C})=\boldsymbol{AB}+\boldsymbol{AC}$

(2) $(\boldsymbol{A}+\boldsymbol{B})\boldsymbol{C}=\boldsymbol{AC}+\boldsymbol{BC}$

(3) $(\boldsymbol{AB})\boldsymbol{C}=\boldsymbol{A}(\boldsymbol{BC})$

행렬의 곱에서 $\boldsymbol{A}\neq\boldsymbol{0}$, $\boldsymbol{B}\neq\boldsymbol{0}$이라도 $\boldsymbol{AB}=\boldsymbol{0}$인 경우가 있다. 예를 들어

$$\boldsymbol{A}=\begin{pmatrix} 1 & 0 \\ 1 & 0 \end{pmatrix}\neq\boldsymbol{0}, \quad \boldsymbol{B}=\begin{pmatrix} 0 & 0 \\ 1 & 1 \end{pmatrix}\neq\boldsymbol{0}$$

일 때 $\boldsymbol{AB}=\boldsymbol{0}$이다.

행렬의 행과 열을 바꾸어 놓은 행렬을 **전치 행렬**(transpose)이라 하고, 행렬 $\boldsymbol{A}=(a_{ij})$의 전치 행렬을 $\boldsymbol{A}^T=(a_{ij})^T=(a_{ji})$로 나타낸다. 예를 들어 $\boldsymbol{A}=\begin{pmatrix} 1 & 2 \\ 3 & 4 \end{pmatrix}$, $\boldsymbol{B}=(1 \quad 0)$, $\boldsymbol{C}=\begin{pmatrix} 1 \\ 2 \end{pmatrix}$의 전치 행렬은 각각 $\boldsymbol{A}^T=\begin{pmatrix} 1 & 3 \\ 2 & 4 \end{pmatrix}$, $\boldsymbol{B}^T=\begin{pmatrix} 1 \\ 0 \end{pmatrix}$, $\boldsymbol{C}^T=(1 \quad 2)$이다.

전치 행렬에 대하여 다음 (1)~(3)이 성립한다.

(1) $(\boldsymbol{A}^T)^T=\boldsymbol{A}$

(2) $(\boldsymbol{A}+\boldsymbol{B})^T=\boldsymbol{A}^T+\boldsymbol{B}^T$

(3) $(\boldsymbol{AB})^T=\boldsymbol{B}^T\boldsymbol{A}^T$

정방 행렬 $\boldsymbol{A}$에 있어서, $a_{ij}=a_{ji}$ 또는 $\boldsymbol{A}=\boldsymbol{A}^T$일 때 행렬 $\boldsymbol{A}$를 **대칭행렬**(symmetric matrix)이라 한다. 예를 들어

$$\boldsymbol{A}=\begin{pmatrix} 4 & 1 & 2 \\ 1 & 5 & 3 \\ 2 & 3 & 6 \end{pmatrix}$$

은 대칭 행렬이다. 여기서 $a_{12}=a_{21}=1$, $a_{13}=a_{31}=2$, $a_{23}=a_{32}=3$. 또한, $\boldsymbol{A}^T=-\boldsymbol{A}$인 경우에 $\boldsymbol{A}$를 **반대칭행렬**(skew-symmetric matrix)이라고 한다. 예를 들어

$$A=\begin{pmatrix} 0 & -2 & 3 \\ 2 & 0 & 4 \\ -3 & -4 & 0 \end{pmatrix}$$

는 반대칭행렬이다. 여기서 $a_{12}=-a_{21}$, $a_{13}=-a_{31}$, $a_{23}=-a_{32}$

연습문제 (7-2)

※ 다음의 각각에 대하여 $(\boldsymbol{AB})\boldsymbol{C}$와 $\boldsymbol{A}(\boldsymbol{BC})$를 구하여라. (1~2)

1. $\boldsymbol{A}=\begin{pmatrix} 2 & 1 & -1 \\ 3 & 1 & 2 \end{pmatrix}$, $\boldsymbol{B}=\begin{pmatrix} 1 & 1 \\ 2 & 0 \\ 3 & -1 \end{pmatrix}$, $\boldsymbol{C}=\begin{pmatrix} 1 \\ 3 \end{pmatrix}$

2. $\boldsymbol{A}=\begin{pmatrix} 2 & 4 & 1 \\ 3 & 0 & -1 \end{pmatrix}$, $\boldsymbol{B}=\begin{pmatrix} 1 & 1 & 0 \\ 2 & 1 & -1 \\ 3 & 1 & 5 \end{pmatrix}$, $\boldsymbol{C}=\begin{pmatrix} 1 & 2 \\ 3 & 1 \\ -1 & 4 \end{pmatrix}$

※ $\boldsymbol{A}=\begin{pmatrix} 2 & -1 & 0 \\ 0 & -2 & 1 \\ 0 & 0 & 1 \end{pmatrix}$, $\boldsymbol{B}=\begin{pmatrix} -2 & 1 & -1 \\ 1 & 2 & -2 \\ 2 & -1 & -4 \end{pmatrix}$일 때, 다음을 구하여라. (3~7)

3. $\boldsymbol{AB}$
4. $\boldsymbol{BA}$
5. $\boldsymbol{A}^T\boldsymbol{B}$
6. $\boldsymbol{B}^T\boldsymbol{A}$
7. $\boldsymbol{B}^T\boldsymbol{A}^T$

※ 다음을 구하여라. (8~9)

8. $\begin{pmatrix} 1 & 2 & 3 \\ 1 & 4 & 2 \end{pmatrix}+2\begin{pmatrix} 3 & 7 & 6 \\ 2 & -1 & 1 \end{pmatrix}$

9. $\begin{pmatrix} 1 & 2 & 3 \\ 4 & 5 & 6 \end{pmatrix}+3\begin{pmatrix} 4 & -5 & 6 \\ -2 & 3 & -5 \end{pmatrix}-2\begin{pmatrix} -2 & 4 & 1 \\ 2 & -1 & 3 \end{pmatrix}$

10. $(\boldsymbol{A}+\boldsymbol{B})^T=\boldsymbol{A}^T+\boldsymbol{B}^T$, $(k\boldsymbol{A})\boldsymbol{B}=\boldsymbol{A}(k\boldsymbol{B})$임을 증명하여라.

11. $\boldsymbol{A}=\begin{pmatrix} 2 & 2 \\ 3 & -1 \end{pmatrix}$일 때, (1) $\boldsymbol{A}^2$, $\boldsymbol{A}^3$, (2) $f(x)=x^3-2x+4$에 대하여 $f(\boldsymbol{A})$, (3) $g(x)=x^2-x-8$에 대하여 $g(\boldsymbol{A})$를 각각 구하여라.

12. $\boldsymbol{A}=\begin{pmatrix} 1 & 2 \\ 0 & 1 \end{pmatrix}$일 때 $\boldsymbol{A}^n$을 구하여라.

7.3 연립 일차방정식

여기에서는 행렬을 이용하여 연립 일차방정식의 해를 구하는 방법을 알아보도록 하자. 먼저 예제 7.6을 살펴보자.

[예제 7.6] 다음 일차연립방정식을 소거법으로 풀어라.

$$\begin{cases} 3x+2y-\ z=\ 2 \\ 4x-3y+2z=\ 7 \\ x\qquad\ +3z=10 \end{cases}$$

풀이 세 번째 방정식과 첫 번째 방정식을 교환한다.

$$\begin{cases} x\qquad\ +3z=10 \\ 4x-3y+2z=\ 7 \\ 3x+2y-\ z=\ 2 \end{cases}$$

첫 번째 방정식에 -4를 곱하여 두 번째 방정식에 더하고, 이어서 첫 번째 방정식에 -3을 곱하여 세 번째 방정식에 더한다.

$$\begin{cases} x\qquad\quad +3z=10 \\ \ -3y-10z=-33 \\ \quad 2y-10z=-28 \end{cases}$$

세 번째 방정식에 $\dfrac{1}{2}$을 곱한 다음 두 번째 방정식과 교환한다.

$$\begin{cases} x\qquad\ +\ 3z=10 \\ \quad\ y-\ 5z=-14 \\ \ -3y-10z=-33 \end{cases}$$

두 번째 방정식에 3을 곱하여 세 번째 방정식에 더한다.

$$\begin{cases} x\qquad\ +\ 3z=10 \\ \quad\ y-\ 5z=-14 \\ \qquad\ -25z=-75 \end{cases}$$

세 번째 방정식에 $-\dfrac{1}{25}$을 곱한다.

$$\begin{cases} x\qquad\ +\ 3z=10 \\ \quad\ y-\ 5z=-14 \\ \qquad\qquad z=3 \end{cases}$$

$z=3$을 두 번째 방정식에 대입하여 $y=1$을 얻고, 이들을 첫 번째 방정식에 대입하여 $x=1$을 구한다. 따라서 주어진 일차연립방정식의 해는 (1, 1, 3)이다. ■

예제 7.6을 자세히 살펴보면 미지수는 변하지 않고 계수와 상수만 변하고 있음을 알 수 있다. 연립일차방정식을 미지수는 생략하고 계수와 상수만을 가지고 나타낼 수 있을 것으로 생각할 수 있을 것이다.

미지수 x_1, x_2, $\cdots$, x_n에 관한 m개인 일차 방정식의 집합은

$$\begin{cases} a_{11}x_1 + a_{12}x_2 + \cdots + a_{1n}x_n = b_1 \\ a_{21}x_1 + a_{22}x_2 + \cdots + a_{2n}x_n = b_2 \\ \quad \vdots \qquad\quad \vdots \qquad\qquad\qquad \vdots \qquad \vdots \\ a_{m1}x_1 + a_{m2}x_2 + \cdots + a_{mn}x_n = b_m \end{cases} \tag{1}$$

모양의 방정식의 집합이다.

여기서 계수 a_{ij}와 $b_i(i=1, 2, \cdots, m; j=1, 2, \cdots, n)$은 수이고 b_i가 모두 0이면 **제차(동차)연립 방정식**(homogeneous system)이라 하고 b_i 중 적어도 하나가 0이 아니면 **비제차(비동차)연립 방정식**(nonhomogeneous system)이라고 한다. $x_1=s_1$, $x_2=s_2$, $\cdots$, $x_n=s_n$이 주어진 방정식을 만족하면 이것을 방정식의 해라 한다. 제차(동차)방정식에서 $x_1=x_2=\cdots=x_n=0$은 방정식의 해가 된다. 이것을 제차(동차)방정식의 **자명한 해**(trivial solution)라 하고 모두는 0이 아닌 제차(동차) 방정식의 해를 **자명하지 못한 해**(nontrivial solution)라 한다. 행렬의 곱에 의하여 연립 일차방정식 (1)은 간단히 $\mathbf{AX}=\mathbf{B}$로 표현할 수 있다. 이것을 **행렬방정식**(matrix equation)이라 한다. 여기서, $\mathbf{A}=(a_{ij})$는 **계수 행렬**(coefficient matrix)이고 $\mathbf{X}$와 $\mathbf{B}$는

$$\mathbf{X}=\begin{pmatrix} x_1 \\ x_2 \\ \vdots \\ x_n \end{pmatrix}, \qquad \mathbf{B}=\begin{pmatrix} b_1 \\ b_2 \\ \vdots \\ b_m \end{pmatrix}$$

이다. 또 행렬

$$\left(\begin{array}{cccc|c} a_{11} & a_{12} & \cdots & a_{1n} & b_1 \\ a_{21} & a_{22} & \cdots & a_{2n} & b_2 \\ \vdots & \vdots & \vdots & \vdots & \vdots \\ a_{m1} & a_{m2} & \cdots & a_{mn} & b_m \end{array}\right)$$

를 **확대 행렬**(augmented matrix)이라 한다.

[예제 7.7] 다음 연립 일차방정식의 계수 행렬과 확대 행렬을 구하고, 행렬 방정식을 만들어라.

$$
\begin{aligned}
2x+5y-2x+\ w &= \ \ 5\\
x-4y+3z-\ w &= -2\\
y+\ z-2w &= \ \ 2
\end{aligned}
$$

풀이 계수 행렬을 $\boldsymbol{A}$, 확대 행렬을 $\boldsymbol{B}$라 하면,

$$
\boldsymbol{A}=\begin{pmatrix} 2 & 5 & -2 & 1 \\ 1 & -4 & 3 & -1 \\ 0 & 1 & 1 & -2 \end{pmatrix},\quad \boldsymbol{B}=\left(\begin{array}{cccc|c} 2 & 5 & -2 & 1 & 5 \\ 1 & -4 & 3 & -1 & -2 \\ 0 & 1 & 1 & -2 & 2 \end{array}\right)
$$

$$
\boldsymbol{X}=\begin{pmatrix} x \\ y \\ z \\ w \end{pmatrix},\quad \boldsymbol{C}=\begin{pmatrix} 5 \\ -2 \\ 2 \end{pmatrix}
$$

라 하면 행렬 방정식은 $\boldsymbol{AX}=\boldsymbol{C}$이다. ■

두 개의 연립방정식의 해가 같으면 **동치**(equivalent)라고 한다. 연립 방정식 $\boldsymbol{AX}=\boldsymbol{B}$의 해집합을 구하기 위해 이것과 동치인 연립방정식으로 변형시켜 나가는 과정을 Gauss소거법이라 한다. 동치인 연립방정식을 얻는 과정에 사용되는 연산에는 다음과 같은 세 가지 기본연산이 있다.

기본 연산 Ⅰ : 두 방정식을 교환한다.
기본 연산 Ⅱ : 한 방정식에 0 이 아닌 상수를 곱한다.
기본 연산 Ⅲ : 한 방정식의 0 이 아닌 상수배를 다른 방정식에 더한다.

이것에 대응하는 행렬의 기본행(열)연산(elementary row(column) operation)은 다음과 같다.

연산 Ⅰ : 행렬의 두 행(열)을 교환한다. 연산 Ⅱ : 한 행(열)에 0 이 아닌 상수를 곱한다. 연산 Ⅲ : 한 행(열)의 0 이 아닌 상수배를 다른 행에 더한다.

정의 7.5 다음 조건을 만족하는 행렬을 **기약가우스 행렬**(또는 기약 행제형)(reduced row echelon form)이라 한다.

1. 한 행이 모두 0으로 되어 있지 않으면 행에서 처음으로 0이 아닌 수는 1이다.
2. 모두가 0으로 된 행이 존재하면 전부가 0은 아닌 행의 아래에 있다.
3. 모두가 0은 아닌 임의의 두 연속 행에서 아래 행의 0 아닌 첫 성분 1은 위 행의 0 아닌 첫 성분보다 오른쪽에 있다.
4. 어떤 행의 0 아닌 첫 성분 1을 가지는 열의 나머지 성분은 모두 0 이다.

위 성질 1, 2, 3만을 만족하는 행렬을 **가우스 행렬**(또는 **행제형**)(row echelon form)이라 한다.

[예제 7.8] 다음 행렬은 모두 기약 가우스 행렬이다.

$$\begin{pmatrix} 1 & 0 & 0 & 4 \\ 0 & 1 & 0 & 7 \\ 0 & 0 & 1 & -1 \end{pmatrix}, \begin{pmatrix} 1 & 0 & 0 \\ 0 & 1 & 0 \\ 0 & 0 & 1 \end{pmatrix}, \begin{pmatrix} 0 & 1 & -2 & 0 & 1 \\ 0 & 0 & 0 & 1 & 3 \\ 0 & 0 & 0 & 0 & 0 \\ 0 & 0 & 0 & 0 & 0 \end{pmatrix}$$

다음 행렬은 모두 가우스 행렬이다.

$$\begin{pmatrix} 1 & 4 & 3 & 7 \\ 0 & 1 & 6 & 2 \\ 0 & 0 & 1 & 5 \end{pmatrix}, \begin{pmatrix} 1 & 1 & 0 \\ 0 & 1 & 0 \\ 0 & 0 & 0 \end{pmatrix}, \begin{pmatrix} 0 & 1 & 2 & 6 & 0 \\ 0 & 0 & 1 & -1 & 0 \\ 0 & 0 & 0 & 0 & 1 \end{pmatrix}$$

기본 연산의 적용은 주어진 연립일차방정식의 계수와 상수에만 한다. 즉, 연립방정식의 확대행렬에만 적용시킨다. 결국 연립일차방정식의 해를 구하는 방법은 확대행렬에 위의 연산 Ⅰ~Ⅲ을 유한번 시행하여 확대행렬이 기약가우스 행렬로 변형이 되도록 하여 해를 구하는 것이다. 임의의 행렬을 기약가우스 행렬로 변형시키는 방법을 Gauss-Jordan 소거법(Gauss-Jordan reduction)이라 하고 가우스 행렬로 변형시키는 방법을 Gauss 소거법(Gauss elimination)이라 한다. 다음에 임의로 주어진 행렬을 기약가우스 행렬로 변형하는데 사용될 수 있는 단계적 절차를 설명하기로 한다.

주어진 행렬이

$$\begin{pmatrix} 2 & 2 & -1 & 1 \\ 1 & 1 & -1 & 0 \\ 3 & 2 & -3 & 1 \end{pmatrix}$$

일 때

단계 1 : 모든 수가 0은 아닌 열을 가장 왼쪽에 갖다 놓는다.

$$\begin{pmatrix} 2 & 2 & -1 & 1 \\ 1 & 1 & -1 & 0 \\ 3 & 2 & -3 & 1 \end{pmatrix}$$

↖모든 수가 0은 아닌 가장 왼쪽 열

단계 2 : 가장 왼쪽열의 1행의 성분이 0일 때는 0이 아닌 수를 포함하는 행과 1행을 교환한다. 그렇지 않으면 단계 3으로 간다.

단계 3 : 가장 왼쪽열의 1행의 성분을 $\alpha(\neq 0)$라 하면 α를 1로 만들기 위해 1행에 $\dfrac{1}{\alpha}$를 곱한다. 하지만 그 열의 다른 행에 1이 있으면 행교환을 실시한다.

$$\begin{pmatrix} 1 & 1 & -\frac{1}{2} & \frac{1}{2} \\ 1 & 1 & -1 & 0 \\ 3 & 2 & -3 & 1 \end{pmatrix} \qquad \text{1행에 } \frac{1}{2}\text{을 곱한다.}$$

또는

$$\begin{pmatrix} 1 & 1 & -1 & 0 \\ 2 & 2 & -1 & 1 \\ 3 & 2 & -3 & 1 \end{pmatrix} \qquad \text{1 행과 2 행을 교환한다.}$$

단계 4 : 1행에 적당한 수를 곱하여 1행 1열의 1을 제외한 1열의 다른 0 아닌 수들을 모두 0이 되게 한다. 여기서는 단계 3의 결과 중 두번째 결과를 이용한다.

$$\begin{pmatrix} 1 & 1 & -1 & 0 \\ 0 & 0 & 1 & 1 \\ 0 & -1 & 0 & 1 \end{pmatrix} \qquad \begin{array}{l} \text{1행에 } (-2)\text{를 곱하여 2행에 더한다.} \\ \text{1행에 } (-3)\text{을 곱하여 3행에 더한다.} \end{array}$$

단계 5 : 1행은 그대로 두고 행렬의 나머지 부분에 대하여 기약가우스 행렬이 될 때까지 단계 1부터 다시 시작하여 계속한다. 성분이 모두 0인 행은 행렬 제일 아래 행으로 보낸다.

$$\begin{pmatrix} 1 & 1 & -1 & 0 \\ 0 & -1 & 0 & 1 \\ 0 & 0 & 1 & 1 \end{pmatrix}$$ 나머지 행렬의 1행과 2행을 교환한다.

$$\begin{pmatrix} 1 & 1 & -1 & 0 \\ 0 & 1 & 0 & -1 \\ 0 & 0 & 1 & 1 \end{pmatrix}$$ 나머지 행렬의 1행에 (-1)을 곱한다.

단계 6 : 마지막 0이 아닌 행에서 시작하여 2행의 처음 0 아닌 성분 1 보다 위쪽이 모두 0 이 되도록 적당한 수를 곱해서 위쪽 행에 더한다.

$$\begin{pmatrix} 1 & 1 & 0 & 1 \\ 0 & 1 & 0 & -1 \\ 0 & 0 & 1 & 1 \end{pmatrix}$$ 3행을 1행에 더한다.

$$\begin{pmatrix} 1 & 0 & 0 & 2 \\ 0 & 1 & 0 & -1 \\ 0 & 0 & 1 & 1 \end{pmatrix}$$ 2행에 (-1)를 곱하여 1행에 더한다.

이것으로 기약가우스 행렬이 얻어졌다.

[예제 7.9] 다음 연립방정식의 해를 가우스 조단 소거법에 의해 구하여라.

$$\begin{cases} x+\ \ y+2z=\ 8 \\ 3x+5y+8z=24 \\ 5x+8y+9z=28 \end{cases}$$

풀이 이 방정식의 확대행렬은

$$\left(\begin{array}{ccc|c} 1 & 1 & 2 & 8 \\ 3 & 5 & 8 & 24 \\ 5 & 8 & 9 & 28 \end{array}\right)$$

이고 여기에 적절한 기본행연산을 적용해보면 다음과 같이 변환시킬 수 있다.

$$\left(\begin{array}{ccc|c} 1 & 1 & 2 & 8 \\ 3 & 5 & 8 & 24 \\ 5 & 8 & 9 & 28 \end{array}\right) \xrightarrow[1\text{행}\times(-5)+3\text{행}]{1\text{행}\times(-3)+2\text{행}} \left(\begin{array}{ccc|c} 1 & 1 & 2 & 8 \\ 0 & 2 & 2 & 0 \\ 0 & 3 & -1 & -12 \end{array}\right)$$

$$\xrightarrow{2\text{행}\times\left(\frac{1}{2}\right)} \left(\begin{array}{ccc|c} 1 & 1 & 2 & 8 \\ 0 & 1 & 1 & 0 \\ 0 & 3 & -1 & -12 \end{array}\right) \xrightarrow{2\text{행}\times(-3)+3\text{행}} \left(\begin{array}{ccc|c} 1 & 1 & 2 & 8 \\ 0 & 1 & 1 & 0 \\ 0 & 0 & -4 & -12 \end{array}\right)$$

$$\xrightarrow{3\text{행}\times\left(-\frac{1}{4}\right)} \left(\begin{array}{ccc|c} 1 & 1 & 2 & 8 \\ 0 & 1 & 1 & 0 \\ 0 & 0 & 1 & 3 \end{array}\right) \xrightarrow[3\text{행}\times(-2)+1\text{행}]{3\text{행}\times(-1)+2\text{행}} \left(\begin{array}{ccc|c} 1 & 1 & 0 & 2 \\ 0 & 1 & 0 & -3 \\ 0 & 0 & 1 & 3 \end{array}\right)$$

$$\xrightarrow{2\text{행}\times(-1)+1\text{행}} \left(\begin{array}{ccc|c} 1 & 0 & 0 & 5 \\ 0 & 1 & 0 & -3 \\ 0 & 0 & 1 & 3 \end{array}\right)$$

위의 결과로부터 마지막에 주어진 첨가행렬을 연립일차방정식 형태로 나타내면 $x=5$, $y=-3$, $z=3$인 해를 얻는다. ■

[예제 7.10] 연립 일차방정식을 푸는 경우 기약가우스 행렬로의 변환보다는 확대 행렬을 가우스행렬로 변환시키는 Gauss 소거법을 사용하는 것이 편리한 경우가 있다. 이 경우 대응 연립방정식을 후진대입법이라는 기법에 의해 풀 수 있다. 예제 7.9에서 구한 확대행렬의 가우스행렬은

$$\left(\begin{array}{ccc|c} 1 & 1 & 2 & 8 \\ 0 & 1 & 1 & 0 \\ 0 & 0 & 1 & 3 \end{array}\right)$$

이었다. 따라서 다음 연립방정식을 풀면 된다.

$$\begin{aligned} x+y+2z &= 8 \\ y+\ z &= 0 \\ z &= 3 \end{aligned}$$

단계 1 : 선두의 변수에 관하여 방정식을 푼다.

$$x=8-y-2z, \quad y=-z, \quad z=3$$

단계 2 : 아래쪽에 있는 변수에서부터 차례로 위쪽의 같은 변수에 대입함으로써 소거하는 작업을 한다.

$z=3$을 $y=-z$에 대입하면 $y=-3$

$z=3$, $y=-3$를 $x=8-y-2z$에 대입하면 $x=5$

이고 예제 7.9에서 구한 해와 같다.

연습문제 (7–3)

※ 다음 연립일차방정식의 해를 (1) 가우스 소거법을 이용하여 구하여라. 또 (2) 가우

스 조단 소거법을 이용하여 구하여라. (1~10)

1. $\begin{cases} 4x - y = 7 \\ -2x + 5y = 1 \end{cases}$

2. $\begin{cases} 3x - 2y = 9 \\ -x + 6y = -3 \end{cases}$

3. $\begin{cases} 2x - y + z = 0 \\ x + 2x - 3z = 0 \end{cases}$

4. $\begin{cases} 2x + 3y + 4z = 1 \\ 5x + 6y + 7z = 2 \\ 8x + 9y + 10z = 4 \end{cases}$

5. $\begin{cases} x + y + z = 0 \\ 2x + 5y + 3z = 1 \\ -x + 2y + z = 2 \end{cases}$

6. $\begin{cases} 2x + y + 2z = -1 \\ x + z = -1 \\ -x + 3y - 2z = 7 \end{cases}$

7. $\begin{cases} 3x + y - 2z = 1 \\ 2x - y - 2z = -1 \end{cases}$

8. $\begin{cases} x - 3y + 2z = 2 \\ 5x - 15y + 7z = 10 \end{cases}$

9. $\begin{cases} x + 2y - 8z = 0 \\ 2x - 3y + 5z = 0 \\ 3x + 2y - 12z = 0 \end{cases}$

10. $\begin{cases} x + y + z = b_1 \\ 2x + z = b_2 \\ x + 2y = b_3 \end{cases}$

7.4 역행렬

$\boldsymbol{A}$를 정방 행렬, $\boldsymbol{I}$를 단위행렬이라 할 때,

$$\boldsymbol{AX} = \boldsymbol{XA} = \boldsymbol{I}$$

인 정방 행렬 $\boldsymbol{X}$가 존재하면 $\boldsymbol{X}$를 $\boldsymbol{A}$의 역행렬이라 하고 $\boldsymbol{X} = \boldsymbol{A}^{-1}$로 나타낸다. 즉

$$\boldsymbol{AA}^{-1} = \boldsymbol{A}^{-1}\boldsymbol{A} = \boldsymbol{I}$$

역행렬을 가지는 $\boldsymbol{A}$를 **정칙 행렬**(nonsingular matrix)이라 한다.

역행렬은 다음과 같은 성질을 가진다.

(1) $(\boldsymbol{A}^{-1})^{-1} = \boldsymbol{A}$

(2) $(\boldsymbol{AB})^{-1} = \boldsymbol{B}^{-1}\boldsymbol{A}^{-1}$

(3) $(\boldsymbol{A}^{T})^{-1} = (\boldsymbol{A}^{-1})^{T}$

[예제 7.11] 행렬 $\boldsymbol{A} = \begin{pmatrix} 1 & 2 \\ 3 & 4 \end{pmatrix}$의 역행렬을 구하여라.

풀이 $A^{-1}=\begin{pmatrix} x & y \\ z & w \end{pmatrix}$라 하면,

$$\begin{pmatrix} 1 & 2 \\ 3 & 4 \end{pmatrix}\begin{pmatrix} x & y \\ z & w \end{pmatrix}=\begin{pmatrix} x+2z & y+2w \\ 3x+4z & 3y+4w \end{pmatrix}\begin{pmatrix} 1 & 0 \\ 0 & 1 \end{pmatrix}$$

따라서

$$\begin{cases} x+2z=1 & y+2w=0 \\ 3x+4z=0\,, & 3y+4w=1 \end{cases}$$

의 연립 일차방정식을 얻는다.

이것을 풀면,

$$x=-2,\quad y=1,\quad z=\frac{3}{2},\quad w=-\frac{1}{2}$$

을 얻는다.

따라서

$$A^{-1}=\begin{pmatrix} -2 & 1 \\ \dfrac{3}{2} & -\dfrac{1}{2} \end{pmatrix}$$ ■

[예제 7.12] $A=\begin{pmatrix} 1 & 2 & 3 \\ 2 & 5 & 3 \\ 1 & 0 & 8 \end{pmatrix}$의 역행렬을 Gauss-Jordan 소거법을 이용하여 구하여라.

풀이 먼저 다음과 같은 모양의 확대행렬을 만든다.

$$(A|I)=\left(\begin{array}{ccc|ccc} 1 & 2 & 3 & 1 & 0 & 0 \\ 2 & 5 & 3 & 0 & 1 & 0 \\ 1 & 0 & 8 & 0 & 0 & 1 \end{array}\right)$$

$$\left(\begin{array}{ccc|ccc} 1 & 2 & 3 & 1 & 0 & 0 \\ 0 & 1 & -3 & -2 & 1 & 0 \\ 0 & -2 & 5 & -1 & 0 & 1 \end{array}\right)$$ 제1행을 (-2)배하고 제2행에 더하고 제1행을 (-1)배하고 제3행에 더한다.

$$\left(\begin{array}{ccc|ccc} 1 & 2 & 3 & 1 & 0 & 0 \\ 0 & 1 & -3 & -2 & 1 & 0 \\ 0 & 0 & -1 & -5 & 2 & 1 \end{array}\right)$$ 제2행을 2배 하여 제3행에 더한다.

$$\left(\begin{array}{ccc|ccc} 1 & 2 & 3 & 1 & 0 & 0 \\ 0 & 1 & -3 & -2 & 1 & 0 \\ 0 & 0 & 1 & 5 & -2 & -1 \end{array}\right)$$ 제3행을 (-1)배 한다.

$$\left(\begin{array}{ccc|ccc} 1 & 2 & 0 & -14 & 6 & 3 \\ 0 & 1 & 0 & 13 & -5 & -3 \\ 0 & 0 & 1 & 5 & -2 & -1 \end{array}\right)$$ 제3행을 3배하여 제2행에 더하고 제3행을 (-3)배하여 제1행에 더한다.

$$\left(\begin{array}{ccc|ccc} 1 & 0 & 0 & -40 & 16 & 9 \\ 0 & 1 & 0 & 13 & -5 & -3 \\ 0 & 0 & 1 & 5 & -2 & -1 \end{array}\right)$$ 제2행을 (-2)배해서 제1행에 더한다.

따라서

$$A^{-1} = \begin{pmatrix} -40 & 16 & 9 \\ 13 & -5 & -3 \\ 5 & -2 & -1 \end{pmatrix}$$ ■

행렬 방정식 $\boldsymbol{AX}=\boldsymbol{B}$에서 $\boldsymbol{A}$가 정칙 행렬이면 역행렬을 가지므로 양변에 $\boldsymbol{A}^{-1}$을 곱하여 $\boldsymbol{A}^{-1}\boldsymbol{AX}=\boldsymbol{A}^{-1}\boldsymbol{B}$ 즉, $\boldsymbol{X}=\boldsymbol{A}^{-1}\boldsymbol{B}$인 해를 구할 수 있다.

[예제 7.13] 다음 연립 일차 방정식의 해를 구하여라.

$$\begin{aligned} x_1 + 2x_2 + 3x_3 &= 5 \\ 2x_1 + 5x_2 + 3x_3 &= 3 \\ x_1 \qquad + 8x_3 &= 17 \end{aligned}$$

풀이

$$\boldsymbol{A} = \begin{pmatrix} 1 & 2 & 3 \\ 2 & 5 & 3 \\ 1 & 0 & 8 \end{pmatrix}, \quad \boldsymbol{X} = \begin{pmatrix} x_1 \\ x_2 \\ x_3 \end{pmatrix}, \quad \boldsymbol{B} = \begin{pmatrix} 5 \\ 3 \\ 17 \end{pmatrix}$$

이라 놓으면, $\boldsymbol{AX}=\boldsymbol{B}$꼴로 나타낼 수 있다. 그런데 예제 7.12 에서 본 바와 같이 $\boldsymbol{A}$는 정칙이고,

$$\boldsymbol{A}^{-1} = \begin{pmatrix} -40 & 16 & 9 \\ 13 & -5 & -3 \\ 5 & -2 & -1 \end{pmatrix}$$

이므로 연립 일차방정식의 해는

$$\boldsymbol{X} = \boldsymbol{A}^{-1}\boldsymbol{B} = \begin{pmatrix} -40 & 16 & 9 \\ 13 & -5 & -3 \\ 5 & -2 & -1 \end{pmatrix}\begin{pmatrix} 5 \\ 3 \\ 17 \end{pmatrix} = \begin{pmatrix} 1 \\ -1 \\ 2 \end{pmatrix}$$

즉, $x_1=1$, $x_2=-1$, $x_3=2$임을 알 수 있다. ■

연습문제 (7-4)

1. 다음 행렬의 역행렬을 구하여라.

(1) $\begin{pmatrix} 3 & 2 \\ 7 & 5 \end{pmatrix}$ (2) $\begin{pmatrix} 1 & 3 \\ 3 & 5 \end{pmatrix}$ (3) $\begin{pmatrix} 2 & -3 \\ 1 & 3 \end{pmatrix}$

(4) $\begin{pmatrix} 1 & -1 & 2 \\ 2 & -1 & 7 \\ 1 & -1 & 3 \end{pmatrix}$ (5) $\begin{pmatrix} 1 & 1 & 1 \\ 1 & -1 & 2 \\ 2 & 3 & 1 \end{pmatrix}$ (6) $\begin{pmatrix} 1 & 0 & -1 \\ 0 & 2 & 2 \\ 1 & 1 & -1 \end{pmatrix}$

2. 역행렬을 이용하여 다음 연립 일차방정식의 해를 구하여라.

(1) $\begin{aligned} x_1+2x_2 &= 7 \\ 2x_1+5x_2 &= -3 \end{aligned}$

(2) $\begin{aligned} 3x_1-6x_2 &= 8 \\ 2x_1+5x_2 &= 1 \end{aligned}$

(3) $\begin{aligned} x_1+2x_2+2x_3 &= -1 \\ x_1+3x_2+x_3 &= 4 \\ x_1+3x_2+2x_3 &= 3 \end{aligned}$

(4) $\begin{aligned} 2x_1+x_2+x_3 &= 7 \\ 3x_1+2x_2+x_3 &= -3 \\ x_2+x3 &= 5 \end{aligned}$

(5) $\begin{aligned} 3x_1+5x_2 &= a_1 \\ x_1+2x_2 &= a_2 \end{aligned}$

(6) $\begin{aligned} x_1+2x_2+3x_3 &= a_1 \\ 2x_1+5x_2+5x_3 &= a_2 \\ 3x_1+5x_2+8x_3 &= a_3 \end{aligned}$

7.5 행렬식의 정의

자연수의 집합 $\{1, 2, \cdots, n\}$의 **순열**(permutation)이란 이 집합의 원소를 빠지거나 중복됨이 없이 어떤 순서로 나열한 것이다. 일반적으로 집합 $\{1, 2, \cdots, n\}$은 $n!$개의 순열을 가진다. 집합 $\{1, 2, \cdots, n\}$의 순열을 일반적으로 나타내기 위하여 $(j_1\ j_2\ \cdots\ j_n)$이라는 기호를 사용한다. 순열 $(j_1\ j_2\ \cdots\ j_n)$에 있어서 어떤 큰 자연수가 작은 자연수보다 먼저 나타나 있을 때 **전도**(또는 **역위**)(inversion)되어 있다고 한다. 순열 속에 들어있는 전도의 개수에 따라 순열을 두 종류로 나눈다. 일반적으로 전도의 개수가 짝수이면 **우순열**(even permutation), 홀수이면 **기순열**(odd permutation)이라 한다.

[예제 7.14] 다음 순열의 종류를 말하여라.

(1) (6 1 3 4 5 2) (2) (2 4 1 3) (3) (1 2 3 4)

풀이 (1) $5+0+1+1+1=8$ 우순열

(2) $1+2+0=3$ 기순열

(3) 0 우순열 ■

n차 정방 행렬

$$A=\begin{pmatrix} a_{11} & a_{12} & \cdots & a_{1n} \\ a_{21} & a_{22} & \cdots & a_{2n} \\ \vdots & \vdots & \vdots & \vdots \\ a_{n1} & a_{n2} & \cdots & a_{nn} \end{pmatrix}$$

에 대하여 각 행에서 하나, 각 열에서 하나씩 중복되지 않게 n개의 수를 택하여 곱한 것을 A의 **기본곱**이라 한다. n차 정방 행렬은 $n!$개의 기본곱을 갖는다. 이들은 $a_{1j_1}\ a_{2j_2}\ \cdots\ a_{nj_n}$ 모양으로 나타내어 진다. 여기서 $(j_1\ j_2\ \cdots\ j_n)$은 $\{1,\ 2,\ \cdots,\ n\}$으로 이루어진 순열이다. 이 순열의 전도의 개수를 J라 할 때 $(-1)^J$은 우순열일 때 $+$, 기순열일 때 $-$가 된다.

모든 순열에 대한

$$(-1)^J a_{1j_1}a_{2j_2}\cdots\ a_{nj_n}$$

의 $n!$개의 기본곱의 대수합

$$\sum(-1)^J a_{1j_1}a_{2j_2}\cdots\ a_{nj_n}$$

을 행렬 A의 **행렬식**(determinant)이라 한다. A의 행렬식은 $|A|$ 또는 $\det(A)$로 나타낸다. 즉, 행렬식은 다음과 같이 나타낸다.

$$|A|=\begin{vmatrix} a_{11} & a_{12} & \cdots & a_{1n} \\ a_{21} & a_{22} & \cdots & a_{2n} \\ \vdots & \vdots & \vdots & \vdots \\ a_{n1} & a_{n2} & \cdots & a_{nn} \end{vmatrix}$$

[예제 7.15] (1) $\begin{vmatrix} a_{11} & a_{12} \\ a_{21} & a_{22} \end{vmatrix}=(-1)^0a_{11}a_{22}+(-1)^1a_{12}a_{21}=a_{11}a_{22}-a_{12}a_{21}$

$$(2)\ \begin{vmatrix} a_{11} & a_{12} & a_{13} \\ a_{21} & a_{22} & a_{23} \\ a_{31} & a_{32} & a_{33} \end{vmatrix} = (-1)^0 a_{11}a_{22}a_{33} + (-1)^2 a_{12}a_{23}a_{31} + (-1)^2 a_{13}a_{21}a_{32}$$

$$+ (-1)^1 a_{11}a_{23}a_{32} + (-1)^1 a_{12}a_{21}a_{33} + (-1)^3 a_{13}a_{22}a_{31}$$

$$= a_{11}a_{22}a_{33} + a_{12}a_{23}a_{31} + a_{13}a_{21}a_{32}$$

$$- a_{11}a_{23}a_{32} - a_{12}a_{21}a_{33} - a_{13}a_{22}a_{31}$$

2차 행렬식과 3차 행렬식은 다음 그림과 같이 기억하면 편리하다. 이것을 Sarrus의 법칙이라 한다.

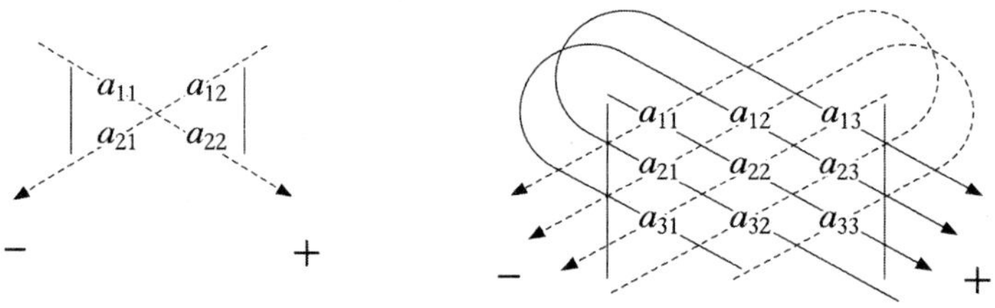

그림 7.1

[예제 7.16] 다음 행렬식의 값을 구하여라.

(1) $\begin{vmatrix} 3 & 1 \\ 4 & -2 \end{vmatrix}$ (2) $\begin{vmatrix} 1 & 2 & 3 \\ -4 & 5 & 6 \\ 7 & -8 & 9 \end{vmatrix}$

풀이 (1) $\begin{vmatrix} 3 & 1 \\ 4 & -2 \end{vmatrix} = 3\cdot(-2) - 1\cdot 4 = -6 - 4 = -10$

(2) $\begin{vmatrix} 1 & 2 & 3 \\ -4 & 5 & 6 \\ 7 & -8 & 9 \end{vmatrix}$

$= 1\cdot 5\cdot 9 + (-8)\cdot(-4)\cdot 3 + 7\cdot 2\cdot 6 - 3\cdot 5\cdot 7 - (-8)\cdot 6\cdot 1 - 9\cdot 2\cdot(-4)$

$= 45 + 96 + 84 - 105 + 48 + 72 = 240$ ■

연습문제 (7–5)

1. $\{1, 2, 3, 4, 5\}$의 다음 순열 (1)~(6)에 대하여 우순열인지, 기순열인지 구별하여라.

(1) (3 4 1 5 2)　　(2) (4 2 5 3 1)　　(3) (5 4 3 2 1)

(4) (1 2 3 4 5)　　(5) (1 3 5 4 2)　　(6) (2 3 5 4 1)

2. 다음 (1)~(10)의 행렬식의 값을 구하여라.

(1) $\begin{vmatrix} 1 & 2 \\ -1 & 3 \end{vmatrix}$　　(2) $\begin{vmatrix} k-1 & 2 \\ 4 & k-3 \end{vmatrix}$　　(3) $\begin{vmatrix} 1 & 2 & 4 \\ 2 & 3 & -7 \\ 3 & 4 & 10 \end{vmatrix}$

(4) $\begin{vmatrix} 7 & 11 & 4 \\ 13 & 15 & 10 \\ 3 & 9 & 6 \end{vmatrix}$　　(5) $\begin{vmatrix} x & 1 & 2 \\ x^2 & 2x+1 & x^3 \\ 0 & 3x-2 & x^2+1 \end{vmatrix}$　　(6) $\begin{vmatrix} 1 & -2 & 7 \\ 3 & 5 & 1 \\ 4 & 3 & 8 \end{vmatrix}$

(7) $\begin{vmatrix} 8 & 2 & -1 \\ -3 & 4 & -6 \\ 1 & 7 & 2 \end{vmatrix}$　　(8) $\begin{vmatrix} 1 & 0 & 3 \\ 4 & 0 & -1 \\ 2 & 8 & 6 \end{vmatrix}$　　(9) $\begin{vmatrix} k & -3 & 9 \\ 2 & 4 & k+1 \\ 1 & k^2 & 3 \end{vmatrix}$

(10) $\begin{vmatrix} x & y & z \\ x^2 & y^2 & z^2 \\ x^3 & y^3 & z^3 \end{vmatrix}$

7.6 행렬식의 성질

행렬식에서 성립하는 성질들을 살펴보기로 하자.

> (1) 행과 열을 교환하여 만든 행렬식의 값은 원래 행렬식의 값과 같다.

예 1) $\begin{vmatrix} 1 & 2 & 3 \\ 1 & 0 & 1 \\ 1 & 1 & -1 \end{vmatrix} = 1\cdot 0\cdot(-1)+1\cdot 1\cdot 3+1\cdot 2\cdot 1-3\cdot 0\cdot 1-1\cdot 1\cdot 1-(-1)\cdot 2\cdot 1$

$=0+3+2-0-1+2=6$

$\begin{vmatrix} 1 & 1 & 1 \\ 2 & 0 & 1 \\ 3 & 1 & -1 \end{vmatrix} = 1\cdot 0\cdot(-1)+1\cdot 2\cdot 1+3\cdot 1\cdot 1-1\cdot 0\cdot 3-1\cdot 1\cdot 1-(-1)\cdot 1\cdot 2$

$=0+2+3-0-1+2=6$

(2) 두 행(또는 두 열)을 서로 바꾸면 행렬식의 값은 부호만 바뀐다.

예 2) 예 1)의 행렬식에서 두 행 2행과 3행을 교환하면

$$\begin{vmatrix} 1 & 2 & 3 \\ 1 & 1 & -1 \\ 1 & 0 & 1 \end{vmatrix} = 1\cdot1\cdot1+0\cdot1\cdot3+1\cdot2\cdot(-1)-3\cdot1\cdot1-0\cdot(-1)\cdot1-1\cdot2\cdot1$$

$$=1+0-2-3-0-2=-6$$

(3) 두 행(또는 두 열)이 서로 같으면 행렬식의 값은 0이다.

예 3) $\begin{vmatrix} 1 & 2 & 3 \\ 1 & 2 & 3 \\ 1 & 1 & 1 \end{vmatrix} = 1\cdot2\cdot1+1\cdot1\cdot3+1\cdot2\cdot3-3\cdot2\cdot1-1\cdot3\cdot1-1\cdot2\cdot1$

$$=2+3+6-6-3-2=0$$

(4) 한 행(또는 한 열)의 각 원소에 같은 수 c를 곱하여 얻어지는 행렬식의 값은 본래 행렬식의 값에 c를 곱한 것과 같다. (이것은 한 행(또는 한 열)의 공통 인수는 행렬식 기호 밖으로 끌어낼 수 있다고 이해해도 된다.)

예 4) 예 1)의 행렬식의 제1행의 각 원소에 2를 곱하면

$$\begin{vmatrix} 2 & 4 & 6 \\ 1 & 0 & 1 \\ 1 & 1 & -1 \end{vmatrix} = 2\cdot0\cdot(-1)+1\cdot1\cdot6+1\cdot4\cdot1-6\cdot0\cdot1-1\cdot1\cdot2-(-1)\cdot4\cdot1$$

$$=0+6+4-0-2+4=12$$

$$2\begin{vmatrix} 1 & 2 & 3 \\ 1 & 0 & 1 \\ 1 & 1 & -1 \end{vmatrix} = 12$$

(5) 한 행(또는 한 열)의 모든 원소가 0이면 행렬식의 값은 0이다.

예 5) $\begin{vmatrix} 1 & 2 & 3 \\ 0 & 0 & 0 \\ 1 & 1 & -1 \end{vmatrix} = 1\cdot0\cdot(-1)+1\cdot0\cdot3+1\cdot2\cdot0-3\cdot0\cdot1-1\cdot0\cdot1-(-1)\cdot2\cdot0=0$

(6) 한 행(또는 한 열)에 어떤 상수를 곱해서 다른 행(또는 다른 열)에 더하여도 행렬식의 값은 변하지 않는다.

예 6) 예 1)의 행렬식의 제2행에 2배하여 3행에 더하면

$$\begin{vmatrix} 1 & 2 & 3 \\ 1 & 0 & 1 \\ 3 & 1 & 1 \end{vmatrix} = 1\cdot0\cdot1+1\cdot1\cdot3+3\cdot2\cdot1-3\cdot0\cdot3-1\cdot1\cdot1-1\cdot2\cdot1$$

$$=0+3+6-0-1-2=6$$

(7) $\boldsymbol{A}$와 $\boldsymbol{B}$가 n차 정방행렬이면 $|\boldsymbol{AB}|=|\boldsymbol{A}||\boldsymbol{B}|$이다.

예 7) $\boldsymbol{A}=\begin{pmatrix} 1 & 2 \\ 3 & 4 \end{pmatrix}$, $\boldsymbol{B}=\begin{pmatrix} 2 & -1 \\ 1 & 2 \end{pmatrix}$일때, $\boldsymbol{AB}=\begin{pmatrix} 4 & 3 \\ 10 & 5 \end{pmatrix}$이고 $|\boldsymbol{AB}|=-10$

$|\boldsymbol{A}|=-2$이고 $|\boldsymbol{B}|=5$이므로 $|\boldsymbol{A}||\boldsymbol{B}|=-10$.

[예제 7.17] $\begin{vmatrix} 0 & 1 & 5 \\ 3 & -6 & 9 \\ 2 & 6 & 1 \end{vmatrix}$을 계산하여라.

풀이

$$\begin{vmatrix} 0 & 1 & 5 \\ 3 & -6 & 9 \\ 2 & 6 & 1 \end{vmatrix} = -\begin{vmatrix} 3 & -6 & 9 \\ 0 & 1 & 5 \\ 2 & 6 & 1 \end{vmatrix}$$ 제1행과 제2행을 교환한다.

$$= -3\begin{vmatrix} 1 & -2 & 3 \\ 0 & 1 & 5 \\ 2 & 6 & 1 \end{vmatrix}$$ 제1행의 공통인수 3을 밖으로 끌어낸다.

$$= -3\begin{vmatrix} 1 & -2 & 3 \\ 0 & 1 & 5 \\ 0 & 10 & -5 \end{vmatrix}$$ 제1행에 (-2)배하여 제3행에 더한다.

$$= -3\begin{vmatrix} 1 & -2 & 3 \\ 0 & 1 & 5 \\ 0 & 0 & -55 \end{vmatrix}$$ 제2행에 (-10)배하여 제3행에 더한다.

$$= (-3)(-55)\begin{vmatrix} 1 & -2 & 3 \\ 0 & 1 & 5 \\ 0 & 0 & 1 \end{vmatrix}$$

$$= (-3)(-55)(1) = 165$$ ■

[예제 7.18] $\begin{vmatrix} 1 & 3 & -2 & 4 \\ 2 & 6 & -4 & 8 \\ 3 & 9 & 1 & 5 \\ 1 & 1 & 4 & 8 \end{vmatrix}$을 계산하여라.

풀이 $\begin{vmatrix} 1 & 3 & -2 & 4 \\ 2 & 6 & -4 & 8 \\ 3 & 9 & 1 & 5 \\ 1 & 1 & 4 & 8 \end{vmatrix} = \begin{vmatrix} 1 & 3 & -2 & 4 \\ 0 & 0 & 0 & 0 \\ 3 & 9 & 1 & 5 \\ 1 & 1 & 4 & 8 \end{vmatrix}$ 제1행에 (-2)배하여 제 2 행에 더한다.

$= 0$ ■

> (8) 한 행(또는 한 열)이 두 수의 합으로 되어있으면, 주어진 행렬식의 값은 각각을 행렬식으로 만든 두 행렬식의 값의 합과 같다.

[예제 7.19] $\begin{vmatrix} a_{11}+a_{11}' & a_{12} \\ a_{21}+a_{21}' & a_{22} \end{vmatrix} = \begin{vmatrix} a_{11} & a_{12} \\ a_{21} & a_{22} \end{vmatrix} + \begin{vmatrix} a_{11}' & a_{12} \\ a_{21}' & a_{22} \end{vmatrix}$를 증명하여라.

풀이
$$\begin{aligned} \begin{vmatrix} a_{11}+a_{11}' & a_{12} \\ a_{21}+a_{21}' & a_{22} \end{vmatrix} &= (a_{11}+a_{11}')a_{22}-(a_{21}+a_{21}')a_{12} \\ &= a_{11}a_{22}+a_{11}'a_{22}-a_{21}a_{12}-a_{21}'a_{12} \\ &= a_{11}a_{22}-a_{21}a_{12}+a_{11}'a_{22}-a_{21}'a_{12} \\ &= \begin{vmatrix} a_{11} & a_{12} \\ a_{21} & a_{22} \end{vmatrix} + \begin{vmatrix} a_{11}' & a_{12} \\ a_{21}' & a_{22} \end{vmatrix} \end{aligned}$$
■

> (9) 만일 행렬 A가 삼각행렬이면, $\det(A)$는 주대각선 성분들의 곱과 같다.

예 8)
$$\begin{vmatrix} 5 & -7 & 2 & 2 \\ 0 & 3 & 0 & -4 \\ -5 & -8 & 0 & 3 \\ 0 & 5 & 0 & -6 \end{vmatrix} \xrightarrow{1\text{행}\times 1+3\text{행}} \begin{vmatrix} 5 & -7 & 2 & 2 \\ 0 & 3 & 0 & -4 \\ 0 & -15 & 2 & 5 \\ 0 & 5 & 0 & -6 \end{vmatrix} \xrightarrow[2\text{행}\times\left(-\frac{5}{3}\right)+4\text{행}]{2\text{행}\times 5+3\text{행}}$$
$$\begin{vmatrix} 5 & -7 & 2 & 2 \\ 0 & 3 & 0 & -4 \\ 0 & 0 & 2 & -15 \\ 0 & 0 & 0 & \frac{2}{3} \end{vmatrix} = 5\times 3\times 2\times \frac{2}{3} = 20$$

연습문제 (7-6)

1. 다음 행렬식의 값을 구하여라.

(1) $\begin{vmatrix} 1 & 2 & 3 \\ 4 & 5 & 6 \\ 7 & 8 & 9 \end{vmatrix}$ (2) $\begin{vmatrix} 1 & 2 & 3 \\ 3 & 6 & 7 \\ 1 & 2 & 3 \end{vmatrix}$

(3) $\begin{vmatrix} 3 & -1 & 2 \\ 6 & -2 & 4 \\ 1 & 7 & 3 \end{vmatrix}$ (4) $\begin{vmatrix} 1 & a & b+c \\ 1 & b & c+a \\ 1 & c & a+b \end{vmatrix}$

(5) $\begin{vmatrix} 2 & 1 & 8 \\ 3 & 4 & 2 \\ 1 & 7 & 5 \end{vmatrix}$ (6) $\begin{vmatrix} 2 & 1 & 3 & 1 \\ 1 & 0 & 1 & 1 \\ 0 & 2 & 1 & 0 \\ 0 & 1 & 2 & 3 \end{vmatrix}$

(7) $\begin{vmatrix} 3 & 6 & 9 & 3 \\ -1 & 0 & 1 & 0 \\ 1 & 3 & 2 & -1 \\ -1 & -2 & -2 & 3 \end{vmatrix}$ (8) $\begin{vmatrix} 1 & 1 & 1 & 1 \\ 1 & 1+x & 1 & 1 \\ 1 & 1 & 1+y & 1 \\ 1 & 1 & 1 & 1+z \end{vmatrix}$

2. $\begin{vmatrix} a & b & c \\ d & e & f \\ g & h & i \end{vmatrix} = 5$라 하고 다음 행렬식의 값을 구하여라.

(1) $\begin{vmatrix} d & e & f \\ g & h & i \\ a & b & c \end{vmatrix}$ (2) $\begin{vmatrix} -a & -b & -c \\ 2d & 2e & 2f \\ -g & -h & -i \end{vmatrix}$

(3) $\begin{vmatrix} a & b & c \\ d-3a & e-3b & f-3c \\ 2g & 2h & 2i \end{vmatrix}$

7.7 여인수와 소행렬식

4차 이상의 행렬식의 값을 구하고자 하는 경우에는 2차나 3차 행렬식에서 처럼 Sarrus의 법칙 같은 편리한 방법이 없다. 여기서는 4차 이상의 행렬식의 값을 구하는 방법에 관하여 알아보자.

정의 7.6 정방행렬 $\boldsymbol{A}$의 제i행과 제j열을 빼버리고 만든 부분행렬의 행렬식을 성분 a_{ij}의 **소행렬식**(minor)이라 하고 M_{ij}로 표시한다. 또한 $C_{ij}=(-1)^{i+j}M_{ij}$를 a_{ij}의 **여인수**(cofactor)라고 한다.

정의에서 알 수 있는 바와 같이 a_{ij} 성분의 소행렬식 M_{ij}와 여인수 C_{ij}는 부호만 서로 다를 수 있다.

다음의 3차 행렬식을 생각해 보자.

$$\begin{aligned}|\boldsymbol{A}| &= \begin{vmatrix} a_{11} & a_{12} & a_{13} \\ a_{21} & a_{22} & a_{23} \\ a_{31} & a_{32} & a_{33} \end{vmatrix} \\ &= a_{11}a_{22}a_{33}+a_{12}a_{23}a_{31}+a_{13}a_{21}a_{32}-a_{13}a_{22}a_{31}-a_{12}a_{21}a_{33}+a_{11}a_{23}a_{32} \\ &= a_{11}(a_{12}a_{33}-a_{23}a_{32})+a_{21}(a_{13}a_{32}-a_{12}a_{33})+a_{31}(a_{12}a_{23}-a_{13}a_{22})\end{aligned}$$

괄호속의 값들이 각각 여인수 C_{11}, C_{21}, C_{31}과 같으므로

$$|\boldsymbol{A}|=a_{11}C_{11}+a_{21}C_{21}+a_{31}C_{31}$$

로 쓸수 있다. 이 식은 $\boldsymbol{A}$의 행렬식이 $\boldsymbol{A}$의 제1열성분과 그 성분의 여인수를 곱한 것을 더한 것임을 나타낸다. 이와 같은 방법을 제1열에 관한 **여인수 전개**(cofactor expansion)라 한다.

[예제 7.19] $\boldsymbol{A}=\begin{pmatrix} 3 & 1 & 0 \\ -2 & -4 & 3 \\ 5 & 4 & -2 \end{pmatrix}$라고 할 때 $\boldsymbol{A}$의 제1열의 여인수 전개를 사용하여 $\boldsymbol{A}$의 행렬식의 값을 구하여라.

풀이 제1열에 관하여 여인수 전개하면

$$\begin{aligned}|\boldsymbol{A}| &= 3\begin{vmatrix} -4 & 3 \\ 4 & -2 \end{vmatrix}-(-2)\begin{vmatrix} 1 & 0 \\ 4 & -2 \end{vmatrix}+5\begin{vmatrix} 1 & 0 \\ -4 & 3 \end{vmatrix} \\ &= 3(-4)-(-2)(-2)+5(3)=-1\end{aligned}$$

■

위에서 주어진 3×3 행렬에 대한 결과는 다음 일반적인 정리의 특수한 경우에 해당된다.

정리 7.7 n차 정방 행렬 에 대하여

$$|\boldsymbol{A}| = \begin{cases} a_{i1}C_{i1} + a_{i2}C_{i2} + \cdots + a_{in}C_{in}, & 1 \leq i \leq n \\ a_{1j}C_{1j} + a_{2j}C_{2j} + \cdots + a_{nj}C_{nj}, & 1 \leq j \leq n \end{cases}$$

이고,

$$a_{i1}C_{k1} + a_{i2}C_{k2} + \cdots + a_{in}C_{kn} = \begin{cases} |\boldsymbol{A}|, & i = k \\ 0, & i \neq k \end{cases}$$

$$a_{1j}C_{1k} + a_{2j}C_{2k} + \cdots + a_{nj}C_{nk} = \begin{cases} |\boldsymbol{A}|, & j = k \\ 0, & j \neq k \end{cases}$$

이다.

[예제 7.20] 행렬식 $\begin{vmatrix} 1 & 5 & -3 & 2 \\ 4 & 0 & 2 & 0 \\ 2 & 0 & 3 & -1 \\ 5 & 1 & 2 & 4 \end{vmatrix}$의 값을 구하여라.

풀이 제4행에 (-5)배하여 제1행에 더한 후 제2열에 관하여 여인수 전개하면

$$\begin{vmatrix} 1 & 5 & -3 & 2 \\ 4 & 0 & 2 & 0 \\ 2 & 0 & 3 & -1 \\ 5 & 1 & 2 & 4 \end{vmatrix} = \begin{vmatrix} -24 & 0 & -13 & -18 \\ 4 & 0 & 2 & 0 \\ 2 & 0 & 3 & -1 \\ 5 & 1 & 2 & 4 \end{vmatrix} = (-1)^{4+2} \cdot 1 \begin{vmatrix} -24 & -13 & -18 \\ 4 & 2 & 0 \\ 2 & 3 & -1 \end{vmatrix}$$

$$= \begin{vmatrix} -60 & -67 & 0 \\ 4 & 2 & 0 \\ 2 & 3 & -1 \end{vmatrix}$$ 제3행에 (-18)배하여 제1행에 더 한다. 그 후에 3열에 관하여 여인수 전개하면

$$= (-1)^{3+3}(-1) \begin{vmatrix} -60 & -67 \\ 4 & 2 \end{vmatrix} = -(120 + 268) = -148$$ ■

정의 7.8 $\boldsymbol{A}$를 n차 정방행렬, C_{ij}를 $\boldsymbol{A}$의 a_{ij} 성분의 여인수라 할 때, 행렬

$$\begin{pmatrix} C_{11} & C_{12} & \cdots & C_{1n} \\ C_{21} & C_{22} & \cdots & C_{2n} \\ \vdots & \vdots & \ddots & \vdots \\ C_{n1} & C_{n2} & \cdots & C_{nn} \end{pmatrix}$$

을 $\boldsymbol{A}$의 **여인수 행렬**이라 하고 이 행렬의 전치행렬을 **전치여인수 행렬** 또는 **수반행렬**(adjoint of $\boldsymbol{A}$)이라 하고 $adj(\boldsymbol{A})$로 나타낸다.

[예제 7.21] $A=\begin{pmatrix}3 & 2 & -1\\ 1 & 6 & 3\\ 2 & -4 & 0\end{pmatrix}$의 수반행렬을 구하여라.

풀이 $C_{11}=(-1)^{1+1}M_{11}=\begin{vmatrix}6 & 3\\ -4 & 0\end{vmatrix}=12$ $\qquad C_{12}=(-1)^{1+2}M_{12}=-\begin{vmatrix}1 & 3\\ 2 & 0\end{vmatrix}=6$

$C_{13}=(-1)^{1+3}M_{13}=\begin{vmatrix}1 & 6\\ 2 & -4\end{vmatrix}=-16$

$C_{21}=(-1)^{2+1}M_{21}=-\begin{vmatrix}2 & -1\\ -4 & 0\end{vmatrix}=4$ $\qquad C_{22}=(-1)^{2+2}M_{22}=\begin{vmatrix}3 & -1\\ 2 & 0\end{vmatrix}=2$

$C_{23}=(-1)^{2+3}M_{23}=-\begin{vmatrix}3 & 2\\ 2 & -4\end{vmatrix}=16$

$C_{31}=(-1)^{3+1}M_{31}=\begin{vmatrix}2 & -1\\ 6 & 3\end{vmatrix}=12$ $\qquad C_{32}=(-1)^{3+2}M_{32}=-\begin{vmatrix}3 & -1\\ 1 & 3\end{vmatrix}=-10$

$C_{33}=(-1)^{3+3}M_{33}=\begin{vmatrix}3 & 2\\ 1 & 6\end{vmatrix}=16$

$$adj(A)=\begin{pmatrix}12 & 4 & 12\\ 6 & 2 & -10\\ -16 & 16 & 16\end{pmatrix}$$ ■

정의 7.9 A가 정칙행렬이면

$$A^{-1}=\frac{1}{|A|}adj\,A$$

증명 첫째로 $A\,adj(A)=|A|I$임을 밝힌다.

$$A\,adj(A)=\begin{pmatrix}a_{11} & a_{12} & \cdots & a_{1n}\\ a_{21} & a_{22} & \cdots & a_{2n}\\ \vdots & \vdots & \cdots & \vdots\\ a_{i1} & a_{i2} & \cdots & a_{\in}\\ \vdots & \vdots & \cdots & \vdots\\ a_{n1} & a_{n2} & \cdots & a_{nn}\end{pmatrix}\begin{pmatrix}C_{11} & C_{21} & \cdots & C_{j1} & \cdots & C_{n1}\\ C_{11} & C_{22} & \cdots & C_{j2} & \cdots & C_{n2}\\ \vdots & \vdots & \cdots & \vdots & \cdots & \vdots\\ C_{1n} & C_{2n} & \cdots & C_{jn} & \vdots & C_{nn}\end{pmatrix}$$

$A\,adj(A)$의 i번째 행과 j번째 열의 성분은

$$a_{i1}C_{j1}+a_{i2}C_{j2}+\cdots+a_{in}C_{jn}$$

이것은 $i=j$이면 A의 i번째 행에 대한 $|A|$의 여인수전개이고 $i\neq j$이면 0이 된다. 따라서

$$A\,adj(A)=\begin{pmatrix}|A| & 0 & \cdots & 0\\ 0 & |A| & \cdots & 0\\ \vdots & \vdots & \cdots & \vdots\\ 0 & 0 & \cdots & |A|\end{pmatrix}=|A|I$$

정칙행렬 A의 $|A| \neq 0$이므로 $|A|$로 위식의 양변을 나누면

$$\frac{1}{|A|}[A\,adj\,(A)] = I$$

양변에 A^{-1}를 곱하면

$$A^{-1} = \frac{1}{|A|}adj(A)$$ ■

[예제 7.22] $A = \begin{pmatrix} 2 & 3 & 4 \\ 0 & -4 & 2 \\ 1 & -1 & 5 \end{pmatrix}$의 역행렬을 구하여라.

풀이 $C_{11} = -18 \quad C_{12} = 2 \quad C_{13} = 4$

$C_{21} = -19 \quad C_{22} = 6 \quad C_{23} = 5$

$C_{31} = 22 \quad C_{32} = -4 \quad C_{33} = -8$

$|A| = -14$

$\therefore\ A^{-1} = \frac{1}{-14}\begin{pmatrix} -18 & -19 & 22 \\ 2 & 6 & -4 \\ 4 & 5 & -8 \end{pmatrix}$ ■

연습문제 (7–7)

1. $A = \begin{pmatrix} 1 & 6 & -3 \\ -2 & 7 & 1 \\ 3 & -1 & 4 \end{pmatrix}$에 대해서

(1) 소행렬식을 모두 구하여라.

(2) 여인수를 모두 구하여라.

2. 다음 행렬의 행렬식의 값을 행렬식의 성질과 적당한 행 또는 적당한 열에 관한 여인수 전개를 이용하여 구하여라.

(1) $\begin{pmatrix} 0 & 6 & 0 \\ 8 & 6 & 8 \\ 3 & 2 & 2 \end{pmatrix}$ (2) $\begin{pmatrix} 1 & 3 & 7 \\ 2 & 0 & -8 \\ -1 & -3 & 4 \end{pmatrix}$

(3) $\begin{pmatrix} 5 & 4 & -1 & 7 \\ 3 & 1 & 4 & -7 \\ 2 & 0 & -2 & 0 \\ 2 & -1 & 0 & 5 \end{pmatrix}$ (4) $\begin{pmatrix} 3 & 7 & 4 & 6 \\ 2 & -3 & 5 & -7 \\ -2 & 3 & -3 & 4 \\ 10 & 5 & 6 & 7 \end{pmatrix}$

3. 다음 행렬의 역행렬을 수반행렬과 행렬식을 이용하여 구하여라.

(1) $\begin{pmatrix} 0 & 1 & 2 \\ 2 & 4 & 3 \\ 3 & 7 & 6 \end{pmatrix}$ (2) $\begin{pmatrix} 1 & 0 & 1 \\ -1 & 3 & 0 \\ 1 & 0 & 2 \end{pmatrix}$

(3) $\begin{pmatrix} 3 & 2 & -1 \\ 1 & 6 & 3 \\ 2 & -4 & 0 \end{pmatrix}$ (4) $\begin{pmatrix} 2 & 1 & 3 \\ -1 & 2 & 0 \\ 3 & -2 & 1 \end{pmatrix}$

(5) $\begin{pmatrix} 1 & 3 & 1 & 1 \\ 2 & 5 & 2 & 2 \\ 1 & 3 & 8 & 9 \\ 1 & 3 & 2 & 2 \end{pmatrix}$ (6) $\begin{pmatrix} 0 & 2 & 1 & 3 \\ 2 & -1 & 3 & 4 \\ -2 & 1 & 5 & 2 \\ 0 & 1 & 0 & 2 \end{pmatrix}$

※ 다음의 방정식을 풀어라. (4~5)

4. $\begin{vmatrix} 4x & 6x+2 & 8x+1 \\ 6x+2 & 9x+3 & 12x \\ 8x+1 & 12x & 16x+1 \end{vmatrix} = 0$

5. $\begin{vmatrix} 3-x & 5+x & 1 \\ 7+2x & 3-2x & 2 \\ 11-3x & 17+3x & 3 \end{vmatrix} = 0$

7.8 Cramer의 공식

정리 7.10 Cramer의 공식 $AX=B$를 n변수와 n개의 일차방정식으로 이루어진 연립일차방정식이라 하자. 만일 $|A| \neq 0$이면 이 연립 일차 방정식은 유일한 해

$$x_1 = \frac{|A_1|}{|A|},\ x_2 = \frac{|A_2|}{|A|},\ \cdots,\ x_n = \frac{|A_n|}{|A|}$$

을 갖는다. 여기서 A_j는 A의 제j열의 성분을 행렬

$$B=\begin{pmatrix} b_1 \\ b_2 \\ \vdots \\ b_n \end{pmatrix}$$

의 성분으로 바꾼 행렬이다.

증명 $|A|\neq 0$이므로 A는 정칙행렬이고 따라서 $X=A^{-1}B$가 $AX=B$의 유일한 해이다.

$$X=A^{-1}B=\frac{1}{|A|}adj(A)B=\frac{1}{|A|}\begin{pmatrix} C_{11} & C_{21} & \cdots & C_{n1} \\ C_{12} & C_{22} & \cdots & C_{n2} \\ \vdots & \vdots & \cdots & \vdots \\ C_{1n} & C_{2n} & \cdots & C_{nn} \end{pmatrix}\begin{pmatrix} b_1 \\ b_2 \\ \vdots \\ b_n \end{pmatrix}$$

$$=\frac{1}{|A|}\begin{pmatrix} b_1C_{11}+b_2C_{21}+\cdots+b_nC_{n1} \\ b_1C_{12}+b_2C_{22}+\cdots+b_nC_{n2} \\ \vdots \\ b_1C_{1n}+b_2C_{2n}+\cdots+b_nC_{nn} \end{pmatrix}$$

X의 j행의 성분은

$$x_j=\frac{b_1C_{1j}+b_2C_{2j}+\cdots+b_nC_{nj}}{|A|}$$

그런데

$$A_j=\begin{pmatrix} a_{11} & a_{12} & \cdots & a_{1j-1} & b_1 & a_{1j+1} & \cdots & a_{1n} \\ a_{21} & a_{22} & \cdots & a_{2j-1} & b_2 & a_{2j+1} & \cdots & a_{2n} \\ \vdots & \vdots & \cdots & \vdots & \vdots & \vdots & \cdots & \vdots \\ a_{n1} & a_{n2} & \cdots & a_{nj-1} & b_n & a_{nj+1} & \cdots & a_{nn} \end{pmatrix}$$

이라 하면 이것은 제j열 이외에는 A와 일치하므로 A_j의 j열의 성분 b_1, b_2, $\cdots$, b_n의 여인수는 A의 j열의 성분의 여인수와 일치한다. 즉 $|A_j|$를 제j열에 대한 여인수전개로 구하면 $|A_j|=b_1C_{1j}+b+2C_{2j}+\cdots+b_nC_{nj}$를 얻는다. 따라서

$$x_j=\frac{|A_j|}{|A|}$$ ■

[예제 7.23] 연립방정식 $\begin{cases} 2x+3y-z=1 \\ 3x+5y+2x=8 \\ x-2y-3z=-1 \end{cases}$을 Cramer의 공식을 이용하여 풀어라.

풀이 $|A|=\begin{vmatrix} 2 & 3 & -1 \\ 3 & 5 & 2 \\ 1 & -2 & -3 \end{vmatrix}=22$

$$|A_1| = \begin{vmatrix} 1 & 3 & -1 \\ 8 & 5 & 2 \\ -1 & -2 & -3 \end{vmatrix} = 66$$

$$|A_2| = \begin{vmatrix} 2 & 1 & -1 \\ 3 & 8 & 2 \\ 1 & -1 & -3 \end{vmatrix} = -22$$

$$|A_3| = \begin{vmatrix} 2 & 3 & 1 \\ 3 & 5 & 8 \\ 1 & -2 & -1 \end{vmatrix} = 44$$

$$\therefore \; x_1 = \frac{|A_1|}{|A|} = 3, \; x_2 = \frac{|A_2|}{|A|} = -1, \; x_3 = \frac{|A_3|}{|A|} = 2$$

■

연습문제 (7–8)

1. Cramer의 공식을 사용해서 다음 연립일차방정식을 풀어라.

(1) $\begin{cases} x + y + z = 1 \\ x + 2y + 3z = 0 \\ x + 3y + 6z = 0 \end{cases}$

(2) $\begin{cases} 5x + 3y + 3z = 4 \\ 2x + 6y - 3z = -2 \\ 8x - 3y + 2z = -7 \end{cases}$

(3) $\begin{cases} 4y - 3z = 1 \\ 3x - 2z = 8 \\ 5x - 7y = 2 \end{cases}$

(4) $\begin{cases} x + y + z + w = 2 \\ 2x - y + 2z - w = 5 \\ 3x + 2y + 3z + 4w = 7 \\ x - 2y - 3z + 2w = 5 \end{cases}$

2. 다음 연립방정식

$$\begin{cases} 2x + y + a = 0 \\ x - 2y + 3 = 0 \\ x + y + a = 0 \end{cases}$$

의 해가 존재하도록 a를 구하여라.

3. Cramer의 공식을 이용하여 다음 연립방정식을 구하여라.

$$\begin{cases} x_1 + 2x_2 + x_3 = 1 \\ 2x_1 + x_3 = 2 \\ -x_1 + x_2 + 2x_3 = 4 \end{cases}$$

※ 다음 주어지는 연립 1차방정식의 해가 존재하는지를 살펴보고 Cramer의 공식을 이용하여 그 해를 구하여라. (4~10)

4. $\begin{cases} x_1 - 2x_2 = 1 \\ 3x_1 + 4x_2 = 3 \end{cases}$

5. $\begin{cases} 2x_1 + 3x_2 = 1 \\ -4x_1 + 6x_2 = -2 \end{cases}$

6. $\begin{cases} 3x_1 + x_2 = 5 \\ 2x_1 + x_2 = 0 \end{cases}$

7. $\begin{cases} x_1 + x_2 = 1 \\ x_1 + 2x_2 = 2 \end{cases}$

8. $\begin{cases} 5x_1 - 2x_2 + x_3 = 1 \\ x_2 + x_3 = 0 \\ x_1 + 6x_2 - x3 = 4 \end{cases}$

9. $\begin{cases} x_1 + 2x_2 - x_3 = -2 \\ 2x_1 + x_2 + x_3 = 0 \\ 3x_1 - x_2 + x_3 = 1 \end{cases}$

10. $\begin{cases} x_1 - x_2 + x_3 = 0 \\ x_1 + 2x_2 - x_3 = 1 \\ x_1 - x_2 + 2x_3 = 0 \end{cases}$

7.9 고유치와 고유벡터

n차 정방행렬 $\boldsymbol{A}$와 n차원 열벡터 $\boldsymbol{x}$ 즉,

$$\boldsymbol{A} = \begin{pmatrix} a_{11} & a_{12} & \cdots & a_{1n} \\ a_{21} & a_{22} & \cdots & a_{2n} \\ \vdots & \vdots & \vdots & \vdots \\ a_{n1} & a_{n2} & \cdots & a_{nn} \end{pmatrix} \text{와 } \boldsymbol{x} = \begin{pmatrix} x_1 \\ x_2 \\ \vdots \\ x_n \end{pmatrix}$$

에 대하여

$$\boldsymbol{Ax} = \lambda \boldsymbol{x} \tag{1}$$

를 만족하는 $\boldsymbol{x}$와 수 λ에 대하여 식 (1)을 만족하는 $\boldsymbol{x} \neq 0$인 $\boldsymbol{x}$가 존재하는 λ를 $\boldsymbol{A}$의 고유치(eigenvalue)라 하고, λ에 대응하는 $\mathbf{0}$ 아닌 (1)식의 해인 $\boldsymbol{x}$를 고유치 λ에 대한 고유벡터(eigenvector)라 한다.

$n \times n$ 행렬 $\boldsymbol{A}$의 고유치를 구하기 위해 $\boldsymbol{Ax} = \lambda \boldsymbol{x}$를 $\boldsymbol{I}$가 n차 단위행렬일 때

$$\boldsymbol{Ax} = \lambda \boldsymbol{x}$$

또는

$$(\lambda \boldsymbol{I} - \boldsymbol{A})\boldsymbol{x} = \boldsymbol{0}$$

로 쓰자. 이것은 동차연립일차방정식이므로 이것을 만족하는 $\boldsymbol{x} \neq \boldsymbol{0}$가 존재하기 위한 필요충분조건은

$$|\lambda \boldsymbol{I} - \boldsymbol{A}| = 0$$

이다. 이것을 $\boldsymbol{A}$의 **특성방정식**(또는 **고유방정식**)(characteristic equation)이라 한다. 이것을 전개하면 행렬식 $|\lambda \boldsymbol{I} - \boldsymbol{A}|$는 λ에 관한 다항식이 되고 이것을 $\boldsymbol{A}$의 **특성다항식**(characteristic polynomial)이라 한다.

[예제 7.24] $A = \begin{pmatrix} 3 & 2 \\ -1 & 0 \end{pmatrix}$의 고유치와 고유벡터를 구하여라.

풀이 $|\lambda \boldsymbol{I} - \boldsymbol{A}| = \begin{vmatrix} \lambda - 3 & -2 \\ 1 & \lambda \end{vmatrix} = \lambda^2 - 3\lambda + 2 = (\lambda - 1)(\lambda - 2) = 0$

$\therefore$ 고유치 $\lambda_1 = 1$, $\lambda_2 = 2$

$\lambda_1 = 1$에 대한 고유벡터 :

$$\left(\begin{array}{cc|c} -2 & -2 & 0 \\ 1 & 1 & 0 \end{array}\right) \xrightarrow{\text{1행과 2행 교환}} \left(\begin{array}{cc|c} 1 & 1 & 0 \\ -2 & -2 & 0 \end{array}\right) \xrightarrow{\text{1행}\times 2+\text{2행}} \left(\begin{array}{cc|c} 1 & 1 & 0 \\ 0 & 0 & 0 \end{array}\right)$$

$\therefore$ $x + y = 0$

$\therefore$ $x = t$, $y = -t$

$\therefore$ $\boldsymbol{x} = \begin{pmatrix} t \\ -t \end{pmatrix} = t\begin{pmatrix} 1 \\ -1 \end{pmatrix}$, $(t \neq 0)$

$\lambda_2 = 2$에 대한 고유벡터 :

$$\left(\begin{array}{cc|c} -1 & -2 & 0 \\ 1 & 2 & 0 \end{array}\right) \xrightarrow{\text{1행}+\text{2행}} \left(\begin{array}{cc|c} -1 & -2 & 0 \\ 0 & 0 & 0 \end{array}\right) \xrightarrow{\text{1행}\times(-1)} \left(\begin{array}{cc|c} 1 & 2 & 0 \\ 0 & 0 & 0 \end{array}\right)$$

$\therefore$ $x + 2y = 0$

$\therefore$ $x = -2s$, $y = s$

$\therefore$ $\boldsymbol{x} = \begin{pmatrix} -2s \\ s \end{pmatrix} = s\begin{pmatrix} -2 \\ 1 \end{pmatrix}$, $(s \neq 0)$ ■

정리 7.11 $\boldsymbol{P}$가 정칙행렬일 때, $\boldsymbol{P}^{-1}\boldsymbol{A}\boldsymbol{P}$의 고유치와 $\boldsymbol{A}$의 고유치는 일치한다.

증명 $|\lambda \boldsymbol{I} - \boldsymbol{P}^{-1}\boldsymbol{A}\boldsymbol{P}| = |\boldsymbol{P}^{-1}\lambda \boldsymbol{I}\boldsymbol{P} - \boldsymbol{P}^{-1}\boldsymbol{A}\boldsymbol{P}| = |\boldsymbol{P}^{-1}(\lambda \boldsymbol{I} - \boldsymbol{A})\boldsymbol{P}|$

$$= |P^{-1}||\lambda I - A||P| = |\lambda I - A|$$ ■

[예제 7.25] $A = \begin{pmatrix} 4 & 3 \\ -2 & -1 \end{pmatrix}$, $P = \begin{pmatrix} 1 & 1 \\ 0 & 1 \end{pmatrix}$이라 하면,

$$P^{-1} = \begin{pmatrix} 1 & -1 \\ 0 & 1 \end{pmatrix},\ P^{-1}AP = \begin{pmatrix} 6 & 10 \\ -2 & -3 \end{pmatrix}$$

$$|\lambda I - A| = \begin{vmatrix} \lambda - 4 & -3 \\ 2 & \lambda + 1 \end{vmatrix} = \lambda^2 - 3\lambda - 4 + 6 = \lambda^2 - 3\lambda + 2 = 0$$

$$\therefore\ \lambda = 1,\ 2$$

$$|\lambda I - P^{-1}AP| = \begin{vmatrix} \lambda - 6 & -10 \\ 2 & \lambda + 3 \end{vmatrix} = \lambda^2 - 3\lambda - 18 + 20 = \lambda^2 - 3\lambda + 2 = 0$$

$$\therefore\ \lambda = 1,\ 2$$

$\lambda_1 = 1$일 때

A의 고유벡터는

$$\left(\begin{array}{cc|c} -3 & -3 & 0 \\ 2 & 2 & 0 \end{array}\right) \xrightarrow{1\text{행}\times\left(-\frac{1}{3}\right)} \left(\begin{array}{cc|c} 1 & 1 & 0 \\ 2 & 2 & 0 \end{array}\right) \xrightarrow{1\text{행}\times(-2)+2\text{행}} \left(\begin{array}{cc|c} 1 & 1 & 0 \\ 0 & 0 & 0 \end{array}\right)$$

$$\therefore\ x + y = 0$$

$$\therefore\ x = t,\ y = -t$$

$$\therefore\ \boldsymbol{x} = t\begin{pmatrix} 1 \\ -1 \end{pmatrix},\ (t \neq 0)$$

$P^{-1}AP$의 고유벡터는

$$\left(\begin{array}{cc|c} -5 & -10 & 0 \\ 2 & 4 & 0 \end{array}\right) \xrightarrow{1\text{행}\times\left(-\frac{1}{5}\right)} \left(\begin{array}{cc|c} 1 & 2 & 0 \\ 2 & 4 & 0 \end{array}\right) \xrightarrow{1\text{행}\times(-2)+3\text{행}} \left(\begin{array}{cc|c} 1 & 2 & 0 \\ 0 & 0 & 0 \end{array}\right)$$

$$\therefore\ x + 2y = 0$$

$$\therefore\ x = 2t,\ y = -t$$

$$\therefore\ \boldsymbol{x} = t\begin{pmatrix} 2 \\ -1 \end{pmatrix},\ (t \neq 0)$$

$\lambda_2 = 2$일 때

A의 고유벡터는

$$\left(\begin{array}{cc|c} -2 & -3 & 0 \\ 2 & 3 & 0 \end{array}\right) \xrightarrow{1\text{행}+2\text{행}} \left(\begin{array}{cc|c} -2 & -3 & 0 \\ 0 & 0 & 0 \end{array}\right) \xrightarrow{1\text{행}\times(-1)} \left(\begin{array}{cc|c} 2 & 3 & 0 \\ 0 & 0 & 0 \end{array}\right)$$

$$\therefore\ 2x+3y=0$$

$$\therefore\ x=3s,\ y=-2s$$

$$\therefore\ \boldsymbol{x}=s\begin{pmatrix}3\\-2\end{pmatrix},\ (s\neq 0)$$

$\boldsymbol{P}^{-1}\boldsymbol{AP}$의 고유벡터는

$$\left(\begin{array}{cc|c}-4 & -10 & 0\\ 2 & 5 & 0\end{array}\right)\xrightarrow{1\text{행}\times\left(-\frac{1}{2}\right)}\left(\begin{array}{cc|c}2 & 5 & 0\\ 2 & 5 & 0\end{array}\right)\xrightarrow{1\text{행}\times(-1)+2\text{행}}\left(\begin{array}{cc|c}2 & 5 & 0\\ 0 & 0 & 0\end{array}\right)$$

$$\therefore\ 2x+5y=0$$

$$\therefore\ x=5s,\ y=-2s$$

$$\therefore\ \boldsymbol{x}=s\begin{pmatrix}5\\-2\end{pmatrix},\ (s\neq 0)$$

일반적으로 정칙행렬 $\boldsymbol{P}$에 의하여 $\boldsymbol{P}^{-1}\boldsymbol{AP}$이 대각행렬로 되는 것을 **대각화**(diagonalization)라 한다. $\boldsymbol{A}$의 대각화가 가능한 조건을 알아보자.

위 예제 7.25에서 고유치 $\lambda=1$과 $\lambda=2$에 대한 $\boldsymbol{A}$의 고유 벡터에서 각각

$$\begin{pmatrix}1\\-1\end{pmatrix},\quad \begin{pmatrix}3\\-2\end{pmatrix}$$

를 택하면,

$$\begin{pmatrix}4 & 3\\-2 & -1\end{pmatrix}\begin{pmatrix}1\\-1\end{pmatrix}=\begin{pmatrix}1\\-1\end{pmatrix},\quad \begin{pmatrix}4 & 3\\-2 & -1\end{pmatrix}\begin{pmatrix}3\\-2\end{pmatrix}=2\begin{pmatrix}3\\-2\end{pmatrix}$$

와 같은 관계가 성립하는데 이것을 하나로 나타내면

$$\begin{pmatrix}4 & 3\\-2 & -1\end{pmatrix}\begin{pmatrix}1 & 3\\-1 & -2\end{pmatrix}=\begin{pmatrix}1 & 3\\-1 & -2\end{pmatrix}\begin{pmatrix}1 & 0\\0 & 2\end{pmatrix}$$

이제

$$\boldsymbol{P}=\begin{pmatrix}1 & 3\\-1 & -2\end{pmatrix}$$

라 하면,

$$\boldsymbol{P}^{-1}=\begin{pmatrix}-2 & -3\\1 & 1\end{pmatrix}$$

$$P^{-1}AP = \begin{pmatrix} -2 & -3 \\ 1 & 1 \end{pmatrix} \begin{pmatrix} 4 & 3 \\ -2 & -1 \end{pmatrix} \begin{pmatrix} 1 & 3 \\ -1 & -2 \end{pmatrix} = \begin{pmatrix} 1 & 0 \\ 0 & 2 \end{pmatrix}$$

즉 이 행렬 A는 대각화가 가능하다.

연습문제 (7-9)

※ 다음 행렬의 특성방정식, 고유치, 고유벡터를 구하여라.

1. $\begin{pmatrix} 3 & 0 \\ 8 & -1 \end{pmatrix}$

2. $\begin{pmatrix} 0 & 3 \\ 4 & 0 \end{pmatrix}$

3. $\begin{pmatrix} -2 & -7 \\ 1 & 2 \end{pmatrix}$

4. $\begin{pmatrix} 1 & 1 \\ 1 & 1 \end{pmatrix}$

5. $\begin{pmatrix} 1 & -1 \\ 2 & 4 \end{pmatrix}$

6. $\begin{pmatrix} 1 & 2 & -1 \\ 1 & 0 & 1 \\ 4 & -4 & 5 \end{pmatrix}$

7. $\begin{pmatrix} 0 & 0 & 0 \\ 0 & 1 & 0 \\ 1 & 0 & 1 \end{pmatrix}$

8. $\begin{pmatrix} 2 & -2 & 3 \\ 0 & 3 & -2 \\ 0 & -1 & 2 \end{pmatrix}$

제 8 장 벡터공간

8.1 평면벡터

과학에서 접하게 되는 여러 가지 양들(예를 들어 길이, 질량, 부피, 전하량)은 하나의 수를 가지고 명시할 수 있다. 이러한 양들(그리고 이들을 측정하는 수들)을 **스칼라**(scalar)라고 부른다. 반면에 속도, 힘, 돌림힘, 위치 이동, 등등의 양은 크기와 방향을 제시하여야 완전하게 명시할 수 있다. 이러한 양들을 **벡터**(vector)라고 부르며, 화살표(유향선분, directed line segment)를 가지고 나타낸다. 화살표의 길이는 그 벡터의 **크기**(magnitude), 즉, **길이**(length)를 나타내고, 그 방향은 그 벡터의 **방향**(direction)이다. 그림 8.1의 벡터는 길이가 2.3 단위이고, 방향은 동에서 북으로 30°이다(즉, x축 양의 방향에서 30°임).

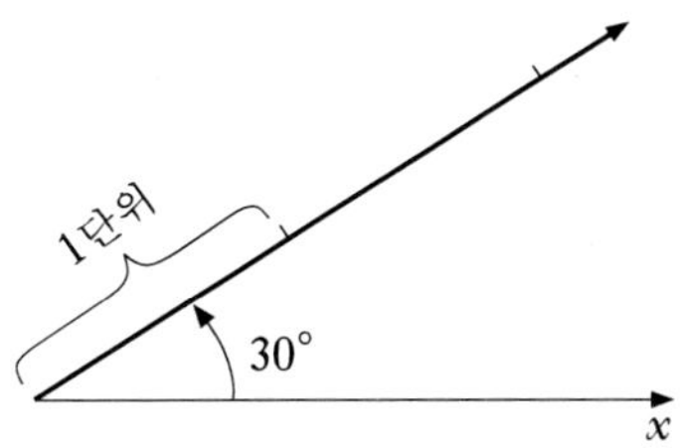

그림 8.1

활로 쏘는 진짜 화살처럼, 우리가 그리는 화살표는 양 끝이 있다. 깃털로 된 끝(시작점)을 **꼬리**(tail)라고 부르며, 뾰족한 끝(끝점)을 **머리**(head) 또는 **촉**(tip)이라고 부른다. (그림 8.2) 만약 두 벡터가 크기가 같고 방향이 같으면, 이들은 **동등하다**(eguivalent, 서로 같다, 동치이다)고 말한다. (그림 8.3)

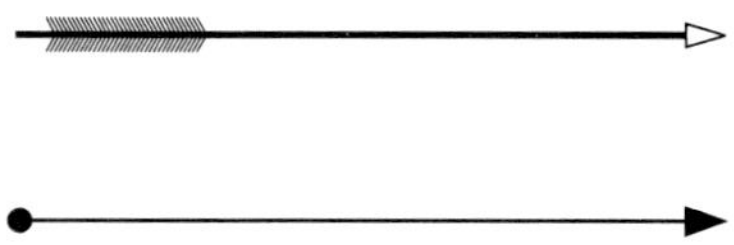

그림 8.2

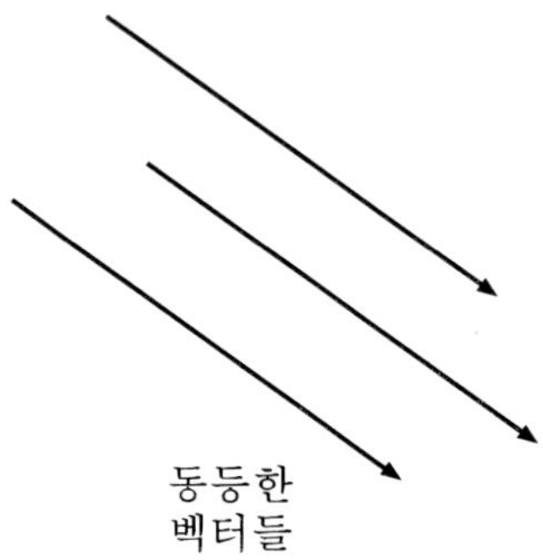

그림 8.3

벡터를 나타낼 때는 **u**, **v**와 처럼 굵은 글자체를 사용할 것이다. 그런데 손으로 쓸 때는 이것이 어려우니, $\vec{u}$와 $\vec{v}$를 사용해도 된다. 벡터 **u**의 크기를 기호 $|\mathbf{u}|$로 나타낸다.

벡터의 연산

벡터 **u**와 **v**의 **합**(sum, resultant)을 구하려면, **v**의 크기와 방향을 그대로 유지하면서, 그 꼬리(시작점)가 **u**의 머리(끝점)에 일치하도록 움직여라. 그러면 **u**+**v**는 **u**의 꼬리와 **v**의 머리를 잇는 벡터이다. 그림 8.4의 왼쪽이 이 방법을 제시해 놓은 것이다. 이것을 **삼각형 법칙**(Triangle Law)이라고 부른다.

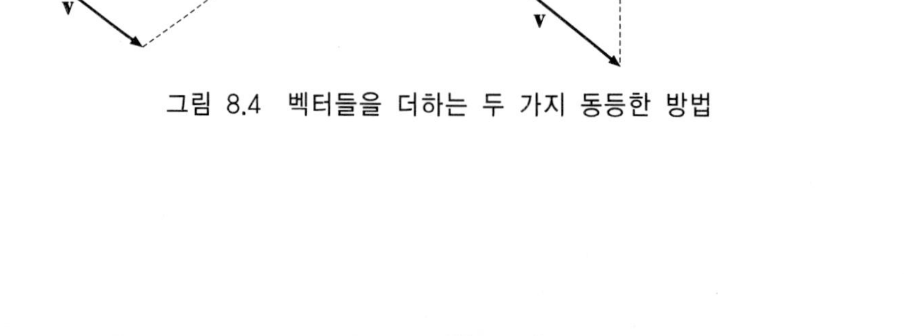

그림 8.4 벡터들을 더하는 두 가지 동등한 방법

u+**v**를 구하는 다른 방법으로는, **v**를 옮겨서, 그 꼬리가 **u**의 꼬리와 일치하도록 만들어라. 그러면 **u**+**v**는 이 공통인 꼬리를 가지고, **u**와 **v**를 변으로 하는 평행사변형의 대각선과 일치하는 벡터이다. 그림 8.4의 오른쪽이 이 방법을 제시해 놓은 것이다. 이것을 **평행사변형 법칙**(Parallelogram Law)이라고 부른다.

이 두 방법은 서로 동등하며, 두 벡터의 합을 정의하고 있다. 벡터의 덧셈은 교환법칙과 결합법칙을 만족함을 수긍할 수 있을 것이다. 즉,

$$\mathbf{u}+\mathbf{v}=\mathbf{v}+\mathbf{u}$$
$$(\mathbf{u}+\mathbf{v})+\mathbf{w}=\mathbf{u}+(\mathbf{v}+\mathbf{w})$$

u가 벡터이면, 3**u**는 **u**와 방향이 같지만 길이(크기)가 3배인 벡터이다. -2**u**는 길이가 2 배이지만 방향이 반대인 벡터이다. (그림 8.5)

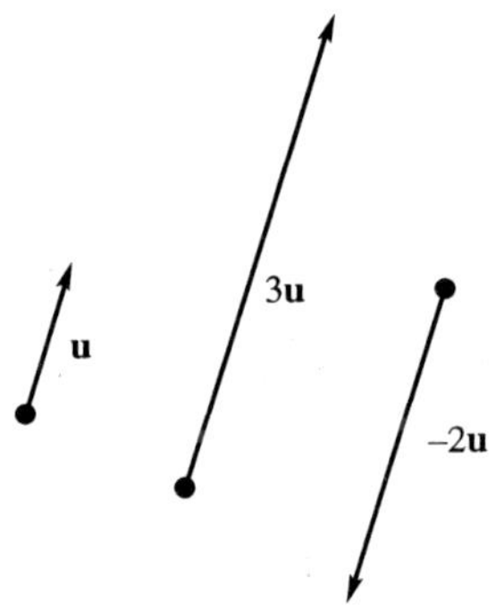

그림 8.5

일반적으로 c**u**는 **u**의 **스칼라곱**(scalar multiple, 스칼라배)이라고 부르며, 길이(크기)는 **u**의 $|c|$배이고, c가 양수이면 **u**와 같은 방향, c가 음수이면 **u**와 반대 방향인 벡터이다. 특히, (-1)**u**는 (대개의 경우 $-$**u**라 씀) **u**와 길이가 같지만, 방향이 반대이다. 이것을 **u**의 **음벡터**(negative)라고 부른다. **u**에다 이것을 더하면, 그 결과는 점에 불과한 벡터가 되기 때문이다. 이 후자의 벡터(방향을 정의해 줄 수 없는 유일한 벡터)를 **영벡터**(zero vector)라고 부르며, 0으로 나타낸다. 영벡터는 덧셈 연산의 항등원이다. 즉, $\mathbf{u}+\mathbf{0}=\mathbf{0}+\mathbf{u}=\mathbf{u}$. 끝으로, 뺄셈은 다음과 같이 정의한다.

$$\mathbf{u}-\mathbf{v}=\mathbf{u}+(-\mathbf{v})$$

[예제 8.1] 그림 8.6에서, **u**와 **v**를 사용하여 **w**를 표현하여라.

풀이 $\mathbf{u}+\mathbf{w}=\mathbf{v}$이므로, 다음과 같이 된다.

$$\mathbf{w}=\mathbf{v}-\mathbf{u}$$ ■

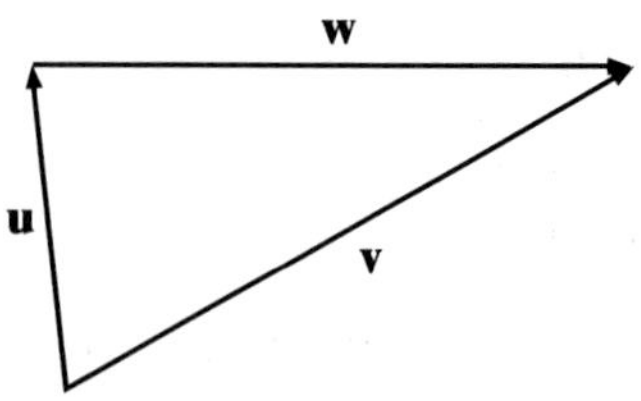

그림 8.6

P와 Q가 평면의 점들이면, $\overrightarrow{PQ}$는 꼬리(시작점)가 P이고 머리(끝점)가 Q인 벡터를 나타낸다.

[예제 8.2] 그림 8.7에서, $\overrightarrow{AB}=\frac{2}{3}\overrightarrow{AC}$일 때, **u**와 **v**를 사용하여 **m**을 나타내어라.

풀이 $\mathbf{m}=\mathbf{u}+\overrightarrow{AB}=\mathbf{u}+\frac{2}{3}\overrightarrow{AC}$

$$=\mathbf{u}+\frac{2}{3}(\mathbf{v}-\mathbf{u})$$

$$=\frac{1}{3}\mathbf{u}+\frac{1}{3}\mathbf{v}$$

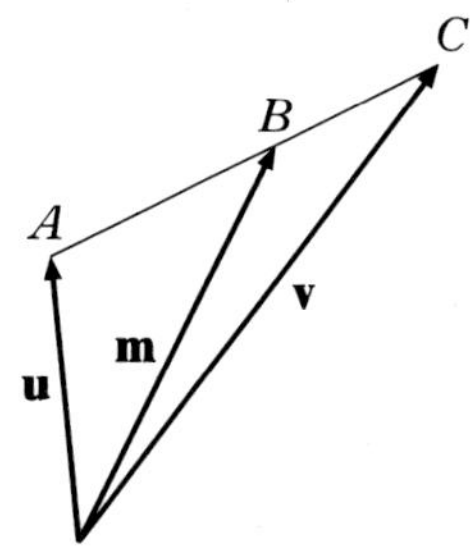

그림 8.7

좀더 일반적으로, 만약 $\overrightarrow{AB}=t\overrightarrow{AC}$이면, 여기서 $0<t<1$, 다음이 성립한다.

$$\mathbf{m}=(1-t)\mathbf{u}+t\mathbf{v}$$ ■

방금 얻은 **m**의 표현을 다음과 같이 쓸 수도 있다.

$$\mathbf{u}+t(\mathbf{v}-\mathbf{u})$$

t가 모든 스칼라(실수)가 될 수 있도록 허용하면, 시작점이 **u**의 시작점과 같고, 끝점이 직선 ℓ에 놓이는 모든 벡터들의 집합을 얻게 된다(그림 8.8 참조). 뒤에 가서, 벡터를 사용하여 직선을 나타낼 때 이 사실이 요긴하다.

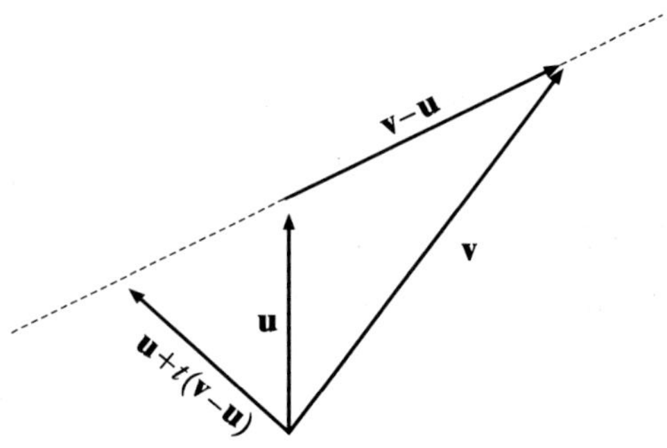

그림 8.8

[예제 8.3] 강의 폭은 0.62 마일이며, 시속 6 마일로 흘러간다. 영희의 보트는 고여 있는 물에서 시속 20 마일로 움직인다. 영희는 강을 똑바로 (직각으로) 건너고 싶은데, 그러자면 보트의 방향은 어디를 향해야 하는가? 이 방향으로 움직일 때, 강을 건너는 데 얼마나 시간이 걸리는가?

풀이 먼저 그림 8.9에 있는 각 α를 구해야 한다.

$$\sin\alpha = \frac{6}{20}$$

$$\alpha \approx 17.46°$$

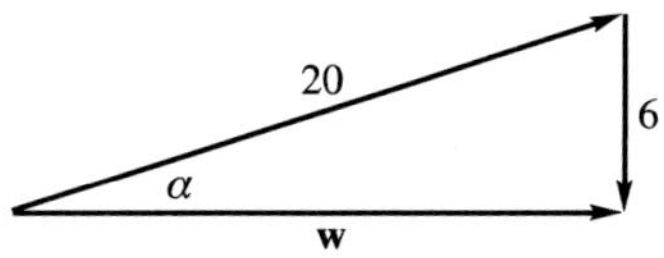

그림 8.9

이제 $|\mathbf{w}|$를 구해야 한다. 즉, 보트의 $\mathbf{w}$ 방향으로의 속력은

$$|\mathbf{w}| \approx 20\cos 17.46° \approx 19.08 \text{ 시속 마일}$$

끝으로, 강을 건너는 데 걸리는 시간은

$$\frac{0.62}{19.08} \approx 0.0325\text{시간} = 1.95\text{분}$$

■

연습문제 (8-1)

※ 문제 1~2에서 벡터 $\mathbf{w}$를 그려라.

1. $\mathbf{w} = \mathbf{u} + \frac{3}{2}\mathbf{v}$

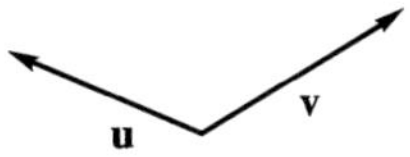

2. $\mathbf{w} = \mathbf{u}_1 + \mathbf{u}_2 + \mathbf{u}_3$

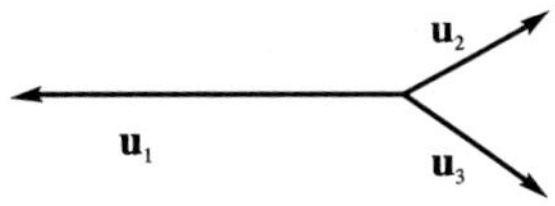

3. 다음 그림의 커다란 삼각형에서, $\mathbf{m}$은 중선이다($\mathbf{m}$의 끝점이 삼각형의 밑변을 이등분한다). $\mathbf{u}$와 $\mathbf{v}$를 사용하여 $\mathbf{m}$과 $\mathbf{n}$을 표현하여라.

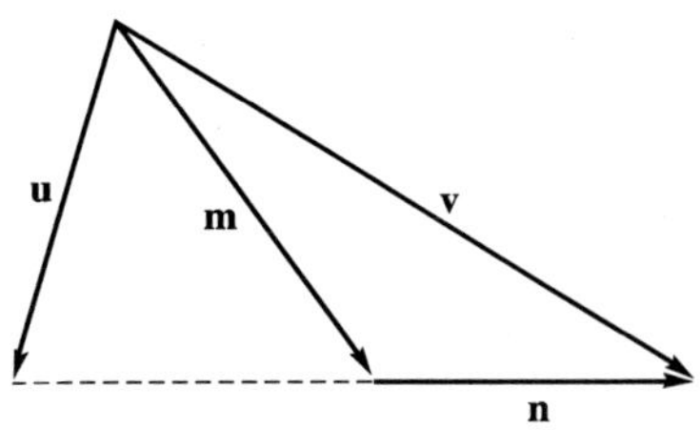

4. 다음 그림에서, $\mathbf{w}=-(\mathbf{u}+\mathbf{v})$이고 $|\mathbf{u}|=|\mathbf{v}|=1$일 때, $|\mathbf{w}|$를 구하여라.

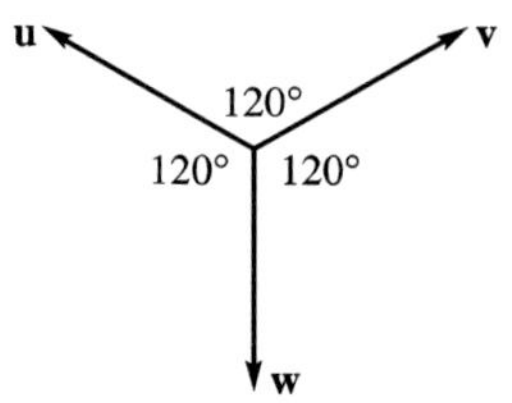

5. 배가 시속 20마일로, 남쪽으로 항해하고 있다. 어떤 선원이 갑판에서 시속 3마일로, 서쪽으로 (즉, 배의 옆 난간과 직각으로) 걷고 있다. 수면에 대한 이 선원의 속도의 크기와 방향은?

6. 시속 40마일로, 남쪽으로 바람이 부는 속에서, 영희는 비행기를 조종하고 있다. 비행기가 북에서 동으로 60° 방향으로 향하게 하니, 똑바로 동쪽으로 움직이고 있다. 비행기의 공기 속 속력(잠잠한 공중에서의 속력)을 구하여라.

8.2 평면벡터의 대수적 성질

앞절에서 기하학적 관점으로 살펴본 것에 따르면, 하나의 벡터는 같은 길이와 같은 방향을 가진 화살표들의 집합이라고 할 수 있다(그림 8.10). 이 절의 목표는, 벡터를 대수학적으로 파악하는 것이다.

먼저 평면에다 직교 좌표 체계를 부여한다. 벡터 $\mathbf{u}$를 주었을 때, 그것을 나타내는 대표로서, 시작점이 원점에 놓여 있는 화살표를 선택하자. (그림 8.11) 이 화살표는 그 끝점의 좌표 $(u_1,\ u_2)$에 의해서 단 하나로 결정된다. 즉, 순서쌍 $\langle u_1,\ u_2\rangle$가 벡터 $\mathbf{u}$를 완전히 결정한다. (그림 8.12) 그렇기 때문에, $\langle u_1,\ u_2\rangle$가 벡터라고 간주해도 된다. 이것은 벡터 $\mathbf{u}$가 대수학의 옷을 입은 것이다. 다시 말하면 우리는 $(u_1,\ u_2)$가 아니라 $\langle u_1,\ u_2\rangle$를 사용하여 벡터를 나타낸 것이다. 왜냐 하면 이 기호는 이미 두 가지 의미를 지니고 있기 때문이다 — 열린 구간과 평면의 점.

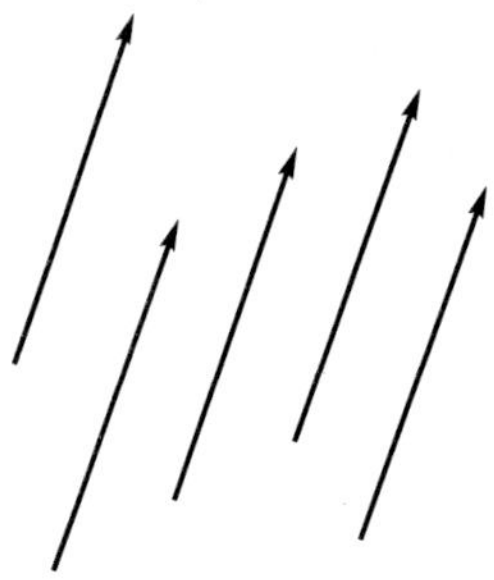

그림 8.10

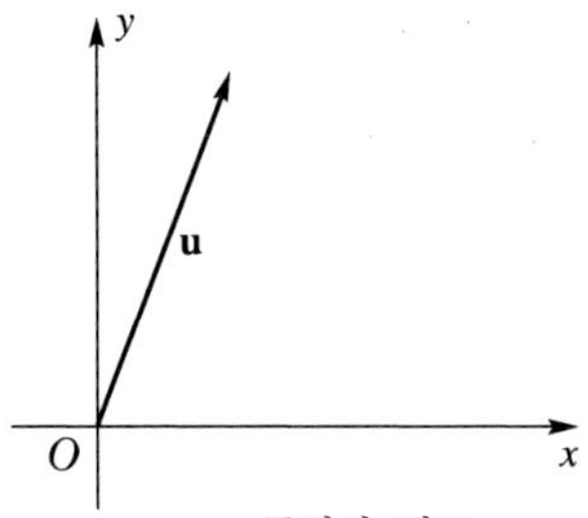

그림 8.11

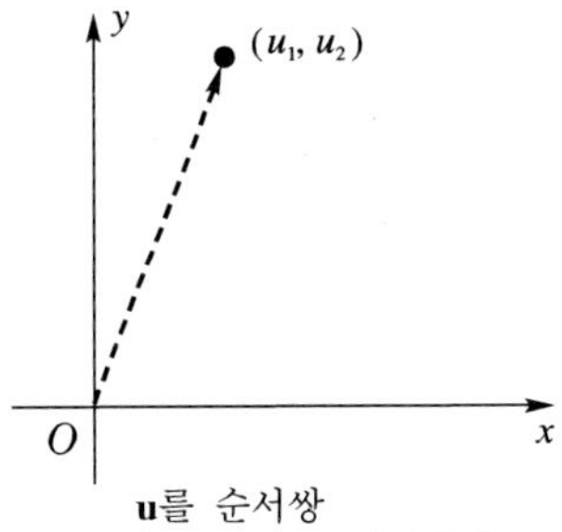

그림 8.12

그런데 왜 이 새로운 관점을 제시해야 하는가? 두 가지 중요한 이유가 있다. 첫째, 이 책의 다른 여러 가지 주제들에서 강조한 것과 마찬가지로, 벡터의 경우도 기하학적 양상과 대수학적 양상이 서로 보충해 주고 도와 주면, 이 분야에 대한 이해가 크게 늘고, 더욱 분명해진다. 둘째, 대수학적 관점으로 보면, 고차원 공간으로 일반화하기가 매우 쉽다. n개 수들의 조 $\langle u_1, u_2, ..., u_n\rangle$을 다루는 것은 순서쌍 $\langle u_1, u_2\rangle$를 다루는 것에 비해서 그리 더 어렵지 않기 때문이다.

벡터의 연산

두 수 u_1과 u_2는 벡터 $\mathbf{u}=\langle u_1, u_2\rangle$의 **성분**(component)이라고 부른다. 두 벡터 $\mathbf{u}=\langle u_1, u_2\rangle$와 $\mathbf{v}=\langle v_1, v_2\rangle$가 서로 같을 필요충분조건은 $u_1=v_1$이고 $u_2=v_2$인 것이다. $\mathbf{u}$와 $\mathbf{v}$의 **합**(sum of ***u*** and ***v***)은 대응하는 성분들을 더한다. 즉,

$$\mathbf{u}+\mathbf{v}=\langle u_1+v_1, u_2+v_2\rangle$$

$\mathbf{u}$에다 스칼라(실수) c를 곱하는 **스칼라곱**(scalar multiple)은, 각각의 성분에다 c를 곱한다. 즉,

$$\mathbf{u}c=c\mathbf{u}=\langle cu_1, cu_2\rangle$$

특히,

$$-\mathbf{u}=\langle -u_1, -u_2\rangle$$

그리고

$$\mathbf{0}=0\mathbf{u}=\langle 0,\ 0\rangle$$

이다. 그림 8.13을 보면, 이러한 정의는 앞에서 기하학적으로 정의한 것과 동등함을 알 수 있다.

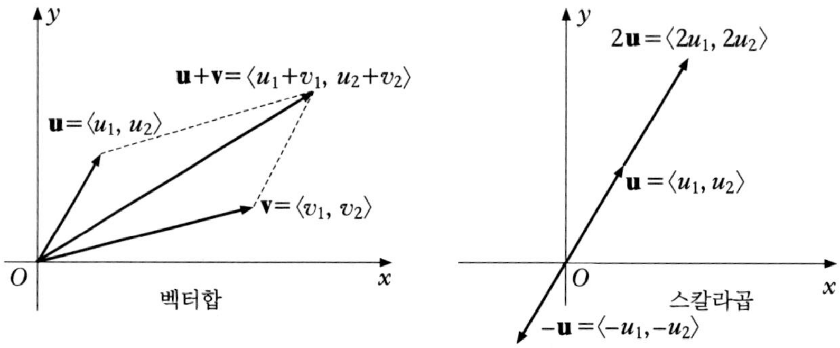

그림 8.13

벡터를 대수학적으로 해석한 것을 사용하여, 벡터 연산에 관한 다음 법칙들을 쉽게 확립할 수 있다.

정리 8.1 임의의 벡터 $\mathbf{u}$, $\mathbf{v}$, $\mathbf{w}$와 임의의 스칼라 a, b에 대해서, 다음 관계식이 성립한다.

1. $\mathbf{u}+\mathbf{v}=\mathbf{v}+\mathbf{u}$
2. $(\mathbf{u}+\mathbf{v})+\mathbf{w}=\mathbf{v}+(\mathbf{v}+\mathbf{w})$
3. $\mathbf{u}+\mathbf{0}=\mathbf{0}+\mathbf{u}=\mathbf{u}$
4. $\mathbf{u}+(-\mathbf{u})=\mathbf{0}$
5. $a(b\mathbf{u})=(ab)\mathbf{u}=\mathbf{u}(ab)$
6. $a(\mathbf{u}+\mathbf{v})=a\mathbf{u}+a\mathbf{v}$
7. $(a+b)\mathbf{u}=a\mathbf{u}+b\mathbf{u}$
8. $1\ \mathbf{u}=\mathbf{u}$

증명 공식 6을 증명함으로써, 증명하는 방법을 예시하겠다. 다음 각 단계가 왜 성립하는지 분명하게 이해하기 바란다.

$$\begin{aligned}a(\mathbf{u}+\mathbf{v})&=a(\langle u_1,\ u_2\rangle+\langle v_1,\ v_2\rangle)\\&=a\langle u_1+v_1,\ u_2+v_2\rangle\\&=\langle a(u_1+v_1),\ a(u_2+v_2)\rangle\\&=\langle au_1+av_1,\ au_2+av_2\rangle\\&=\langle au_1,\ au_2\rangle+\langle av_1,\ av_2\rangle\end{aligned}$$

$$= a\langle u_1,\ u_2\rangle + a\langle v_1,\ v_2\rangle$$
$$= a\mathbf{u} + a\mathbf{v}$$ ■

길이와 내적

벡터 $\mathbf{u}=\langle u_1,\ u_2\rangle$의 길이(크기, length, magnitude) $|\mathbf{u}|$는 다음 식으로 주어진다.

$$|\mathbf{u}| = \sqrt{u_1^2 + u_2^2}$$

예를 들어 $\mathbf{u}=\langle 4,\ -2\rangle$이면, $|\mathbf{u}| = \sqrt{4^2+(-2)^2} = 2\sqrt{5}$. 만약 $\mathbf{u}$에다 스칼라 c를 곱하면, 그 길이는 $|c|$배가 된다. 즉,

$$|c\mathbf{u}| = |c|\,|\mathbf{u}|$$

기호 $|\ |$를 두 가지 의미로 사용하는데, 혼동하지 않아야 한다. 기호 $|c|$는 c의 절대값이며, 실직선에서 원점에서 c까지의 거리이다. (그림 8.14) 기호 $|\mathbf{u}|$는 $\mathbf{u}$의 길이이며, 평면에서 $\mathbf{u}$의 원점으로부터 끝점까지의 거리이다. (그림 8.15)

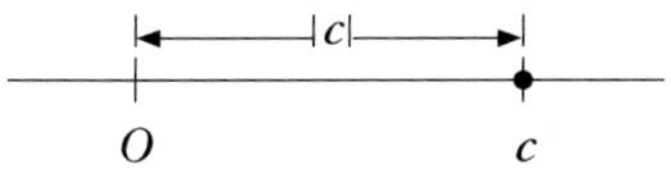

그림 8.14

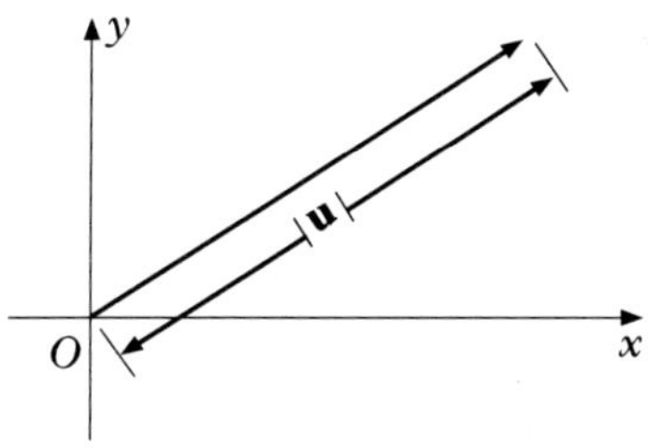

그림 8.15

[예제 8.3] $\mathbf{u}=\langle 4,\ -3\rangle$이다. $|\mathbf{u}|$와 $|-2\mathbf{u}|$를 구하여라. 그리고 $\mathbf{u}$와 방향이 같지만 길이가 1인 벡터 $\mathbf{v}$를 구하여라.

풀이 $|\mathbf{u}| = \sqrt{4^2+(-3)^2}$ 그리고 $|-2\mathbf{u}| = |-2|\,|\mathbf{u}| = 2\cdot 5 = 10$. $\mathbf{v}$를 구하려면, $\mathbf{u}$를 그 길이 $|\mathbf{u}|$로 나누면 된다. 즉,

$$\mathbf{v} = \frac{\mathbf{u}}{|\mathbf{u}|} = \frac{\langle 4,\ -3\rangle}{5} = \frac{1}{5}\langle 4,\ -3\rangle = \left\langle \frac{4}{5},\ \frac{-3}{5}\right\rangle$$

그러면 $\mathbf{v}$의 길이는

$$|\mathbf{v}| = \left|\frac{\mathbf{u}}{|\mathbf{u}|}\right| = \frac{1}{|\mathbf{u}|}|\mathbf{u}| = 1$$ ■

스칼라를 곱하는 것, 즉, 벡터 **u**와 스칼라 c의 곱셈을 앞에서 다루었다. 그 결과인 $c\mathbf{u}$는 항상 벡터이다. 이제 두 벡터 **u**와 **v**의 곱셈을 소개하겠다. 이것은 **내적**(스칼라적, 점곱, 점적, dot product)이라고 부르며, 기호 $\mathbf{u}\cdot\mathbf{v}$로 나타낸다. 이것은 다음 공식으로 정의한다.

$$\mathbf{u}\cdot\mathbf{v} = u_1v_1 + u_2u_2$$

예를 들어 $\langle 4, -3\rangle \cdot \langle 3, 2\rangle = 12 + (-6) = 6$. 두 벡터의 내적은 스칼라임을 주목하기 바란다.

내적의 성질은 쉽게 확립할 수 있다. 여기에 증명 없이 제시해 놓겠다.

정리 8.2 **u**, **v**, **w**가 벡터이고, c는 스칼라라고 하자. 그러면 다음 성질들이 성립한다.

1. $\mathbf{u}\cdot\mathbf{v} = \mathbf{v}\cdot\mathbf{u}$
2. $\mathbf{u}\cdot(\mathbf{v}+\mathbf{w}) = \mathbf{u}\cdot\mathbf{v} + \mathbf{u}\cdot\mathbf{w}$
3. $c(\mathbf{u}\cdot\mathbf{v}) = (c\mathbf{u})\cdot\mathbf{v} = \mathbf{u}\cdot(c\mathbf{v})$
4. $\mathbf{0}\cdot\mathbf{u} = 0$
5. $\mathbf{u}\cdot\mathbf{u} = |\mathbf{u}|^2$

내적의 중요성을 깨닫기 위해서, 내적에 대한 다른 공식을 제시해 놓겠다. **u**와 **v**는 영벡터가 아니라고 하자. 그러면

$$\mathbf{u}\cdot\mathbf{v} = |\mathbf{u}||\mathbf{v}|\cos\theta$$

여기서 θ는 **u**와 **v** 사이의 각이다. **u와 v 사이의 각**(angle between **u** and **v**)이라는 말은, **u**와 **v** 사이의, 음수가 아닌 가장 작은 각을 뜻한다. 그러므로 $0 \le \theta \le \pi$.

이 공식을 이끌어 내기 위해서, 그림 8.16의 삼각형에다 코사인 법칙을 적용해라.

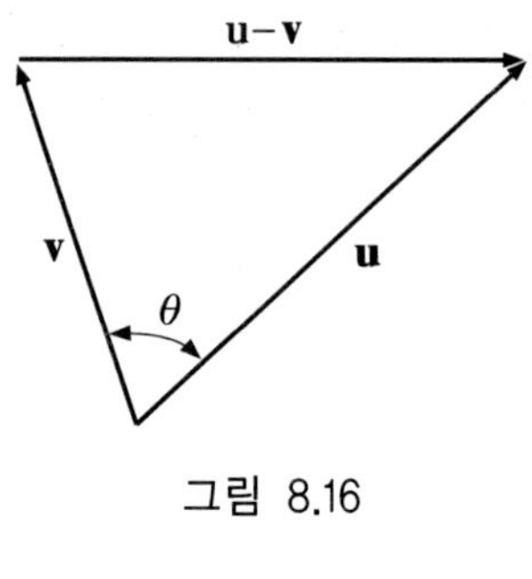

그림 8.16

$$|\mathbf{u}-\mathbf{v}|^2 = |\mathbf{u}|^2 + |\mathbf{v}|^2 - 2|\mathbf{u}||\mathbf{v}|\cos\theta$$

한편으로, 정리 8.2에 나오는 내적의 성질에 따라서,

$$\begin{aligned}|\mathbf{u}-\mathbf{v}|^2 &= (\mathbf{u}-\mathbf{v})\cdot(\mathbf{u}-\mathbf{v}) = \mathbf{u}(\mathbf{u}-\mathbf{v})-\mathbf{v}\cdot(\mathbf{u}-\mathbf{v})\\ &= \mathbf{u}\cdot\mathbf{u}-\mathbf{u}\cdot\mathbf{v}-\mathbf{v}\cdot\mathbf{u}+\mathbf{v}\cdot\mathbf{v}\\ &= |\mathbf{u}|^2+|\mathbf{v}|^2-2\mathbf{u}\cdot\mathbf{v}\end{aligned}$$

$|\mathbf{u}-\mathbf{v}|^2$에 대한 이 두 표현들을 같다고 놓으면, 원하는 결과가 나온다.

방금 얻은 이 공식의 매우 중요한 결론은 다음 정리이다.

> **정리 8.3 수직 판정법** 두 벡터 $\mathbf{u}$와 $\mathbf{v}$가 서로 수직일 필요충분조건은 그들의 내적 $\mathbf{u}\cdot\mathbf{v}$가 0인 것이다.

증명 영벡터가 아닌 두 벡터가 서로 수직일 필요충분조건은, 그들 사이의 각 θ가 $\pi/2$인 것이다. 즉, 필요충분조건은 $\cos\theta=0$. 그런데 $\cos\theta=0$일 필요충분조건은 $\mathbf{u}\cdot\mathbf{v}=0$. 영벡터는 모든 벡터들과 수직이라고 동의를 하면, 이 결과는 영벡터에 대해서도 유효하다. ■

서로 수직인 벡터들은 직교(orthogonal)한다고 말한다.

[예제 8.5] 벡터 $\mathbf{u}=\langle 8, 6\rangle$와 $\mathbf{v}=\langle 3, b\rangle$가 직교하도록, b를 구하여라.

풀이

$$\mathbf{u}\cdot\mathbf{v}=(8)(3)+(6)(b)=24+6b=0$$

그러므로 $b=-4$. ■

[예제 8.6] 벡터 $\mathbf{u}=\langle 8, 6\rangle$와 $\mathbf{v}=\langle 5, 12\rangle$ 사이의 각을 구하여라(그림 8.17 참조).

풀이

$$\cos\theta=\frac{\mathbf{u}\cdot\mathbf{v}}{|\mathbf{u}||\mathbf{v}|}=\frac{(8)(5)+(6)(12)}{(10)(13)}=\frac{112}{130}\approx 0.862$$

따라서

$$\theta\approx\cos^{-1}(0.862)\approx 0.532\text{(또는 }30.5^\circ\text{)}$$ ■

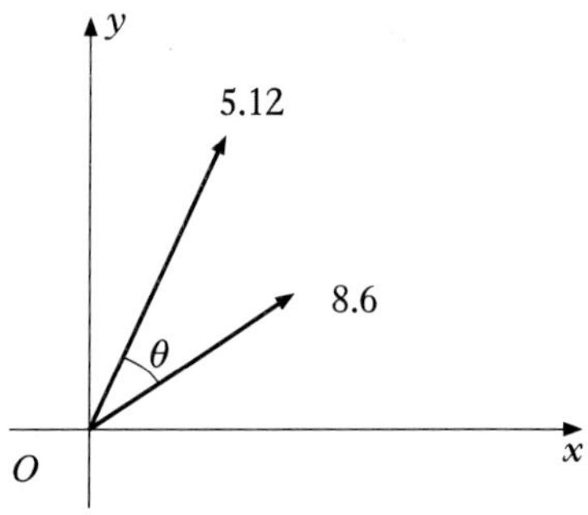

그림 8.17

이제 벡터들로 이루어진 집합인 벡터공간에 관하여 알아보자. 앞서 언급한 정리 8.1

의 조건들이 다시 언급될 것이다.

정의 8.4 임의의 집합 V에 대하여 V에 속하는 임의의 원소 $\mathbf{u}$, $\mathbf{v}$와 임의의 스칼라(실수) c에 대하여 $\mathbf{u}+\mathbf{v}\in V$, $c\mathbf{u}\in V$일 때, 다음 8가지 조건을 만족하는 집합 V를 벡터공간(vector space)이라 하며, V의 원소들을 벡터(vector)라고 한다.

1. 임의의 $\mathbf{u}$, $\mathbf{v}\in V$에 대하여 $\mathbf{u}+\mathbf{v}=\mathbf{v}+\mathbf{u}$.
2. 임의의 $\mathbf{u}$, $\mathbf{v}$, $\mathbf{w}\in V$에 대하여 $(\mathbf{u}+\mathbf{v})+\mathbf{w}=\mathbf{u}+(\mathbf{v}+\mathbf{w})$.
3. 임의의 $\mathbf{u}\in V$에 대하여 $\mathbf{u}+\mathbf{0}=\mathbf{0}+\mathbf{u}=\mathbf{u}$인 $\mathbf{0}\in V$이 유일하게 존재한다.
4. 임의의 $\mathbf{u}\in V$에 대하여 $\mathbf{u}+(-\mathbf{u})=\mathbf{0}$인 $-\mathbf{u}\in V$가 존재한다.
5. 임의의 $\mathbf{u}$, $\mathbf{v}\in V$와 임의의 스칼라 c에 대하여 $c(\mathbf{u}+\mathbf{v})=c\mathbf{u}+c\mathbf{v}$.
6. 임의의 $\mathbf{u}\in V$와 임의의 스칼라 c, d에 대하여 $(c+d)\mathbf{u}=c\mathbf{u}+d\mathbf{u}$.
7. 임의의 $\mathbf{u}\in V$와 임의의 스칼라 c, d에 대하여 $c(d\mathbf{u})=(cd)\mathbf{u}$.
8. 임의의 $\mathbf{u}\in V$에 대하여 $1\mathbf{u}=\mathbf{u}$

예 1) R^n을 성분이 실수인 모든 $n\times 1$ 행렬들의 집합이라고 하고 이 집합에 벡터합을 행렬의 합으로 스칼라곱은 행렬의 상수배로 정의하면 $\mathbf{R}^n$은 벡터공간이 된다.

예 2) 행렬의 합, 행렬의 상수배가 각각 벡터합과 스칼라곱 연산으로 정의된 모든 $m\times n$행렬들의 집합은 벡터 공간이다.

예 3) 미지수 x_1, x_2, $\cdots$, x_n에 대한 다음 연립방정식을 살펴보자.

$$\begin{cases} a_{11}x_1+a_{12}x_2+\cdots+a_{1n}x_n=0 \\ a_{21}x_1+a_{22}x_2+\cdots+a_{2n}x_n=0 \\ \quad\cdots\cdots \\ a_{n1}x_1+a_{n2}x_2+\cdots+a_{nn}x_n=0 \end{cases}$$

이 연립방정식의 모든 해들의 집합을 V라 하면, 즉

$$V=\{(a_1,\ a_2,\ \cdots,\ a_n)\,|\,x_1=a_1,\ x_2=a_2,\ \cdots,\ x_n=a_n\text{은 연립방정식의 해}\}$$

이면 V의 두 원소 $(a_1,\ a_2,\ \cdots,\ a_n)$, $(b_1,\ b_2,\ \cdots,\ b_n)$과 스칼라 c에 대하여

$$(a_1+b_1,\ a_2+b_2,\ \cdots,\ a_n+b_n)\in V$$
$$c(a_1,\ a_2,\ \cdots,\ a_n)\in V$$

임은 분명하다.

따라서, V는 벡터 공간이 된다.

예 4) P_n을 영다항식을 포함하는 n차 이하의 모든 다항식들의 집합이라 하자. P_n의 두 원소를

$$p(t)=a_0t^n+a_1t^{n-1}+\cdots+a_{n-1}t+a_n$$

과

$$q(t)=b_0t^n+b_1t^{n-1}+\cdots+b_{n-1}t+b_n$$

이라 할 때 $p(t)+q(t)$를

$$p(t)+q(t)=(a_0+b_0)t^n+(a_1+b_1)t^{n-1}+\cdots+(a_{n-1}+b_{n-1})t+(a_n+b_n)$$

로 정의하고 c를 임의의 스칼라라고 할 때

$$cp(t)=(ca_0)t^n+(ca_1)t^{n-1}+\cdots+(ca_{n-1})t+(ca_n)$$

으로 정의하면 P_n은 벡터 공간이 된다.

예 5) V를 실수 집합에서 정의된 실수값 연속 함수들의 집합이라고 하자. V에 속하는 임의의 f, g에 대하여, $f+g$를 $(f+g)(t)=f(t)+g(t)$로 정의하자. 그리고 임의의 $f\in V$와 임의의 스칼라 c에 대하여, cf를 $(cf)(t)=cf(t)$로 정의하면 V는 벡터 공간이다.

정리 8.5 V가 벡터 공간일 때

1. 임의의 $\mathbf{u}\in V$에 대하여, $0\mathbf{u}=\mathbf{0}$.
2. 임의의 스칼라 c에 대하여, $c\mathbf{0}=\mathbf{0}$.
3. $c\mathbf{u}=\mathbf{0}$이면, $c=0$ 또는 $\mathbf{u}=\mathbf{0}$

4. 임의의 $\mathbf{u} \in V$에 대하여, $(-1)\mathbf{u} = -\mathbf{u}$.

증명 1. $0\mathbf{u} = (0+0)\mathbf{u} = 0\mathbf{u} + 0\mathbf{u}$ 이므로 $0\mathbf{u} = \mathbf{0}$.

2. $c\mathbf{0} = c(\mathbf{0}+\mathbf{0}) = c\mathbf{0} + c\mathbf{0}$ 이므로 $c\mathbf{0} = \mathbf{0}$.

3. 1과 2에 의해서 성립

4. $\mathbf{0} = (1+(-1))\mathbf{u} = 1\mathbf{u} + (-1)\mathbf{u} = \mathbf{u} + (-1)\mathbf{u}$이므로 $(-1)\mathbf{u} = -\mathbf{u}$.

정의 8.6 벡터 공간 V의 부분집합 W가

1) 임의의 $\mathbf{v}, \mathbf{w} \in W$에 대하여, $\mathbf{v} + \mathbf{w} \in W$,

2) 임의의 $\mathbf{v} \in W$와 임의의 스칼라 c에 대하여 $c\mathbf{v} \in W$

를 만족할 때 W를 V의 부분공간(subspace)이라고 한다.

예 6) W를 $W = \{(a_1, a_2, 0) | a_i : \text{실수}\}$라 하면 $W \subset R^3 = \{(a_1, a_2, a_3) | a_i : \text{실수}\}$이고

i) 임의의 $\mathbf{a} = (a_1, a_2, 0)$, $\mathbf{b} = (b_1, b_2, 0) \in W$에 대하여

$$\mathbf{a} + \mathbf{b} = (a_1 + b_1, a_2 + b_2, 0) \in W$$

ii) 임의의 $\mathbf{a} = (a_1, a_2, 0) \in W$, $c \in R$에 대하여, $c\mathbf{a} = (ca_1, ca_2, 0) \in W$

따라서, W는 $\mathbf{R}^3$의 부분공간이다.

정의 8.7 벡터공간 V의 n개의 벡터 $\mathbf{v}_1, \mathbf{v}_2, \cdots, \mathbf{v}_n$과 n개의 스칼라 $x_1, x_2, \cdots, x_n$에 대하여

$$x_1\mathbf{v}_1 + x_2\mathbf{v}_2 + \cdots + x_n\mathbf{v}_n$$

을 $\mathbf{v}_1, \mathbf{v}_2, \cdots, \mathbf{v}_n$의 일차결합(linear combination)이라고 한다.

예 7) 벡터공간 $\mathbf{R}^3$에서

$$\langle 2, 4, 2 \rangle = 2\langle 1, 1, 2 \rangle + (-2)\langle 0, -1, 1 \rangle + 0\langle 2, 0, -1 \rangle$$

이므로, $\langle 2, 4, 2 \rangle$는 $\langle 1, 1, 2 \rangle$, $\langle 0, -1, 1 \rangle$, $\langle 2, 0, -1 \rangle$의 일차결합이다.

$\mathbf{R}^3$의 임의의 벡터 $\mathbf{a}=\langle a_1, a_2, a_3\rangle$에 대하여

$$\begin{aligned}\mathbf{a}&=\langle a_1, a_2, a_3\rangle\\&=\langle a_1, 0, 0\rangle+\langle 0, a_2, 0\rangle+\langle 0, 0, a_3\rangle\\&=a_1\langle 1, 0, 0\rangle+a_2\langle 0, 1, 0\rangle+a_3\langle 0, 0, 1\rangle\end{aligned}$$

이므로 $\mathbf{a}$는 $\langle 1, 0, 0\rangle$, $\langle 0, 1, 0\rangle$, $\langle 0, 0, 1\rangle$의 일차결합이다.

정리 8.8 $S=\{\mathbf{v}_1, \mathbf{v}_2, \cdots, \mathbf{v}_n\}$을 벡터 공간 V의 벡터들의 집합이라고 하자. 만일, V의 모든 벡터가 S의 벡터들의 일차결합이면, 집합 S는 V를 생성한다(span)라고 하거나 V가 S에 의해 생성된다(spanned by S)라고 한다.

(예 7)에서 본 바와 같이, $\mathbf{R}^3$의 임의의 벡터 $\mathbf{a}=\langle a_1, a_2, a_3\rangle$는

$$\mathbf{a}=a_1\langle 1, 0, 0\rangle+a_2\langle 0, 1, 0\rangle+a_3\langle 0, 0, 1\rangle$$

이므로, $\mathbf{R}^3$는 $\{\langle 1, 0, 0\rangle, \langle 0, 1, 0\rangle, \langle 0, 0, 1\rangle\}$에 의해서 생성되어 진다.

정의 8.9 $S=\{\mathbf{v}_1, \mathbf{v}_2, \cdots, \mathbf{v}_n\}$을 벡터 공간 V의 벡터들의 집합이라고 하자.

$$a_1\mathbf{v}_1+a_2\mathbf{v}_2+\cdots+a_n\mathbf{v}_n=\mathbf{0}$$

를 만족하는 모두가 0이 아닌 스칼라(상수) $a_1, a_2, \cdots, a_n$이 존재하면 S는 일차종속(linearly dependend)이라고 한다. 만약, $a_1=a_2=\cdots=a_n=0$이면, S는 일차독립(linearly indepent)이라고 한다.

[예제 8.7] $\mathbf{R}^3$의 벡터들의 집합 $\{\langle 1, 0, 0\rangle, \langle 0, 1, 1\rangle, \langle 1, 2, -1\rangle\}$은 일차독립인지 판정하시오.

풀이 a, b, c를 스칼라라고 하면

$$a\langle 1, 0, 0\rangle+b\langle 0, 1, 1\rangle+c\langle 1, 2, -1\rangle=\langle a+c, b+2c, b-c\rangle=\langle 0, 0, 0\rangle$$

$$\left(\begin{array}{ccc|c}1&0&1&0\\0&1&2&0\\0&1&-1&0\end{array}\right)\xrightarrow{2\text{행}\times(-1)+3\text{행}}\left(\begin{array}{ccc|c}1&0&1&0\\0&1&2&0\\0&0&-3&0\end{array}\right)\xrightarrow{3\text{행}\times\left(-\frac{1}{3}\right)}$$

$$\left(\begin{array}{ccc|c} 1 & 0 & 1 & 0 \\ 0 & 1 & 2 & 0 \\ 0 & 0 & 1 & 0 \end{array}\right) \xrightarrow[3\text{행}\times(-1)+1\text{행}]{3\text{행}\times(-2)+2\text{행}} \left(\begin{array}{ccc|c} 1 & 0 & 0 & 0 \\ 0 & 1 & 0 & 0 \\ 0 & 0 & 1 & 0 \end{array}\right)$$

$a=b=c=0$이므로 일차독립이다. ■

> **정의 8.10** 벡터 공간 V의 n개의 벡터들의 집합 $S=\{\mathbf{v}_1, \mathbf{v}_2, \cdots, \mathbf{v}_n\}$가 V를 생성하고 일차독립이면 S를 V의 기저(basis)라고 한다. 벡터 공간 V의 기저가 n개의 벡터를 포함하고 있을 때, n을 V의 차원(dimension)이라 하고 $\dim V$로 나타낸다.

[예제 8.8] $V=\mathbf{R}^2$이고 $S=\{\langle 1, 0\rangle, \langle 0, 1\rangle\}$이라 하자. 그러면 S는 $\mathbf{R}^2$의 기저이고 이 기저를 $\mathbf{R}^2$의 표준기저라고 한다. $\mathbf{R}^2$의 표준기저 $\mathbf{e}_1$, $\mathbf{e}_2$로 보통 나타내는데 가끔 $\mathbf{i}=\langle 1, 0\rangle$, $\mathbf{j}=\langle 0, 1\rangle$로도 나타낸다. $\mathbf{R}^3$ 공간에서 $\{\langle 1, 0, 0\rangle, \langle 0, 1, 0\rangle, \langle 0, 0, 1\rangle\}$이 표준기저이고 이 기저들은 순서대로 $\mathbf{e}_1$, $\mathbf{e}_2$, $\mathbf{e}_3$ 또는 $\mathbf{i}$, $\mathbf{j}$, $\mathbf{k}$로 나타낸다.

$\mathbf{R}^2$의 임의의 벡터 $\langle a_1, a_2\rangle$는 $\langle a_1, a_2\rangle = a_1\langle 1, 0\rangle + a_2\langle 0, 1\rangle = a_1\mathbf{i}+a_2\mathbf{j}$로 유일하게 나타낼 수 있고, $\mathbf{R}^3$의 임의의 벡터 $\langle a_1, a_2, a_3\rangle$는 $\langle a_1, a_2, a_3\rangle = a_1\langle 1, 0, 0\rangle + a_2\langle 0, 1, 0\rangle + a_3\langle 0, 0, 1\rangle = a_1\mathbf{i}+a_2\mathbf{j}+a_2\mathbf{k}$로 유일하게 나타낼 수 있다.

[예제 8.9] 벡터 $\mathbf{u}$는 점 $P(2, -1)$에서 점 $Q(-3, 7)$로 가는 화살표이다. $\mathbf{u}$를 $u_1\mathbf{i}+u_2\mathbf{j}$ 형태로 표시하여라.

풀이 먼저 이 화살표를 평행이동하여, 원점에서 뻗어나오도록 만들어라. (그림 8.18)

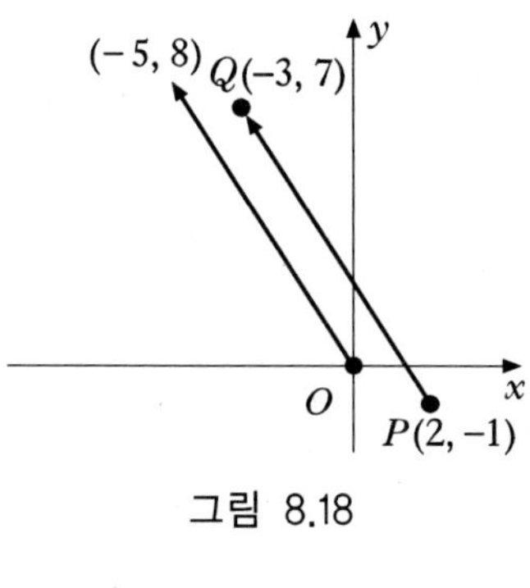

그림 8.18

끝점의 성분들에서 시작점의 성분들을 빼면, 항상 이렇게 된다. 그러므로 대응하는 대수학적 벡터는 $\langle -3-2,\ 7-(-1)\rangle = \langle -5,\ 8\rangle$. 그러므로 다음과 같이 쓸 수 있다.

$$\mathbf{u} = -5\mathbf{i} + 8\mathbf{j}$$ ■

[예제 8.10] 그림 8.19에 나오는 세 점 $A(4,\ 3)$, $B(1,\ -1)$, $C(6,\ -4)$에 대해서, 각 ABC의 크기를 구하여라.

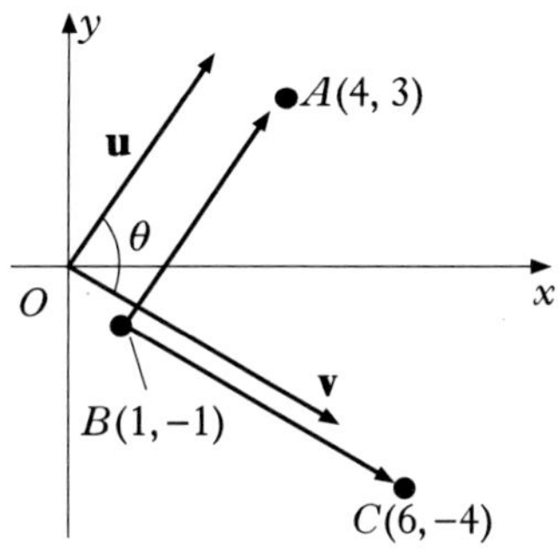

그림 8.19

풀이

$$\mathbf{u} = \overrightarrow{BA} = (4-1)\mathbf{i} + (3+1)\mathbf{j} = 3\mathbf{i} + 4\mathbf{j} = \langle 3,\ 4\rangle$$
$$\mathbf{v} = \overrightarrow{BC} = (6-1)\mathbf{i} + (-4+1)\mathbf{j} = 5\mathbf{i} - 3\mathbf{j} = \langle 5,\ -3\rangle$$
$$|\mathbf{u}| = \sqrt{3^2 + 4^2} = 5$$
$$|\mathbf{v}| = \sqrt{5^2 + (-3)^2} = \sqrt{34}$$
$$\mathbf{u}\cdot\mathbf{v} = (3)(5) + (4)(-3) = 3$$
$$\cos\theta = \frac{\mathbf{u}\cdot\mathbf{v}}{|\mathbf{u}||\mathbf{v}|} = \frac{3}{5\sqrt{34}} \approx 0.1029$$
$$\theta \approx 1.468\ (\text{약 } 84.09^\circ)$$ ■

사영

$\mathbf{u}$와 $\mathbf{v}$는 벡터이고, θ는 이들 사이의 각이라고 하자. 우선 $0 \le \theta \le \pi/2$인 경우를 생각하겠다. 벡터 $\mathbf{w}$는 $\mathbf{v}$와 같은 방향이고, 크기는 $|\mathbf{u}|\cos\theta$라고 하자. (그림 8.20 참조)

$\mathbf{w}$는 $\mathbf{v}$와 방향이 같으니, 어떤 양의 스칼라(실수) c가 있어서, $\mathbf{w} = c\mathbf{v}$. 그런데 한편으로, $\mathbf{w}$의 크기는 $|\mathbf{u}|\cos\theta$가 되어야 한다. 그러므로

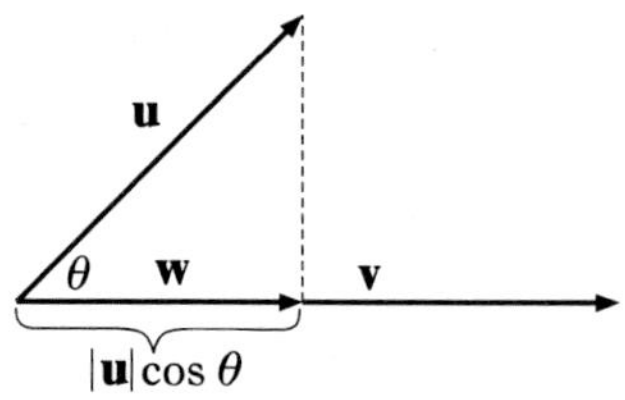

그림 8.20

$$|\mathbf{u}|\cos\theta = |\mathbf{w}| = |c\mathbf{v}| = c|\mathbf{v}|$$

따라서 상수 c는 다음과 같다.

$$c = \frac{|\mathbf{u}|}{|\mathbf{v}|}\cos\theta = \frac{|\mathbf{u}|}{|\mathbf{v}|}\ \frac{\mathbf{u}\cdot\mathbf{v}}{|\mathbf{u}||\mathbf{v}|} = \frac{|\mathbf{u}\cdot\mathbf{v}|}{|\mathbf{v}|^2}$$

그러므로

$$\mathbf{w} = \left(\frac{|\mathbf{u}\cdot\mathbf{v}|}{|\mathbf{v}|^2}\right)\mathbf{v}$$

$\pi/2 < \theta \leq \pi$인 경우, **w**는 **v**가 결정하는 직선에 놓여 있는 벡터이지만, **v**와 반대 방향이라고 정의하자. (그림 8.21 참조)

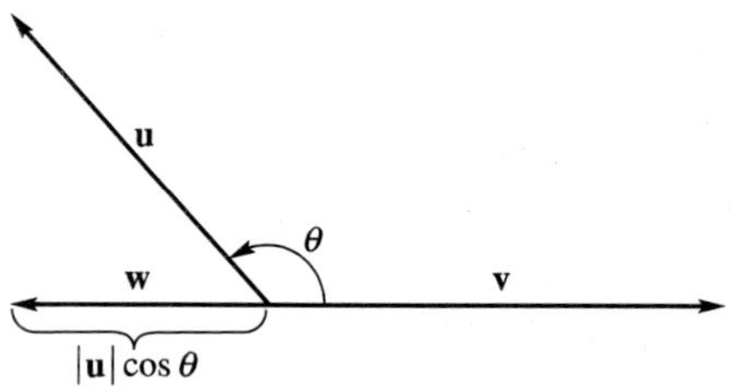

그림 8.21

이 벡터의 크기는 $|\mathbf{w}| = -|\mathbf{u}|\cos\theta = c|\mathbf{v}|$이며, 여기서 c는 어떤 양의 스칼라(실수)이다. 그러므로 $c = (-|\mathbf{u}|\cos\theta)/(|\mathbf{v}|) = -(\mathbf{u}\cdot\mathbf{v}/|\mathbf{v}|^2)$. **w**는 **v**와 반대 방향을 가리키므로, $\mathbf{w} = -c\mathbf{v} = (\mathbf{u}\cdot\mathbf{v}/|\mathbf{v}^2|)\mathbf{v}$. 그러므로 두 경우 모두 $\mathbf{w} = (\mathbf{u}\cdot\mathbf{v}/|\mathbf{v}|^2)\mathbf{v}$. 벡터 **w**를 **v**로의 **u**의 벡터 사영(vector projection of **u** on **v**), 또는 **v**로의 **u**의 사영(projection of **u** on **v**)이라하고, $\mathrm{pr}_{\mathbf{v}}\mathbf{u}$로 나타낸다. 즉,

$$\mathrm{pr}_{\mathbf{v}}\,\mathbf{u} = \left(\frac{|\mathbf{u}\cdot\mathbf{v}|}{|\mathbf{v}|^2}\right)\mathbf{v}$$

$\mathbf{v}$로의 $\mathbf{u}$의 **스칼라 사영**(scalar projection of $\mathbf{u}$ on $\mathbf{v}$)은 $|\mathbf{u}|\cos\theta$로 정의한다. 각 θ가 예각, 직각, 둔각인 경우, 이것은 양수, 0, 음수가 된다. $0\le\theta\le\pi/2$인 경우, 스칼라 사영은 $\mathrm{pr}_{\mathbf{v}}\,\mathbf{u}$의 크기와 같다. 그리고 $\pi/2<\theta\le\pi$인 경우, 스칼라 사영은 $\mathrm{pr}_{\mathbf{v}}\,\mathbf{u}$의 크기에다 음수 부호를 붙인 것이다.

[예제 8.11] $\mathbf{u}=\langle -1, 5\rangle$, $\mathbf{v}=\langle 3, 3\rangle$이라 하자. $\mathbf{v}$로의 $\mathbf{u}$의 벡터 사영과 $\mathbf{v}$로의 $\mathbf{u}$의 스칼라 사영을 구하여라.

풀이 그림 8.22에 두 벡터가 나온다. 벡터 사영은 다음과 같다.

$$\begin{aligned}\mathrm{pr}_{\langle 3,3\rangle}\langle -1, 5\rangle &= \left(\frac{\langle -1, 5\rangle\cdot\langle 3, 3\rangle}{|\langle 3, 3\rangle|^2}\right)\langle 3, 3\rangle \\ &= \frac{-3+15}{3^2+3^2}\langle 3, 3\rangle = 2\mathbf{i}+2\mathbf{j}\end{aligned}$$

그리고 스칼라 사영은 다음과 같다.

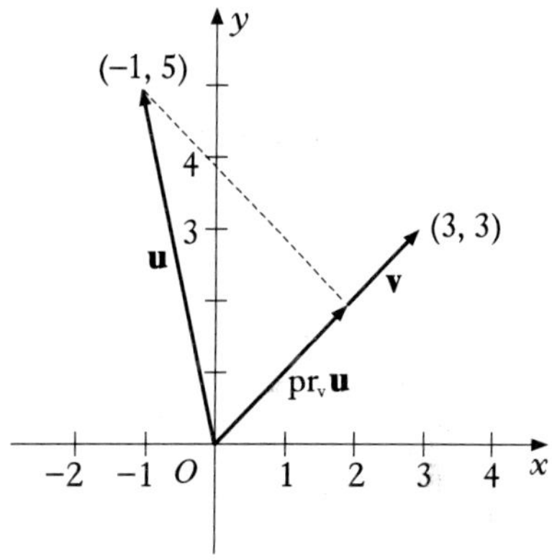

그림 8.22

$$\begin{aligned}|\mathbf{u}|\cos\theta &= |\langle -1, 5\rangle|\frac{\langle -1, 5\rangle\cdot\langle 3, 3\rangle}{|\langle -1, 5\rangle||\langle 3, 3\rangle|} \\ &= \frac{-3+15}{\sqrt{3^2+3^2}} = 2\sqrt{2}\end{aligned}$$

■

일정한 힘 $\mathbf{F}$가 작용하여서, 물체가 P에서 Q로 직선을 따라서 움직였다면, 이 힘이 한 일은 움직인 방향으로의 힘의 크기 곱하기 움직인 거리이다. 즉, P에서 Q로 가는 벡터를 $\mathbf{D}$라 하면, 한 일은 다음과 같다.

$$(\mathbf{D}\text{로의 }\mathbf{F}\text{의 스칼라 사영})|\mathbf{D}| = |\mathbf{F}|\cos\theta|\mathbf{D}|$$

즉,

$$\text{일} = \mathbf{F}\cdot\mathbf{D}$$

[예제 8.12] 힘 $\mathbf{F}$는 뉴턴 단위로 $\mathbf{F}=8\mathbf{i}+5\mathbf{j}$ 이며, 이 힘이 작용하여 물체가 (1, 0)에서 (7, 1)로 움직였다. 여기서 거리는 미터 단위이다(그림 8.23). 한 일은 얼마인가?

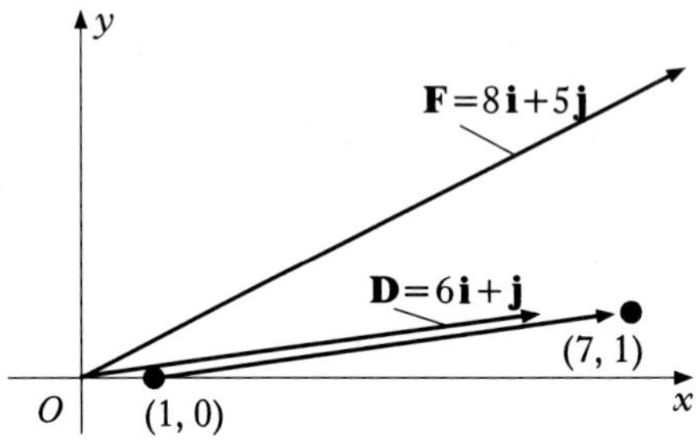

그림 8.23

풀이 (1, 0)에서 (7, 1)로 가는 벡터를 $\mathbf{D}$라 하자. 즉, $\mathbf{D}=6\mathbf{i}+\mathbf{j}$. 그러면

$$일=\mathbf{F}\cdot\mathbf{D}=(8)(6)+(5)(1)=53줄(일의\ 단위)$$ ■

연습문제 (8-2)

1. $\mathbf{a}=-2\mathbf{i}+3\mathbf{j}$, $\mathbf{b}=2\mathbf{i}-3\mathbf{j}$, $\mathbf{c}=-5\mathbf{j}$ 라 하자. 다음을 구하여라.
   (a) $2\mathbf{a}-4\mathbf{b}$ (b) $\mathbf{a}\cdot(\mathbf{b}+\mathbf{c})$ (c) $|\mathbf{a}|(\mathbf{c}\cdot\mathbf{a})$

2. $\mathbf{a}=\langle 3, -1\rangle$, $\mathbf{b}=\langle 1, -1\rangle$, $\mathbf{c}=\langle 0, 5\rangle$라 하자. 다음을 구하여라.
   (a) $-4\mathbf{a}+3\mathbf{b}$ (b) $(\mathbf{a}+\mathbf{b})\cdot\mathbf{c}$ (c) $|\mathbf{b}|(\mathbf{b}\cdot\mathbf{a})$

3. $\mathbf{a}$와 $\mathbf{b}$ 사이의 각의 코사인을 구하고, 그림을 그려라.
   (a) $\mathbf{a}=\langle 1, -3\rangle$, $\mathbf{b}=\langle -1, 2\rangle$ (b) $\mathbf{a}=\langle 2, 1\rangle$, $\mathbf{b}=\langle -2, -4\rangle$

4. $\mathbf{a}$와 $\mathbf{b}$ 사이의 각을 구하고, 그림을 그려라.
   (a) $\mathbf{a}=12\mathbf{i}$, $\mathbf{b}=-5\mathbf{i}$ (b) $\mathbf{a}=\mathbf{i}+3\mathbf{j}$, $\mathbf{b}=-2\mathbf{i}-6\mathbf{j}$

5. $\overrightarrow{AB}$가 나타내는 벡터를 $\mathbf{a}=a_1\mathbf{i}+a_2\mathbf{j}$ 형태로 표시하여라.

(a) $A(2,\ 2)$, $B(-3,\ 4)$ (b) $A(\sqrt{2},\ \pi)$, $B(0,\ e)$

6. $\mathbf{a}$ 방향의 단위 벡터(크기가 1인 벡터) $\mathbf{u}$를 찾아라. 그것을 $\mathbf{u}=u_1\mathbf{i}+u_2\mathbf{j}$ 형태로 표시하여라.
   (a) $\mathbf{a}=\langle -3,\ -4\rangle$ (b) $\mathbf{a}=\langle 1,\ -7\rangle$
   (c) $\mathbf{a}=\langle 0,\ -4\rangle$ (d) $\mathbf{a}=\langle -5,\ -12\rangle$

7. $6\mathbf{i}-8\mathbf{j}$ 와 방향이 같고 길이가 세 배인 벡터를 구하여라.

8. 벡터 $\langle 6,\ 3\rangle$과 $\langle -1,\ 2\rangle$는 서로 직교(수식)함을 밝혀라.

9. 벡터 $\langle -5,\ \sqrt{3}\rangle$과 $\langle \sqrt{27},\ 15\rangle$는 서로 직교함을 밝혀라.

10. 서로 나란하지 않은 두 벡터 $\mathbf{a}=-4\mathbf{i}+3\mathbf{j}$ 와 $\mathbf{b}=2\mathbf{i}-\mathbf{j}$ 가 있고, 제 삼의 벡터 $\mathbf{r}=6\mathbf{i}-7\mathbf{j}$ 가 있다. $\mathbf{r}=k\mathbf{a}+m\mathbf{b}$ 가 되는 스칼라 k, m을 구하여라.

11. 힘 100 뉴턴이 남에서 동으로 70° 방향으로 작용하여서, 어떤 물체를 동쪽으로 30 미터 움직였다. 한 일을 구하여라.

12. 힘 $\mathbf{F}=-5\mathbf{i}+8\mathbf{j}$ 뉴턴이 어떤 물체를 북쪽으로 12미터 움직였다. 한 일을 구하여라.

13. 다음 각각의 경우 $\text{pr}_{\mathbf{v}}\mathbf{u}$를 구하여라.
(a) $\mathbf{u}=\langle 0,\ 5\rangle$, $\mathbf{v}=\langle 3,\ 4\rangle$ (b) $\mathbf{u}=\langle -3,\ 2\rangle$, $\mathbf{v}=\langle 3,\ 4\rangle$

14. 점 $P(x_0,\ y_0)$에서 직선 $\mathbf{a}x+\mathbf{b}y+\mathbf{c}=0$까지의 거리 공식 $d=|ax_0+by_0+c|/\sqrt{a^2+b^2}$을 유도해 내어라. 도움말: 직선의 한 점을 $Q(x_1,\ y_1)$라 하자. $\mathbf{n}$으로의 $\overrightarrow{QP}$의 스칼라 사영의 크기를 구하여라.

8.3 삼차원 공간벡터와 내적

삼차원 공간의 벡터는 평면벡터와 모든 내용이 거의 비슷하며 단지 벡터의 성분이 3개로 주어진다는 것 뿐이다. 즉,

$$\mathbf{u} = < u_1,\ u_2,\ u_3 > = u_1\mathbf{i} + u_2\mathbf{j} + u_3\mathbf{k}$$

여기서 $\mathbf{i} = <1,\ 0,\ 0>$, $\mathbf{j} = <0,\ 1,\ 0>$, $\mathbf{k} = <0,\ 0,\ 1>$는 표준 단위 벡터들로서, 기저 벡터(basis vector)라고 부르며, 세 개의 좌표축의 양의 방향을 가리킨다. (그림 8.24)

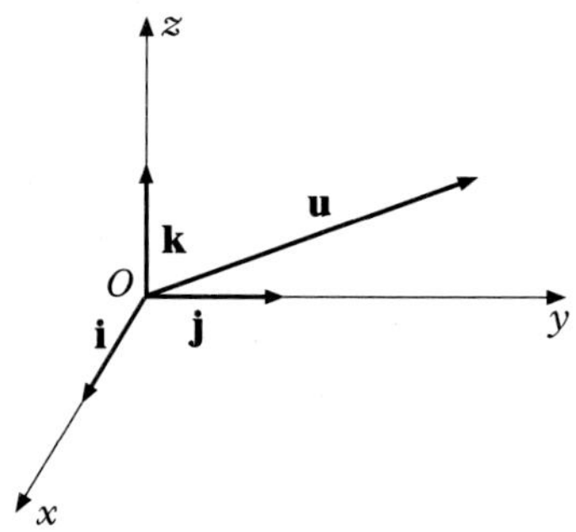

그림 8.24

거리 공식으로부터, $\mathbf{u}$의 길이(length, 크기) $|\mathbf{u}|$는 다음과 같이 주어진다.

$$|\mathbf{u}| = \sqrt{u_1^2 + u_2^2 + u_3^2}$$

평면의 벡터들과 마찬가지로, 공간의 벡터들도 서로 더하거나 빼고, 스칼라를 곱할 수 있다. 이러한 연산들은 앞에서 배운 것과 마찬가지로 대수학적 규칙들을 만족한다. 벡터 $\mathbf{u} = < u_1,\ u_2,\ u_3 >$와 $\mathbf{v} = < v_1,\ v_2,\ v_3 >$의 내적(dot product)은 다음과 같이 정의한다.

$$\mathbf{u} \cdot \mathbf{v} = u_1 v_1 + u_2 v_2 + u_3 v_3$$

이것은 기하학적 의미

$$\mathbf{u} \cdot \mathbf{v} = |\mathbf{u}|\,|\mathbf{v}| \cos\theta$$

를 만족한다. 여기서 θ는 $\mathbf{u}$와 $\mathbf{v}$ 사이의 각이다. 그러므로 두 벡터가 서로 수직일 필요충분조건은 그들의 내적이 0임은 여전히 참이다.

[예제 8.13] $A=(1,\ -2,\ 3)$, $B=(2,\ 4,\ -6)$, $C=(5,\ -3,\ 2)$일 때, 각 ABC를 구하여라(그림 8.25).

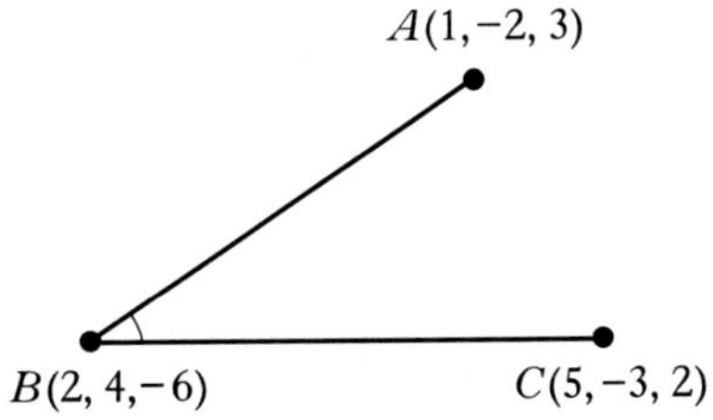

그림 8.25

풀이 이 먼저 $\overrightarrow{BA}$, $\overrightarrow{BC}$와 동등한 벡터 $\mathbf{u}$, $\mathbf{v}$를 결정하자(이들은 원점이 시작점임). 이것을 구하려면, 끝점의 좌표에서 시작점의 좌표를 빼면 된다. 즉,

$$\mathbf{u}=<1-2,\ -2-4,\ 3+6>=<-1,\ -6,\ 9>$$
$$\mathbf{v}=<5-2,\ -3-4,\ 2+6>=<3,\ -7,\ 8>$$

그러므로

$$\cos\theta=\frac{\mathbf{u}\cdot\mathbf{v}}{|\mathbf{u}||\mathbf{v}|}=\frac{(-1)(3)+(-6)(-7)+(9)(8)}{\sqrt{1+36+81}\sqrt{9+49+64}}\approx 0.9251$$
$$\theta=0.3894(\text{약 } 22.31^\circ)$$

■

[예제 8.14] 벡터 $\mathbf{u}=<2,\ 4,\ 5>$를 $\mathbf{v}=<2,\ -1,\ -2>$에 평행한 벡터 $\mathbf{m}$과 $\mathbf{v}$에 수직인 벡터 $\mathbf{n}$의 합으로 나타내어라.

풀이 그림 8.26이 잘 설명해 준다. 먼저 $\mathbf{v}$로의 $\mathbf{u}$의 사영 $\mathbf{m}=\mathrm{pr}_{\mathbf{v}}\mathbf{u}$를 구하자.

$$\begin{aligned}\mathbf{m}&=\frac{\mathbf{u}\cdot\mathbf{v}}{|\mathbf{v}|^2}\mathbf{v}\\&=\frac{\langle 2,\ 4,\ 5\rangle\cdot\langle 2,\ -1,\ -2\rangle}{|\langle 2,\ -1,\ -2\rangle|^2}\langle 2,\ -1,\ -2\rangle\\&=\frac{(2)(2)+(4)(-1)+(5)(-2)}{4+1+4}\langle 2,\ -1,\ -2\rangle\\&=\left\langle\frac{-20}{9},\ \frac{10}{9},\ \frac{20}{9}\right\rangle\end{aligned}$$

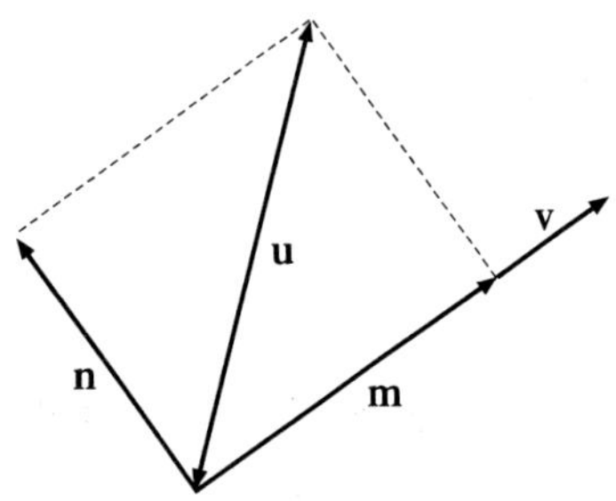

그림 8.26

그러면

$$\mathbf{n}=\mathbf{u}-\mathbf{m}=\left\langle \frac{38}{9}, \frac{26}{9}, \frac{25}{9} \right\rangle$$

m과 **n**이 서로 수직임에 의심이 간다면, 내적을 계산해 보기 바란다. 그러면 0이 나올 것이다. ■

방향각과 방향 코사인

영이 아닌 벡터 **a**와 기저 벡터 **i**, **j**, **k** 사이의 각(음수가 아닌 최소각)을 **a**의 **방향각**(direction angle)이라고 부르며, 이들을 각각 α, β, γ로 나타낸다. (그림 8.27)

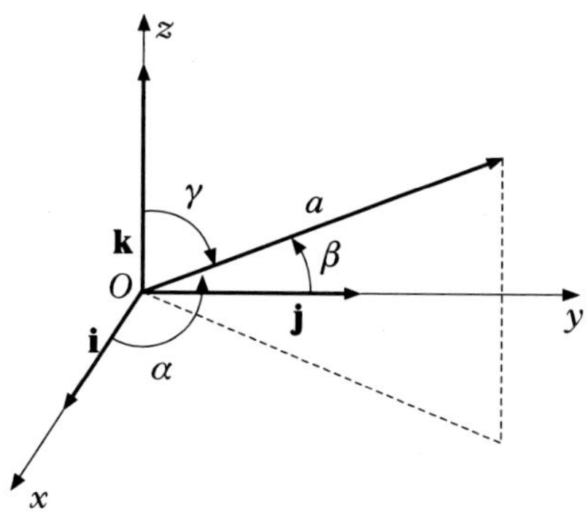

그림 8.27

그런데 대개의 경우 **방향 코사인**(direction cosine)이라 부르는 $\cos\alpha$, $\cos\beta$, $\cos\gamma$를 가지고 다루면 더욱 편리하다. 만약 $\mathbf{a}=a_1\mathbf{i}+a_2\mathbf{j}+a_3\mathbf{k}$이면,

$$\cos\alpha=\frac{\mathbf{a}\cdot\mathbf{i}}{|\mathbf{a}||\mathbf{i}|}=\frac{a_1}{|\mathbf{a}|}$$

마찬가지로

$$\cos\beta=\frac{a_2}{|\mathbf{a}|}, \quad \cos\gamma=\frac{a_3}{|\mathbf{a}|}$$

이 때 다음을 주목하기 바란다.

$$\cos^2\alpha+\cos^2\beta+\cos^2\gamma=1$$

사실, 벡터 $\langle\cos\alpha, \cos\beta, \cos\gamma\rangle$는 단위 벡터로서, 원래 벡터 **a**와 방향이 같다.

[예제 8.15] 벡터 $\mathbf{a}=4\mathbf{i}-5\mathbf{j}+3\mathbf{k}$의 방향각을 구하여라.

풀이 $|\mathbf{a}|=\sqrt{4^2+(-5)^2+3^2}=5\sqrt{2}$ 이니,

$$\cos\alpha=\frac{4}{5\sqrt{2}}=\frac{2\sqrt{2}}{5},\quad \cos\beta=\frac{-2\sqrt{2}}{5},\quad \cos\gamma=\frac{3\sqrt{2}}{10}$$

그러므로

$$\alpha\approx 55.55^\circ,\quad \beta=135^\circ,\quad \gamma\approx 64.90^\circ$$

■

공간에서의 평면

벡터를 사용하여 평면을 나타내면 여러 가지로 유용하다. $\mathbf{n}=<A, B, C>$는 영이 아닌 고정된 벡터라 하고, $P_1(x_1, y_1, z_1)$은 고정된 점이라 하자. $\overrightarrow{P_1P}\cdot\mathbf{n}=0$을 만족하는 점 $P(x, y, z)$들의 집합은 P_1을 지나고 $\mathbf{n}$에 수직인 **평면**(plane)이다. 임의의 평면은 어떤 점을 지나고, 어떤 벡터에 수직이니, 이 방법으로 평면을 결정해 줄 수 있다.

평면의 직교 좌표 방정식을 얻기 위해서, 벡터 $\overrightarrow{P_1P}$를 그 성분 형태로 쓰자. 즉,

$$\overrightarrow{P_1P}=<x-x_1,\ y-y_1,\ z-z_1>$$

그러면 $\overrightarrow{P_1P}\cdot\mathbf{n}$은 다음 방정식과 동등하다.

$$A(x-x_1)+B(y-y_1)+C(z-z_1)=0$$

이 방정식을 (A, B, C 중의 최소한 하나는 0이 아니어야 한다.) **표준 형태의 평면의 방정식**(standard form for the equation of a plane)이라 부른다.

괄호를 없애고 간단하게 만들면, 네모 속의 방정식은 다음과 같은 일반적인 선형방정식이 된다.

$$Ax+By+Cz=D,\quad A^2+B^2+C^2\neq 0$$

그러므로 모든 평면은 선형방정식을 가진다. 역으로, 삼차원 공간에서 선형방정식의 그래프는 항상 평면이 된다. 후자를 확인해 보기 위해서, (x_1, y_1, z_1)가 이 방정식을 만족한다고 하자. 즉,

$$Ax_1+By_1+Cz_1=D$$

이 방정식을 위의 방정식에서 빼면, 표준형태의 평면의 방정식이 나오며, 그것은 평면을 나타냄을 알고 있다.

[예제 8.16] 점 (5, 1, −2)를 지나고 벡터 $\mathbf{n}=<2, 4, 3>$에 수직인 평면의 방정식을 구하여라. 그 다음에 이 평면과 방정식 $3x-4y+7z=5$를 가지는 평면 사이의 각을 구하여라.

풀이 먼저 문제를 풀기 위하여 표준 형태의 평면의 방정식을 이 문제에다 적용하면 된다. 그러면

$$2(x-5)+4(y-1)+3(z+2)=0$$

혹은, 이와 동등한 방정식으로, 다음과 같이 나타낼 수 있다.

$$2x+4y+3z=8$$

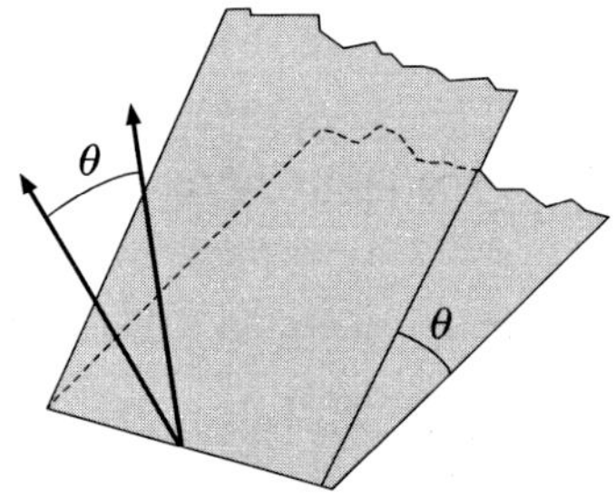

그림 8.28

두 번째 평면에 수직인 벡터 $\mathbf{m}$은 $\mathbf{m}=<3, -4, 7>$이며, 두 평면들 사이의 각 θ는 그림 8.28에서와 같이 그들의 수직(법선) 벡터들 사이의 각과 같다. 그러므로

$$\cos\theta=\frac{\mathbf{m}\cdot\mathbf{n}}{|\mathbf{m}||\mathbf{n}|}=\frac{(3)(2)+(-4)(4)+(7)(3)}{\sqrt{9+16+49}\sqrt{4+16+9}}\approx 0.2375$$

$$\theta\approx 76.26°$$

사실, 평면들 사이의 각은 두 개가 있지만, 그들은 서로 보각(supplementary angle)들이다. 방금 설명한 계산 과정은 그 중 어느 한 각만을 얻는다. 만약 다른 한 각을 얻고 싶으면, 180°에서 첫번째 값을 빼면 된다. 지금 이 경우는 103.74°가 될 것이다. ■

[예제 8.17] 점 (x_0, y_0, z_0)로부터 평면 $Ax+By+Cz=D$까지의 거리 L은 다음 공식으로 주어짐을 밝혀라.

$$L=\frac{|Ax_0+By_0+Cz_0-D|}{\sqrt{A^2+B^2+C^2}}$$

풀이 그림 8.29에서와 같이 평면의 한 점을 (x_1, y_1, z_1)이라 하고, (x_1, y_1, z_1)에서 (x_0, y_0, z_0)으로 가는 벡터를 $\mathbf{m}=<x_0-x_1, y_0-y_1, z_0-z_1>$이라 하자. $\mathbf{n}=<A, B, C>$

는 주어진 평면에 수직인 벡터인데, 이 그림에 나오는 것과는 반대 방향을 가리킬 수도 있다. 구하고자 하는 수 L은 $\mathbf{m}$을 $\mathbf{n}$으로 사영한 것의 길이이다. 즉,

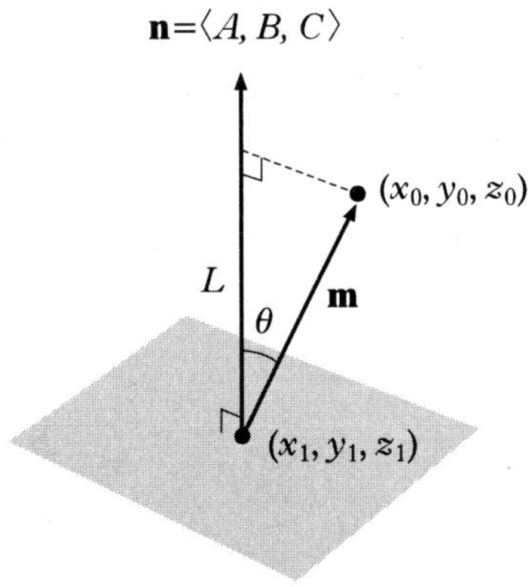

그림 8.29

$$L=\left|\,|\mathbf{m}|\cos\theta\right|=\frac{|\mathbf{m}\cdot\mathbf{n}|}{|\mathbf{n}|}$$
$$=\frac{|A(x_0-x_1)+B(y_0-y_1)+C(z_0-z_1)|}{\sqrt{A^2+B^2+C^2}}$$
$$=\frac{|Ax_0-By_0+Cz_0-(Ax_1+By_1+Cz_1)|}{\sqrt{A^2+B^2+C^2}}$$

그런데 (x_1, y_1, z_1)은 평면에 놓여 있으며, 따라서

$$Ax_1+By_1+Cz_1=D$$

L을 표현해 놓은 식에다 이 결과를 넣으면, 원하는 공식이 나온다. ■

[예제 8.18] 평행한 평면 $3x-4y+5z=9$와 $3x-4y+5z=4$ 사이의 거리를 구하여라.

풀이 벡터 $<3, -4, 5>$가 이 두 평면들과 수직이니, 이들은 서로 평행하다(그림 8.30).

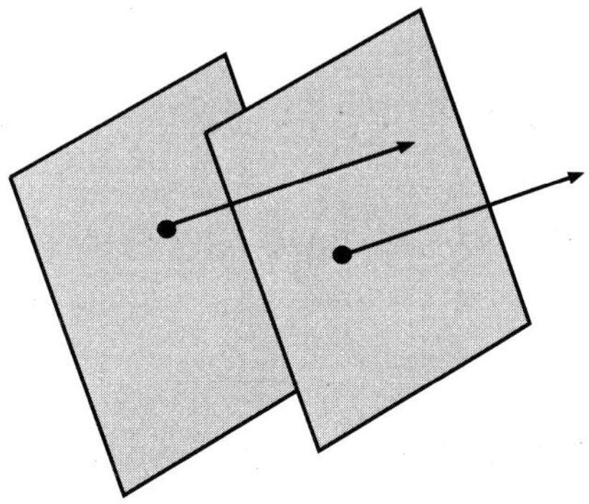

그림 8.30

점 (1, 1, 2)는 첫 번째 평면에 놓여 있음을 쉽게 알 수 있다. 예제 8.17의 공식을 사용하여, 점 (1, 1, 2)로부터 두 번째 평면까지의 거리 L을 구하면 된다.

$$L=\frac{|3(1)-4(1)+5(2)-4|}{\sqrt{9+16+25}}=\frac{5}{5\sqrt{2}}\approx 0.7071$$ ■

연습문제 (8-3)

1. 다음 각각의 벡터의 길이와 방향 코사인을 구하여라.

   (a) $4\mathbf{i}+\mathbf{j}+2\mathbf{k}$　　(b) $-2\mathbf{i}-3\mathbf{j}+7\mathbf{k}$

2. 길이가 10이고, $-4\mathbf{i}+5\mathbf{j}+\mathbf{k}$와 $4\mathbf{i}+\mathbf{j}$, 둘 다와 수직인 벡터 두 개를 구하여라.

3. $A=(6,\ 3,\ 3)$, $B=(3,\ 1,\ -1)$, $C=(-1,\ 10,\ -2.5)$이면, 삼각형 ABC는 직각삼각형임을 밝혀라. 도움말: 각 B를 확인하여라.

4. $\mathbf{u}=5\mathbf{i}+5\mathbf{j}+2\mathbf{k}$의 $\mathbf{v}=-\mathbf{i}+\mathbf{j}+\mathbf{k}$로의 스칼라 사영을 구하여라.

5. 다음 각 벡터의 방향각을 구하여라.

   (a) $\mathbf{u}=-3\mathbf{i}+2\mathbf{j}+\mathbf{k}$　　(b) $\mathbf{u}=3\mathbf{i}+6\mathbf{j}-\mathbf{k}$

6. 점 P를 지나고 벡터 $\mathbf{n}$에 수직인 평면의 방정식을 구하여라.

   (a) $P(1,\ 2,\ -3)$, $\mathbf{n}=2\mathbf{i}-4\mathbf{j}+3\mathbf{k}$　　(b) $P(-2,\ -3,\ 4)$, $\mathbf{n}=3\mathbf{i}-2\mathbf{j}-\mathbf{k}$

7. 점 $(-1,\ 2,\ -3)$을 지나고 평면 $2x+4y-z=6$에 평행한 평면의 방정식을 구하여라.

8. 점 $(-4,\ -1,\ 2)$를 지나고 다음에 평행한 평면의 방정식을 구하여라.

   (a) xy평면　　(b) 평면 $2x-3y-4z=0$

9. 점 $(1,\ -1,\ 2)$에서 평면 $x+3y+z=7$까지의 거리를 구하여라.

10. 점 $(2,\ 6,\ 3)$에서 평면 $-3x+2y+z=9$까지의 거리를 구하여라.

11. 평행한 두 평면 $5x-3y-2z=5$, $-5x+3y+2z=7$ 사이의 거리를 구하여라.

12. 두 점 $(-2,\ 1,\ 4)$와 $(6,\ 1,\ -2)$로부터 같은 거리에 있는 점들의 집합인 평면의 방정식을 구하여라.

8.4 벡터의 외적

두 벡터의 내적은 스칼라이다. 앞의 절들에서 그 용도를 공부하였다. 이제 벡터의 외적(cross product)을 소개하겠는데, 이것도 여러 가지 용도로 쓰인다. 벡터 $\mathbf{u}=<u_1, u_2, u_3>$와 $\mathbf{v}=<v_1, v_2, v_3>$의 외적 $\mathbf{u}\times\mathbf{v}$는 다음과 같이 정의한다.

$$\mathbf{u}\times\mathbf{v}=<u_2v_3-u_3v_2,\ u_3v_1-u_1v_3,\ u_1v_2-u_2v_1>$$

이 형태로는 이 공식을 기억하기가 어려우며, 그 중요성도 그리 명백하지 않다. 그렇지만 한 가지는 명백하다. 두 벡터의 외적은 벡터이다.

외적의 공식을 쉽게 외울 수 있도록, 행렬의 행렬식(determinant)을 상기해 보자. 우선, 2×2 행렬의 행렬식은

$$\begin{vmatrix} a & b \\ c & d \end{vmatrix}=ad-bc$$

그리고 3×3 행렬의 행렬식은(맨 윗줄을 따라 전개하여서)

$$\begin{vmatrix} a_1 & a_2 & a_3 \\ b_1 & b_2 & b_3 \\ c_1 & c_2 & c_3 \end{vmatrix}=a_1\begin{vmatrix} b_2 & b_3 \\ c_2 & c_3 \end{vmatrix}-a_2\begin{vmatrix} b_1 & b_3 \\ c_1 & c_2 \end{vmatrix}+a_3\begin{vmatrix} b_1 & b_3 \\ c_1 & c_2 \end{vmatrix}$$

행렬식을 사용하여서, $\mathbf{u}\times\mathbf{v}$의 정의를 다음과 같이 쓸 수 있다.

$$\mathbf{u}\times\mathbf{v}=\begin{vmatrix} \mathbf{i} & \mathbf{j} & \mathbf{k} \\ u_1 & u_2 & u_3 \\ v_1 & v_2 & v_3 \end{vmatrix}=\begin{vmatrix} u_2 & u_3 \\ v_2 & v_3 \end{vmatrix}\mathbf{i}-\begin{vmatrix} u_1 & u_3 \\ v_1 & v_3 \end{vmatrix}\mathbf{j}+\begin{vmatrix} u_1 & u_2 \\ v_1 & v_2 \end{vmatrix}\mathbf{k}$$

왼쪽 벡터 $\mathbf{u}$의 성분들은 둘째 줄(행)이 되고, 오른쪽 벡터 $\mathbf{v}$의 성분들은 셋째 줄(행)이 됨을 주목하기 바란다. 이것은 중요하다. 왜냐 하면 만약 $\mathbf{u}$와 $\mathbf{v}$의 위치를 바꾸면, 행렬식의 둘째 줄과 셋째 줄을 바꾸는 게 되며, 그러면 행렬식의 값의 부호가 바뀐다. 이것은 쉽게 확인할 수 있다. 그러므로

$$\mathbf{u}\times\mathbf{v}=-(\mathbf{v}\times\mathbf{u})$$

이것을 **반교환법칙**(anticommutative law)이라 부르기도 한다.

[예제 8.19] $\mathbf{u}=<1,\ -2,\ -1>$이고 $\mathbf{v}=<-2,\ 4,\ 1>$이다. 행렬식 정의를 사용하

여, $\mathbf{u}\times\mathbf{v}$ 와 $\mathbf{v}\times\mathbf{u}$ 를 계산하여라.

풀이 $\mathbf{u}\times\mathbf{v}=\begin{vmatrix} \mathbf{i} & \mathbf{j} & \mathbf{k} \\ 1 & -2 & -1 \\ -2 & 4 & 1 \end{vmatrix}=\mathbf{i}\begin{vmatrix} -2 & -1 \\ 4 & 1 \end{vmatrix}-\mathbf{j}\begin{vmatrix} 1 & -1 \\ -2 & 1 \end{vmatrix}+\mathbf{k}\begin{vmatrix} 1 & -2 \\ -2 & 4 \end{vmatrix}$

$=2\mathbf{i}+\mathbf{j}+0\mathbf{k}$

$\mathbf{v}\times\mathbf{u}=\begin{vmatrix} \mathbf{i} & \mathbf{j} & \mathbf{k} \\ -2 & 4 & 1 \\ 1 & -2 & -1 \end{vmatrix}=\mathbf{i}\begin{vmatrix} 4 & 1 \\ -2 & -1 \end{vmatrix}-\mathbf{j}\begin{vmatrix} -2 & 1 \\ 1 & -1 \end{vmatrix}+\mathbf{k}\begin{vmatrix} -2 & 4 \\ 1 & -2 \end{vmatrix}$

$=-2\mathbf{i}-\mathbf{j}+0\mathbf{k}$ ■

u × v의 기하학적 의미

내적과 마찬가지로, 외적도 그 기하학적 의미 때문에 매우 중요하다.

> **정리 8.11** $\mathbf{u}$와 $\mathbf{v}$는 삼차원 공간의 벡터이고, θ는 이들 사이의 각이라고 하자. 그러면
>
> 1. $\mathbf{u}\cdot(\mathbf{u}\times\mathbf{v})=0=\mathbf{v}\cdot(\mathbf{u}\times\mathbf{v})$,즉,$\mathbf{u}\times\mathbf{v}$ 는 $\mathbf{u}$와 $\mathbf{v}$ 둘 다와 수직이다.
> 2. $\mathbf{u}$, $\mathbf{v}$와 $\mathbf{u}\times\mathbf{v}$는 오른손 체계의 세 벡터가 된다.
> 3. $|\mathbf{u}\times\mathbf{v}|=|\mathbf{u}||\mathbf{v}|\sin\theta$

증명 $\mathbf{u}=<u_1, u_2, u_3>$, $\mathbf{v}=<v_1, v_2, v_3>$이라 하자.

1. $\mathbf{u}\cdot(\mathbf{u}\times\mathbf{v})=u_1(u_2v_3-u_3v_2)+u_2(u_3v_1-u_1v_3)+u_3(u_1v_2-u_2v_1)$. 괄호를 없애면, 여섯 개의 항들이 한 쌍씩 상쇄되어 없어진다.
2. 세 개의 벡터 $\mathbf{u}$, $\mathbf{v}$, $\mathbf{u}\times\mathbf{v}$가 오른손 체계를 이룬다는 말의 의미를 그림 8.31에 나타내 놓았다. θ는 $\mathbf{u}$와 $\mathbf{v}$ 사이의 각이며, 오른손 손가락들이 각 θ를 따라서 $\mathbf{u}$에서 $\mathbf{v}$를 향해 감고 있다. 그러면 엄지손가락이 $\mathbf{u}\times\mathbf{v}$ 방향을 가리킨다. 이 세 벡터들이 오른손 체계를 이룸을 엄밀하게 증명하기는 어렵다. 그렇지만 몇 개의 예를 확인해 볼 수 있다. 특히 $\mathbf{i}\times\mathbf{i}=\mathbf{k}$이며, 정의에 따라서, 세 벡터 $\mathbf{i}$, $\mathbf{j}$, $\mathbf{k}$는 오른손 체계를 이루게 된다.

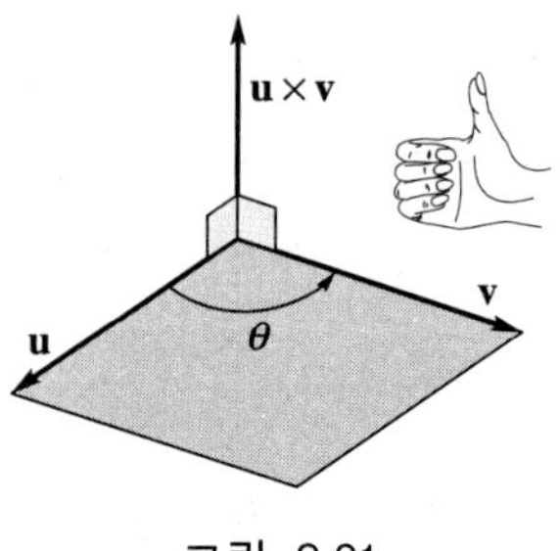

그림 8.31

3. 다음 라그랑즈 항등식(Lagrange's Identity)이 필요하다.

$$|\mathbf{u}\times\mathbf{v}|^2=|\mathbf{u}|^2|\mathbf{v}|^2-(\mathbf{u}\cdot\mathbf{v})^2$$

이것은 대수학적으로 간단하게 증명할 수 있다. 이 항등식을 이용하여서,

$$\begin{aligned}|\mathbf{u}\times\mathbf{v}|^2 &= |\mathbf{u}|^2|\mathbf{v}|^2-(|\mathbf{u}||\mathbf{v}|\cos\theta)^2\\ &= |\mathbf{u}|^2|\mathbf{v}|^2(1-\cos^2\theta)\\ &= |\mathbf{u}|^2|\mathbf{v}|^2\sin^2\theta\end{aligned}$$

그런데 $0\leq\theta\leq\pi$이므로, $\sin\theta\geq 0$가 되며, 제곱근을 잡으면 다음과 같다.

$$|\mathbf{u}\times\mathbf{v}| = |\mathbf{u}||\mathbf{v}|\sin\theta$$

■

$\mathbf{u}\cdot\mathbf{v}$와 $\mathbf{u}\times\mathbf{v}$가 둘 다 기하학적 의미를 가짐은 중요하다. 이 두 곱들은 원래 성분들을 사용하여 정의하였으며, 성분들은 좌표 체계의 선택에 따라서 달라진다. 그러나 이 두 곱들의 결과는 좌표 체계의 선택과 관계가 없다. 이들은 고유한 기하학적 양들이며, 어떠한 좌표 체계를 선택하여 계산하더라도, $\mathbf{u}\cdot\mathbf{v}$와 $\mathbf{u}\times\mathbf{v}$는 항상 같은 결과가 나온다.

벡터들이 서로 평행할 필요충분조건은 그들 사이의 각 θ가 0 또는 180°인 것과, 위의 정리 8.11로부터 다음의 간단한 결과가 나온다.

> **정리 8.12** 삼차원 공간의 두 벡터 $\mathbf{u}$와 $\mathbf{v}$가 서로 평행할 필요충분조건은 $\mathbf{u}\times\mathbf{v}=\mathbf{0}$.

[예제 8.23] 세 점 $P_1(1,\ -2,\ 3)$, $P_2(4,\ 1,\ -2)$, $P_3(-2,\ -3,\ 0)$을 지나는 평면의 방정식을 구하여라. (그림 8.32)

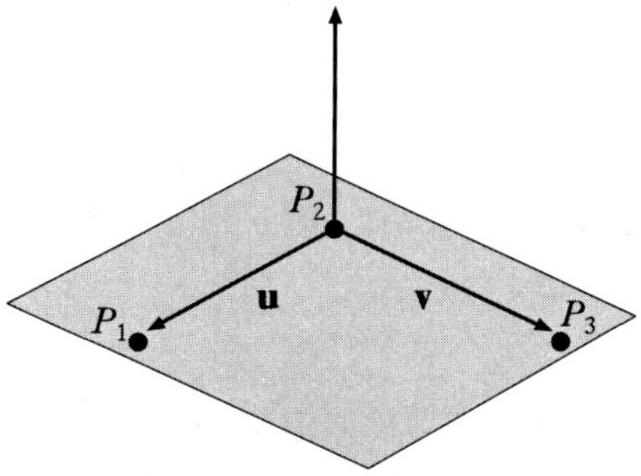

그림 8.32

풀이 $\mathbf{u}=\overrightarrow{P_2P_1}=<-3,\ -3,\ 5>$, $\mathbf{v}=\overrightarrow{P_2P_3}=<-6,\ -4,\ 2>$라 하자. 외적에 대한 정리

공식으로부터, 벡터

$$\mathbf{u}\times\mathbf{v}=\begin{vmatrix}\mathbf{i} & \mathbf{j} & \mathbf{k}\\ -3 & -3 & 5\\ -6 & -4 & 2\end{vmatrix}=14\mathbf{i}-24\mathbf{j}-6\mathbf{k}$$

는 **u**와 **v** 둘 다와 수직임을 알 수 있다. 그러므로 이들을 포함하는 평면과 수직이다. 점 (4, 1, −2)를 지나고 벡터 $14\mathbf{i}-24\mathbf{j}-6\mathbf{k}$에 수직인 평면의 방정식은

$$14(x-4)-24(y-1)-6(z+2)=0$$

즉,

$$14x-24y-6z=44$$ ■

[예제 8.20] **a**와 **b**를 이웃한 변으로 가지는 평행사변형의 넓이는 $|\mathbf{a}\times\mathbf{b}|$임을 밝혀라.

풀이 평행사변형의 넓이는 밑변 곱하기 높이임을 상기하기 바란다. 이제 그림 8.33를 보고, $|\mathbf{a}\times\mathbf{b}|=|\mathbf{a}||\mathbf{b}|\sin\theta$라는 사실을 이용하면 된다. ■

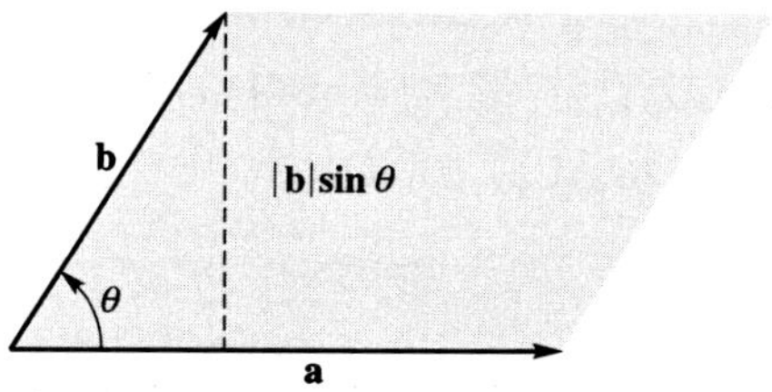

그림 8.33

[예제 8.21] 벡터 **a**, **b**, **c**가 결정하는 평행육면체의 부피는 다음 식으로 주어짐을 밝혀라.

$$V=|\mathbf{a}\cdot(\mathbf{b}\times\mathbf{c})|=\left|\begin{vmatrix}a_1 & a_2 & a_3\\ b_1 & b_2 & b_3\\ c_1 & c_2 & c_3\end{vmatrix}\right|$$

풀이 그림 8.34에서, **b**와 **c**가 결정하는 평행사변형이 평행육면체의 밑면이라고 간주하자. 예제 8.20에 따라서, 이 밑면의 넓이는 $|\mathbf{b}\times\mathbf{c}|$이다. 평행육면체의 높이 h는 **a**의 $\mathbf{b}\times\mathbf{c}$로의 스칼라 사영의 절대값이다.

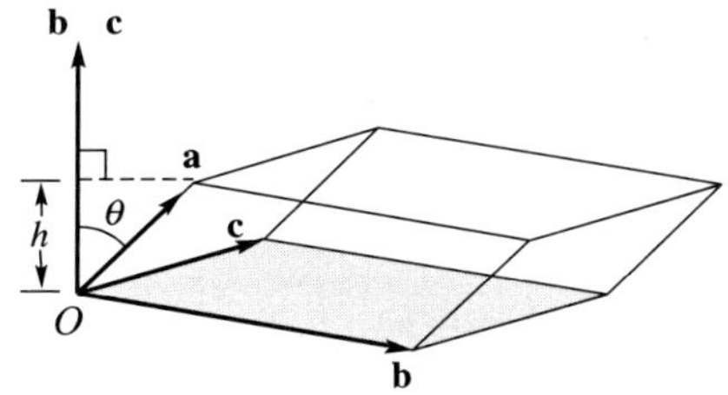

그림 8.34

그러므로

$$h = |\mathbf{a}||\cos\theta| = \frac{|\mathbf{a}||\mathbf{a}\cdot(\mathbf{b}\times\mathbf{c})|}{|\mathbf{a}||\mathbf{b}\times\mathbf{c}|} = \frac{|\mathbf{a}\cdot(\mathbf{b}\times\mathbf{c})|}{|\mathbf{b}\times\mathbf{c}|}$$

따라서 다음과 같은 결과를 얻는다.

$$V = h|\mathbf{b}\times\mathbf{c}| = |\mathbf{a}\cdot(\mathbf{b}\times\mathbf{c})|$$

이 식 $|\mathbf{a}\cdot(\mathbf{b}\times\mathbf{c})|$를 그 성분을 사용하여 전개하고, 제시해 놓은 행렬식과 이것을 비교해 보면, V의 값을 행렬식으로 나타낼 수 있음을 알 수 있다. ■

앞의 예제의 벡터 **a**, **b**, **c**가 같은 평면에 놓여 있다고 가정하자. 이 경우는 평행육면체의 높이가 0이 되며, 따라서 부피는 0이 되어야 한다. 이 공식을 적용하면 부피가 $V=0$이 되는가? **b**와 **c**가 결정하는 평면에 **a**가 놓여 있다면, **b**, **c**와 수직인 벡터는 모두 **a**와도 수직이 된다. 벡터 $\mathbf{b}\times\mathbf{c}$는 **b**, **c**와 수직이다. 그러므로 $\mathbf{b}\times\mathbf{c}$는 **a**와 수직이다. 그러므로 $\mathbf{a}\cdot(\mathbf{b}\times\mathbf{c})=0$.

대수학적 성질

외적과 관련한 계산 규칙들을 요약한 것이 다음 정리이다. 이 정리를 증명하려면, 모든 것들을 그 성분들로 나타내어 적어야 하는데, 연습문제로 남겨 두겠다.

> 정리 8.13 　 **u**, **v**, **w**는 삼차원 공간의 벡터이고, k는 스칼라라고 하자. 그러면
>
> 1. $\mathbf{u}\times\mathbf{v} = -(\mathbf{v}\times\mathbf{u})$ (반교환법칙) 2. $\mathbf{u}\times(\mathbf{v}+\mathbf{w}) = (\mathbf{u}\times\mathbf{v})+(\mathbf{u}\times\mathbf{w})$ (왼쪽 배분법칙)
> 3. $k(\mathbf{u}\times\mathbf{v}) = (k\mathbf{u})\times\mathbf{v} = \mathbf{u}\times(k\mathbf{v})$ 4. $\mathbf{u}\times\mathbf{0} = \mathbf{u}\times\mathbf{0} = \mathbf{0}$, $\mathbf{u}\times\mathbf{u} = \mathbf{0}$
> 5. $(\mathbf{u}\times\mathbf{v})\cdot\mathbf{w} = \mathbf{u}\cdot(\mathbf{v}\times\mathbf{w})$ 6. $\mathbf{u}\times(\mathbf{v}\times\mathbf{w}) = (\mathbf{u}\cdot\mathbf{w})\mathbf{v}-(\mathbf{u}\cdot\mathbf{v})\mathbf{w}$.

정리 8.13의 공식들에 통달하고 나면, 벡터에 관한 복잡한 계산도 비교적 쉽게 할 수 있다. 벡터의 외적을 새로운 방법으로 계산하는 것을 예시해 보이겠다. 그러기 위해서, 다음의 간단하고도 중요한 외적 공식이 필요하다.

$$\mathbf{i}\times\mathbf{j}=\mathbf{k}, \qquad \mathbf{j}\times\mathbf{k}=\mathbf{i}, \qquad \mathbf{k}\times\mathbf{i}=\mathbf{j}$$

이 결과는 차례차례 돌아서 나오는데, 그림 8.35를 보고 기억해 두기 바란다.

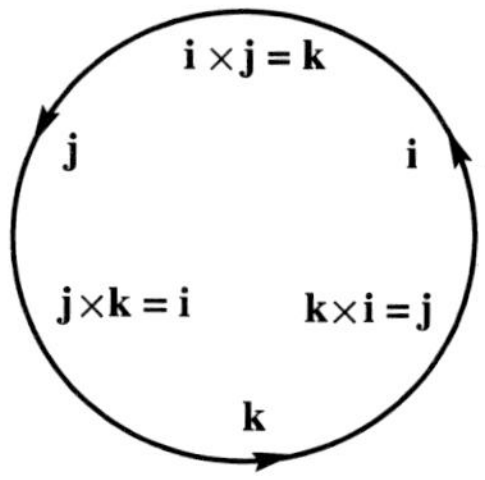

그림 8.35

[예제 8.22] $\mathbf{u}\times\mathbf{v}$를 계산하여라. 여기서 $\mathbf{u}=3\mathbf{i}-2\mathbf{j}+\mathbf{k}$, $\mathbf{v}=4\mathbf{i}+2\mathbf{j}-3\mathbf{k}$이다.

풀이 정리 8.13을 이용해야 하며, 특히 배분법칙과 반교환법칙을 유용하게 사용한다.

$$\begin{aligned}\mathbf{u}\times\mathbf{v} &= (3\mathbf{i}-2\mathbf{j}+\mathbf{k})\times(4\mathbf{i}+2\mathbf{j}-3\mathbf{k})\\ &= 12(\mathbf{i}\times\mathbf{i})+6(\mathbf{i}\times\mathbf{j})-9(\mathbf{i}\times\mathbf{k})-8(\mathbf{j}\times\mathbf{i})-4(\mathbf{j}\times\mathbf{j})\\ &\quad +6(\mathbf{j}\times\mathbf{k})+4(\mathbf{k}\times\mathbf{i})+2(\mathbf{k}\times\mathbf{j})-3(\mathbf{k}\times\mathbf{k})\\ &= 12(\mathbf{0})+6(\mathbf{k})-9(-\mathbf{j})-8(-\mathbf{k})-4(\mathbf{0})\\ &\quad +6(\mathbf{i})+4(\mathbf{j})+2(-\mathbf{i})-3(\mathbf{0})\\ &= 4\mathbf{i}+13\mathbf{j}+14\mathbf{k}\end{aligned}$$

익숙해지면, 이 계산을 거의 모두 머리 속으로 할 수 있다. 그러나 초보자들은 행렬식 방법을 사용하는 편이 나을 수도 있다. ■

연습문제 (8–4)

1. $\mathbf{a}=-3\mathbf{i}+2\mathbf{j}-2\mathbf{k}$, $\mathbf{b}=-\mathbf{i}+2\mathbf{j}-4\mathbf{k}$, $\mathbf{c}=7\mathbf{i}+3\mathbf{j}-4\mathbf{k}$이다. 다음 각각을 구하여라.

   (a) $\mathbf{a}\times\mathbf{b}$ (b) $\mathbf{a}\times(\mathbf{b}+\mathbf{c})$

(c) $\mathbf{a} \cdot (\mathbf{b}+\mathbf{c})$ (d) $\mathbf{a} \times (\mathbf{b} \times \mathbf{c})$

2. $\mathbf{a} = <3, 3, 1>$, $\mathbf{b} = <-2, -1, 0>$, $\mathbf{c} = <-2, -3, -1>$일 때, 다음 각각을 구하여라.
   (a) $\mathbf{a} \times \mathbf{b}$ (b) $\mathbf{a} \times (\mathbf{b}+\mathbf{c})$
   (c) $\mathbf{a} \cdot (\mathbf{b}+\mathbf{c})$ (d) $\mathbf{a} \times (\mathbf{b} \times \mathbf{c})$

3. 벡터 $\mathbf{a} = -2\mathbf{i}+5\mathbf{j}-2\mathbf{k}$, $\mathbf{b} = 3\mathbf{i}-2\mathbf{j}+4\mathbf{a}$ 둘 다와 수직인 벡터를 모두 구하여라.

4. 세 점 (1, 3, 5), (3, −1, 2), (4, 0, 1)이 결정하는 평면에 수직인 단위 벡터들을 구하여라.

5. $\mathbf{a} = -\mathbf{i}+\mathbf{j}-3\mathbf{k}$, $\mathbf{b} = 4\mathbf{i}+2\mathbf{j}-4\mathbf{k}$를 인접한 변들로 가지는 평행사변형의 넓이를 구하여라.

6. $\mathbf{a} = 2\mathbf{i}+2\mathbf{j}-\mathbf{k}$, $\mathbf{b} = -\mathbf{i}+\mathbf{j}-4\mathbf{k}$를 인접한 변들로 가지는 평행사변형의 넓이를 구하여라.

7. (3, 2, 1), (2, 4, 6), (−1, 2, 5)를 꼭지점으로 가지는 삼각형의 넓이를 구하여라.

8. 점 (1, 3, 2), (0, 3, 0), (2, 4, 3)을 지나는 평면의 방정식을 구하여라(예제 8.19 참조).

9. 점 (−1, −2, 3)을 지나고, 두 평면 $x-3y+2z=7$, $2x-2y-z=-3$과 수직인 평면의 방정식을 구하여라.

10. 점 (2, −3, 2)를 지나고, 두 벡터 $4\mathbf{i}+3\mathbf{j}-\mathbf{k}$, $2\mathbf{i}-5\mathbf{j}+6\mathbf{k}$의 평면과 평행한 평면의 방정식을 구하여라.

11. 점 (6, 2, −1)을 지나고, 두 평면 $4x-3y+2z+5=0$, $3x+2y-z+11=0$의 교선과 수직인 평면의 방정식을 구하여라.

12. 모서리가 $<2, 3, 4>$, $<0, 4, -1>$, $<5, 1, 3>$인 평행육면체의 부피를 구하여라(예제 8.21 참조).

13. 모서리가 $3\mathbf{i}-4\mathbf{j}+2\mathbf{k}$, $-\mathbf{i}+2\mathbf{j}+\mathbf{k}$, $3\mathbf{i}-2\mathbf{j}+5\mathbf{k}$인 평행육면체의 부피를 구하여라.

※ 8.2의 내용을 참고로 하여 구하여라.

14. 다음 $\mathbf{R}^3$의 벡터들의 집합 중 일차종속인 것은 어느 것인가?
    (1) $\{<1, 1, 0>, <0, 2, 3>, <1, 2, 3>, <3, 6, 6>\}$
    (2) $\{<1, 1, 0>, <3, 4, 2>\}$
    (3) $\{<1, 1, 0>, <0, 2, 3>, <1, 2, 3>, <0, 0, 0>\}$

15. 다음 벡터들의 집합 중 $\mathbf{R}^3$의 기저인 것은 어느 것인지 판정하고 $\mathbf{R}^3$의 차원을 구하여라.
    (1) $\{<1, 1, 1>, <1, 2, 3>, <0, 1, 0>\}$
    (2) $\{<1, 2, 3>, <2, 1, 3>, <0, 0, 0>\}$

8.5 삼차원 공간의 직선과 곡선

평면의 직선과 곡선에 대해서 공부한 것을 삼차원 공간으로 쉽게 확장할 수 있다. 공간의 곡선(space curve)은 세 개의 매개변수 방정식으로 나타낼 수 있다.

$$x=f(t), \qquad y=g(t), \qquad z=h(t), \qquad t\in I$$

여기서 f, g, h는 구간 I에서 연속인 함수들이다. 벡터를 사용하면, 어떤 곡선은 점 $P=P(t)$의 위치 벡터 $\mathbf{r}=\mathbf{r}(t)$를 제시하여서 명시할 수 있다. 즉,

$$\mathbf{r}=\mathbf{r}(t)=<f(t), g(t), h(t)>=f(t)\mathbf{i}+g(t)\mathbf{j}+h(t)\mathbf{k}$$

변수 t가 구간 I에서 변화할 때, $\mathbf{r}$의 끝점은 곡선을 그리게 된다. 그림 8.36을 보기 바란다.

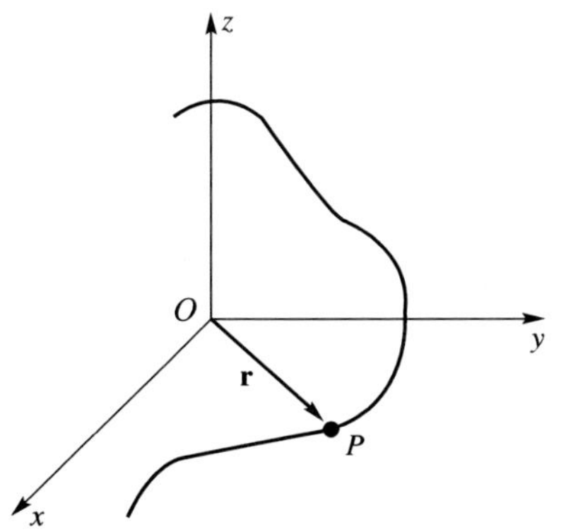

그림 8.36

직 선

선들 중에 가장 간단한 선은 직선이다. 고정된 한 점 P_0와 고정된 한 벡터 $\mathbf{v}=a\mathbf{i}+b\mathbf{j}+c\mathbf{k}$를 주면 직선이 결정된다. 벡터 $\overrightarrow{P_0P}$가 $\mathbf{v}$에 평행한 모든 P점들의 집합이라 하자. 즉, 어떤 실수 t가 있어서,

$$\overrightarrow{P_0P}=t\mathbf{v}$$

를 만족하는 P점들의 집합이다(그림 8.37).

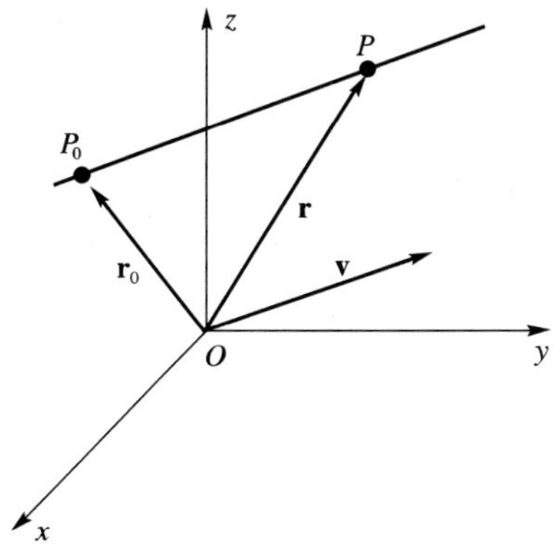

그림 8.37

만약 $\mathbf{r}=\overrightarrow{OP}$과 $\mathbf{r}_0=\overrightarrow{OP_0}$이 P와 P_0의 위치 벡터이면, $\overrightarrow{P_0P}=\mathbf{r}-\mathbf{r}_0$이며, 따라서 직선의 방정식은 다음과 같이 쓸 수 있다.

$$\mathbf{r}=\mathbf{r}_0+t\mathbf{v}$$

만약 $\mathbf{r}=<x, y, z>$, $\mathbf{r}_0=<x_0, y_0, z_0>$라 쓰고, 위의 방정식에서 성분들을 같다고 놓으면, 다음 식을 얻게 된다.

$$x=x_0+at, \qquad y=y_0+bt, \qquad z=z_0+ct$$

점 (x_0, y_0, z_0)을 지나고 벡터 $\mathbf{v}=<a, b, c>$에 평행한 직선의 매개변수 방정식(parametric equation)이 이것이다. 수 a, b, c는 그 직선의 **방향수**(direction number)라고 부른다. 이들은 유일하지 않다. 0 이 아닌 임의의 상수를 곱한 ka, kb, kc도 방향수이다.

[예제 8.23] 점 (3, −2, 4)와 (5, 6, −2)를 지나는 직선의 매개변수 방정식을 구하여라. (그림 8.38 참조)

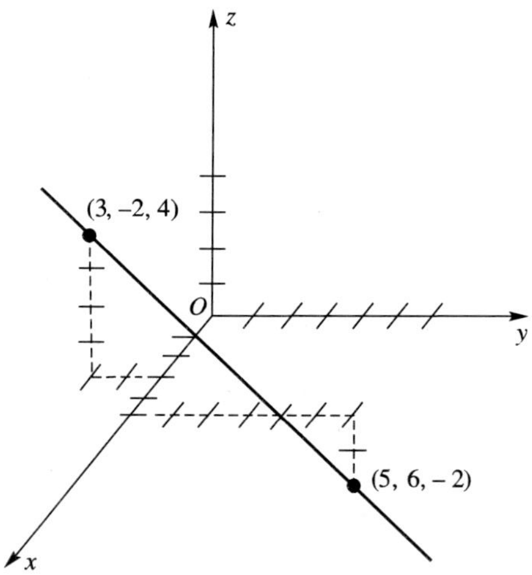

그림 8.38

풀이 주어진 직선에 평행한 벡터는

$$\mathbf{v}=<5-3,\ 6+2,\ -2-4>=<2,\ 8,\ -6>$$

만약 (x_0, y_0, z_0)을 (3, −2, 4)로 택하면, 다음 매개변수 방정식을 얻게 된다.

$$x=3+2t, \quad y=-2+8t, \quad z=4-6t$$

$t=0$이면 점 (3, -2, 4)가 되고, $t=1$은 점 (5, 6, -2)가 됨을 주목하기 바란다. 사실, $0 \le t \le 1$은 이 두 점을 잇는 선분에 대응한다. ■

만약 각각의 매개변수 방정식을 t에 대해서 풀고(a, b, c가 모두 0이 아닌 경우), 그 결과를 서로 같다고 놓으면, 점 (x_0, y_0, z_0)을 지나고 방향수가 a, b, c인 직선의 **대칭 방정식**(symmetric equation)을 얻게 된다. 즉,

$$\frac{x-x_0}{a}=\frac{y-y_0}{b}=\frac{z-z_0}{c}$$

이것은 다음 두 방정식을 결합한 것이다.

$$\frac{x-x_0}{a}=\frac{y-y_0}{b} \quad \text{그리고} \quad \frac{y-y_0}{b}=\frac{z-z_0}{c}$$

이들은 둘 다 평면의 방정식이다. (그림 8.39) 두 평면의 교집합(교선)은 직선이 됨은 물론이다.

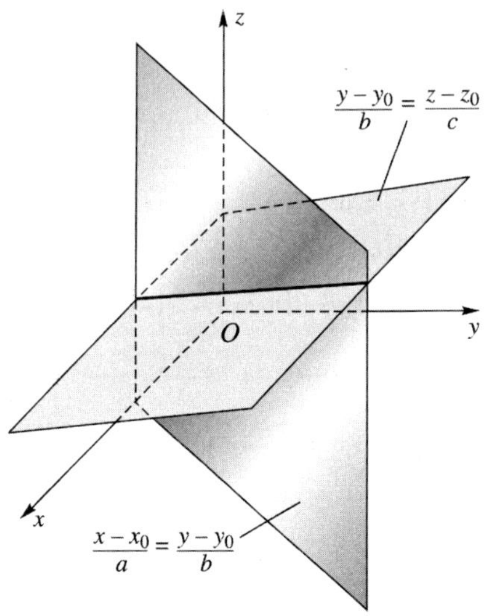

그림 8.39

[예제 8.24] 벡터 $<4, -3, 2>$와 평행하고 점 (2, 5, -1)을 지나는 직선의 대칭 방정식을 구하여라.

풀이

$$\frac{x-2}{4}=\frac{y-5}{-3}=\frac{z+1}{2}$$

■

[예제 8.25] 다음 두 평면의 교집합인 직선의 대칭 방정식을 구하여라.

$$2x-y-5z=-14 \text{ 그리고 } 4x+5y+4z=28$$

풀이 우선 직선의 두 점을 잡아야 한다. 어떠한 두 점이든 상관이 없지만, 직선이 yz 평면, xz 평면을 뚫고 지나가는 점들을 잡도록 하자. (그림 8.40)

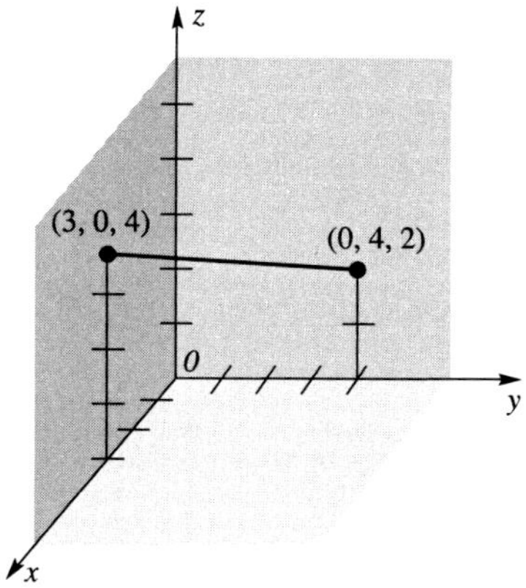

그림 8.40

전자의 점은 $x=0$이라 놓고, 그 결과로 나오는 방정식 $-y-5z=-14$와 $5y+4z=28$을 연립으로 풀면 된다. 그러면 점 (0, 4, 2)가 나온다. y=0 이라 놓고 비슷하게 풀어서, (3, 0, 4)를 얻을 수 있다. 따라서 원하는 직선과 평행한 벡터는

$$\langle 3-0,\ 0-4,\ 4-2\rangle=\langle 3,\ -4,\ 2\rangle$$

점 (3, 0, 4)를 (x_0, y_0, z_0)으로 사용하면, 다음 방정식을 얻게 된다.

$$\frac{x-3}{3}=\frac{y-0}{-4}=\frac{z-4}{2}$$

다른 방법으로 풀 수도 있다. 두 평면의 교선은 두 평면의 법선들과 수직임을 이용하자. 벡터 $\mathbf{u}=\langle 2,\ -1,\ -5\rangle$는 첫째 평면의 법선 벡터이고, 벡터 $\mathbf{v}=\langle 4,\ 5,\ 4\rangle$는 둘째 평면의 법선 벡터이다. 그런데

$$\mathbf{u}\times\mathbf{v}=\begin{vmatrix}\mathbf{i} & \mathbf{j} & \mathbf{k}\\ 2 & -1 & -5\\ 4 & 5 & 4\end{vmatrix}=21\mathbf{i}-28\mathbf{j}+14\mathbf{k}$$

이니, 벡터 $\mathbf{w}=<21, -28, 14>$는 원하는 직선과 평행하다. 그러므로 벡터 $\frac{1}{7}\mathbf{w}=<3, -4, 2>$도 이 성질을 가진다. 그 다음, 교선에서 임의의 점을 찾아야 한다. 예를 들어 (3, 0, 4)를 잡아서, 앞에서와 같이 풀면 된다. ■

[예제 8.26] 점 (1, −2, 3)을 지나고, x축과 직선

$$\frac{x-4}{2}=\frac{y-3}{-1}=\frac{z}{5}$$

둘 다와 수직인 직선의 방정식을 구하여라.

풀이 x축의 방향은 $\mathbf{u}=<1, 0, 0>$이고, 주어진 직선의 방향은 $\mathbf{v}=<2, -1, 5>$이다. $\mathbf{u}$와 $\mathbf{v}$ 둘 다와 수직인 벡터는 다음과 같다.

$$\mathbf{u}\times\mathbf{v}=\begin{vmatrix}\mathbf{i} & \mathbf{j} & \mathbf{k}\\ 1 & 0 & 0\\ 2 & -1 & 5\end{vmatrix}=0\mathbf{i}-5\mathbf{j}-\mathbf{k}$$

그러므로 원하는 직선은 $<0, -5, -1>$과 평행하며, 또한 $<0, 5, 1>$과 평행하다. 그런데 첫째 방향수가 0이니, 이 직선은 대칭 방정식을 가지지 않으며, 이 직선의 매개변수 방정식은 다음과 같다.

$$x=1, \qquad y=-2+5t, \qquad z=3+t$$ ■

곡선의 접선

위치 벡터

$$\mathbf{r}=\mathbf{r}(t)=f(t)\mathbf{i}+g(t)\mathbf{j}+h(t)\mathbf{k}$$

가 삼차원 공간에서 곡선을 결정한다고 하자(그림 8.41).

평면에서 한 것과 완전히 같은 방법으로, $\mathbf{r}'(t)$를 다음과 같이 정의한다.

$$\mathbf{r}'(t)=\lim_{h\to 0}\frac{\mathbf{r}(t+h)-\mathbf{r}(t)}{h}$$

그러면 만약 $\mathbf{r}'(t)$가 존재하면, 이것의 방향은 t에 대응하는 점 $P(t)$에서의 곡선에 대한 접선의 방향과 같다. 그리고 $\mathbf{r}'(t)$가 존재할 필요충분조건은 $f'(t)$, $g'(t)$, $h'(t)$가 존재하는 것이며, 이 경우

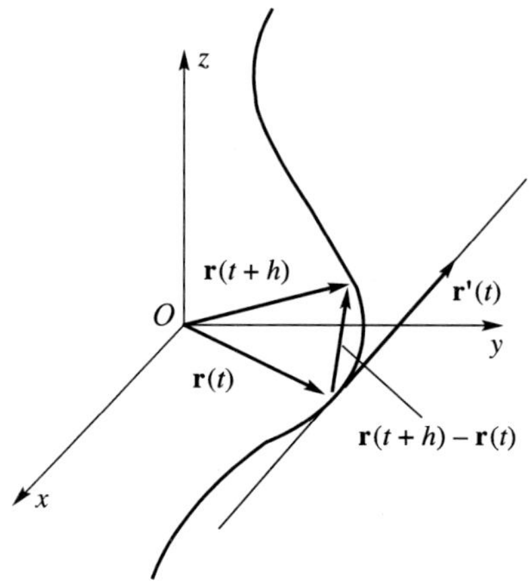

그림 8.41

$$\mathbf{r}'(t) = f'(t)\mathbf{i} + g'(t)\mathbf{j} + h'(t)\mathbf{k}$$

즉, $f'(t)$, $g'(t)$, $h'(t)$는 P에서의 접선의 방향수이다.

[예제 8.27] 다음 위치 벡터

$$\mathbf{r}(t) = t\mathbf{i} + \frac{1}{2}r^2\mathbf{j} + \frac{1}{3}t^3\mathbf{k}$$

가 결정하는 곡선의 점 $P(2) = \left(2,\ 2,\ \frac{8}{3}\right)$에서의 접선의 대칭 방정식을 구하여라.

풀이

$$\mathbf{r}'(t) = \mathbf{i} + t\mathbf{j} + t^2\mathbf{k}$$

그리고

$$\mathbf{r}'(2) = \mathbf{i} + 2\mathbf{j} + 4\mathbf{k}$$

그러므로 접선의 방향은 $\langle 1,\ 2,\ 4 \rangle$. 그 대칭 방정식은 다음과 같다.

$$\frac{x-2}{1} = \frac{y-2}{2} = \frac{z-\frac{8}{3}}{4}$$

■

연습문제 (8.5)

※ 다음에 주어진 한 쌍의 평면들의 교선의 대칭 방정식을 구하여라.

1. $4x+3y-7z=1,\ 10x+6y-5z=10$
2. $x+4y-2z=13,\ 2x-y-2z=5$
3. 점 $(4,\ 0,\ 6)$을 지나고 평면 $x-5y+2z=10$에 수직인 직선의 대칭 방정식을 구하여라.
4. 점 $(-5,\ 7,\ -2)$를 지나고 두 벡터 $<2,\ 1,\ -3>$, $<5,\ 4,\ -1>$과 수직인 직선의 대칭 방정식을 구하여라.
5. 점 $(5,\ -3,\ 4)$를 지나고 z축과 수직으로 교차하는 직선의 매개변수 방정식을 구하여라.
6. 점 $(2,\ -4,\ 5)$를 지나고, 평면 $3x+y-2z=5$와 평행하며, 직선

$$\frac{x+8}{2}=\frac{y-5}{3}=\frac{z-1}{-1}$$

과 수직인 직선의 대칭 방정식을 구하여라.

7. 다음 두 개의 평행한 직선들을 포함하는 평면의 방정식을 구하여라.

$$\begin{cases} x=-2+2t \\ y=1+4t \\ z=2-t \end{cases} \quad \text{그리고} \quad \begin{cases} x=2-2t \\ y=3-4t \\ z=1+t \end{cases}$$

8. 직선 $x=1+2t,\ y=-1+3t,\ z=4+t$와 점 $(1,\ -1,\ 5)$를 포함하는 평면의 방정식을 구하여라.
9. $t=-1$에서 곡선 $x=3t,\ y=2t^2,\ z=t^5$과 수직인 평면의 방정식을 구하여라.

8.6 공간에서의 곡면

평면의 방정식 $F(x, y)=0$의 그래프를 곡선이라 부르듯이, 공간에서 방정식 $F(x, y, z)=0$의 그래프를 곡면이라 한다. 이것들을 차례로 알아보자.

주 면

주면이란 주어진 평면 곡선을 지나가는 주어진 직선에 평행한 모든 직선으로 이루어진 곡면이다. 이 곡선을 주면의 **모곡선**이라 한다.

[예제 8.28] 포물주면 $y=x^2$. 포물선 $y=x^2$, $z=0$을 지나가고 z축에 평행한 직선으로 만들어진 주면의 방정식을 구하여라. (그림 8.42)

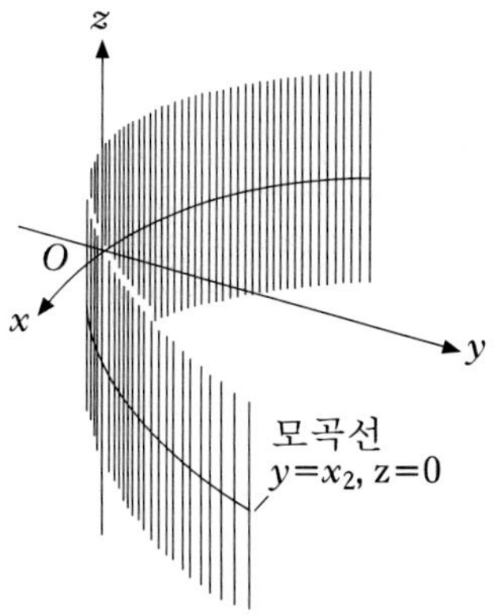

그림 8.42 xy-평면의 포물선 $y=x^2$을 지나며 z축에 평행인 직선들로 이루어진 주면.

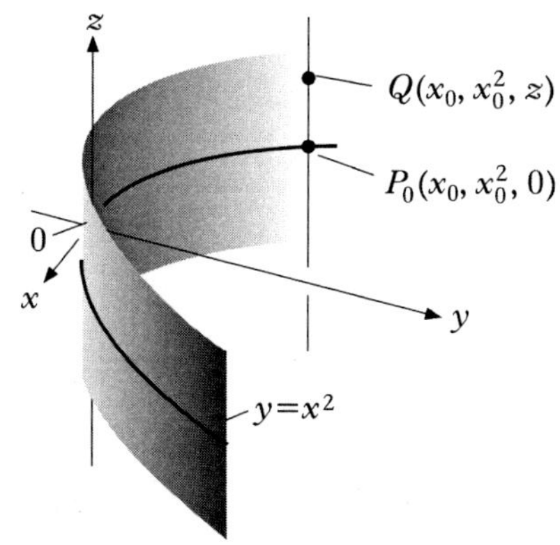

그림 8.43 주면 위의 모든 점은 (x_0, x_0^2, z)꼴의 좌표를 갖는다.

풀이 점 $P_0(x_0, x_0^2, 0)$이 xy−평면의 포물선 $y=x^2$ 위에 있다고 하자.

그러면 점 $Q(x_0, x_0^2, z)$는 P_0를 지나면서 z−축에 평행인 직선 $x=x_0$, $y=x_0^2$ 위에 있으므로 이 주면 위에 있다.

그림 8.43를 보라. 따라서, z값에 상관없이 이 곡면의 점의 x좌표와 y좌표는 방정식 $y=x^2$을 만족시킨다. 즉, 이 주면의 방정식은 $y=x^2$이다. $\{(x, y, z) \mid y=x^2, z\in R\}$ 세 개의 좌표 중에 두 개의 좌표로만 이루어진 방정식은 나머지 하나의 좌표축에 평행인 직선들로 이루어진 주면의 방정식이다. ■

이차곡면

선형항과 상수항을가지는 이차항의 결합된 방정식으로 주어지는 곡면을 **이차곡면**이라고 한다. 그림 8.44~8.50의 주면들은 이차곡면이다.

(1) 타원면(그림 8.44)

$$\frac{x^2}{a^2}+\frac{y^2}{b^2}+\frac{z^2}{c^2}=1$$

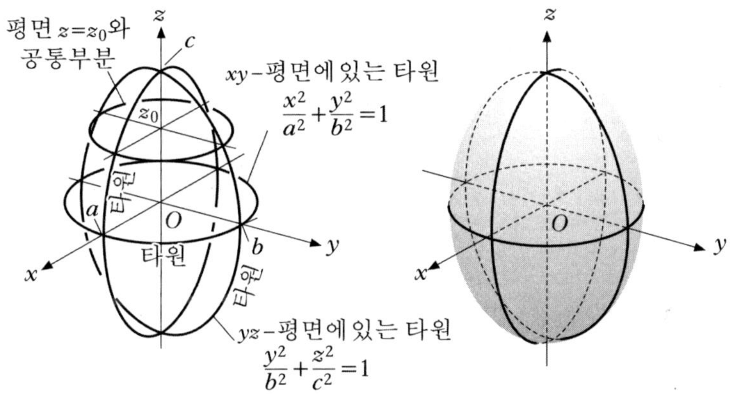

그림 8.44 타원면 $\frac{x^2}{a^2}+\frac{y^2}{b^2}+\frac{z^2}{c^2}=1$

이 방정식은 각각의 좌표축과 $(\pm a, 0, 0)$, $(0, \pm b, 0)$, $(0, 0, \pm c)$에서 각각 만나며, 직육면체 꼴의 영역 $|x| \le a$, $|y| \le b$, $|z| \le c$의 안쪽에 놓여있다. 방정식을 보면 x, y, z의 지수는 모두 짝수이므로 이 곡면은 각각의 좌표축에 대칭임을 알 수 있다. 각각의 좌표평면과의 교점으로 주어지는 곡선은 모두 타원이다. 예를 들어 $z=0$이면

$$\frac{x^2}{a^2}+\frac{y^2}{b^2}=1,\ \text{단},\ z=0$$

을 얻는다. 평면 $z=z_0$. $|z_0|<c$와의 공통부분으로 주어지는 곡선은 타원

$$\frac{x^2}{a^2(1-(z_0/c)^2)}+\frac{y^2}{b^2(1-(z_0/c)^2)}=1$$

이다. 반장축 a, b, c 중 2개가 같을 경우, 이것은 타원을 회전시킨 회전체이고, 3개가 모두 같으면 공이 된다.

(2) 타원 포물면(그림 8.45)

$$\frac{x^2}{a^2}+\frac{y^2}{b^2}=\frac{z}{c}$$

는 평면 $x=0$과 $y=0$에 대해 대칭이다. 좌표축과의 교점은 원점뿐이다. x 또는 y가 0이 아니면 z는 양수이어야 하므로 원점을 제외하면, 곡면은 xy-평면의 위쪽에 있다.

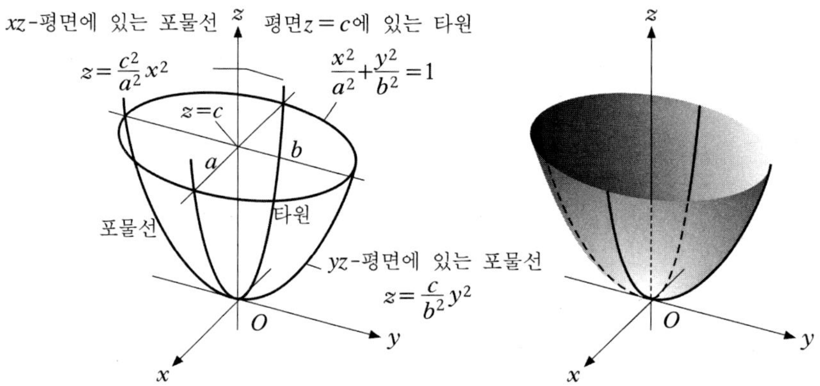

그림 8.45 이 곡면은 타원포물면이다. z축에 수직인 평면과의 공통부분은 타원이며 xy-평면의 위쪽에만 존재한다. z축을 포함하는 평면과의 공통부분은 포물선이다.

각각의 좌표평면과의 공통부분은 다음과 같다.

$$\mathbf{x=0}: \text{포물선 } z=\frac{c}{b^2}y^2 \qquad \mathbf{y=0}: \text{포물선 } z=\frac{c}{a^2}x^2 \qquad \mathbf{z=0}: \text{원 점 } (0,\ 0,\ 0)$$

xy-평면 위쪽의 평면 $z=z_1$과의 공통부분은 다음 타원이다.

$$\frac{x^2}{a^2}+\frac{y^2}{b^2}=\frac{z_1}{c}$$

(3) 원형 포물면 또는 회전 포물면(그림 8.46)

타원포물면 방정식에서 $a=b$이면 다음을 얻는다.

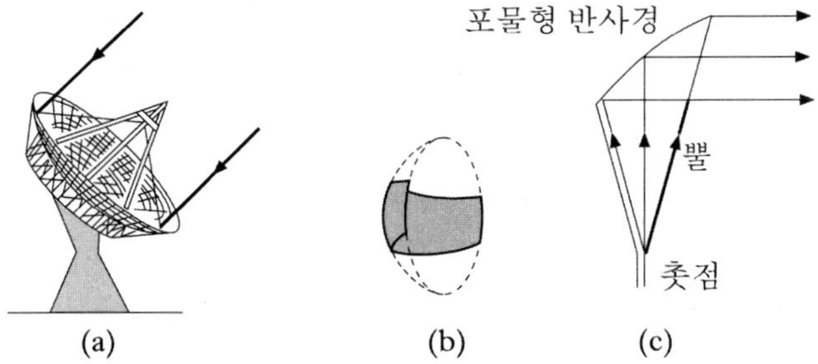

그림 8.46 원형포물면의 절단면을 이용한 안테나들
(a) 광학망원경과 같은 원리를 이용한 전파망원경 (b) 레이다 반사경 (c) 뿔안테나 초단파 반사경

$$\frac{x^2}{a^2}+\frac{y^2}{a^2}=\frac{z}{c}$$

z축과 수직인 평면과의 공통부분은 중심이 z축에 있는 원이다. z축을 포함하는 평면과의 공통부분은 모두 합동인 포물선이며, 그 초점은 모두 $(0, 0, a^2/4c)$이다.

(4) 타원추면(그림 8.47)

$$\frac{x^2}{a^2}+\frac{y^2}{b^2}=\frac{z^2}{c^2}$$

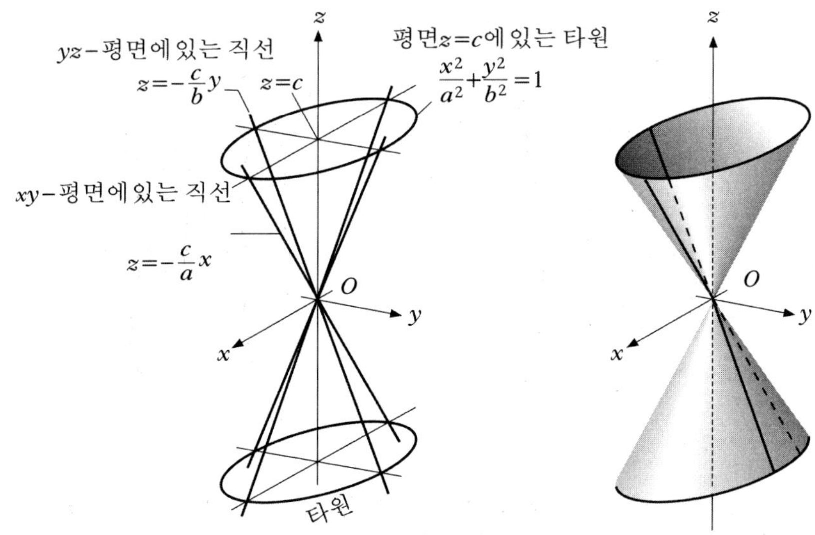

그림 8.46 이 곡면은 타원추면이라 부른다. z축에 수직인 평면과의 공통부분은 타원이다. z축을 포함하는 평면과의 공통부분은 서로 만나는 두 개의 직선이다.

은 각각의 좌표평면에 대칭이다.

좌표평면에 의한 단면곡선을 정리하면 다음과 같다.

$$\boldsymbol{x=0} : \text{직선 } z=\pm\frac{c}{b}y, \quad \boldsymbol{y=0} : \text{직선 } z=\pm\frac{c}{a}x, \quad \boldsymbol{z=0} : \text{점 } (0,\ 0,\ 0)$$

xy-평면의 위쪽 또는 아래쪽과 평면 $z=z_1$과의 공통부분인 단면곡선은 타원으로, 그 중심은 z축에 있고, 꼭지점은 위의 직선

$$z=\pm\frac{c}{b}y, \quad z=\pm\frac{c}{a}x$$

위에 있다. $a=b$이면 이 곡면은 직원추가 된다.

(5) 일엽 쌍곡면(그림 8.48)

$$\frac{x^2}{a^2}+\frac{y^2}{b^2}-\frac{z^2}{c^2}=1$$

은 세 개의 좌표평면에 대해 대칭이다.

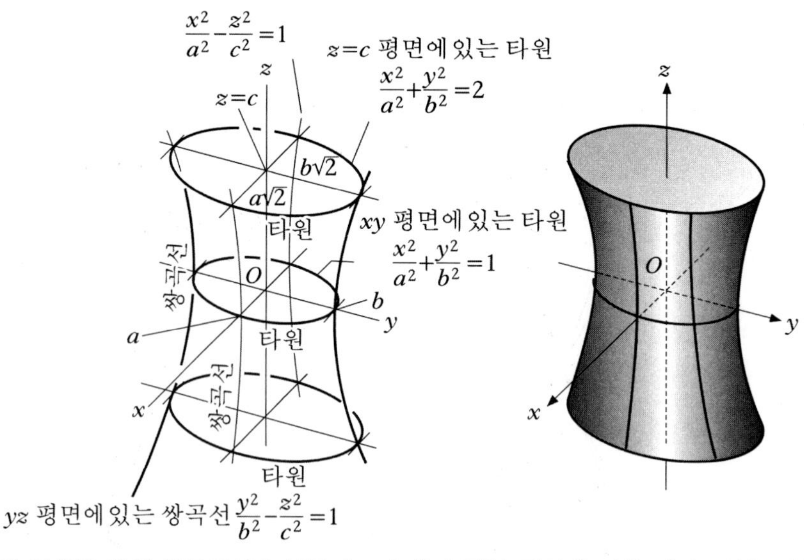

그림 8.48 이 곡선을 일엽 쌍곡면이라 부른다. z축에 수직인 평면에 의한 단면곡선은 타원이며, z축을 포함하는 평면에 의한 단면곡선은 쌍곡선이다.

좌표평면에 의한 단면 곡선은 다음과 같다.

$$\boldsymbol{x=0}: \text{쌍곡선 } \frac{y^2}{b^2}-\frac{z^2}{c^2}=1,\quad \boldsymbol{y=0}: \text{쌍곡선 } \frac{x^2}{a^2}-\frac{z^2}{c^2}=1,\quad \boldsymbol{z=0}: \text{타 원 } \frac{x^2}{a^2}+\frac{y^2}{b^2}=1$$

평면 $z=z_1$과 이 곡면의 공통부분은, 중심이 z축 위에 있고, 위의 식 쌍곡선

$$\frac{x^2}{a^2}-\frac{z^2}{c^2}=1$$

위에 꼭지점이 있는 타원이다.

$a=b$이면 이 쌍곡면은 회전체가 된다.

(6) 이엽 쌍곡면(그림 8.49)

$$\frac{z^2}{c^2}-\frac{x^2}{a^2}-\frac{y^2}{b^2}=1$$

은 각각의 좌표평면에 대해 대칭이다.

평면 $z=c$와의 공통부분은 공집합이다. 평면 $z=z_1$과 이 곡면의 공통부분이 공집합이 아니기 위해서는 $|z|\geq c$이어야 한다.

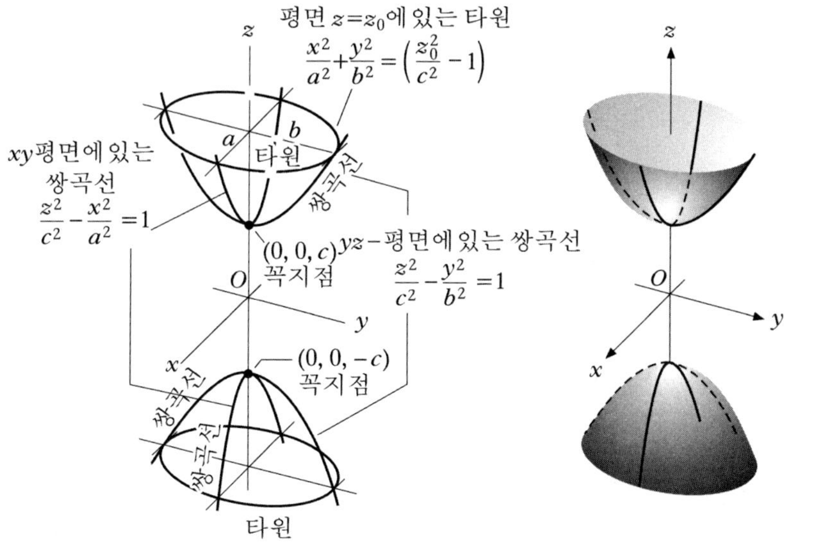

그림 8.49 이는 쌍곡면으로 z축에 수직인 면으로 자른 단면은 타언이다. z축을 포함하는 면으로 자른 단면은 쌍곡선이다.

단면 곡선인 쌍곡선

$$\boldsymbol{x=0} : \frac{x^2}{a^2} - \frac{y^2}{b^2} = 1 \qquad \boldsymbol{y=0} : \frac{z^2}{c^2} - \frac{x^2}{a^2} = 1$$

은 꼭지점과 초점은 z축 위에 있다.

이 곡면은 두 부분으로 이루어진다.

그 한 부분은 평면 $z=c$의 위쪽에 있으며, 또 한 부분은 평면 $z=-c$의 아래쪽에 있다. 일엽 쌍곡면 $\frac{x^2}{a^2} + \frac{y^2}{b^2} - \frac{z^2}{c^2} = 1$과 비교하면 우변은 모두 1이지만 좌변의 음수항의 개수가 다르다. 음수항의 개수와 곡면의 연결된 부분의 개수가 같다.

우변이 모두 0이면 타원추면의 식을 얻는다. 두 직선 $\frac{x^2}{a^2} - \frac{y^2}{b^2} = \pm 1$이 xy-평면의 두 쌍곡선 $\frac{x^2}{a^2} - \frac{y^2}{a^2} = 0$의 점근선을 이루는 것과 마찬가지로 타원 추면의 식은 일엽쌍곡면 또는 이엽쌍곡면의 점근 곡면을 이룬다.

(7) 쌍곡 포물면(그림 8.50)

$$\frac{x^2}{a^2} - \frac{y^2}{a^2} = \frac{z}{c}$$

은 평면 $x=0$과 평면 $y=0$에 대해 대칭이다.

이 평면들에 의한 단면 곡선은

$$\boldsymbol{x=0} : \text{포물선 } z = \frac{c}{b^2}y^2, \qquad \boldsymbol{y=0} : \text{포물선 } z = -\frac{c}{a^2}x^2$$

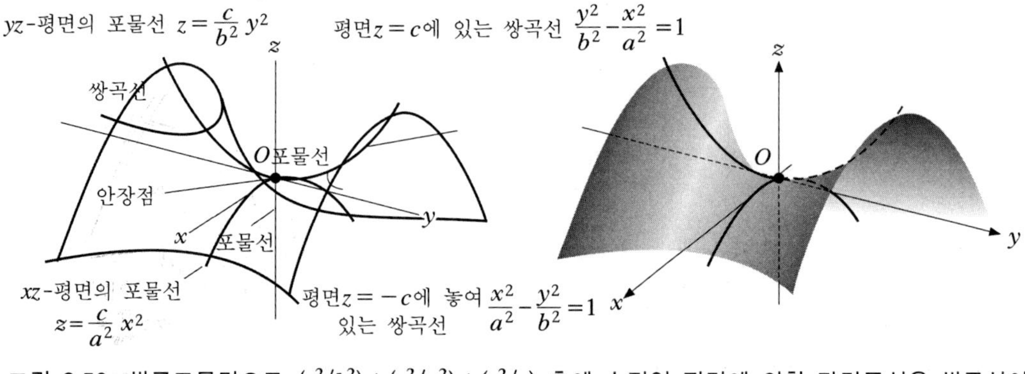

그림 8.50 쌍곡포물면으로 $(y^2/b^2)+(x^2/a^2)+(z^2/c)z$축에 수직인 평면에 의한 단면곡선은 쌍곡선이고, 다른 좌표축에 수직인 평면에 의한 단면곡선은 포물선이다.

이다. 포물선 $z=\frac{c}{b^2}y^2$은 아래로 볼록하며 꼭지점은 원점이고 포물선 $z=-\frac{c}{a^2}x^2$은 꼭지점은 같지만 위로 볼록이다. 평면 $z=z_1>0$에 의한 단면 곡선은 쌍곡선 $\frac{y^2}{b^2}-\frac{x^2}{a^2}=\frac{z_0}{c}$으로, 초점의 축은 y축에 평행하며, 꼭지점은 포물선 $z=\frac{c}{b^2}y^2$ 위에 있다. 만일 위의 식 $\frac{y^2}{b^2}-\frac{x^2}{a^2}=\frac{z_0}{c}$에서 z_1이 음수이면, 이 쌍곡선의 초점의 축은 x축에 평행하며 포물선 $z=-\frac{c}{a^2}x^2$ 위에 꼭지점이 있게 된다.

연습문제 (8-6)

※ 다음 방정식의 삼차원 공간에서의 그래프가 어떤 종류인지 밝혀라.

1. $4x^2+36y^2=144$
2. $3x+2z=10$
3. $x^2+y^2-8x+4y+13=0$
4. $4x^2+9y^2+49z^2=1764$
5. $4x^2+16y^2-32z=0$
6. $x^2-z^2+y=0$
7. $9x^2+4z^2-36y=0$
8. $5x+8y-2z=10$

8.7 원기둥 좌표와 구면 좌표

직교 좌표 $(x,\ y,\ z)$를 제시하는 것은, 삼차원 공간에서 점의 위치를 나타내는 여러 가지 방법들 중의 하나일 뿐이다. 미적분학에서 중요한 역할을 하는 다른 두 가지 좌표 체계는 원기둥 좌표 $(r,\ \theta,\ z)$와 구면 좌표 $(\rho,\ \theta,\ \varphi)$이다. 같은 점 P에 대해서, 이 세 좌표 체계의 의미를 그림 8.51에 나타내 놓았다.

원기둥 좌표 체계(cylindrical coordinate system)는 평면에서 직교 좌표의 x, y 대신에 극좌표 r, θ를 사용한다. z좌표는 직교 좌표의 경우와 같다. 대개의 경우 $r\geq 0$을 요구할 것이며, θ의 범위는 $0\leq\theta\leq 2\pi$로 제한할 것이다.

점 P의 **구면 좌표**(spherical coordinate) $(\rho,\ \theta,\ \varphi)$는 다음과 같다. ρ는 원점에서 P까

지의 거리 $|\overline{OP}|$이고, θ는 P를 xy평면으로 사영한 P'의 극각(polar angle)이고, φ는 양의 z축과 선분 $\overline{OP}$ 사이의 각이다. 이들의 범위는 다음과 같이 제한한다.

$$\rho \geq 0, \quad 0 \leq \theta \leq 2\pi, \quad 0 \leq \varphi \leq \pi$$

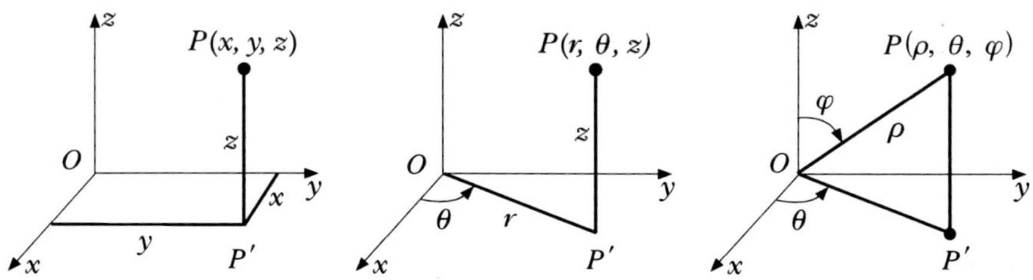

그림 8.51

원기둥 좌표

만약 입체 또는 곡면이 대칭축을 가지고 있으면, 그것의 방향을 잘 잡아서, 이 대칭축이 z축이 되도록 하고, 원기둥 좌표를 사용하면 편리하다. 특히 z축에 대칭인 수직 원기둥의 방정식(그림 8.52)과 z축을 포함하는 평면의 방정식(그림 8.53)이 매우 간단해짐을 주목하기 바란다. 그림 8.53에서는 $r<0$을 허용하였다.

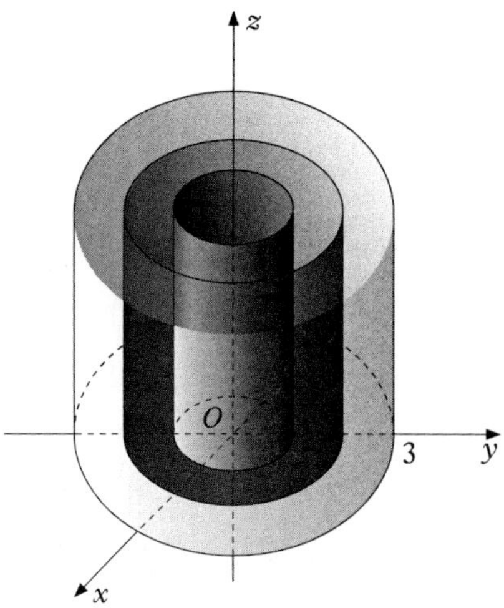

원기둥 $r=1, r=2, r=3$

그림 8.52

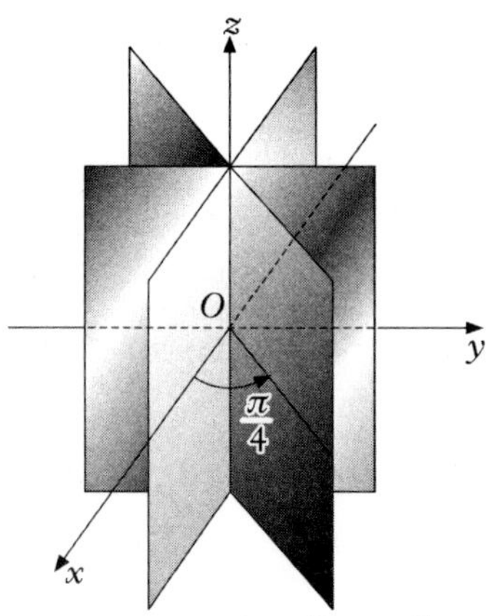

평면 $\theta=0, \theta=\frac{\pi}{4}, \theta=\frac{\pi}{2}$

그림 8.53

원기둥 좌표와 직교 좌표 사이의 관계는 다음과 같다.

원기둥 좌표에서 직교 좌표로	직교 좌표에서 원기둥 좌표로
$x = r\cos\theta$	$r = \sqrt{x^2+y^2}$
$y = r\sin\theta$	$\tan\theta = y/x$
$z = z$	$z = z$

이들 관계식을 바탕으로, 두 좌표 체계 사이에서 왔다갔다할 수 있다.

[예제 8.29] 다음을 구하여라.

(a) 원기둥 좌표가 $(4,\ 2\pi/3,\ 5)$인 점의 직교 좌표

(b) 직교 좌표가 $(-5,\ -5,\ 2)$인 점의 원기둥 좌표

풀이 (a) $x = 4\cos\dfrac{2\pi}{3} = 4\cdot\left(-\dfrac{1}{2}\right) = -2$

$y = 4\sin\dfrac{2\pi}{3} = 4\cdot\left(\dfrac{\sqrt{3}}{2}\right) = 2\sqrt{3}$

$z = 5$

그러므로 점 $(4,\ 2\pi/3,\ 5)$의 직교 좌표는 $(-2,\ 2\sqrt{3},\ 5)$.

(b) $r = \sqrt{(-5)^2+(-5)^2} = 5\sqrt{2}$

$\tan\theta = \dfrac{-5}{-5} = 1$

$z = 2$

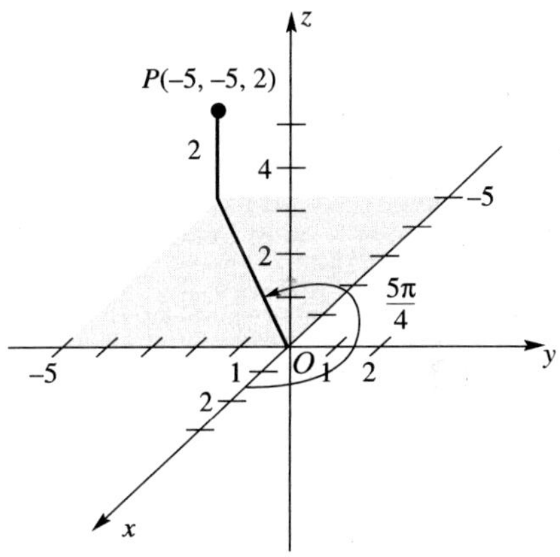

그림 8.54

그림 8.54를 보면, θ는 $\pi/2$와 π 사이에 있다. 그런데 $\tan\theta = 1$이니, $\theta = 5\pi/4$이다. 그러므로 점 $(-5,\ -5,\ 2)$의 원기둥 좌표는 $(5\sqrt{2},\ 5\pi/4,\ 2)$. ■

[예제 8.30] 직교 좌표 방정식이 $x^2+y^2=4-z$인 포물면, $x^2+y^2=2x$인 기둥의 원기둥 좌표 방정식들을 구하여라.

풀이 포물면 : $r^2 = 4-z$

기둥 : $r^2 = 2r\cos\theta$ 또는 (동등한 것으로) $r = 2\cos\theta$

방정식을 변수로 나누면 해답(근)을 잃게될 가능성이 있다. 예를 들어 방정식

$x^2=x$를 x로 나누면 $x=1$이 되며, 근 $x=0$을 잃어버린다. 이와 마찬가지로, $r^2=2r\cos\theta$를 r로 나누면 $r=2\cos\theta$가 되며, 근 $r=0$(원점)을 잃어버린 것 같다. 그렇지만 원점은 좌표 $(0, \pi/2)$로서 방정식 $r=2\cos\theta$를 만족한다. 그러므로 $r^2=2r\cos\theta$와 $r=2\cos\theta$는 같은 극좌표 그래프를 가진다. ■

[예제 8.31] 원기둥 좌표 체계에서의 방정식이 $r^2+4z^2=16$, $r^2\cos 2\theta=z$인 곡면들의 직교 좌표 방정식들을 구하여라.

풀이 $r^2=x^2+y^2$이니, 곡면 $r^2+4z^2=16$의 직교 좌표 방정식은 $x^2+y^2+4z^2=16$, 즉, $x^2/16+y^2/16+z^2/4=1$. 그 그래프는 타원면이다.

$\cos 2\theta=\cos^2\theta-\sin^2\theta$이니, 두 번째 방정식은 $r^2\cos^2\theta-r^2\sin^2\theta=z$라 쓸 수 있다. 이것은 직교 좌표로 $x^2-y^2=z$가 된다. 그 그래프는 쌍곡포물면이다. ■

구면 좌표

입체 또는 곡면이 한 점에 대해서 대칭이면, 구면 좌표를 사용하여서 간단하게 만들 수 있다. 특히, 원점을 중점으로 한 구(그림 8.55)는 간단한 방정식 $\rho=\rho_0$을 가진다. 그리고 축이 z축이고 꼭지점이 원점에 있는 원뿔(그림 8.56)의 방정식은 $\varphi=\varphi_0$임을 주목하기 바란다.

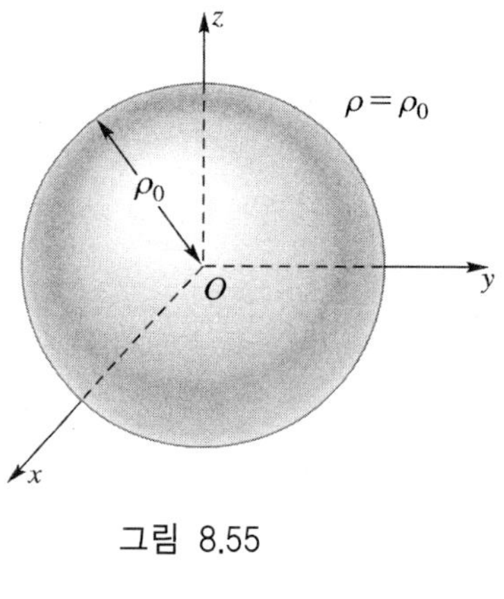

그림 8.55

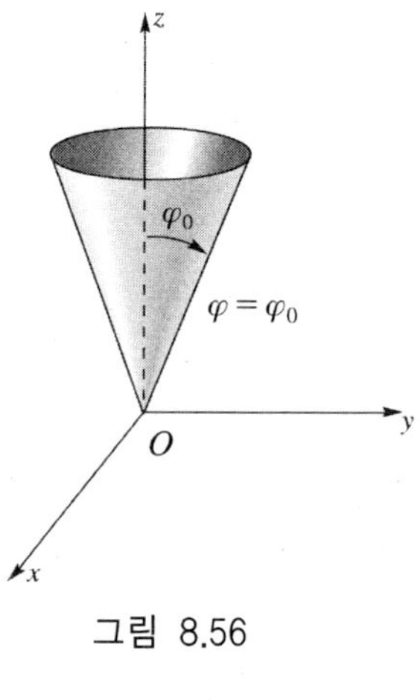

그림 8.56

구면 좌표와 원기둥 좌표 사이의 관계, 구면 좌표와 직교 좌표 사이의 관계는 쉽게 구할 수 있다. 다음은 이들 사이의 관계식을 나타낸다.

구면 좌표에서 직교 좌표로	직교 좌표에서 구면 좌표로
$x=\rho \sin \varphi \cos \theta$	$\rho=\sqrt{x^2+y^2+z^2}$
$y=\rho \sin \varphi \sin \theta$	$\tan \theta = y/x$
$z=\rho \cos \varphi$	$\cos \varphi = \dfrac{z}{\sqrt{x^2+y^2+z^2}}$

[예제 8.32] 구면 좌표가 $(8, \pi/3, 2\pi/3)$인 점 P의 직교 좌표를 구하여라.

풀이 그림 8.57에 점 P를 찍어 놓았다.

$$x=8\sin\frac{2\pi}{3}\cos\frac{\pi}{3}=8\frac{\sqrt{3}}{2}\,\frac{1}{2}=2\sqrt{3}$$
$$y=8\sin\frac{2\pi}{3}\sin\frac{\pi}{3}=8\frac{\sqrt{3}}{2}\,\frac{\sqrt{3}}{2}=6$$
$$z=8\cos\frac{2\pi}{3}=8\left(-\frac{1}{2}\right)=-4$$

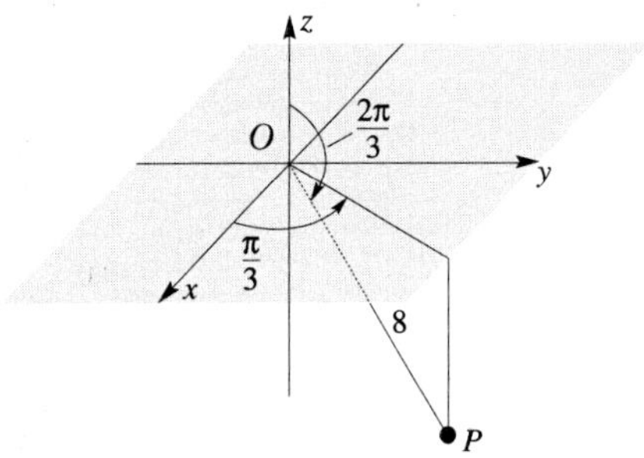

그림 8.57

그러므로 P의 직교 좌표는 $(2\sqrt{3},\ 6,\ -4)$. ■

[예제 8.33] $\rho=2\cos\varphi$의 그래프를 설명하여라.

풀이 직교 좌표로 바꾸자. 양변에다 ρ를 곱하면,

$$\rho^2=2\rho\cos\varphi$$
$$x^2+y^2+z^2=2z$$
$$x^2+y^2+(z-1)^2=1$$

그 그래프는 반지름이 1이고 중심이 직교 좌표로 (0, 0, 1)인 구이다. ■

[예제 8.34] 포물면 $z=x^2+y^2$의 구면 좌표 방정식을 구하여라.

풀이 x, y, z에 대응하는 것들을 넣으면,

$$\rho\cos\varphi=\rho^2\sin^2\varphi\cos^2\theta+\rho^2\sin^2\varphi\sin^2\theta$$
$$\rho\cos\varphi=\rho^2\sin^2\varphi(\cos^2\theta+\sin^2\theta)$$
$$\rho\cos\varphi=\rho^2\sin^2\varphi$$
$$\cos\varphi=\rho\sin^2\varphi$$
$$\rho=\cos\varphi\csc^2\varphi$$

$\varphi=\pi/2$이면 $\rho=0$이 됨을 주목하기 바란다. 그러므로 네 번째 단계에서 ρ로 나누었지만, 원점은 그대로 남아 있다. ■

지리학의 구면 좌표

지리학자와 항해사들이 사용하는 경도-위도 체계는 구면 좌표 체계와 밀접한 관계가 있다. 지구가 구(공)이고, 원점이 중점이며, 양의 z축이 북극을 지나고, 양의 x축이 표준 경선(prime meridian)을 지난다고 가정하자. (그림 8.58)

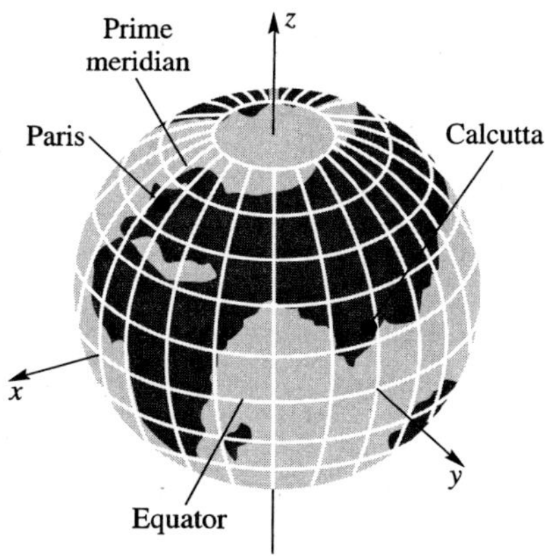

그림 8.58

관습에 따라서, 경도는 표준 경선을 기준으로 동경 또는 서경 몇 도로 나타내며, 위도는 적도를 기준으로 북위 또는 남위 몇 도로 나타낸다. 이러한 값들을 바탕으로, 구면 좌표의 값들을 쉽게 구할 수 있다.

[예제 8.35] 지구는 반지름 3960마일인 구라고 가정하자. 파리(경도 2.2°E, 위도 48.4N)에서 캘커타(경도 88.2°E, 위도 22.3°N)까지의 대원(great-circle) 거리를 구하여라.

풀이 우선 두 도시의 구면각 θ, φ들을 계산하자.

파리: $\theta=2.2°\approx 0.0384$ 라디안

$\varphi=90°-48.4=41.6°\approx 0.7261$ 라디안

캘커타: $\theta=88.2°\approx 1.5394$ 라디안

$\varphi=90°-22.3°=67.7°\approx 1.1816$ 라디안

이 값들과 $\rho=3960$ 마일을 바탕으로, 예제 8.32처럼 직교 좌표를 구할 수 있다.

파리: $P_1(2627.2,\ 100.9,\ 2961.3)$

캘커타: $P_2(115.1,\ 3662.0,\ 1502.6)$

이제 $\overrightarrow{OP_1}$과 $\overrightarrow{OP_2}$ 사이의 각 γ를 구하자.

$$\cos\gamma=\frac{\overrightarrow{OP_1}\cdot\overrightarrow{OP_2}}{|\overrightarrow{OP_1}||\overrightarrow{OP_2}|}=\frac{(2627.2)(115.1)+(100.9)(3662)+(2961.3)(1502.6)}{(3960)(3960)}$$
$$\approx 0.3266$$

그러므로 $\gamma\approx 1.2381$ 라디안이며, 대원 거리 d는

$$d=\rho\gamma\approx(3960)(1.2381)\approx 4903\text{마일}$$ ■

연습문제 (8–7)

1. 다음 원기둥 좌표를 구면 좌표로 바꾸어라.
   (a) $(1,\ \pi/2,\ 1)$ (b) $(-2,\ \pi/4,\ 2)$

2. 다음 원기둥 좌표를 직교 좌표로 바꾸어라.
   (a) $(6,\ \pi/6,\ -2)$ (b) $(4,\ 4\pi/3,\ -8)$

3. 다음 구면 좌표를 직교 좌표로 바꾸어라.
   (a) $(8,\ \pi/4,\ \pi/6)$ (b) $(4,\ \pi/3,\ 3\pi/4)$

4. 다음 직교 좌표를 구면 좌표로 바꾸어라.
   (a) $(2,\ -2\sqrt{3},\ 4)$ (b) $(-\sqrt{2},\ \sqrt{2},\ 2\sqrt{2})$

5. 다음 직교 좌표를 원기둥 좌표로 바꾸어라.
   (a) $(2,\ 2,\ 3)$ (b) $(4\sqrt{3},\ -4,\ 6)$

※ 문제 6~13은 주어진 방정식을 다음과 같이 바꾸어라.

6. $x^2+y^2=9$, 원기둥 좌표로

7. $x^2+y^2+4z^2=10$, 원기둥 좌표로

8. $2x^2+2y^2-4z^2=0$, 구면 좌표로

9. $r^2+2z^2=4$, 구면 좌표로

10. $x+y=4$, 원기둥 좌표로

11. $x^2+y^2=9$, 구면 좌표로

12. $r^2\cos 2\theta=z$, 직교 좌표로

13. 포물선 $z=2x^2$을 z축에 대해 회전시켰다. 그 결과로 생기는 곡면의 원기둥 좌표 방정식을 적어라.

제 9 장
벡터값 함수와 공간에서의 운동

물체가 공간상에서 움직이고 있다고 가정했을때, 시간에 따라서 그 물체의 위치를 알 수 있는 좌표방정식, $x=f(t)$, $y=g(t)$, $z=h(t)$는 물체의 움직임과 경로를 알려주는 매개방정식(parameter equation) 역할을 한다. 이 매개방정식을 시간에 대하여 현재의 위치를 알려주는 벡터함수 방정식 $r=f(t)i+g(t)j+h(t)k$로 만들 수 있다. 여기서 $f(t)$, $g(t)$, $h(t)$는 공간상에서 직교좌표축 x, y, z의 스칼라량이고 $i=(1, 0, 0)$, $j=(0, 1, 0)$, $k=(0, 0, 1)$은 각축에 대한 단위벡터량이다.

이 장에서는 공간상에서 또는 평면상에서 움직이는 물체의 경로, 속도, 가속도를 알아보는데 필요한 벡터함수의 미분과 적분을 어떻게 수행하는지 알아보도록 한다.

9.1 평면곡선

평면곡선(plane curve)은 한 쌍의 매개변수 방정식

$$x=f(t),\ y=g(t),\ t\text{는 } I\text{에 속함}$$

으로 결정되며, f와 g는 구간 I에서 연속인 함수이다. I는 대개의 경우 닫힌 구간 $[a, b]$이다. t를 **매개변수**(parameter)라고 부르며, 보통은 시간을 측정한다고 생각하자.

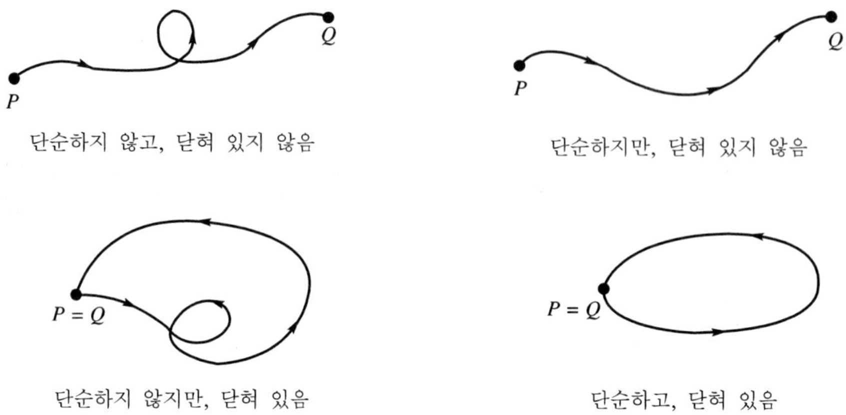

그림 9.1 평면곡선의 유형

t가 a에서 b로 갈 때, 점 (x, y)는 xy-평면에서 어떤 곡선을 그리게 된다. I가 닫힌 구간 $[a, b]$인 경우, 점 $P=(x(a), y(a))$와 $Q=(x(b), y(b))$를 **시작점**(initial end point)과 **끝점**(final end point)이라고 부른다. 만약 시작점과 끝점이 일치하면, 그 곡선은 **닫혀 있다**(closed, 폐곡선)고 말한다. 만약 서로 다른 t값들이 평면의 서로 다른 점들을 낳으면($t=a$와 $t=b$는 예외로 함), 그 곡선은 **단순하다**(simple)고 말한다. (그림 9.1)

구간 I에서 한 쌍의 관계식 $x=f(t)$, $y=g(t)$를 그 곡선의 **매개변수화**(parametrization)라고 부른다.

매개변수방정식을 직교방정식으로의 변환

매개변수 방정식으로 평면곡선이 표현된 경우에는 그 곡선의 성질을 파악하기가 쉽지 않다. 그래서 매개변수를 제거하여 직교방정식으로 변환함으로써 좀더 곡선을 쉽게 파악할 수가 있다. 어느 하나의 방정식을 매개변수에 대하여 정리하고 그것을 다른 방정식에 대입하여 매개변수를 제거할 수 있으며 친숙한 항등식들을 사용해서 제거할 수도 있다.

[예제 9.1] 다음 매개변수 방정식

$$x=t^2+2t, \quad y=t-3, \quad -2\leq t\leq 3$$

에서 매개변수를 제거하여라. 그 다음에 대응하는 곡선이 무엇인지 밝히고, 그 그래프를 그려라.

풀이 두 번째 방정식으로부터 $t=y+3$을 얻는다. t를 이렇게 표현한 것을 첫 번째 방정식에 대입하면,

$$x=(y+3)^2+2(y+3)=y^2+8y+15$$

즉,

$$x+1=(y+4)^2$$

이것은 포물선이며, 꼭지점이 $(-1,\ -4)$이고, 오른쪽으로 열려 있음을 알 수 있다.

t	x	y
−2	0	−5
−1	−1	−4
0	0	−3
1	3	−2
2	8	−1
3	15	0

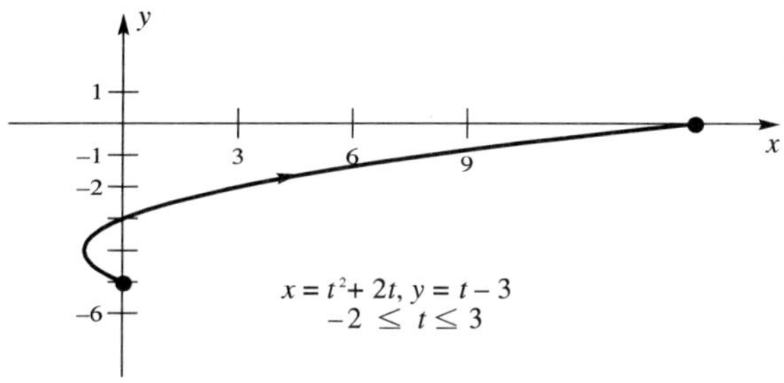

그림 9.2

주어진 방정식의 그래프를 그릴 때, 구간 $-2\le t\le 3$에 대응하는 부분만을 그리도록 주의를 기울여야 한다. 값들의 표와 그 그래프가 그림 9.2에 있다. 화살표는 **곡선의 방향**(방향성, orientation)을 나타낸다. 즉, t가 증가할 때 움직이는 방향이다. ■

[예제 9.2] 매개변수 방정식

$$x=a\cos t,\quad y=b\sin t,\quad 0\le t\le 2\pi$$

는 타원임을 밝혀라.

풀이 방정식을 $\cos t$와 $\sin t$에 대해서 풀고, 그 다음에 제곱을 하고, 더하자. 그러면

$$\left(\frac{x}{a}\right)^2+\left(\frac{y}{b}\right)^2=\cos^2 t+\sin^2 t=1$$

$$\frac{x^2}{a^2}+\frac{y^2}{b^2}=1$$

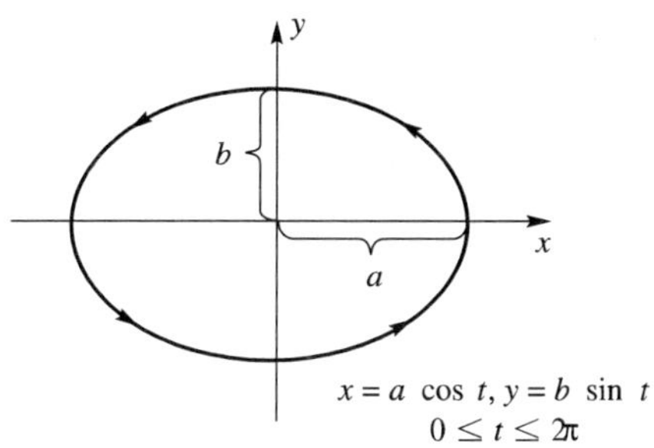

그림 9.3

t에다 몇개의 값을 대입하여 확인해 보면, 완전한 타원을 얻게 됨을 알 수 있다. 특히, $t=0$과 $t=2\pi$는 같은 점 $(a, 0)$을 낳는다.

만약 $a=b$이면, 원 $x^2+y^2=a^2$을 얻는다. ■

서로 다른 매개변수 방정식들이 같은 그래프를 가질 수도 있다. 바꿔 말하면, 주어진 곡선을 여러가지로 매개변수화할 수 있다. 즉, 매개변수 방정식은 서로 다르지만 매개변수를 제거함으로써 같은 곡선을 얻을 수 있다.

[예제 9.3] 다음 각각의 매개변수 방정식 쌍은 같은 그래프, 즉 그림 9.4의 반원을 가짐을 밝혀라.

(a) $x=\sqrt{1-t^2},\ y=t,\ -1\le t\le 1$

(b) $x=\cos t,\ y=\sin t,\ -\dfrac{\pi}{2}\le t\le\dfrac{\pi}{2}$

(c) $x=\dfrac{1-t^2}{1+t^2},\ y=\dfrac{2t}{1+t^2},\ -1\le t\le 1$

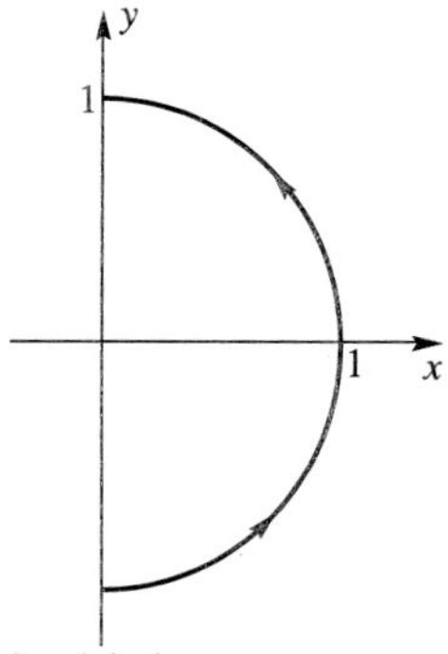

Semicircle

그림 9.4

풀이 이 각각의 경우,

$$x^2+y^2=1$$

이 됨을 알 수 있다. 따라서 t에다 몇 개의 값들을 넣어 보면, 주어진 t의 구간에서 원의 같은 부분에 있음을 확인할 수 있다. ■

[예제 9.4] 다음 각각의 매개변수 방정식은 매개변수를 제거함으로써 동일한 쌍곡선임을 밝혀라.

(a) $x=a\sec t,\ y=b\tan t,\ -\dfrac{\pi}{2}<t<\dfrac{\pi}{2}$

(b) $x=a\cosh t,\ y=b\sinh t,\ -\infty<t<\infty$

두 경우 모두 $a>0,\ b>0$이라고 가정하자.

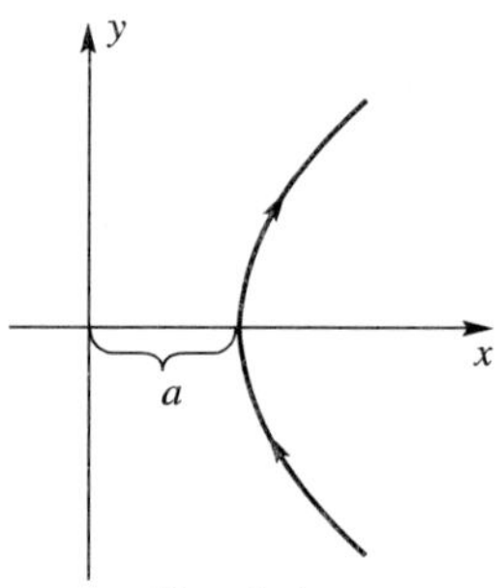

Hyperbola
(one branch)

그림 9.5

풀이 (a) 첫 번째 경우,

$$\left(\frac{x}{a}\right)^2-\left(\frac{y}{b}\right)^2=\sec^2 t-\tan^2 t=1$$

(b) 두 번째 경우,

$$\left(\frac{x}{a}\right)^2-\left(\frac{y}{b}\right)^2 = \cosh^2 t-\sinh^2 t$$
$$= \left(\frac{e^t+e^{-t}}{2}\right)^2-\left(\frac{e^t-e^{-t}}{2}\right)^2=1$$

두 경우 모두, t에다 값들을 몇 개 넣어서 확인해 보면, 그림 9.5에 나오는 쌍곡선 $x^2/a^2-y^2/b^2=1$의 한 가지를 얻음을 알 수 있다. ■

예제 9.4의 (a)는 열린 구간 $(-\pi/2, \pi/2)$에서 정의한 매개변수 곡선이고, (b)는 한없이 큰 구간 $(-\infty, \infty)$에서 정의한 매개변수 곡선임을 주목하여라. 이 곡선은 끝점을 포함하고 있지 않으니, 닫혀 있지 않다.

사이클로이드

어떤 바퀴가 직선을 따라서, 미끄러지지 않으면서 굴러갈 때, 바퀴의 가장자리(둘레)의 한 점 P가 그리는 곡선이 **사이클로이드**(cycloid)이다. (그림 9.6) 사이클로이드의 직교 좌표 방정식은 매우 복잡하지만, 다음 예제에서 보듯이 매개변수 방정식은 비교적 간단하다.

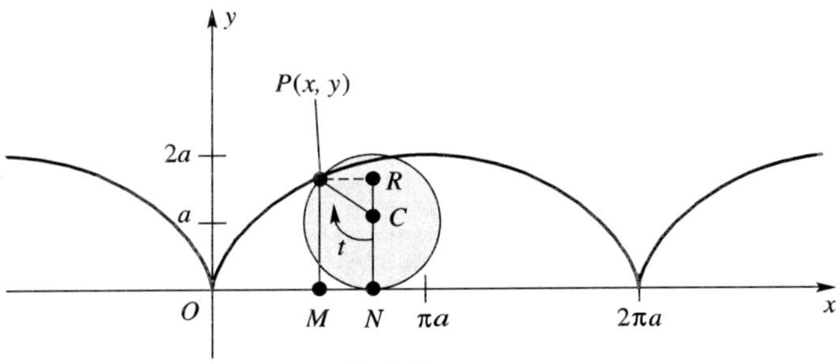

Cycloid

그림 9.6

[예제 9.5] 사이클로이드의 매개변수 방정식을 구하여라.

풀이 P는 맨 처음에 원점에 놓여 있었고, 바퀴가 x축을 따라서 미끄러짐이 없이 굴러간다고 하자. 바퀴의 중점을 C라 하고, 바퀴의 반지름을 a라 하자. 바퀴는 시계 방향으로 회전한다. P가 원점에 있을 때 선분 CP는 수직인데, 선분 CP가 그 수직 위치에서 회전한 시계 방향의 각을 라디안 단위로 잰 t를 매개변수로 택하자.

그림 9.6에 이것들을 모두 나타내 놓았다.

$|ON| =$ 호 $PN = at$ 이며,

$$x = |OM| = |ON| - |MN| = at - a\sin t = a(t - \sin t)$$

이다. 그리고

$$y = |MP| = |NR| = |NC| + |CR| = a - a\cos t = a(1 - \cos t)$$

그러므로 사이클로이드의 매개변수 방정식은 다음과 같다.

$$x = a(t - \sin t), \quad y = a(1 - \cos t)$$

■

매개변수로 정의한 곡선의 미적분

매개변수 방정식으로 곡선을 주었을 때, 매개변수를 제거하지 않고 접선의 기울기를 구할 수 있는가? 다음 정리는 이러한 사실을 가능하게 해준다.

정리 9.1 구간 $\alpha < t < \beta$에서 f와 g가 연속적으로 미분이 가능하고, $f'(t) \neq 0$이라고 하자. 그러면 매개변수 방정식

$$x = f(t), \quad y = g(t)$$

는 y를 변수 x에 대해 미분가능한 함수로 정의하고,

$$\frac{dy}{dx} = \frac{dy/dt}{dx/dt}$$

증명 구간 $\alpha < t < \beta$에서 $f'(t) \neq 0$이니, f는 강한 단조 함수이며, 따라서 미분가능한 역함수 f^{-1}을 가진다(역함수 정리(2.2절) 참조). 함수 F를 $F = g \circ f^{-1}$으로 정의하자. 그러면

$$y = g(t) = g(f^{-1}(x)) = F(x) = F(f(t))$$

그러므로 연쇄법칙에 따라서,

$$\frac{dy}{dt} = F'(f(t)) \cdot f'(t) \frac{dy}{dx} \cdot \frac{dx}{dt}$$

그런데 $dx/dt \neq 0$이니, 다음을 얻는다.

$$\frac{dy}{dx}=\frac{dy/dt}{dx/dt}$$ □

[예제 9.6] 매개변수 방정식

$$x=5\cos t,\quad y=4\sin t,\quad 0<t<3$$

로 결정되는 함수에 대해서, 처음 두 도함수 dy/dx와 d^2y/dx^2을 구하여라. 그 다음에 $t=\pi/6$에서 그 값들을 계산하여라. (예제 9.2 참조)

풀이 dy/dx를 y'로 나타내자. 그러면

$$\frac{dy}{dx}=\frac{dy/dt}{dx/dt}=\frac{4\cos t}{-5\sin t}=-\frac{4}{5}\cot t$$

$$\frac{d^2y}{dx^2}=\frac{dy'}{dx}=\frac{dy'/dt}{dx/dt}=\frac{\frac{4}{5}\csc^2 t}{-5\sin t}=-\frac{4}{25}\csc^3 t$$

$t=\pi/6$에서,

$$\frac{dy}{dx}=\frac{-4\sqrt{3}}{5},\quad \frac{d^2y}{dx^2}=\frac{-4}{25}(8)=\frac{-32}{25}$$

처음 값은 타원 $x^2/25+y^2/16=1$의 점 $(5\sqrt{2}/2,\ 2)$에서의 접선의 기울기이다. 음함수 미분법으로 이것을 확인해 볼 수 있다. ■

정적분에서 적분하려는 함수(integrand)와 미분량(differential)에 x와 y, 두 개의 변수가 등장하고, x와 y를 매개변수 t로 나타내는 방정식을 통해서, y는 x의 함수로 정의할 수 있는 경우가 있다. 이러한 경우, 적분하려는 함수와 미분량을 t와 dt로 표현해 주고, 적분의 시작점, 끝점도 t에 맞도록 바꾸어 준 후, 정적분을 계산하면 편리하다.

[예제 9.7] 정적분 (a) $\int_1^3 y\,dx$와 (b) $\int_1^3 xy^2dx$를 계산하여라. 여기서 $x=2t-1$이고, $y=t^2+2$.

풀이 $x=2t-1$이니, $dx=2dt$. $x=1$일 때 $t=1$이고, $x=3$일 때 $t=2$.

(a) $$\int_1^3 y\,dx=\int_1^2(t^2+2)2\,dt=2\left[\frac{t^3}{3}+2y\right]_1^2=\frac{26}{3}$$

(b) $\int_1^3 xy^2 dx = 2\int_1^2 (2t-1)(t^2+2)^2 dt$

$$= 2\int_1^2 (2t^5 - t^4 + 8t^3 - 4t^2 + 8t - 4)dt = 86\frac{14}{15}$$ ■

[예제 9.8] 사이클로이드의 한 개의 호 아래 영역의 넓이 A를 구하고(그림 9.7), 이 호의 길이 L을 구하여라.

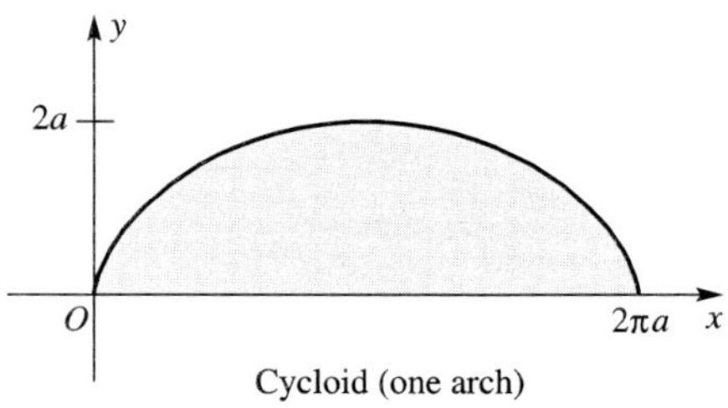

Cycloid (one arch)

그림 9.7

풀이 예제 9.5에서, 사이클로이드의 한 개의 호를 다음과 같이 나타낼 수 있음을 배웠다.

$$x = a(t - \sin t), \quad y = a(1 - \cos t), \quad 0 \le t \le 2\pi$$

그러므로 $dx = a(1-\cos t)dt$. 넓이 A는 다음과 같다.

$$\begin{aligned} A &= \int_0^{2\pi a} y\, dx \\ &= a^2 \int_0^{2\pi} (1-\cos t)(1-\cos t)dt \\ &= a^2 \int_0^{2\pi} (1 - 2\cos t + \cos^2 t)dt \\ &= a^2 \int_0^{2\pi} \left(1 - 2\cos t + \frac{1}{2} + \frac{1}{2}\cos 2t\right) dt \\ &= a^2 \left[\frac{3}{2}t - 2\sin t + \frac{1}{4}\sin 2t\right]_0^{2\pi} = 3\pi a^2 \end{aligned}$$

길이 L을 계산하기 위해서, 6.5절 호의 길이 공식을 보도록 하자.

$$L = \int_\alpha^\beta \sqrt{\left(\frac{dx}{dt}\right)^2 + \left(\frac{dy}{dt}\right)^2}\, dt$$

지금 이 경우는 다음과 같이 된다.

$$L=\int_0^{2\pi}\sqrt{a^2(1-\cos t)^2+a^2(\sin^2 t)}\,dt$$
$$=a\int_0^{2\pi}\sqrt{2(1-\cos t)}\,dt$$
$$=a\int_0^{2\pi}\sqrt{4\sin^2\frac{t}{2}}\,dt$$
$$=2a\int_0^{2\pi}\sin\frac{t}{2}\,dt$$
$$=\left[-4a\cos\frac{t}{2}\right]_0^{2\pi}=8a$$ ■

[예제 9.9] 아스트로이드(성망형)(그림 9.8)의 매개변수 방정식은 $x=\cos^3 t$, $y=\sin^3 t$, $0\le t\le 2\pi$이다. 이것을 직교좌표방정식으로 표현하면(매개변수 t를 소거) $x^{2/3}+y^{2/3}=1$이 된다. 이때 이 방정식의 호의 길이를 구하시오.

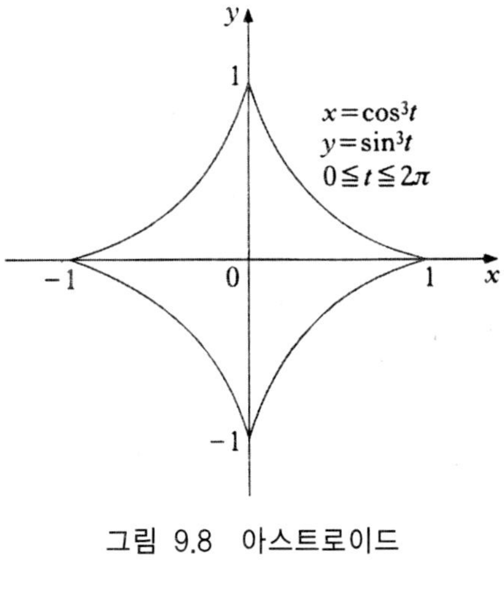

그림 9.8 아스트로이드

풀이 좌표축에 관한 곡선의 대칭성 때문에 1사분면의 길이에 4배를 하면 길이를 구할 수 있다.

$$x=\cos^3 t,\qquad y=\sin^3 t,$$

$$\left(\frac{dx}{dt}\right)^2 = [3\cos^2 t(-\sin t)]^2 = 9\cos^4 t\sin^2 t,$$

$$\left(\frac{dy}{dt}\right)^2 = [3\sin^2 t(\cos t)]^2 = 9\sin^4 t\cos^2 t,$$

$$\begin{aligned}\sqrt{\left(\frac{dx}{dt}\right)^2+\left(\frac{dy}{dt}\right)^2} &= \sqrt{9\cos^2 t\sin^2 t\underbrace{(\cos^2 t+\sin^2 t)}_{1}} \\ &= \sqrt{9\cos^2 t\sin^2 t} \\ &= 3|\cos t\sin t| \\ &= 3\cos t\sin t. \quad (0\le t\le 2\pi \text{일 때 } \cos t\sin t\ge 0)\end{aligned}$$

그러므로,

$$\begin{aligned}\text{제1 사분면의 길이} &= \int_0^{\pi/2} 3\cos t\sin t\,dt \\ &= \frac{3}{2}\int_0^{\pi/2}\sin 2t\,dt \\ &= \left[-\frac{3}{4}\cos 2t\right]_0^{\pi/2} = \frac{3}{2}.\end{aligned}$$

아스트로이드의 길이는 이 길이의 4배이다: $4(3/2)=6$. ■

연습문제 (9–1)

※ 다음에 주어진 방정식에서 매개변수를 제거하지 말고, dy/dx와 dy/dx을 구하여라.

1. $x=3\tau^2,\ y=4\tau^3; \tau\neq 0$
2. $x=2\theta^2,\ y=\sqrt{5}\,\theta^3;\ \theta\neq 0$
3. $x=3\tan t-1,\ y=5\sec t=2;\ t\neq\dfrac{(2n+1)\pi}{2}$

※ 다음에 주어진 구간에서 정의된 매개변수 곡선의 길이를 구하여라.

4. $x=2t-1,\ y=3t-4;\ 0\le t\le 3$
5. $x=2-t,\ y=2t-3;\ -3\le t\le 3$
6. $x=2\sin t,\ y=2\cos t;\ 0\le t\le \pi$
7. $x=3t^2,\ y=t^3;\ 0\le t\le 2$

8. 반지름 1, 중점 (1, 0)인, xy평면의 원을 다음과 같이 매개변수화할 수 있다.

$x=1+\cos t$, $y=\sin t$, $0\leq t\leq 2\pi$. 이 곡선을 y축에 대해 회전시켰을 때 생기는 곡면의 넓이를 구하여라.

9. 반지름이 a인 커다란 원이 고정되어 있고, 그 속에서 반지름이 b인 작은 원이 절대 미끄러지지 않으면서 굴러간다고 하자. 여기서 $a>b$. 굴러가는 원의 한 점 P가 그리는 곡선을 **하이포사이클로이드**(hypocycloid)라고 부른다. 하이포사이클로이드의 매개변수 방정식을 구하여라.

   도움말: 고정된 커다란 원의 중점에 직교 좌표의 원점 O를 놓고, 점 P의 처음 위치를 $A(a, 0)$이라 하자. 두 원이 접하는 점을 B라 하고, 각 AOB를 라디안 단위로 잰 t를 매개변수로 사용하자. (그림 참조)

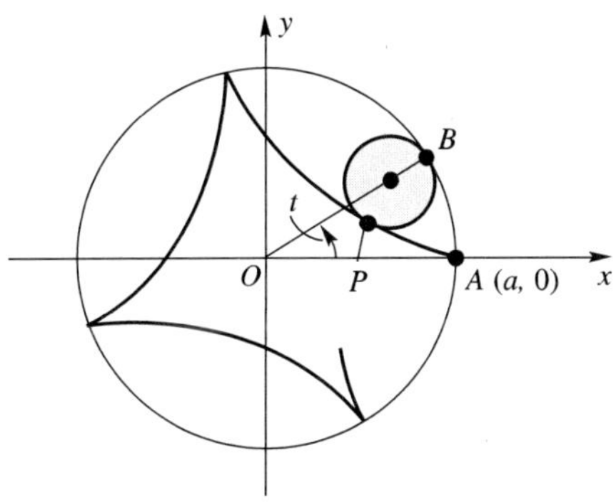

10. 위 문제에서, $b=a/4$인 경우 매개변수 방정식이 다음과 같이 간단하게 됨을 밝혀라.

$$x=a\cos^3 t,\qquad y=a\sin^3 t$$

   이것을 네 개의 뾰족점을 가진 **하이포사이클로이드**(hypocycloid of four cusps)라고 부른다. 이것을 꼼꼼하게 그리고, 직교 좌표 방정식은 $x^{2/3}+y^{2/3}=a^{2/3}$임을 밝혀라.

11. 반지름이 a인 원이 고정되어 있고, 그 바깥에 반지름이 b인 원이 절대 미끄러지지 않으면서 굴러갈 때, 한 점이 그리는 곡선을 **에피사이클로이드**(epicycloid)라고 부른다. 이것의 매개변수 방정식은 다음과 같음을 밝혀라.

$$x=(a+b)\cos t-b\cos\frac{a+b}{b}t$$

$$y=(a+b)\cos t-b\sin\frac{a+b}{b}t$$

12. $b=a$인 경우, 위 문제의 방정식은 다음과 같다.

$$x=2a\cos t-a\cos 2t$$
$$y=2a\sin t-a\sin 2t$$

이 특별한 에피사이클로이드는 카디오이드 $r=2a(1-\cos\theta)$임을 밝혀라. 여기서 극좌표 체계의 극점은 직교 좌표 체계에서 점 $(a, 0)$이고, 극축은 x축 양의 방향이다. **도움말**: 방정식들에서 매개변수 t를 제거하여 에피사이클로이드의 직교 좌표 방정식을 구하여라. 직교 좌표와 극좌표 체계를 연결해 주는 방정식은

$$x=r\cos\theta+a,\qquad y=r\sin\theta$$

임을 밝히고, 이것을 사용하여, 직교 좌표 방정식을 변환하면 $r=2a(1-\cos\theta)$를 구할 수 있다.

13. 문제 9에서, $b=a/3$인 경우 세 개의 뾰족점을 가진 하이포사이클로이드를 얻게 되며, 이것을 델토이드(deltoid)라고 부른다. 매개변수 방정식은 다음과 같다.

$$x=\left(\frac{a}{3}\right)(2\cos t+\cos 2t),\qquad y=\left(\frac{a}{3}\right)(2\sin t-\sin 2t)$$

델토이드의 길이를 구하여라.

9.2 평면에서의 벡터값 함수와 곡선운동

실수 t에 대한 **벡터값 함수**(vector-valued function) $\mathbf{F}$는 각각의 실수 t에다 하나의 벡터 $\mathbf{F}(t)$를 할당해 준다. 즉, 평면의 단위벡터 $i=(1, 0)$, $j=(0, 1)$에 대하여

$$\mathbf{F}(t)=f(t)\mathbf{i}+g(t)\mathbf{j}=\langle f(t), g(t)\rangle$$

이다. 여기서 f와 g는 보통의 실수값 함수들이다. 전형적인 예로는,

$$\mathbf{F}(t)=t^2\mathbf{i}+e^t\mathbf{j}=\langle t^2,\ e^t\rangle$$

굵은 글자체는 벡터를 나타냄을 유의하기 바란다. 그러니 벡터값 함수와 스칼라값 함수를 쉽게 구별할 수 있다.

벡터값 함수의 미적분학

미적분학에서 가장 근본이 되는 개념은 극한의 개념이다. 직관적으로 생각하면, $\lim_{t\to c}\mathbf{F}(t)=\mathbf{L}$이 뜻하는 것은, t가 c로 가까이 감에 따라서 벡터 $\mathbf{F}(t)$가 벡터 L 로 가까이 간다는 말이다. 이것과 동등한의미로, $t\to c$일 때 벡터 $\mathbf{F}(t)-L$이 0 으로 간다는 뜻이다. ε, δ를 사용한 엄밀한 정의를 제시하겠는데, 실수값 함수들에 대해서 정의한 것과 사실상 같다.

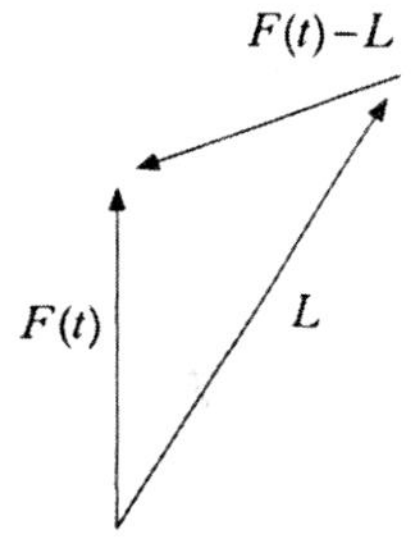

그림 9.9

> **정의 9.2** $\lim_{t\to c}\mathbf{F}(t)=\mathbf{L}$이 뜻하는 것은 다음과 같다. 주어진 임의의 (아무리 작은) $\varepsilon>0$에 대해서, 그에 대응하여 어떤 $\delta>0$가 있어서, $0<|t-c|<\delta$이면 $|\mathbf{F}(t)-L|<\varepsilon$이다. 즉,
>
> $$0<|t-c|<\delta \Rightarrow |\mathbf{F}(t)-L|<\varepsilon$$

여기서 기호 $|\mathbf{F}(t)-L|$은 벡터 $\mathbf{F}(t)-L$의 길이를 뜻한다.

$\mathbf{F}(t)$의 극한의 정의를 그 성분 $f(t)$, $g(t)$를 사용하여 다시 제시하면, 중요한 정리를 얻을 수 있다.

> **정리 9.3** $\mathbf{F}(t)=f(t)\mathbf{i}+g(t)\mathbf{j}$라 하자. 그러면 $\mathbf{F}$가 c에서 극한을 가질 필요충분조건은 f와 g가 c에서 극한을 가지는 것이다. 이 경우,
>
> $$\lim_{t\to c}\mathbf{F}(t)=\left[\lim_{t\to c}f(t)\right]\mathbf{i}+\left[\lim_{t\to c}g(t)\right]\mathbf{j}$$

예상할 수 있듯이, 실수값 함수에서 극한에 관한 표준 정리들이 벡터값 함수에서도 모두 성립한다. 그리고 연속도 기존의 의미를 가진다. 즉, $\mathbf{F}$가 c에서 연속(continuous)

이라는 말은, $\lim_{t\to c}\mathbf{F}(t)=\mathbf{F}(c)$라는 뜻이다. 정리 9.3으로부터, $\mathbf{F}$가 c에서 연속일 필요충분조건은 f와 g가 둘 다 c에서 연속임이 명백하다. 마지막으로, **도함수**(derivative) $\mathbf{F}'(t)$는 벡터값 함수로서 다음과 같이 정의한다.

$$\mathbf{F}'(t)=\lim_{h\to 0}\frac{\mathbf{F}(t+h)-\mathbf{F}(t)}{h}$$

그 성분을 사용하여 다음과 같이 쓸 수도 있다.

$$\begin{aligned}\mathbf{F}'(t)&=\lim_{h\to 0}\frac{[f(t+h)\mathbf{i}+g(t+h)\mathbf{j}]-[f(t)\mathbf{i}+g(t)\mathbf{j}}{h}\\&=\lim_{h\to 0}\frac{f(t+h)-f(t)}{h}\mathbf{i}+\lim_{h\to 0}\frac{g(t+h)-g(t)}{h}\mathbf{j}\\&=f'(t)\mathbf{i}+g'(t)\mathbf{j}\end{aligned}$$

요약하자면, 만약 $\mathbf{F}(t)=f(t)\mathbf{i}+g(t)\mathbf{j}$이면,

$$\mathbf{F}'(t)=f'(t)\mathbf{i}+g'(t)\mathbf{j}=\langle f'(t),\ g'(t)\rangle$$

이다.

[예제 9.10] $\mathbf{F}(t)=(t^2+t)\mathbf{i}+e^t\mathbf{j}$이다. $\mathbf{F}'(t)$, $\mathbf{F}''(t)$를 구하여라. $\mathbf{F}'(0)$과 $\mathbf{F}''(0)$ 사이의 각 θ를 구하여라.

풀이 $\mathbf{F}'(t)=(2t+1)\mathbf{i}+e^t\mathbf{j}$, 그리고 $\mathbf{F}''(t)=2\mathbf{i}+e^t\mathbf{j}$. 그러므로 $\mathbf{F}'(0)=\mathbf{i}+\mathbf{j}$, $\mathbf{F}''(0)=2\mathbf{i}+\mathbf{j}$. 따라서 벡터의 내적 정의 $A\cdot B=|A||B|\cos\theta$를 이용하면

$$\cos\theta=\frac{\mathbf{F}'(0)\cdot\mathbf{F}''(0)}{|\mathbf{F}'(0)|\cdot|\mathbf{F}''(0)|}\ \frac{(1)(2)+(1)(1)}{\sqrt{1^2+1^2}\sqrt{2^2+1^2}}=\frac{3}{\sqrt{2}\sqrt{5}}$$

$\theta\approx 0.3218$ (약 $18.43°$) ■

미분에 관한 법칙들을 여기에 소개해 놓겠다.

정리 9.4 (미분 공식) $\mathbf{F}$와 $\mathbf{G}$는 미분가능인 벡터값 함수이고, h는 미분가능인 실수값 함수이고, c는 스칼라라고 하자. 그러면

1. $D_t[\mathbf{F}(t)+\mathbf{G}(t)]=\mathbf{F}'(t)+\mathbf{G}'(t)$

2. $D_t[c\mathbf{F}(t)] = c\mathbf{F}'(t)$
3. $D_t[h(t)\mathbf{F}(t)] = h(t)\mathbf{F}'(t) + h'(t)\mathbf{F}(t)$
4. $D_t[\mathbf{F}(t)\cdot\mathbf{G}(t)] = \mathbf{F}(t)\cdot\mathbf{G}'(t) + \mathbf{G}(t)\cdot\mathbf{F}'(t)$
5. $D_t[\mathbf{F}(h(t))] = \mathbf{F}'(h(t))h'(t)$ (연쇄법칙)

증명 공식 4를 여기에 증명해 놓겠다. 다른 공식들은 증명해 보기 바란다.

$$\mathbf{F}(t) = f_1(t)\mathbf{i} + f_2(t)\mathbf{j}, \quad \mathbf{G}(t) = g_1(t)\mathbf{i} + g_2(t)\mathbf{j}$$

라 하자. 그러면

$$\begin{aligned}
D_t[\mathbf{F}(t)\cdot\mathbf{G}(t)] &= D_t[f_1(t)g_1(t) + f_2(t)g_2(t)] \\
&= f_1(t)g'_1(t) + g_1(t)f'_1(t) + f_2(t)g'_2(t) + g_2(t)f'_2(t) \\
&= [f_1(t)g'_1(t) + f_2(t)g'_2(t)] + [g_1(t)f'_1(t) + g_2(t)f'_2(t)] \\
&= \mathbf{F}(t)\cdot\mathbf{G}'(t) + \mathbf{G}(t)\cdot\mathbf{F}'(t)
\end{aligned}$$

□

벡터값 함수의 도함수는 각각의 성분들을 미분하여 구했으므로, 적분도 각각의 성분들에 대해서 정의하는 것이 자연스럽다. 즉, $\mathbf{F}(t) = f(t)\mathbf{i} + g(t)\mathbf{j}$에 대해서,

$$\int \mathbf{F}(t)dt = \left[\int f(t)dt\right]\mathbf{i} + \left[\int g(t)dt\right]\mathbf{j}$$

$$\int_a^b \mathbf{F}(t)dt = \left[\int_a^b f(t)dt\right]\mathbf{i} + \left[\int_a^b g(t)dt\right]\mathbf{j}$$

[예제 9.11] $\mathbf{F}(t) = t^2\mathbf{i} + e^{-t}\mathbf{j}$이다. 다음을 구하여라.

(a) $D_t[t^3\mathbf{F}(t)]$ (b) $\int_0^1 \mathbf{F}(t)dt$.

풀이 (a) $D_t[t^3\mathbf{F}(t)] = t^3(2t\mathbf{i} - e^{-t}\mathbf{j}) + 3t^2(t^2\mathbf{i} + e^{-t}\mathbf{j})$

$= 5t^4\mathbf{i} + (3t^2 - t^3)e^{-t}\mathbf{j}$

(b) $\int_0^1 \mathbf{F}(t)dt = \left(\int_0^1 t^2 dt\right)\mathbf{I} + \left(\int_0^1 e^{-t}dt\right)\mathbf{i}$

$= \frac{1}{3}\mathbf{i} + (1 - e^{-1})\mathbf{j}$

■

곡선운동

벡터값 함수들에 대해서 개발한 이론을 사용하여, 평면에서 점의 움직임을 살펴보도록 하자. 시간 변수를 t라 하고, 움직이는 점 P의 좌표가 매개변수 방정식 $x=f(t)$, $y=g(t)$로 주어진다고 하자. 그러면 벡터

$$\mathbf{r}(t)=f(t)\mathbf{i}+g(t)\mathbf{j}$$

가 원점에서부터 뻗어나온다고 가정하고, 이것을 그 점의 **위치 벡터**(position vector)라고 부른다. t가 변화함에 따라서, $\mathbf{r}(t)$의 머리(끝점)는 움직이는 점 P의 궤적을 그리게 된다. (그림 9.10)

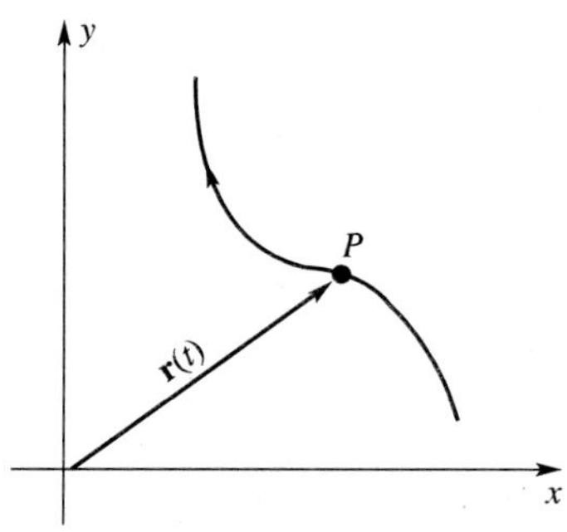

그림 9.10

이것은 곡선이며, 그에 대응하는 움직임을 **곡선운동**(curvilinear motion)이라고 부른다.

직선운동(직선을 따른 운동)의 경우와 유사하게, 움직이는 점 P의 **속도**(velocity) $\mathbf{v}(t)$와 **가속도**(acceleration) $\mathbf{a}(t)$를 다음과 같이 정의한다.

$$\mathbf{v}(t)=\mathbf{r}'(t)=f'(t)\mathbf{i}+g'(t)\mathbf{j}$$
$$\mathbf{a}(t)=\mathbf{r}''(t)=f''(t)\mathbf{i}+g''(t)\mathbf{j}$$

그런데

$$\mathbf{v}(t)=\lim_{h\to 0}\frac{\mathbf{r}(t+h)-\mathbf{r}(t)}{h}$$

이니, $\mathbf{v}(t)$의 방향은 접선의 방향임이 명백하다(그림 9.11로부터). 속도 벡터의 크기 $|\mathbf{v}(t)|$를 움직이는 점 P의 **속력**(speed)이라고 부른다. 가속도 벡터 $\mathbf{a}(t)$는 곡선의 **오목한**(concave) 쪽을 향한다(즉, 곡선이 굽어가는 안쪽).

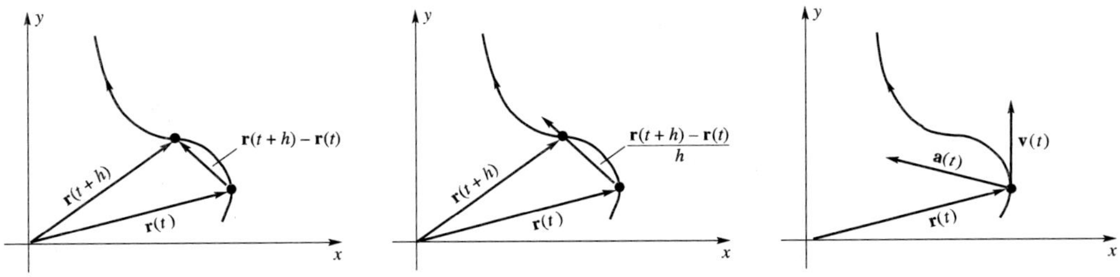

그림 9.11

[예제 9.12] 등속 원운동 중점이 (0, 0), 반지름이 r인 원을 따라서 한 점 P가 움직이는데, 그 각속도는 초속 ω 라디안으로 일정하다고 하자. 처음 위치가 $(r, 0)$이라 하고, 그 가속도를 구하여라.

풀이 시간 t일 때의 위치 벡터는

$$\mathbf{r}(t) = r\cos\omega t\mathbf{i} + r\sin\omega t\mathbf{j}$$

이므로

$$\mathbf{v}(t) = -r\omega\sin\omega t\mathbf{i} + r\omega\cos\omega t\mathbf{j}$$

$$\mathbf{a}(t) = -r\omega^2\cos\omega t\mathbf{i} - r\omega^2\sin\omega t\mathbf{j}$$

그러니

$$\mathbf{a}(t) = -\omega^2\mathbf{r}(t)$$

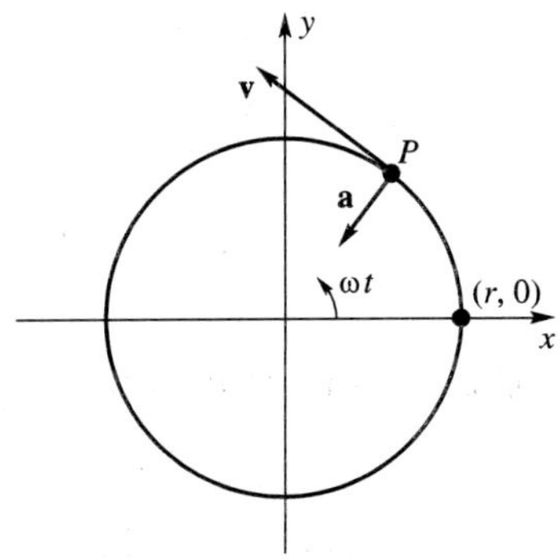

그림 9.12

임을 주목하여라. 즉, 벡터 **a**가 P에서 뻗어 나온다고 생각하면, **a**는 원점을 향하며, **v**와 수직이다. (그림 9.12) ■

[예제 9.13] 평면에서 움직이는 점 P의 매개변수 방정식이 $x = 3\cos t$, $y = 2\sin t$이다. 여기서 t는 시간을 나타낸다.

(a) P의 자취를 그려라.

(b) 속도 $\mathbf{v}(t)$, 속력 $|\mathbf{v}(t)|$, 가속도 $\mathbf{a}(t)$의 식을 구하여라.

(c) 최고 속력과 최저 속력을 구하여라. 속력이 그렇게 되는 지점을 구하여라.

(d) P에서 뻗어나오는 가속도 벡터는 항상 원점을 향함을 밝혀라.

풀이 (a) $x^2/9 + y^2/4 = 1$이니, 그 궤적은 그림 9.13에 나오는 타원이다.

(b) 위치 벡터는 다음과 같다.

$$\mathbf{r}(t) = 3\cos t\mathbf{i} + 2\sin t\mathbf{j}$$

그러므로

$$\mathbf{v}(t) = -3\sin t\mathbf{i} + 2\cos t\mathbf{j}$$
$$|\mathbf{v}(t)| = \sqrt{9\sin^2 t + 4\cos^2 t}$$
$$= \sqrt{5\sin^2 t + 4}$$
$$\mathbf{a}(t) = -3\cos t\mathbf{i} - 2\sin t\mathbf{j}$$

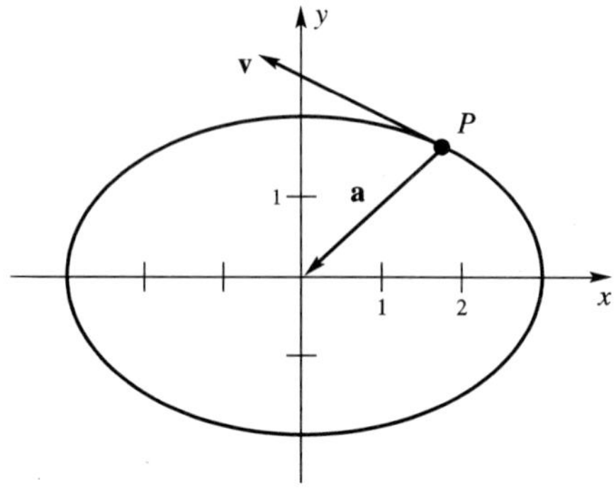

$\mathbf{r}(t) = 3\cos t\,\mathbf{i} + 2\sin t\,\mathbf{j}$

그림 9.13

(c) 속력은 $\sqrt{5\sin^2 t + 4}$ 이므로, $\sin t = \pm 1$일 때 최고 속력 3이 된다. 즉, $t = \pi/2$또는 $3\pi/2$일 때. 이것은 타원상의 점 $(0, \pm 2)$에 대응한다. 그리고 $\sin t = 0$일 때 최저 속력 2가 되며, 이것은 점 $(\pm 3, 0)$에 대응한다.

(d) $\mathbf{a}(t) = -\mathbf{r}(t)$임을 주목하여라. 그러므로 $\mathbf{a}(t)$의 시작점이 P라면, 이 벡터는 원점을 향하고, 꼭 원점에서 끝나게 된다. 따라서 $|\mathbf{a}(t)|$는 $(\pm 3, 0)$에서가장 크고, $(0, \pm 2)$에서 가장 작다. ■

[예제 9.14] 어떤 물체를 원점에서 쏘았는데, 양의 x축으로부터 각 θ가 되도록 쏘았으며, 초기 속력은 초속 v_0 피트이다. (그림 9.14) 마찰은 무시하고, 속도 $\mathbf{v}(t)$와 위치 $\mathbf{r}(t)$를 구하여라. 그 궤적은 포물선임을 밝혀라.

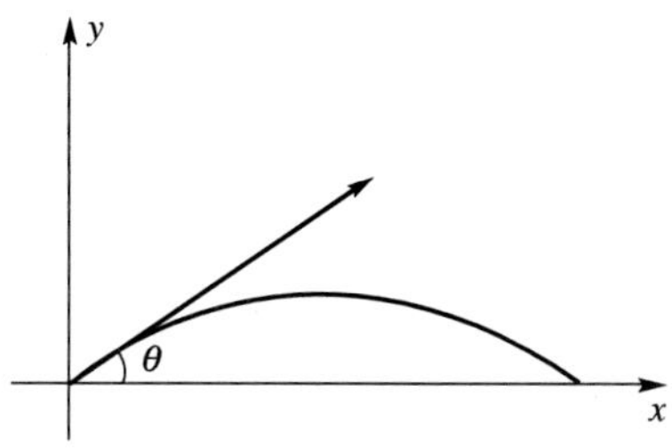

그림 9.14

풀이 중력에 의한 가속도는 $\mathbf{a}(t) = -32ft/\sec^2$이다. 초기 조건은 $\mathbf{r}(0) = \mathbf{0}$, 그리고 $\mathbf{v}(0) = v_0\cos\theta\mathbf{i} + v_0\sin\theta\mathbf{j}$. $\mathbf{a}(t) = -32\mathbf{j}$를 가지고, 두 번 적분을 하자.

$$\mathbf{v}(t) = \int \mathbf{a}(t)dt = \int -32dt\mathbf{j} = -32t\mathbf{j} + \mathbf{C}$$

초기 조건 $\mathbf{v}(0) = v_0\cos\theta\mathbf{i} + v_0\sin\theta\mathbf{j}$ 덕분에 $\mathbf{C}$를 계산할 수 있다. 그러면 $\mathbf{C}=$

$v_0 \cos\theta\mathbf{i}+v_0 \sin\theta\mathbf{j}$. 따라서

$$\mathbf{v}(t)=(v_0 \cos\theta)\mathbf{i}+(v_0 \sin\theta-32t)\mathbf{j}$$

그리고

$$\mathbf{r}(t)=\int \mathbf{v}(t)dt=(tv_0 \cos\theta)\mathbf{i}+(tv_0 \sin\theta-16t^2)\mathbf{j}+\mathbf{K}$$

초기 조건 $\mathbf{r}(0)=\mathbf{0}$에 따라서 $\mathbf{K}=\mathbf{0}$. 그러므로

$$\mathbf{r}(t)=(tv_0 \cos\theta)\mathbf{i}+(tv_0 \sin\theta-16t^2)\mathbf{j}$$

궤적의 방정식을 구하려면, 다음 방정식

$$x=(tv_0 \cos\theta), \qquad y=(tv_0 \sin\theta)-16t^2$$

에서 매개변수 t를 없애야 한다. 구체적으로 말하면, 처음 방정식을 t에 대해서 풀고, 그것을 두 번째 방정식에다 넣자. 그러면 다음을 얻는다.

$$y=(\tan\theta)x-\left(\frac{4}{v_0 \cos\theta}\right)^2 x^2$$

이것은 포물선의 방정식이다. ■

연습문제 (9-2)

1. 다음 벡터값 함수의 정의역을 구하여라.

   (a) $\mathbf{r}(t)=\ln(t-1)\mathbf{i}+\sqrt{20-t}\,\mathbf{j}$ (b) $\mathbf{r}(t)=\ln(t^{-1})\mathbf{i}+\tan^{-1}t\mathbf{j}$

2. 함수 $r(t)=\dfrac{2}{t-4}i+\sqrt{3+t}\,\mathbf{j}$와 $r(t)=t^2i-\sqrt{20-t}\,\mathbf{j}$가 연속이 되는 t값들을 구하여라.

3. 문제 1의 각각의 함수가 연속이 되는 t값들을 구하여라.

4. 다음 각각의 경우 $D_t\mathbf{r}(t)$와 $D_t^2\mathbf{r}(t)$를 구하여라.

   (a) $\mathbf{r}(t)=(3t+4)^3\mathbf{i}+e^{t^2}\mathbf{j}$ (b) $\mathbf{r}(t)=\sin^2 t\mathbf{i}+\cos 3^t\mathbf{j}$

5. 다음 각각의 경우 $r'(t)$와 $r''(t)$를 구하여라.

(a) $\mathbf{r}(t)=(e+e^{-t^2})\mathbf{i}+2^t\mathbf{j}$ (b) $\mathbf{r}(t)=\tan 2t\mathbf{i}+\arctan t\mathbf{j}$

※ 다음 적분을 구하여라.

6. $\int_0^1 (e^t\mathbf{i}+e^{-t}\mathbf{j})dt$ 7. $\int_{-1}^1 [(1+t)^{3/2}\mathbf{i}+(1-t)^{3/2}\mathbf{j}]dt$

※ 주어진 정보를 사용하여 속도 벡터 $\mathbf{v}(t)$와 위치 벡터 $\mathbf{r}(t)$를 구하여라.

8. $\mathbf{a}(t)=-32\mathbf{j},\ \mathbf{v}(0)=\mathbf{0},\ \mathbf{r}(0)=\mathbf{0}$

9. $\mathbf{a}(t)=t\mathbf{j},\ \mathbf{v}(0)=\mathbf{i}+2\mathbf{j},\ \mathbf{r}(0)=\mathbf{0}$

10. $\mathbf{a}(t)=\mathbf{i}+e^{-t}\mathbf{j},\ \mathbf{v}(0)=2\mathbf{i}+\mathbf{j},\ \mathbf{r}(0)=\mathbf{i}+\mathbf{j}$

11. $\mathbf{a}(t)=-\cos t\mathbf{j}+\sin t\mathbf{j},\ \mathbf{v}(0)=\mathbf{i},\ \mathbf{r}(0)=\mathbf{i}+3\mathbf{j}$

9.3 평면곡선의 곡률과 가속도

곡률(curvature)이라 부르는 수를 도입하려 하는데, 이것은 곡선이 얼마나 급하게 굽는지를 잰다. 직선은 곡률이 0이어야 하며, 급하게 굽어지는 곡선은 곡률이 커야 한다. (그림 9.15) 적당한 정의에 도달하기 위해서, 기존의 몇 가지 아이디어를 복습하고, 새로운 몇 가지 아이디어를 도입하겠다.

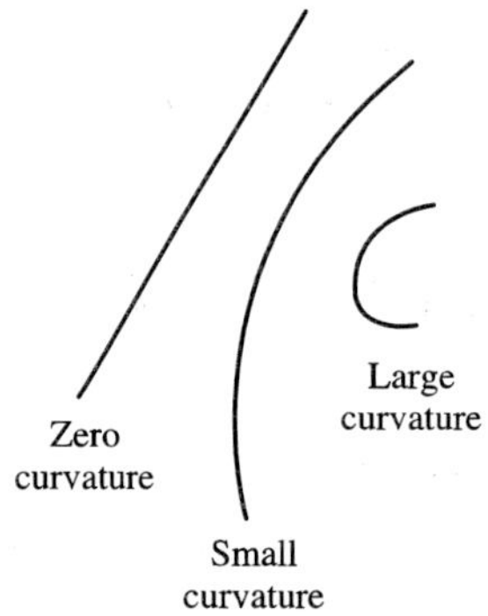

그림 9.15

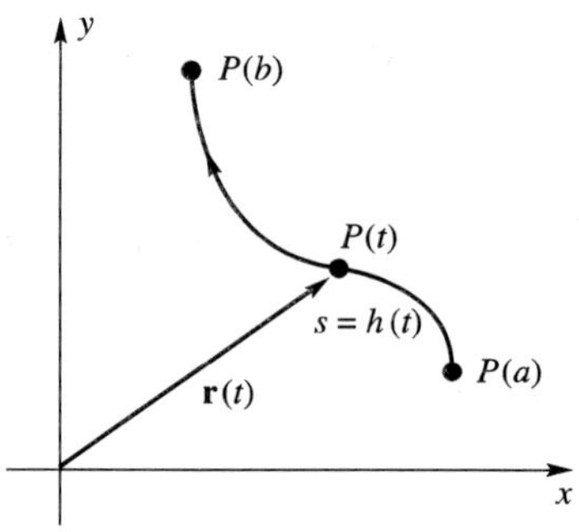

그림 9.16

$a \le t \le b$에 대해서, 평면에 있는 점 $P = P(t)$의 위치 벡터가 $\mathbf{r}(t) = f(t)\mathbf{i} + g(t)\mathbf{j} = \langle f(t), g(t) \rangle$라 하자. 구간 (a, b)에서 $\mathbf{r}'(t)$가 존재하고, 연속이며, $\mathbf{r}'(t) \neq \mathbf{0}$이라고 가정하겠다. 그러면 t가 증가함에 따라서, P는 매끄러운 곡선을 그리게 되며(그림 9.16), $P(a)$에서 $P(t)$까지 자취의 길이 $s = h(t)$는 다음 식으로 주어진다.

$$s = h(t) = \int_a^t \sqrt{[f'(u)]^2 + [g'(u)]^2}\, du = \int_a^t |\mathbf{r}'(u)|\, du$$

움직이는 점의 속력은

$$\frac{ds}{dt} = |\mathbf{r}'(t)| = |\mathbf{v}(t)|$$

그런데 $\mathbf{r}'(t) \neq \mathbf{0}$이니, $|\mathbf{v}(t)| > 0$이며, 따라서 t가 증가할 때 s는 증가한다. 역함수 정리에 따라서, $s = h(t)$는 역함수 $t = h^{-1}(s)$를 가지며,

$$\frac{dt}{ds} = \frac{1}{ds/dt} = \frac{1}{|\mathbf{v}(t)|}$$

$P(t)$에서의 **단위 접선벡터**(unit tangent vector) $\mathbf{T}(t)$를 다음과 같이 정의하자.

$$\mathbf{T}(t) = \frac{\mathbf{r}'(t)}{|\mathbf{r}'(t)|} = \frac{\mathbf{v}(t)}{|\mathbf{v}(t)|}$$

$P(t)$가 곡선을 따라서 움직일 때, 단위 벡터 $\mathbf{T}(t)$는 그 방향을 바꾼다. (그림 9.17)

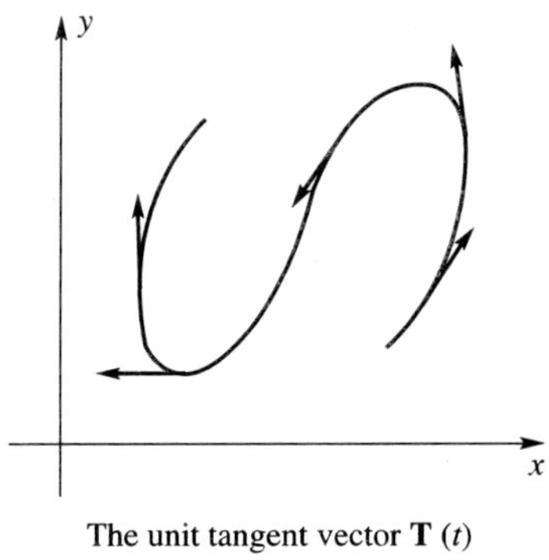

The unit tangent vector **T** (t)

그림 9.17

호의 길이 s에 대한 $\mathbf{T}$의 변화 비율, 즉, $d\mathbf{T}/ds$를 P에서의 **곡률 벡터**(curva-ture vector)라고 부른다. 마지막으로, P에서의 **곡률**(curvature) κ(카파)는 $d\mathbf{T}/ds$의 크기라

고 정의한다. 즉, $\kappa = |d\mathbf{T}/ds|$. 이제 연쇄법칙에 따라서,

$$\frac{d\mathbf{T}}{ds} = \frac{d\mathbf{T}}{dt}\frac{dt}{ds} = \frac{\mathbf{T}'(t)}{|\mathbf{v}(t)|}$$

그러므로

$$k = \left|\frac{d\mathbf{T}}{ds}\right| = \frac{|\mathbf{T}'(t)|}{|\mathbf{v}(t)|} = \frac{|\mathbf{T}'(t)|}{|\mathbf{r}'(t)|}$$

중요한 예제들

위에서 정의한 곡률을 이해하기 위해서 예제를 통하여 살펴보도록 하자.

[예제 9.15] 직선의 곡률은 항상 0 임을 밝혀라.

풀이 직선상의 임의의 점에서 단위접선벡터 $\mathbf{T}$가 상수 벡터(일정한 벡터)라는 사실로부터 곡률이 항상 0임을 알 수 있다. 그렇지만 벡터 방법을 예시하기 위해서, 대수학적으로 증명해 보도록 하자. 직선의 고정된 두 점을 P, Q라 하자. 그리고 $\mathbf{a}=\overrightarrow{OP}$, $\mathbf{b}=\overrightarrow{PQ}$라 하자. 그러면 직선의 방정식은 벡터 형태로 다음과 같다. (그림 9.18)

$$\mathbf{r} = \mathbf{r}(t) = \mathbf{a} + t\mathbf{b}$$

그러므로

$$\mathbf{v}(t) = \mathbf{r}'(t) = \mathbf{b}$$

$$\mathbf{T}(t) = \frac{\mathbf{b}}{|\mathbf{b}|}$$

$$\kappa = \frac{|\mathbf{T}'(t)|}{|\mathbf{v}(t)|} = \frac{0}{|\mathbf{b}|} = 0$$ ■

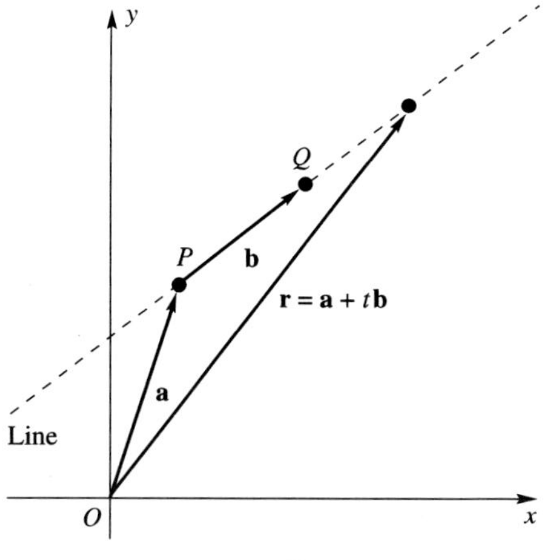

그림 9.18

[예제 9.16] 반지름이 a인 원의 모든 점에서의 곡률은 $\kappa = 1/a$임을 밝혀라. (그림 9.19)

풀이 이 원은 원점을 중점으로 가진다고 가정해도 된다. 그러면 이 원의 벡터 방정식

은 다음과 같다.

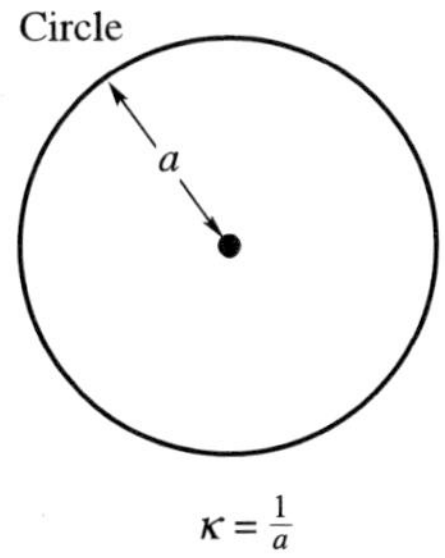

그림 9.19

$$\mathbf{r}(t) = a \cos t\mathbf{i} + a \sin t\mathbf{j}$$

그러므로

$$\mathbf{v}(t) = \mathbf{r}'(t) = -a \sin t\mathbf{i} + a \cos t\mathbf{j}$$

$$|\mathbf{v}(t)| = [a^2\sin^2 t + a^2\cos^2 t]^{1/2} = a$$

$$\mathbf{T}(t) = \frac{\mathbf{v}(t)}{|\mathbf{v}(t)|} = \frac{\mathbf{v}(t)}{a} = -\sin t\mathbf{i} + \cos t\mathbf{j}$$

$$\kappa = \frac{|\mathbf{T}'(t)|}{|\mathbf{v}(t)|} = \frac{|-\cos t\mathbf{i} - \sin t\mathbf{j}|}{a} = \frac{1}{a}$$

곡률 κ는 반지름의 역수이니, 원이 크면 클수록, 그 곡률은 더 작다. ■

원의 예를 통해서, 몇 가지 새로운 개념을 얻을 수 있다. 곡선의 한 점을 P라 하고, 그 점에서 $\kappa \neq 0$이라 하자. 점 P에서 그 곡선에 접하고, 거기에서 곡률이 같은 원을 고려하자. 그 중심은 곡선의 오목한 쪽에 놓일 것이다. 이 원을 **곡률원**(circle of curvature) 또는 **접촉원**(osculating circle)이라 부르며, 그 반지름 $R = 1/\kappa$은 **곡률 반지름**(radius of curvature), 그 중심은 **곡률 중심**(center of curvature)이라 한다. 그림 9.20에 이 개념들을 나타내 놓았다.

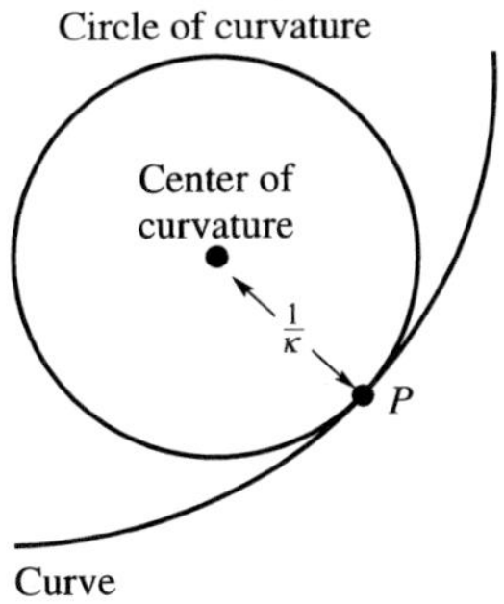

그림 9.20

[예제 9.17] 하이포사이클로이드

$$\mathbf{r} = 8 \cos^3 t\mathbf{i} + 8 \sin^3 t\mathbf{j}$$

에서 $t = \pi/12$인 점 P, $t = 3\pi/4$인 점 Q에서의 곡률과 곡률 반지름을 각각 구하여라. 이 하이포사이클로이드의 그래프를 그리고, P, Q에서의 곡률원들을 그려라.

풀이 $0<t<\pi$, $t\neq\pi/2$에 대해서,

$$\mathbf{v}(t)=\mathbf{r}'(t)=-24\cos t\sin t\mathbf{i}+24\sin^2 t\cos t\mathbf{j}$$

$$|\mathbf{v}(t)|=24|\sin t\cos t|$$

$$\mathbf{T}(t)=-\frac{\sin t\cos^2 t}{|\sin t\cos t|}\mathbf{i}+\frac{\sin^2 t\cos t}{|\sin t\cos t|}\mathbf{j}$$

$$=\begin{cases}-\cos t\mathbf{i}+\sin t\mathbf{j} & 0<t<\dfrac{\pi}{2}\\ \cos t\mathbf{i}-\sin t\mathbf{j} & \dfrac{\pi}{2}<t<\pi\end{cases}$$

$$\mathbf{T}'(t)=\begin{cases}-\cos t\mathbf{i}+\sin t\mathbf{j} & 0<t<\dfrac{\pi}{2}\\ \cos t\mathbf{i}-\sin t\mathbf{j} & \dfrac{\pi}{2}<t<\pi\end{cases}$$

$$\kappa(t)=\frac{|\mathbf{T}'(t)|}{|\mathbf{v}(t)|}=\frac{1}{24|\sin t\cos t|}=\frac{1}{24|\sin 2t|}$$

그러므로 P에서는

$$\kappa\left(\frac{\pi}{12}\right)=\frac{1}{12\sin\left(2\cdot\frac{\pi}{12}\right)}=\frac{1}{6}\text{ 그리고 }R\left(\frac{\pi}{12}\right)=6$$

그리고 Q에서는

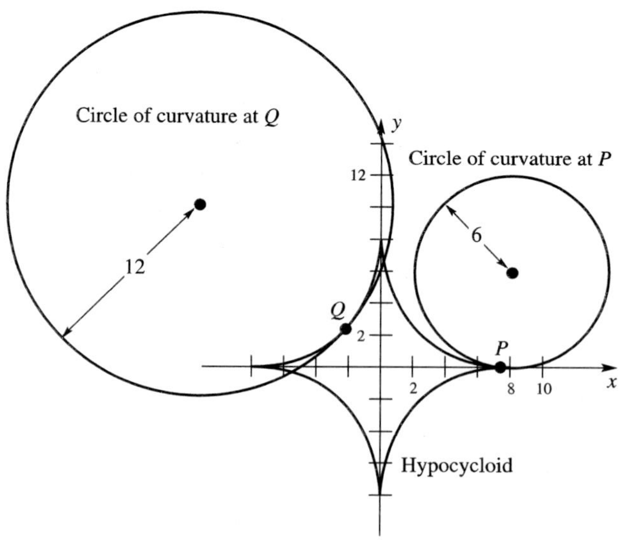

그림 9.21

$$\kappa\left(\frac{3\pi}{4}\right) = \frac{1}{12\left|\sin\left(2\cdot\frac{3\pi}{4}\right)\right|} = \frac{1}{12} \text{ 그리고 } R\left(\frac{3\pi}{4}\right) = 12$$

하이포사이클로이드와 곡률원들을 그린 것이 그림 9.21이다.

P, Q의 좌표는 대략 (7.21, 0.14), (−2.83, 2.83)이다. ■

곡률의 다른 공식

반시계 방향으로 x축 양의 방향과 평행한 단위 벡터 $\mathbf{i}$에서 $\mathbf{T}$로 잰 각을 ϕ 라 하자. (그림 9.22)

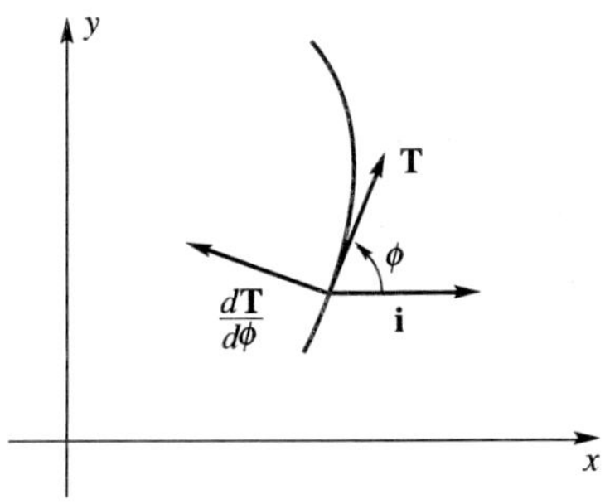

그림 9.22

그러면 $\mathbf{T} = \cos\phi\mathbf{i} + \sin\phi\mathbf{j}$. 따라서

$$\frac{d\mathbf{T}}{d\phi} = -\sin\phi\mathbf{i} + \cos\phi\mathbf{j}$$

그러므로 $d\mathbf{T}/d\phi$는 단위 벡터(길이가 1인 벡터)이고, $\mathbf{T}\cdot d\mathbf{T}/d\phi = 0$. 그리고

$$\kappa = \left|\frac{d\mathbf{T}}{ds}\right| = \left|\frac{d\mathbf{T}}{d\phi}\frac{d\phi}{ds}\right| = \left|\frac{d\mathbf{T}}{d\phi}\right|\left|\frac{d\phi}{ds}\right|$$

이다. 따라서

$$\kappa = \left|\frac{d\phi}{ds}\right|$$

곡률 κ의 이 공식은, 곡률에 대한 직관적인 이해(곡선의 길이 s에 대한 ϕ의 변화를 측정하는 것)를 뒷받침하며, 다음 중요한 정리를 비교적 쉽게 증명할 수 있게 해 준다.

정리 9.5 벡터 방정식 $\mathbf{r}(t)=f(t)\mathbf{i}+g(t)\mathbf{j}$로 주어진 곡선을 고려하자. 즉, 매개변수 방정식 $x=f(t)$, $y=g(t)$로 주어진 곡선을 고려하자. 그러면

$$\kappa=\frac{|x'y''-y'x''|}{[(x')^2+(y')^2]^{3/2}}$$

특히, 만약 곡선이 $y=g(x)$의 그래프이면,

$$\kappa=\frac{|y''|}{[1+(y')^2]^{3/2}}$$

첫째 공식에 있는 프라임들은 t에 대한 미분을 나타내고, 둘째 공식에서는 x에 대한 미분을 나타낸다.

증명 공식 $\kappa=|\mathbf{T}'(t)|/|\mathbf{r}'(t)|$로부터 κ를 계산할 수도 있는데, 이것은 미분과 대수적 연산을 다루는 좋은 훈련이지만, 한편 복잡하고 어렵다. 지금 여기서는, 위에서 이끌어 낸 공식 $\kappa=|d\phi/ds|$를 사용하겠다. 그림 9.22으로부터 다음을 알 수 있다.

$$\tan\phi=\frac{dy}{dx}=\frac{dy/dt}{dx/dt}=\frac{y'}{x'}$$

이 방정식의 양변을 t에 관해서 미분하면,

$$\sec^2\phi\,\frac{d\phi}{dt}=\frac{x'y''-y'x''}{(x')^2}$$

그러므로

$$\frac{d\phi}{dt}=\frac{x'y''-y'x''}{(x')^2\sec^2\phi}=\frac{x'y''-y'x''}{(x')^2(1+\tan^2\phi)}$$
$$=\frac{x'y''-y'x''}{(x')^2(1+(y')^2/(x')^2)}=\frac{x'y''-y'x''}{(x')^2+(y')^2}$$

그런데

$$\kappa=\left|\frac{d\phi}{ds}\right|=\left|\frac{d\phi}{dt}\,\frac{dt}{ds}\right|=\left|\frac{d\phi/dtt}{ds/dt}\right|=\frac{|d\phi/dt|}{[(x')^2+(y')^2]^{1/2}}$$

이 두 결과들을 결합하면, 다음을 얻게 된다.

$$\kappa=\frac{|x'y''-y'x''|}{[(x')^2+(y')^2]^{3/2}}$$

이것이 바로 이 정리의 첫째 명제(공식)이다.

이 정리의 둘째 명제를 얻으려면, $y=g(x)$를 이에 대응하는 매개변수 방정식을 $x=t$, $y=g(t)$라 간주하면 된다. 그 결과 $x'=1$, $x''=0$. 그러면 이 결론이 나온다. □

[예제 9.18] 다음 방정식은 타원을 나타낸다.

$$x=3\cos t, \qquad y=2\sin t$$

$t=0$과 $t=\pi/2$에 대응하는 점들, 즉, $(3,\ 0)$과 $(0,\ 2)$에서의 곡률을 구하여라. 또한 타원을 그리고, 대응하는 곡률원들을 그려라.

풀이 주어진 방정식을 미분하면,

$$x'=-3\sin t, \qquad y'=2\cos t$$
$$x''=-3\cos t, \qquad y''=-2\sin t$$

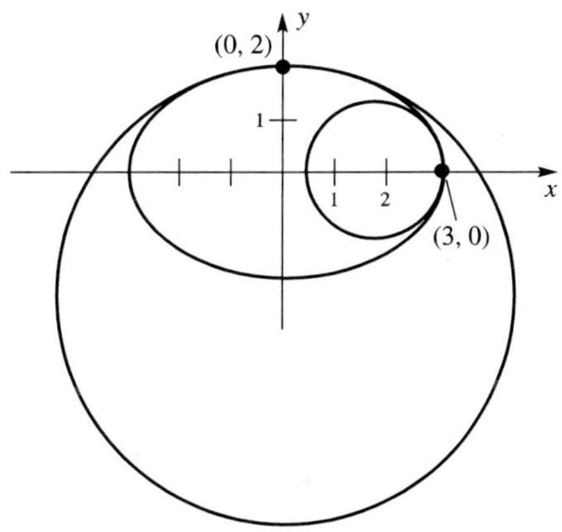

그림 9.23

그러므로

$$\begin{aligned}\kappa=\kappa(t)&=\frac{|x'y''-y'x''|}{[(x')^2+(y')^2]^{3/2}}\\&=\frac{6\sin^2 t+6\cos^2 t}{[9\sin^2 t+4\cos^2 t]^{3/2}}\\&=\frac{6}{[5\sin^2+4]^{3/2}}\end{aligned}$$

따라서

$$\kappa(0)=\frac{6}{4^{3/2}}=\frac{3}{4}$$
$$\kappa\left(\frac{\pi}{2}\right)=\frac{6}{9^{3/2}}=\frac{2}{9}$$

$\kappa(0)$은 $\kappa(\pi/2)$보다 더 큰데, 당연히 그래야 한다. 그림 9.23은 $(3,\ 0)$에서 반지름이 $\frac{4}{3}$인 곡률원과, $(0,\ 2)$에서 반지름이 $\frac{9}{2}$인 곡률원을 보여주고 있다. ■

[예제 9.19] 곡선 $y=\ln|\cos x|$의 $x=\pi/3$에서의 곡률을 구하여라.

풀이 정리 9.5의 두 번째 공식을 사용하자. 여기서 프라임들은 x에 대한 미분을 나타낸다. $y'=\tan x$이고 $y''=\sec^2 x$이니,

$$\kappa = \frac{\sec^2 x}{(1+\tan^2 x)^{3/2}} = \frac{\sec^2 x}{(\sec^2 x)^{3/2}} = |\cos x|$$

그러므로 $x=\pi/3$에서, $\kappa = \frac{1}{2}$. ■

가속도의 법선 성분과 접선 성분

매끄러운 곡선의 한 점을 $P=P(t)$라 하자. P에서의 **단위 법벡터**(unit normal vector, 단위 법선 벡터)라 부르는 새로운 벡터 $\mathbf{N}=\mathbf{N}(t)$를 다음과 같이 정의하자.

$$\mathbf{N} = \frac{d\mathbf{T}/ds}{|d\mathbf{T}/ds|} = \frac{1}{\kappa}\frac{d\mathbf{T}}{ds}$$

그래서

$$\frac{d\mathbf{T}}{ds} = \kappa\mathbf{N}$$

여기서 $\mathbf{T}=\cos\phi\mathbf{i}+\sin\phi\mathbf{j}$이다. 그러면 다음과 같이 된다.

$$\frac{d\mathbf{T}}{ds} = \frac{d\mathbf{T}}{d\phi}\frac{d\phi}{ds} = (-\sin\phi\mathbf{i}+\cos\phi\mathbf{j})\frac{d\phi}{ds}$$

그러므로 $\mathbf{T}\cdot\mathbf{N}=0$이 된다. 따라서 $\mathbf{N}$은 단위 벡터로서, $\mathbf{T}$와 수직이며, 곡선의 오목한 쪽을 가리킨다.

$\mathbf{T}$와 $\mathbf{N}$을 사용하여, 가속도 벡터 $\mathbf{a}$를 나타내고자 한다. 즉, 가속도 $\mathbf{a}$를 곡선의 접선 방향 성분과 법선(수직) 방향 성분으로 분해하고자 한다. 속도 벡터 $\mathbf{v}$는 다음을 만족한다.

$$\mathbf{v} = |\mathbf{v}|\mathbf{T} = \frac{ds}{dt}\mathbf{T}$$

이것을 미분하면,

$$\mathbf{a} = \frac{d\mathbf{v}}{dt} = \frac{d^2s}{dt^2}\mathbf{T} + \frac{ds}{dt}\frac{d\mathbf{T}}{dt} = \frac{d^2s}{dt^2}\mathbf{T} + \frac{ds}{dt}\frac{d\mathbf{T}}{ds}\frac{ds}{dt}$$

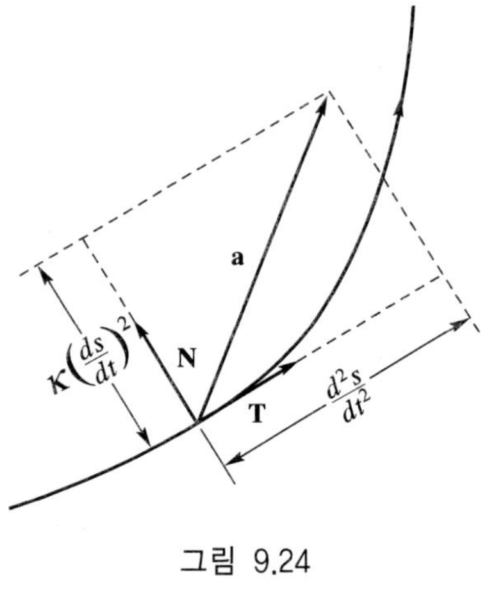

그림 9.24

그러므로

$$\mathbf{a}=\frac{d^2s}{dt^2}\mathbf{T}+\left(\frac{ds}{dt}\right)^2\kappa\mathbf{N}$$

이 결과를 나타낸 것이 그림 9.24이다.

이 결과의 의미를 알기 위해서, 쭉 곧은 길을 따라서 가속 페달을 밟으며 자동차를 운전하다가, 굽은 길로 들어서게 되는 운전자에 대해서 생각해 보자. 뉴턴의 운동 법칙 2에 따르면, 힘은 질량 곱하기가속도이다. 즉, 질량 m인 자동차가 받는 힘은

$$\mathbf{F}=m\mathbf{a}=m\frac{d^2s}{dt^2}\mathbf{T}+m\kappa\left(\frac{ds}{dt}\right)^2\mathbf{N}$$

질량 m_0인 운전자도 힘을 받는다. 쭉 곧은 길에서는 $\kappa=0$이니, 운전석이 자신의 몸을 크기 m_0d^2s/dt^2의 힘으로 미는 것만을 느낀다. 이 힘은 자동차의 가속에 따른 것이다. 굽은 길로 들어서면, 그에 덧붙여서 크기 $m_0\kappa(ds/dt)^2$의 힘으로 곡선의 안쪽으로 미는 힘을 느끼게 된다. 이렇게 미는 힘은 곡률에 비례하고 속력의 제곱에 비례함을 주목하기 바란다. 길이 더 심하게 굽을수록, 속력이 빠르면 빠를수록, 미는 힘이 더 커진다.

[예제 9.20] 어떤 입자가 움직이는데, 그 위치 벡터는 $\mathbf{r}(t)=t^2\mathbf{i}+\frac{1}{3}t^3\mathbf{j},\ t\geq 0$이다. $\mathbf{T}$와 $\mathbf{N}$을 사용하여 $\mathbf{a}(t)$를 나타내고, $t=2$인 순간 이것을 계산하여라.

풀이

$$\mathbf{v}(t)=2t\mathbf{i}+t^2\mathbf{j}$$

$$\frac{ds}{dt}=|\mathbf{v}(t)|=\sqrt{4t^2+t^4}=t\sqrt{4+t^2}$$

$$\frac{d^2s}{dt^2}=\frac{4+2t^2}{\sqrt{4+t^2}}$$

$$\kappa\left(\frac{ds}{dt}\right)^2=\frac{|x'y''-y'x''|}{[(x')^2+(y')^2]^{3/2}}\left(\frac{ds}{dt}\right)^2=\frac{|x'y''-y'x''|}{ds/dt}$$

$$=\frac{|(2t)(2t)-(t^2)(2)|}{t\sqrt{t+t^2}}=\frac{2t^2}{t\sqrt{4+t^2}}=\frac{2t}{\sqrt{4+t^2}}$$

그러므로

$$\mathbf{a}(t)=\frac{d^2s}{dt^2}\mathbf{T}+\kappa\left(\frac{ds}{dt}\right)^2\mathbf{N}=\frac{4+2t^2}{\sqrt{4+t^2}}\mathbf{T}+\frac{2t}{\sqrt{4+t^2}}\mathbf{N}$$

따라서

$$\mathbf{a}(2) = \frac{12}{\sqrt{8}}\mathbf{T} + \frac{4}{\sqrt{8}}\mathbf{N} = 3\sqrt{2}\,\mathbf{T} + \sqrt{2}\,\mathbf{N}$$ ■

우리는 가속도 $\mathbf{a}$를

$$\mathbf{a} = a_T\mathbf{T} + a_N\mathbf{N}$$

형태로 표현하였으며, 여기서 접선 성분과 법선 성분은

$$a_T = \frac{d^2s}{dt^2} \text{ 그리고 } a_N = \kappa\left(\frac{ds}{dt}\right)^2$$

이다. a_N을 계산하려면, 먼저 κ를 계산해야 할 것 같다. 그렇지만 이것을 피할 수 있다. 왜냐 하면 $\mathbf{T}$와 $\mathbf{N}$이 서로 수직이어서, 다음이 성립하기 때문이다.

$$|\mathbf{a}|^2 = a_T^2 + a_N^2$$

[예제 9.21] 운동이 $\mathbf{r} = t^2\mathbf{i} + t^3\mathbf{j}$, $t \ge 0$로 주어졌다. κ를 구하지 말고, a_T와 a_N을 구하여라.

풀이 이 운동은 예제 9.19와 같다. 그러니 a_T는 거기에서 계산한 것을 따라서,

$$\mathbf{v} = 2t\mathbf{i} + t^2\mathbf{j}$$
$$\mathbf{a} = 2\mathbf{i} + t\mathbf{j}$$
$$\frac{ds}{dt} = |\mathbf{v}| = t\sqrt{4+t^2}$$
$$a_T = \frac{d^2s}{dt^2} = \frac{4+2t^2}{\sqrt{4+t^2}}$$

공식 $|\mathbf{a}|^2 = a_T^2 + a_N^2$에 따라서

$$a_N^2 = |\mathbf{a}|^2 - a_T^2 = 4 + 4t^2 - \frac{(4+2t^2)^2}{4+t^2} = \frac{4t^2}{4+t^2}$$
$$a_N = \frac{2t}{\sqrt{4+t^2}}$$ ■

연습문제 (9-3)

※ 문제 1~5는 $t=t_1$인 점에서 단위 접선 벡터 $\mathbf{T}(t)$와 곡률 $\kappa(t)$를 구하여라.

1. $\mathbf{r}(t)=3t\mathbf{i}+3t^2\mathbf{j};\ t_1=\dfrac{1}{3}$

2. $\mathbf{u}(t)=4t^2\mathbf{i}+4t\mathbf{j};\ t_1=\dfrac{1}{2}$

3. $\mathbf{z}(t)=3\cos t\mathbf{i}+4\sin t\mathbf{j};\ t_1=\dfrac{\pi}{4}$

4. $x(t)=1-t^2,\ y(t)=1-t^3;\ t_1=1$

5. $\mathbf{r}(t)=t\cos t\mathbf{i}+t\sin t\mathbf{j};\ t_1=1$

※ 다음 문제들에서 주어진 점에서의 곡률과 곡률 반지름을 구하여라.

6. $y=2x^2,\ (1,\ 2)$

7. $y^2=x-1,\ (1,\ 0)$

8. $y=\cos 2x,\ \left(\dfrac{1}{6}\pi,\ \dfrac{1}{2}\right)$

9. $y=\sqrt{x},\ (1,\ 1)$

※ 다음 곡선에서 곡률이 최대가 되는 점을 찾아라.

10. $y=\ln x$

11. $y=\sin x;\ -\pi\le x\le\pi$

12. $y=e^x$

※ 다음 문제들에서가속도의 접선 성분과 법선 성분(a_T와 a_N)을 구하여라. 그 다음에 $t=t_1$)에서 계산하여라.

13. $\mathbf{r}(t)=3t\mathbf{i}+3t^2\mathbf{j};\ t_1=\dfrac{1}{3}$

14. $\mathbf{r}(t)=(2t+1)\mathbf{i}+(t^2-2)\mathbf{j};\ t_1=1$

15. $\mathbf{r}(t)=a\cosh t\mathbf{i}+a\sinh t\mathbf{j};\ t_1=\ln 3$

16. $\mathbf{r}(t)=e^t\mathbf{i}+e^{-t}\mathbf{j};\ t_1=0$

17. $x(t)=e^t\sin t,\ y(t)=e^t\cos t;\ t_1=\dfrac{\pi}{3}$

9.4 공간곡선의 속도, 가속도, 곡률

평면에서의 곡선운동을 공부한 내용은 모두 삼차원 공간으로 자연스럽게 확장된다. 점 $P=P(t)$의 위치 벡터를

$$\mathbf{r}(t)=f(t)\mathbf{i}+g(t)\mathbf{j}+h(t)\mathbf{k},\quad a\le t\le b$$

라 하자. t가 증가할 때 이것은 곡선을 그리게 된다. (그림 9.25)

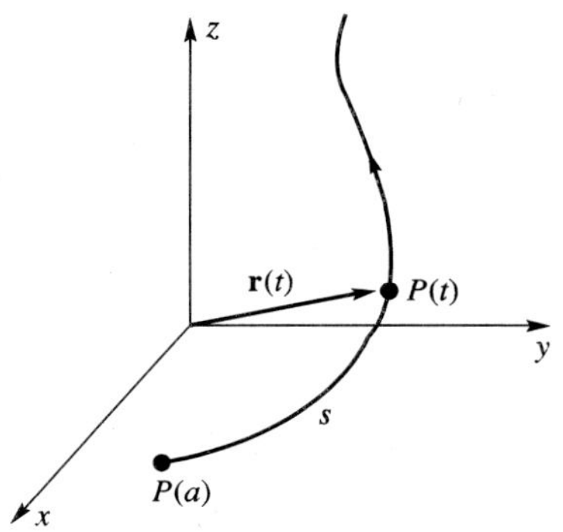

그림 9.25

$\mathbf{r}'(t)$가 존재하고, 연속이며, $\mathbf{r}'(t)\neq 0$이라고 가정하자. 이 경우 곡선이 매끄럽다(smooth)고 말한다. $P(a)$에서 $P(t)$까지의 호의 길이 s는

$$\begin{aligned}s&=\int_a^t|\mathbf{r}'(u)|\,du\\&=\int_a^t\sqrt{[f'(u)]^2+[g'(u)]^2+[h'(u)]^2}\,du\end{aligned}$$

로 주어진다. t가 시간이라면, 움직이는 점 P의 속도, 속력, 가속도를 다음과 같이 정의할 수 있다.

속도 : $\mathbf{v}(t)=\mathbf{r}'(t)$

속력 : $\dfrac{ds}{dt}=|\mathbf{r}'(t)|=|\mathbf{v}(t)|$

가속도 : $\mathbf{a}(t)=\mathbf{r}''(t)$

예: 원형 나선

시간 t에서의 점 P의 위치 벡터가

$$\mathbf{r}(t) = a\cos t\mathbf{i} + a\sin t\mathbf{j} + ct\mathbf{k}$$

라고 하자. 여기서 a와 c는 양수인 상수들이다. 그러면 매개변수 방정식이 $x = a\cos t$, $y = a\sin t$인 수직 원기둥에서, 점 P는 곡선을 그리며 도는데, 돌면서 점점 더 위로 올라간다. 왜냐 하면 t가 증가할 때 $z = ct$가 증가하기 때문이다. 이 곡선을 **원형 나선**(circular helix)이라 부르며, 그림 9.26에 일부분을 그려 놓았다.

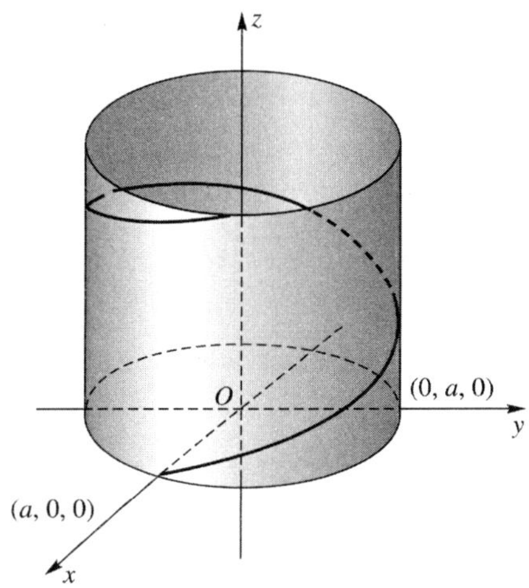

그림 9.26

[예제 4.3] $0 \le t \le 2\pi$에 대응하는 원형 나선의 호의 길이를 구하여라.

풀이

$$s = \int_0^{2\pi} \sqrt{(-a\sin t)^2 + (a\cos t)^2 + c^2}\,dt$$
$$= \int_0^{2\pi} \sqrt{a^2 + c^2}\,dt = 2\pi\sqrt{a^2 + c^2}$$

$c = 0$이면 이것은 당연히 $2\pi a$가 됨을 주목하기 바란다(반지름이 a인 원의 둘레 길이). ■

[예제 9.24] 위에서 설명한 운동 $\mathbf{r}(t) = a\cos t\mathbf{i} + a\sin t\mathbf{j} + ct\mathbf{k}$에 대해서, $t = 2\pi$에서의 가속도 $\mathbf{a}$를 계산하여라.

풀이

$$\mathbf{v}(t)=\mathbf{r}'(t)=-a\sin t\mathbf{i}+a\cos t\mathbf{j}+c\mathbf{k}$$
$$\mathbf{a}(t)=\mathbf{r}''(t)=-a\cos t\mathbf{i}-a\sin t\mathbf{j}$$
$$\mathbf{a}(2\pi)=-a\mathbf{i}$$

■

[예제 9.24] $t=0$에서 시작하여 꿀벌이 날아가는데, $t=4\pi$가 될 때까지 그 위치 벡터는 $\mathbf{r}=t\cos t\mathbf{i}+t\sin t\mathbf{j}+t\mathbf{k}$이고, 그 때부터 접선을 따라서 그 당시의 속력으로 날아간다. 구간 $0\le t\le 4\pi+3$에서 꿀벌이 날아간 총 거리는?

풀이 원형 나선을 따라서 움직인 거리를 L_1, 직선을 따라서 움직인 거리를 L_2라 하자. 원형 나선 부분에서는

$$\mathbf{r}'(t)=(\cos t-t\sin t)+(\sin t+t\cos t)\mathbf{j}+\mathbf{k}$$

그리고

$$|\mathbf{r}'(t)|=[(\cos t-t\sin t)+(\sin t+t\cos t)^2+1]^{1/2}=\sqrt{s+t^2}$$
$$L_1=\int_0^{4\pi}\sqrt{2+t^2}\,dt$$
$$=\left[\frac{t}{2}\sqrt{2+t^2}+\ln|t+\sqrt{2+t^2}\,|\right]_0^{4\pi}\approx 82.336$$

그리고

$$L_2=3|\mathbf{r}'(4\pi)|=3\sqrt{2+16\pi^2}\approx 37.937$$

그러므로 총 거리는 $L_1+L_2\approx 120.273$.

■

곡 률

벡터 $\mathbf{v}(t)=\mathbf{r}'(t)$는 $P(t)$에서의 곡선의 접선과 방향이 같다. 즉,

$$\mathbf{T}=\mathbf{T}(t)=\frac{\mathbf{v}(t)}{|\mathbf{v}(t)|}=\frac{\mathbf{r}'(t)}{|\mathbf{r}'(t)|}$$

는 $P(t)$에서의 **단위 접벡터**(unit tan‘‘gent vector, 단위 접선 벡터)이다. 어느 고정된 점에서부터 t가 증가하는 방향으로 호의 길이를 잰 것이 s이니, $d\mathbf{T}/ds$는 접선 벡터의 방향이 호의 길이에 대해서 변화하는 비율을 잰 것이다. 연쇄법칙에 따라서,

$$\frac{d\mathbf{T}}{ds} = \frac{d\mathbf{T}}{dt}\frac{dt}{ds} = \frac{\mathbf{T}'(t)}{|\mathbf{v}(t)|}$$

그러므로 평면곡선의 경우와 마찬가지로, 공간곡선의 곡률(curvature) κ를 다음과 같이 정의할 수 있다.

$$k = k(t) = \left|\frac{d\mathbf{T}}{ds}\right| = \left|\frac{\mathbf{T}'(t)}{\mathbf{v}(t)}\right|$$

[예제 9.25] 다음 원형 나선의 곡률을 계산하여라.

$$\mathbf{r}(t) = a\cos t\mathbf{i} + a\sin t\mathbf{j} + ct\mathbf{k}, \qquad a > 0$$

풀이

$$\mathbf{v}(t) = -a\sin t\mathbf{i} + a\cos t\mathbf{j} + c\mathbf{k}$$

$$\mathbf{T}(t) = \frac{\mathbf{v}(t)}{|\mathbf{v}(t)|} = \frac{1}{\sqrt{a^2+c^2}}(-a\sin t\mathbf{i} + a\cos t\mathbf{j} + c\mathbf{k})$$

$$\kappa(t) = \frac{\mathbf{T}'(t)}{|\mathbf{v}(t)|} = \frac{1}{a^2+c^2}|-a\cos t\mathbf{i} - a\sin t\mathbf{j}|$$

$$= \frac{a}{a^2+c^2}$$

그러므로 원형 나선의 곡률 κ는 상수이다. ■

곡률 반지름 R은 κ의 역수이다. 위의 예제에서, $R = (a^2+c^2)/a$. $c=0$인 경우 이것은 $R=a$가 되며, 이 경우 이 운동은 xy평면에서 원 $\mathbf{r} = a\cos t\mathbf{i} + a\sin t\mathbf{j}$를 따라 움직이는 것이라는 사실에 대응한다. c가 커지면 R이 커지며, 이것은 우리가 예상한 바이다.

가속도의 성분들

평면의 경우와 마찬가지로, P에서의 단위 주법벡터(principal unit normal vector, 단위 주법선 벡터) $\mathbf{N}$을 다음과 같이 정의한다.

$$\mathbf{N} = \frac{d\mathbf{T}/ds}{|d\mathbf{T}/ds|} = \frac{1}{\kappa}\frac{d\mathbf{T}}{ds}$$

$\mathbf{N}$은 단위 벡터임이 명백하다. $\mathbf{N}$이 곡선에 대한 법선(수직) 벡터라는 사실은, 방정식 $\mathbf{T}\cdot\mathbf{T} = 1$을 s에 대해 미분하여서 알아 낼 수 있다. 미분을 하면,

$$2\mathbf{T}\cdot\frac{d\mathbf{T}}{ds}=0$$

그러므로 $d\mathbf{T}/ds$는 **T**에 대해서 수직이다. 이 사실들을 이용하면, 평면의 경우와 마찬가지로 다음을 얻게 된다. (그림 9.27)

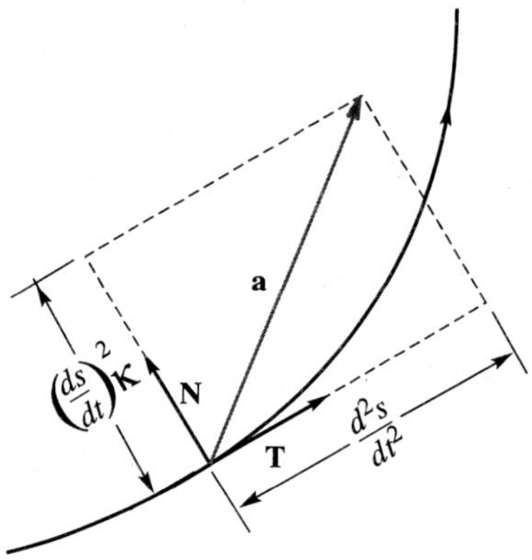

그림 5.27

$$\mathbf{a}=\frac{d^2s}{dt^2}\mathbf{T}+\left(\frac{ds}{dt}\right)^2\kappa\mathbf{N}=a_T\mathbf{T}+a_N\mathbf{N}$$

이 결과를 **T**와 내적시키면, 다음을 얻는다.

$$\mathbf{T}\cdot\mathbf{a}=a_T\mathbf{T}\cdot\mathbf{T}+a_N\mathbf{T}\cdot\mathbf{N}=a_T$$

즉,

$$a_T=\mathbf{T}\cdot\mathbf{a}=\frac{\mathbf{r}'\cdot\mathbf{r}''}{|\mathbf{r}'|}$$

T와 a를 외적시키면, 다음을 얻는다.

$$\begin{aligned}\mathbf{T}\times\mathbf{a}&=a_T(\mathbf{T}\times\mathbf{T})+a_N(\mathbf{T}\times\mathbf{N})\\&=a_N(\mathbf{T}\times\mathbf{N})\end{aligned}$$

그리고

$$|\mathbf{T}\times\mathbf{a}|=a_N|\mathbf{T}\times\mathbf{N}|=a_N|\mathbf{T}|\,|\mathbf{N}|\sin\theta=a_N$$

즉,

$$a_N = |\mathbf{T}\times\mathbf{a}| = \frac{|\mathbf{r}'\times\mathbf{r}''|}{|\mathbf{r}'|}$$

그런데 $a_N = (ds/dt)^2\kappa = |\mathbf{r}'|^2\kappa$ 이니, 다음 결론이 나온다.

$$\kappa = \frac{|\mathbf{r}'\times\mathbf{r}''|}{|\mathbf{r}'|^3}$$

[예제 9.26] 다음 곡선운동

$$\mathbf{r}(t) = t\mathbf{i}+t^2\mathbf{j}+t\frac{1}{3}t^3\mathbf{k}$$

에 대해서, 점 $\left(1,\ 1,\ \frac{1}{3}\right)$에서 $\mathbf{T}$, $\mathbf{N}$, a_T, a_N, κ를 구하여라.

풀이

$$\mathbf{r}'(t) = \mathbf{i}+2t\mathbf{j}+t^2\mathbf{k}$$
$$\mathbf{r}''(t) = 2\mathbf{j}+2t\mathbf{k}$$

점 $\left(1,\ 1,\ \frac{1}{3}\right)$은 $t=1$인 순간이며, 이 때

$$\mathbf{r}' = \mathbf{i}+2\mathbf{j}+\mathbf{k}$$
$$\mathbf{r}'' = 2\mathbf{j}+2\mathbf{k}$$
$$\mathrm{T}= \frac{\mathbf{r}'}{|\mathbf{r}'|} = \frac{\mathbf{i}+2t\mathbf{j}+\mathbf{k}}{\sqrt{6}}$$
$$a_T = \frac{\mathbf{r}'\cdot\mathbf{r}''}{|\mathbf{r}'|} = \frac{6}{\sqrt{6}}$$
$$a_N = \frac{\mathbf{r}'\times\mathbf{r}''}{|\mathbf{r}'|} = \frac{1}{\sqrt{6}}\left|\begin{vmatrix}\mathbf{i} & \mathbf{j} & \mathbf{k}\\ 1 & 2 & 1\\ 0 & 2 & 2\end{vmatrix}\right| \frac{1}{\sqrt{6}}|\mathbf{i}+2\mathbf{j}+\mathbf{k}| = \sqrt{2}$$
$$\mathrm{N}= \frac{\mathbf{a}-a_T\mathbf{T}}{a_N} = \frac{(2\mathbf{j}+2\mathbf{k})-(\mathbf{i}+2\mathbf{j}+\mathbf{k})}{\sqrt{2}} = \frac{-\mathbf{i}+\mathbf{k}}{\sqrt{2}}$$
$$\kappa = \frac{|\mathbf{r}'\times\mathbf{r}''|}{|\mathbf{r}'|^3} = \frac{a_N}{|\mathbf{r}'|^2} = \frac{\sqrt{2}}{6}$$

■

P에서의 부법선

벡터 곡선 C가 있고, P에서의 단위 접선 벡터 **T**가 주어졌을 때, P에서 **T**에 수직인 단위 벡터는 무수히 많이 있다. (그림 9.28)

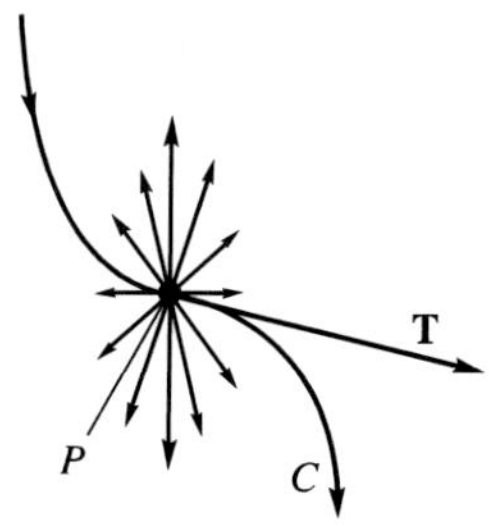

그림 9.28

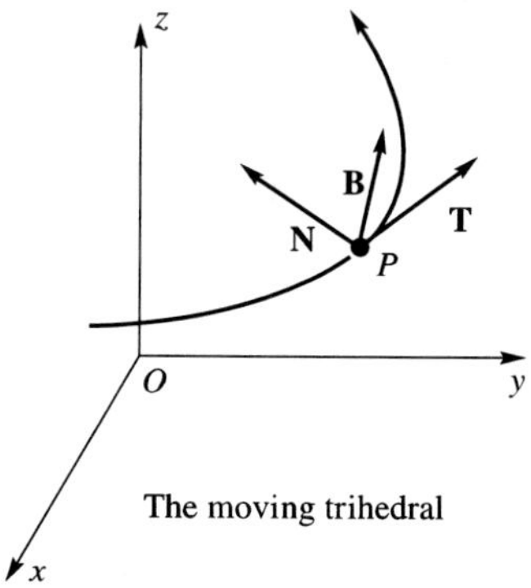

그림 9.29

그것들 중에, 우리는

$$\mathbf{N} = \frac{d\mathbf{T}/ds}{|d\mathbf{T}/ds|}$$

을 골라서, 이것을 주법선 벡터라고 한다. 그리고 벡터

$$\mathbf{B} = \mathbf{T} \times \mathbf{N}$$

을 **부법선**(binormal) 벡터라고 한다. 이것도 단위 벡터이며, **T**와 **N** 둘 다와 수직이다.

단위 접선 벡터 **T**, 주법선 벡터 **N**, 부법선 벡터 **B**가 시작점이 P이면, 이들은 서로 수직인 세 개의 단위 벡터로서, 오른손 체계를 이루는데, 이들을 P에서의 **삼형제변**(trihedral)이라고 부른다. (그림 9.29) 이 움직이는 삼형제변은 미분 기하학 분야에서 핵심 역할을 한다. **T**와 **N**의 평면을 P에서의 **접촉평면**(osculating plane)이라고 부른다.

연습문제 (9–4)

※ 주어진 시간 $t=t_1$ 일 때 속도 $\mathbf{v}$, 가속도 $\mathbf{a}$, 속력 s를 구하여라.

1. $\mathbf{r}(t)=4t\mathbf{i}+5(t^2-1)\mathbf{j}+2t\mathbf{k};\ t_1=1$
2. $\mathbf{r}(t)=(1/t)\mathbf{i}+(t^2-1)^{-1}\mathbf{j}+t^5\mathbf{k};\ t_1=2$
3. $\mathbf{r}(t)=\cos t\mathbf{i}+\sin t\mathbf{j}+t\mathbf{k};\ t_1=\pi$
4. $\mathbf{r}(t)=t\sin\pi t\mathbf{i}+t\cos\pi t\mathbf{j}+e^{-t}\mathbf{k};\ t_1=2$

※ 주어진 벡터 방정식을 가지는 곡선의 길이를 구하여라.

5. $\mathbf{r}(t)=t\mathbf{i}+\sin t\mathbf{j}+\cos t\mathbf{k};\ 0\le t\le 2$
6. $\mathbf{r}(t)=t^3\mathbf{i}-2t^3\mathbf{j}+6t^3\mathbf{k};\ 0\le t\le 1$
7. $\mathbf{r}(t)=e^{2t}\cos t\mathbf{i}+e^{2t}\sin t\mathbf{j}+e^{2t}\mathbf{k};\ 0\le t\le \pi$

※ $t=t_1$ 일 때 곡률, 단위 접선 벡터, 주법선 벡터, 부법선 벡터를 구하여라.

8. $\mathbf{r}(t)=(t^2-1)\mathbf{i}+(2t+3)\mathbf{j}+(t^2-4t)\mathbf{k};\ t_1=2$
9. $x=7\sin 3t,\ y=7\cos 3t,\ z=14t,\ t_1=\pi/3$
10. $\mathbf{r}(t)=e^{-2t}\mathbf{i}+e^{2t}\mathbf{j}+2\sqrt{2}\,t\mathbf{k};\ t_1=0$
11. $x=\ln t,\ y=3t,\ z=t^2,\ t_1=2$

※ 임의의 시간 t일 때가속도 벡터의 접선 성분 a_T, 법선 성분 a_N을 구하여라.

12. $\mathbf{r}(t)=(t+1)\mathbf{i}+3t\mathbf{j}+t^2\mathbf{k}$
13. $x=e^{-t},\ y=2t,\ z=e^t$
14. $\mathbf{r}(t)=t\sin t\mathbf{i}+t\cos t\mathbf{j}+t^2\mathbf{k}$

※ 주어진 점에서 벡터 $\mathbf{T}$, $\mathbf{N}$, $\mathbf{B}$를 구하여라.

15. $x=t,\ y=t^2,\ z=\dfrac{2}{3}t^3,\ t=1$
16. $\mathbf{r}(t)=t\cos t\mathbf{i}+t\sin t\mathbf{j}+t^2\mathbf{k},\ t=\pi$
17. $\mathbf{r}(t)=e^t\mathbf{i}+e^t\sin t\mathbf{j}+e^t\cos t\mathbf{k},\ t=\pi/3$

제10장 수열과 무한급수

10.1 무한수열

간단하게 말해서, 수열

$$a_1,\ a_2,\ a_3,\ a_4,\ \cdots$$

은 어떤 실수들을 나열해 놓은 것으로서, 각각의 양의 정수에 하나의 실수가 대응한다. 좀 더 엄밀하게 표현하면, 무한 수열(infinite sequence)은 정의역이 양의 정수들의 집합이고 치역이 실수들의 집합인 함수이다. 수열 $a_1,\ a_2,\ a_3,\ \cdots,$ 을 $\{a_n\}_{n=1}^{\infty}$으로, 또는 좀더 간단하게 $\{a_n\}$으로 나타내도 된다. 가끔씩, 이 개념을 약간 확장하여서, 어느 특정한 정수보다 더 크거나 같은 정수들의 집합을 정의역으로 하는 것을 허용하겠다. 예를 들어 $b_0,\ b_1,\ b_2,\ \cdots$ 그리고 $c_8,\ c_9,\ c_{10},\ \cdots,$ 과 같은 것들이며, 이것들을 각각 $\{b_n\}_{n=0}^{\infty}$ 그리고 $\{c_n\}_{n=8}^{\infty}$로 나타낼 수 있다.

수열을 구체적으로 나타내는 방법은 여러 가지가 있다. 다음처럼 처음 항들을 충분히 많이 제시하여, 그 규칙을 확립해 주면 된다.

$$1,\ 4,\ 7,\ 10,\ 13,\ \cdots$$

또는 다음처럼 n번째 항을 **구체적인 공식**(explicit formula)으로 제시해 주면 된다.

$$a_n = 3n - 2, \qquad n \ge 1$$

또는 다음처럼 점화식(recursion formula)으로 제시해 주어도 된다.

$$a_1 = 1,\ a_n = a_{n-1} + 3, \quad n \ge 2$$

무한 수열이 특정한 수 L로 수렴한다는 의미를 정의와 예제를 통하여 살펴보도록 하자.

정의 10.1 수열 $\{a_n\}$이 L로 **수렴한다**(converge)고 말하고,

$$\lim_{n \to 0} a_n = L$$

로 쓰는 것은, 다음 조건을 만족할 때이다. 어떠한(임의의, 아무리 작은) 양수 ε을 주더라도, 그에 대응하여 어떤 양수 N이 있어서,

$$n \ge N \Rightarrow |a_n - L| < \varepsilon$$

이다. 어떠한 유한한 수 L로도 수렴하지 않는 수열은 **발산한다**(diverge)고 말한다.

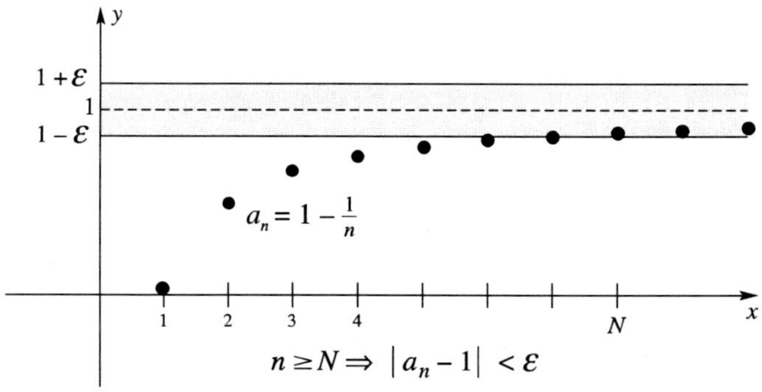

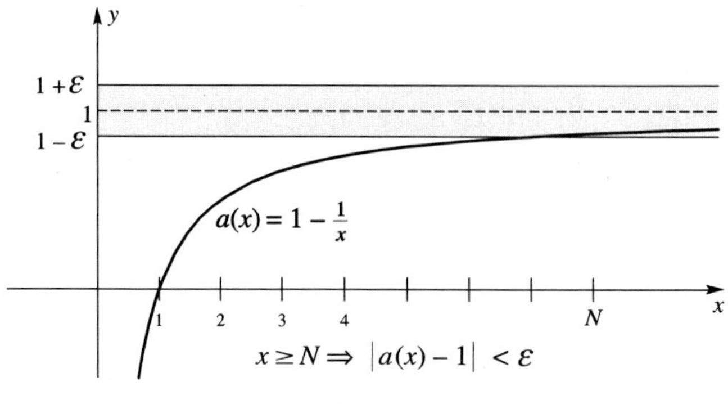

그림 10.1

무한에서의 극한과의 관계를 살펴보기 위해서, $a_n = 1 - 1/n$과 $a(x) = 1 - 1/x$의 그래프를 보자. 이들의 차이점이라면, 수열의 경우 정의역을 양의 정수의 집합으로 제한하였다는 것이다. 전자의 경우, $\lim_{n\to\infty} a_n = 1$이라고 쓴다. 후자의 경우, $\lim_{x\to\infty} a(x) = 1$을 쓴
다. 그림 10.1에서 ε과 N의 의미를 자세히 살펴보기 바란다.

[예제 10.1] p가 양의 정수이면, 다음이 성립함을 보여라.

$$\lim_{n\to\infty} \frac{1}{n^p} = 0$$

풀이 지금까지 배운 것들에 따라서, 사실 이것은 명백하지만, 엄밀한 증명을 제시하겠다. 임의의 $\varepsilon > 0$을 주었다고 하자. $\sqrt[p]{1/\varepsilon}$보다 더 큰 임의의 정수 N을 잡아라. 그러면 $n \geq N$이면 다음이 성립한다.

$$|a_n - L| = \left|\frac{1}{n^p} - 0\right| = \frac{1}{n^p} \leq \frac{1}{N^p} < \frac{1}{(\sqrt[p]{1/\varepsilon})^p} = \varepsilon$$ ■

극한에 관한 친숙한 정리들이 모두, 수렴하는 수열들에 대해서도 성립한다. 이것들을 증명 없이 제시해 놓겠다.

정리 10.2 (수열의 극한의 성질) $\{a_n\}$과 $\{b_n\}$은 수렴하는 수열이고, k는 상수라고 하자. 그러면

1. $\lim_{n\to\infty} k = k$;
2. $\lim_{n\to\infty} ka_n = k \lim_{n\to\infty} a_n$;
3. $\lim_{n\to\infty} (a_n \pm b_n) = \lim_{n\to\infty} a_n \pm \lim_{n\to\infty} b_n$;
4. $\lim_{n\to\infty} (a_n \cdot b_n) = \lim_{n\to\infty} a_n \cdot \lim_{n\to\infty} b_n$;
5. $\lim_{n\to\infty} \dfrac{a_n}{b_n} = \dfrac{\lim_{n\to\infty} a_n}{\lim_{n\to\infty} b_n}$, 단, $\lim_{n\to\infty} b_n \neq 0$

[예제 10.2] $\lim_{n\to\infty} \dfrac{3n^2}{7n^2+1}$을 구하여라.

풀이 n이 매우 커질 때, n의 두 다항식들의 몫(분수)이 어떻게 되는지 판단하기 위해

서, 분모에 나오는 n의 최고차항으로 분자와 분모를 나누는 것이 좋은 방법이다. 아래 계산의 처음 단계가 바로 이것이다. 다른 단계들은 정리 10.2를 이용한 것이며, 몇 번 공식을 이용하였는지 동그라미 속의 숫자로 나타내 놓았다.

$$\lim_{n\to\infty}\frac{3n^2}{7n^2+1}=\lim_{n\to\infty}\frac{3}{7+(1/n^2)}$$

$$\overset{⑤}{=}\frac{\lim_{n\to\infty}3}{\lim_{n\to\infty}[7+(1/n^2)]}$$

$$\overset{③}{=}\frac{\lim_{n\to\infty}3}{\lim_{n\to\infty}7+\lim_{n\to\infty}1/n^2}$$

$$\overset{①}{=}\frac{3}{7+\lim_{n\to\infty}1/n^2}=\frac{3}{7+0}=\frac{3}{7}$$

이쯤 되면, 극한 정리들에 매우 친숙해 졌으니, 처음 단계에서 최종 결과를 바로 써 놓아도 될 것 같다. ■

다음 정리는 샌드위치 정리라고도 알려져 있는데, 일정상수 이상에서 수렴하는 두 수열을 이용하여 주어진 수열의 수렴성을 판정하는 방법을 제시해주고 있다.

정리 10.3 (조임 정리) 수열 $\{a_n\}$과 $\{c_n\}$이 둘 다 L로 수렴하고, 모든 $n \geq K$에 대해서(K는 고정된 상수) $a_n \leq b_n \leq c_n$이라고 하자. 그러면 수열 $\{b_n\}$도 L로 수렴한다.

[예제 10.3] $\lim_{n\to\infty}\frac{\sin^3 n}{n}=0$임을 보여라.

풀이 $n \geq 1$에 대해서, $-1 \leq \sin n \leq 1$이고 $-1/n \leq (\sin^3 n)/n \leq 1/n$이다. 그런데 $\lim_{n\to\infty}(-1/n)=0$이고 $\lim_{n\to\infty}(1/n)=0$이므로, 조임 정리에 따라서 이 결과가 나온다. ■

정리 10.4 만약 $\lim_{n\to\infty}|a_n|=0$이면, $\lim_{n\to\infty}a_n=0$이다.

단조 수열

임의의 **감소하지 않는 수열**(nondecreasing sequence) $\{a_n\}$을 고려하자. 감소하지 않는다는 말의 뜻은, $n \geq 1$에 대해서, $a_n \leq a_{n+1}$이다. 이러한 예로는 수열 $a_n = n^2$이 있다. 또 다른 예로는 $a_n = 1 - 1/n$. 곰곰이 생각해 보면, 감소하지 않는 수열의 행동은 다음 둘 중의 하나가 됨을 알 수 있다. 무한대를 향해서 계속 증가하거나, 아니면 위로 유계가 되어 무한대로 갈 수 없는 경우는, 그 유계값을 향해서 가까이 가게 된다. (그림 10.2 참조)

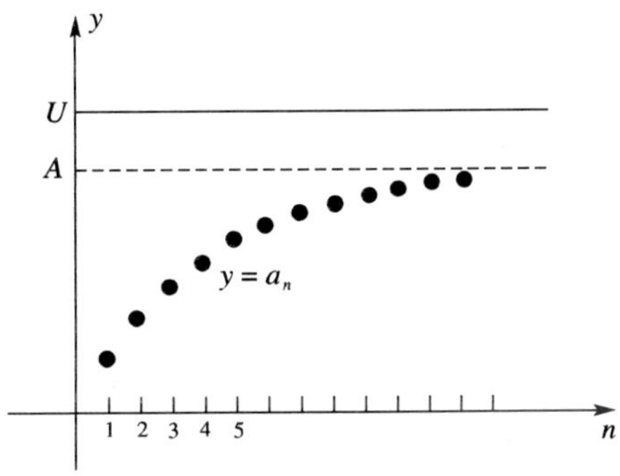

$\lim_{n \to \infty} a_n = A$

그림 10.2

> **정리 10.5 (단조 수열 정리)** 감소하지 않는 수열 $\{a_n\}$이 위로 유계 U를 가지면, 그 수열은 어떤 값 A로 수렴하며, 극한값 A는 U보다 작거나 같다. 마찬가지로, 증가하지 않는 수열 $\{b_n\}$이 아래로 유계 L을 가지면, 수열 $\{b_n\}$은 어떤 값 B로 수렴하며, 극한값 B는 L보다 크거나 같다.

단조 수열(monotonic sequence)이라는 말은 감소하지 않는 수열이나 증가하지 않는 수열을가리킨다. 그래서 이 정리의 이름을 단조 수열 정리라고 붙였다.

정리 10.5는 실수 체계의 매우 심오한 성질을 설명해 준다. 이것은 실수 체계의 완비성(completeness property)과 동등하다. 쉽게 설명하자면, 실수 직선은 거기에 "틈새"가 없다는 말이다. 실수 직선이 유리수 직선과 완전히 다른 성질이 바로 이것이다(유리수 직선은 틈새가 수없이 많이 있다).

정리 10.5에 대해서 한 가지 더 언급하면, 수열 $\{a_n\}$과 $\{b_n\}$이 처음부터 단조 수열이어야 할 필요는 없다. 어느 순간 이후부터, 즉, $n \geq K$에 대해서 단조 수열이면 된다. 사실, 수열의 수렴, 발산은 앞의 항들의 성격과는 상관이 없으며, 큰 n들에 대해서 무엇이 성립하느냐에 달려 있다.

[예제 10.4] 정리 10.5를 이용하여, 수열 $b_n = n^2/2^n$은 수렴함을 보여라.

풀이 수열의 앞의 몇몇 항들을 적으면,

$$\frac{1}{2},\ 1,\ \frac{9}{8},\ \frac{25}{32},\ \frac{36}{64},\ \frac{49}{128},\ \cdots$$

$n \geq 3$에 대해서, 이 수열은 감소하는 $(b_n > b_{n+1})$ 것처럼 보이는데, 이것이 사실임을 이제 증명하겠다. 다음 각각의 부등식은 다른 부등식들과 동등하다.

$$\frac{n^2}{2^n} > \frac{(n+1)^2}{2^{n+1}}$$

$$n^2 > \frac{(n+1)^2}{2}$$

$$2n^2 > n^2 + 2n + 1$$

$$n^2 - 2n > 1$$

$$n(n-2) > 1,\ n \geq 3$$

■

연습문제 (10-1)

1. 다음 수열들이 수렴하는지 발산하는지 판단하고 수렴한다면 수렴값을 구하여라.

(a) $a_n = \dfrac{n}{3n-1}$

(b) $a_n = \dfrac{n^3 + 3n^2 + 3n}{(n+1)^3}$

(c) $a_n = \dfrac{\cos(n\pi)}{n}$

(d) $a_n = \dfrac{(-\pi)^n}{5^n}$

(e) $a_n = \dfrac{\ln n}{\sqrt{n}}$

2. 다음 각각의 수열에 대하여 구체적인 공식 a_n을 구하고, 그 수열이 수렴하는지 발산하는지 판단하여라. 수렴한다면 수렴값 $\lim_{n\to\infty} a_n$을 구하여라.

(a) $\frac{1}{2}, \frac{2}{3}, \frac{3}{4}, \frac{4}{5}, \cdots$

(b) $1, \frac{2}{2^2-1^2}, \frac{3}{3^2-2^2}, \frac{4}{4^2-3^2}, \cdots$

(c) $2, 1, \frac{2^3}{3^2}, \frac{2^4}{4^2}, \frac{2^5}{5^2}, \cdots$

3. 지름이 1인 원 $1+2+3+\ldots+n=n(n+1)/2$개를 차곡차곡 쌓아서 담고 있는 정삼각형을 생각하자. $n=4$인 경우를 그려 놓은 것이 옆의 그림이다. 원들의 전체 넓이를 A_n이라 하고, 정삼각형의 넓이를 B_n이라 하였을 때, $\lim_{n\to\infty} A_n/B_n$을 구하여라.

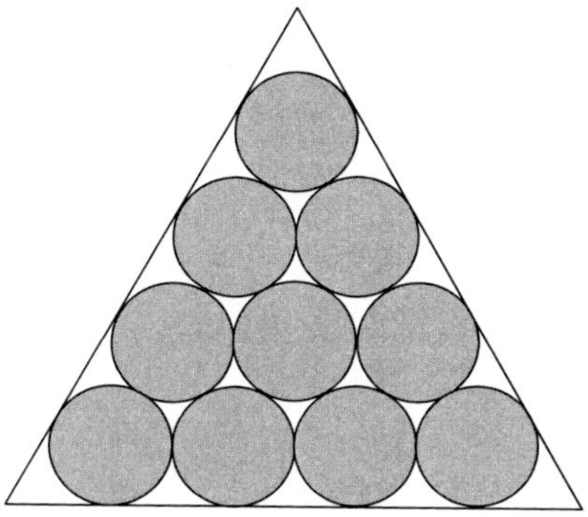

4. 피보나치(Leonardo Fibonacci)가 서기 1200년 무렵에 소개한, **피보나치 수열**(Fibonacci Sequence)이라 부르는 유명한 수열 $\{f_n\}$은 다음과 같은 점화식으로 정의한다.

$$f_1=f_2=1, \quad f_{n+2}=f_{n+1}+f_n$$

(a) f_3부터 f_{10}까지 구하여라.

(b) $\phi=\frac{1}{2}(1+\sqrt{5})\approx 1.618034$라 하자. 그리스 수학자들은 이 수를 황금비라고 불렀으며, 가로, 세로의 비율이 이러한 직사각형이 완벽하다고 여겼다. 다음이 성립함을 보일 수 있다.

$$f_n = \frac{1}{\sqrt{5}}\left[\left(\frac{1+\sqrt{5}}{2}\right)^n - \left(\frac{1-\sqrt{5}}{2}\right)^n\right] = \frac{1}{\sqrt{5}}[\phi^n - (-1)^n\phi^n]$$

$n=1$, $n=2$일 때 이 공식이 올바른 결과를 낳음을 확인하여라. 일반적인 결과는 수학적 귀납법으로 증명할 수 있다(좋은 도전거리이다). 이 절의 내용과 일맥상통하는 것으로, 이 구체적인 공식을 이용하여 $\lim_{n\to\infty} f_{n+1}/f_n = \phi$임을 보여라.

(c) 방금 증명한 극한을 이용하여, ϕ는 방정식 $x^2-x-1=0$을 만족함을 보여라. 그 다음에 또 다른 흥밋거리로서, 이차방정식의 근의 공식을 써서, 이 방정식의 두 근이 ϕ와 $-1/\phi$임을 보여라. 이들은 f_n을 나타내는 구체적인 공식에서 나타났다.

10.2 무한급수

무한다항식들을 하나의 함수로 표현하기 위하여 또는 역도함수가 존재하지 않는 적분을 계산하고자 하는 경우나 미분 방정식을 풀기 위하여 다음과 같은 급수를 사용하기도 한다.

$$1+x+x^2+x^3+\cdots+x^n+\cdots \qquad (=1/(1-x),\ |x|<1\text{로 표현됨})$$

x의 어떤 특별한 값에 대하여 위의 다항식은 상수들의 무한 합으로써 무한급수라 하는 계산이 이루어진다. 만약, $x=\frac{1}{2}$인 경우를 생각하여 보자. 차례로 처음부터 한번에 한 개씩 더하고 이러한 부분 합들이 어떻게 커 가는지에 대한 형태를 찾아보자. 부분 합들을 $S_1, S_2, S_3, \cdots$ 등으로 표현하면,

$$S_1 = 1$$

$$S_2 = 1+\frac{1}{2} = 2-\frac{1}{2}$$

$$S_3 = 1+\frac{1}{2}+\frac{1}{4} = 2-\frac{1}{4}$$

$$\vdots$$

$$S_n = 1 + \frac{1}{2} + \frac{1}{4} + \cdots + \frac{1}{2^{n-1}}$$

이 된다는 것을 대수적 계산에 의하여 알 수가 있다. 부분 합들의 수열 S_n은 n번째 일반 항이

$$S_n = 2 - \frac{1}{2^{n-1}}$$

인 수열을 형성하고, 이 수열은 2로 수렴한다. 이때,

“급수의 합, $S_n = 1 + \frac{1}{2} + \frac{1}{4} + \cdots + \frac{1}{2^{n-1}} + \cdots$ 은 2이다.”

라고 한다. 그렇다면, 이 급수의 유한개의 항의 합이 2인가? 아니다. 실제로, 우리는 무한개의 항을 더할 수 있는가? 아니다. 다만, 그들의 합을 부분 합들의 수열이 $n \to \infty$일 때 극한으로 정의할 수 있다. 위의 경우는 그 극한이 2이다. 수열과 극한에 관한 지식은 유한합의 제약으로부터 벗어나게 한다.

정의 10.6 수열 $\{a_n\}$이 주어졌을 때, 다음의 모양

$$a_1 + a_2 + a_3 + \cdots + a_n + \cdots$$

의 식을 **무한급수**라고 부른다. 수 값 a_n을 이 급수의 n번째항이라 한다.

$$\begin{aligned} S_1 &= a_1 \\ S_2 &= a_1 + a_2 \\ &\vdots \\ S_n &= a_1 + a_2 + a_3 + \cdots + a_n = \sum_{k=1}^{n} a_k \end{aligned}$$

로 표현하고 수열 $\{S_n\}$을 이 급수의 **부분합**의 수열이라 부르며, 숫자 S_n은 n번째 부분합이다. 만일, 이 부분합의 수열이 극한 L에 수렴하면 그 급수가 **수렴**하고, 그 합이 L이라고 한다.

이것을 다음과 같이 쓰기도 한다.

$$a_1+a_2+a_3+\cdots+a_n=\sum_{n=1}^{\infty} a_n=L.$$

그 급수의 수열이 수렴하지 않으면 이 급수는 **발산**한다고 한다.

급수를 표현할 때는 합의 기호 Σ를 활용하는 것이 편리하다. 즉,

$$\sum_{n=1}^{\infty} a_n,\ \sum_{k=1}^{\infty} a_k \text{ 또는 } \Sigma a_n$$

처음 것은 "항 a_n의 $n=1$에서 무한대까지의 합", 다음 것은 "항 a_k의 $k=1$에서 무한대까지의 합", 그리고 끝의 것은 "합 a_n"이라고 읽는다.

등비급수(또는 기하급수)

등비급수는 a와 r이 고정된 실수이고 $a\neq 0$일 때,

$$a+ar+ar^2+ar^3+\cdots+ar^{n-1}+\cdots=\sum_{n=1}^{\infty} ar^{n-1}$$

로 주어진 급수이다. 여기서 $a=1$, $r=\frac{1}{2}$이면, 급수의 형태는 다음과 같은 양수들로 이루어진 급수이다.

$$1+\frac{1}{2}+\frac{1}{4}+\cdots+\frac{1}{2^{n-1}}+\cdots$$

$a=1$, $r=-\frac{1}{3}$이면, 급수의 형태는 다음과 같이 양수, 음수가 반복적으로 나타난다.

$$1-\frac{1}{3}+\frac{1}{9}+\cdots+(-1)^{n-1}\frac{1}{3^{n-1}}+\cdots$$

$r=1$이면 등비급수의 n번째 부분 합은

$$S_n=a+a(1)+a(1)^2+\cdots+a(1)^{n-1}=na$$

이고 a의 값에 따라 $\lim_{n\to\infty} S_n=\pm\infty$로 발산한다.

$r \neq 1$이면, n번째 부분 합 $S_n = a + ar + ar^2 + ar^3 + \cdots + ar^{n-1}$에 r을 곱하면 $rS_n = ar + ar^2 + ar^3 + \cdots + ar^n$이 된다. 이 두 식에서 차를 생각하면,

$$S_n - rS_n = a - ar^n \text{ 또는 } S_n(1-r) = a(1-r^n)$$

이며, $S_n = \frac{a(1-r^n}{1-r}(r \neq 1)$이다.

만약 $|r| < 1$이면 $n \to \infty$일 때 $r^n \to 0$이므로 $S_n \to \frac{a}{1-r}$이다.

다시 말해, 급수는 $a/(1-r)$로 수렴한다. 만약 $|r| > 1$이면 $|r^n| \to \infty$이고 급수는 발산한다.

이를 정리해 보면

$|r| < 1$이면 무한등비급수는 $\sum_{n=1}^{\infty} ar^{n-1} = \frac{a}{1-r}$로 수렴하고,

$|r| \geq 1$이면, 급수는 발산한다.

[예제 10.5] $a = \frac{1}{9}$, $r = \frac{1}{3}$인 기하급수는?

풀이 $\frac{1}{9} + \frac{1}{27} + \frac{1}{81} + \cdots = \frac{1}{9}\left(1 + \frac{1}{3} + \frac{1}{9} + \cdots +\right) = \frac{1/9}{1-(1/3)} = \frac{1}{6}$ ■

[예제 10.6] $a = 4$, $r = -\frac{1}{2}$의 기하급수는?

풀이 $4 - 2 + 1 - \frac{1}{2} + \frac{1}{4} - \cdots = 4\left(1 - \frac{1}{2} + \frac{1}{4} - \frac{1}{8} + \cdots +\right) = \frac{4}{1+\frac{1}{2}} = \frac{8}{3}$ ■

[예제 10.7] 반복소수(순환소수) 5.232323⋯을 두 정수의 비로써 표현하시오.

풀이

$$\begin{aligned} 5.232323\cdots &= 5 + \frac{23}{100} + \frac{23}{(100)^2} + \frac{23}{(100)^3} + \cdots \\ &= 5 + \frac{23}{100}\left(1 + \frac{1}{100} + \frac{1}{(100)^2} + \cdots\right) \\ &= 5 + \frac{23}{100}\left(\frac{1}{1-(1/100)}\right) \\ &= 5 + \frac{23}{99} = \frac{518}{99} \end{aligned}$$ ■

무한급수 $1-1+1-1+1-\cdots$ 에서 n이 짝수이면 $S_n=0$이고, n이 홀수이면 $S_n=1$이므로 $n\to\infty$일 때 S_n은 일정한 극한값을 가지지 않고, 0과 1 사이를 진동한다. 따라서 이 급수는 발산한다.

[예제 10.8] 그림 10.3의 도형은 정삼각형 속에 원들이 무수히 많이 들어 있는 것이다. 원들은 모두 삼각형에 접하고, 이웃한 원들에 접하며, 꼭지점들을 향해서 끝없이 계속 나열해 있다. 삼각형의 넓이에서 원들이 차지하는 비율은 얼마인가?

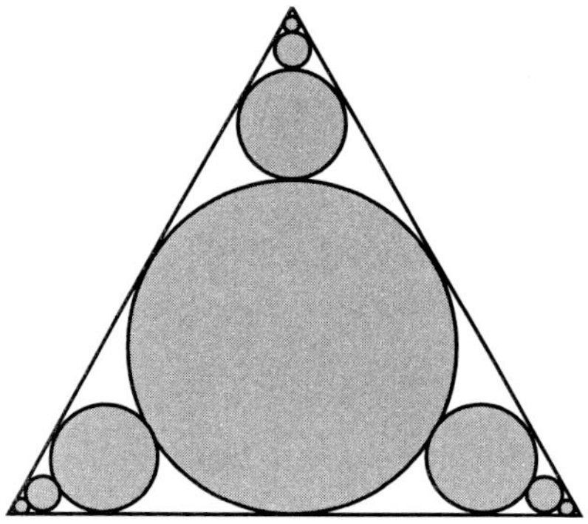

그림 10.3

풀이 계산하기 편하도록, 큰 원의 반지름이 1이라고 하자. 그러면 삼각형의 변의 길이는 $2\sqrt{3}$이다. 원들이 수직으로 쌓여 있는 것에 관심을 집중하자. 기하학을 써서 추론해 보면(큰 원의 중점은 꼭지점에서 밑변으로 가는 길의 2/3인 곳에 있다), 원들의 반지름은 1, $\frac{1}{3}$, $\frac{1}{9}$, $\cdots$임을 알 수 있으며, 따라서 수직으로 쌓여 있는 원들의 넓이는 다음과 같다.

$$\pi\left[1^2+\left(\frac{1}{3}\right)^2+\left(\frac{1}{9}\right)^2+\left(\frac{1}{27}\right)^2+\cdots\right]=\pi\left[1+\frac{1}{9}+\frac{1}{81}+\frac{1}{729}+\cdots\right]$$

$$=\pi\left[\frac{1}{1-\frac{1}{9}}\right]=\frac{9\pi}{8}$$

모든 원들의 총 넓이는, 이 수의 3배 빼기 큰 원 넓이의 2배이다. 바꿔 말하면, $27\pi/8-2\pi$, 즉, $11\pi/8$이다. 삼각형의 넓이는 $3\sqrt{3}$이니, 이 넓이에서 원들이 차지하는 비율은 다음과 같다.

$$\frac{11\pi}{24\sqrt{3}}\approx 0.83$$ ■

정리 10.7 수렴하는 급수의 제n항은 $n\to\infty$일 때 0에 수렴한다.

증명 수렴급수를 $u_1+u_2+u_3+\cdots+u_n+\cdots$ 라 하고, 그 합을 S라 하면, $u_n=S_n-S_{n-1}$이므로

$$\lim_{n\to\infty} u_n=\lim_{n\to\infty} S_n-S_{n-1}=S-S=0$$ □

위의 정리는 급수가 수렴하기 위한 필요조건을 주지만 충분조건은 아니다. 즉, $n\to\infty$일 때 급수의 제n항이 0 에 수렴한다고 하여 급수가 수렴한다고는 말할 수 없다.

[예제 10.9] 조화급수 $1+\frac{1}{2}+\frac{1}{3}+\frac{1}{4}+\cdots+\frac{1}{n}+\cdots$의 수렴 여부를 조사하시오.

풀이 부분합의 개념을 이용하여 문제를 해결하자.

$$1+\frac{1}{2}>\frac{1}{2}$$
$$\frac{1}{3}+\frac{1}{4}>\frac{2}{4}=\frac{1}{2}$$
$$\frac{1}{5}+\frac{1}{6}+\frac{1}{7}+\frac{1}{8}>\frac{4}{8}=\frac{1}{2}$$
$$\frac{1}{9}+\frac{1}{10}+\cdots+\frac{1}{16}>\frac{8}{16}=\frac{1}{2}$$
$$\vdots$$
$$\frac{1}{1+2^{k-1}}+\cdots+\frac{1}{2^k}>\frac{2^{k-1}}{2^k}=\frac{1}{2}$$

에서 k개의 부등식을 변변 더하면 아래와 같다.

$$S_{2^k}=1+\frac{1}{2}+\frac{1}{3}+\frac{1}{4}+\cdots+\frac{1}{2^k}>\frac{k}{2}$$

여기서 $k\to\infty$일 때, 위 식의 우변은 ∞이므로 발산한다. 즉, 조화급수는 $n\to\infty$일 때, n번째 항 $\frac{1}{n}\to 0$이지만 발산하는 급수이다. ■

정리 10.8 (발산에 대한 n번째항 판정법) $n\to\infty$일 때 무한급수의 n번째 항이 0에 수렴하지 않으면, 그 급수는 발산한다. 즉, $\lim_{n\to\infty} a_n\neq 0$이거나 또는

$\lim_{n\to\infty} a_n$이 존재하지 않으면, $\sum_{n=1}^{\infty} a_n$은 발산한다.

위 정리를 이용한 몇 가지 예를 살펴보면 $n^2 \to \infty$ 이므로 $\sum_{n=1}^{\infty} n^2$은 발산하고 $\frac{n+1}{n} \to 1$ 이므로 $\sum_{n=1}^{\infty} \frac{n+1}{n}$은 발산하며 $\lim_{n\to\infty} (-1)^{n+1}$은 존재하지 않으므로 $\sum_{n=1}^{\infty} (-1)^{n+1}$은 발산한다.

다음 예제는 서로 이어지는 항들끼리 서로 상쇄하는 급수에 대한 예제이다.

[예제 4.3] 다음 급수가 수렴함을 보이고, 그 합을 구하여라.

$$\sum_{k=1}^{\infty} \frac{1}{(k+2)(k+3)}$$

풀이 부분분수로 분해하여, 다음과 같이 적자.

$$\frac{1}{(k+2)(k+3)} = \frac{1}{k+2} - \frac{1}{k+3}$$

그러면

$$\begin{aligned} S_n &= \sum_{k=1}^{n} \left(\frac{1}{k+2} - \frac{1}{k+3}\right) = \left(\frac{1}{3} - \frac{1}{4}\right) + \left(\frac{1}{4} - \frac{1}{5}\right) + \cdots + \left(\frac{1}{n+2} - \frac{1}{n+3}\right) \\ &= \frac{1}{3} - \frac{1}{n+3} \end{aligned}$$

그러므로

$$\lim_{n\to\infty} S_n = \frac{1}{3}$$

이 급수는 수렴하며, 합은 $\frac{1}{3}$이다. ■

수렴하는 두 급수는 서로 빼거나, 더하거나 또는 어떤 상수로 곱하여도 역시 수렴한다. 이러한 내용을 정리하면 다음의 정리와 같다.

정리 10.9 (수렴하는 급수의 선형성) $\sum_{k=1}^{\infty} a_k$와 $\sum_{k=1}^{\infty} b_k$가 둘 다 수렴하고, c는 상수라고 하자. 그러면 $\sum_{k=1}^{\infty} ca_k$와 $\sum_{k=1}^{\infty} (a_k+b_k)$도 수렴하며,

(i) $\sum_{k=1}^{\infty} ca_k = c\sum_{k=1}^{\infty} a_k$;

(ii) $\sum_{k=1}^{\infty} (a_k+b_k) = \sum_{k=1}^{\infty} a_k + \sum_{k=1}^{\infty} b_k$.

증명 가정에 따라서, $\lim_{n\to\infty}\sum_{k=1}^{n} a_k$와 $\lim_{n\to\infty}\sum_{k=1}^{n} b_k$는 둘 다 존재한다. 그러니 유한개의 합의 성질과 수열의 극한의 성질을 이용하자.

(i) $\sum_{k=1}^{\infty} ca_k = \lim_{n\to\infty}\sum_{k=1}^{n} ca_k = \lim_{n\to\infty} c\sum_{k=1}^{n} a_k = c\lim_{n\to\infty}\sum_{k=1}^{n} a_k = c\sum_{k=1}^{\infty} a_k$

(ii) $$\sum_{k=1}^{\infty} (a_k+b_k) = \lim_{n\to\infty}\sum_{k=1}^{n} (a_k+b_k) = \lim_{n\to\infty}\left[\sum_{k=1}^{n} a_k + \sum_{k=1}^{n} b_k\right]$$
$$= \lim_{n\to\infty}\sum_{k=1}^{n} a_k + \lim_{n\to\infty}\sum_{k=1}^{n} b_k = \sum_{k=1}^{\infty} a_k + \sum_{k=1}^{\infty} b_k$$ □

[예제 10.11] $\sum_{k=1}^{\infty}\left[3\left(\frac{1}{8}\right)^k - 5\left(\frac{1}{3}\right)^k\right]$를 계산하여라.

풀이 $$\sum_{k=1}^{\infty}\left[3\left(\frac{1}{8}\right)^k - 5\left(\frac{1}{3}\right)^k\right] = 3\sum_{k=1}^{\infty}\left(\frac{1}{8}\right)^k - 5\sum_{k=1}^{\infty}\left(\frac{1}{3}\right)^k$$
$$= 3\frac{\frac{1}{8}}{1-\frac{1}{8}} - 5\frac{\frac{1}{3}}{1-\frac{1}{3}} = \frac{3}{7} - \frac{5}{2} = -\frac{29}{14}$$ ■

급수 $\sum_{n=1}^{\infty} a_n$의 모든 항이 양수일때 주어진 급수를 **양항급수**라 한다.

정리 10.10 양항의 무한급수 $u_1+u_2+u_3+\cdots$이 수렴하기 위한 필요충분조건은 모든 n에 대하여 $\sum_{k=1}^{n} u_k$이 항상 일정한 수 K보다 작은 것이며, 이때 급수의 합은 K보다 크지 않다.

증명 주어진 무한급수의 각 항은 양수이므로 n이 증가할 때 부분합 S_n은 증가한다. 즉, $S_{n+1} > S_n$이다. 그러나 S_n은 항상 K 보다 작으므로 $x \le K$인 수 들 중에서 한 수 x를 택하여 어떠한 S_n도 x보다 작을 때 이러한 수들의 최소치를 S라 하자. 즉,

$$S = \min\{x \mid S_n < x \le K,\ n\text{은 자연수}\}$$

이다. 그러면, 임의의 주어진 작은 양수 ε에 대하여 적당한 양의 정수 N이 존재하여 모든 $n \le N$에 대하여 $S_n > S - \varepsilon$이다. 그러므로 극한의 정의에 의하여 이것은 $\lim_{n\to\infty} S_n = S \le K$가 된다. 따라서 이 급수는 수렴하고 그 합은 K보다 크지 않다. □

연습문제 (10–2)

1. 다음에 주어진 급수가 수렴 또는 발산하는지 판단하여라. 만약 수렴하면 그 합을 구하여라.

(a) $\displaystyle\sum_{k=1}^{\infty} \left(\frac{1}{7}\right)^k$

(b) $\displaystyle\sum_{k=1}^{\infty} \left[2\left(\frac{1}{4}\right)^k + 3\left(-\frac{1}{5}\right)^k\right]$

(c) $\displaystyle\sum_{k=1}^{\infty} \left(\frac{1}{k} - \frac{1}{k-1}\right)$

(d) $\displaystyle\sum_{k=1}^{\infty} \left(\frac{e}{\pi}\right)^{k+1}$

(e) $\displaystyle\sum_{k=6}^{\infty} \frac{2}{k-5}$

2. $\displaystyle\sum_{k=0}^{\infty} r(1-r)^k$를 구하여라. 여기서 $0 < r < 2$임.

3. $\displaystyle\sum_{k=0}^{\infty} (-1)^k x^k$를 구하여라. 여기서 $-1 < x < 1$임.

4. 세 사람이 사과 한 개를 다음과 같이 나누어가진다. 먼저 사과를 4등분하여, 한 명이 한 조각씩 가진다. 그 다음에 남은 한 조각을 4등분하여, 한 명이 한 조각씩 가지고, 이런 식으로 계속한다. 이들은 사과를 1/3씩 가지게 됨을 보여라.

5. 다음 그림에 나오는 유형을 따라서 계속 칠해 나가면, 원래 정사각형의 얼마만큼을 칠하게 되겠는가?

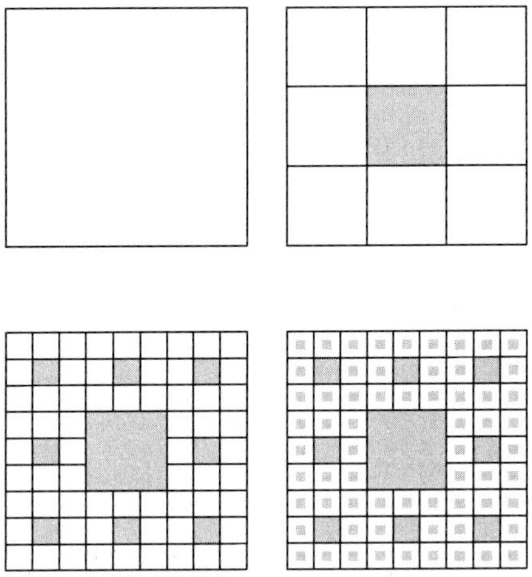

6. 삼각형들 속에다 원들을 내접시켰다. 그림을 보기 바란다. 원래 삼각형이 정삼각형이라면, 결국에 가면 넓이의 얼마만큼을 칠하게 되겠는가?

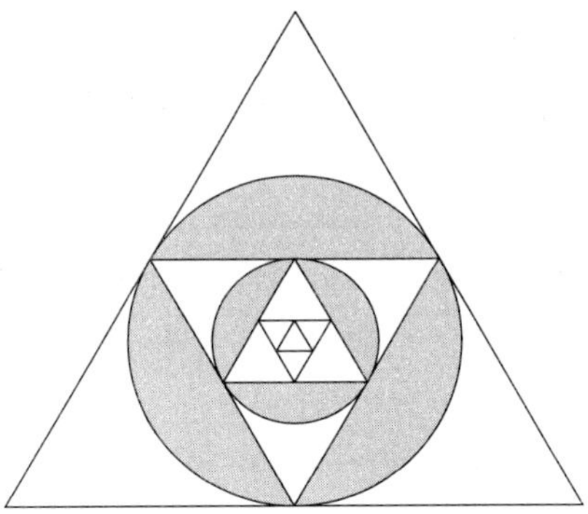

7. 제논의 역설을 하나 더 소개하겠다. 아킬레우스는 거북보다 10배 빨리 달리는데, 대신에 거북은 100 야드 앞에서 출발한다. 제논에 따르면, 아킬레우스는 거북을 따라잡을 수 없다. 왜냐 하면 아킬레우스가 100 야드를 달리면, 거북은 10 야드 앞에가 있으며, 아킬레우스가 10 야드를 달리면, 거북은 1 야드 앞에가 있으며, 이런 식으로 계속되기 때문이다. 아킬레우스가 거북을 따라잡을 수 있다고 제논을 설득하고, 정확하게 얼마 거리를 달려서 따라잡게 되는지 말하여라.

8. 철수와 민수는 달리기 선수이다. 이들은 시속 10 마일로 꾸준히 달릴 수 있다. 이들이 기르는 개 멍멍이는 더욱 잘 달린다. 멍멍이는 시속 20 마일로 달린다. 60 마일 떨어져 있는 두 도시에서 철수와 민수가 각각 출발하여, 서로를 향해서 달려가며, 멍멍이는 두 사람 사이에서 계속 왔다 갔다 한다. 철수와 민수가 만나게 될 때까지, 멍멍이는 얼마 거리를 달리겠는가? 멍멍이는 철수와 같이 출발하여, 민수를 향해 달렸으며, 멍멍이는 순간적으로 방향을 바꿔 달릴 수 있다고 가정하자. 이 문제를 두 가지 방법으로 풀어라.
   (a) 기하 급수를 사용하여
   (b) 다른 쉽고 간단한 방법으로

10.3 양항급수에 대한 여러가지 판정방법

적분판정법

급수 $\sum_{k=1}^{\infty} a_k$와 이상적분 적분 $\int_1^{\infty} f(x)dx$는 수렴여부에 관해서 비슷한 성질을 가지고 있으며 이것으로부터 매우 유용한 판정법이 나오게 된다.

정리 10.11 (적분 판정법) f는 구간 $[1, \infty)$에서 연속이고, 양수이고, 증가하지 않는 함수라고 하자. 그리고 모든 양의 정수 k에 대해서 $a_k = f(k)$라고 하자. 그러면 무한 급수

$$\sum_{k=1}^{\infty} a_k$$

가 수렴할 필요충분조건은 이상적분

$$\int_1^{\infty} f(x)dx$$

가 수렴하는 것이다.

이 정리에서, 정수 1은 임의의 양의 정수 M으로 바꾸어 놓아도 된다.

증명 그림 10.4의 도형들은, 급수 $\sum a_k$의 부분합들을 넓이로서 나타낸 것이며, 이것을 이용하여 급수와 그에 대응하는 적분 사이의 관계를 얻을 수 있다. 각각의 직사각형의 넓이는 그 높이와 같음을 주목하기 바란다. 왜냐 하면 각각의 경우 폭이 1이기 때문이다. 이 도형들로부터 다음이 성립함을 쉽게 알 수 있다.

$$\sum_{k=2}^{n} a_k \le \int_1^n f(x)dx \le \sum_{k=1}^{n-1} a_k$$

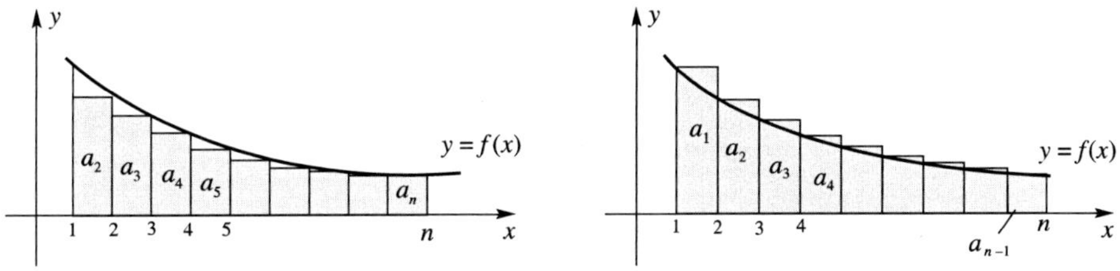

그림 10.4

이제 $\int_1^\infty f(x)dx$가 수렴한다고 가정하자. 그러면 위의 왼쪽 부등식에 따라서,

$$S_n = a_1 + \sum_{k=2}^{n} a_k \le a_1 + \int_1^n f(x)dx \le a_1 + \int_1^\infty f(x)dx$$

그러므로 합의 유계 판정법에 따라서, $\sum_{k=1}^{\infty} a_k$는 수렴한다.

한편으로, $\sum_{k=1}^{\infty} a_k$가 수렴한다고 가정하자. 그러면 위의 오른쪽 부등식에 따라서, $t \le n$인 경우,

$$\int_1^t f(x)dx \le a_1 + \int_1^n f(x)dx \le \sum_{k=1}^{n-1} a_k \le \sum_{k=1}^{\infty} a_k$$

t가 증가할 때 $\int_1^t f(x)dx$는 증가하고, 위로 유계이니, $\lim_{t\to\infty} \int_1^t f(x)dx$는 존재해야 한다. 즉, $\int_1^\infty f(x)dx$는 수렴한다. □

[예제 10.12] p급수 판정법 상수 p에 대해서, 급수

$$\sum_{k=1}^{\infty} \frac{1}{k^p} = 1 + \frac{1}{2^p} + \frac{1}{3^p} + \frac{1}{4^p} + \cdots$$

을 **p급수**(p-series)라고 부른다. 다음을 보여라.

(a) $p>1$인 경우 p급수는 수렴한다.

(b) $p\le 1$인 경우 p급수는 발산한다.

풀이 $p\ge 0$인 경우, 함수 $f(x)=1/x^p$은 구간 $[1, \infty)$에서 연속이고, 양수이며, 증가하지 않는다. 그리고 $a_k=f(k)=\dfrac{1}{k^p}$. 그러므로 적분 판정법에 따라서, $\Sigma(1/k^p)$이 수렴할 필요충분조건은 $\lim_{t\to\infty}\int_1^t x^{-p}\,dx$가 (유한한 수로서) 존재하는 것이다.

$p\ne 1$인 경우,

$$\int_1^t x^{-p}\,dx=\left[\frac{x^{1-p}}{1-p}\right]_1^t=\frac{t^{1-p}-1}{1-p}$$

$p=1$인 경우,

$$\int_1^t x^{-1}dx=[\ln x]_1^t=\ln t$$

$p>1$인 경우 $\lim_{t\to\infty}t^{1-p}=0$이고, $p<1$인 경우 $\lim_{t\to\infty}t^{1-p}=\infty$이며, $\lim_{t\to\infty}\ln t=\infty$이니, p급수는 $p>1$인 경우 수렴하고, $0\le p\le 1$인 경우 발산한다는 결론이 나온다.

우리는 $p<0$인 경우도 고려해야 한다. 이 경우 $\Sigma(1/k^p)$의 n번째 항 $1/n^p$은 0을 향해가지도 않는다. 그러므로 n번 항 판정법에 따라서, 이 급수는 발산한다.

$p=1$인 경우는 조화 급수가 됨을 주목하기 바란다. ■

[예제 10.13] $\displaystyle\sum_{k=2}^{\infty}\frac{1}{k\ln k}$이 수렴하는지, 발산하는지 판단하여라.

풀이 함수 $f(x)=1/(x\ln x)$은 구간 $[2, \infty)$에서 적분 판정법의 가정을 만족한다. 정리에서 언급하였듯이, 구간이 $[1, \infty)$가 아니라 $[2, \infty)$인 것은 전혀 상관이 없다. 이제

$$\int_2^{\infty}\frac{1}{x\ln x}dx=\lim_{t\to\infty}\int_1^t\frac{1}{\ln x}\left(\frac{1}{x}dx\right)=\lim_{t\to\infty}[\ln\ln x]_2^t=\infty$$

그러므로 $\Sigma 1/(k\ln k)$은 발산한다. ■

비교판정법

기하급수와 p급수에 대한 수렴 발산조건을 앞에서 우리는 살펴보았다. 이미 수렴하

는 급수 또는 발산하는 급수를 알고 있을 때 판정하고자 하는 급수를 항마다 비교하여 판정하는 방법을 **비교판정법**이라 한다.

> **정리 10.12 (수렴의 비교 판정법)** 음의 항이 없는 양항급수에 대한 비교 판정법은
>
> (1) $\sum a_n$의 수렴에 대한 판정 : 어떤 양의 정수 n_0에 대하여 $n>n_0$인 모든 정수 n에 대하여 $a_n \le c_n$을 만족하는 수렴하는 양항급수 $\sum c_n$이 존재하면 급수 $\sum a_n$이 수렴한다.
>
> (2) $\sum a_n$의 발산에 대한 판정 : 모든 $n>n_0$에 대해서 $a_n \ge d_n$을 만족하는 발산하는 양항급수 $\sum d_n$이 존재하면 급수 $\sum a_n$이 발산한다.

비교판정법을 사용하여 무한급수의 수렴 또는 발산을 판정할 때 다음을 유의할 필요가 있다. 한 무한 급수에 유한 개의 항을 빼거나 더하여도 극한치는 일정한 수만큼 변하므로 무한급수의 수렴 또는 발산은 이러한 변화로 인하여 영향을 받지는 않는다. 수렴 또는 발산하는 비교 급수를 많이 알고 있어야 한다.

특히, 다음과 같은 급수는 많이 이용된다.

· 수렴하는 비교 급수

$a+ar+ar^2+\cdots+ar^{n-1}+\cdots \ (a>0,\ 0<r<1)$: 무한등비급수

$1+\dfrac{1}{2^p}+\dfrac{1}{3^p}+\cdots+\dfrac{1}{n^p}+\cdots \ (p>1)$: p-급수

· 발산하는 급수

$a+ar+ar^2+\cdots+ar^{n-1}+\cdots \ (a>0,\ r\ge 1)$: 무한등비급수

$1+\dfrac{1}{2^p}+\dfrac{1}{3^p}+\cdots+\dfrac{1}{n^p}+\cdots \ (0<p\le 1)$: p-급수

[예제 10.14] 다음 급수의 수렴 또는 발산을 비교판정법으로 결정하시오.

$$\frac{1}{1\cdot 3}+\frac{1}{2\cdot 4}+\frac{1}{3\cdot 5}+\cdots+\frac{1}{n\cdot(n+2)}+\cdots$$

풀이 알고 있는 수렴하는 급수 $p=2$인 경우의 p급수,

$$1+\frac{1}{2^2}+\frac{1}{3^2}+\cdots+\frac{1}{n^2}+\cdots$$

을 생각하자. 두 급수의 각항을 비교하면 모든 양의 정수 n에 대하여 $1/(n^2+2n)<1/n^2$이다. 따라서 비교판정법에 의하여 주어진 급수는 수렴한다. ■

[예제 10.15] 비교판정법으로 다음 급수의 수렴 또는 발산을 결정하시오.

$$\frac{2}{1\cdot 3}+\frac{3}{2\cdot 4}+\frac{4}{3\cdot 5}+\cdots+\frac{n+1}{n\cdot(n+2)}+\cdots$$

풀이 주어진 급수의 제n항을 생각하면 모든 양의 정수 n에 대하여

$$\frac{n+1}{n(n+2)}=\frac{n+1}{n}\cdot\frac{1}{n+2}>\frac{1}{n+2}$$

이다. 그러나 급수 $\frac{1}{3}+\frac{1}{4}+\cdots+\frac{1}{n+2}+\cdots$ 은 조화급수에서 $1+\frac{1}{2}$을 제외한 급수로 발산한다. ■

[예제 10.16] 급수 $\sum_{n=2}^{\infty}\left(\int_{n-1}^{n}\frac{dx}{x}-\frac{1}{n}\right)$은 수렴함을 증명하여라.

풀이 $x>0$에 대하여 $\frac{1}{x}$은 감소 함수이므로

$$\frac{1}{n}<\int_{n-1}^{n}\frac{dx}{x}<\frac{1}{n-1}$$

이다. 위 부등식의 각 항에서 $\frac{1}{n}$을 빼면

$$0<\int_{n-1}^{n}\frac{dx}{x}-\frac{1}{n}<\frac{1}{n(n-1)}<\frac{1}{(n-1)^2}$$

따라서, $p=2$일 때의 p급수와 비교하면 주어진 급수는 수렴한다. ■

정리 10.13 (극한 비교판정법) 두 양항 급수

$$\text{(A)}\quad a_1+a_2+a_3+\cdots+a_n+\cdots$$

$$\text{(U)}\quad u_1+u_2+u_3+\cdots+u_n+\cdots$$

에 대하여 $\lim_{n\to\infty} \dfrac{u_n}{a_n}$이 존재하고 0이 아니라 할 때,

(a) 급수 (A)가 수렴하면, 급수 (U)도 수렴한다.

(b) 급수 (A)가 발산하면, 급수 (U)도 발산한다.

증명 (a)의 경우 $\lim_{n\to\infty} \dfrac{u_n}{a_n}=a$라 하자. 즉, $n\to\infty$일 때 $\dfrac{u_n}{a_n}\to a$이므로 극한의 정의를 이용하면 어떤 충분히 큰 양의 정수 N이 존재해서 $n>N$인 모든 n에 대하여 $\dfrac{u_n}{a_n}<a+1$이라 둘 수 있다. 그런데,

$$(a+1)a_N+(a+1)a_{N+1}+\cdots+(a+1)a_{N+k}+\cdots$$

은 수렴하므로 비교판정법에 의하여 $u_N+u_{N+1}+\cdots+u_{N+k}+\cdots$은 수렴한다. 따라서 급수 $u_1+u_2+u_3+\cdots+u_n+\cdots$ 도 수렴한다.

(b)의 경우도 마찬가지로 증명된다. □

[예제 10.17] 급수 $\sum_{n=1}^{\infty} \dfrac{\sqrt{n}+1}{3n^2\sqrt{n}+2\sqrt{n}}$의 수렴성을 극한 비교판정법으로 판정하여라.

풀이 $\sum_{n=1}^{\infty}(1/n^2)$가 수렴한다는 사실을 이용하며 $n\to\infty$일 때,

$$\frac{\dfrac{\sqrt{n}+1}{3n^2\sqrt{n}+2\sqrt{n}}}{1/n^2}=\frac{n^2\sqrt{n}+n^2}{3n^2\sqrt{n}+2\sqrt{n}}=\frac{1+\dfrac{1}{\sqrt{n}}}{3+(2/n^2)}\to\frac{1}{3}$$

따라서, 급수 $\sum_{n=1}^{\infty} \dfrac{\sqrt{n}+1}{3n^2\sqrt{n}+2\sqrt{n}}$은 수렴한다. ■

급수를 자신과 비교함

비교 판정법을 써서 유용한 결과를 얻자면 통찰력이나 인내가 필요하다. 우리가 알고 있는 급수들 중에, 판정하고자 하는 급수와 비교하기에 꼭 알맞은 급수를 잘 골라야 한다. 급수를 자기 자신과 비교해서 수렴, 발산을 판단하는 방법이 있다면 좋지 않을까? 비율 판정법이 바로 이러한 방법이다.

정리 10.14 (비율 판정법) Σa_n은 양수인 항들로 된 급수이고, 다음이 성립한다고 하자.

$$\lim_{n\to\infty} \frac{a_{n+1}}{a_n} = \rho$$

(i) 만약 $\rho < 1$이면, 이 급수는 수렴한다.

(ii) 만약 $\rho > 1$이거나, 또는 $\lim_{n\to\infty} a_{n+1}/a_n = \infty$이면, 이 급수는 발산한다.

(iii) 만약 $\rho = 1$이면, 이 판정법으로는 아무런 결론도 내릴 수 없다.

증명 비율 판정법의 배경을 보도록 하자. $\lim_{n\to\infty} a_{n+1}/a_n = \rho$이니, $a_{n+1} \approx \rho a_n$이다. 즉, 이 급수는 비율(공비) ρ인 기하 급수와 비슷하다. 기하 급수는 그 비율이 1보다 작으면 수렴하고, 그 비율이 1 보다 크면 발산한다. 이 논리를 단단하게 정립하는 것이 우리가 해야 할 일이다.

(i) $\rho < 1$이면, 우리는 $\rho < r < 1$이 되는 수 r을 잡을 수 있다. 예를 들어, $r = (\rho + 1)/2$이라 잡으면 된다. 그 다음에 N을 충분히 크게 잡아서, $n \geq N$이면 $a_{n+1}/a_n < r$이다. (이렇게 되도록 잡을 수 있는 까닭은, $\lim a_{n+1}/a_n = \rho < r$이기 때문이다.) 그러면

$$\begin{aligned}
&a_{N+1} < ra_N \\
&a_{N+2} < ra_{N+1} < r^2 a_N \\
&a_{N+3} < ra_{N+2} < r^3 a_N \\
&\vdots
\end{aligned}$$

$ra_N + ra_N + r^3 a_N + \cdots$ 은 기하 급수이고, $0 < r < 1$이니, 이것은 수렴한다. 일반적인 비교 판정법에 따라서 $\sum_{n=N+1}^{\infty} a_n$은 수렴한다. 따라서 $\sum_{n=1}^{\infty} a_n$도 수렴한다.

(ii) $\rho > 1$이면, 어떤 수 N이 있어서, $n \geq N$인 모든 n들에 대해서, $a_{n+1}/a_n > 1$. 그러므로

$$\begin{aligned}
&a_{N+1} > a_N \\
&a_{N+2} > a_{N+1} > a_N \\
&\vdots
\end{aligned}$$

따라서 $n > N$인 모든 n들에 대해서, $a_n > a_N > 0$. 따라서 $\lim_{n\to\infty} a_n$은 0이 될 수 없다. 그러므로 n번 항 판정법에 따라서, Σa_n은 발산한다.

(iii) $\Sigma 1/n$은 발산하고, 반면에 $\Sigma 1/n^2$은 수렴함을 우리는 알고 있다. 전자의 급수에

대해서,

$$\lim_{n\to\infty}\frac{a_{n+1}}{a_n}=\lim_{n\to\infty}\frac{1}{n+1}\div\frac{1}{n}=\lim_{n\to\infty}\frac{n}{n+1}=1$$

후자의 급수에 대해서,

$$\lim_{n\to\infty}\frac{a_{n+1}}{a_n}=\lim_{n\to\infty}\frac{1}{(n+1)^2}\div\frac{1}{n^2}=\lim_{n\to\infty}\frac{n}{(n+1)^2}=1$$

그러므로 $\rho=1$인 경우, 비율 판정법으로는 수렴, 발산을 구별해 낼 수 없다. □

n번째 항이 n의 유리함수인 급수들에 대해서는, 비율 판정법이 항상 쓸모가 없다. 왜냐 하면 이 경우 $\rho=1$이 되기 때문이다($a_n=1/n$과 $a_n=1/n^2$인 경우들을 위에서 다루었다). 그렇지만 n번째 항이 $n!$ 또는 r^n을 포함하는 급수들에 대해서는, 비율 판정법이 멋지게 들어맞는다.

[예제 10.18] 다음 급수의 수렴, 발산을 판단하여라: $\sum_{n=1}^{\infty}\frac{2^n}{n!}$.

풀이

$$\rho=\lim_{n\to\infty}\frac{a_{n+1}}{a_n}=\lim_{n\to\infty}\frac{2^{n+1}}{(n+1)!}\frac{n!}{2^n}=\lim_{n\to\infty}\frac{2}{n+1}=0$$

비율 판정법에 따라서, 이 급수는 수렴한다. ■

[예제 10.19] 다음 급수의 수렴, 발산을 판단하여라: $\sum_{n=1}^{\infty}\frac{2^n}{n^{20}}$.

풀이

$$\rho=\lim_{n\to\infty}\frac{a_{n+1}}{a_n}=\lim_{n\to\infty}\frac{2^{n+1}}{(n+1)^{20}}\frac{n^{20}}{2^n}=\lim_{n\to\infty}\left(\frac{n}{n+1}\right)^{20}\cdot 2=2$$

그러므로 이 급수는 발산한다. ■

[예제 10.20] 다음 급수의 수렴, 발산을 판단하여라: $\sum_{n=1}^{\infty}\frac{n!}{n^n}$.

풀이 다음 사실을 알고 있어야 한다.

$$\lim_{n\to\infty}\left(1+\frac{1}{n}\right)^n=\lim_{h\to 0}(1+h)^{1/h}=e$$

이것을 안다고 하면, 다음과 같이 비율을 구할 수 있다.

$$\rho=\lim_{n\to\infty}\frac{a_{n+1}}{a_n}=\lim_{n\to\infty}\frac{(n+1)!}{(n+1)^{n+1}}\frac{n^n}{n!}$$

$$=\lim_{n\to\infty}\frac{1}{((n+1)/n)^n}$$

$$=\lim_{n\to\infty}\frac{1}{(1+1/n)^n}=\frac{1}{e}<1$$

그러므로 이 급수는 수렴한다. ■

〈요 약〉 양수 항들로 된 급수 Σa_n의 수렴, 발산을 판단하려면, a_n을 꼼꼼히 살펴 보아야 한다.

1. 만약 $\lim_{n\to\infty} a_n \neq 0$이면, n번 항 판정법에 따라서 이 급수를 판정한다.
2. 만약 a_n이 $n!$, r^n, 또는 n^n을 포함하고 있으면, 비율 판정법을 적용하여라.
3. 만약 a_n이 n의 상수승만을 포함하고 있으면, 극한 비교 판정법을 적용하여라. 특히 a_n이 n의 유리함수이면, 분자와 분모의 최고차항들의 몫 b_n과 비교하도록 하여라.
4. 위의 판정법들이 실패로 끝나면, 일반적인 비교 판정법, 적분 판정법, 또는 합의 유계 판정법을 적용해 보아라.
5. 어떤 급수들에 대해서는 교묘하게 조작을 하거나 산뜻한 기술을 걸어야 수렴, 발산을 판단할 수 있다.

정리 10.15 (근판정법(Root test)) 양항급수 $u_1+u_2+u_3+\cdots+u_n+u_{n+1}+\cdots$ 에서 $\lim_{n\to\infty}\sqrt[n]{u_n}=R$라 하면

(a) $R<1$일 때, 이 급수는 수렴하고

(b) $R>1$일 때, 이 급수는 발산하고

(c) $R=1$일 때, 이 판정법으로는 판정할 수 없다.

증명 (a) $R<1$인 경우

$R<1$이므로 실수의 연속성에 의하여 $R<r<1$인 한 실수 r이 존재한다. $n\to\infty$일 때, $\sqrt[n]{u_n}\to R$이므로 충분히 큰 적당한 양의 정수 N이 존재해서 $n\ge N$인 모든 n에 대하여 $\sqrt[n]{u_n}<r$이다. $u_n<r^n$이 된다.

따라서, $\sum_{n=N}^{\infty} r^n$은 공비가 $0<r<1$인 등비급수이므로 수렴한다. 그러므로 비교판정법에 의하여 $\sum_{n=N}^{\infty} u_n$은 수렴하고, 앞의 유한 개의 양을 더하여도 급수는 수렴한다. 즉, $\sum_{n=1}^{\infty} u_n = u_1+u_2+\cdots+u_{N-1}+\sum_{n=N}^{\infty} u_n$은 수렴한다.

(b) $R>1$인 경우

어떤 충분히 큰 양의 정수 M이 존재해서 $n\ge M$인 모든 n에 대하여 $\sqrt[n]{u_n}>1$이 성립한다. 즉, $n\ge M$인 n에 대하여 $u_n>1$이다. 따라서 비교판정법에 의해서 $\sum_{n=N}^{\infty} u_n$은 발산한다. 그러므로 무한등비급수,

$$\sum_{n=1}^{\infty} u_n = u_1+u_2+\cdots+u_{N-1}+\sum_{n=N}^{\infty} u_n$$

은 발산한다.

(c) $R=1$인 경우

급수 $\sum_{n=1}^{\infty} \frac{1}{n}$과 $\sum_{n=1}^{\infty} \frac{1}{n^2}$은 모두 $\lim_{n\to\infty} \sqrt[n]{u_n}=1$을 만족하지만 첫째 급수는 발산하고, 둘째 급수는 수렴하므로 이 판정법으로는 판정이 불가능하다. ■

[예제 10.21] 다음 급수를 근판정법으로 수렴성을 조사하여라.

(a) $\sum_{n=2}^{\infty} \frac{1}{(\ln n)^n}$ (b) $\sum_{n=1}^{\infty} \frac{2^n}{n^3}$ (c) $\sum_{n=1}^{\infty} \left(1-\frac{1}{n}\right)^n$

풀이 (a) 일반항 $u_n=\frac{1}{(\ln n)^n}$이므로 $\lim_{n\to\infty} \sqrt[n]{u_n}=\lim_{n\to\infty} \frac{1}{\ln n}=0$이다. 따라서 이 급수는 수렴한다.

(b) 일반항 $u_n=\frac{2^n}{n^3}$이고

$$\lim_{n\to\infty} \sqrt[n]{u_n}=\lim_{n\to\infty} 2\cdot\left(\frac{1}{n}\right)^{3/n}=2\cdot\left\{\left(\frac{1}{n}\right)^{1/n}\right\}^3=2\cdot 1^3=2$$

이다. 따라서 $R=2>1$이므로, 이 급수는 발산한다.

(c) 일반항 $u_n=\left(1-\frac{1}{n}\right)^n$이고 $\lim_{n\to\infty}\sqrt[n]{u_n}=\lim_{n\to\infty}\left(1-\frac{1}{n}\right)=1$이므로, 근판정법으로는 판정할 수 없다. 그러나,

$$\lim_{n\to\infty}u_n=\lim_{n\to\infty}\left(1-\frac{1}{n}\right)^n=\frac{1}{e}\neq 0$$

이므로, 발산하는 급수에 대한 일반항 판정법에 의하여 이 급수는 발산한다. ■

연습문제 (10-3)

※ 문제 1~8은 주어진 수열이 수렴하는지, 발산하는지 판단하고, 만약 수렴하면 을 구하여라.

1. $a_n=\dfrac{9n}{\sqrt{9n^2+1}}$

2. $a_n=\dfrac{\ln n}{\sqrt{n}}$

3. $a_n=\left(1+\dfrac{4}{n}\right)^n$

4. $a_n=\dfrac{n!}{3^n}$

5. $a_n=\sqrt[n]{n}$

6. $a_n=\dfrac{1}{\sqrt[3]{n}}+\dfrac{1}{\sqrt[n]{3}}$

7. $a_n=\dfrac{\sin^2 n}{\sqrt{n}}$

8. $a_n=\cos\left(\dfrac{n\pi}{6}\right)$

※ 문제 9~18은 주어진 급수가 수렴하는지, 발산하는지 판단하고, 만약 수렴하면 그 합을 구하여라.

9. $\displaystyle\sum_{k=1}^{\infty}\left(\frac{1}{\sqrt{k}}-\frac{1}{\sqrt{k+1}}\right)$

10. $\displaystyle\sum_{k=1}^{\infty}\left(\frac{1}{k}-\frac{1}{k+2}\right)$

11. $\ln\dfrac{1}{2}+\ln\dfrac{2}{3}+\ln\dfrac{3}{4}+\cdots$

12. $\displaystyle\sum_{k=0}^{\infty}\cos k\pi$

13. $\displaystyle\sum_{k=1}^{\infty}e^{-2k}$

14. $\displaystyle\sum_{k=0}^{\infty}\left(\frac{3}{2^k}+\frac{4}{3^k}\right)$

15. $0.91919191\cdots=\displaystyle\sum_{k=1}^{\infty}91\left(\frac{1}{100}\right)^k$

16. $\displaystyle\sum_{k=1}^{\infty}\left(\frac{1}{\ln 2}\right)^k$

17. $1+\frac{2^2}{2!}+\frac{2^4}{4!}+\frac{2^6}{6!}+\cdots$

18. $1+\frac{1}{1!}+\frac{1}{2!}+\frac{1}{3!}+\frac{1}{4!}-\cdots$

※ 문제 19~32는 주어진 급수의 수렴, 발산을 판단하고, 그렇게 결론을 내린 이유를 제시하여라.

19. $\sum_{n=1}^{\infty}\frac{n}{1+n^2}$

20. $\sum_{n=1}^{\infty}\frac{n+5}{1+n^3}$

21. $\sum_{n=1}^{\infty}\frac{1}{\sqrt[3]{n}}$

22. $\sum_{n=1}^{\infty}\frac{1}{\sqrt[n]{3}}$

23. $\sum_{n=1}^{\infty}\frac{2^n+3^n}{4^n}$

24. $\sum_{n=1}^{\infty}\frac{n}{e^{n^2}}$

25. $\sum_{n=1}^{\infty}\frac{n+1}{10n+12}$

26. $\sum_{n=1}^{\infty}\frac{\sqrt{n}}{n^2+7}$

27. $\sum_{n=1}^{\infty}\frac{n^2}{n!}$

28. $\sum_{n=1}^{\infty}\frac{n^3 3^n}{(n+1)!}$

29. $\sum_{n=1}^{\infty}\frac{2^n n!}{(n+2)!}$

30. $\sum_{n=1}^{\infty}\left(1-\frac{1}{n}\right)^n$

31. $\sum_{n=1}^{\infty}n^2\left(\frac{2}{3}\right)^n$

32. $\sum_{n=1}^{\infty}\frac{1}{1+\ln n}$

10.4 교대 급수와 절대 수렴

양의 항, 음의 항이 교대로 나타나는 급수를 **교대급수**(alternating series)라고 한다. 다음과 같은 예를 들 수가 있다.

- $1-\frac{1}{2}+\frac{1}{3}-\frac{1}{4}+\frac{1}{5}-\cdots+\frac{(-1)^{n+1}}{n}+\cdots$ (교대조화급수)
- $-2+1-\frac{1}{2}+\frac{1}{4}-\frac{1}{8}+\cdots+\frac{(-1)^n 4}{2^n}+\cdots$ (공비 $r=-\frac{1}{2}$인 등비급수)
- $1-2+3-4+5-6+\cdots+(-1)^{n-1}n+\cdots$ (n항이 0으로 수렴하지 않는 급수)

정리 10.16 (교대급수 판정법) $u_1, u_2, u_3, \cdots$ 가 양수일 때, 다음 세 조건

(1) 모든 n에 대하여 $u_n > u_{n+1}$, $n=1, 2, 3, \cdots$ 이고,

(2) 항 $u_n > 0$, $n=1, 2, 3, \cdots$ 이며,

(3) $\lim\limits_{u \to \infty} u_n = 0$.

임을 만족하면 교대 급수,

$$\sum_{n=1}^{\infty} (-1)^{n+1} u_n = u_1 - u_2 + u_3 - u_4 + \cdots$$

은 수렴한다.

증명 주어진 교대 급수의 처음 $2k$개의 항의 합은 다음 두 형식으로 표현할 수 있다.

$$S_{2k} = (u_1 - u_2) + (u_3 - u_4) + \cdots + (u_{2k-1} - u_{2k})$$
$$S_{2k} = u_1 - (u_2 - u_3) - \cdots - (u_{2k-2} - u_{2k-1}) - u_{2k}$$

모든 n에 대하여 $u_n \geq u_{n+1}$이므로, 위에 주어진 등식에서 괄호 안의 차는 양수이거나 또는 0이다. 따라서, 첫 번째 식에서는 S_{2k}가 양수이거나 0임을 보여주고, 두 번째 식에서는 $S_{2k} < u_1$임을 보여준다. 따라서 정리에 의하여 $k \to \infty$일 때, S_{2k}는 일정한 극한치 S에 수렴한다. 다음으로, 홀수개 항의 합을 생각하자.

$S_{2k+1} = S_{2k} + u_{2k+1}$로 표현할 수 있으며 가정에 의하여 $k \to \infty$일 때 $u_{2k+1} \to 0$이므로, $\lim\limits_{k\to\infty} S_{2k+1} = \lim\limits_{k\to\infty} S_{2k} + \lim\limits_{k\to\infty} u_{2k+1} = S + 0 = S$이다.

이 증명의 마지막 부분이 없으면 주어진 교대 급수는 $1-1+1-1+1-\cdots$ 같은 진동 급수가 될 수도 있으므로, 증명의 마지막 부분은 반드시 필요하다. 그러므로, n이 짝수이든 홀수이든 S_n은 같은 극한치 S에 접근하므로 주어진 급수는 수렴한다. ■

[예제 10.22] 다음 교대 조화급수가 수렴함을 보여라.

$$1 - \frac{1}{2} + \frac{1}{3} - \frac{1}{4} + \cdots + (-1)^{n-1}\frac{1}{n} + \cdots$$

풀이 이 급수는 $u_n = \frac{1}{n}$, $u_{n+1} = \frac{1}{n+1}$로써 모든 n에 대하여 $\frac{1}{n} > \frac{1}{n+1}$이고, $\lim\limits_{n\to\infty} \frac{1}{n} = 0$ 이므로 교대급수 판정법에 의하여 이 급수는 수렴한다. ■

[예제 10.23] 급수 $\sum_{n=1}^{\infty}(-1)^{n-1}\frac{n^2}{2^n}$은 수렴함을 보여라.

풀이 급수의 형태를 파악하기 위해서, 앞의 항들을 몇 개 나열해 보도록 하자.

$$\frac{1}{2}-1+\frac{9}{8}-1+\frac{25}{32}-\frac{36}{64}+\cdots$$

이것은 교대 급수이며, $\lim_{n\to\infty} n^2/2^n=0$(로피탈의 법칙). 그러나 안타깝게도, 처음에는 항들이 감소하지 않는다. 그렇지만 처음 두 항들 이후로는 감소하는 것으로 보인다. 그렇다면 됐다. 왜냐 하면 급수의 시작 부분에서 일어나는 일들은 수렴, 발산에 영향을 끼치지 않기 때문이다. 수열 수식이 셋째 항 이후로는 감소하는 것을 보이기 위해서, 다음 함수를 고려하자.

$$f(x)=\frac{x^2}{2^x}$$

$x\geq 3$인 경우, 이 함수의 미분은

$$f'(x)=\frac{2x\cdot 2^x-x^2 2^x\ln 2}{2^{2x}}=\frac{x2^x(2-x\ln 2)}{2^{2x}}$$
$$\approx\frac{x(2-0.69x)}{2^x}<0$$

그러므로 f는 $[3,\ \infty)$에서 감소한다. 따라서 $n^2/2^n$도 $n\geq 3$에서 감소한다. 따라서 부호는 교대로 나타나고 항들이 감소하므로 교대급수 판정법에 의하여 주어진 급수는 수렴한다. ■

절대 수렴

다음 급수

$$1+\frac{1}{4}-\frac{1}{9}+\frac{1}{16}+\frac{1}{25}-\frac{1}{36}+\cdots$$

은 양수 항이 두 개 나오고, 음수 항이 한 개 나오고, 이런 식으로 계속되는데, 이것은 수렴하는가, 아니면 발산하는가? 교대 급수 판정법을 적용할 수는 없다. 그렇지만 이것과 대응하는, 모든 항들이 양수인 급수

$$1+\frac{1}{4}+\frac{1}{9}+\frac{1}{16}+\frac{1}{25}+\frac{1}{36}+\cdots$$

이 수렴하니($p=2$인 p급수), 일부 항들을 음수로 바꿔 놓은 급수는 (더욱 잘) 수렴하리라고 예상할 수 있다. 다음 정리의 내용이 바로 이것이다.

정리 10.17 (절대 수렴 판정법) 만약 $\Sigma|u_n|$이 수렴하면, Σu_n은 수렴한다.

증명 $v_n=u_n+|u_n|$이라 놓자. 그러면

$$u_n=v_n-|u_n|$$

이제 $0\le v_n\le 2|u_n|$. 그러므로 일반적인 비교 판정법에 따라서, Σv_n은 수렴한다. 그러므로 선형성 정리에 따라서, $\Sigma u_n=\Sigma(v_n-|u_n|)$은 수렴한다. □

급수

$$\sum_{n=1}^{\infty}\frac{\sin n}{n^2}=\frac{\sin 1}{1}+\frac{\sin 2}{4}+\frac{\sin 3}{9}+\cdots$$

대응하는 절대값 급수는

$$\sum_{n=1}^{\infty}\left|\frac{\sin n}{n^2}\right|=\frac{|\sin 1|}{1}+\frac{|\sin 2|}{4}+\frac{|\sin 3|}{9}+\cdots$$

이며 모든 n에 대하여 $|\sin n|\le 1$이므로 $\sum_{n=1}^{\infty}\left(\frac{1}{n^2}\right)$과 비교하므로 수렴한다. 따라서 주어진 원급수는 절대수렴하고, 결과적으로 수렴한다.

만약 $\Sigma|u_n|$이 수렴하면, 급수 Σu_n은 **절대 수렴한다**(converge absolutely)고 말한다. 절대 수렴하면 원급수는 수렴함을 정리 10.17은 말하고 있다. 양수 항들의 급수에 대한 모든 수렴 판정법은, 일부 항들이 음수인 급수에 대한 절대 수렴 판정법이 된다. 특히 비율 판정법도 그러한데, 그것을 여기에 제시해 놓겠다.

정리 10.18 (절대 비율 판정법) Σu_n은 0 이 아닌 항들로 된 급수이며, 다음이 성립한다고 하자.

$$\lim_{n \to \infty} \frac{|u_{n+1}|}{|u_n|} = \rho$$

(i) 만약 $\rho < 1$이면, 이 급수는 절대 수렴한다(따라서 수렴한다).

(ii) 만약 $\rho > 1$이면, 이 급수는 발산한다.

(iii) 만약 $\rho = 1$이면, 이 판정법으로는 아무런 결론도 내릴 수 없다.

증명 (i)과 (iii)의 증명은 비율 판정법으로부터 바로 나온다. (ii)의 경우, 원래 비율 판정법으로부터 $\Sigma|u_n|$이 발산함이 나오지만, 우리는 여기서 더 많은 것을 주장하고 있다. 즉, Σu_n이 발산함을 보여야 한다.

$$\lim_{n \to \infty} \frac{|u_{n+1}|}{|u_n|} > 1$$

이니, n이 충분히 크면, 이를테면 $n \geq N$이면, $|u_{n+1}| > |u_n|$이 성립한다. 그러므로 $n \geq N$인 모든 n들에 대해서 $|u_n| > |u_n| > 0$이 성립하며, 따라서 은 0이 될 수 없다. 그러므로 n번 항 판정법에 따라서, Σu_n은 발산한다. □

[예제 10.24] 급수 $\sum_{n=1}^{\infty} (-1)^{n+1} \frac{3^n}{n!}$은 절대 수렴함을 보여라.

풀이

$$\rho = \lim_{n \to \infty} \frac{|u_{n+1}|}{|u_n|} = \lim_{n \to \infty} \frac{3^{n+1}}{(n+1)!} \div \frac{3^n}{n!}$$

$$= \lim_{n \to \infty} \frac{3}{n+1} = 0$$

그러므로 절대 비율 판정법에 따라서, 이 급수는 절대 수렴한다(그러므로 수렴한다). ■

[예제 10.25] 급수 $\sum_{n=1}^{\infty} \frac{\cos(n!)}{n^2}$의 수렴, 발산을 판단하여라.

풀이 급수의 처음 100개 항들을 적어 보면, 항들의 부호가 약간 불규칙하게 바뀜을 알 수 있을 것이다. 사실 이 급수를 직접 분석하기는 어렵다. 그렇지만

$$\left| \frac{\cos(n!)}{n^2} \right| \leq \frac{1}{n^2}$$

그러므로 일반적인 비교 판정법에 따라서, 이 급수는 절대 수렴한다. 그러므로 절대 수렴 판정법에 따라서, 이 급수는 수렴한다. □

조건부 수렴

학생들이 흔히 범하는 실수는, 정리 10.17을 역으로 만드는 것이다. 수렴한다고 해서 절대 수렴한다는 보장은 없다. 이것은 명백히 틀리다. 다음 교대 조화 급수를 보기 바란다. 급수

$$1-\frac{1}{2}+\frac{1}{3}-\frac{1}{4}+\cdots$$

은 수렴하지만,

$$1+\frac{1}{2}+\frac{1}{3}+\frac{1}{4}+\cdots$$

은 발산함을 우리는 알고 있다. 만약 Σu_n은 수렴하지만 $\Sigma|u_n|$은 발산하면, 급수 Σu_n은 **조건부 수렴**한다(conditionally converge)고 말한다. 조건부 수렴하는 급수의 가장 중요한 예는 교대 조화 급수이지만, 그 이외에도 많이 있다.

[예제 10.26] 급수 $\sum_{n=1}^{\infty}(-1)^{n+1}\frac{1}{\sqrt{n}}$은 조건부 수렴함을 보여라.

풀이 교대 급수 판정법에 따라서, $\sum_{n=1}^{\infty}(-1)^{n+1}[1/\sqrt{n}]$은 수렴한다. 그러나 $\sum_{n=1}^{\infty}[1/\sqrt{n}]$은 발산한다. 왜냐 하면 $p=\frac{1}{2}$인 p급수이기 때문이다. ■

> **정리 10.19 (재배열 정리)** 절대 수렴하는 급수의 항들을 어떻게 재배열하든, 그 급수의 수렴과 급수의 합에 영향을 끼치지 않는다.

예를 들어, 급수

$$1+\frac{1}{4}-\frac{1}{9}+\frac{1}{16}+\frac{1}{25}-\frac{1}{36}+\frac{1}{49}+\frac{1}{64}-\frac{1}{81}+\cdots$$

은 절대 수렴한다. 이것을 재배열한

$$1+\frac{1}{4}+\frac{1}{16}-\frac{1}{9}+\frac{1}{25}+\frac{1}{49}+\frac{1}{64}-\frac{1}{36}+\cdots$$

도 수렴하며, 그 합은 원래 급수의 합과 같다.

연습문제 (10-4)

※ 다음 급수를 절대 수렴, 조건부 수렴, 발산으로 분류하여라.

1. $\sum_{n=1}^{\infty}(-1)^{n+1}\frac{1}{5n}$

2. $\sum_{n=1}^{\infty}(-1)^{n+1}\frac{1}{5n^{1.1}}$

3. $\sum_{n=1}^{\infty}(-1)^{n+1}\frac{n}{10n+1}$

4. $\sum_{n=1}^{\infty}(-1)^{n+1}\frac{1}{10n^{1.1}+1}$

5. $\sum_{n=1}^{\infty}(-1)^{n}\frac{1}{n\ln n}$

6. $\sum_{n=1}^{\infty}(-1)^{n+1}\frac{1}{n(1+\sqrt{n})}$

7. $\sum_{n=1}^{\infty}(-1)^{n+1}\frac{n^4}{2^n}$

8. $\sum_{n=1}^{\infty}(-1)^{n}\frac{1}{\sqrt{n^2-1}}$

9. $\sum_{n=1}^{\infty}(-1)^{n+1}\frac{n}{n^2+1}$

10. $\sum_{n=1}^{\infty}(-1)^{n+1}\frac{n-1}{n}$

11. $\sum_{n=1}^{\infty}\frac{\cos n\pi}{n}$

12. $\sum_{n=1}^{\infty}\frac{\sin(n\pi/2)}{n^2}$

13. $\sum_{n=1}^{\infty}(-1)^{n}\frac{\sin n}{n\sqrt{n}}$

14. $\sum_{n=1}^{\infty}n\sin\left(\frac{1}{n}\right)$

10.5 멱급수와 멱급수의 연산

지금까지 우리가 배운 것은 상수들의 급수(series of constants)라고 할 수 있다. 즉, Σu_n 형태의 급수이며, 여기서 각각의 u_n은 상수이다. 이제 함수들의 급수(series of functions)를 생각하겠다. 이것은 $\sum u_n(x)$ 형태의 급수이다. 이러한 급수의 전형적인 예로는,

$$\sum_{n=1}^{\infty} \frac{\sin nx}{n^2} = \frac{\sin x}{1} + \frac{\sin 2x}{4} + \frac{\sin 3x}{9} + \cdots$$

이 급수의 x에다 어떤 값을 집어넣으면 상수들의 급수가 될 것이다.

무한히 많은 도함수를 가지고 있는 거의 대부분의 함수는 그 도함수들이 아주 커지지 않는 한 멱급수에 의해 표시할 수 있다. 또한, e^x, $\sin x$, $\ln(1+x)$, $+\tan^{-1} x$ 등등에 대한 급수는 근사값을 구하는 데 용이하게 이용된다.

함수들의 급수에 대해서, 두 개의 중요한 질문을 제기해야 한다.

1. 어떤 x들에 대해서, 이 급수가 수렴하는가?
2. 어떤 함수로 수렴하게 되는가? 즉, 급수의 합 $S(x)$는 무엇인가?

***x*의 멱급수**(power series in x)는 다음 형태의 급수이다.

$$\sum_{n=0}^{\infty} a_n x^n = a_0 + a_1 x + a_1 x^2 + \cdots$$

(여기에서 $x=0$인 경우에 $a_0 x^0$ 대신 a_0이라고 본다.) 다음 멱급수에 대해서는, 우리가 제기한 두 개의 질문에 대해 이해를 충분히 시킬 수 있다.

[예제 10.27] 어떤 x들에 대해서, 멱급수

$$\sum_{n=1}^{\infty} ax^n = a + ax + ax^2 + ax^3 + \cdots$$

이 수렴하면, 그 합은 무엇인가? $a \neq 0$이라고 가정하자.

풀이 우리는 사실 이 급수를 공부하였으며, 이것을 기하 급수라고 불렀다. 이것은 $-1<x<1$에 대해서 수렴하며, 합 $S(x)$는 다음 식으로 주어진다.

$$S(x) = \frac{a}{1-x}, \quad -1<x<1$$ ■

수렴 집합

멱급수가 수렴하는 집합을 그 멱급수의 **수렴 집합**(convergence set)이라고 부른다.

수렴 집합은 어떤 종류의 집합이 될 수 있는가? 예제 10.28을 보면, 열린 구간이 될 수 있다. 다른 가능성들도 있을가?

[예제 10.28] 다음 멱급수의 수렴 집합은 무엇인가?

$$\sum_{n=0}^{\infty} \frac{x^n}{(n+1)2^n} = 1 + \frac{1}{2}\frac{x}{2} + \frac{1}{3}\frac{x^2}{2^2} + \frac{1}{4}\frac{x^3}{2^3} + \cdots$$

풀이 일부 항들은 음수가 될 수 있음을(만약 x가 음수이면) 주목해야 한다. 절대 비율 판정법을 써서, 절대 수렴을 판단해 보자.

$$\rho = \lim_{n\to\infty} \left| \frac{x^{n+1}}{(n+2)2^{n+1}} \div \frac{x^n}{(n+1)2^n} \right| = \lim_{n\to\infty} \frac{|x|}{2} \cdot \frac{n+1}{n+2} = \frac{|x|}{2}$$

이 급수는 $\rho = |x|/2 < 1$일 때 절대 수렴하며(따라서 수렴한다), $|x|/2 > 1$일 때 발산한다. 따라서 $|x| < 2$일 때 수렴하고, $|x| > 2$일 때 발산한다.

$x=2$ 또는 $x=-2$일 때, 비율 판정법으로는 결론을 내릴 수 없다. 그렇지만 $x=2$일 때, 이 급수는 조화 급수가 되며, 발산한다. 그리고 $x=-2$일 때, 이 급수는 교대 조화 급수가 되며, 교대 조화 급수는 수렴한다. 그러므로 주어진 급수의 수렴 집합은 $-2 \le x < 2$이다. ■

[예제 10.29] 급수 $\sum_{n=0}^{\infty} \frac{x^n}{n!}$의 수렴 집합을 구하여라.

풀이

$$\rho = \lim_{n\to\infty} \left| \frac{x^{n+1}}{(n+1)!} \div \frac{x^n}{n!} \right| = \lim_{n\to\infty} \frac{|x|}{n+1} = 0$$

그러므로 절대 비율 판정법에 따라서, 이 급수는 모든 x에 대해서 수렴한다. ■

[예제 10.30] 급수 $\sum_{n=0}^{\infty} n!\,x^n$의 수렴 집합을 구하여라.

풀이

$$\rho = \lim_{n\to\infty} \left| \frac{(n+1)!x^{n+1}}{n!x^n} \right| = \lim_{n\to\infty} (n+1)|x| = \begin{cases} 0, & x=0\text{인 경우} \\ \infty, & x\neq 0\text{인 경우} \end{cases}$$

그러므로 이 급수는 $x=0$에서만 수렴한다. ■

우리가 다룬 예제들에서, 수렴집합은 항상 어떤 구간이다. 예를 들어, 멱급수는 두 개의 떨어져 있는 부분들로 $[0, 1] \cup [2, 3]$처럼 된 수렴집합을 가질 수 없다. 다음 정리가 이 모든 것들을 말해 준다.

> **정리 10.20** 멱급수 $\sum a_n x^n$의 수렴집합은 항상 다음 세 종류 중의 하나인 구간이다.
> (i) 한점 $x=0$.
> (ii) 구간 $(-R, R)$, 또는 여기에다 한 쪽 끝점이나 양 쪽 끝점들을 더한 것.
> (iii) 실직선 전체.
> 그리고 (i), (ii), (iii) 각각의 경우, 이 멱급수는 **수렴반경**(radius of convergence)이 0, R, ∞라고 말한다.

증명 이 급수가 $x=x_1 \neq 0$에서 수렴한다고 하자. 그러면 $\lim_{n\to\infty} a_n x_1^n = 0$이며, 따라서 어떤 수 N이 있어서, 모든 $n \geq N$에 대해서 $|a_n x_1^n| < 1$. 그러면 $|x| < |x_1|$을 만족하는 모든 x에 대해서,

$$|a_n x^n| = |a_n x_1^n| \left|\frac{x}{x_1}\right|^n < \left|\frac{x}{x_1}\right|^n$$

이 부등식이 모든 $n \geq N$에 대해서 성립한다. 그러고 $\sum |x/x_1|^n$은 수렴한다. 왜냐 하면 공비가 1보다 작은 기하급수이기 때문이다. 그러므로 일반적인 비교판정법에 따라서, $\sum |a_n x^n|$은 수렴한다. 멱급수가 x_1에서 수렴하면, 그 멱급수는 $|x| < |x_1|$을 만족하는 모든 x에서 (절대) 수렴함을 증명한 것이다.

한편으로, 멱급수가 x_2에서 발산한다고 하자. 그러면 $|x| > |x_2|$인 모든 x들에서 발산해야 한다. 왜냐 하면, 만약에 이 멱급수가 $|x_1| > |x_2|$인 x_1에서 수렴하면, 방금 증명한 것에 따라서, x_2에서 수렴해야 하기 때문이다. 이것은 가정에 어긋난다.

이 두 문단을 결합하면, 수렴 집합은 이 정리에서 언급한 세 종류 이외의 집합이 될 수 없다. □

> **정리 10.21** 멱급수 $\sum a_n x^n$은 그 수렴 구간의 내부점에서 절대 수렴한다.

물론, 수렴 구간의 끝점들에서도 절대 수렴하는 경우가 없잖아 있을 것이다. 그러나 이것은 자신할 수 없다.

$x-a$의 멱급수

다음 형태의 급수

$$\sum a_n(x-a)^n = a_0 + a_1(x-a) + a_2(x-a)^2 + \cdots$$

을 **$x-a$의 멱급수**(power series in $x-a$)라고 부른다. x의 멱급수에 대해서 배운 것들은 모두, $x-a$의 멱급수에 대해서도 그대로 잘 성립한다. 특히, 그 수렴 집합은 항상 다음 세 종류 중의 하나이다.

1. 한 점 $x=a$.
2. 구간 $(a-R, a+R)$, 또는 여기에다 한쪽 끝점이나 양쪽 끝점들을 더한 것.
3. 실직선 전체.

[예제 10.31] 급수 $\displaystyle\sum_{n=0}^{\infty} \frac{(x-1)^n}{(n+1)^2}$의 수렴 집합을 구하여라.

풀이 절대 비율 판정법을 적용하자.

$$\rho = \lim_{n\to\infty} \left| \frac{(x-1)^{n+1}}{(n+2)^2} \div \frac{(x-1)^n}{(n+1)^2} \right| = \lim_{n\to\infty} |x-1| \frac{(n+1)^2}{(n+2)^2} = |x-1|$$

그러므로 $|x-1|<1$이면 이 급수는 수렴한다. 즉, $0<x<2$이면 수렴. 그리고 $|x-1|>1$이면 발산한다. 그리고 양쪽 끝점 0과 2를 넣어 보면, 여기서도 수렴함을 (사실 절대 수렴함) 알 수 있다. 그러므로 수렴 구간은 닫힌 구간 $[0, 2]$이다. ■

[예제 10.32] 다음 멱급수의 수렴 집합을 구하여라.

$$\frac{(x+2)^2 \ln 2}{2\cdot 9} + \frac{(x+2)^3 \ln 3}{3\cdot 27} + \frac{(x+2)^4 \ln 4}{4\cdot 81} + \cdots$$

풀이 n번 항은 $u_n = \dfrac{(x+2)^n \ln n}{n\cdot 3^n}$, 여기서 $n\geq 2$. 그러므로

$$\begin{aligned}\rho &= \lim_{n\to\infty} \left| \frac{(x+2)^{n+1}\ln(n+1)}{(n+1)3^{n+1}} \cdot \frac{n3^n}{(x+2)^n \ln n} \right| \\ &= \frac{|x+2|}{3} \lim_{n\to\infty} \frac{n}{n+1} \frac{\ln(n+1)}{\ln n} = \frac{|x+2|}{3}\end{aligned}$$

$\rho<1$이면 이 급수가 수렴한다. 즉, $|x+2|<3$인 경우. 또는 이와 동등한 것으로, $-5<x<1$인 경우. 끝점들 -5와 1을 확인해 보아야 한다.
$x=-5$이면,

$$u_n=\frac{(-3)^n \ln n}{n3^n}=(-1)^n\frac{\ln n}{n}$$

그리고 $\sum(-1)^n(\ln n)/n$은 교대 급수 판정법에 따라서 수렴한다.

$x=1$이면, $u_n=(\ln n)/n$이고, $\sum(\ln n)/n$은 조화 급수와 비교해 보면 발산함을 알 수 있다.

그러므로 이 급수는 구간 $-5\le x<1$에서 수렴한다. ■

멱급수의 연산

멱급수 $\sum a_n x^n$의 수렴 집합은 어떤 구간 I임을 배웠다. 이 구간은 급수의 합 $S(x)$라는 함수의 정의역이다. $S(x)$에 대해서 당연히 던져야 할 질문은, $S(x)$가 우리가 알고 있는 하나의 함수형태로 표현할 수 있는가이다. 기하 급수에 대해서는 그 공식을 구하였다.

$$\sum_{n=0}^{\infty} ax^n=\frac{a}{1-x},\ -1<x<1$$

사실, 임의의 멱급수가 주어졌을 때, 그 합이 우리가 이 책의 앞부분에서 공부한 기본 함수들 중의 하나가 될 이유는 없을 것이다.

하나의 함수형태로 표시된 $S(x)$의 성질들에 대해서 무엇을 말할 수 있느냐이다. 예를 들어, 이것을 미분할 수 있는가? 적분할 수 있는가? 이 두 질문에 대한 답은 "예"이다.

항별 미분과 적분

멱급수란 한없이 많은 항들을 가진 다항식이라고 생각할 수 있다. 미분과 적분에 대해서, 멱급수는 다항식처럼 행동한다. 다음과 같이, 항별로 미분, 적분을 할 수 있다.

정리 10.22 $S(x)$는 구간 I 에서 어떤 멱급수의 합이라고 하자. 즉,

$$S(x)=\sum_{n=0}^{\infty} a_n x^n = a+a_1x+a_2x^2+a_3x^3+\cdots$$

그러면 만약 x가 I의 내부점이면,

(i) $S'(x)=\sum_{n=0}^{\infty} D_x(a_n x^n)=\sum_{n=0}^{\infty} na_n x^{n-1}=a_1+2a_2x+a_3x^2+\cdots$

(ii) $\int_0^x S(t)dt=\sum_{n=0}^{\infty}\int_0^x a_n t^n\,dt=\sum_{n=0}^{\infty}\frac{a_n}{n+1}x^{n+1}=a_0x+\frac{1}{2}a_1x^2+\frac{1}{3}a_2x^3+\frac{1}{4}a_3x^4+\cdots$

이 정리는 여러 가지를 수반하고 있다. S를 미분, 적분할 수 있음을 말하고 있고, 미분과 적분을 어떻게 계산할 수 있는지, 그리고 미분한 급수와 적분한 급수는 둘 다 원래 급수와 수렴 반경이 같음을 주장하고 있다(그렇지만 수렴 구간의 끝점들에 대해서는 아무것도 말하지 않고 있다). 이 정리를 증명하기는 어렵다. 고학년용 책들을 보기 바란다.

위의 정리에 따른 멋진 결과로, 합의 공식을 알고 있는 멱급수에다 이것을 적용하여, 다른 멱급수의 합의 공식을 얻을 수 있다.

[예제 10.33] 정리 10.22를 다음 기하 급수

$$\frac{1}{1-x}=1+x+x^2+x^3+\cdots,\quad -1<x<1$$

에다 적용하여서, 새로운 두 급수의 공식을 구하여라.

풀이 항별로 미분을 하면, 다음을 얻는다.

$$\frac{1}{(1-x)^2}=1+2x+3x^2+4x^3+\cdots,\quad -1<x<1$$

항별로 적분을 하면,

$$\int_0^x \frac{1}{1-t}dt=\int_0^x 1\,dt+\int_0^x t\,dt+\int_0^x t^2dt+\cdots$$

즉,

$$-\ln(1-x)=x+\frac{x^2}{2}+\frac{x^3}{3}+\cdots,\quad -1<x<1$$

x 대신에 $-x$를 넣고, 양변에다 -1을 곱하면, 다음 공식을 얻는다.

$$\ln(1+x)=x-\frac{x^2}{2}+\frac{x^3}{3}-\frac{x^4}{4}+\cdots,\quad -1<x<1$$ ■

[예제 10.34] $\tan^{-1}x$를 멱급수로 나타내 보아라.

풀이 다음을 상기하자.

$$\tan^{-1}x=\int_0^x \frac{1}{1+t^2}\,dt$$

$1/(1-x)$을 기하 급수로 나타낸 것에서, x 대신에 $-t^2$을 넣으면, 다음을 얻는다.

$$\frac{1}{1+t^2}=1-t^2+t^4-t^6+\cdots,\quad -1<t<1$$

그러므로

$$\tan^{-1}x=\int_0^x (1-t^2+t^4-t^6+\cdots)\,dt$$

즉,

$$\tan^{-1}x=x-\frac{x^3}{3}+\frac{x^5}{5}-\frac{x^7}{7}+\cdots,\quad -1<x<1$$ ■

[예제 10.35] 다음 멱급수의 합의 공식을 구하여라.

$$S(x)=1+x+\frac{x^2}{2!}+\frac{x^3}{3!}+\cdots$$

풀이 이 급수는 모든 x에 대해서 수렴함을 배웠다. 항별로 미분하면, 다음을 얻게 된다.

$$S'(x)=1+x+\frac{x^2}{2!}+\frac{x^3}{3!}+\cdots$$

즉, 모든 x에 대해서, $S'(x)=S(x)$. 뿐만 아니라, $S(0)=1$. 이 미분방정식은 $S(x)=e^x$를 유일한 해답으로 가진다. 그러므로

$$e^x=1+x+\frac{x^2}{2!}+\frac{x^3}{3!}+\cdots$$ ■

연습문제 (10-5)

※ 문제 1~20은 주어진 멱급수의 수렴 구간을 구하여라. 도움 말: 우선 n번 항의 공식을 구하고, 그 다음에 절대 비율 판정법을 적용.

1. $\dfrac{x}{1\cdot 2}-\dfrac{x^2}{2\cdot 3}+\dfrac{x^3}{3\cdot 4}-\dfrac{x^4}{4\cdot 5}+\dfrac{x^5}{5\cdot 6}-\cdots$

2. $1+x+\dfrac{x^2}{2!}+\dfrac{x^3}{3!}+\dfrac{x^4}{4!}+\cdots$

3. $x-\dfrac{x^3}{3!}+\dfrac{x^5}{5!}+\dfrac{x^7}{7!}+\dfrac{x^9}{9!}+\cdots$

4. $1-\dfrac{x^2}{2!}+\dfrac{x^4}{4!}-\dfrac{x^6}{6!}+\dfrac{x^8}{8!}-\dfrac{x^{10}}{10!}+\cdots$

5. $x+2x^2+3x^3+4x^4+\cdots$

6. $x+2^2x^2+3^2x^3+4^2x^4+\cdots$

7. $1-x+\dfrac{x^2}{2}-\dfrac{x^3}{3}+\dfrac{x^4}{4}-\cdots$

8. $1+x+\dfrac{x^2}{\sqrt{2}}+\dfrac{x^3}{\sqrt{3}}+\dfrac{x^4}{\sqrt{4}}+\dfrac{x^5}{\sqrt{5}}+\cdots$

9. $1-\dfrac{x}{1\cdot 3}+\dfrac{x^2}{2\cdot 4}-\dfrac{x^3}{3\cdot 5}+\dfrac{x^4}{4\cdot 6}-\cdots$

10. $\dfrac{x}{2^2-1}+\dfrac{x^2}{3^2-1}-\dfrac{x^3}{4^2-1}+\dfrac{x^4}{5^2-1}-\cdots$

11. $1-\dfrac{x}{2}+\dfrac{x^2}{2^2}-\dfrac{x^3}{2^3}+\dfrac{x^4}{2^4}-\cdots$

12. $1+2x+2^2x^2+2^3x^3+2^4x^4+\cdots$

13. $1+2x+\dfrac{2^2x^2}{2!}+\dfrac{2^3x^3}{3!}+\dfrac{2^4x^4}{4!}+\cdots$

14. $\dfrac{x}{2}+\dfrac{2x^2}{3}+\dfrac{3x^3}{4}+\dfrac{4x^4}{5}+\dfrac{5x^5}{6}+\cdots$

15. $\dfrac{x-1}{1}+\dfrac{(x-1)^2}{2}+\dfrac{(x-1)^3}{3}+\dfrac{(x-1)^4}{4}+\cdots$

16. $1+(x+2)+\dfrac{(x+1)^2}{2!}+\dfrac{(x+2)^3}{3!}+\cdots$

17. $1+\dfrac{x+1}{2}+\dfrac{(x+1)^2}{2^2}+\dfrac{(x+1)^3}{2^3}+\cdots$

18. $\dfrac{x-1}{1^2}+\dfrac{(x-2)^2}{2^2}+\dfrac{(x-2)^3}{3^2}+\dfrac{(x-2)^4}{4^2}$

19. $\dfrac{x+5}{1\cdot 2}+\dfrac{(x+5)^2}{2\cdot 3}+\dfrac{(x+5)^3}{3\cdot 4}+\dfrac{(x+5)^4}{4\cdot 5}+\cdots$

20. $(x+3)-2(x+3)^2+3(x+3)^3-4(x+3)^4+\cdots$

※ 문제 21~30은 $f(x)$를 멱급수로 나타내고, 그 수렴 반경을 명시하여라. 이들은 모두 기하 급수와 관련이 있다.

21. $f(x)=\dfrac{1}{1+x}$

22. $f(x)=\dfrac{1}{(1+x)^2}$ 도움말: 문제 21을 미분하여라.

23. $f(x)=\dfrac{1}{(1-x)^3}$

24. $f(x)=\dfrac{x}{(1+x)^2}$

25. $f(x)=\dfrac{1}{2-3x}=\dfrac{\frac{1}{2}}{1-\frac{3}{2}x}$

26. $f(x)=\dfrac{1}{1+2x}$

27. $f(x)=\dfrac{x^2}{1+x^4}$

28. $f(x)=\dfrac{x^3}{2-x^3}$

29. $f(x)=\displaystyle\int_0^x \ln(1+t)dt$

30. $\displaystyle\int_0^x \tan^{-1}t\,dt$

※ 문제 31~34는 예제 10.35의 결과를 이용하여, 주어진 함수에 대한 x의 멱급수를 구하여라.

31. $f(x)=e^{-x}$

32. $f(x)=xe^{x^2}$

33. $f(x)=e^x+e^{-x}$

34. $f(x)=e^{2x}-1-2x$

35. 다음 급수들이 우리에게 친숙한 어떤 것과 관련이 있는지 생각하여서, 그 합을 구하여라.

(a) $x-x^2+x^3-x^4+x^5-\cdots$

(b) $\dfrac{1}{2!}+\dfrac{x}{3!}+\dfrac{x^2}{4!}+\dfrac{x^3}{5!}+\cdots$

(c) $2x+\dfrac{4x^2}{2}+\dfrac{8x^3}{3}+\dfrac{16x^4}{4}+\cdots$

36. 급수 $\displaystyle\sum_{n=1}^{\infty} nx^n$의 합을 구하여라.

37. 급수 $\displaystyle\sum_{n=1}^{\infty} n(n+1)x^n$의 합을 구하여라.

10.6 Taylor(테일러) 급수와 Maclaurin(매크로린) 급수

이 절에서는 무한히 많은 도함수를 갖는 어떤 함수 $f(x)$가 주어졌을때 이것을 x의 멱급수 형태로 또는 $x-a$의 멱급수 형태로 나타낼 수 있는 방법을 배우도록 한다. 다시말해,

$$x=a$$

주위의 어떤 구간에서

$$f(x)=c_0+c_1(x-a)+c_2(x-a)+c_3(x-a)+\cdots$$

이 성립하도록, 수들 $c_1, c_2, c_3, \cdots$을 찾을 수 있는가?

이렇게 나타낼 수 있다고 가정해 보자. 그러면 급수의 미분에 관한 정리에 따라서,

$$f'(x)=c_1+2c_2(x-a)+3c_3(x-a)^2+4c_4(x-a)^3+\cdots$$
$$f''(x)=2!c_2+3!c_3(x-a)+4\cdot 3c_4(x-a)^2+\cdots$$
$$f'''(x)=3!c_3+4!c_4(x-a)+5\cdot 4\cdot 3c_5(x-a)^2+\cdots$$
$$\vdots$$

$x=a$라 놓고, c_n에 대해서 풀면, 다음을 얻는다.

$$c_0=f(a)$$
$$c_1=f'(a)$$
$$c_2=\frac{f''(a)}{2!}$$
$$c_3=\frac{f'''(a)}{3!}$$

그리고 일반적으로,

$$c_n=\frac{f^n(a)}{n!}$$

($n=0$인 경우에도 이것이 유효하도록, $f^{(0)}(a)$는 $f(a)$라 정의하고, 0!은 1이라 정의한다.) 그러므로 계수 c_n들은 함수 f에 의하여 결정된다. 그리고 이것을 보면, 함수 f를

나타내는 $x-a$의 멱급수는 단 하나만 존재할 수 있음을 알 수 있다.

정리 10.23 (유일성 정리) 어떤 함수 f가 있어서, a 주위의 어떤 구간에 속하는 모든 x에 대해서, 다음이 성립한다고 하자.

$$f(x) = c_0 + c_1(x-a) + c_2(x-a)^2 + c_3(x-a)^3 + \cdots$$

그러면

$$c_n = \frac{f^n(a)}{n!}$$

그러므로 어떤 함수를 $x-a$의 멱급수로 나타내는 방법은 단 한 가지만 있을 수 있다. 함수를 $x-a$의 멱급수로 나타낸 것을 **테일러 급수**(Taylor series)라고 부른다. 영국 수학자 테일러(Brook Taylor, 1685~1731)의 이름을 딴 것이다. $a=0$이면, 그 멱급수를 **맥클로린 급수**(Maclaurin series)라고 부른다. 스코틀랜드의 수학자 맥클로린(Colin Maclaurin, 1698~1746)의 이름을 딴 것이다.

테일러 급수의 수렴

함수 f를 주었을 때, 이것을 $x-a$의 멱급수로 나타낼 수 있는가? (나타낼 수 있다면, 이것이 바로 테일러 급수이다. 또한 그 급수가 실제로 존재하는지 여부가 문제이다.) 다음 두 정리들이 답을 제시해 준다.

정리 10.24 (나머지를 지닌 테일러 공식) 어떤 함수 f가 있어서, a를 포함하는 열린 구간 I에 속하는 모든 x에 대해서, f의 $(n+1)$번 미분 $f^{n+1}(x)$가 존재한다고 하자. 그러면 I에 속하는 각각의 x에 대해서,

$$f(x) = f(a) + f'(a)(x-a) + \frac{f''(a)}{2!}(x-2)^2 + \cdots + \frac{f^{(n)}(a)}{n!}(x-a)^n + R_n(x)$$

여기서 나머지 (즉, 오차) $R_n(x)$는 공식

$$R_n(x)=\frac{f^{(n+1)}(c)}{(n+1)!}(x-a)^{n+1}$$

로 주어지며, c는 x와 a 사이의 어떤 점이다.

증명 $n=4$인 특별한 경우에 대해서는 이 정리를 증명하도록 하겠다. 우선 구간 I에서 함수 $R_4(x)$를 다음과 같이 정의하자.

$$R_4(x)=f(x)-f(a)+f'(a)(x-a)-\frac{f''(a)}{2!}(x-a)^2-\frac{f'''(a)}{3!}(x-a)^3-\frac{f^4(a)}{4!}(x-a)^4$$

이제 x와 a가 상수들인 것처럼 생각하고, 구간 I에서 새로운 함수 g를 다음과 같이 정의하자.

$$\begin{aligned}g(t)=f(x)-f(t)-f'(t)(x-t)-\frac{f''(t)(x-t)^2}{2!}-\frac{f'''(t)(x-t)^3}{3!}\\-\frac{f^4(t)(x-t)^4}{4!}-R_4(x)\frac{(x-t)^5}{(x-a)^5}\end{aligned}$$

그러면 $g(x)=0$임이 명백하다(x는 고정된 것으로 간주한다). 그리고

$$\begin{aligned}g(a)&=f(x)-f(a)-f'(a)(x-t)-\frac{f''(a)(x-a)^2}{2!}-\frac{f'''(a)(x-a)^3}{3!}\\&\quad-\frac{f^4(a)(x-a)^4}{4!}-R_4(x)\frac{(x-a)^5}{(x-a)^5}\\&=R_4(x)-R_4(x)\\&=0\end{aligned}$$

a와 x는 I의 점들이고, $g(a)=g(x)=0$이므로, 미분에 관한 평균값 정리를 적용할 수 있다. 그러므로 $g'(c)=0$이 되는 어떤 수 c가 a와 x 사이에 존재한다. g의 도함수를 얻으려면, 곱을 미분하는 공식을 여러 번 적용해야 한다.

$$\begin{aligned}g'(t)&=0-f'(t)-[f'(t)(-1)-(x-t)f''(t)]\\&\quad-\frac{1}{2!}[f''(t)2(x-t)(-1)+(x-t)^2f'''(t)]\\&\quad-\frac{1}{3!}[f'''(t)3(x-t)^2(-1)+(x-t)^3f^{(4}(t)]\\&\quad-\frac{1}{4!}[f^{(4)}(t)4(x-t)^3(-1)+(x-t)^4f^5(t)]-R_4(x)\frac{5(x-t)^4(-1)}{(x-a)^5}\end{aligned}$$

$$= -\frac{1}{4!}(x-t)^4 f^{(5)}(t) + 5R_4(x)\frac{(x-t)^4}{(x-a)^5}$$

그러므로 미분에 관한 평균값 정리에 따라서, 다음을 만족하는 수 c가 x와 a 사이에 존재한다.

$$0 = g'(c) = -\frac{1}{4!}(x-c)^4 f^{(5)}(c) + 5R_4(x)\frac{(x-t)^4}{(x-a)^5}$$

그러므로 다음을 얻을 수 있다.

$$\frac{1}{4!}(x-c)^4 f^{(5)}(c) = 5R_4(x)\frac{(x-t)^4}{(x-a)^5}$$

$$R_4(x) = \frac{f^5(c)}{5!}(x-a)^5 \qquad \square$$

어떤 함수를 그 테일러 급수의 유한한 개수의 항들로써 근사값을 구했을 때, 오차가 어떻게 되는지, 다음 정리가 말해 준다. 다음 정리에서, 위의 정리가 제시하는 관계를 좀더 깊이 파고들어가겠다. 즉, 어떤 함수 f를 $x-a$의 멱급수로 나타낼 수 있는지를 이야기 하겠다.

정리 10.25 (테일러 정리) 어떤 함수 f가 구간 $(a-r,\ a+r)$에서 무한 번 미분가능이라고 하자. 그러면 테일러 급수

$$f(a) + f'(a)(x-a) + \frac{f''(a)}{2!}(x-a)^2 + \frac{f'''(a)}{3!}(x-a)^3 + \cdots$$

가 구간 $(a-r,\ a+r)$에서 함수 f로 나타낼 필요충분조건은

$$\lim_{n\to\infty} R_n(x) = 0$$

인 것이다. 여기서 $R_n(x)$는 테일러 공식에 나오는 나머지로서,

$$R_n(x) = \frac{f^{(n+1)}(c)}{(n+1)!}(x-a)^{n+1}$$

그리고 c는 구간 $(a-r,\ a+r)$의 어떤 점이다.

증명 나머지를 지닌 테일러 공식을 살펴보면 다음을 알 수 있다.

$$f(x)=f(a)+f'(a)(x-a)+\cdots+\frac{f^n(a)}{n!}(x-a)^n+R_n(x)$$

그러면 이 결과가 나온다. □

만약 $a=0$이면, 다음과 같은 맥클로린 급수를 얻게 된다.

$$f(x)=f(0)+f'(0)+x+\frac{f''(0)}{2!}x^2+\frac{f'''(0)}{3!}x^3+\cdots$$

[예제 10.36] $\sin x$의 맥클로린 급수를 구하고, 모든 x에 대해서 이것이 $\sin x$를 나타냄을 증명하여라.

풀이

$$\begin{aligned} f(x)&=\sin x & f(0)&=0\\ f'(x)&=\cos x & f'(0)&=1\\ f''(x)&=-\sin x & f''(0)&=0\\ f'''(x)&=-\cos x & f'''(0)&=-1\\ f^{(4)}(x)&=\sin x & f^{(4)}(0)&=0\\ &\vdots & &\vdots \end{aligned}$$

그러므로

$$\sin x=x-\frac{x^3}{3!}+\frac{x^5}{5!}+\frac{x^7}{7!}-\cdots$$

이것이 모든 x에 대해서 유효함을 보이려면, 다음을 증명하면 된다.

$$\lim_{n\to\infty}R_n(x)=\lim_{n\to\infty}\frac{f^{(n+1)}(c)}{(n+1)!}x^{n+1}=0$$

그런데 $|f^{(n+1)}(x)|=|\cos x|$ 또는 $|f^{(n+1)}(x)|=|\sin x|$이므로,

$$|R_n(x)|\le\frac{|x|^{n+1}}{(n+1)!}$$

그런데 모든 x에 대해서, $\lim_{n\to\infty}x^n/n!=0$. 왜냐 하면 $x^n/n!$은 수렴하는 급수의 n번 항이기 때문이다. 따라서, $\lim_{n\to\infty}R_n(x)=0$이다. ■

[예제 10.37] $\cos x$의 맥클로린 급수를 구하고, 모든 x에 대해서 이것이 $\cos x$를 나타냄을 증명하여라.

풀이 예제 10.37처럼 해 나갈 수도 있지만, 예제 10.37의 급수를 미분하면 간단하게 다음을 얻게 된다.

$$\cos x = 1 - \frac{x^2}{2!} + \frac{x^4}{4!} - \frac{x^6}{6!} + \cdots$$ ■

[예제 10.38] $f(x) = \cosh x$의 맥클로린 급수를 두가지 방법으로 구하고, 모든 x에 대해서 이 급수가 $\cosh x$를 나타냄을 보여라.

풀이 방법 1. 직접 구하는 방법을 보자.

$$\begin{aligned} f(x) &= \cosh & xf(0) &= 1 \\ f'(x) &= \sinh & xf'(0) &= 1 \\ f''(x) &= \cosh & xf''(0) &= 1 \\ f'''(x) &= \sinh & xf'''(0) &= 0 \\ &\vdots & &\vdots \end{aligned}$$

그러므로

$$\cosh x = 1 + \frac{x^2}{2!} + \frac{x^4}{4!} - \frac{x^6}{6!} + \cdots$$

단, 모든 x에 대해서 $\lim_{n \to \infty} R_n(x) = 0$임을 보여야 한다.

B는 임의의 수라 하고, $|x| \le B$라 하자. 그러면

$$|\cosh x| = \left| \frac{e^x + e^{-x}}{2} \right| \le \frac{e^x}{2} + \frac{e^{-x}}{2} \le \frac{e^B}{2} + \frac{e^B}{2} = e^B$$

마찬가지 이유로, $|\sinh x| \le e^B$. 그런데 $f^{(n+1)}(x)$는 $\cosh x$ 또는 $\sinh x$이니, 다음이 성립한다.

$$|R_n(x)| = \left| \frac{f^{(n+1)}(c)x^{n+1}}{(n+1)!} \right| \le \frac{e^B|x|^{n+1}}{(n+1)!}$$

$n \to \infty$일 때, 맨 오른쪽 표현은 0으로 간다.

방법 2. $\cosh x = (e^x + e^{-x})/2$임을 이용하자.

$$e^x = 1 + x + \frac{x^2}{2!} + \frac{x^3}{3!} + \frac{x^4}{4!} + \cdots$$

$$e^{-x} = 1 - x + \frac{x^2}{2!} - \frac{x^3}{3!} + \frac{x^4}{4!} - \cdots$$

이 두 급수를 더한 다음에 2로 나누면, 앞에서와 같은 결과를 얻게 된다. ■

[예제 10.39] $\sinh x$의 맥클로린 급수를 구하고, 모든 x에 대해서 이것이 $\sinh x$를 나타냄을 보여라.

풀이 $\cosh x$의 급수를 항별로 미분하면 다음 사실을 바로 알 수 있다.

$$\sinh x = x + \frac{x^3}{3!} + \frac{x^5}{5!} + \frac{x^7}{7!} + \cdots$$ ■

이항 급수

우리는 이항 공식을 알고 있다. 양의 정수 p에 대해서,

$$(1+x)^p = 1 + \binom{p}{1}x + \binom{p}{2}x^2 + \cdots + \binom{p}{3}x^p$$

여기서

$$\binom{p}{k} = \frac{p!}{k!(p-k)!} = \frac{p(p-1)(p-2)\cdots(p-k+1)}{k!}$$

만약 $\binom{p}{k}$를 다음이라고 다시 정의해 주면,

$$\binom{p}{k} = \frac{p(p-1)(p-2)\cdots(p-k+1)}{k!}$$

그러면 $\binom{p}{k}$는 임의의 실수 p에 대해서 성립한다. 단, k는 양의 정수이어야 한다. 물론, p가 양의 정수인 경우는, 이 새로운 정의는 원래 정의 $p!/[k!(p-k)!]$이 된다.

> **정리 10.26 (이항 급수)** 임의의 실수 p와 $|x|<1$에 대해서,
>
> $$(1+x)^p = 1 + \binom{p}{1}x + \binom{p}{2}x^2 + \binom{p}{3}x^3 + \cdots$$

부분적인 **증명** $f(x)=(1+x)^p$라 하자. 그러면

$$\begin{aligned} f(x)&=(1+x)^p & f(0)&=1\\ f'(x)&=p(1+x)^{p-1} & f'(0)&=p\\ f''(x)&=p(p-1)(1+x)^{p-2} & f''(0)&=p(p-1)\\ f'''(x)&=p(p-1)(p-2)(1+x)^{p-3} & f'''(0)&=p(p-1)(p-2)\\ &\vdots & &\vdots \end{aligned}$$

그러므로 $(1+x)^p$의 맥클로린 급수는 이 정리에 나오는 것과 같다. □

[예제 10.40] $-1<x<1$에 대해서, $(1-x)^{-2}$을 맥클로린 급수로 나타내어라.

풀이 이항급수 정리에 따라서

$$\begin{aligned}(1+x)^{-2}&=1+(-2)x+\frac{(-2)(-3)}{2!}x^2+\frac{(-2)(-3)(-4)}{3!}x^3+\cdots\\ &=1-2x+3x^2-4x^3+\cdots\end{aligned}$$

그러므로

$$(1-x)^{-2}=1+2x+3x^2+4x^3+\cdots$$ ■

〈요약〉 우리가 구한 중요한 맥클로린 급수들을 나열하는 것으로, 급수에 관한 공부를 끝마무리하겠다. 이 급수들은 문제들을 푸는 데 유용하지만, 그보다 더욱 중요하게, 이들은 수학과 과학 여러 분야에서 응용된다.

중요한 맥클로린 급수

1. $\dfrac{1}{1-x}=1+x+x^2+x^3+x^4$ $\qquad -1<x<1$

2. $\ln(1+x)=x-\dfrac{x^2}{2}+\dfrac{x^3}{3}-\dfrac{x^4}{4}+\dfrac{x^5}{5}-\cdots$ $\qquad -1<x\leq 1$

3. $\tan^{-1}x=x-\dfrac{x^3}{3}+\dfrac{x^5}{5}-\dfrac{x^7}{7}+\dfrac{x^9}{9}-\cdots$ $\qquad -1\leq x\leq 1$

4. $e^x=1+x+\dfrac{x^2}{2!}+\dfrac{x^3}{3!}+\dfrac{x^4}{4!}+\cdots$

5. $\sin x = x - \dfrac{x^3}{3!} + \dfrac{x^5}{5!} - \dfrac{x^7}{7!} + \dfrac{x^9}{9!} - \cdots$

6. $\cos x = 1 - \dfrac{x^2}{2!} + \dfrac{x^4}{4!} - \dfrac{x^6}{6!} + \dfrac{x^8}{8!} - \cdots$

7. $\sinh x = x + \dfrac{x^3}{3} + \dfrac{x^5}{5} + \dfrac{x^7}{7} + \dfrac{x^9}{9} + \cdots$

8. $\cosh x = 1 + \dfrac{x^2}{2!} + \dfrac{x^4}{4!} + \dfrac{x^6}{6!} + \dfrac{x^8}{8!} + \cdots$

9. $(1+x)^p = 1 + \binom{p}{1}x + \binom{p}{2}x^2 + \binom{p}{3}x^3 + \binom{p}{4}x^4 + \cdots \qquad -1 < x < 1$

연습문제 (10-6)

※ 문제 1~6은 $f(x)$의 맥클로린 급수를 x^5항까지 구하여라.

도움말: 알고 있는 맥클로린 급수들을 이용하고, 그 다음에 곱셈, 나눗셈 등등을 하여 구하면 쉽다. 예를 들어 $\tan x = (\sin x)/(\cos x)$.

1. $f(x) = \tan x$
2. $f(x) = e^x \sin x$
3. $f(x) = \sin^3 x$
4. $f(x) = x(\sin 2x + \sin 3x)$
5. $f(x) = (1+x)^{3/2}$
6. $f(x) = (1-x^2)^{2/3}$

※ 문제 7~12는 $x-a$의 테일러 급수를 $(x-a)^3$항까지 구하여라.

7. $e^x,\ a = 1$
8. $\sin x,\ a = \dfrac{\pi}{6}$
9. $\cos x,\ a = \dfrac{\pi}{3}$
10. $\tan x,\ a = \dfrac{\pi}{4}$
11. $1 + x^2 + x^3,\ a = 1$
12. $2 - x + 3x^2 - x^3,\ a = -1$

제 11 장

편미분법

11. 다변수 함수

> **정의 11.1** D를 실수 n개의 $(x_1, x_2, \cdots, x_n)$들로 이루어진 집합이라고 할 때 D의 각 원소에 실수 $w=f(x_1, x_2, \cdots, x_n)$를 대응시키는 관계를 D에 정의된 ***n*변수 함수** f라고 부른다. 이때 D를 이 함수의 **정의역**이라 하고, f가 취하는 w값들 전체의 집합을 이 함수의 **치역**이라 부른다.
>
> w는 f의 **종속변수**라고 부르고 $x_1, x_2, \cdots, x_n$은 f의 **독립변수**라 부른다.

[예제 11.1] $f(x, y, z)=ye^x+z$의 $(1, 1, 1)$에서의 값은 $e+1$이다.

이후로는 특별한 언급이 없는 한 f가 정의될 수 있는 가장 큰 집합을 f의 정의역으로 취한다.

> **정의 11.2** R이 xy-평면의 부분집합이고, $(x_0, y_0) \in R$일 때 (x_0, y_0)가 R의 **내점**이라는 것은 (x_0, y_0)를 중심으로 하는 어떤 원판이 R에 포함된다는 것이다.
>
> 또 (x_0, y_0)가 R의 **경계점**이라는 것은 (x_0, y_0)를 중심으로 한 어떠한 원판도 R

에 완전히 포함되지는 않지만 반드시 R하고 만나는 점을 말한다. 주어진 영역의 내점들의 집합을 R의 **내부**, 경계점들의 집합을 R의 **경계**라고 부른다.

R이 R의 내부와 일치하면 R은 **열린영역**이라 부르고 R의 경계가 R에 포함되면 R은 **닫힌영역**이라 부른다.

열린 영역과 닫힌 영역은 서로 배타적이지 않다. 즉 한 영역이 동시에 열린 영역이면서 닫힌 영역이 될 수 있다. 또한 한 영역이 열린 영역도 아니고 닫힌 영역도 아닐 수 있다.

정의 11.3 평면영역 R이 **유계**(bounded)라는 것은 R이 어떤 원판에 포함될 수 있다는 것을 말한다.

다변수함수는 그래프로 나타내는 것이 일반적으로 불가능하다. 따라서 그들에 대한 총체적 시각화에 의한 상을 얻기가 힘들다. 일단은 부분적인 정보들만을 얻어야 한다. 그러나 2변수함수인 경우에는 그래프를 나타내는 것이 가능하다. 그러나 그 그래프도 3차원의 것을 2차원 상에 나타내는 결과가 되므로 부분적 정보만 준다고 말할 수 있다. 그 결과 준위곡선을 연구해 보는 것이 그 함수를 연구하는데 많은 도움을 주게된다.

정의 11.4 $L_c=\{(x, y)\in R : f(x, y)=c\}$를 f의 **준위곡선**이라고 부른다.

정의 11.5 $\varphi_{(f)}=\{(x, y, f(x, y)) : (x, y)\in R\subseteq R^2\}$을 f의 **그래프**라고 부른다.

$L_c\subset R^2$은 일반적으로 곡선을 나타낸다. 또한 f의 그래프는 3차원 공간의 부분집합이다.

[예제 11.2] $f(x, y)=x^2+y^2$일 때 준위곡선은 $L_c=(x, y) : x^2+y^2=c$, 즉, 원의 그래프가 된다.

정의 11.6 $\{(x, y, z) : f(x, y)=c, z=c\}$를 f의 **등고선**이라 부른다.

정의 11.7 $S_c=\{(x, y, z)\in R : f(x, y, z)=c\}$를 f의 **준위곡면**이라고 부른다.

[예제 11.3] $f(x, y, z)=x^2+y^2+z^2$일 때 $S_c=\{(x, y, z) : x^2+y^2+z^2=c\}$이므로 준위곡면은 구의 그래프가 된다.

11.2 극한과 연속

극한

$f(x, y)$가 $R\subseteq R^2$인 열린영역 R에서 정의된 실수함수일 때, $(x_0, y_0)\in R$에 충분히 가깝게 있는 모든 점 (x, y)(단, (x_0, y_0)는 제외)에 대하여 함수값 $f(x, y)$가 어떤 실수 A에 충분히 가깝게 있으면 $f(x, y)$의 **극한값**을 A라고 하고 기호로 다음과 같이 나타낸다.

$$\lim_{(x, y)\to(x_0, y_0)} f(x, y)=A$$

극한에 관한 정의를 잘 고찰하여 보면 다음의 사실이 성립함을 알 수 있다. 증명은 생략하기로 한다.

정의 11.8 $\lim_{(x, y)\to(x_0, y_0)} f(x, y)=A$, $\lim_{(x, y)\to(x_0, y_0)} g(x, y)=B$일 때 다음이 성립한다.

(1) $\lim_{(x, y)\to(x_0, y_0)} [f(x, y)+g(x, y)]=A+B$

(2) $\lim_{(x, y)\to(x_0, y_0)} [f(x, y)-g(x, y)]=A-B$

(3) $\lim_{(x, y)\to(x_0, y_0)} [f(x, y)g(x, y)]=AB$

(4) $\lim_{(x, y)\to(x_0, y_0)} [f(x, y)/g(x, y)]=A/B$(단, $B\neq 0$)

연속성

$f(x, y)$가 열린영역 R에서 정의되어 있을 때, (x_0, y_0)에서의 극한값이 함수값과 같으면 $f(x, y)$는 (x_0, y_0)에서 **연속**이라고 정의한다. 그러므로 $f(x, y)$가 (x_0, y_0)에서 연속일 필요충분조건은 다음 세 조건을 동시에 만족하는 것이다.

1. $f(x, y)$가 $(x_0, y_0) \in R$에서 정의되어 있다.
2. $\lim\limits_{(x, y) \to (x_0, y_0)} f(x, y)$가 존재한다.
3. $\lim\limits_{(x, y) \to (x_0, y_0)} f(x, y) = f(x_0, y_0)$

두 변수 함수의 극한에 관한 정리를 이용하면 다음의 사실이 성립함을 알 수 있다. 증명은 생략하기로 한다.

> **정리 11.9** 두 함수 $f(x, y)$와 $g(x, y)$가 점 $(x_0, y_0) \in R$에서 연속이면 $f+g$, $f-g$, fg도 연속이며, $g(x_0, y_0) \neq 0$이면 f/g도 연속이다.

[예제 11.4] $\lim\limits_{(x, y) \to (x_0, y_0)} x = x_0$, $\lim\limits_{(x, y) \to (x_0, y_0)} y = y_0$, $\lim\limits_{(x, y) \to (x_0, y_0)} k = k$

[예제 11.5] $f(x, y) = \begin{cases} \dfrac{2xy}{x^2+y^2} & (x, y) \neq (0, 0) \\ 0 & (x, y) = (0, 0) \end{cases}$는 점(0, 0)에서 연속인가?

풀이 1. x축을 따라가면 $f(x, 0) = 0$이므로 $\lim f(x, 0) = 0$.

2. $y = x$를 따라서 원점으로 가면 $f(x, x) = 1$이므로 $\lim f(x, x) = 1$. 결과적으로 원점에서의 극한은 존재하지 않는다. 따라서 원점에서 불연속이다. ■

연습문제 (11-2)

※ 문제 1~8에서 주어진 극한을 구하거나, 아니면 극한이 존재하지 않는다고 적어라.

1. $\lim_{(x,y)\to(1,3)} (3x^2y - xy^3)$

2. $\lim_{(x,y)\to(-2,1)} (xy^3 - xy + 3y^2)$

3. $\lim_{(x,y)\to(2,\pi)} [(x\cos^2 xy - \sin(xy/3)]$

4. $\lim_{(x,y)\to(-1,2)} \dfrac{xy - y^3}{(x+y+1)^2}$

5. $\lim_{(x,y)\to(0,0)} \dfrac{\sin(x^2+y^2)}{3x^2+3y^2}$

6. $\lim_{(x,y)\to(0,0)} \dfrac{\tan(x^2+y^2)}{x^2+y^2}$

7. $\lim_{(x,y)\to(0,0)} \dfrac{x^2+y^2}{x^4-y^4}$

8. $\lim_{(x,y)\to(0,0)} \dfrac{x^4-y^4}{x^2+y^2}$

※ 문제 9~12에서는 f가 연속이라고 말해도 되는 최대 집합 S를 구하여라.

9. $f(x, y) = \dfrac{x^3 + xy - 5}{x^2 + y^2 + 1}$

10. $f(x, y) = \ln(1 - x^2 - y^2)$

11. $f(x, y) = \dfrac{x^2 + 3xy + y^2}{y - x^2}$

12. $f(x, y) = \begin{cases} \dfrac{\sin(xy)}{xy} & xy \neq 0 \\ 1 & xy \neq 0 \end{cases}$

11.3 방향도함수와 편도함수

다변수 함수 $f(x, y, z)$를 연구하기 위해서는 1변수 함수에서처럼 순간 변화율을 도입하는 것이 유용하다.

> 정의 11.10 단위벡터 $\mathbf{u} = (x', y', z')$를 방향이라 부른다.

> 정의 11.11 $u = (x', y', z')$가 주어진 한 방향일 때, $\phi(t) = f((x, y, z) + t(x', y', z'))$에 대하여 $\phi'(0)$를 f의 $\mathbf{u}$-방향의 방향도함수라 부르고 $D_u f(x, y, z)$로 표시한다.

[예제 11.6] $f(x, y, z) = x^2 + y^2 + z^2$일 때 $e_1 = (1, 0, 0)$에 대하여. $D_{e_1} f(2, 3, 4)$를 구하여라.

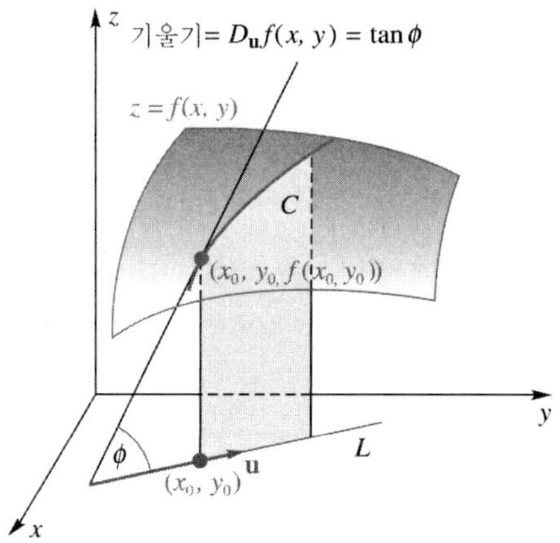

그림 11.1

풀이 $\phi(t)=f((2, 3, 4)+t(1, 0, 0))=f(2+t, 3, 4)=(2+t)^2+3^2+4^2$. 그러므로, 도함수는 $\phi'(t)=2(2+t)$이고 $\phi'(0)=4$이다. ■

> **정의 11.12** $D_{e_1}f(x, y, z)=\dfrac{f(x+\Delta x, y, z)-f(x, y, z)}{\Delta x}$를 f의 x에 대한 편도함수라 부르고 $\dfrac{\partial f}{\partial x}(x, y, z)$ 또는 $f_x(x, y, z)$로 표시한다. 비슷하게 $\dfrac{\partial f}{\partial y}(x, y, z)$, $\dfrac{\partial f}{\partial z}(x, y, z)$를 정의할 수 있다.

이제 다음과 같은 문제를 생각해보자. 점 (1, 1, 1)에서 어느 방향으로 움직여야 $f(x, y, z)=x^2+y^2+z^2$의 값이 가장 급격히 증가 또는 감소하겠는가?

$\mathbf{u}=(u_1, u_2, u_3)$를 우리가 구하는 방향이라 하자. 그러면

$$\begin{aligned}\phi(t)&=f((1, 1, 1)+t(u_1, u_2, u_3))\\&=f(1+tu_1, 1+tu_2, 1+tu_3)\\&=(1+tu_1)^2+(1+tu_2)^2+(1+tu_3)^2.\end{aligned}$$

그러므로 $\phi'(0)=2(u_1+u_2+u_3)$, 즉. $u_1^2+u_2^2+u_3^2=1$일 때 $2(u_1+u_2+u_3)$를 최대 또는 최소가 되게 하는 $u=(u_1, u_2, u_3)$는 무엇인가라는 문제가 되어 당장은 해결할 수 없다. 우선 다음의 정리가 필요하다. 증명은 생략한다.

정리 11.13 $u=(u_1, u_2, u_3)$일 때 f의 편도함수들이 (x_0, y_0, z_0)에서 연속이면

$$D_uf(x_0, y_0, z_0)=\frac{\partial f}{\partial x}(x_0, y_0, z_0)u_1+\frac{\partial f}{\partial y}(x_0, y_0, z_0)u_2+\frac{\partial f}{\partial z}(x_0, y_0, z_0)u_3$$
$$=\nabla f(x_0, y_0, z_0)\cdot u$$

가 성립한다. 여기서, $\nabla f(x_0, y_0, z_0)=(f_x(x_0, y_0, z_0), f_y(x_0, y_0, z_0), f_z(x_0, y_0, z_0))$.

보조정리 11.14 다음 식이 성립한다.

$$-\nabla f(x_0, y_0, z_0)\cdot\frac{\nabla f}{|\nabla f(x_0)|}\le D_uf(x_0, y_0, z_0)\le\nabla f(x_0, y_0, z_0)\cdot\frac{\nabla f}{|\nabla f(x_0)|}$$

증명 $D_uf(x_0, y_0, z_0)\le\nabla f(x_0, y_0, z_0)\cdot u$에서 u가 ∇f와 같은 방향일 때 최대값을 갖고 반대 방향일 때 최소값을 갖는다. 그러므로 $u=\frac{\nabla f}{|\nabla f|}$일 때 가장 빨리 증가하고, $u=-\frac{\nabla f}{|\nabla f|}$일 때 가장 빨리 감소한다. □

[예제 11.7] 점 $(1, 1, 1)$에서 $f(x, y, z)=x^2+y^2+z^2-1$이 가장 빨리 증가하는 방향은?

풀이 $\nabla f(x, y, z)=(2x, 2y, 2z)$이므로 $\nabla f(1, 1, 1)=(2, 2, 2)$이다. 단위벡터는 $\frac{1}{\sqrt{3}}(1, 1, 1)$이므로 이 방향에서가장 빨리 증가한다. ■

이제 다음과 같은 문제를 생각하자.

1변수 함수 $y=f(x)$가 $x=x_0$에서 미분가능하면 $\Delta y=f'(x_0)\Delta x+\varepsilon\Delta x$를 만족하는 ε이 존재한다. 여기서 $\Delta x\to 0$이면 $\varepsilon\to 0$이다. 이것은 증분 Δy의 증분 Δx에 관한 1차 근사식이다.

$u=f(x, y, z)$의 (x_0, y_0, z_0)에서의 증분$(\Delta x, \Delta y, \Delta z)$에 따른 증분 Δu의 값의 1차 근사식은 무엇이 될까?

정리 11.15 (증분정리) 점 (x_0, y_0, z_0)를 포함하는 열린영역 R의 모든 점에서 $u=f(x, y, z)$의 편도함수 f_x, f_y, f_z가 존재하고 연속이라고 하자. 그러면

$$\begin{aligned}\varDelta u &= f(x_0+x,\ y_0+y,\ z_0+\varDelta z)-f(x_0,\ y_0,\ z_0)\\ &= f_x(x_0,\ y_0,\ z_0)\varDelta x+f_y(x_0,\ y_0,\ z_0)\varDelta y+f_z(x_0,\ y_0,\ z_0)\varDelta z+\varepsilon_1\varDelta x+\varepsilon_2\varDelta y+\varepsilon_3\varDelta z\\ &= \nabla f(x_0,\ y_0,\ z_0)\cdot(\varDelta x,\ \varDelta y,\ \varDelta z)+\varepsilon\cdot(\varDelta x,\ \varDelta y,\ \varDelta z)\end{aligned}$$

를 만족하는 $\varepsilon=(\varepsilon_1,\ \varepsilon_2,\ \varepsilon_3)$이 존재한다. 여기서 $(\varDelta x,\ \varDelta y,\ \varDelta z)\to 0$이면 $\varepsilon\to 0$이다.

정의 11.16 점 $(x_0,\ y_0,\ z_0)$에서 $f_x,\ f_y,\ f_z$가 존재하고 정리 11.15의 식이 성립하면 함수 $u=f(x,\ y,\ z)$는 $(x_0,\ y_0,\ z_0)$에서 **미분가능하다고** 말하고, 정의역의 모든 점에서 미분가능한 함수는 **미분가능함수**라고 부른다.

정의 11.17 편도함수 $f_x,\ f_y,\ f_z$의 편도함수들을 **2계 편도함수**라고 부르고 f_{xy}(또는 $\dfrac{\partial^2 f}{\partial y\partial x}$), f_{yx}(또는 $\dfrac{\partial^2 f}{\partial x\partial y}$) 등으로 나타낸다.

정리 11.18 (혼합도함수정리) 점 $(a,\ b)$를 포함하는 적당한 열린 영역에서 $f,\ f_x,\ f_y,\ f_{xy},\ f_{yx}$가 모두 연속이면 $f_{xy}(a,\ b)=f_{yx}(a,\ b)$이다.

따름정리 11.19 함수 $u=f(x,\ y,\ z)$의 편도함수 $f_x,\ f_y,\ f_z$가 열린영역 R의 모든 점에서 연속이면 f는 R의 모든 점에서 미분가능하다.

정리 11.20 함수 $u=f(x,\ y,\ z)$가 $(x_0,\ y_0,\ z_0)$에서 미분가능하면 f는 $(x_0,\ y_0,\ z_0)$에서 연속이다.

11.4 1차 근사

함수 $w=f(x, y, z)$가 점 $p_0(x_0, y_0, z_0)$에서 미분가능하면 $\Delta u=f_x x+f_y\Delta y+f_z\Delta z+\varepsilon_1\Delta x+\varepsilon_2\Delta y+\varepsilon_3\Delta z$이다. 여기서 f_x, f_y, f_z는 모두 p_0에서 구한 편도함수이며 $(\Delta x, \Delta y, \Delta z)\to 0$이면 $(\varepsilon_1, \varepsilon_2, \varepsilon_3)\to 0$이다. 우리가 (x_0, y_0, z_0) 근방에서의 f의 근사값을 원한다면

$$\begin{aligned} f(x, y, z) &\simeq f(x_0, y_0, z_0)+f_x(x_0, y_0, z_0)(x-x_0)+f_y(x_0, y_0, z_0)(y-y_0) \\ &\quad +f_z(x_0, y_0, z_0)(z-z_0) \\ &\equiv L(x, y, z) \end{aligned}$$

만 계산하면 될 것이다.

정의 11.21 점 (x_0, y_0, z_0)에서 함수 f가 미분가능일 때 함수 $L(x, y, z)$를 점 (x_0, y_0, z_0)에서 구한 함수 f의 **일차 근사식**이라 부른다. 또한

$$L(x, y, z)\simeq f(x, y, z)$$

를 f의 **표준 일차 근사식**이라고 부른다.

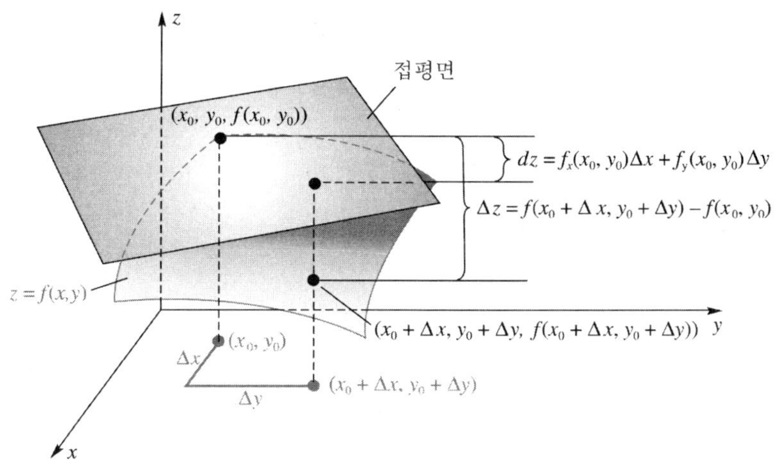

그림 11.2

[예제 11.8] $f(x, y, z)=x^2+y^2+z^2$일 때 점 (1, 1, 1)에서의 일차 근사식 $L(x, y, z)$를 구하여라.

풀이 $\nabla f(x_0, y_0, z_0)=\nabla f(1, 1, 1)=(2, 2, 2)$이다. 한편 $f(1, 1, 1)=3$이므로 $L(x, y, z)=3+(2, 2, 2)\cdot(x-1, y-1, z-1)$이다. ■

참고로, 근사식에 대한 오차 $E(x, y, z)=f(x, y, z)-L(x, y, z)$가 어느 정도이냐는 테일러(Taylor)정리를 배우면 계산할 수 있게 된다.

연습문제 (11-4)

※ 문제 1~8에서는 점 $\mathbf{p}$에서 함수 f의 $\mathbf{a}$ 방향으로의 방향 도함수를 구하여라.

1. $f(x, y)=x^2y$; $\mathbf{p}=(1, 2)$; $\mathbf{a}=3\mathbf{i}-4\mathbf{j}$
2. $f(x, y)=y^2\ln x$; $\mathbf{p}=(1, 4)$;$\mathbf{a}=\mathbf{i}-\mathbf{j}$
3. $f(x, y)=2x^2+xy-y^2$; $\mathbf{p}=(3, -2)$; $\mathbf{a}=\mathbf{i}-\mathbf{j}$
4. $f(x, y)=x^2-3xy+2y^2$; $\mathbf{p}=(-1, 2)$;$\mathbf{a}=2\mathbf{i}-\mathbf{j}$
5. $f(x, y)=e^x\sin y$; $\mathbf{p}=(0, \pi/4)$; $\mathbf{a}=\mathbf{i}+\sqrt{3}\mathbf{j}$
6. $f(x, y)=e^{-xy}$; $\mathbf{p}=(1, -1)$; $\mathbf{a}=-\mathbf{i}+\sqrt{3}\mathbf{j}$
7. $f(x, y, z)=x^3y-y^2z^2$; $\mathbf{p}=(-2, 1, 3)$; $\mathbf{a}=\mathbf{i}-2\mathbf{j}+2\mathbf{k}$
8. $f(x, y, z)=x^2+y^2+z^2$; $\mathbf{p}=(1, -1, 2)$; $\mathbf{a}=\sqrt{2}\mathbf{i}-\mathbf{j}-\mathbf{k}$

※ 문제 9~12에서는 점 $\mathbf{p}$에서 함수 f가 가장 빠르게 증가하는 방향의 단위 벡터를 구하여라. 이 방향으로의 변화율은 얼마인가?

9. $f(x, y)=x^3-y^5$; $\mathbf{p}=(2, -1)$
10. $f(x, y)=e^y\sin x$; $\mathbf{p}=(5\pi/6, 0)$
11. $f(x, y, z)=x^2yz$; $\mathbf{p}=(1, -1, 2)$
12. $f(x, y)=xe^{yz}$; $\mathbf{p}=(2, 0, -4)$

13. 함수 $f(x, y)=1-x^2-y^2$은 점 $\mathbf{p}=(-1, 2)$에서 어떤 방향 {rm bold u‘}로 가장 빨리 감소하는가?

14. 함수 $f(x, y) = \sin(3x-y)$은 점 $\mathbf{p} = (\pi/6, \pi/4)$에서 어떤 방향 $\mathbf{u}$로 가장 빨리 감소하는가?

15. 점 $\mathbf{p} = (1, 2)$를 지나는, 함수 $f(x, y) = y/x^2$의 등고선을 그려라. 그래디언트 벡터 $\nabla f(\mathbf{p})$를 계산하고, $\mathbf{p}$를 시작점으로 하여 이 벡터를 그려라. $\nabla f(\mathbf{p})$에 대해서 무엇을 말할 수 있는가?

11.5 연쇄 법칙

$f(x, y, z)$가 주어졌을 때 $u = (u_1, u_2, u_3)$방향으로의 방향도함수를 구하는 문제를 상기해보자. 그때 우리는 $\phi(t) = f((x, y, z) + t(u_1, u_2, u_3))$의 D에서의 도함수 $\phi'(t)$를 구하면 되었었다.

$$x(t) = x_0 + tu_1, \quad y(t) = y_0 + tu_2, \quad z(t) = z_0 + tu_3$$

로 놓으면 $\phi(t) = f(x(t), y(t), z(t))$가 되고

$$\phi'(t) = \nabla f(x_0, y_0, z_0) \cdot (x'(t), y'(t), z'(t))$$

가 되었다.

이제 우리는 이 식이 일반적인 $x'(t)$, $y'(t)$, $z'(t)$에 대해서도 성립함을 보이자.

연쇄법칙:
3변수인 경우

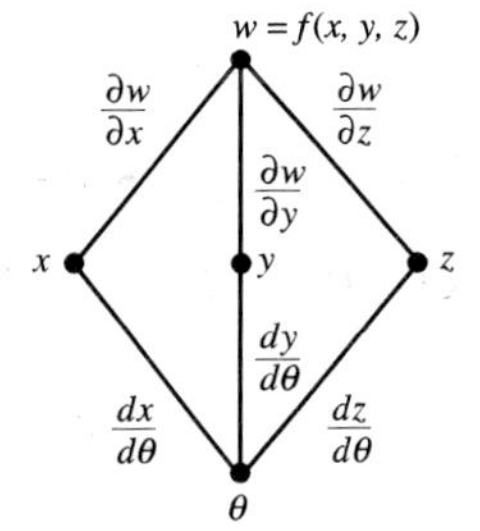

$$\frac{dw}{d\theta} = \frac{\partial w}{\partial x}\frac{dx}{d\theta} + \frac{\partial w}{\partial y}\frac{dy}{d\theta} + \frac{\partial w}{\partial z}\frac{dz}{d\theta}$$

그림 11.3

정리 11.22 (2변수 함수에 대한 연쇄법칙) $w = f(x, y)$가 미분가능하고, $x = x(t)$, $y = y(t)$가 t에 대해 미분가능하면, w는 t에 대하여 미분가능하고

$$\frac{dw}{dt} \equiv \nabla f(x(t), y(t)) \cdot (x'(t), y'(t)) = \frac{\partial f}{\partial x}\frac{dx}{dt} + \frac{\partial f}{\partial y}\frac{dy}{dt}$$

가 성립한다.

정리 11.23 $w=f(x, y)$, $x=g(r, s)$, $y=h(r, s)$이면 $\frac{\partial w}{\partial r}=\frac{\partial f}{\partial x}\frac{\partial x}{\partial r}+\frac{\partial f}{\partial y}\frac{\partial y}{\partial r}$ 이다.

[예제 11.9] $w=2x+y$, $x=r\cos s$, $y=r\sin s$에 대하여 $\frac{\partial w}{\partial r}$를 구하여라.

풀이 $\frac{\partial w}{\partial r}=\frac{\partial f}{\partial x}\frac{\partial x}{\partial r}+\frac{\partial f}{\partial y}\frac{\partial y}{\partial r}=2\cos s+\sin s.$ ■

11.6 접평면, 법선벡터, 접선백터

$w=f(x, y, z)$이고 c가 실수일 때 $L_c\equiv\{(x, y, z)\in D: f(x, y, z)=c\}$를 f의 준위곡면이라 부른다는 것을 상기하자. 이제 점 $p_0(x_0, y_0, z_0)\in L_C$이고 곡선 $x=g(t)$, $y=h(t)$, $z=k(t)$가 이 곡면에 놓여 있을 때, $(g(0), h(0), k(0))=(x_0, y_0, z_0)$이면 $\mathbf{V}=(g'(0), h'(0), k'(0))$는 준위곡면의 p_0에서의 **접선벡터**라 부른다. 그런데 모든 t에 대해 $f(g(t), h(t), k(t))=c$이므로 연쇄법칙에 의해 양변을 미분하면

$$\nabla f(g(0), h(0), k(0))\cdot(g'(0), h'(0), k'(0))=0,\ \text{즉},\ \nabla f\cdot V=0.$$

그러므로 접선벡터들은 전부 ∇f에 수직이다, 따라서 접선벡터들은 전부 p_0를 지나고 f에 수직인 평면에 속한다. 이 평면을 점 p_0에서 곡면 $f(x, y, z)=c$에 접하는 **접평면**이라 부르고, 또한 점 p_0를 지나고 접평면에 수직인 직선은 점 p_0를 지나는 곡면 $f(x, y, z)=c$의 법선이라 부른다.

점 $p_0(x_0, y_0, z_0)$에서 준위곡면 $f(x, y, z)=c$에 접하는 접평면의 방정식은 다음과 같다.

$$\nabla f(p_0)\cdot(x-x_0, y-y_0, z-z_0)=0.$$

또한 p_0을 지나는 이 곡면의 법선의 방정식은 다음과 같다.

$$x=x_0+f_x(p_0)t,\ y=y_0+f_y(p_0)t,\ z=z_0+f_z(p_0)t$$

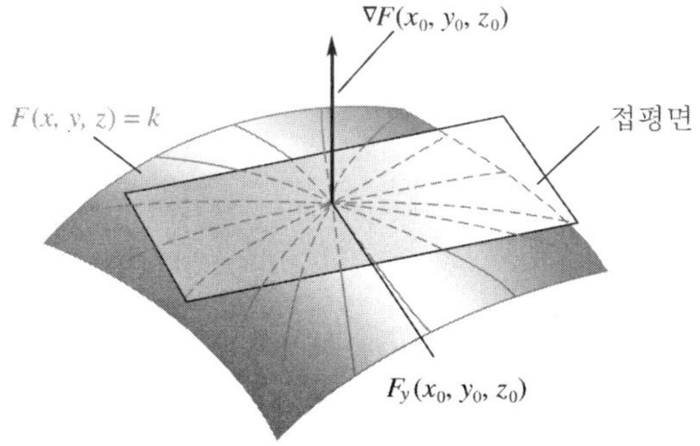

그림 11.4

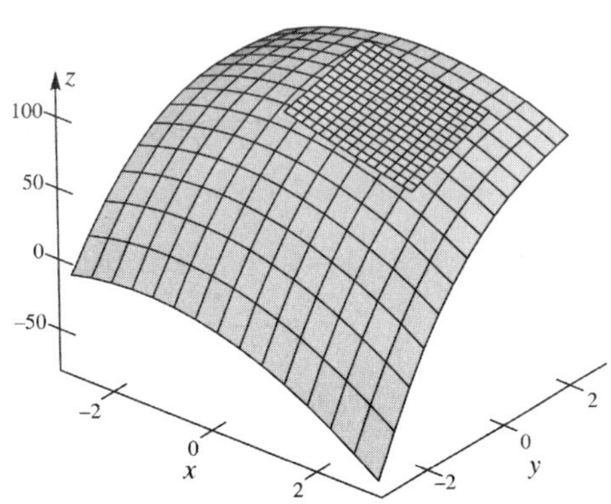

그림 11.5

[예제 11.10] 점 (1, 1, 7)에서 곡면 $f(x, y, z)=x^2+y^2+z-9=0$의 접평면과 법선의 방정식을 구하여라.

> **풀이** $\nabla f(1, 1, 7)=(2, 2, 1)$이므로 접평면은 $2(x-1)+2(y-1)+(z-7)=0$ 이고 법선의 방정식은 $x=1+2t$, $y=1+2t$, $z=7+t$이다. ■

연습문제 (11-6)

※ 문제 1~6은 연쇄법칙을 사용하여 dw/dt를 구하여라. 최종 해답은 t를 사용하여 표현하여라.

1. $w=x^2y^2$; $x=t^3$, $y=t^2$
2. $w=x^2y-y^2x$; $x=\cos t$, $y=\sin t$
3. $w=e^x\sin y+e^y\sin x$; $x=3t$, $y=2t$
4. $w=\ln(x/y)$; $x=\tan t$, $y=\sec^2 t$
5. $w=\sin(xyz^2)$; $x=t^3$, $y=t^2$, $z=t$
6. $w=xy+yz+xz$; $x=t^2$, $y=1-t^2$, $z=1-t$

※ 문제 7~12는 연쇄법칙을 사용하여 $\partial w/\partial t$를 구하여라. 최종 해답은 s와 t를 사용하여 표현하여라.

7. $w=x^2y$; $x=st$, $y=s-t$
8. $w=x^2-y\ln x$;$x=s/t$, $y=s^2t$
9. $w=e^{x^2+y^2}$; $x=s\sin t$, $y=t\sin s$

10. $w=\ln(x+y)-\ln(x-y);\ x=te^{s}, y=e^{st}$

11. $w=\sqrt{x^2+y^2+z^2};\ x=\cos st,\ y=\sin st, z=s^2t$

12. $w=e^{xy+z};\ x=s+t,\ y=s-t,\ z=t^2$

13. $z=x^2y$이고, $x=2t+s$, $y=1-st^2$이다. 다음을 구하여라.

$$\left.\frac{\partial z}{\partial t}\right|_{s=1,\,t=-2}$$

14. $z=xy+x+y$이고, $x=r+s+t$, $y=rst$이다. 다음을 구하여라.

$$\left.\frac{\partial z}{\partial s}\right|_{r=1,\,s=-1,\,t=2}$$

15. $w=u^2-u\tan v$이고, $u=x$, $v=\pi x$이다. 다음을 구하여라.

$$\left.\frac{dw}{dx}\right|_{x=1/4}$$

11.7 테일러공식과 오차의 추정

최대, 최소, 안장점

바이어스트라스(Weierstrass)정리에 의하면, xy-평면의 유계이고 닫힌 영역에서 연속인 함수는 최대값과 최소값을 가진다. 그 최대값과 최소값 및 그 함수가 그러한 값을 갖는 영역의 점들은 아는 것이 중요하다. 이제 $z=f(x, y)$의 영역 R이 닫힌 유계영역이라고 가정하고, f와 f의 1계 편도함수, 2계 편도함수들이 존재하고 연속이라고 가정하자, 또한, $f(x, y)$가 점 $(a, b)\in R$에서 극대 값을 가진다고 하자. 단, (a, b)는 R의 내점이다. 즉 어떤 $r>0$에 대하여 $|(h, k)|<r$이면 $(a+h, b+k)\in R$를 만족한다. 함수 $F(t)=f(a+th, b+tk)$를 생각하면 $F(t)$는 $t=0$에서 극대 값을 갖게 된다. 한편 $F(t)$에 테일러공식을 적용하면

$$F(1)=F(0)+F'(0)(1-0)+F''(c)\frac{(1-0)^2}{2}$$

을 만족하는 c가 0과 1 사이에 존재한다. 그런데

$$F'(t)=\nabla f(a+th,\ b+tk)\cdot(h,\ k)=hf_x(a+th,\ b+tk)+k(f_y)$$

이고 따라서,

$$F''(t)=f(f_{xx}h+f_{xy}k)+k(f_{yx}h+f_{yy}k)=h^2f_{xx}+2hkf_{xy}+k^2f_{yy}$$

이다. 이제 $f(x, y)$로 나타내보면 $F(1)=f(a+h, b+k)$, $F(0)=f(a, b)$, $F'(0)=hf_x(a, b)+kf_y(a, b)$. $F''(c)=(h^2f_{xx}+2hkf_{xy}+k^2f_{yy})|_{(a+ch.\,b+ck)}$이다. 그런데 모든 h, k에 대해 $F'(0)=0$이므로 $f_x(a, b)=0$, $f_y(a, b)=0$이고 $F''(0)<0$이어야 한다. 즉, 모든 h, k에 대해 $Q(0)=h^2f_{xx}(a, b)+2hkf_{xy}(a, b)+kf_{yy}(a, b)<0$이다. 그런데 $f_{xx}Q(0)=(hf_{xx}+af_{yy}^2)+(f_{xx}f_{yy}-f_{yy}^2)k^2$이므로 $f_{xx}\neq 0$이면

경우 1. (a, b)에서 $f_{xx}<0$이고 $f_{xx}f_{yy}-f_{xy}^2>0$이면 $Q(0)<0$이고 f는 (a, b)에서 극대값을 갖는다.

경우 2. 비슷하게 (a, b)에서 $f_{xx}>0$이고 $f_{xx}f_{yy}-f_{xy}^2>0$이면 $Q(0)>0$이고 f는 (a, b)에서 극소값을 갖는다.

경우 3. (a, b)에서 $f_{xx}f_{yy}-f_{xy}^2<0$이면 $Q(0)>0$가 되는 (h, k)도 존재하고 $Q(0)<0$가 되는 (h, k)도 존재함을 보일 수 있다. 따라서 f는 (a, b)에서 **안장점**을 가진다.

경우 4. 끝으로 (a, b)에서 $f_{xx}f_{yy}-f_{xy}^2=0$이면 다른 방법을 사용해야 된다.

[예제 11.11] $f(x, y)=x^2+y^2$에 대하여 극대점, 극소점 또는 안장점을 구하여라.

풀이 $\nabla f=(2x, 2y)=(0, 0)$에서 원점(0, 0)이 임계점이다. $f_{xx}=2$, $f_{yy}=2$, $f_{xy}=0$이므로 $f_{xx}=2>0$, $f_{xx}f_{yy}-f_{xy}^2=4>0$을 만족한다. 따라서 원점(0, 0)에서 극소값을 가진다. ■

[예제 11.12] $f(x, y)=xy-x^2-y^2-2x-2y+4$에 대하여 극대점, 극소점 또는 안장점을 구하여라.

풀이 $\nabla f=(y-2x-2,\ x-2y-2)=(0,\ 0)$에서 점$(-2,\ -2)$가 임계점이다. $f_{xx}=-2$, $f_{yy}=-2$, $f_{xy}=-1$이므로 $f_{xx}=-2<0$, $f_{xx}f_{yy}-f_{xy}^2=3>0$을 만족한다. 따라서 점 $(-2,\ -2)$에서 극대값을 가진다. ■

[예제 11.13] $f(x, y)=xy$에 대하여 극대점, 극소점 또는 안장점을 구하여라.

풀이 $\nabla f=(y, x)=(0, 0)$에서 원점 $(0, 0)$이 임계점이다. $f_{xx}=0$, $f_{yy}=0$, $f_{xy}=1$이므로 $f_{xx}f_{yy}-f_{xy}^2=-1<0$을 만족한다. 따라서 원점$(0, 0)$에서 안장점을 갖는다. ■

최대 최소 판정의 요약

$f(x, y)$는 다음과 같은 점에서만 극값을 갖는다.

(i) f의 정의역의 경계점

(ii) f의 임계점

점 (a, b)를 포함하는 적당한 열린 원의 내부에서 f와 그의 1차 편도함수들이 모두 연속이고 $f_x(a, b)=f_y(a, b)=0$이면 다음과 같은 2차 도함수 판정이 가능하다.

(i) (a, b)에서 $f_{xx}<0,\ f_{xx}f_{yy}-f_{xy}^2>0\rightarrow$ 극대점

(ii) (a, b)에서 $f_{xx}>0,\ f_{xx}f_{yy}-f_{xy}^2>0\rightarrow$ 극소점

(iii) (a, b)에서 $f_{xx}f_{yy}-f_{xy}^2<0\rightarrow$ 안장점

(iv) (a, b)에서 $f_{xx}f_{yy}-(f_{xy})^2=0\rightarrow$ 판정실패

1차 근사에 따른 오차 항

함수 $f(x, y)$ 및 1, 2계 도함수가 (a_0, b_0)를 중심으로 하는 닫힌 직사각형 영역에서 연속이라고 가정하자. 또 R에서 $|f_{xx}|$, $|f_{xy}|$, $|f_{yy}|\le B$라고 가정하자. 그러면 $F(t)=f(a_0+th,\ b_0+tk)$에 대하여 $F(1)=F(0)+F'(0)+\frac{1}{2}F''(c)(0<c<1)$를 만족하는 c가 존재하므로 다음식이 성립한다.

$$f(a+h,\ b+h)-[f(a,\ b)+hf_x(a,\ b)+f_y(a,\ b)]$$
$$=\frac{1}{2}(h^2f_{xx}+2hkf_{xy}+k^2f_{yy})_{(a+ch,\ b+ck)}=E(h.,\ k)(\text{오차}).$$

그러므로

$$|E| \le \frac{1}{2}(|h|^2|f_{xx}|+2|h||k||f_{xy}|+|k|^2|f_{yy}|)$$

$$\le \frac{1}{2}B(|h|^2+2|h||k|+|k|^2)$$

$$= \frac{1}{2}B(|h|+|k|)^2.$$

즉, $|E| \le \frac{1}{2}B(|h|+|k|)^2$.

2변수 함수에 대한 Tayolr 공식

$F(t)=f(a+th,\ b+tk)$에 대하여 테일러공식을 적용해 보면

$$F(t)=F(0)+F'(0)t+\frac{1}{2}F''(0)t^2+\cdots+\frac{1}{n!}F^{(n)}(0)t^n+\text{나머지}$$

를 얻는다. 여기서 $t=1$로 두면

$$F(1)=F(0)+F'(0)+\frac{1}{2}F''(0)+\cdots+\frac{1}{n!}F^{(n)}(0)+\text{나머지}.$$

이제, 점 (a, b)를 중심으로 하는 직사각형 영역 R에서 $f(x, y)$와 그의 $(n+1)$계까지의 편도함수들이 연속이라고 가정하고, 위의 식을 적용하면 다음과 같은 결과를 얻는다.

$$f(a+h,\ b+k)=f(a,\ b)+(hf_x+kf_y)_{(a,\,b)}+\frac{1}{2!}(h^2f_{xx}+2hkf_{xy}+k^2f_{yy})_{(a,\,b)}$$

$$+\frac{1}{3!}(h^3f_{xxx}+3h^2kf_{xxy}+3hk^2f_{xyy}+k^3f_{yy})_{(a,\,b)}+\cdots+$$

$$\frac{1}{n!}\left(h\frac{\partial}{\partial x}+k\frac{\partial}{\partial y}\right)^n f|_{(a,\,b)}+\frac{1}{(n+1)!}\left(h\frac{\partial}{\partial x}+k\frac{\partial}{\partial y}\right)^{n+1} f|_{(a+t_1h,\,b+t_1k)}$$

여기서, $0<t_1<1$.

11.8 Lagrange 승수법

이 절에서는 함수의 정의역에 특정된 제약이 주어졌을 때, 그 함수의 최대, 최소값을 구하는 방법으로 아주 유용한 방법인 Lagrange 승수법에 대해 배워보자.

다음과 같은 문제를 생각해 보자. $f(x, y, z)$의 최대, 최소값을 구하여라, 단, (x, y, z)는 $g(x, y, z)=0$을 만족한다. 예를 들어보자.

1) $f(x, y, z)=\sqrt{x^2+y^2+z^2}$의 최대 · 최소값을 구하어라. 여기서, (x, y, z)는 평면 $g(x, y, z)=2x+y-z-5=0$위에 놓여 있다.

2) $f(x, y, z)=\sqrt{x^2+y^2+z^2}$의 최대값은 얼마인가? 여기서 (x, y, z)는 곡면 $g(x, y, z)=x^2-z^2-1=0$ 위에 놓여 있다.

위와 같은 문제에서는 (x, y, z)가 임의로 변하지 못하고 구속 조건을 만족해야 되기 때문에 임계점 이론을 사용할 수 없다. 보통의 방법은 한 변수를 $g(x, y, z)=0$에서 소거하고 (예를 들어 $z=h(x, y)$로) 임의로 변화시킬 수 있는 영역에서 $f(x, y, z)=f(x, y, h(x, y))$의 그 영역내의 임계점을 구하면 될 것이다. 그러나 한 변수를 소거하는 것이 불가능할 수 있다. 이러한 경우에 유용하게 적용될 수 있는 방법이 라그랑쥬 승수법이다. 자세한 증명은 생략하기로 한다.

정리 11.24 (수직경도정리) 곡선 $\mathbf{r}(t)=(x(t), y(t), z(t))$가 곡면 S : $g(x, y, z)=0$ 상에 있고 $f(x, y, z)$가 곡면 S상의 $p_0=\mathbf{r}(0)=(x(0), y(0), z(0))$에서 극값을 갖고 f가 그 점 근방에서 미분가능하면 $\nabla f(p_0)\cdot r'(0)=0$이다.

따름정리 11.25 $f(x, y, z)$가 곡면 S : $g(x, y, z)=0$ 상의 점 p_0에서 극값을 가지면 $\nabla f(p_0)$는 p_0를 지나는 S의 접평면에 수직이다.

정리 11.26 (Lagrange승수법) $f(x, y, z)$와 $g(x, y, z)$가 미분가능이라고 하자 f가 곡면 S : $g(x, y, z)=0$ 위의 점 $p_0(x_0, y_0, z_0)$에서 극값을 가지면 $\nabla f(p_0)$와 $\nabla g(p_0)$는 평행이다. 즉 어떤 수 λ에 대하여 $\nabla f(p_0)=\lambda\nabla g(p_0)$이 성립한다.

[예제 11.14] $f(x, y)=xy$가 타원 $\frac{x^2}{8}+\frac{y^2}{2}=1$에서 취하는 최대 · 최소값을 구하라.

풀이 $f(x, y)=xy,\ g(x, y)=\frac{x^2}{8}+\frac{y^2}{2}-1$에 대하여

$$F(x, y; \lambda)=f(x, y)-\lambda g(x, y)=xy-\lambda\left(\frac{x^2}{8}+\frac{y^2}{2}-1\right)$$

로 놓으면 $F_x=y-\lambda\frac{x}{4}=0,\ F_y=x-\lambda y=0,\ F_\lambda=-\left(\frac{x^2}{8}+\frac{y^2}{2}-1\right)=0$로부터 네 개의 임계점 (2, 1), (2, −1), (−2, 1), (−2, −1)얻을 수 있다. 그러므로 최대값은 2, 최소값은 −2이다. ■

연습문제 (11–8)

※ 문제 1~10에서는 임계점을 모두 구하여라. 그 점에서 함수가 극대값 또는 극소값을 가지는지, 아니면 그것이 안장점인지 밝혀라. 도움말: 최대 최소 판정의 요약을 사용하여라.

1. $f(x, y)=x^2+4y^2-4x$
2. $f(x, y)=x^2+4y^2-2x+8y-1$
3. $f(x, y)=2x^2-x^2+3y^2$
4. $f(x, y)=xy^2-6x^2-3y^2$
5. $f(x, y)=xy$
6. $f(x, y)=x^3+y^3-6xy$
7. $f(x, y)=xy+\frac{2}{x}+\frac{4}{y}$
8. $f(x, y)=e^{-(x^2+y^2-4y)}$
9. $f(x, y)=\cos x+\cos y+\cos(x+y);\ 0<x<\pi/2,\ 0<y<\pi/2$
10. $f(x, y)=x^2+a^2-2ax\cos y;\ -\pi<y<\pi$

11. $g(x, y)=xy-3=0$이라는 제한 조건하에, $f(x, y)=x^2+y^2$의 최소값을 구하여라.

12. $g(x, y)=4x^2+9y^2-36=0$이라는 제한 조건하에, $f(x, y)=xy$의 최대값을 구하여라.

13. $x^2+y^2=1$이라는 제한 조건하에, $f(x, y)=4x^2-4xy+y^2$의 최대값을 구하여라.

14. $x-y-6=0$이라는 제한 조건하에, $f(x, y)=x^2+4xy+y^2$의 최소값을 구하여라.

15. $x+3y-2z=12$라는 제한 조건하에, $f(x, y, z)=x^2+y^2+z^2$의 최소값을 구하여라.

16. $2x^2+y^2-3z=0$이라는 제한 조건하에, $f(x, y, z)=4x-2y+3z$의 최소값을 구하여라.

17. 윗면이 없이 열려 있는, 직육면체 모양의 상자의 넓이가 48이면, 부피가 최대인 것의 치수는?

18. 원점에서 평면 $x+3y-2z=4$까지의 최소 거리를 구하여라.

19. 직육면체 상자를 만들려 하는데, 밑면의 재료는 옆면, 윗면의 재료에 비해서 단위 넓이당 3배의 돈이 든다. 재료를 살 수 있는 총 금액이 $12이고, 밑면의 재료가 제곱 피트당 $0.60일 때, 그러한 상자의 최대 부피를 구하여라.

20. 원점에서 곡면 $x^2y-z^2+9=0$까지의 최소 거리를 구하여라.

제12장 중적분

12.1 이중적분

직사각형영역

직사각형으로 주어진 영역 $R : a \leq x \leq b,\ c \leq y \leq d$에서 정의된 유계인 두 변수 함수 $f(x, y)$가 주어졌다고 하자. 이 영역 R을 각 변이 좌표축에 평행인 더욱 작은 직사각형영역으로 나누는데, 그 개수가 n개라고 하고, $A_1, A2, \cdots, A_n$으로 나타내자. A_k의 변들의 길이를 Δx_k, Δy_k라 하고 $\Delta A_k = \Delta x_k \Delta y_k$를 그 넓이라 하자. 각 영역 A_k에 속하는 임의의 한 점 $(x_k{}^*,\ y_k{}^*)$를 선택하여 만든 합 $S_n = \sum_{k=1}^{n} f(x_k{}^*,\ y_k{}^*)\Delta A_k$를 생각하여 보자. 소영역의 넓이 $\Delta A_1, \Delta A2, \cdots, \Delta A_n$이 모두 0으로 수렴하도록 더욱 잘게 쪼개고, 선택하는 점 $(x_k{}^*,\ y_k{}^*)$를 임의로 선택하여도 S_n의 극한값이 존재하는 경우가 있는데, 이 경우에 f는 R에서 **이중적분 가능**하다고 하고, 이 극한값을 R에서의 f의 **이중적분**이라 부르며, 기호로는 $\iint_R f(x, y)dA$로 나타낸다. 즉,

$$\iint_R f(x, y)dA = \lim_{n\to\infty,\ \Delta A_k \to 0} \sum_{k=1}^{n} f(x_k{}^*,\ y_k{}^*)\Delta A_k$$

f가 유계이고 닫힌 영역 R에서 연속인 함수이면 항상 이러한 극한값이 존재한다는

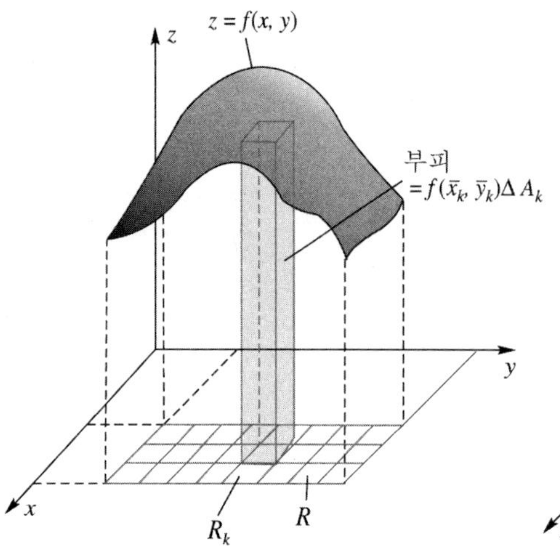

그림 12.1

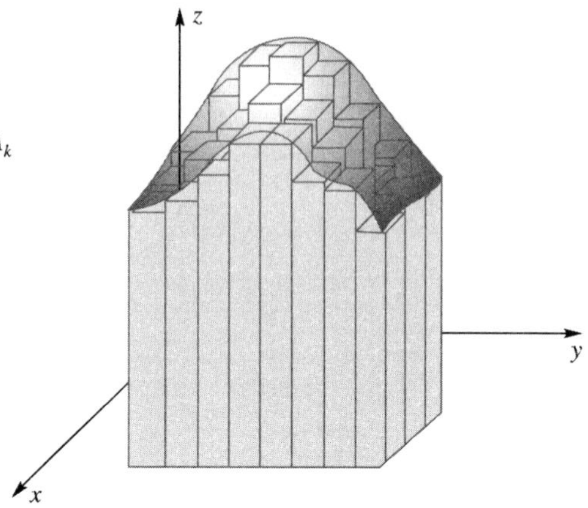

그림 12.2

것을 증명할 수 있다. 연속함수의 이중적분은 다음과 같은 성질을 갖는다.

1. $\iint_R cf\, dA = c\iint_R f\, dA.$
2. $\iint_R [f(x, y)+g(x, y)]dA = \iint_R f(x, y)dA + \iint_R g(x, y)dA.$
3. $\iint_R [f(x, y)-g(x, y)]dA = \iint_R f(x, y)dA - \iint_R g(x, y)dA.$
4. R에서 $f(x, y)\ge 0$일 때, $\iint_R f(x, y)dA \ge 0.$
5. R에서 $f(x, y)\ge g(x, y)$일 때, $\iint_R f(x, y)dA \ge \iint_R g(x, y)dA.$
6. $\iint_R f(x, y)dA = \iint_{R_1} f(x, y)dA + \iint_{R_2} f(x, y)dA$ 여기서 $R = R_1 \cup R_2.$

모든 $(x, y)\in R$에 대하여 $f(x, y)>0$일 때, f의 이중적분은 영역 R과 곡면 $z=f(x, y)$가 아래, 위로 둘러싸인 부분의 부피를 나타낸다. 즉, (x, y)에서의 높이가 $f(x, y)$인 건물의 부피를 나타낸다.

[예제 12.1] 평면 $z=4-x-y$와 직사각형 영역 $R: 0\le x\le 2,\ 0\le y\le 1$에 의하여 위, 아래로 닫힌 부분의 부피를 계산해 보아라.

풀이 함수 $z=f(x, y)=4-x-y$가 유계이고 닫힌 영역인 R에서 연속이므로 이중적분이 존재한다. 그러므로 주어진 영역을 직사각형 모양의 소 영역으로 나누는 방법과 소 영역 내에서 임의의 점을 선택하는 방법에 관계없이 극한이 존재하고, 그 극한값은 $f(x, y)$의 이중적분값이 된다. 이제, 영역 R의 가로와 세로를 n등분하여 n^2개의 소영역으로 나누고, $x_i = \frac{2i}{n} = x_i^*$, $y_j = \frac{j}{n} = y_j^*$로 놓으면 $\Delta A_{ij} = \frac{2}{n} \cdot \frac{1}{n} = \frac{2}{n^2}$이고,

$$f(x_i^*, y_j^*) = 4 - x_i^* - y_j^* = 4 - \frac{2i}{n} - \frac{i}{n}$$

이다. 그러므로

$$\begin{aligned} S_{n^2} &= \sum_{i=1}^{n}\sum_{j=1}^{n} f(x_i^*, y_i^*)\Delta A_{ij} = \sum_{i=1}^{n}\sum_{j=1}^{n}\left(4 - \frac{2i}{n} - \frac{i}{n}\right)\frac{2}{n^2} \\ &= \frac{2}{n^2}\sum_{i=1}^{n}\sum_{j=1}^{n}\left(4 - \frac{2i}{n} - \frac{i}{n}\right)\frac{2}{n^2} = 8 - \frac{4}{n^2}\sum_{i=1}^{n} i - \frac{2}{n^2}\sum_{j=1}^{n} j \\ &= 8 - \frac{2n(n-1)}{n^2} - \frac{n(n-1)}{n^2} = 5 - \frac{1}{n}. \end{aligned}$$

따라서 $\lim_{n\to\infty} S_{n^2} = 5$. 즉, $\iint_R f(x, y)dA = 5$이고 부피가 5가 됨을 알 수 있다. ■

위의 예제를 보아서 알 수 있듯이, 이중적분을 위와 같이 계산하면 일반적으로 상당히 복잡하고 번거롭다. 다른 방법으로 부피를 계산해보자.

x-축에 수직인 평면으로 이 입체를 자를 때 생기는 단면의 면적을 $A(x)$로 표시하자.

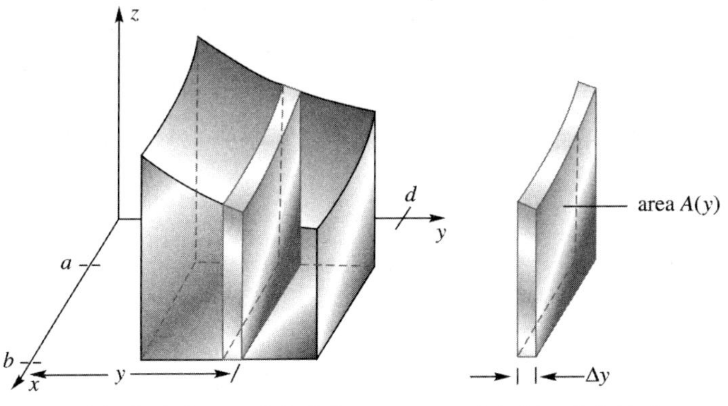

y = 상수인 평면들로 잘게 썬다
(a)

대응하는 판의 부피≈ $A(y)\,\Delta y$
(b)

그림 12.3

그러면 부피는 $\sum_{k=1}^{n} A(x_k{}^*)\Delta x_k$의 극한값, 즉, $\int_0^2 A(x)dx$가 됨을 알 수 있다. 한편, $A(x_k{}^*)$ $\int_0^1 = (4 - x_k{}^* - y)dy$임을 알 수 있다. 그러므로

$$부피 = \int_0^2 A(x)dx = \int_0^2 \left[\int_0^1 (4-x-y)dy \right] dx = 5$$

임을 알 수 있다. 여기서 마지막 적분은 우선 x를 상수로 보고 y에 관하여 정적분한 다음에 x에 관하여 정적분하여 계산하는데, 이와 같은 적분을 **반복적분**이라고 부른다.

위에서와 같이 이중적분의 계산은 반복적분을 이용하여 계산하는 것이 편리한데, 그에 관한 이론적인 근거가 다음의 정리이다. 증명은 생략하기로 한다.

> **정리 12.1 (Fubini정리 : 직사각형영역)** 2변수함수 $f(x, y)$가 직사각형 영역 $R: a \le x \le b,\ c \le y \le d$에서 연속이면 다음이 성립한다.
>
> $$\iint_R f(x, y)dA = \int_c^d \int_a^b f(x, y)dx\,dy = \int_a^b \int_c^d f(x, y)dy\,dx.$$

일반적인 유계영역

직사각형 모양을 포함한 더욱 일반적인 형태의 유계영역 R에서의 이중적분을 정의하여 보자. R이 직사각형 $a \le x \le b,\ c \le y \le d$안에 있다고 가정하고, 직사각형영역에서와 같이 n개의 직사각형모양의 소 영역으로 나누자. 이들 소 영역 중에서 주어진 유계영역 R에 완전히 포함되는 것들을 A_1, $A2$, $\cdots$, A_n으로 나타내자. A_k의 변들의 길이를 Δx_k, Δy_k라 하고 $\Delta A_k = \Delta x_k \Delta y_k$를 그 넓이라 하자. 각 영역 A_k에 속하는 임의의 한 점 $(x_k{}^*, y_k{}^*)$를 선택하여 만든 합 $S_n = \sum_{k=1}^{n} f(x_k{}^*, y_k{}^*)\Delta A_k$를 생각하여 보자. 소영역의 넓이 ΔA_1, $\Delta A2$, $\cdots$, ΔA_n이 모두 0으로 수렴하도록 더욱 잘게 쪼개고, 선택하는 점 $(x_k{}^*, y_k{}^*)$를 임의로 선택하여도 S_n의 극한값이 존재하는 경우가 있는데, 이 경우에 f는 R에서 **이중적분가능**하다고 하고, 이 극한값을 R에서의 f의 **이중적분**이라 부르며, 기호로는 $\iint_R f(x, y)dA$로 나타낸다. 즉,

$$\iint_R f(x, y)dA = \lim_{n \to \infty,\ \Delta A_k \to 0} \sum_{k=1}^{n} f(x_k, y_k)\Delta A_k.$$

직사각형영역의 경우와 마찬가지로 이러한 이중적분을 계산하는 반복적분방법이 있는데 다음의 정리가 그것이다. 증명은 생략하기로 한다.

정리 12.2 (Fubini정리 : 닫힌유계영역) 2변수함수 $f(x, y)$가 닫힌 유계영역 R에서 연속이고 영역 R의 경계가 유한 개의 미분가능한 곡선으로 이루어져 있으면 이중적분이 존재하고, 다음이 성립한다.

(1) 영역 R이 $[a, b]$에서 정의된 두 연속함수 $g_1(x)$와 $g_2(x)$에 대하여

$$R=\{(x, y) \mid g_1(x) \le y \le g_2(x)\}$$

와 같이 표현되는 영역이면

$$\iint_R f(x, y)dA = \int_a^b \int_{g_1(x)}^{g_2(x)} f(x, y)dy\,dx.$$

(2) 영역 R이 $[c, d]$에서 정의된 두 연속함수 $h_1(y)$와 $h_2(y)$에 대하여

$$R=\{(x, y) \mid h_1(y) \le x \le h_2(y)\}$$

와 같이 표현되는 영역이면

$$\iint_R f(x, y)dA = \int_c^d \int_{h_1(y)}^{h_2(y)} f(x, y)dxdy.$$

[예제 12.2] 밑면이 x-축과 직선 $y=x$, $x=1$로 둘러싸인 xy-평면의 삼각형이고, 윗면은 평면 $z=f(x, y)=3-x-y$로 막힌, xy-평면에 수직인 기둥모양의 입체의 부피를 반복적분을 이용해서 구하여라.

풀이

$$V=\int_0^1\int_0^x 3-x-y)dy\,dx=\int_0^1\left[(3-x)y-\frac{y^2}{2}\right]_0^x dx$$
$$=\int_0^1\left(3x-\frac{3x^2}{2}\right)dx=1.$$

■

참고로, Fubini 정리에 의하면 반복적분의 순서에 관계없이 결과는 항상 같다. 그러므로 주어진 상황에 따라서 보다 편리한 적분순서를 사용하면 된다.

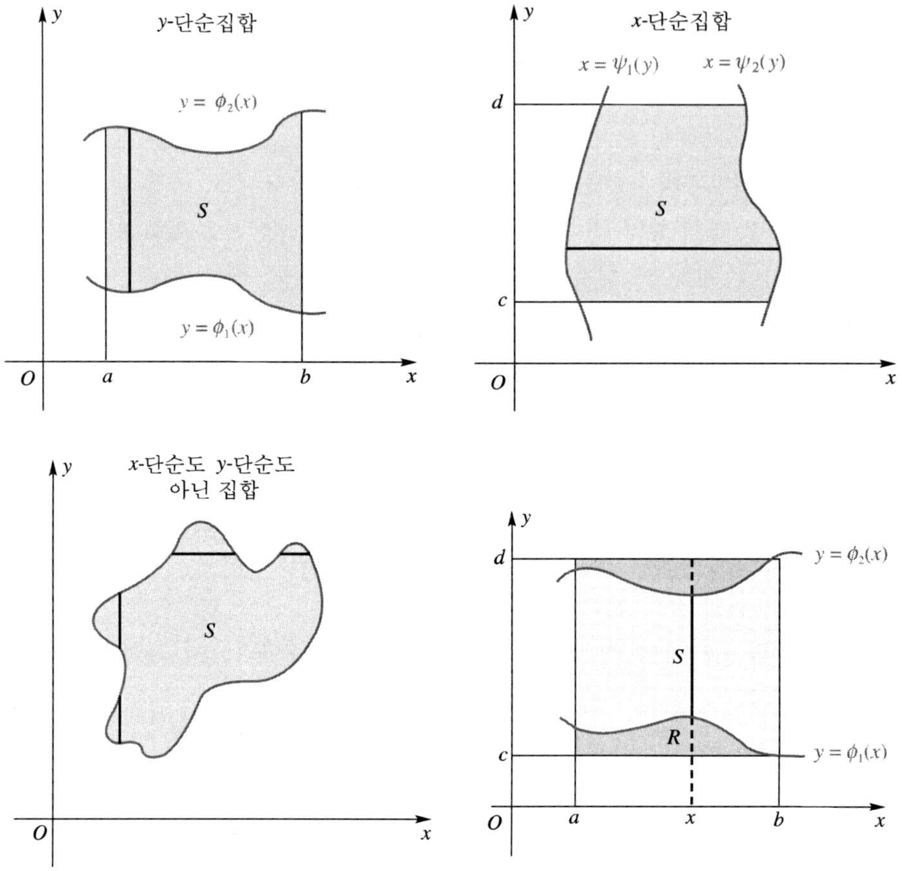

그림 12.4

[예제 12.3] R은 x-축과 직선 $y=x$, $x=1$로 둘러싸인 xy-평면의 삼각형 모양의 영역이다. $\iint_R \frac{\sin x}{x}dA$를 계산하여라.

풀이 먼저 y에 대해 적분하고 다시 x에 대해 적분한다.

$$\int_0^1\left[\int_0^x \frac{\sin x}{x}dy\right]dx = \int_0^1 \sin x\, dx = -\cos(1)+1 \approx 0.46.$$ ■

참고로, 위의 예제에서 적분순서를 바꾸어 보자. $\int_0^1\left[\int_y^1 \frac{\sin x}{x}dx\right]dy$를 계산해야 되는데, 여기서 $\int_y^1 \frac{\sin x}{x}dx$의 값은 초등함수로 나타내기가 곤란하다.

12.2 극좌표를 이용한 이중적분의 계산

어떤 경우에는 직교 좌표 대신에 극좌표를 사용하면 적분의 계산이 더 쉬워지는 경우가 있다. 유계함수 $f(r,$“$\theta)$가 반직선 $\theta=\alpha$, $\theta=\beta$와 연속인 곡선 $r=g_1(\theta)$, $r=g_2(\theta)$로 둘러싸인 영역 R 위에 정의되어 있다고 하자. 단, α와 β 사이의 모든 θ에 대해 $0\leq g_1(\theta)\leq g_2(\theta)\leq a$라고 하자 그러면 R은 부등식 $0\leq r\leq a$, $\alpha\leq\theta\leq\beta$로 정의된 부채꼴 모양의 영역 Q의 부분집합이다. 이제 원호와 반직선으로 Q를 잘게 나누자. 원호들은 중심이 원점이고 반경은 $0<r_1<r_2<\cdots<r_N=a$인 원들로부터 구한 것이고, 반직선들은 $\alpha=\theta_0<\theta_1<\cdots<\theta_n=\beta$로부터 나온 것이다. 이 원호들과 반직선들은 Q를 "극사각형"이라 부르는 작은 도형들로 잘게 나눈다. ΔA_{ij}를 반직선 $\theta=\theta_{i-1}$, $\theta=\theta_i$와 원호 $r=r_{j-1}$, $r=r_j$에 의해 둘러싸인 극사각형의 넓이라고 하면, 부분 합 $S=\sum_{\Delta A_{ij}\in R} f(r_i^*, \theta_j^*)\Delta A_{ij}$는 함수 f가 영역 R에서 연속이면 극한값이 존재한다. 이 극한값을 R에서의 f의 이중적분이라 부르고 $\iint_R f(r, \theta)dA$로 나타낸다.

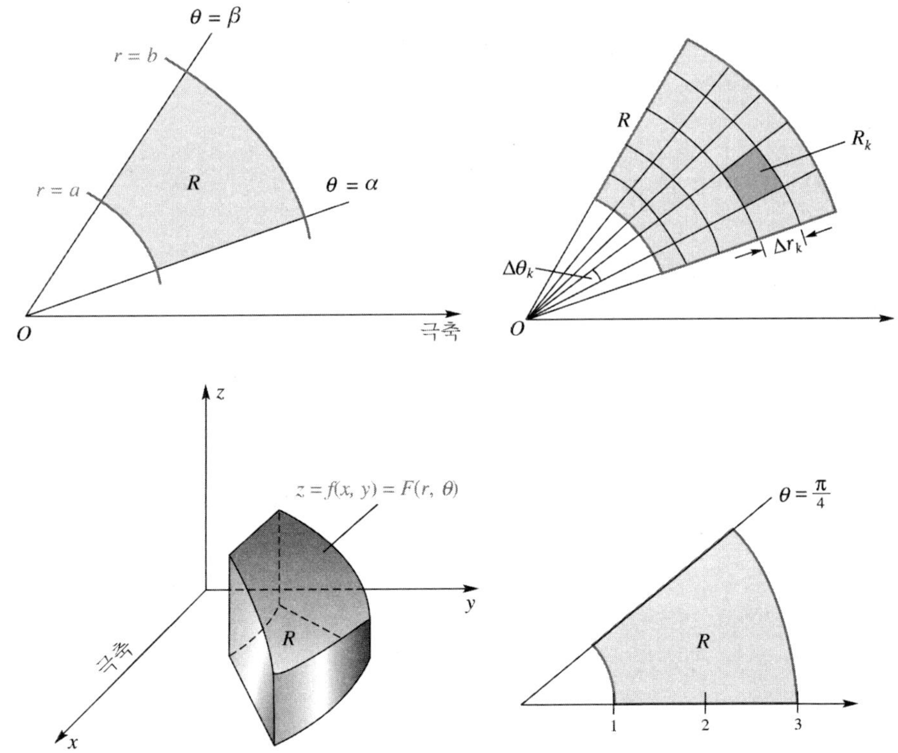

그림 12.5

실제로 이것을 계산하기 위해 ΔA_{ij}를 구해보면

$$\begin{aligned}\Delta A_{ij} &= (\text{큰 부채꼴의 넓이}) - (\text{작은 부채꼴의 넓이}) \\ &= \frac{\Delta\theta_i}{2}[r_j^2 - r_{j-1}^2] \\ &= \frac{\Delta\theta_i}{2}\Delta r_i[r_{j-1} + r_j]\end{aligned}$$

그러므로 $S = \Sigma f(r_j^*, \theta_i^*)\frac{r_{j-1}+r_j}{2}\Delta\theta_i\Delta r_j$이다. 이것의 극한값을 Fubini 정리를 써서 r과 θ에 대한 반복적분으로 구할 수 있다. 즉, 다음과 같이 계산할 수 있다.

$$\iint_R f(r, \theta)dA = \int_\alpha^\beta \int_{g_1(\theta)}^{g_2(\theta)} f(r, \theta)r\,dr\,d\theta.$$

참고로, 영역 R이 직교 좌표로 주어진 경우에 그 넓이는 $A = \iint_R dA$로 계산될 수 있으며, 극좌표로 주어졌을 경우는 $A = \iint_R r\,dr\,d\theta$로 계산될 수 있다.

[예제 12.4] 심장형 곡선 $r = 1 + \cos\theta$의 내부 및 원 $r = 1$의 외부로 둘러싸인 영역 R의 넓이를 구하여라.

풀이 $$S = \iint_R dA = \iint_R r\,dr\,d\theta = \int_{-\frac{\pi}{2}}^{\frac{\pi}{2}}\left(\int_1^{1+\cos\theta} r\,dr\right)d\theta = \int_{-\frac{\pi}{2}}^{\frac{\pi}{2}}\left(\cos\theta + \frac{\cos\theta}{2}\right)d\theta$$

$$= \int_{-\frac{\pi}{2}}^{\frac{\pi}{2}}\left(\cos\theta + \frac{1+\cos 2\theta}{2}\right)d\theta = 2 + \frac{\pi}{2}.$$ ■

좌표 변환

다음 두 과정을 밟아서, 직교 좌표로 주어진 적분 $\iint_R f(x, y)dx\,dy$을 극좌표에 대한 적분으로 바꾼다.

단계 1 : $x = r\cos\theta$, $y = r\sin\theta$, $dx\,dy = r\,dr\,d\theta$로 치환한다.

단계 2 : 영역 R을 극좌표에 대한 식으로 표현한다.

[예제 12.5] 영역 R을 곡선 $y = \sqrt{1-x^2}$과 x-축으로 둘러싸인 영역이라고 할 때,

$\iint_R e^{x^2+y^2}dx\,dy$를 계산하여라.

풀이 직교좌표로 시도해 보아라! 거의 불가능임을 알 수 있다. 극좌표로 바꾸면 $R: 0 \leq \theta \leq \pi,\ 0 \leq r \leq 1$이 되고

$$\iint_R e^{x^2+y^2}dx\,dy = \iint_R e^{r^2}dr\,d\theta = \int_0^{\pi}\left(\int_0^1 e^{r^2}r\,dr\right)d\theta = \frac{\pi}{2}(e-1).$$ ■

연습문제 (12-2)

※ 문제 1~4에서 $R=\{(x, y) : 1 \leq x \leq 4,\ 0 \leq y \leq 2\}$라 하자. 이때 $\iint_R f(x, y)dA$를 계산하여라. 여기서 f는 주어진 함수이다.

1. $f(x, y)=\begin{cases} 2 & 1 \leq x \leq 3, & 0 \leq y \leq 2 \\ 3 & 3 \leq x \leq 4, & 0 \leq y \leq 2 \end{cases}$

2. $f(x, y)=\begin{cases} -1 & 1 \leq x \leq 4, & 0 \leq y \leq 1 \\ 2 & 1 \leq x \leq 4, & 1 \leq y \leq 2 \end{cases}$

3. $f(x, y)=\begin{cases} 2 & 1 \leq x \leq 3, & 0 \leq y \leq 1 \\ 1 & 1 \leq x \leq 3, & 1 \leq y \leq 2 \\ 3 & 3 \leq x \leq 4, & 0 \leq y \leq 2 \end{cases}$

4. $f(x, y)=\begin{cases} 2 & 1 \leq x \leq 4, & 0 \leq y \leq 1 \\ 3 & 1 \leq x \leq 3, & 1 \leq y \leq 2 \\ 1 & 3 \leq x \leq 4, & 1 \leq y \leq 2 \end{cases}$

※ 이제부터 $R=\{(x, y) : 0 \leq x \leq 2,\ 0 \leq y \leq 2\}$, $R_1=\{(x, y) : 0 \leq x \leq 2,\ 0 \leq y \leq 1\}$, $R_2=\{(x, y) : 0 \leq x \leq 2,\ 1 \leq y \leq 2\}$라 하자. 그리고 이에 덧붙여서 $\iint_R f(x, y)dA=3$, $\iint_{R_1} g(x, y)dA=5$, $\iint_{R_2} g(x, y)dA=2$라 하자. 적분의 성질을 이용하여 다음 각각을 구하여라.

5. $\iint_R [3f(x, y)-g(x, y)]dA$

6. $\iint_R [2f(x, y)+5g(x, y)]dA$

7. $\iint_R g(x, y)dA$

8. $\iint_R [2g(x, y)+3]dA$

※ 문제 9~12에서 $R=\{(x, y) : 0 \leq x \leq 6,\ 0 \leq y \leq 4\}$이고, 분할 P는 직선 $x=2$, $x=4$와 $y=2$로 R을 여섯 개의 같은 크기의 정사각형들로 나눈 것이라고 하자. 적분 $\iint_R f(x, y)dA$ 근사값을 구하되, 대응하는 리만 합 $\sum_{k=1}^{6} f(\bar{x}_k, \bar{y}_k)\Delta A_k$를 계산하여서 구하여라. $(\bar{x}_k, \bar{y}_k)$는 각각의 정사각형의 중심을 잡아라.

9. $f(x, y) = 12 - x - y$

10. $f(x, y) = 10 - y^2$

11. $f(x, y) = x^2 + 2y^2$

12. $f(x, y) = \frac{1}{6}(48 - 4x - 3y)$

※ 문제 13~22에서는 다음 반복적분을 계산하여라.

13. $\int_0^2 \int_1^3 x^2 y \, dy \, dx$

14. $\int_{-1}^4 \int_1^2 (x + y^2) dy \, dx$

15. $\int_1^2 \int_0^3 (xy + y^2) dx \, dy$

16. $\int_{-1}^1 \int_1^2 (x^2 + y^2) \, dx \, dy$

17. $\int_0^\pi \int_0^1 x \sin y \, dx \, dy$

18. $\int_0^{\ln 3} \int_0^{\ln 2} e^{x+y} dy \, dx$

19. $\int_0^{\pi/2} \int_0^1 x \sin xy \, dy \, dx$

20. $\int_0^1 \int_0^1 x e^{xy} dy \, dx$

21. $\int_0^3 \int_0^1 2x \sqrt{x^2 + y} \, dx \, dy$

22. $\int_0^1 \int_0^1 \frac{y}{(xy + 1)^2} dx \, dy$

12.3 삼중적분 : 부피와 평균값

3차원 공간의 유계영역 V서 정의된 유계인 3 변수 함수 $f(x, y, z)$가 주어졌다고 하자. V가 직육면체 $a \le x \le b$, $c \le y \le d$, $e \le x \le f$ 안에 있다고 가정하고, n개의 직육면체 모양의 소 영역으로 나누자. 이들 소 영역 중에서 주어진 유계영역 V에 완전히 포함되는 것들을 V_1, V_2, $\cdots$, V_n으로 나타내자. V_k의 변들의 길이를 Δx_k, Δy_k, Δz_k라 하고 $\Delta V_k = \Delta x_k \Delta y_k \Delta z_k$라고 하자. 각 영역 V_k에 속하는 임의의 한 점 (x_k^*, y_k^*, z_k^*)를 선택하여 만든 합 $S_n = \sum_{k=1}^{n} f(x_k^*, y_k^*, z_k^*) \Delta V_k$를 생각하여 보자. 소영역의 부피 ΔV_1, ΔV_2, $\cdots$, ΔV_n이 모두 0으로 수렴하도록 더욱 잘게 쪼개고, 선택하는 점 (x_k^*, y_k^*, z_k^*)를 임의로 선택하여도 S_n의 극한값이 존재하는 경우가 있는데, 이 경우에 f는 V에서 **삼중적분가능하다고** 하고, 이 극한값을 V에서의 f의 삼중적분이라 부르며, 기호로는 $\iiint_V f(x, y, z) dV$로 나타낸다. 즉,

$$\iiint_V f(x, y, z)dV = \lim_{n\to\infty,\ \Delta V_k \to 0} \sum_{k=1}^{n} f(x_k{}^*, y_k{}^*, z_k{}^*)\Delta V_k.$$

f가 유계이고 닫힌 영역 V에서 연속이고 영역의 경계면이 유한개의 부드러운 곡면으로 이루어져 있으면 항상 이러한 극한값이 존재한다는 것을 증명할 수 있다. 연속함수의 삼중적분도 이중적분에서와 같이 다음과 같은 성질을 갖는다.

1. $\iiint_V [af+bg]dV = a\iiint_V f\,dV + b\iiint_V g\,dV$. (선형성)
2. V에서 $f(x, y)\geq 0$일 때, $\iiint_V f(x, y, z)dV \geq 0$. (단순성)
3. $\iiint_V f\,dV = \iiint_{V_1} f\,dV + \iiint_{V_2} f\,dV,\ V = V_1 \cup V_2$.

참고로, 공간에 주어진 닫힌 유계 영역 V의 부피는 V의 부피$=\iiint_V dV$에 의하여 계산될 수 있다.

3중적분의 계산

극한값을 직접적으로 계산해서 3중적분을 구할 수 있는 경우는 많지 않다. 2중적분에서 처럼 Fubini정리를 사용해서 반복 적분함으로써 3중적분 값을 알아내는 것이 편리할 때가 많다.

영역 V의 표면이 위는 곡면 $z=\Phi_2(x, y)$ 밑은 곡면 $z=\Phi_1(x, y)$로 둘러싸인 경우를 생각하고 V의 xy-평면에 의 정사영을 R이라고 하자. 그러면

$$\iiint_V f(x, y, z)dV = \iint_R \left[\int_{\Phi_1(x, y)}^{\Phi_2(x, y)} f(x, y, z)dz\right]dA$$

가 된다.

참고로, 위의 식은 V의 경계면이 z-축 방향으로 윗면과 아랫면이 $z=\Phi_2(x, y)$와 $z=\Phi_1(x, y)$로 표현되는 경우에 사용하는 식이고, x-축 방향으로 앞면과 뒷면으로 표현되는 경우와 y-축 방향으로 좌측면과 우측면으로 표현되는 경우에도 비슷한 방법으로 계산할 수 있음을 밝혀둔다.

[예제 12.6] 곡면 $z=x^2+3y^2$과 $z=8-x^2-y^2$으로 둘러싸인 입체의 부피를 구하라.

풀이 두 곡면은 타원 $x^2+3y^2=8-x^2-y^2$, 즉, $R: x^2+2y^2=4$에서 만난다. 그러므로 $R: x^2+2y^2=4$이고 $\phi_2=8-x^2-y^2$, $\phi_1=x^2+3y^2$이다. 따라서

$$V=\iiint_V dV=\iint_R\left(\int_{x^2+3y^2}^{8-x^2-y^2} dz\right)dA$$
$$=\iint_R (8-2x^2-4y^2)dA=82\sqrt{2}$$

■

> **정의 12.3** 공간영역 V에서 정의된 함수 $f(x, y, z)$에 대하여 $\dfrac{1}{V\text{의 부피}}\iiint_V f\,dV$를 $f(x, y, z)$의 V에서의 **평균값**이라고 정의한다.

[예제 12.7] 좌표 평면들과 $x=1$, $y=1$, $z=1$로 둘러싸인 제1팔분공간의 영역 V에서의 함수 $f(x, y, z)=e^x yz$의 평균값을 구하여라.

풀이 V는 직각이등변삼각뿔이므로 부피 $V=\frac{1}{6}\cdot 1\cdot 1\cdot 1$이고

$$\iiint_D f\,dV=\int_0^1\int_0^1\left(\int_0^1 e^x yz\,dz\right)dx\,dy=\frac{1}{4}(e-1)$$

이므로 평균값은 $\frac{3}{2}(e-1)$이다. ■

참고로, 공간의 영역 V의 점 (x, y, z)에서의 밀도를 $\rho(x, y, z)$라 하면 V의 질량은 $m=V$의 질량$=\iiint_D \rho(x, y, z)dV$가 된다. 그러므로 V의 질량중심의 좌표 $(\bar{x}, \bar{y}, \bar{z})$는 다음의 식에 의하여 계산되어 질 수 있다.

$$\bar{x}=\frac{1}{m}\iiint_V x\rho(x, y, z)dV$$
$$\bar{y}=\frac{1}{m}\iiint_V y\rho(x, y, z)dV$$
$$\bar{z}=\frac{1}{m}\iiint_V z\rho(x, y, z)dV$$

연습문제 (12–3)

※ 문제 1~8에서 반복 적분을 계산하여라.

1. $\int_{-3}^{7}\int_{0}^{2x}\int_{y}^{x-1} dz\,dy\,dx$

2. $\int_{0}^{2}\int_{-1}^{4}\int_{0}^{3y+x} dz\,dy\,dx$

3. $\int_{1}^{4}\int_{z-1}^{2z}\int_{0}^{y+2z} dx\,dy\,dz$

4. $\int_{0}^{5}\int_{-2}^{4}\int_{1}^{2} 6xy^2z^3\,dx\,dy\,dz$

5. $\int_{0}^{2}\int_{1}^{2}\int_{0}^{\sqrt{x/z}} 2xyz\,dy\,dx\,dz$

6. $\int_{0}^{\pi/2}\int_{0}^{z}\int_{0}^{y} \sin(x+y+z)\,dx\,dy\,dz$

7. $\int_{-2}^{4}\int_{x-1}^{x+1}\int_{0}^{\sqrt{2y/x}} 3xyz\,dz\,dy\,dx$

8. $\int_{0}^{\pi/2}\int_{\sin 2\pi}^{0}\int_{0}^{2yz} \sin\left(\frac{x}{y}\right)dx\,dy\,dz$

※ 문제 9~18에서는 입체 S를 그려라. 그 다음에 다음 적분을 반복 적분을 적어라.

$$\iiint_S f(x,\,y,\,z)\,dV$$

9. $S=\{(x,\,y,\,z):\ 0\le x\le 1,\ 0\le y\le 3,\ 0\le z\le \frac{1}{6}(12-3x-2y)\}$
10. $S=\{(x,\,y,\,z):\ 0\le x\le \sqrt{4-y^2},\ 0\le y\le 2,\ 0\le z\le 3\}$
11. $S=\{(x,\,y,\,z):\ 0\le x\le \frac{1}{2},\ 0\le y\le 4,\ 0\le z\le 2\}$
12. $S=\{(x,\,y,\,z):\ 0\le x\le \sqrt{y},\ 0\le y\le 4,\ 0\le z\le \frac{3}{2}\}$
13. $S=\{(x,\,y,\,z):\ 0\le x\le 3z,\ 0\le y\le 4-x-2z,\ 0\le z\le 2\}$
14. $S=\{(x,\,y,\,z):\ 0\le x\le y^2,\ 0\le y\le \sqrt{z},\ 0\le z\le 1\}$
15. S는 꼭지점이 (0, 0, 0), (3, 2, 0), (0, 3, 0), (0, 0, 2)인 사면체.
16. S는 제1팔분공간의 영역으로, 곡면 $z=9-x^2-y^2$ 평면들로 둘러싸여 있음.
17. S는 제1팔분공간의 영역으로, 기둥 $y^2+z^2=1$, 평면 $x=1$, $x=4$로 둘러싸여 있음.
18. S는 기둥 $x^2+y^2-2y=0$과 평면 $x-y=0$, $z=0$, $z=3$으로 둘러싼 영역들 중에 작은 것.

12.4 주면 좌표와 구면 좌표를 이용한 3중적분의 계산

적분 영역이 대칭일 때는 이 대칭성을 이용할 수 있는 좌표계를 쓰는 것이 훨씬 더 적분을 용이하게 한다. 예를 들어 원뿔이나, 어떤 축에 대칭인 원주면과 같은 입체를 다루게 될 때는 대칭축을 z-축으로 잡아서 주면 좌표를 쓰면 계산이 간단하게 된다.

주면좌표

공간상의 한 점 P를 $(r,\ \theta,\ z)$로 유일하게 표현할 수 있다. 여기서 $(r,\ \theta)$는 xy-평면에서의 극좌표를 나타낸다. 이 경우에는 $dV = dz\, r\, dr\, d\theta$가 된다. 즉,

$$\iiint_V f(x,\ y,\ z)dV = \iiint f(r\cos\theta,\ r\sin\theta,\ z)r\, dz\, dr\, d\theta.$$

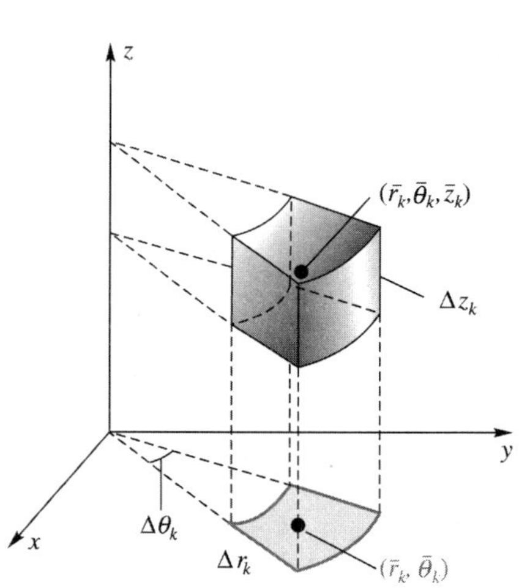

그림 12.6

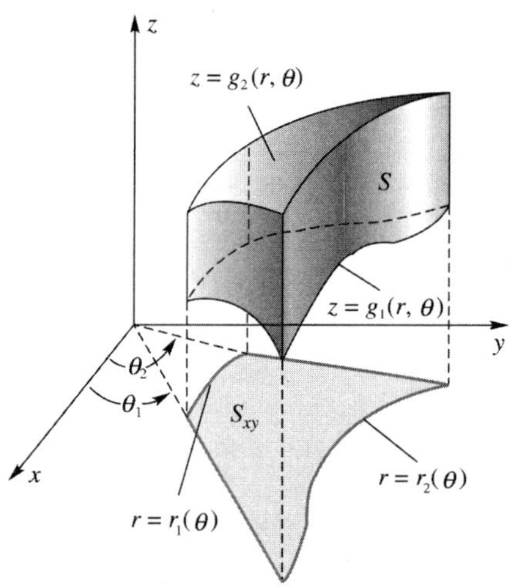

그림 12.76

[예제 12.8] 원주면 $x^2+y^2=4$와 포물면 $z=x^2+y^2$ 및 xy-평면으로 둘러싸인 영역의 밀도가 $\rho=1$인 경우에 질량중심을 구하여라.

풀이 $\bar{x}=0$, $\bar{y}=0$임은 명백하다. $M \equiv \iiint_V dA = \iint_R \left(\int_{z=0}^{z=x^2+y^2} dz \right) dA$이므로 주면좌표를 이용하면

$$M=\iint_R\left(\int_0^{r^2}dz\right)r\,dr\,d\theta=\iint_R r^3dr\,d\theta=8\pi.$$

그러므로

$$\bar{z}=\frac{1}{8\pi}\iiint_V z\,dV=\frac{1}{8\pi}\iiint_V zd\,zr\,dr\,d\theta=\frac{1}{8\pi}\iint_R\left(\int_0^{r^2}z\,dz\right)r\,dr\,d\theta=\frac{4}{3}.$$ ■

구면좌표

원점을 중심으로 하는 공, z-축을 경계면으로 갖는 반평면, 꼭지점을 원점으로 하여 대칭축이 z-축인 원추와 같은 곡면을 나타내는 경우에는 구면좌표가 매우 편리하다. 즉, 점 P를 (ρ, φ, θ)로 유일하게 나타낼 수 있는데, ρ는 선분 $\overline{OP}$의 길이이고 ϕ는 z축의 양의 방향과 이루는 각, 그리고 θ는 xy-평면위로의 정사영이 x-축의 양의 방향과 이루는 각을 나타낸다. 이 경우에 $dV=\rho^2\sin\phi d\rho\,d\phi\,d\theta$가 되며, 직교좌표와의 관계는 다음과 같다.

$$x=\rho\sin\phi\cos\theta,\ y=\rho\sin\phi\sin\theta,\ z=\rho\cos\phi.$$

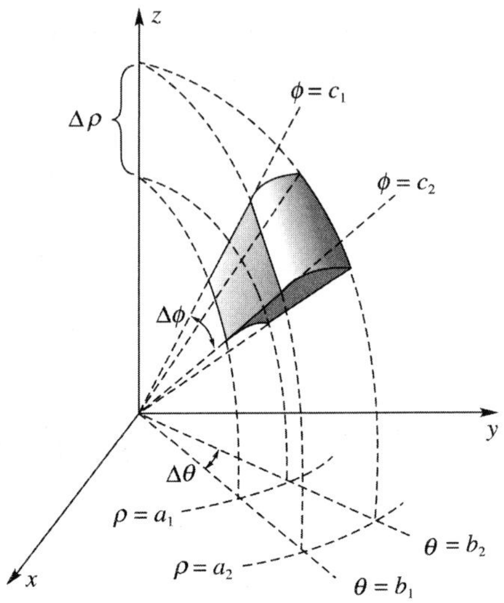

구면형 쐐기

그림 12.8

[예제 12.9] 원추 $\phi=\frac{\pi}{3}$에 의해 잘려진 공의 내부 $\rho\le 1$의 부피는?

풀이 $D: 0\le\rho\le 1,\ 0\le\varphi\le,\ 0\le\theta\le 2\pi$로 주어진다. 따라서

$$V=\iiint_V dV\equiv\iiint \rho^2\sin\phi\, d\rho\, d\phi\, d\theta=\int_0^{2\pi}\int_0^{\frac{\pi}{3}}\int_0^1 \rho^2\sin\phi\, d\rho\, d\phi\, d\theta$$

$$=\int_0^{2\pi}\int_0^{\frac{\pi}{3}}\left[\frac{\rho^3}{3}\sin\phi\right]_0^1 d\phi\, d\theta=\int_0^{2\pi}\int_0^{\frac{\pi}{3}}\frac{1}{3}\sin\phi\, d\phi\, d\theta$$

$$=\int_0^{2\pi}\left[-\frac{1}{3}\cos\phi\right]_0^{\frac{\pi}{3}} d\theta=\frac{\pi}{3}.$$

■

12.5 중적분에서의 치환

중적분에서의 치환

평면위에 주어진 영역 R이 관계식 $x=g(u, v)$, $y=h(u, v)$에 의하여 평면의 영역 G로 변환되었다고 하자. 그러면 다음이 성립한다.

$$\iint_R f(x, y)dx\, dy=\iint_G f(g(u, v), h(u, v))|J(u, v)|du\, dv$$

여기서 $J(u, v)=\begin{vmatrix}\frac{\partial x}{\partial u} & \frac{\partial x}{\partial v}\\ \frac{\partial y}{\partial u} & \frac{\partial y}{\partial v}\end{vmatrix}=\frac{\partial(x, y)}{\partial(u, v)}$이고 Jacobi 행렬식이라 부른다.

예를 들어, 극좌표 변환인 경우에는 $x=r\cos\theta=g(r, \theta)$, $y=r\sin\theta=h(r, \theta)$. 그러므로

$$J(r, \theta)=\begin{vmatrix}\cos\theta & -r\sin\theta\\ \sin\theta & r\cos\theta\end{vmatrix}=r(\cos\theta^2+\sin^2\theta)=r.$$

따라서

$$\iint_R f(x, y)dx\, dy=\iint_G f(r\cos\theta, r\sin\theta)|r|dr\, d\theta$$

$$= \iint_G f(r\cos\theta,\ r\sin\theta) r\, dr\, d\theta$$

와 같이 쓸 수 있다. 여기서 R과 G는 같지 않음을 주의하여라. 즉 R은 xy-평면의 영역이고, G는 $r\theta$-평면의 영역이다.

[예제 12.10] 적분 $\int_0^4 \int_{x=\frac{y}{2}}^{x=\frac{y}{2}+1} \frac{2x-y}{2}\, dx\, dy$를 변환식 $u=\frac{2x-y}{2}$, $v=\frac{y}{2}$을 사용하여 uv-평면에 있는 적절한 영역에서의 적분으로 바꾸어서 계산하여라.

풀이 $x=u+v$, $y=2v$, $J(u, v)=2$이므로

$$\int_0^4 \int_{x=\frac{y}{2}}^{x=\frac{y}{2}+1} \frac{2x-y}{2}\, dx\, dy = \int_{v=0}^{v=2}\int_{u=0}^{u=1} u|J(u, v)|\, du\, dv = \int_0^2 \left(\int_0^1 2u\, du\right) dv = 2,$$ ■

삼중적분에서의 치환

uvw-공간의 영역 G가 관계식 $x=g(u, v, w)$, $y=h(u, v, w)$, $y=k(u, v, w)$에 의하여 xyz-공간의 영역 V로 변환되었다고 하자. 그러면 V에서 정의된 함수 $f(x, y, z)$를 G에서 정의된 함수 $f(g(u, v, w), h(u, v, w), k(u, v, w))=\bar{f}(u, v, w)$로 생각할 수 있다. 그러면 다음이 성립한다.

$$\iiint_V f(x, y, z) dx\, dy\, dz = \iiint_V \bar{f}(u, v, w)|J(u, v, w)|\, du\, dv\, dw$$

여기서 $J(u, v, w)$는 다음과 같이 주어지는 Jacobi 행렬식이다.

$$J(u, v, w) = \begin{vmatrix} \frac{\partial x}{\partial u} & \frac{\partial x}{\partial v} & \frac{\partial x}{\partial w} \\ \frac{\partial y}{\partial u} & \frac{\partial y}{\partial v} & \frac{\partial y}{\partial w} \\ \frac{\partial z}{\partial u} & \frac{\partial z}{\partial v} & \frac{\partial z}{\partial w} \end{vmatrix} = \frac{\partial(x, y, z)}{\partial(u, v, w)}$$

예를 들어, 구면좌표의 경우에 $x=r\sin\phi\cos\theta$, $y=\rho\sin\phi\sin\theta$, $z=\rho\cos\phi$에 의해 $\rho\varphi\theta$-공간의 영역 G가 xyz-공간의 영역 V로 변화된다. 이때 Jacobi 행렬식을 계산하면 $J(\rho, \varphi, \theta)=\rho^2\sin\phi$가 된다. 따라서

$$\iiint_V f(x, y, z)dx\,dy\,dz = \iiint_G \bar{f}(\rho, \phi, \theta)|\rho^2 \sin\phi|\,d\rho\,d\phi\,d\theta$$
$$= \iiint_G \bar{f}(\rho, \phi, \theta)\rho^2 \sin\phi\,d\rho\,d\phi\,d\theta$$

연습문제 (12–5)

※ 문제 1~4의 반복적분을 계산하여라.

1. $\displaystyle\int_0^{\pi/2}\int_0^{\cos\theta} r^2 \sin\theta\,dr\,d\theta$

2. $\displaystyle\int_0^{\pi/2}\int_0^{\sin\theta} r\,dr\,d\theta$

3. $\displaystyle\int_0^{\pi}\int_0^{\sin\theta} r^2\,dr\,d\theta$

4. $\displaystyle\int_0^{\pi}\int_0^{1-\cos\theta} r\sin\theta\,dr\,d\theta$

※ 문제 5~10은 적분 $\iint_S r\,dr\,d\theta$를 계산하여서 주어진 영역 S의 넓이를 구하여라. 먼저 그 영역을 그려 보아라.

5. S는 원 $r=4\cos\theta$의 안쪽, 원 $r=2$의 바깥쪽인 영역.
6. S는 $\theta=\pi/6$와 $r=4\sin t$로 둘러싼 작은 영역.
7. S는 네 잎 장미 $r=a\sin 2\theta$의 한 잎.
8. S는 심장형 $r=6-6\sin\theta$의 안쪽 영역.
9. S는 리마송 $r=2-4\sin\theta$의 큰 매듭 안쪽 영역.
10. S는 원 $r=2$의 바깥, 렘니스케이트 $r^2=9\cos 2\theta$의 안쪽 영역.

※ 문제 11~16은 극좌표를 사용하여 적분을 계산하여라. 먼저 적분 영역을 그려라.

11. $\iint_S e^{x^2+y^2}\,dA$, 여기서 S는 $x^2+y^2=4$로 둘러싼 영역.
12. $\iint_S \sqrt{4-x^2-y^2}$, 여기서 S는 원 $x^2+y^2=4$의 1사분면의 $y=0$과 $y=x$ 사이의 부채꼴.
13. $\iint_S \dfrac{1}{4+x^2+y^2}\,dA$, 여기서 S는 문제 12와 같음.

14. $\iint_S y\,dA$, 여기서 S는 원 $x^2+y^2=4$의 안쪽, 원 $x^2+y^2=1$의 바깥쪽의 1사분면 극좌표 직사각형.

15. $\int_0^1 \int_0^{\sqrt{1-x^2}} (4-x^2-y^2)^{-1/2}\,dy\,dx$.

16. $\int_0^1 \int_0^{\sqrt{1-y^2}} \sin(x^2+y^2)^{-1/2}\,dx\,dy$.

부　　록

Ⅰ. 수학공식

Ⅱ. 함수의 그래프

Ⅲ. 수　　표

그리스 문자

A	α	Alpha	E	ϵ	Epsilon	I	ι	Iota
B	β	Beta	Z	ς	Zeta	K	κ	Kappa
Γ	γ	Gamma	H	η	Eta	Λ	λ	Lambda
Δ	δ	Delta	Θ	θ	Theta	M	μ	Mu
N	ν	Nu	P	ρ	Rho	Φ	ϕ	Phi
Ξ	ξ	Xi	Σ	σ	Sigma	X	χ	Chi
O	o	Omicron	T	τ	Tau	Ψ	ϕ	Psi
Π	π	Pi	Y	υ	Upsilon	Ω	ω	Omega

기 호

$\pm$	플러스 혹은 마이너스	$\mp$	마이너스 혹은 플러스
$=$	같다	$\neq$	같지 않다
$\equiv$	항등적으로 같다.	$\not\equiv$	항등적으로 같지 않다
$\times$, $\cdot$	곱하기 또는 외적, 내적	$\div$, $/$	나누기
$>$	보다 크다	$<$	보다 작다
$\leq$	보다 크거나 같다	$\geq$	보다 작거나 같다
$\cong$	합동이다	$\approx$	근사적으로 같다
$\sim$	닮았다	$\rightarrow$	접근한다
$\propto$	비례한다	ln	자연 log
$\perp$	수직이다	$//$	평행이다
$\sqrt{\ }$	제곱근	$\sqrt[n]{\ }$	n승근
i	허수단위 $\sqrt{-1}$	∞	무한대
${}_nC_r$	$\dfrac{n!}{r!(n-r)!}$	${}_nP_r$	$\dfrac{n!}{(n-r)!}$
$\lvert a \rvert$	a의 절대치	$\cdots$	등등

Ⅰ. 수학 공식

다음 수학공식과 그래프는 초등수학에 있어서 계산에 관한 것을 요약하여 앞으로 공부에 참고가 되도록 수록한 것이다.

기 하

· 다음 공식에서 r은 반지름, h는 높이, l은 빗변, b는 밑변, B는 밑면의 면적, θ는 호도(라디안)법으로 잰 중심각을 나타낸다.

1. **삼각형**. 면적$=\frac{1}{2}bh$.
2. **직사각형**. 면적$=bh$, 대각선$=\sqrt{b^2+h^2}$.
3. **사다리꼴**. 면적$=\frac{1}{2}h(b_1+b_2)$
4. **원**. 호$=r\theta$, 원주$=2\pi r$, 면적$=\pi r^2$
5. **부채꼴**. 면적$=\frac{1}{2}r^2\theta$.
6. **궁형**. 면적$=\frac{1}{2}r^2(\theta-\sin\theta)$.
7. **직육면체**. 세 모서리를 a, b, c라 하면

   면적$=abc$, 대각선$=\sqrt{a^2+b^2+c^2}$
8. **각주**. 체적$=Bh$.
9. **각추**. 체적$=\frac{1}{3}Bh$.
10. **직원주**. 측면적$=2\pi rh$, 체적$=\pi r^2h$.
11. **직원추**. 측면적$=\pi rl$, 체적$=\frac{1}{3}\pi r^2h$.
12. **구**. 표면적$=4\pi r^2$, 체적$=\frac{4}{3}\pi r^3$.
13. **구대**. 체적$=\frac{1}{3}\pi h^2(3r-h)$
14. **각추대**. 체적$=\frac{1}{3}h(B_1+B_2+\sqrt{B_1B_2})$
15. **직원추대**. 측면적$=\pi l(r_1+r_2)$, 체적$=\frac{1}{3}\pi h(r_1^2+r_2^2+r_1r_2)$.
16. **다면대**. 체적$=\frac{1}{6}h(B_1+4B_m+B_2)$

대 수

17. 이차방정식의 근의 공식. $ax^2+bx+c=0,\ a\neq 0$ 이면

$$x=\frac{-b\pm\sqrt{b^2-4ac}}{2a}$$

18. **ln** 의 성질

(a) $\ln(MN)=\ln M+\ln N$ (b) $\ln\left(\frac{M}{N}\right)=\ln M-\ln N$

(c) $\ln M^n=n\ln M$ (d) $\ln\sqrt[n]{M}=\frac{1}{n}\ln M$

(e) $\ln_b b=1$ (f) $\ln_b 1=0$

19. 계승. $n!=1\cdot 2\cdot 3\cdots(n-1)\cdot n,\ 0!=1$

20. 이항전개

$$(a+b)^n=a^n+{}_nC_1a^{n-1}b+{}_nC_2a^{n-2}b^2+\cdots+C^nC_ra^{n-r}b^r+\cdots+b^n$$

여기서

$${}_nC_1=\frac{n}{1},\quad {}_nC_2=\frac{n(n-1)}{1\cdot 2},\quad {}_nC_r=\frac{n!}{r!(n-r)}$$

21. 등차계수. a를 초항, d를 공차, n을 항수, l을 말항, S를 총합이라 하면

$$l=a+(n-1)d,\quad S=\frac{1}{2}n(a+l),\quad S=\frac{1}{2}n[2a+(n-1)d]$$

22. 등비급수. a를 초항, r을 공비, n을 항수, l을 말항, S를 총합이라면

$$l=ar^{n-1},\quad S=a\frac{1-r^n}{1-r},\quad S=\frac{a-rl}{1-r}$$

23. 무한등비급수. $r^2<1$ 이면, $S=\dfrac{a}{(1-r)}$

삼 각 법

24. 호도와 도수. $360°=2\pi$ 라디안$=1$회전

1라디안=57.2957……도. 1도=0.0174532……라디안

25. 특수각에 관한 삼각함수값

각 (도 수)	sin	cos	tan	cot	sec	csc	각 (라디안)
0°		1	0	∞	1	∞	0
30°	$\frac{1}{2}$	$\frac{1}{2}\sqrt{3}$	$\frac{1}{3}\sqrt{3}$	$\sqrt{3}$	$\frac{2}{3}\sqrt{3}$	2	$\frac{1}{6}\pi$
45°	$\frac{1}{2}\sqrt{2}$	$\frac{1}{2}\sqrt{2}$	1	1	$\sqrt{2}$	$\sqrt{2}$	$\frac{1}{4}\pi$

각 (도 수)	sin	cos	tan	cot	sec	csc	각 (라디안)
60°	$\frac{1}{2}\sqrt{3}$	$\frac{1}{2}$	$\sqrt{3}$	$\frac{1}{3}\sqrt{3}$	2	$\frac{2}{3}\sqrt{3}$	$\frac{1}{3}\pi$
90°	1	0	∞	0	∞	1	$\frac{1}{2}\pi$
180°	0	−1	0	∞	−1	∞	π
270°	−1	0	∞	0	∞	−1	$\frac{3}{2}\pi$
360°	0	1	0	∞	1	∞	2π

26. 기본항등식

$\csc x = \dfrac{1}{\sin x}$　　$\sec x = \dfrac{1}{\cos x}$　　$\cot x = \dfrac{1}{\tan x}$

$\tan x = \dfrac{\sin x}{\cos x}$　　$\cot x = \dfrac{\cos x}{\sin x}$　　$\sin^2 x + \cos^2 x = 1$

$1 + \tan^2 x = \sec^2 x$　　$1 + \cot^2 x = \csc^2 x$

27. 환원관계

각	sine	cosine	tangent	cotangent	secant	cosecant
$-x$	$-\sin x$	$\cos x$	$-\tan x$	$-\cot x$	$\sec x$	$-\csc x$
$90° - x$	$\cos x$	$\sin x$	$\cot x$	$\tan x$	$\csc x$	$\sec x$
$90° + x$	$\cos x$	$-\sin x$	$-\cot x$	$-\tan x$	$-\csc x$	$\sec x$
$180° - x$	$\sin x$	$-\cos x$	$-\tan x$	$-\cot x$	$-\sec x$	$\csc x$
$180° + x$	$-\sin x$	$-\cos x$	$\tan x$	$\cot x$	$-\sec x$	$-\csc x$
$270° - x$	$-\cos x$	$-\sin x$	$\cot x$	$\tan x$	$-\csc x$	$-\sec x$
$270° + x$	$-\cos x$	$\sin x$	$-\cot x$	$-\tan x$	$\csc x$	$-\sec x$
$360° - x$	$-\sin x$	$\cos x$	$-\tan x$	$-\cot x$	$\sec x$	$-\csc x$

28. 두 각의 합과 차에 관한 공식

$$\sin(x \pm y) = \sin x \cos y \pm \cos x \sin y$$

$$\cos(x \pm y) = \cos x \cos y \mp \sin x \sin y$$

$$\tan(x \pm y) = \frac{\tan x \pm \tan y}{1 \mp \tan x \tan y}$$

29. 배각의 공식

$$\sin 2x = 2\sin x \cos x, \quad \cos 2x = \cos^2 x - \sin^2 x$$

$$\tan 2x = \frac{2\tan x}{1-\tan^2 x}$$

30. 반각의 공식

$$\sin\frac{x}{2} = \pm\sqrt{\frac{1-\cos x}{2}},\quad \cos\frac{x}{2} = \pm\sqrt{\frac{1+\cos x}{2}}$$

$$\tan\frac{x}{2} = \pm\sqrt{\frac{1-\cos x}{1+\cos x}} = \frac{1-\cos x}{\sin x} = \frac{\sin x}{1+\cos x}$$

31. 합의 공식

$$\sin x + \sin y = 2\sin\frac{1}{2}(x+y)\cos\frac{1}{2}(x-y)$$

$$\sin x - \sin y = 2\cos\frac{1}{2}(x+y)\sin\frac{1}{2}(x-y)$$

$$\cos x + \cos y = 2\cos\frac{1}{2}(x+y)\cos\frac{1}{2}(x-y)$$

$$\cos x - \cos y = -2\sin\frac{1}{2}(x+y)\sin\frac{1}{2}(x-y)$$

32. 곱의 공식

$$\sin x\ \sin y = \frac{1}{2}\cos(x-y) - \frac{1}{2}\cos(x+y)$$

$$\sin x\ \cos y = \frac{1}{2}\sin(x-y) + \frac{1}{2}\sin(x+y)$$

$$\cos x\ \cos y = \frac{1}{2}\cos(x-y) + \frac{1}{2}\cos(x+y)$$

33. 역삼각함수의 공식 ($a>0$ 일 때)

$$\sin^{-1}(-a) = -\sin^{-1}a \qquad \cot^{-1}(-a) = \pi - \tan^{-1}\frac{1}{a}$$

$$\cos^{-1}(-a) = \pi - \cos^{-1}a \qquad \sec^{-1}(-a) = \cos^{-1}\left(\frac{1}{a}\right) - \pi$$

$$\tan^{-1}(-a) = -\tan^{-1}a \qquad \csc^{-1}(-a) = \sin^{-1}\left(\frac{1}{a}\right) - \pi$$

$$\sin^{-1}a = \cos^{-1}\sqrt{1-a^2} \qquad \cos^{-1}a = \sin^{-1}\sqrt{1-a^2}$$

($a>0$, $b>0$ 일 때)

$$\sin^{-1}a - \sin^{-1}b = \sin^{-1}(a\sqrt{1-b^2} - b\sqrt{1-a^2})$$

$$\tan^{-1}a - \tan^{-1}b = \tan^{-1}\frac{a-b}{1+ab}$$

$$\cos^{-1}a + \cos^{-1}b = \begin{cases} \cos^{-1}\{ab - \sqrt{(1-a^2)(1-b^2)}\} & (a^2+b^2>1 \text{ 일 때}) \\ \dfrac{\pi}{2} & (a^2+b^2=1 \text{ 일 때}) \\ \pi - \cos^{-1}\{\sqrt{(1-a^2)(1-b^2)} - ab\} & (a^2+b^2<1 \text{ 일 때}) \end{cases}$$

$$\tan^{-1}a+\tan^{-1}b=\begin{cases}\tan^{-1}\dfrac{a+b}{1-ab} & (ab<1\text{ 일 때})\\ \dfrac{\pi}{2} & (a=b\text{ 일 때})\\ \pi-\tan^{-1}\dfrac{a+b}{ab-1} & (ab>1\text{ 일 때})\end{cases}$$

34. **임의의 삼각형에 관한 공식.** 변의 길이를 a, b, c : 그 대각을 A, B, C : $s=\frac{1}{2}(a+b+c)$; 외접원의 반지름을 R: 내접원의 반지름을 r이라 하면

사인법칙. $\dfrac{a}{\sin A}=\dfrac{b}{\sin B}=\dfrac{c}{\sin C}=2R$

코사인법칙. $a^2=b^2+c^2-2bc\cos A$

$$r=\sqrt{\frac{(s-a)(s-b)(s-c)}{s}}$$

$$\text{면적}=\frac{1}{2}ab\sin C=\frac{a^2\sin B\sin C}{2\sin(B+C)}=\sqrt{s(s-a)(s-b)(s-c)}$$

평면해석기하

35. **두 점 $P_1(x_1,\ y_1)$과 $P_2(x_2,\ y_2)$에 관하여**

거리 P_1P_2. $d=\sqrt{(x_1-x_2)^2+(y_1-y_2)^2}$

P_1P_2의 기울기. $m=\dfrac{y_1-y_2}{x_1-x_2}$

P_1P_2의 중점. $x=\frac{1}{2}(x_1+x_2),\quad y=\frac{1}{2}(y_1+y_2)$

36. **기울기가 m_1, m_2인 두 직선 사이의 각**

$$\tan\theta=\frac{m_1-m_2}{1+m_1m_2}$$

평행인 직선에 대해서는 $m_1=m_2$, 수직인 직선에 대해서는 $m_1=-\dfrac{1}{m_2}$이다.

37. **직선의 방정식**

점-기울기형. $y-y_1=m(x-x_1)$

기울기-절편형. $y=mx+b$

두 점형. $\dfrac{y-y_1}{x-x_1}=\dfrac{y_2-y_1}{x_2-x_1}$

절편형. $\dfrac{x}{a}+\dfrac{y}{b}=1$

수평선. $y=b$

수직선. $x=a$

38. **$P(x_1,\ y_1)$에서** 직선 $Ax+By+C=0$에 이르는 거리

$$d=\frac{Ax_1+By+C}{\pm\sqrt{A^2+B^2}}$$

39. 직교좌표와 극좌표와의 관계

$$x=r\cos\theta \qquad r=\pm\sqrt{x^2+y^2}$$

$$y=r\sin\theta \qquad \theta=\tan^{-1}\frac{y}{x}$$

40. **원의 방정식.** 중심이 (h, k), 반지름이 r

$$(x-h)^2+(y-k)^2=r^2$$

41. **타원의 방정식.** 중심이 (h, k), 반장축이 a, 반공액축이 b

$$\frac{(x-h)^2}{a^2}+\frac{(y-k)^2}{b^2}=1 \text{ 혹은 } \frac{(y-k)^2}{a^2}+\frac{(x-h)^2}{b^2}=1$$

42. 쌍곡선의 방정식 중심이 (h, k), 반관축이 a, 반공액축이 b

$$\frac{(x-h)^2}{a^2}-\frac{(y-h)^2}{b^2}=1 \text{ 혹은 } \frac{(y-h)^2}{a^2}-\frac{(x-h)^2}{b^2}=1$$

원점을 중심으로 가지는 직교쌍곡선. $xy=C$

43. **포물선의 방정식.** 정점이 (h, k), 초점 거리가 p,

$$(y-k)^2=4p(x-h) \text{ 혹은 } (x-h)^2=4p(y-k)$$

입체해석기하

44. 두 점 $\boldsymbol{P}_1(x_1, y_1, z_1)$, $\boldsymbol{P}_2(x_2, y_2, z_2)$에 대하여

거리 $\boldsymbol{P}_1\boldsymbol{P}_2$. $d=\sqrt{(x_1-x_2)^2+(y_1-y_2)^2+(z_1-z_2)^2}$

$\boldsymbol{P}_1\boldsymbol{P}_2$의 방향수. $[x_1-x_2, y_1-y_2, z_1-z_2]$

$\boldsymbol{P}_1\boldsymbol{P}_2$의 중점. $x=\frac{1}{2}(x_1+x_2)$, $y=\frac{1}{2}(y_1+y_2)$

$$z=\frac{1}{2}(z_1+z_2)$$

45. 방향수가 $[a_1, b_1, c_1]$, $[a_2, b_2, c_2]$인 두 직선 사이의 각

$$\cos\theta=\pm\frac{a_1a_2+b_1b_2+c_1c_2}{\sqrt{a_1^2+b_1^2+c_1^2}\sqrt{a_2^2+b_2^2+c_2^2}}$$

평행인 직선. $\frac{a_1}{a_2}=\frac{b_1}{b_2}=\frac{c_1}{c_2}$

수직인 직선. $a_1a_2+b_1b_2+c_1c_2=0$

46. 점 $\boldsymbol{P}(x_1, y_1, z_1)$을 지나고 방향수가 $[A, B, C]$인 직선과 수직인 평면의 방정식

$$A(x-x_1)+B(y-y_1)+C(z-z_1)=0$$

47. $P(x_1, y_1, z_1)$을 지나고 방향수가 $[a, b, c]$인 직선의 방정식

$$\frac{x-x_1}{a}=\frac{y-y_1}{b}=\frac{z-z_1}{c}$$

48. $P(x_1, y_1, z_1)$에서 평면 $Ax+By+Cz+D=0$에 이르는 거리

$$d=\frac{Ax_1+By_1+Cz_1+D}{\pm\sqrt{A^2+B^2+C^2}}$$

49. 직교좌표와 주면좌표와의 관계

$x=r\cos\theta$ $\quad y=r\sin\theta$ $\quad z=z$

$r=\pm\sqrt{x^2+y^2}$ $\quad \theta=\tan^{-1}\frac{y}{x}$ $\quad z=z$

50. 직교좌표와 구면좌표와의 관계

$x=\sin\theta\cos\phi$ $\quad y=r\sin\theta\sin\phi$ $\quad z=r\cos\theta$

$r=\sqrt{x^2+y^2+z^2}$ $\quad \phi=\tan^{-1}\frac{y}{x}$ $\quad \theta=\tan^{-1}\frac{\sqrt{x^2+y^2}}{z}$

Ⅲ. 함수의 그래프

확률곡선

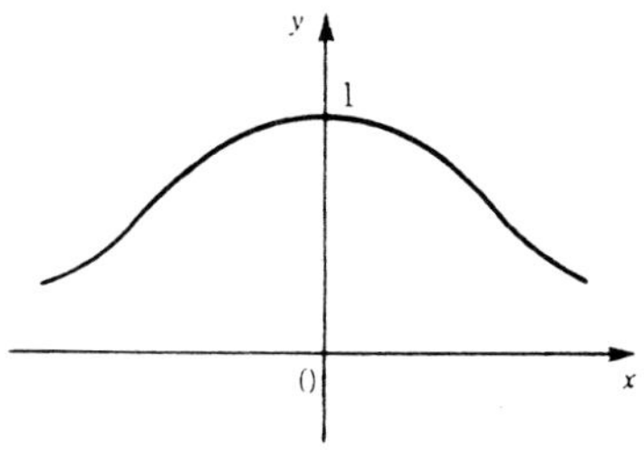

$y=e^{-x^2}$

포물호

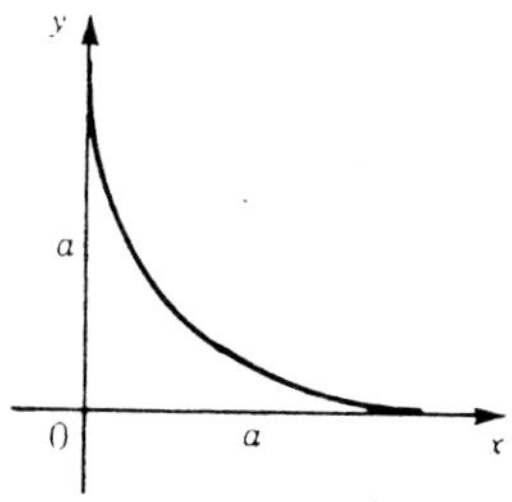

$x^{\frac{1}{2}}+y^{\frac{1}{2}}=a^{\frac{1}{2}}$

Descartes 의 엽상곡선(Folium)

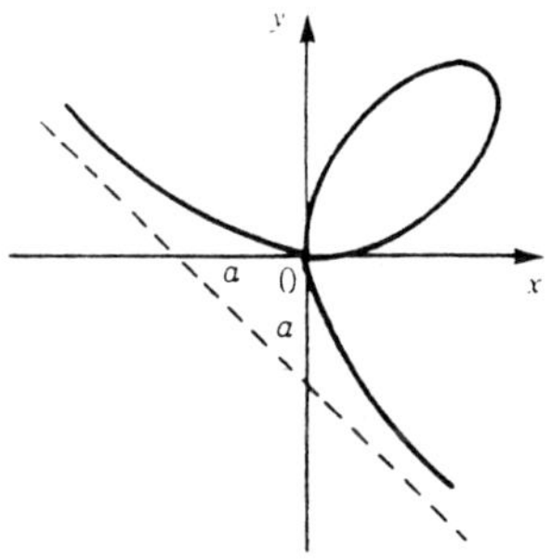

$x^3+y^3-3axy=0$

Diocles 의 질주선(Cissoid)

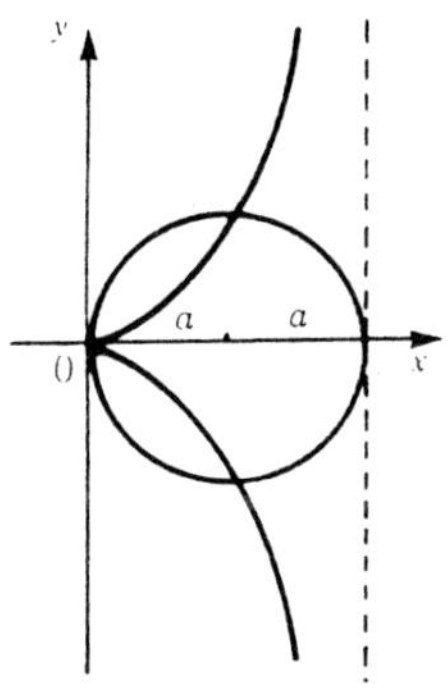

$y^2=x^2/(2a-x)$

반삼차 포물선

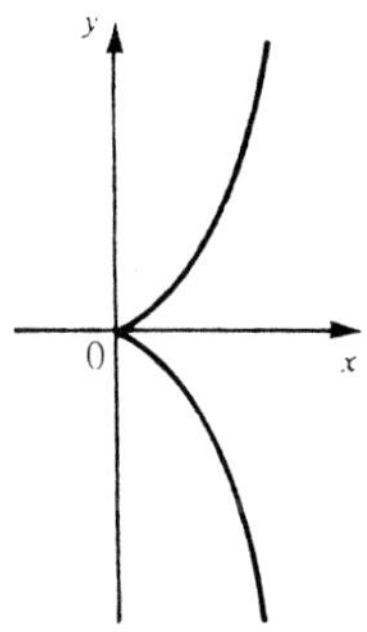

$y^2=ax^3, \quad (a>0)$

성망형(Astroid)

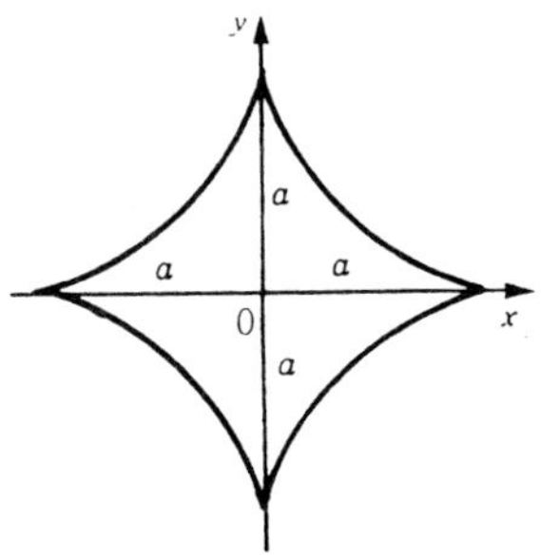

$x^{\frac{2}{3}}+y^{\frac{2}{3}}=a^{\frac{2}{3}}$

Agnesi 의 우지선(Witch)

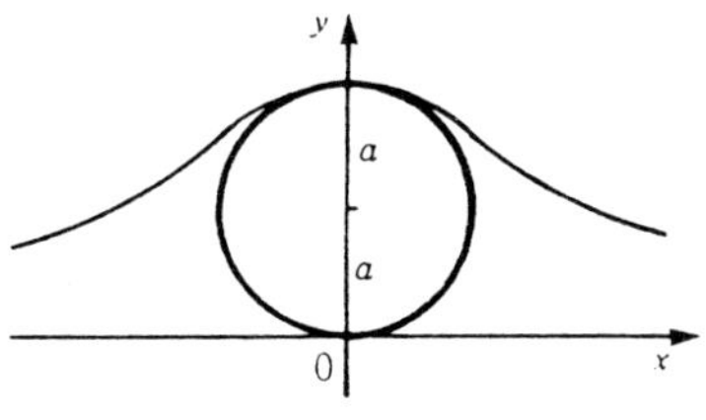

$x^2y=4a^2(2a-y)$

Bernoulli 의 연주형(Lemniscate)

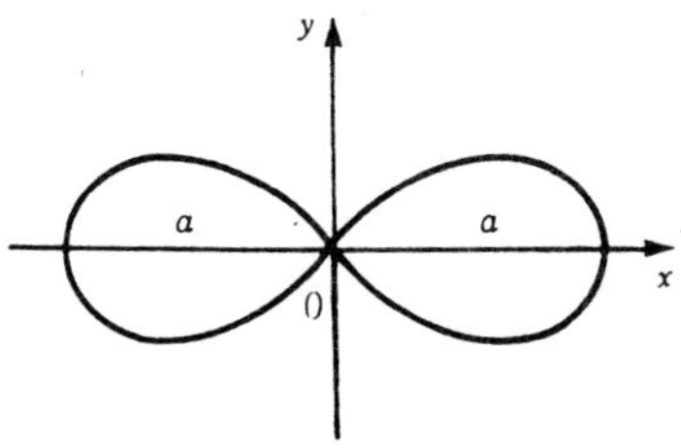

$$r^2 = a^2 \cos 2\theta$$

Nicomedes 의 나사선(Conchoid)

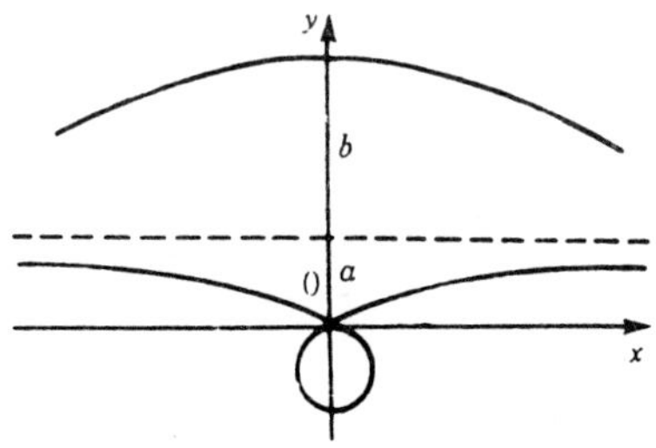

$$r = a \csc \theta + b, \ (a < b)$$

삼엽장미선

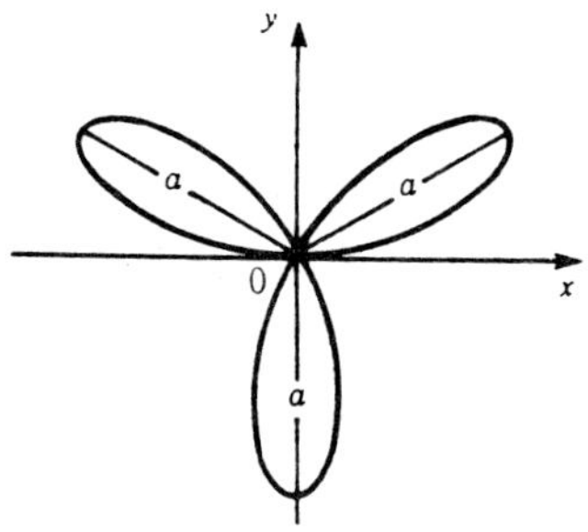

$$r = a \sin 3\theta$$

사엽장미선

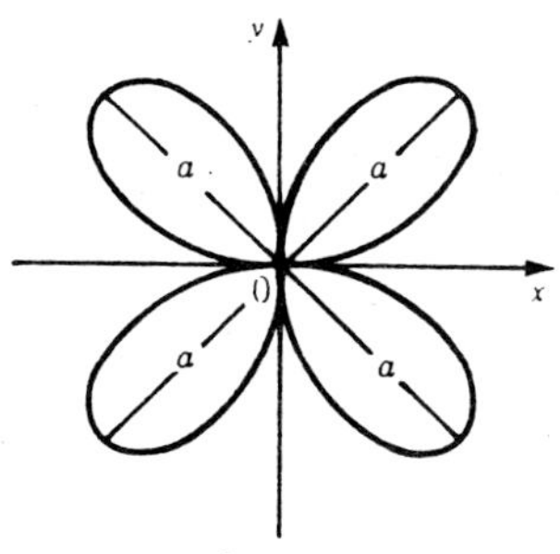

$$r = a \sin 2\theta$$

파선(Cycloid)

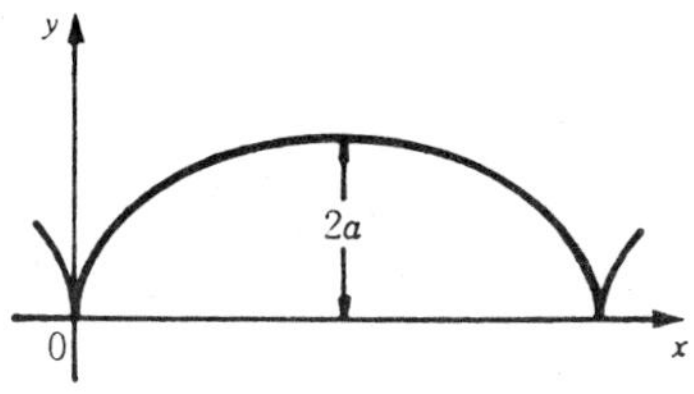

$$\begin{cases} x = a(\theta - \sin \theta) \\ y = a(1 - \cos \theta) \end{cases}$$

여파선(Trochoid)

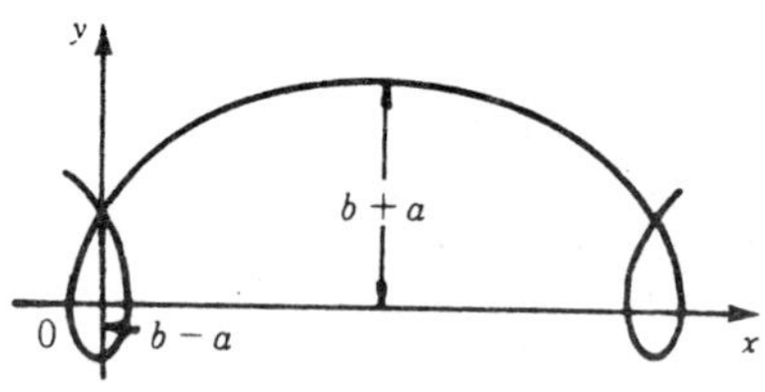

$$\begin{cases} x = a\theta - b \sin \theta \\ y = a - b \cos \theta, \ (a < b) \end{cases}$$

스트로포이드(Strophoid)

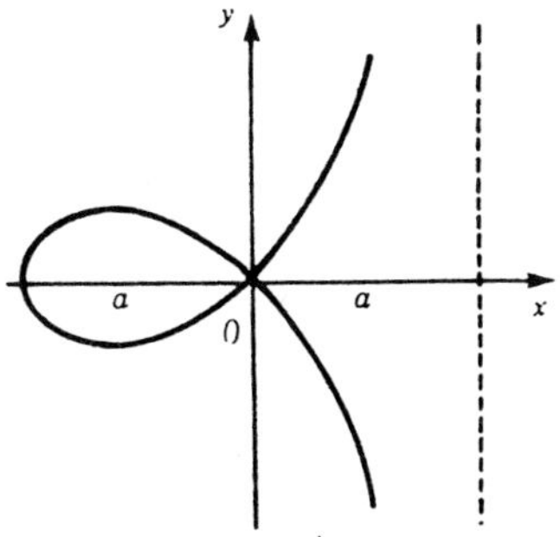

$$y^2 = x^2 \frac{a+x}{a-x}$$

색인곡선(Tractrix)

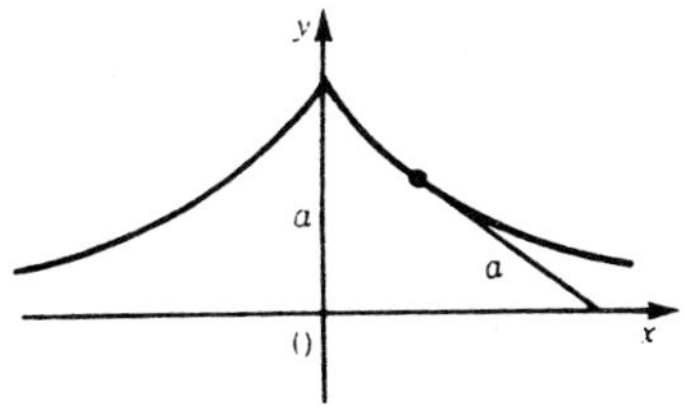

$$x = \frac{a}{2} \ln \frac{a+\sqrt{a^2-y^2}}{a-\sqrt{a^2-y^2}} \sqrt{a^2-y^2}$$

심장형(Cardioid)

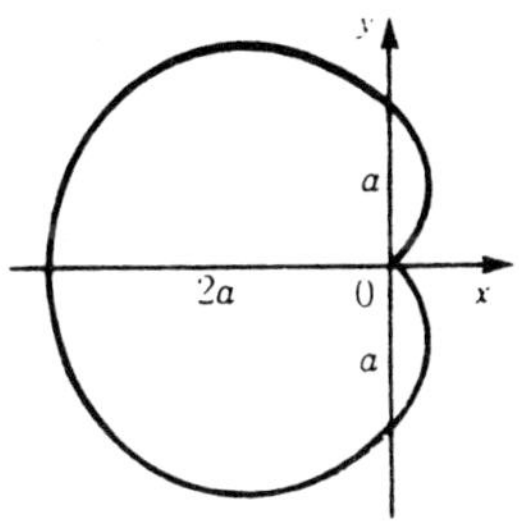

$$r = a(1-\cos\theta)$$

와우선(Limacon)

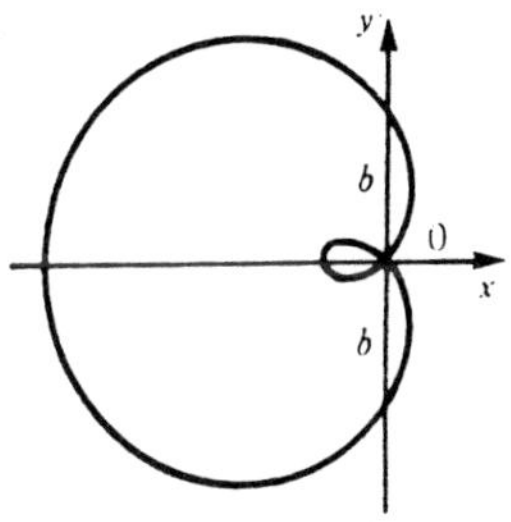

$$r = b - a\cos\theta, \quad (b < a)$$

Archimedes의 나선(Spiral)

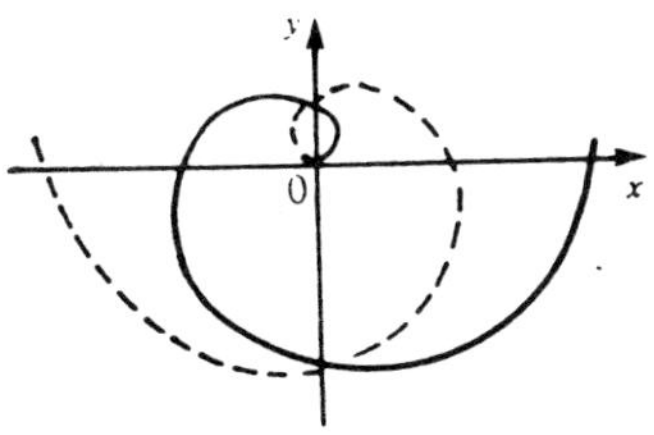

$$r = a\theta$$

쌍곡나선(Hyperbolic Spiral)

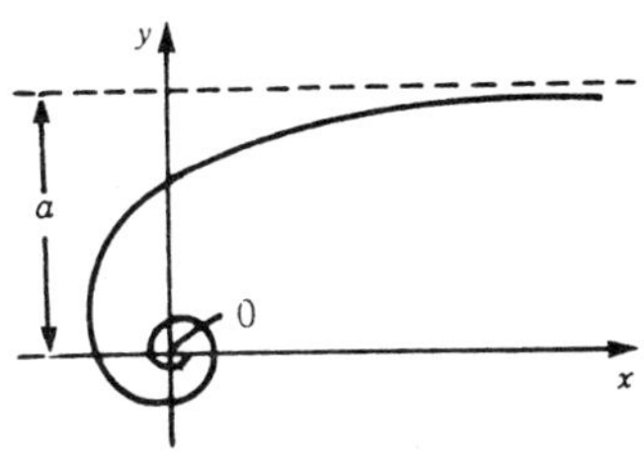

$$r\theta = a$$

Ⅳ. 수표

1. 삼각함수표

라디안(radian)

t	$\sin t$	$\cos t$	$\tan t$	t	$\sin t$	$\cos t$	$\tan t$
.0	.00000	1.00000	.00000	3.1	.04158	−.99914	−.04162
.1	.09983	.99500	.10033	π	.00000	−1.00000	.00000
.2	.19867	.98007	.20271	3.2	−0.5837	−.99829	.05847
.3	.29552	.95534	.30934	3.3	−.15775	−.98748	.15975
.4	.38942	.92106	.42279	3.4	−.25554	−.96680	.26432
.5	.47943	.87758	.54630	3.5	−.35078	−.93646	.37459
.6	.56464	.82534	.68414	3.6	−.44252	−.89676	.49347
.7	.64422	.76484	.84229	3.7	−52984	−.84810	.62473
.8	.71736	.69671	1.02964	3.8	−.61186	−79097	.77356
.9	.78333	.62161	1.26016	3.9	−.68777	−.72593	.94742
1.0	.84147	.54030	1.55741	4.0	−.75680	−.65364	1.15782
1.1	.89121	.45360	1.96476	4.1	−.81828	−.57482	1.42353
1.2	.93204	.36236	2.57215	4.2	−.87158	−.49026	1.77778
1.3	.96356	.26750	3.60210	4.3	−.91617	−.40080	2.28585
1.4	.98545	.16997	5.79788	4.4	−.95160	−.30733	3.09632
1.5	.99749	0.7074	14.10142	4.5	−.97753	−.21080	4.63733
$\pi/2$	1.00000	.00000	********	4.6	−.99369	−.11215	8.86017
1.6	.99957	−.02920	−34.23253	4.7	−.99992	−.01239	80.71269
1.7	.99166	−.12884	−7.69660	$3\pi/2$	−1.00000	.00000	********
1.8	.97385	−.22720	−4.28626	4.8	−.99616	.08750	−11.38487
1.9	.94630	−.32329	−2.92710	4.9	−.98245	.18651	−5.26749
2.0	.90930	−.41615	−2.18504	5.0	−.95892	.28366	−3.38052
2.1	.86321	−.50485	−1.70985	5.1	−.92581	.37798	−2.44939
2.2	.80850	−.58850	−1.37382	5.2	−.88345	.46852	−1.88564
2.3	.74571	−.66628	−1.11921	5.3	−.83227	.55437	−1.50127
2.4	.67546	−73739	−.91601	5.4	−.77276	.63469	−1.21754
2.5	.59847	−.80114	−.74702	5.5	−.70554	.70867	−.99558
2.6	.51550	−.85689	−.60160	5.6	−.63127	.77557	−.81394
2.7	.42738	−.90407	−.47273	5.7	−.55069	.83471	−.65973
2.8	.33499	−.94222	−.3553	5.8	−.46460	.88552	−.52467
2.9	.23925	−.97096	−.24641	5.9	−.37388	.92748	−.40311
3.0	.14112	−.98999	−.14255	6.0	−.27942	.96017	−.29101
–	–	–	–	6.1	−.18216	.98327	−.18526
–	–	–	–	6.2	−.08309	.99654	−.08338
–	–	–	–	2π	.00000	1.00000	.00000

도(degree)

도	라디안	sin	cos	tan	cot		
0	0.0000	0.0000	1.0000	0.0000		1.5708	90
1	0.0175	0.0175	0.9998	0.0175	57.290	1.5533	89
2	0.0349	0.0349	0.9994	0.0349	28.636	1.5359	88
3	0.0524	0.0523	0.9986	0.524	19.081	1.5184	87
4	0.0698	0.0698	0.9976	0.0699	14.301	1.5010	86
5	0.0873	0.0872	0.9962	0.0875	11.430	1.4835	85
6	0.1047	0.1045	0.9945	0.1051	9.5144	1.4661	84
7	0.1222	0.1819	0.9925	0.1228	8.1443	1.4486	83
8	0.1396	0.1392	0.9903	0.1405	7.1154	1.4312	82
8	0.1396	0.1392	0.9903	0.1405	7.1154	1.4312	82
9	0.1571	0.1564	0.9877	0.1584	6.3138	1.4137	81
10	0.1745	0.1736	0.9848	0.1763	5.6713	1.3963	80
11	0.1920	0.1908	0.9816	0.1944	5.1446	1.3788	79
12	0.2094	0.2079	0.9781	0.2126	4.7046	1.3614	78
13	0.2269	0.2250	0.9744	0.2309	4.3315	1.3439	77
14	0.2443	0.2419	0.903	0.2493	4.0103	1.3265	76
15	0.2618	0.2588	0.9659	0.2679	3.7321	1.3090	75
16	0.2793	0.2756	0.9613	0.2867	3.4874	1.2915	74
17	0.2967	0.2924	0.9563	0.3057	3.2709	1.2741	73
18	0.3142	0.3090	0.9511	0.3249	3.0777	1.2566	72
19	0.3316	0.3256	0.9455	0.3443	2.9042	1.2392	71
20	0.3491	0.3420	0.9397	0.3640	2.7475	1.2217	70
21	0.3665	0.3584	0.9336	0.3839	2.6051	1.2043	69
22	0.3840	0.3746	0.9272	0.4040	2.4751	1.1868	68
23	0.4014	0.3907	0.9205	0.4245	2.3559	1.1694	67
24	0.4189	0.4067	0.9135	0.4452	2.2460	1.1519	66
25	0.4363	0.4226	0.9063	0.4663	2.1445	1.1345	65
26	0.4538	0.4384	0.8988	0.4877	2.0503	1.1170	64
27	0.4712	0.4540	0.8910	0.5095	1.9626	1.0996	63
28	0.4887	0.4695	0.8829	0.5317	1.8807	1.0821	62
29	0.5061	0.4848	0.8746	0.5543	1.8040	1.0647	61
30	0.5236	0.5000	0.8660	0.5774	1.7321	1.0472	60
31	0.5411	0.5150	0.8572	0.6009	1.6643	1.0297	59
32	0.5585	0.5299	0.8480	0.6249	1.6003	1.0123	58
33	0.5760	0.5446	0.8387	0.6494	1.5399	0.9948	57
34	0.5934	0.5592	0.8290	0.6745	1.4826	0.9774	56
35	0.6109	0.5736	0.8192	0.7002	1.4281	0.9599	55
36	0.6283	0.5878	0.8090	0.7265	1.3764	0.9425	54
37	0.6458	0.6018	0.7986	0.7536	1.3270	0.9250	53
38	0.6632	0.6157	0.7880	0.7813	1.2799	0.9076	52
39	0.6807	0.6293	0.7771	0.8093	1.2349	0.8901	51
40	0.6981	0.6428	0.7660	0.8391	1.1918	0.8727	50
41	0.7156	0.6561	0.7547	0.8693	1.1504	0.8552	49
42	0.7330	0.6691	0.7431	0.9004	1.1106	0.8378	48
43	0.7505	0.6820	0.7314	0.9325	1.0724	0.8203	47
44	0.7679	0.6947	0.7193	0.9657	1.0355	0.8029	46
45	0.7854	0.7071	0.7071	1.0000	1.0000	0.7854	45
		cos	sin	cot	tan	라디안	도

2. 멱, 근, 역수표

n	n^2	$\sqrt{n}$	$\sqrt{10n}$	n^3	$\sqrt[3]{n}$	$\sqrt[3]{10n}$	$\sqrt[3]{100n}$	$1/n$
1.0	1.00	1.00000	3.16223	1.000	1.00000	2.15443	4.64159	1.00000
1.1	1.21	1.04881	3.31662	1.331	1.03228	2.22398	4.79142	.90909
1.2	1.44	1.09545	3.46410	1.728	1.06265	2.28943	4.93242	.83333
1.3	1.69	1.14018	3.60555	2.197	1.09139	2.35133	5.06580	.76923
1.4	1.96	1.18322	3.74165	2.744	1.11869	2.41014	5.19249	.71429
1.5	2.25	1.22474	3.87298	3.375	1.14471	2.46621	5.31329	.66667
1.6	2.56	1.26491	4.00000	4.096	1.16961	2.51984	5.42884	.62500
1.7	2.89	1.30384	4.12311	4.913	1.19348	2.57128	5.53966	.58824
1.8	3.24	1.34164	4.24264	5.832	1.21644	2.62074	5.64622	.55556
1.9	3.61	1.37840	4.35890	6.859	1.23856	2.66840	5.74890	.52632
2.0	4.00	1.41421	4.47214	8.000	1.25992	2.71442	5.84804	.50000
2.1	4.41	1.44914	4.58253	9.261	1.28058	2.75892	5.94392	.47619
2.2	4.84	1.48324	4.69042	10.648	1.30059	2.80204	6.03681	.45455
2.3	5.29	1.51658	4.79583	12.167	1.32001	2.84387	6.12693	.43478
2.4	5.76	1.54919	4.89898	13.824	1.33887	2.88450	6.21447	.41667
2.5	6.25	1.58114	5.00000	15.625	1.35721	2.92402	6.29961	.40000
2.6	6.76	1.61245	5.09902	17.576	1.37507	2.96250	6.38250	.38462
2.7	7.29	1.64317	5.19615	19.683	1.39248	3.00000	6.46330	.37037
2.8	7.84	1.67332	5.29150	21.952	1.40946	3.03659	6.54213	.35714
2.9	8.41	1.70294	5.38516	24.389	1.42604	3.07232	6.61911	.34488
3.0	9.00	1.73205	5.47723	27.000	1.44225	3.10723	6.69433	.33333
3.1	9.61	1.76068	5.56776	29.791	1.45810	3.14138	6.76790	.32258
3.2	10.24	1.78885	5.65685	32.768	1.47361	3.17480	6.83990	.31250
3.3	10.89	1.81659	5.74456	35.937	1.48881	3.20753	6.91042	.30303
3.4	11.56	1.84391	5.83095	39.304	1.50369	3.23961	6.97953	.29412
3.5	12.25	1.87083	5.91608	42.875	1.51829	3.27107	7.04730	.28571
3.6	12.96	1.89737	6.00000	46.656	1.53262	3.30193	7.11379	.27778
3.7	13.69	1.92354	6.08276	50.653	1.54668	3.33222	7.17905	.27027
3.8	14.44	1.94936	6.16441	54.872	1.56049	3.36198	7.24316	.26316
3.9	15.21	1.97484	6.24500	59.319	1.57406	3.39121	7.30614	.25641
4.0	16.00	2.00000	6.32456	64.000	1.58740	3.41995	7.36806	.25000
4.1	16.81	2.02485	6.40312	68.921	1.60052	3.44822	7.42896	.24390
4.2	17.64	2.04939	6.48074	74.088	1.61343	3.47603	7.48887	.23810
4.3	18.49	2.07364	6.55744	79.507	1.62613	3.50340	7.54784	.23256
4.4	19.36	2.09762	6.63325	85.184	1.63864	3.53035	7.60590	.22727
4.5	20.25	2.12132	6.70820	91.125	1.65096	3.55689	7.66309	.22222
4.6	21.16	2.14476	6.78233	97.336	1.66310	3.58305	7.71944	.21739
4.7	22.09	2.16795	6.85565	103.823	1.67507	3.60883	7.77498	.21277
4.8	23.04	2.19089	6.92820	110.592	1.68687	3.63424	7.82974	.20833
4.9	24.01	2.21359	7.00000	117.649	1.69850	3.65931	7.88374	.20408
5.0	25.00	2.23607	7.07107	125.000	1.70998	3.68403	7.93701	.20000
5.1	26.01	2.25832	7.14143	132.651	1.72130	3.70843	7.98957	.19608
5.2	27.04	2.28035	7.21110	140.608	1.73248	3.73251	8.04145	.19231
5.3	28.09	2.30217	7.28011	148.877	1.74351	3.75629	8.09267	.18868
5.4	29.16	2.32379	7.34847	157.464	1.75441	3.77976	8.14325	.18519

n	n^2	$\sqrt{n}$	$\sqrt{10n}$	n^3	$\sqrt[3]{n}$	$\sqrt[3]{10n}$	$\sqrt[3]{100n}$	$1/n$
5.5	30.25	2.34521	7.41620	166.375	1.76517	3.80295	8.19321	.18182
5.6	31.36	2.36643	7.48331	175.616	1.77581	3.82586	8.24257	.17857
5.7	32.49	2.38747	7.54983	185.193	1.78632	3.84850	8.29134	.17544
5.8	33.64	2.40832	7.61577	195.112	1.79670	3.87088	8.33955	.17241
5.9	34.81	2.42899	7.68115	205.379	1.80697	3.89300	8.38721	.16949
6.0	36.00	2.44949	7.74597	216.000	1.81712	3.91487	8.43433	.16667
6.1	37.21	2.46982	7.81025	226.981	1.82716	3.93650	8.48093	.16393
6.2	38.44	2.48998	7.87401	238.328	1.83709	3.95789	8.52702	.16129
6.3	39.69	2.50998	7.93725	250.047	1.84691	3.97906	8.57262	.15873
6.4	40.96	2.52982	8.00000	262.144	1.85664	4.00000	8.61774	.15625
6.5	42.25	2.54951	8.06226	274.625	1.86626	4.02073	8.66239	.15385
6.6	43.56	2.56905	8.12404	287.496	1.87578	4.04124	8.70659	.15152
6.7	44.89	2.58844	8.18535	300.763	1.88520	4.06155	8.75034	.14925
6.8	46.24	2.60768	8.24621	314.732	1.89454	4.08166	8.79366	.14706
6.9	47.61	2.62679	8.30662	328.509	1.90378	4.10157	8.83656	.14493
7.0	49.00	2.64575	8.36660	343.000	1.91293	4.12129	8.87904	.14286
7.1	50.41	2.66458	8.42615	357.911	1.92200	4.14082	8.92112	.14085
7.2	51.84	2.68328	8.48528	373.248	1.93098	4.16017	8.96281	.13889
7.3	53.29	2.70185	8.54400	389.017	1.93988	4.17934	9.00411	.13699
7.4	54.76	2.72029	8.60233	405.224	1.94870	4.19834	9.04504	.13514
7.5	56.25	2.73861	8.66025	421.875	1.95743	4.21716	9.08560	.13333
7.6	57.76	2.75681	8.71780	438.976	1.96610	4.23582	9.12581	.13158
7.7	59.29	2.77489	8.77496	456.533	1.97468	4.25432	9.16566	.12987
7.8	60.84	2.79285	8.83176	474.552	1.98319	4.27266	9.20516	.12821
7.9	62.41	2.81069	8.88819	493.039	1.99163	4.29084	9.24434	.12658
8.0	64.00	2.82843	8.94427	512.000	2.00000	4.30887	9.28318	.12500
8.1	65.61	2.84605	9.00000	531.441	2.00830	4.32675	9.32170	.12346
8.2	67.24	2.86356	9.05539	551.368	2.01653	4.34448	9.35990	.12195
8.3	68.89	2.88097	9.11043	571.787	2.02469	4.36207	9.39780	.12048
8.4	70.56	2.89828	9.16515	592.704	2.03279	4.37952	9.43539	.11905
8.5	72.25	2.91548	9.21954	614.125	2.04083	4.39683	9.47268	.11765
8.6	73.96	2.93258	9.27362	636.056	2.04880	4.41400	9.50969	.11628
8.7	75.69	2.94958	9.32738	658.503	2.05671	4.43105	9.54640	.11494
8.8	77.44	2.96648	9.38083	681.472	2.06456	4.44796	9.58284	.11364
8.9	79.21	2.98329	9.43398	704.969	2.07235	4.46475	9.61900	.11236
9.0	81.00	3.00000	9.48683	729.000	2.08008	4.48140	9.65489	.11111
9.1	82.81	3.01662	9.53939	753.571	2.08776	4.49794	9.69052	.10989
9.2	84.64	3.03315	9.59166	778.688	2.09538	4.51436	9.72589	.10870
9.3	86.49	3.04959	9.64365	804.357	2.10294	4.53065	9.76100	.10753
9.4	88.36	3.06594	9.69536	830.584	2.11045	4.54684	9.79586	.10638
9.5	90.25	3.08212	9.74679	857.375	2.11791	4.56290	9.83048	.10526
9.6	92.16	3.09839	9.79796	884.736	2.12532	4.57886	9.86485	.10417
9.7	94.09	3.11448	9.84886	912.673	2.13267	4.59470	9.89898	.10309
9.8	96.04	3.13050	9.89949	941.192	2.13997	4.61044	9.93288	.10204
9.9	98.01	3.14643	9.94987	970.299	2.14723	4.62607	9.96655	.10101

3. 자연로그표

x	$\ln x$	x	$\ln x$	x	$\ln x$	x	$\ln x$
		0.40	−0.91629	0.80	−0.22314	1.20	0.18232
0.01	−4.60517	0.41	−0.89160	0.81	−0.21072	1.21	0.19062
0.02	−3.91202	0.42	−0.86750	0.82	−0.19845	1.22	0.19885
0.03	−3.50656	0.43	−0.84397	0.83	−0.18633	1.23	0.20701
0.04	−3.21888	0.44	−0.82098	0.84	−0.17435	1.24	0.21511
0.05	−2.99573	0.45	−0.79851	0.85	−0.16252	1.25	0.22314
0.06	−2.81341	0.46	−0.77653	0.86	−0.15082	1.26	0.23111
0.07	−2.65926	0.47	−0.75502	0.87	−0.13926	1.27	0.23902
0.08	−2.52573	0.48	−0.73397	0.88	−0.12783	1.28	0.24686
0.09	−2.40795	0.49	−0.71335	0.89	−0.11653	1.29	0.25464
0.10	−2.30259	0.50	−0.69315	0.90	−0.10536	1.30	0.26236
0.11	−2.20727	0.51	−0.67334	0.91	−0.09431	1.31	0.27003
0.12	−2.12026	0.52	−0.65393	0.92	−0.08338	1.32	0.27763
0.13	−2.04022	0.53	−0.63488	0.93	−0.07257	1.33	0.28518
0.14	−1.96611	0.54	−0.61619	0.94	−0.06188	1.34	0.29267
0.15	−1.89712	0.55	−0.59784	0.95	−0.05129	1.35	0.30010
0.16	−1.83258	0.56	−0.57982	0.96	−0.04082	1.36	0.30748
0.17	−1.77196	0.57	−0.56212	0.97	−0.03046	1.37	0.31481
0.18	−1.71480	0.58	−0.54473	0.98	−0.02020	1.38	0.32208
0.19	−1.66073	0.59	−0.52763	0.99	−0.01005	1.39	0.32930
0.20	−1.60944	0.60	−0.51083	1.00	0.00000	1.40	0.33647
0.21	−1.56065	0.61	−0.49430	1.01	0.00995	1.41	0.34359
0.22	−1.51413	0.62	−0.47804	1.02	0.01980	1.42	0.35066
0.23	−1.46968	0.63	−0.46204	1.03	0.02956	1.43	0.35767
0.24	−1.42712	0.64	−0.44629	1.04	0.03922	1.44	0.36464
0.25	−1.38629	0.65	−0.43078	1.05	0.04879	1.45	0.37156
0.26	−1.34707	0.66	−0.41552	1.06	0.05827	1.46	0.37844
0.27	−1.30933	0.67	−0.40048	1.07	0.06766	1.47	0.38526
0.28	−1.27297	0.68	−0.38566	1.08	0.07696	1.48	0.39204
0.29	−1.23787	0.69	−0.37106	1.09	0.08618	1.49	0.39878
0.30	−1.20397	0.70	−0.35667	1.10	0.09531	1.50	0.40547
0.31	−1.17118	0.71	−0.34249	1.11	0.10436	1.51	0.41211
0.32	−1.13943	0.72	−0.32850	1.12	0.11333	1.52	0.41871
0.33	−1.10866	0.73	−0.31471	1.13	0.12222	1.53	0.42527
0.34	−1.07881	0.74	−0.30111	1.14	0.13103	1.54	0.43178
0.35	−1.04982	0.75	−0.28768	1.15	0.13976	1.55	0.43825
0.36	−1.02165	0.76	−0.27444	1.16	0.14842	1.56	0.44469
0.37	−0.99425	0.77	−0.26136	1.17	0.15700	1.57	0.45108
0.38	−0.96758	0.78	−0.24846	1.18	0.16551	1.58	0.43742
0.39	−0.94161	0.79	−0.23572	1.19	0.17395	1.59	046373

x	$\ln x$	x	$\ln x$	x	$\ln x$	x	$\ln x$
1.60	0.47000	2.00	0.69315	6.00	1.79176	10.0	2.30259
1.61	0.47623	2.10	0.74194	6.10	1.80829	11.0	2.39790
1.62	0.48243	2.20	0.78846	6.20	1.82455	12.0	2.48491
1.63	0.48858	2.30	0.83291	6.30	1.84055	13.0	2.56495
1.64	0.49470	2.40	0.87547	6.40	1.85630	14.0	2.63906
1.65	0.50078	2.50	0.91629	6.50	1.87180	15.0	2.70805
1.66	0.50682	2.60	0.95551	6.60	1.88707	16.0	2.77259
1.67	0.51282	2.70	0.99325	6.70	1.90211	17.0	2.83321
1.68	0.51879	2.80	1.02962	6.80	1.91692	18.0	2.89037
1.69	0.52473	2.90	1.06471	6.90	1.93152	19.0	2.94444
1.70	0.53063	3.00	1.09861	7.00	1.94591	20.0	2.99573
1.71	0.53649	3.10	1.13140	7.10	1.96009	21.0	3.04452
1.72	0.54232	3.20	1.16315	7.20	1.97408	22.0	3.09104
1.73	0.54812	3.30	1.19392	7.30	1.98787	23.0	3.13549
1.74	0.55389	3.40	1.22378	7.40	2.00148	24.0	3.17805
1.75	0.55962	3.50	1.25276	7.50	2.01490	25.0	3.21888
1.76	0.56531	3.60	1.28093	7.60	2.02815	26.0	3.25810
1.77	0.57098	3.70	1.30833	7.70	2.04122	27.0	3.29584
1.78	0.57661	3.80	1.33500	7.80	2.05412	28.0	3.33220
1.79	0.58222	3.90	1.36098	7.90	2.06686	29.0	3.36730
1.80	0.58779	4.00	1.38629	8.00	2.07944	30.0	3.40120
1.81	0.59333	4.10	1.41099	8.10	2.09186	31.0	3.43399
1.82	0.59884	4.20	1.43508	8.20	2.10413	32.0	3.46574
1.83	0.60432	4.30	1.45862	8.30	2.11626	33.0	3.49651
1.84	0.60977	4.40	1.48160	8.40	2.12823	34.0	3.52636
1.85	0.61519	4.50	1.50408	8.50	2.14007	35.0	3.55535
1.86	0.62058	4.60	1.52606	8.60	2.15176	36.0	3.58352
1.87	0.62594	4.70	1.54756	8.70	2.16332	37.0	3.61092
1.88	0.63127	4.80	1.56862	8.80	2.17475	38.0	3.63759
1.89	0.63658	4.90	1.58924	8.90	2.18605	39.0	3.66356
1.90	0.64185	5.00	1.60944	9.00	2.19722	40.0	3.68888
1.91	0.64710	5.10	1.62924	9.10	2.20827	41.0	3.71357
1.92	0.65233	5.20	1.64866	9.20	2.21920	42.0	3.73767
1.93	0.65752	5.30	1.66771	9.30	2.23001	43.0	3.76120
1.94	0.66269	5.40	1.68640	9.40	2.24071	44.0	3.78419
1.95	0.66783	5.50	1.70475	9.50	2.25129	45.0	3.80666
1.96	0.67294	5.60	1.72277	9.60	2.26176	46.0	3.82864
1.97	0.67803	5.70	1.74047	9.70	2.27213	47.0	3.85015
1.98	0.68310	5.80	1.75786	9.80	2.28238	48.0	3.87120
1.99	0.68813	5.90	1.77495	9.90	2.29253	49.0	3.89182

x	ln x	x	ln x	x	ln x	x	ln x
50.0	3.91202	90.0	4.49981	400.	5.99146	800.	6.68461
51.0	3.93183	91.0	4.51086	410.	6.01616	810.	6.69703
52.0	3.95124	92.0	4.52179	420.	6.04025	820.	6.70930
53.0	3.97029	93.0	4.53260	430.	6.06379	830.	6.72143
54.0	3.98898	94.0	4.54329	440.	6.08677	840.	6.73340
55.0	4.00733	95.0	4.55388	450.	6.10925	850.	6.74524
56.0	4.02535	96.0	4.56435	460.	6.13123	860.	6.75693
57.0	4.04305	97.0	4.57471	470.	6.15273	870.	6.76849
58.0	4.06044	98.0	4.58497	480.	6.17379	880.	6.77992
59.0	4.07754	99.0	4.59512	490.	6.19441	890.	6.79122
60.0	4.09434	100.	4.60517	500.	6.21461	900.	6.80239
61.0	4.11087	110.	4.70048	510.	6.23441	910.	6.81344
62.0	4.12713	120.	4.78749	520.	6.25383	920.	6.82437
63.0	4.14213	130.	4.86753	530.	6.27288	930.	6.83518
64.0	4.15888	140.	4.94164	540.	6.29157	940.	6.84588
65.0	4.17439	150.	5.01064	550.	6.30992	950.	6.85646
66.0	4.18965	160.	5.07517	560.	6.32794	960.	6.86693
67.0	4.20469	170.	5.13580	570.	6.34564	970.	6.87730
68.0	4.21951	180.	5.19296	580.	6.36303	980.	6.88755
69.0	4.23411	190.	5.24702	590.	6.38012	990.	6.89770
70.0	4.24850	200.	5.29832	600.	6.39693	1000.	6.90776
71.0	4.26268	210.	5.34711	610.	6.41346	–	–
72.0	4.27667	220.	5.39363	620.	6.42972	–	–
73.0	4.29046	230.	5.43808	630.	6.44572	–	–
74.0	4.30407	240.	5.48064	640.	6.46147	–	–
75.0	4.31749	250.	5.52146	650.	6.47697	–	–
76.0	4.33073	260.	5.56068	660.	6.49224	–	–
77.0	4.34381	270.	5.59842	670.	6.50728	–	–
78.0	4.35671	280.	5.63479	680.	6.52209	–	–
79.0	4.36945	290.	5.66988	690.	6.53669	–	–
80.0	4.38203	300.	5.70378	700.	6.55108	–	–
81.0	4.39445	310.	5.73657	710.	6.5652	–	–
82.0	4.40672	320.	5.76832	720.	6.57925	–	–
83.0	4.41884	330.	5.79909	730.	6.59304	–	–
84.0	4.43082	340.	5.82895	740.	6.60665	–	–
85.0	4.44265	350.	5.85793	750.	6.62007	–	–
86.0	4.45435	360.	5.88610	760.	6.6332	–	–
87.0	4.46591	370.	5.91350	770.	6.64639	–	–
88.0	4.47734	380.	5.94017	780.	6.65929	–	–
89.0	4.48864	390.	5.96615	790.	6.67203	–	–

4. 상용로그표

N	0	1	2	3	4	5	6	7	8	9
10	0000	0043	0086	0128	0170	0212	0253	0294	0334	0374
11	0414	0453	0492	0531	0569	0607	0645	0682	0719	0755
12	0792	0828	0864	0899	0934	0969	1004	1038	1072	1106
13	1139	1173	1206	1239	1271	1303	1335	1367	1399	1430
14	1461	1492	1523	1553	1584	1614	1644	1673	1703	1372
15	1761	1790	1818	1847	1875	1903	1931	1959	1987	2014
16	2041	2068	2095	2122	2148	2175	2201	2227	2253	2279
17	2304	2330	2355	2380	2405	2430	2455	2480	2504	2529
18	2553	2577	2601	2625	2648	2672	2695	2718	2742	2765
19	2788	2810	2833	2856	2878	2900	2923	2945	2967	2989
20	3010	3032	3054	3075	3096	3118	3139	3160	3191	3201
21	3222	3243	3263	3284	3304	3324	3345	3365	3385	3404
22	3424	3444	3464	3483	3502	3522	3541	3560	3579	3598
23	3617	3636	3655	3674	3692	3711	3729	3747	3766	3784
24	3802	3802	3838	3856	3874	3892	3909	3927	3945	3962
25	3979	3997	4014	4031	4048	4065	4082	4099	4116	4133
26	4150	4166	4183	4200	4216	4232	4249	4265	4281	4298
27	4314	4330	4346	4362	4378	4393	4409	4425	4440	4456
28	4472	4487	4502	4518	4533	4548	4564	4579	4594	4609
29	4624	4639	4654	4669	4683	4698	4713	4728	4742	4757
30	4771	4786	4800	4814	4829	4843	4857	4871	4886	4900
31	4914	4928	4942	4955	4969	4983	4997	5011	5024	5038
32	5051	5065	5079	5092	5105	5119	5132	5145	5159	5172
33	5185	5198	5211	5224	5237	5250	5263	5276	5289	5302
34	5315	5328	5340	5353	5366	5378	5391	5403	5416	5428
35	5411	5453	5465	5478	5490	5502	5514	5527	5539	5551
36	5563	5575	5587	5599	5611	5623	5635	5647	5658	5670
37	5682	5694	5705	5717	5729	5740	5752	5763	5775	5786
38	5798	5809	5821	5832	5843	5855	5866	5877	5888	5899
39	5911	5922	5933	5944	5955	5966	5977	5988	5999	6010
40	6021	6031	6042	6053	6064	6075	6085	6096	6107	6117
41	6128	6138	6149	6160	6170	6180	6191	6201	6212	6222
42	6232	6243	6253	6263	6274	6284	6294	6304	6314	6325
43	6335	6345	6355	6365	6375	6385	6395	6405	6415	6425
44	6435	6444	6454	6464	6474	6484	6493	6503	6513	6522
45	6532	6542	6551	6561	6571	6580	6590	6599	6609	6618
46	6628	6637	6646	6656	6665	6675	6684	6693	6702	6712
47	6721	6730	6739	6749	6758	6767	6776	6785	6794	6803
48	6812	6821	6830	6839	6848	6857	6866	6875	6884	6893
49	6902	6911	6920	6928	6937	6946	6955	6964	6972	6981
50	6990	6998	7007	7016	7024	7033	7042	7050	7059	7067
51	7076	7084	7093	7101	7110	7118	7126	7135	7143	7152
52	7160	7168	7177	7185	7193	7202	7210	7218	7226	7235
53	7243	7251	7259	7267	7275	7284	7292	7300	7308	7316
54	7324	7332	7340	7348	7356	7364	7372	7380	7388	7396

N	0	1	2	3	4	5	6	7	8	9
55	7404	7412	7419	7427	7435	7443	7451	7459	7466	7474
56	7482	7490	7497	7505	7513	7520	7528	7536	7543	7551
57	7559	7566	7574	7582	7589	7597	7604	7612	7619	7627
58	7634	7642	7649	7657	7664	7672	7679	7686	7694	7701
59	7709	7716	7723	7731	7738	7745	7752	7760	7767	7774
60	7782	7789	7796	7803	7810	7818	7825	7832	7839	7846
61	7853	7860	7868	7875	7882	7889	7896	7903	7910	7917
62	7924	7931	7938	7945	7952	7959	7966	7973	7980	7987
63	7993	8000	8007	8014	8021	8028	8035	8041	8048	8055
64	8062	8069	8075	8082	8089	8096	8102	8109	8116	8122
65	8129	8136	8142	8149	8156	8162	8169	1876	8182	8189
66	8195	8202	8209	8215	8222	8228	8235	8241	8248	8254
67	8261	8267	8274	8280	8287	8293	8299	8306	8312	8319
68	8325	8331	8338	8344	8351	8357	8363	8370	8376	8382
69	8388	8395	8401	8407	8414	8420	8426	8432	8439	8445
70	8451	8457	8463	8470	8476	8482	8488	8494	8500	8506
71	8513	8519	8225	8531	8537	8543	8549	8555	8561	8567
72	8573	8579	8585	8591	8597	8603	8609	8615	8621	8627
73	8633	8639	8645	8651	8657	8663	8669	8675	8681	8686
74	8692	8698	8704	8710	8716	8722	8727	8733	8739	8745
75	8751	8756	8762	8768	8774	8779	8785	8791	8797	8802
76	8808	8814	8820	8825	8831	8837	8842	8848	8854	8859
77	8865	8871	8876	8882	8887	8893	8899	8904	8910	8915
78	8921	8927	8932	8938	8943	8949	8954	8960	8965	8971
79	7976	8982	8987	8993	8998	9004	9009	9015	9020	9025
80	9031	9036	9042	9047	9053	9058	9063	9069	9074	9079
81	9085	9090	9096	9101	9106	9112	9117	9122	9128	9133
82	9138	9143	9149	9154	9159	9165	9170	9175	9180	9186
83	9191	9196	9201	9206	9212	9217	9222	9227	9232	9238
84	9243	9248	9253	9258	9263	9269	9274	9279	9284	9289
85	9294	9299	9304	9309	9315	9320	9325	9330	9335	9340
86	9345	9350	9355	9360	9365	9370	9375	9380	9385	9390
87	9395	9400	9405	9410	9415	9420	9425	9430	9435	9440
88	9445	9450	9455	9460	9465	9469	9474	9479	9484	9489
89	9494	9499	9594	9509	9513	9518	9523	9528	9533	9538
90	9542	9547	9552	9557	9562	9566	9571	9576	9581	9586
91	9590	9595	9600	9605	9609	9614	9619	9624	9628	9633
92	9638	9643	9647	9652	9657	9661	9666	9671	9675	9680
93	9685	9689	9694	9699	9703	9708	9713	9717	9722	9727
94	9731	9736	9741	9745	9750	9754	9759	9763	9768	9773
95	9777	9782	9786	9791	9795	9800	9805	9809	9814	9812
96	9823	9827	9832	9836	9841	9845	9850	9854	9859	9866
97	9868	9872	9877	9881	9886	9890	9894	9899	9903	9908
98	9912	9917	9921	9926	9930	9934	9939	9943	9948	9952
99	9956	9961	9965	9969	9974	9978	9983	9987	9991	9996

5. 지수함수와 쌍곡선 함수표

x	e^x	e^{-x}	$\sinh x$	$\cosh x$	$\tanh x$
0	1.0000	1.0000	.00000	1.0000	.00000
0.1	1.1052	.90484	.10017	1.0050	.09967
0.2	1.2214	.81873	.20134	1.0201	.19738
0.3	1.3499	.74082	.30452	1.0453	.29131
0.4	1.4918	.67032	.41075	1.0811	.37995
0.5	1.6487	.60653	.52110	1.1276	.46212
0.6	1.8221	.54881	.63665	1.1855	.53705
0.7	2.0138	.49659	.75858	1.2552	.60437
0.8	2.2255	.44933	.88811	1.3374	.66404
0.9	2.4596	.40657	1.0265	1.4331	.71630
1.0	2.1783	.36788	1.1752	1.5431	.76159
1.1	3.0042	.33287	1.3356	1.6685	.80050
1.2	3.3201	.30119	1.5095	1.8107	.83365
1.3	3.6693	.27253	1.6984	1.9709	.86172
1.4	4.0552	.24660	1.9043	2.1509	.88535
1.5	4.4817	.22313	2.1293	2.3524	.90515
1.6	4.9530	.20190	2.3756	2.5775	.92167
1.7	5.4739	.18268	2.6456	2.8283	.93541
1.8	6.0496	.16530	2.9422	3.1075	.94681
1.9	6.6859	.14957	3.2682	3.4177	.95624
2.0	7.3891	.13534	3.6269	3.7622	.96403
2.1	8.1662	.12246	4.0219	4.1443	.97045
2.2	9.0250	.11080	4.4571	4.5679	.97514
2.3	9.9742	.10026	4.9370	5.0372	.98010
2.4	11.023	.09072	5.4662	5.5569	.98367
2.5	12.182	.08208	6.0502	6.1323	.98661
2.6	13.464	.07427	6.6947	6.7690	.98903
2.7	14.880	.06721	7.4063	7.4735	.99101
2.8	16.445	.06081	8.1919	8.2527	.99263
2.9	18.174	.05502	9.0596	9.1146	.99396
3.0	20.086	.04979	10.018	10.068	.99505
3.1	22.198	.04505	11.076	11.122	.99595
3.2	24.533	.04076	12.246	12.287	.99668
3.3	27.113	.03688	13.538	13.575	.99728
3.4	29.964	.03337	14.965	14.999	.99777
3.5	33.115	.03020	16.543	16.573	.99818
3.6	36.598	.02732	18.285	18.313	.99851
3.7	40.447	.02472	20.211	20.236	.99878
3.8	44.701	.02237	22.339	22.362	.99900
3.9	49.402	.02024	24.691	24.711	.99918
4.0	54.598	.01832	27.290	27.308	.99933
4.1	60.340	.01657	30.162	30.178	.99945
4.2	66.686	.0.1500	33.336	33.351	.99955
4.3	73.700	.01357	36.843	36.857	.99963
4.4	81.451	.01228	40.719	40.732	.99970
4.5	90.017	.01111	45.003	45.014	.99975
4.6	99.484	.01005	49.737	49.747	.99980
4.7	109.95	.00910	54.969	54.978	.99983
4.8	121.51	.00823	60.751	60.759	.99986
4.9	134.29	.00745	67.141	67.149	.99989
5.0	148.41	.00674	74.203	74.210	.99991

찾아보기

| ㄱ |

| ㄴ |

| ㄷ |

| ㅇ |

| ㅈ |

| ㅊ |

| ㅋ |

| ㅌ |

| ㅍ |

| ㅎ |

| 기타 |

저자 약력

강부현 서경대학교 수리정보통계학부 교수

박태룡 서경대학교 컴퓨터공학과 교수

안가경 서경대학교 수리정보통계학부 교수

한찬욱 서경대학교 수리정보통계학부 교수

함형범 서경대학교 금융정보공학과 교수

공학인증을 위한

수학의 기초

2012년 2월 20일 인쇄
2012년 3월 2일 발행

저 자 / 강부현 · 박태룡 · 안가경 · 한찬욱 · 함형범
발행자 / 오판근
발행처 / 교우사

주 소 / 서울 동대문구 제기2동 148-19
전 화 / 925-2861(代), 편집부 / 925-2825
팩 스 / 925-2860

E-mail / kyowoo@kyowoo.co.kr
http://www.kyowoo.co.kr

등록 / 1994. 3. 24 제6-0256호

ISBN 978-89-8172-786-4 (93410)

값 28,000 원